地震学导论

万永革　编著

科 学 出 版 社

北　京

内 容 简 介

本书第1章介绍了地震学研究概况。地震学以弹性力学为基础，第2章对弹性力学的基本概念做一简单回忆，第3章则根据弹性力学的基本概念和定律得到一维和三维介质中传播的地震波动方程，探讨方程中各参数与地震震相的关系、地震震相的性质。第4章根据第3章地震波动方程的描述，研究平层介质中的地震波在地球表面、地球内部平层界面的反射、透射系数，根据传播因子矩阵与反射透射系数矩阵计算从震源到台站传播效应的理论地震图的基本原理；第5章，地震面波与地球自由振荡，论述地震面波类型和特点、频散方程及其观测，作为驻波的地球自由振荡振型和观测；第6章首先根据地震波动方程得到地震波传播可以看作射线的条件，然后研究平层介质射线理论的地震波走时和震中距的计算；作为远距离观测地震波，第7章介绍球层介质中射线形状、地震波走时和震中距计算；作为第6、第7章的延续，第8章讲解如何采用地震波走时和震中距的计算理论求解地下速度结构和地震参数；第9章，地震波的能量、振幅衰减与震级；第10章，讲解地震震源理论初步知识。

本书强调基本概念和基本数学推导，适合作为本科生、研究生学习地震学理论的教材，也可作为地震学相关工程技术人员的参考书。

图书在版编目(CIP)数据

地震学导论/万永革编著.—北京：科学出版社，2016.3

ISBN 978-7-03-047926-6

Ⅰ.①地… Ⅱ.①万… Ⅲ.①地震学 Ⅳ.①P315

中国版本图书馆CIP数据核字（2016）第060286号

责任编辑：张井飞 韩 鹏／责任校对：何艳萍 张小霞

责任印制：赵 博／封面设计：耕者设计工作室

科学出版社 出版

北京东黄城根北街16号

邮政编码：100717

http://www.sciencep.com

北京建宏印刷有限公司印刷

科学出版社发行 各地新华书店经销

*

2016年3月第 一 版 开本：787×1092 1/16

2024年4月第七次印刷 印张：30 1/4

字数：711 000

定价：148.00元

（如有印装质量问题，我社负责调换）

序　言

Preface

万永革教授编著的《地震学导论》行将付梓，日前送我一份书稿，邀我作文以序之。我得以先睹该书为快。阅读过程中，信手写下了一些意见和修改建议。阅毕掩卷，仍觉意犹未尽。遂写下我的读后感，权当为“序”。

顾名思义，地震学是研究地震动及其相关现象的一门科学。作为固体地球物理学的一个重要分支，地震学不仅研究发生地震的源（“震源”）本身的发生、发展与活动规律，也研究利用天然地震或人工方法激发的地震波探测地球内部结构、组成与演化等问题；既研究利用地震波作为探测手段勘探地下油气等资源（“兴利”），也研究如何预测、预防和减轻地震及其相关灾害（“避害”）等问题。地震学是集强烈的社会需求（防震减灾、资源勘探、公共安全、保卫和平等）与探索大自然奥秘的兴趣于一身的一门应用物理学。

和地球科学中的许多学科一样，对地震及其相关现象的研究具有多学科相互渗透、交叉融合的性质。作为物理学与天文学、地质学、大地测量学、工程科学、岩石力学、复杂系统科学、信息技术等诸多自然科学与技术科学的边缘科学，地震学产生了诸如月震学、金星震学、行星震学、地外震学、日震学、地震构造学、地震地质学、零频地震学（大地测量学中称为“地震大地测量学”）、数字地震学、计算地震学、地震水文学、工程地震学（工程学中称为“地震工程学”）等新兴交叉学科。作为一门自然科学，地震学与诸如经济学、政治学、法学、管理科学甚至哲学等社会科学乃至心理学的相互渗透与交叉融合，产生了诸如社会地震学（社会学中称为“地震社会学”）、法律地震学等交叉学科。当前，地震学已从以研究地震震源本身以及地球内部结构为主的“传统的”、“经典的”地震学（seismology）演化为现代的地震科学（earthquake science）。与此同时，“传统的”、“经典的”地震学也因地震观测技术的进步、现代数字技术的引进、计算技术的快速发展与高性能计算机的广泛应用，在地球结构和震源破裂过程反演、地震波场模拟、地震参数测定等地震学传统领域的研究取得了革命性的进步。地震学在地球内部精细结构探测、地震危险性评估、工程地震设防、核爆炸地震监测等领域起着越来越重要的作用，在地球物理学乃至地球科学广阔领域中占有显著的地位。在大学本科和研究生院，地震学已经不再只是固体地球物理学专业学生的专业必修课程，而且还是固体地球专业学生选修课程的主要选项之一。

无论在国际上，还是在国内，迄今已有一些优秀的地震学教科书或专著问世。这些教科书或专著或者起点高、或者侧重各异、或者繁简不同，且多数卷帙浩大。对于我国目前固体地球物理学专业的学生或对地震学感兴趣的其他读者，仍需要有一本简明的教材，作为通往飞速发展的现代地震科学前缘的初阶或桥梁。

《地震学导论》一书便是为这样的目的编著的。万永革教授积多年讲授地震学课程的经验，注意地震学基础知识与学科前缘的结合、理论与实践的结合，编著了适合于目前我国地球物理专业学生和对地震学感兴趣的其他读者学习和参考的《地震学导论》一书。他在书中比较详尽地给出了地震学理论的基本概念的引进和推演过程，为读者提供了一个从地震发生到地震波传播与接收的、理解地震学理论基本概念的途径。他在书中详尽诠释了他所开发的、对地震学理论基本概念进行模拟的 MATLAB 程序，把理论与仿真实验结合在一起，使读者得以在实践中逐步掌握地震学理论的基本概念，提高实际应用能力，达到学以致用的目的。他还总结和扩充了地震学的大量习题并在该书所附的光盘中给出了习题的详细解答，这些习题和解答对于教师检查学生或读者自检对地震学理论知识的正确理解并将其应用于地震观测实践大有裨益，是传统地震学教材的有益的补充。

考虑到《地震学导论》一书对读者对象需求的定位，该书的选题仍不失系统性和代表性。该书对地震学某些专门问题亦有深入的解读，是一本可读性甚强的地震学专业书籍。相信地球物理专业学生和对地震学感兴趣的众多读者都可从阅读《地震学导论》受益。

我热烈祝贺《地震学导论》的出版，祝愿该书能够成为有志于地震学研究的读者通往博大精深的现代地震科学殿堂的桥梁。

陈运泰

中国科学院院士

发展中国家科学院（TWAS）院士

前　　言
Foreword

地震是一种自然现象。地震学是研究地震现象的一门科学。它除了研究天然地震的发生过程以及活动规律外，还利用由地震激发并在地球内部及其表面传播的波研究地球内部结构及动力学过程。19 世纪末以来，这门学科迅速发展成为一门独立的现代科学，在地震波理论、震源理论、地球内部结构等许多方面开展了深入探索，取得了很大发展。

国内已出版了相当数量的地震学教材，如中国科学技术大学徐果明、周蕙兰教授 1982 年出版的《地震学原理》，刘斌教授 2009 年出版的《地震学原理与应用》，北京大学傅淑芳等教授 1991 年出版的《地震学教程》与 1997 年出版的《高等地震学》，周仕勇、许忠淮教授 2010 年出版的《现代地震学教程》等。这些教材在地震学理论与应用的普及和推广方面起到了重要作用，并在今天仍然是重要的教学参考书。然而，上述教材大部分是针对具有相当数理基础学生而写，在一定程度上略去了理论推导的具体细节，对于现代的大众化教育则感觉跳跃性较大。其次，目前随着计算机技术的发展，采用模拟技术展示地震学较为抽象的理论是当前地震学教学的一个重要努力方向。最后，要掌握相应的地震学理论并将其应用于实际问题，做一定数量的习题是必不可少的。本教材在组织材料过程中尝试突出如下特点：

1. 突出地震学规律的详细推导过程，与目前高等数学、普通物理、数学物理方法等课程中知识点衔接起来，搭起大学所学数理知识与地震学理论的“桥梁”。

2. 采用 MATLAB 程序实现地震学理论的模拟，学生可以进行人机交互式学习，自主认识地震学的基本理论。学生既可以通过公式推导，也可以通过阅读 MATLAB 代码，并改变输入参数进行模拟来理解地震学知识。这样也有助于提高学生运用地震学知识的能力。

3. 给出了六百多道题目的课后习题，并在光盘中给出了解答每一步所依据的方程或假定。这些题目由易到难，并对应于相应章节的知识点，便于学习某章节后检查对知识的理解。

作者一直担心，这样一本地震学讲稿的付印是否有些为时过早。地震学学习基于高等数学、大学物理、数学物理方法等课程的较强的数理基础，地震学知识体系的调整与完善、教学模拟软件的研制等研究正方兴未艾。对其进行总结和系统化是一项重要的、艰巨的、富有创造性的工作。以作者的学识水平和能力要胜任这项工作几乎不可能。但目前地震学理论和模拟相结合的教材的奇缺使得作者不得不冒着风险将这份讲稿呈献给读者。由于本人水平有限，加之时间仓促，“突击”出来的这份教材肯定存在很多问题，殷切希望广大读者和同行提出宝贵意见。

从理论体系上，不同于其他地震学教材，本书将弹性理论、地震波动方程、水平分层介质中地震波、面波及自由振荡作为第一部分，这是由于这些知识均以弹性理论和波动方程为基础；将射线理论（水平分层和球形分层）及其应用（定位和速度结构反演）作为第二部分；虽然震源理论初步和地震波能量及衰减也用到地震波动的相关知识，但它们同时又要基于射线理论，因此将这两章内容作为最后一部分。

作为地震学的一本入门书籍，作者假设读者没有任何地震学知识，将一维问题、水平分层介质、液体介质等简单模型作为例子来介绍基本概念和基本理论的详细推演，逐渐过渡到实际地球模型。虽然如此，读者需要一定的微积分、常微分方程和偏微分方程、向量和张量分析、直角坐标、球坐标、柱坐标及其相应的勒让德（Legendra）函数和贝塞尔（Bessel）函数等数学知识以及连续介质的基本力学知识。确定作为地震学的入门书籍讲解到什么程度是很难的，本书仅选择地震学最为基本的问题进行较为详细的推演。对于特定地震学问题的详细研究，请读者参考已经发表的相关文献。

为满足不同层次读者学习地震学的需要，本书尽可能详细地讲述了地震学公式的推演过程，希望对需要详细理解地震学规律的读者有帮助，而仅限于地震学应用的读者，可以略过详细推导过程及某些理论性较强的章节，专注于公式中各参数的意义及其蕴含规律的理解（采用本书所附带的 MATLAB 程序进行模拟），并将其应用于实际。

作为地震学的基础读物，本书是作者在多年讲授地震学的过程中及科研实践中逐步完善的。一些基础内容是早期很多地震学家逐步完善的，尽管作者尽力追溯原文献，但仍可能存在挂一漏万的情况，请读者谅解，并向为地震学奠定基础的地震学家表示由衷敬意。

本教材的编写得到防灾科技学院各级领导的鼓励和支持。出版经费来源于河北省地震科技星火计划项目（DZ20140404002）、中央高校科研业务费专项（ZY20110101）、防灾减灾特色教材建设专项、防灾科技学院研究生课程建设与改革项目和河北省高等学校百名优秀创新人才支持计划等多个项目。台湾中央大学马国凤教授和台湾大学龚源成教授无私提供了他们的教学材料供我们参考；本书的面波频散曲线提取参考了姚华建教授的程序；我的研究生黄骥超、李祥、高熹微等在绘图方面给予大力协助。谨向他们表示衷心感谢！感谢陈运泰院士在百忙之中审阅了本书初稿，提出了很多建设性修改意见并写序。虽然本书所述及的地震学理论为较为成熟的知识，然而，本书所进行的推演和所设计的程序也是作者费了一定心血编出来的，如用到该程序，请注明引用本书。

万永革*

2016 年 1 月 25 日

* E-mail：Wanyg217217@vip. sina. com.

目　　录
Contents

第1章 引　　言

地震和刮风、下雨一样，是一种常见的自然现象。全球平均每天发生 50 次左右的局部有感地震，几天有一次能使建筑物遭受破坏的地震。全世界 6 亿多人生活在强震带上，20 世纪约有 200 万人死于地震，随着人口密度的增大，预计 21 世纪将有 1500 万人死于地震。我国是一个多地震的国家，地震活跃区的居民一般都有切身体验，甚至是出生入死的亲历险境。20 世纪以来，我国发生了 800 多次 6 级以上的地震，平均每年约 8 次；历史记载全球死亡超过 20 万人的地震有 6 次，其中在中国就有 4 次（分别是 1303 年 9 月 17 日的山西洪洞 M8.0 地震，死亡 27 万人；1556 年 1 月 23 日的陕西华县 M 8.5 地震，死亡 83 万人；1920 年 12 月 26 日的宁夏海原 M 8.6 地震，死亡 28.5 万人；1976 年 7 月 28 日唐山M 7.8地震，死亡 24 万人）。强烈的地震会直接或间接造成破坏。然而任何事物都有两面性，地震虽然是一种自然灾害，但迄今为止，人们对地球内部的了解主要来自地震带来的信息，因为地球的不可入性，我们不可能在地球内部进行直接观测，其内部结构只能靠地震激发的地震波来研究。地震相当于一盏照亮地球内部的明灯，它使我们发现了我们赖以生存的行星的许多性质。

地震学是关于地震的一门科学，其英语单词 seismology 是由希腊语 seimos（地震）和 logos（科学）两个词组成的。地震学在地球物理和地球科学的更广阔领域里占有显著的位置。它涉及了许多有趣的理论问题，包括分析弹性波在复杂介质里传播的问题，但它又可以作为一种工具被简单地用于对所感兴趣的不同区域进行探查。应用范围从地下几千千米的地核的研究，到为寻找石油所进行的浅层地壳结构的勘探。许多基本的物理过程没有超出牛顿定律（$F=ma$），但实际的震源和结构的复杂性使得必须做很复杂的数学处理并使用高性能的计算机。观测及仪器的改进促进了地震学的发展，数据的获取已经使我们在地震学理论及对地球结构的认识上都有了突破性进展。

地震学所提供的信息正广泛地改变地球内部认识的程度。有些参数，如经过地幔的压缩波的平均走时，可能百分之百地得知。而另一些参数，如在地核里能量的耗损，了解的相当少。在过去 50 年里，对地球的平均的径向速度结构已有了相当清楚的了解。现在，地震定位和地震震源机制确定已经作为常规的测定工作，但对地震物理过程本身的许多方面，认识仍十分有限。

1.1 地震学简史

地震学是一门建立在地震观测基础上的，并且是在对地震观测结果的解释和研究过程中不断完善和发展的科学。因而地震观测是地震学的基础，它在地震学乃至整个地球科学的发展中都起着非常重要的作用。用仪器观测地震，最早始于我国东汉时期。公元 132 年我国东汉科学家张衡设计并制造了候风地动仪（图 1-1-1），史书记载："阳嘉元年，复造候风地动仪。以精铜铸成，员径八尺，合盖隆起，形似酒尊，饰以篆文山龟鸟兽之形。中有都柱，傍行八道，施关发机。外有八龙，首衔铜丸，下有蟾蜍，张口承之。其牙机巧制，皆隐在尊中，覆盖周密无际。如有地动，尊则振龙，机发吐丸，而蟾蜍衔之。振声激扬，伺者因此觉知。虽一龙发机，而七首不动，寻其方面，乃知震之所在。验之以事，合契若神。自书典所记，未之有也。尝一龙机发而地不觉动，京师学者咸怪其无征。后数日驿至，果地震陇西，于是皆服其妙。自此以后，乃令史官记地动所从方起。"史书记载的地震即公元 134 年 12 月 13 日在当时的首都洛阳测到一次发生在陇西的地震。这是人类第一次用仪器测到远处发生的地震。这时的地震仪实际上是验震器，即用于指示地震发生的装置，不可能像现代地震仪一样记录地震所引起的地面震动过程。尽管如此，候风地动仪仍是一项值得我们中国人骄傲的伟大发明，它不但表现了古代灿烂的科学文明，在当时通信极为困难的情况下，如果能测出远处发生了大地震，对中央政府组织赈灾，减轻地震造成的灾害和社会动乱，无疑也是很有意义的。

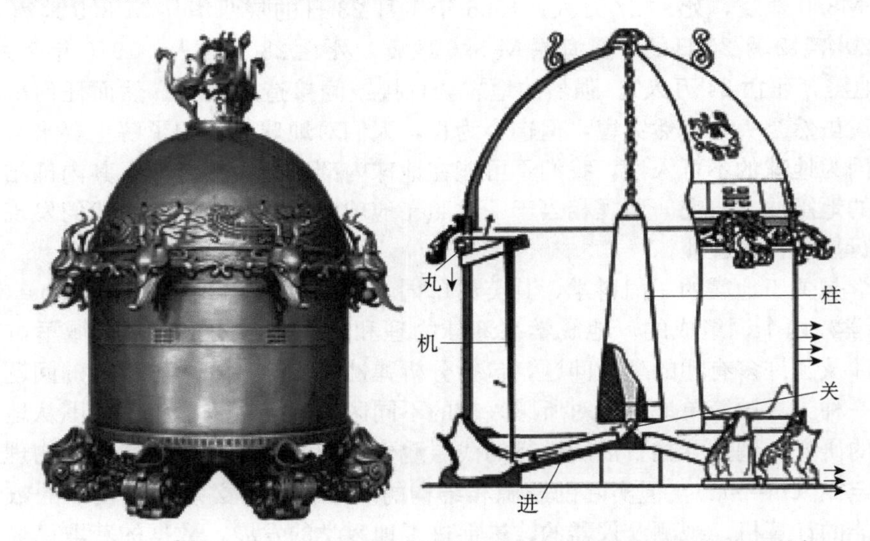

图 1-1-1　复原的公元 132 年我国东汉科学家张衡设计制造的候风地动仪

早期对地震的认识大多局限于地震现象的定性描述，文献记载也多是伤亡人数和财产损失的灾害描述。对地震的定量研究只是近百年以来的事。在 19 世纪初期柯西（Cauchy）、泊松（Poisson）、斯托克斯（Stokes）、瑞雷（Rayleigh）等科学家开始研究弹性波传播理论，给出了在固体介质中地震产生的可能波相。这些波包括因在整个固体里传播而称为体波的压缩波和剪切波，以及沿自由表面传播的面波。因为压缩波的传播比剪切波快，先到达，故往往称为初至波（primary wave）或 P 波。反之，后到达的剪切波称为续至波（secondary wave）或 S 波。在这个时期，地震学理论超前于地震观测，待地震仪具有足够的观测精度后才辨认出这些波。

1857 年那不勒斯发生了一次破坏性地震。一个对地震感兴趣的爱尔兰工程师马利特（R. Mallet）到意大利研究此次地震所造成的破坏。他的工作是在观测地震学方面第一个有意义的尝试。他描述了这样的想法，地震由一个焦点（focus，现在称为震源）出发，辐射地震波，可把这些波反向追踪来确定焦点的位置。马利特认为地震是爆炸，只产生压缩波，这样的分析有欠缺。不过，他提出建立观测台来监视地震和用人工震源实验来测量地震波速度，则是合理的。

早期的地震仪器设备以无阻尼摆为基础，虽然可测量初动时间，但没有连续的时间记录。切奇（F. Cecchi）于1875年在意大利研制了第一台有时间记录的地震仪。这之后不久，尤因（J. Ewing）设计了水平摆，记录在熏烟玻璃的旋转圆盘上。第一个远距离地震记录是1889年在波茨坦记录的日本地震波形。1897年在加利福尼亚圣何塞附近的利克（Lick）观象台安装了北美的第一个地震仪。该仪器后来记录到1906年的旧金山地震。这些早期仪器是无阻尼的，只能提供振动开始后短时间的地面运动的精确估计。1898年，维歇特（E. Wiechert）研制了第一台有黏滞阻尼的地震计，可提供在整个地震持续时间里有用的记录。1900年初期，伽里津（B. Galitzen）研制了第一台电磁式地震仪，其运动的摆使线圈产生电流。他用这种仪器在俄罗斯建立了一系列台站。因为电磁式地震仪有许多优点，超过了早期纯机械设计的仪器，因此现代所有地震仪都是电磁式的。

地震仪器的改进使得地震图的识别取得了快速进展。1900年，奥尔德姆（R. Oldham）报道在地震图上识别出P波、S波和面波，验证了地球可近似按弹性体处理的正确性。1906年，他根据震源到接收器的距离约超过100°时没有直达的P波和S波的观测事实，发现地核的存在。1909年南斯拉夫地震学家莫霍若维奇（A. Mohorovičić）在近地震观测中，发现了Pn和Sn震相（详见第6章）。他假定地下几十千米的深处存在着一个地震波速度的间断面，界面下介质的速度突然增加。Pn波和Sn波就是以临界角入射又以临界角出射这个间断面的地震波。这个间断面现在称为**莫霍面**或M-面。这个面以上介质称为**地壳**（crust），以下称为**地幔**（mantle）。地壳这个词给人一个内软外坚的印象，这是因为在现代地球物理学诞生前，人们普遍认为地球内部是熔融液体，表面凝固着一层硬壳。这个概念显然是错误的，现代观测表明地球内部大多数深部介质比钢还硬。然而“地壳”一词已沿用许多年，不宜再改。我们只须记住，它仅仅是指地球的最上层，并无硬壳的含义。1907年，佐普里兹（Zöppritz）做出了第一个被广泛应用的走时表（走时作为地震到台站距离的函数）。1914年，古登堡（B. Gutenberg）公布了地核震相（穿过地核或从地核反射的波）的走时表，报道了对液态地核深度的第一个精确的估算（2900km，与现代的2889km的值很接近）。1936年，莱曼（I. Lehmann）发现了固体内核（将内外核界面命名为莱曼面），1940年，杰弗瑞斯（H. Jeffreys）和布伦（K. E. Bullen）公布了他们的有大量震相的走时表的最终版本。这个JB表直到今天还在使用，其中所列出的时间与现代有了核爆炸精确位置事件记录的模型仅差几秒。用地震波的走时表来确定地球内部不同深度的平均速度结构则主要是过去50年里完成的。

由于P波和S波走时没有直接提供有关密度的约束，所以确定地球内部的密度分布比确定速度结构困难得多。然而，布伦（K. E. Bullen）指出，运用速度与密度的定标关系和已知的地球质量及惯性矩（转动惯量，moment of inertia），可以推测地球内部的密度。现代简正振型地震学的结果对密度给出了较直接的约束（虽然仅限于垂向分辨），总体上与过去认识的地球内部密度一致。

20世纪早期，地震台站数量的增加使得确定大地震位置成为常规工作，并由此发现地震不是随机分布的，而是沿一些清晰的带发生。全球地震目录的著名网站为国际地震中心（International Seismological Center，ISC）。从后面的内容可以看到全球地震分布并不是随机的，而是按一定规律进行分布的（图1-1-2）。然而，在20世纪60年代前，地球科学对这些带作为板块构造运动的一部分的含义并不完全清楚。当时认为地球表面的特征主要是由地质时期缓慢漂移的少数相对坚硬的板块运动所决定的。相邻板块间的相对运动使地震沿边界发生。板块沿洋脊拉开，形成新的海洋岩石圈。这是欧洲和非洲与美洲分开的原因，板块在海沟的消减带返回到地幔。有些断层，如加利福尼亚圣安德烈斯断层，是板块之间剪切运动的结果，这些断层呈现走滑运动。

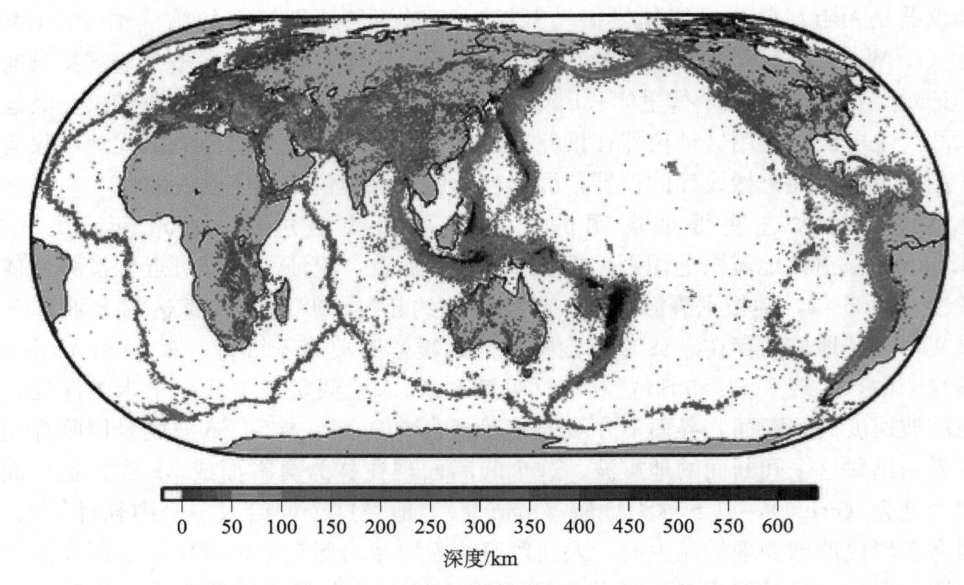

图1-1-2 ISC给出的1960～2014年的地震分布

1928年和达清夫（K. Wadati）报道了第一个令人信服的深源（深度在100km以下）地震的证据。1919年特纳（H. H. Turner）已经发现了深震的存在，但他的结果没有被普遍承认［主要是因为他的定位结果也有一些发生在地表之上的空中震（air quake）］。观测到的深震，主要分布在延伸至700km左右深度的倾斜的地震活动面上［现称为**和达-贝尼奥夫带**（Wadati-Benioff Zone）］。这些带大多为环太平洋海洋岩石圈消减带的位置。采用1960～2008年的地震目录求得汤加地区的深度地震剖面，如图1-1-3所示，该图展示了位于太平洋西南的世界上最活跃的深震区——汤加消减带的地震剖面。深震的存在令人吃惊，因为地壳中的浅源地震为低温下的脆性破裂，而数百千米的深度，压力和温度的增加使多数物质发生延性变形。至今深震发生的物理机制依旧是没有解决的科学问题。

人类对地球自由振荡的认识也是从理论研究开始的。1829年法国泊松（S. D. Poisson）最早研究了完全弹性固体球的振动问题。此后，英国的开尔文（L. Kelvin）和达尔文（G. H. Darwin，进化论创始人达尔文之子）也有重要贡献。尽管理论工作延续多年，但只是在20世纪，地震学的发展使人类对地球内部构造的认识更加清楚后，理论模型才比较接近真实地球。1952年11月4日堪察加发生大地震，美国贝尼奥夫（H. Benioff）首次在他自己设计制作的应变地震仪上发现周期约为57分钟的长周期振动。1960年5月22日智利大地震时，贝尼奥夫和其他几个研究集体都观测到多种频率的谐振振型。地球长周期自由振荡的真实性被最后证实。至今已观测到的本征振荡频率已达1000多个，其中球型振荡约占三分之二，环型振荡约占三分之一。计算不同地球模型产生的自由振荡频率与观测频率对比，可以研究地球内部结构，这方面的研究与用地震体波研究地球内部结构的方法互为补充。测定相继时间间隔内地球自由振荡频谱谱峰的平均能量，或测定谐振谱峰的宽度（通常以能量降至谱峰能量的一半时相应的频率变化来量度），可以研究振动能量在地球内部的衰减情况，并进而研究地球介质的非弹性性质。此外，根据给定的地球模式和尝试的震源参数计算自由振荡的振幅和相位，然后与相应的观测值对比，可以确定地震的震源参数。

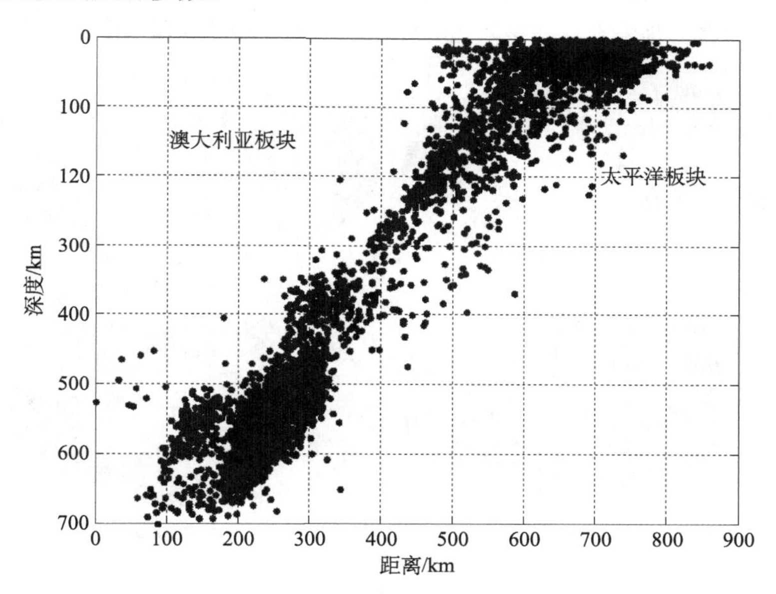

图 1-1-3 汤加消减带深震活动的东西向垂直剖面

所选用的地震取自EHB（R. Endhadl，R. Van der Hilst 和 R. Buland 三人给出的定位方法结果）1960～2008年的目录。地震活动标志着太平洋板块岩石圈消减到地幔里

1946年比基尼岛附近的一次核爆被地震台记录到，这是第一个地震台记录的核爆炸。特别是1949年苏联的核爆，使得美国军方对地震学监测爆炸、估算当量、识别爆炸与地震方面给予了强烈的关注，出现了为地震学提供资金的巨浪，这促进了地震仪器的改善。1961年建立了由精确标定的短周期和长周期地震计等仪器组成的世界标准地震仪器台网（WWSSN）。地震记录的快速获取使地震学研究得到快速发展，地震定位更加准确、地震目录更加完整、对地震双力偶震源地震辐射图像的研究成为可能。

1969～1972年，阿波罗（Apollo）宇航员把地震计安放在月球上，第一次得到了月震记录。根据这些记录，科学家发现月球上不仅存在100km深度之上的浅震，还存在800～1000km深度的深震，并且月球上的地震图与地球上大不相同，表现在高频波列很长、衰减很慢。1976年地震计被探测飞船运载并安放到火星上，但由于噪声较大，仅识别出一个可能的火星地震。

20 世纪 60 年代计算机的出现改变了地震学的研究状况，地震定位成为日常的计算工作，理论地震图的计算也成为可能。采用人工源进行地震成像的技术也得到迅速发展，并用来探测浅层速度结构寻找油矿。1976 年，数字化的地震记录使得定量进行波形对比研究成为可能。目前宽频带、大动态地震计的广泛布设使得地震数据大大增加，世界地震数据交换标准提到议事日程。

1970 年，科学家建立了较为精确的地球平均的径向速度和密度结构，包括在上地幔 410km 和 660km 附近存在的较小的速度间断面。此后，人们把目光转向速度结构的横向差异，早期的研究是构建不同地区的速度深度剖面图。后来采用类似医学的成像技术的方法（CT）利用地震波到时进行三维图像构建，称为“层析成像”。近几年层析成像的分辨率越来越高，给出了地壳和地幔的速度变化特征（图 1-1-4）。三维成像技术使得地球科学家对断层深部结构、大陆根基、地幔对流、核幔边界和内核结构等问题的深入研究成为可能。

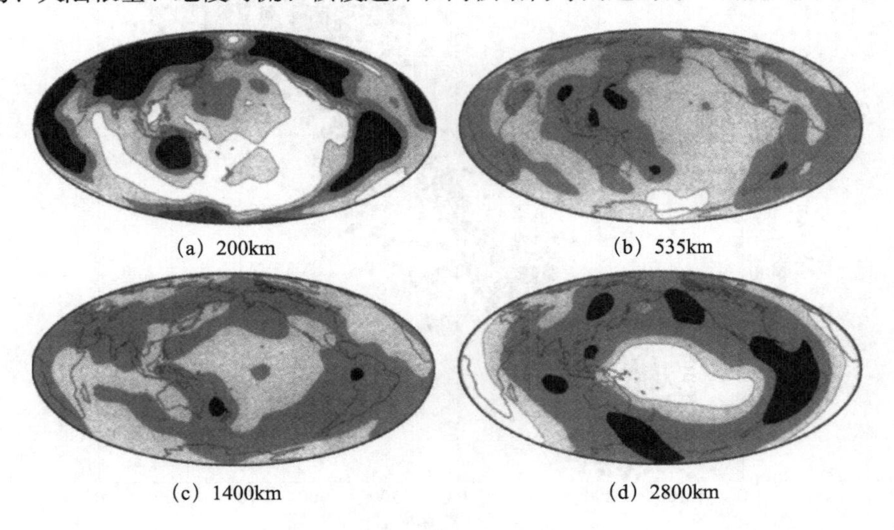

(a) 200km　(b) 535km

(c) 1400km　(d) 2800km

图 1-1-4　根据模型 16b30 得到的地幔不同深度的
S 波速度的横向变化（Masters et al.，1996）

以 1%的间隔画出速度扰动的轮廓，黑色表示比平均值快 1%的区域。白色表示比平均值低 1%的区域。注意到在地幔的顶部和底部，速度异常是最强的，在大陆地区地幔的最上部和环太平洋周围地幔的最底部有较高的速度

以前多数讨论集中于用地震波记录来研究地球内部结构。下面讨论地震震源理论研究的一些进展。1906 年旧金山地震后，美国里德（H. F. Reid）对地震前后跨断层的测线进行了研究。他的分析导致了弹性回跳假说的诞生。1923 年中野広（H. Nakano）提出了双力偶震源理论。20 世纪 60 年代地震学家发现，全球大多数地震的震源机制与板块构造理论所预期的一致。在板块消减带，大部分表现为逆冲型的震源机制；在海岭处大多呈现正断层型的震源机制；在一些剪切转换带上大多呈现走滑型的震源机制。这与板块运动的机制是一致的。

第一个广泛用来表示地震大小的量是 1935 年里克特（C. F. Richter）对南加利福尼亚地震提出的震级标度。里克特受到天文学中星等的启发，按照观测记录振幅对数来定义地震的大小。因为里克特的标度是对数，所以里克特震级可以描述地震观测记录振幅的很大

范围的变化。在地表有感的最小地震为3级左右，而像1906年旧金山这样的大地震为8级或8级以上。为适用于不同类型的地震观测，现在根据里克特的思想提出了若干不同的震级标度系统，然而多数是经验性的，没有直接与震源性质相联系。1966年安芸敬一（K. Aki）提出了物理基础更明确的地震大小的度量，即地震矩。

近几十年，在地震活动区布设了大量的地震台网，以绘制地震活动图像。且使用了强震仪，得到大震附近不限幅的记录，并根据这些记录得到大地震断层滑动的时空分布。尽管取得了这些进展，但有关地震性质的许多基本问题，包括深震的成因，地壳断层破裂的起始、传播和停止的过程及其成因仍很不清楚。这些可能是地震物理学今后发展的重要方向。

1.2 全球地震活动分布与板块构造

对于地震研究最为重要的信息为地震发生的位置及其分布。全世界地震学家一直努力完善地震活动分布的精度。1964年前，进行地震信息搜集整理的机构为ISS，该机构将全球地震观测结果统一整理为地震目录和观测报告，1965年该机构更名为ISC（International Seismological Center），将地震观测结果发布到网站 http://www.isc.ac.uk/。登录到该网站可以在其中下载某时段、某范围的地震目录。选择该网站上的“ISC Bulletin”，采用“online web searches”可以下载其中的报告（Bulletin）、目录（Event Catalogue）、到时（Arrivals）、震源机制解（Focal Mechanism Solutions）。为了使得读者可以亲手实践做某一时段的全球地震分布，这里给出了在ISC网站上下载的1960～1965年的数据、采用MATLAB绘制的全球地震活动分布图，程序如下：

```
%P1_1.m
%用于从ISC给出的地震目录中读取事件的经纬度、深度和震级
c='cat1960_65.txt'
cmap=jet(64); %产生调色板,蓝色最小,红色最大,由蓝到红分为64个颜色值,每个颜色值由蓝、黄、红三原色的比例组成
mindep=0;      %所显示的最小深度
maxdep=720;     %所显示的最大深度
Max_Min=maxdep-mindep;     %最小深度与最大深度的差
fp=fopen(c,'r');     %以读的形式打开目录文件
worldmap([-90,90],[0,360]);     %绘制世界范围地图,前面的数据为绘图纬度范围,后面的数据为绘图经度范围
load coast;     %加载全球海岸线数据,该数据在MATLAB数据库中,加载后的lat为海岸线的纬度数据、long为海岸线的经度数据
plotm(lat,long,'k')     %用黑色线绘制海岸线
%将目录文件中的解释语句略过
for ii=1:1:21     %文本文件共有21行注释
sr=fgets(fp);     %读取打开文件的一行
end
NumEQ=0;     %地震个数计数
while 1     %这里设计一个死循环
```

```
sr = fgets(fp);   % 读取文件一行数据
file_end = feof(fp);   % 检查文件是否读到文件末尾,到末尾返回 1,否则返回 0
  if (file_end = = 1)|(sr(1 : 4) = = 'STOP'),break,end   % 如果读到文件,或者读的文本的前 4 个字符
为 STOP,则跳出循环
  NumEQ = NumEQ + 1;   % 地震个数累加
  Elat = str2num(sr(44 : 51));Elon = str2num(sr(53 : 61));Edep = str2num(sr(63 : 67)); % 从指定的位
置读取地震纬度、经度、深度
  % Emag = str2num(sr(93 : 96));   % 如果用到震级,可以读取震级信息
  Ind = fix((maxdep-Edep)/Max_Min * 64);   % 找到此深度对应的调色板序号
  if(Ind<1)  Ind = 1;  end  % 如果序号为 0,则按照序号为 1 的颜色绘图
  plotm(Elat,Elon,'.','MarkerSize',5,'Color',cmap(Ind,:))  % 用指定的颜色序号用大小为 5 的点绘制
地震
end  % 死循环结束
fclose(fp);  % 关闭文件
colorbar('location','southoutside','XTick',linspace(0,1,10),'Xticklabel',num2str(flipud([linspace
(mindep,maxdep,10)]')));
% 加上色棒,位置在图外的下方(southoutside),刻度为 10 个
% linspace(0,1,10)为将 0 和 1 之间等间隔分为 10 个值,刻度标记也为 10 个,采用最大值和最大值之间的
10 个数翻转后绘图,flipud 为
% 将后面的数据上下反转
annotation('textbox',[0.5,0.07,0.05,0.03],'String','深度/km','LineStyle','none');  % 在图例位置给
出图例的标题,不含框
s = sprintf('所用地震数目: %d',NumEQ)   % 将 NumEQ 按照 '所用地震数目: %d' 的格式写入字符串 s,由
于本句没有分号,所以将该串显示到命令窗口中
```

采用 ISC 早期 5 年得到的图形为图 1-2-1。可以看到，地震震中分布图有以下三个主要地震带：环太平洋地震带、欧亚地震带和中央海岭地震带。

环太平洋地震带：由太平洋北端的阿留申群岛开始，一支向东经美国的阿拉斯加，再转向东南沿北、南美洲西海岸。另一支则向西经堪察加半岛，再转向西南经千岛群岛至日本，然后分为两支。其中一支向南经马里亚纳群岛至伊里安岛；另一分支向西南经琉球群岛、我国的台湾省、菲律宾、印度尼西亚至伊里安岛，两支在此汇合后经所罗门、汤加至新西兰。环太平洋地震带是地球上地震活动最强烈的地带，全世界约 80％的浅源地震，90％的中源地震和几乎所有的深源地震都集中在这里。释放的能量约占全球所有地震释放能量的 76％，但其面积仅占世界地震区总面积的一半。

欧亚地震带：欧亚地震带主要分布于欧亚大陆。该带西起大西洋亚速尔群岛，经地中海北岸、伊朗、帕米尔高原和喜马拉雅地区，转向南经印度支那半岛西部至印度尼西亚再转向东，与环太平洋地震带相连，总长约 15000km。欧亚地震带的地震活动性仅次于环太平洋地震带，释放能量占全球地震释放能量的 22％，以浅源地震为主，由于它主要分布在大陆上，所以常造成很大的灾害。

中央海岭地震带：在太平洋东南部，大西洋和印度洋之间的海底山脉，也有一定数量的地震呈带状密集分布。海岭地震带的特点是宽度很窄，一般只有数十公里，海岭地震带

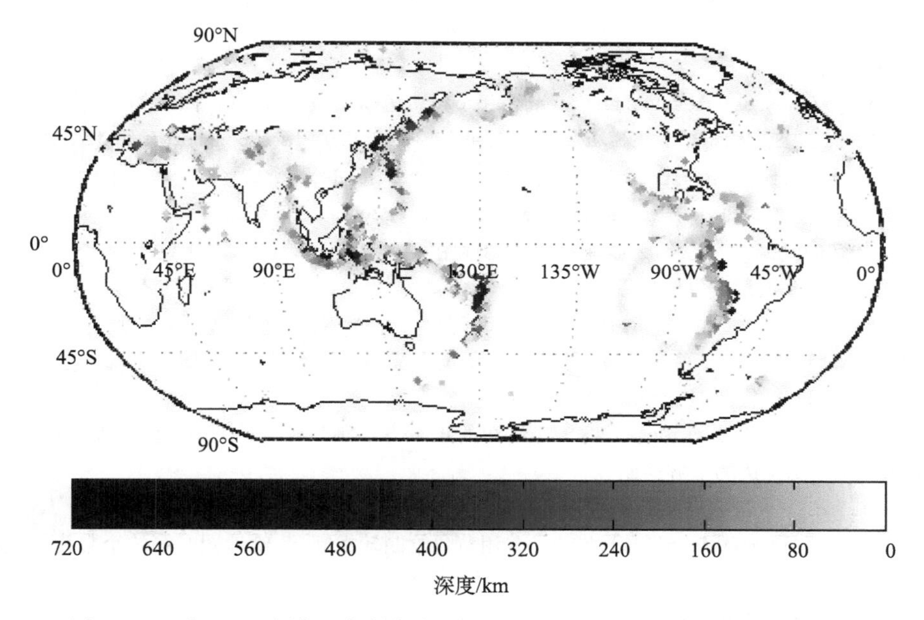

图 1-2-1 采用 ISC 早期 5 年数据得到的活动分布（请参看程序运行的彩图）

的次数虽然不少，但强度都不大，且皆为浅源地震。

除上述三大地震带外，还有一些规模比较小的大陆裂谷系地震带，它们多由一些区域性大断裂组成，有时表现为地堑形式，像东非裂谷、红海—亚丁湾—死海裂谷、贝加尔湖地堑等。此外，欧洲莱茵地堑、太平洋的夏威夷岛也是属于这类地震带，带内的地震均为浅源地震。

根据地震全球分布及其他资料，地球科学家在魏格纳（A. Wegner）的大陆漂移学说以及迪茨（R. S. Dietz）和赫斯（H. H. Hess）提出了海底扩张学说的基础上提出了板块构造学说。板块指岩石圈板块，包括整个地壳和莫霍面以下、软流圈以上的上地幔顶部。板块是岩石圈的构造单元。全球被划分为欧亚板块、太平洋板块、美洲板块、非洲板块、印度洋板块和南极板块 6 大板块；在板块中还可以分出若干次一级的小板块，美洲大板块可分为南、北美洲两个板块，菲律宾、阿拉伯半岛、土耳其等也可作为独立的小板块。板块之间的边界是大洋中脊或海岭、深海沟、转换断层和大地缝合线。这里提到的海岭，一般指大洋底的山岭。海岭实际上是海底分裂产生新地壳的地带。转换断层，是大洋中脊相互连接的断层。与在全断层线上均有相对运动的平移断层不同，转换断层只在错开的两个洋中脊之间有相对运动，而在洋中脊外侧，因运动的方向和速度均相同，断层线并无活动特征。它不是一种简单的平移断层，而是一面向两侧分裂，另一面发生水平错动，是属于另一种性质的断层，威尔逊（J. T. Wilson）称为**转换断层**（transform fault）。两大板块相撞，接触地带挤压变形，构成褶皱山脉，使原来分离的两块大陆缝合起来，叫**大地缝合线**。一般说来，在板块内部，地壳相对比较稳定，而板块与板块交界处，则是地壳比较活动的地带，这里火山、地震活动以及断裂、挤压褶皱、岩浆上升、地壳俯冲等频繁发生。

参考网站得到的各种板块边界位置得到全球范围内板块边界图（图 1-2-2）的程序如下：

```
%P1_2.m
%绘制全球板块边界
%采用网站:http://www.ig.utexas.edu/research/projects/plates/data.htm 中的数据
%参考文献:Coffin M F,Gahagan L M,Lawver L A.1998.Present-day Plate Boundary Digital Data Compila-
tion. University of Texas Institute for Geophysics Technical Report,174:5
%Peter Bird 的数据来自:http://peterbird.name/oldFTP/PB2002/
worldmap([-90,90],[0,360]);    %绘制世界范围地图
load topo;          %加载世界地形数据
[LAT,LON]=meshgrid([89.5:-1:-89.5],[0:360]);     %得到矩阵格式的经纬度
pcolorm(LAT,LON,fliplr(topo'));     %用颜色显示世界范围内的地形数据
colormap(topomap1);     %采用绘制地形的色标
colorbar('location','southoutside')    %在绘图的正下方绘制色标,其中 location 表示绘制的色标位
置,southoutside 在图外边的下方绘制
load transform.txt   %加载转换断层数据
plotm(transform(:,2),transform(:,1),'y')   %用黄色绘制转换断层,绘地图时第一个数为纬度,第二个
数为经度
load trench.txt   %加载海沟数据
plotm(trench(:,2),trench(:,1),'m')   %用洋红色绘制海沟数据
load ridge.txt  %加载海岭数据
plotm(ridge(:,2),ridge(:,1),'r')  %用红色绘制海岭数据
annotation('textbox',[0.5,0.07,0.05,0.03],'String',' 地形/m','LineStyle','none');   %在图例位置给
出图例的标题,不含框
%load pb2002_boundaries.txt   %加载 peter bird 的板块边界数据
%plotm(pb2002_boundaries(:,2),pb2002_boundaries(:,1),'g')   %用绿色绘制 Peter Bird 的板块边界
数据
%load pb2002_plates.txt  %加载 peter bird 的板块数据
%plotm(pb2002_plates(:,2),pb2002_plates(:,1),'c')   %用绿色绘制 Peter Bird 的板块数据
%load pb2002_orogens.txt   %加载 peter bird 的造山带数据
%plotm(pb2002_orogens(:,2),pb2002_orogens(:,1),'m')   %用绿色绘制 Peter Bird 的造山带数据
%fid=fopen('pb2002_poles.dat.txt','r');    %极点数据
%while 1
%s=fgets(fid);
%file_end=feof(fid);
%if(file_end==1), break, end
%textm(str2num(s(3:11)),str2num(s(12:22)),s(1:2));
%end
%fclose(fid);
```

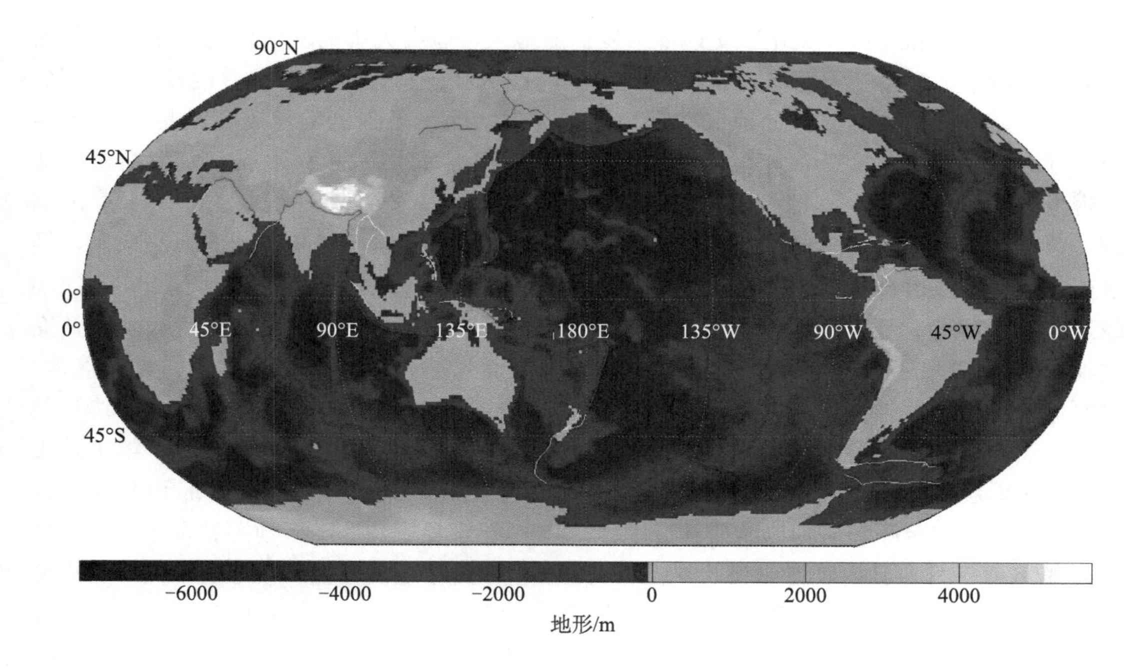

图 1-2-2 全球板块边界（据 Coffin et al.，1998，请参看程序运行的彩图）
红色表示海岭或拉张类边界，绿色表示转换断层边界，洋红表示逆冲型板块边界

与前面的地震全球分布比较，这里的板块边界数据与地震数据有很好的对应。

1.3 中国的地震分布与块体构造

中国是世界上地震分布最多的国家之一，这主要与其所处的地球动力学环境有关。中国位于欧亚板块东南部，受印度洋板块、欧亚板块、太平洋板块和菲律宾板块的夹持。同时，在其东面有环太平洋地震带的西太平洋地震带通过，西部和西南边界是欧亚地震带经过的地方。由此看来，我国处于世界上两个最活跃的地震带（环太平洋地震带和欧亚地震带）之间，有些地区本身就属于这两个地震带的组成部分，广大地区都受它们的影响。因而我国的地震活动不仅频繁而且强烈。

中国的地震活动主要分布在五个地区的多条地震带上。这五个地区是：①台湾省及其附近海域；②西南地区，主要是西藏、四川西部和云南中西部；③西北地区，主要在甘肃河西走廊、青海、宁夏、天山南北麓；④华北地区，主要在太行山两侧、汾渭河谷、阴山—燕山一带、山东中部和渤海湾；⑤东南沿海的广东、福建等地。中国的台湾省位于环太平洋地震带上，西藏、新疆、云南、四川、青海等省区位于地中海—喜马拉雅地震带上，其他省区处于相关的地震带上。

华北地震区包括河北、河南、山东、内蒙古、山西、陕西、宁夏、江苏、安徽等省的全部或部分地区。在五个地震区中，它的地震强度和频度仅次于“青藏高原地震区”，位居全国第二。由于首都圈位于这个地区内，所以格外引人关注。据统计，该地区有据可查的 8 级地震曾发生过 5 次；7～7.9 级地震曾发生过 18 次。加之它位于中国人口稠密、大城市集中，政治和经济、文化、交通都很发达的地区，地震灾害的威胁极为严重。华北地震区共分四个地震带。①郯城—营口地震带。包括从江苏宿迁至辽宁铁岭的辽宁、河北、山东、江苏等省的大部或部分地区，是中国东部大陆区一条强烈的地震活动带。1668 年山东郯城 8.5 级地震、1969 年渤海 7.4 级地震、1975 年海城 7.4 级地震就发生在这个地震带上。②华北平原地震带。南界大致位于河南新乡—安徽蚌埠一线，北界位于燕山南侧，西界位于太行山东侧，东界位于下辽河—辽东湾拗陷的西缘，向南延到天津东南，经济南东边达安徽宿州一带，是对京、津、唐地区威胁最大的地震带。1679 年河北三河 8.0 级地震、1976 年唐山 7.8 级地震就发生在这个带上。③汾渭地震带。北起河北宣化—怀安盆地、怀来—延庆盆地，向南经阳原盆地、蔚县盆地、大同盆地、忻定盆地、灵丘盆地、太原盆地、临汾盆地、运城盆地至渭河盆地，是中国东部又一个强烈地震活动带。1303 年山西洪洞 8.0 级地震、1556 年陕西华县 8.5 级地震都发生在这个带上。1998 年 1 月张北 6.2 级地震也在这个带的附近。④银川—河套地震带。位于河套地区西部和北部的银川、乌达、磴口至呼和浩特以西的部分地区。1739 年宁夏银川 8.0 级地震就发生在这个带上。1996 年 5 月 3 日内蒙古包头 6.4 级地震也发生在这个地震带上。本地震带内，历史地震记载始于公元 849 年，由于历史记载缺失较多，据已有资料，本带共记载 4.7 级以上地震 40 次左右。其中，6～6.9 级地震 9 次，8 级地震 1 次。

青藏高原地震区包括兴都库什山、西昆仑山、阿尔金山、祁连山、贺兰山—六盘山、龙门山、喜马拉雅山及横断山脉东翼诸山系所围成的广大高原地域。涉及青海、西藏、新疆、甘肃、宁夏、四川、云南全部或部分地区，以及俄罗斯、阿富汗、巴基斯坦、印度、孟加拉、缅甸、老挝等国的部分地区。本地震区是中国最大的一个地震区，也是地震活动最强烈、大地震频繁发生的地区。据统计，这里 8 级以上地震发生过 9 次，7～7.9 级地震发生过 78 次，均居全国之首。

东南沿海地震带主要包括福建、广东两省及江西、广西邻近的一小部分地区。这条地震带受与海岸线大致平行的新华夏系北东向活动断裂控制，另外，一些北西向活动断裂在形成发震条件中也起一定作用。这组北东向活动断裂从东到西分别为：长乐—诏安断裂带，政和—海丰断裂带、邵武—河源断裂带。沿断裂带发生过多次破坏性地震，如沿长乐—诏安断裂带，曾发生过 1604 年泉州海外 8 级大震和南澳附近的一系列强震；沿邵武—河源断裂带曾发生过会昌 6.0 级（1806 年）地震、河源 6.1 级（1962 年）地震和寻乌 5.8 级（1987 年）地震；政和—海丰断裂带也曾发生过破坏性地震，但总的强度比较低。

南北地震带：从中国的宁夏，经甘肃东部、四川西部，直至云南，有一条纵贯中国大陆、大致南北方向的地震密集带，被称为中国南北地震带，简称南北地震带。该带向北可延伸至内蒙古境内，向南可到缅甸。2008 年 5 月 12 日四川汶川 8.0 级地震，2013 年 4 月 20 日的芦山 7.0 级地震就发生在这一地震带上。

总的来说，中国西部地区的地震活动性比东部强。西部地震主要沿强烈隆起的青藏高原周边、横断山脉、天山南北麓、祁连山一带。东部地震则主要发生在强烈凹陷下沉的平原或断陷盆地，以及近期活动的大断裂带附近，如汾渭地堑、河北平原、郯城—庐江大断裂带等。

我国境内发生的地震绝大多数为震源在地壳中的浅源地震，中源地震分布于三处：一是台湾东部沿海，如基隆东北、宜兰及花莲以东的海里；二是西藏雅鲁藏布江以南的江孜、错那等地区；三是新疆西南部的塔什库尔干、马扎一带。深源地震仅分布在吉林省和黑龙江省东部交界处的安图、珲春、穆棱、东宁和牡丹江一带，震源深度多为400～600km。

针对中国的地震活动性及地质构造进行研究，张培震等（2003）综合前人的研究成果给出了中国及邻区的块体边界，这与有史以来的地震活动性有很好的对应（图 1-3-1）。采用邓起东院士给出的地质断层数据、张培震院士给出的块体划分数据和历史地震目录绘制研究地震分布的 MATLAB 程序如下：

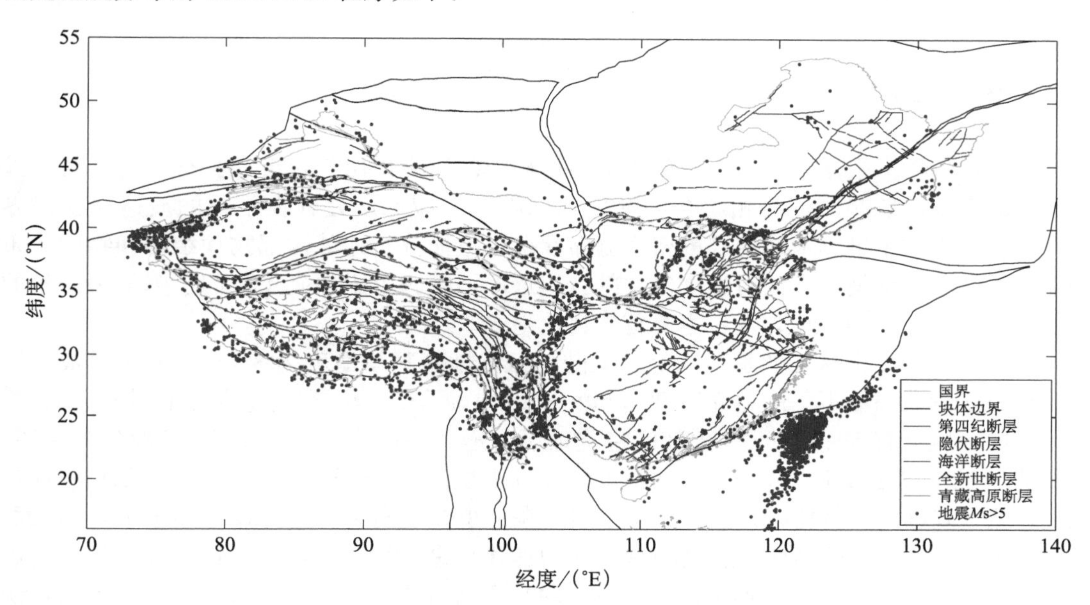

图 1-3-1 中国地震活动性分布及断层的关系（参看程序运行的彩图）

地震活动为有记录以来的 Ms>5 的地震，断层数据来自于邓起东院士所著的中国活动构造图（1∶400 万）（2007 年出版），板块边界为张培震院士研究小组给出的结果（张培震等，2003）

```
%P1_3.m
%绘制中国大地震和块体边界及断层数据
close all       %关闭所有的图形窗口
load block4mat      %加载张培震院士的块体划分模型
load quatmat.txt      %加载邓起东院士的第四纪断层数据
load hidden1mat.txt     %加载邓起东院士的隐伏断层数据
load hidden2mat.txt    %加载邓起东院士的隐伏断层数据
load holocenemat.txt    %加载邓起东院士的全新世断层数据
load marinemat.txt      %加载邓起东院士的海洋断层数据
load tibetmat.txt       %加载邓起东院士的青藏高原断层数据
load arc11format.txt     %加载中国边界数据
load ms5cat.txt           %加载有历史上 Ms>5 的地震目录
plot(arc11format(:,1),arc11format(:,2),'c',block4mat(:,1),block4mat(:,2),'k',quatmat(:,1),quat-
mat(:,2),'b',hidden1mat(:,1),hidden1mat(:,2),'r',…
marinemat(:,1),marinemat(:,2),'m',holocenemat(:,1),holocenemat(:,2),'y',tibetmat(:,1),tibetmat
```

```
(:,2),'g',ms5cat(:,8),ms5cat(:,7),'.r');
    %采用上面的数据文件绘制断层,块体边界和地震目录图
    legend('国界','块体边界','第四纪断层','隐伏断层','海洋断层','全新世断层','青藏高原断层',
'地震 Ms>5','location','Southeast')
    %给出图例,最后两个参数给出图例所处的位置
    axis([70, 140,16, 55])       %给出显示的坐标范围
    xlabel('经度/~oE')      %给 x 轴加标记
    ylabel('纬度/~oN')    %给 y 轴加标记
```

1.4 地壳

地球物理学家根据地震波在地球内部传播规律的研究得出波速分布特征，将其与实验岩石学的高温高压测试资料相结合，发现地球内部相应深度处存在不同的波速与密度界面，这些结果成了推算地球内部的密度分布状况，进而分析地球内部物理结构和物质分布特征的最基本的依据，人们对地球内部的认识逐渐清晰。由于地壳是人们了解最为清楚的区域，并且有很大的不均匀性，本节首先讨论地壳。

地壳的厚度在全球各处是不同的。大陆地区，地壳平均厚度为 35km，但横向很不均匀，如我国青藏高原下面的地壳厚度达 60～80km，而华北地区有些地方还不到 30km。海洋地壳的厚度只有 5～8km。在大陆的稳定地区，地壳厚度为 35～45km，一般分为两层。上层的 P 波速度由 5.8～6.4km/s 随深度增加到下层的 6.5～7.6km/s。但增加的情况存在很大的地区差异。有些地区，上、下层中间存在一个速度间断面，叫**康拉德**（Conrad）**面**，或 C 界面。但在另一些地区，速度随深度的增加几乎是连续的，观测不到来自 C 界面的震相。由地壳下部到地幔，波速增加一般是很快的，P 波速度由 7km/s 在几千米的深度内很快增加到 8.0～8.2 km/s。关于地壳非均匀模型，巴辛等给出了 CRUST1.0（http：//igpp-web.ucsd.edu/～gabi/crust1.html，Bassin et al.，2000）。该模型精度为 1°×1°；网格点定义在单元的中心，即纬度 5°～6°、经度 150°～151°的单元的值位于网格点（5.5°，150.5°）处。模型中的海水深度和地形数据来自于 NOAA 的 etopo1 数据：etopo1 是精度 1 弧分的全球起伏数据，crust 1.0 从中提取了地形、海水深度和冰层厚度；对这些数据做处理得到 1°精度的数据；模型中包含了地壳的类型信息；模型分为 8 层（水层、冰层、上沉积层、中沉积层、下沉积层、上地壳、中地壳、下地壳及地幔顶部）；对于每个 1°×1°的单元，给出每层的 P 波速度、S 波速度和密度。

CRUST1.0 模型的数据可以从上述网站下载。其中 getpoint1.for 为查找某一坐标点的模型文件，为方便用户，我们编译为 *.exe 文件。欲得到某点的地壳模型，运行 getCN1point _ wanre.exe，程序会出现 Dos 下运行的界面，输入纬度、经度，输入完成后，程序会对该点的模型进行查找，并将模型写入 pointmodel.dat 文件中，打开此文件即可得到该地区的地壳模型。

从该网站下载的文件还包括抽取全球地壳模型文件以方便画图。运行的全球文件存于目录中。采用这些产生的数据得到地壳厚度的 MATLAB 程序如下：

```
%P1_4.m
%绘制全球 crust1.0 所给出的地壳厚度程序
```

```
close all;    %关闭当前的所有图形
load crsthk.xyz            %加载 CRUST1.0 的地壳厚度数据
C_thk = reshape(crsthk(:,3),360,180);       %将 CRUST1.0 的数据转换为能够绘制的矩阵格式
[LAT,LON] = meshgrid([89.5:-1:-89.5],[-180:1:180]);       %得到矩阵格式的经纬度
ax= worldmap([-90,90],[0,360]);          %绘制世界地图
pcolorm(LAT,LON,C_thk);       %用颜色显示世界范围内的地壳厚度
load coast;      %加载全球海岸线数据,该数据在 MATLAB 数据库中,加载后的 lat 为海岸线的纬度数据、long 为海岸线的经度数据
plotm(lat,long,'k')    %用黑色线绘制海岸线
colorbar('location','southoutside')       %在绘图的正下方绘制色标,其中 location 表示绘制的色标位置,southoutside 在图外边的下方绘制
lakes = shaperead('worldlakes', 'UseGeoCoords', true);       %读取世界湖泊的数据,该数据也存在于 MATLAB 数据库中
geoshow(lakes, 'FaceColor', 'blue')        %用蓝色显示全世界的湖泊
rivers = shaperead('worldrivers', 'UseGeoCoords', true);     %读取世界河流数据,该数据也存在于 MATLAB 数据库中
geoshow(rivers, 'Color', 'blue')       %采用蓝色显示全世界的河流
```

运行程序得到的图形为图 1-4-1。可见，世界上地壳厚度最厚的地区为中国青藏高原和南美洲西边缘，这两个地区分别受到印度板块和太平洋板块的逆冲，致使这里的地壳增厚。

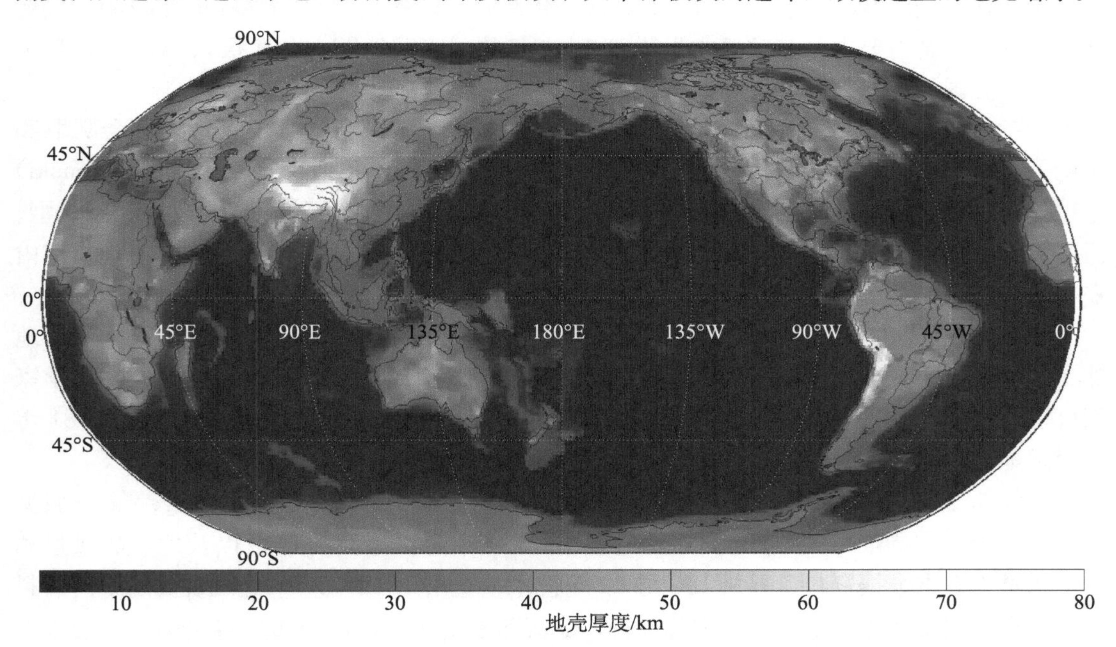

图 1-4-1 根据 CRUST1.0 给出的全球地壳厚度分布图（请参看程序运行的彩图）

1.5 全球平均速度模型

地球内部构造模型对地震学、地球物理学、天文学、大地测量学等学科研究有着重要

的意义。布伦的地球模型曾被广泛地应用（Jeffreys and Bullen，1940）。自20世纪50年代以来在文献上发表的地球模型数量大增，这使得研究者们难于决定到底选用哪一个模型为好。有时人们从一个模型中选用一些参量，从另一个模型中选用另一些参量，这有时会导致不可思议的结果。1971年在莫斯科举行的国际大地测量与地球物理联合会上讨论了这一问题，结果建立了由国际大地测量协会（IAG）和国际地震学与地球内部物理学协会（IASPEI）成员组成的“标准地球模型委员会”。其最初的工作是由几个小组分别探讨不同的专题，诸如：①流体静压平衡；②地壳；③上地幔；④下地幔D″区；⑤地核的半径；⑥地核内P波速度分布；⑦内核的密度和刚性。

在1972年数学地球物理年会上，由安德森（D. L. Anderson）、吉尔伯特（F. Gilbert）和普雷斯（F. Press）领导的三个小组发表了他们各自的模型。尽管他们所用的数据和计算方法各不相同，而得到的地核半径相差却不超过0.2%，这使人们感到建立一个标准地球模型是可能的。

1973年在利马举行的国际地震学与地球内部物理学协会的会议上，决定模仿大地测量学中的参考大地椭球体，建立一个参量化的地球模型，称为“参考模型”，但“标准地球模型委员会”的名称保持不变。

1975年在法国格勒诺布尔召开的国际大地测量与地球物理联合会的会议上，已发现由一些专题分委员会建立一个统一的地球参考模型是有困难的。于是，决定提出一个地球模型所必须满足的基准要求（guidelines），研究者们可以各自提出完整的地球模型，只要这些模型满足基准要求。基准要求发表于1976年的《美国地震学会通报》、《地球物理杂志》和《美国地球物理联合会刊》等刊物上。

1977年在达勒姆召开的国际地震学与地球内部物理学协会的会议上，委员会听取和讨论了由安德森（D. Anderson）、博尔特（B. Bolt）和杰旺斯基（A. M. Dziewonski）分别提出的模型提案。讨论后认为应该把阻尼Q值，即品质因子的影响考虑进地球模型。但鉴于Q值没有精确测定，应该建立考虑阻尼和不考虑阻尼的两个参考模型。于是指定由安德森和杰旺斯基负责提交一个初步的参考模型。

1979年在堪培拉的国际大地测量与地球物理联合会的会议上，他们提交了初步的地球参考模型。委员会决定提交到《地球和行星内部物理》杂志上去发表。全世界的科学家们可以对这模型加以评论，并应将他们的评论尽快通知杰旺斯基和安德森以期在1981年的国际地震学与地球内部物理学协会的会议上作出结论性的工作。

杰旺斯基和安德森在1980年11月提出了一份报告，以1000个自由振荡简正振型（normal mode）周期，500项走时观测的总结，100个简正振型的Q值以及地球的质量和转动惯量为基本数据资料，并从ISC的12年记录中查出1.75×10^6个走时观测的专门资料加以补充，用反演方法求出地球内部弹性，Q值和密度随半径的分布，将它称为“初步地球参考模型”，简称为PREM。这份报告发表在《地球和行星内部物理》杂志上（Dziewonski and Anderson，1981），同时也在广泛征求其他科学家的意见。

随着地震观测技术得到迅猛发展，地震台站密度和时间服务精度都有了大幅度的提高，计算方法和计算工具也有了长足进步，特别是环布全球的主要核爆炸实验场的发爆时间是严格控制的，使得地震波的观测走时有了很好的控制。1988年，国际地震学和地球内部物理学联合会（IASPEI）提出了编制新走时表的动议。许多世界知名的地球物理学家都参与了这项工作。1991年，主要基于1964～1987年24年间的地震观测资料完成了新走时表的编制，这就是IASP91模型对应的走时表（Kennett and Engdahl，1991）。为了拟合更大范围的地震震相行为，肯耐特等（Kennett et al.，1995）基于新走时表的全球地震定位结果得到了新的主要震相经验走时曲线，通过稳健程序提取了平滑走时表并进行反演得到了AK135模型。该模型的P波走时与IASP91模型的P波走时相似，但S波震相和核震相有了明显的变化，内核边界的速度梯度明显减小。

下面简述地球内部模型的共同特征。前面已经给出了地壳的速度分布。地壳底部的莫霍面之下有三个较为明显的界面将地壳之下分为几个不同的圈层结构：地幔、外核和内核。

首先介绍地幔。1914年古登堡根据地震波走时测定在2900km深度处存在一间断面，其下部分为地核，其上直至地壳底部的部分为地幔。这一间断面就是核幔界面（CMB）。与地壳、地核相比，地幔的物质密度介于前两者之间，但由于地幔的体积约占地球总体积的82%，地幔的总质量在三者中是最大的，约占地球总质量的67%。地幔可以分为上地幔（B层）、过渡层（C层）和下地幔（D层）三个部分。

上地幔（B层）又可分为次一级的三个层，即盖层（B1）、低速层（B2）和均匀层（B3）。盖层的平均P波速度为8.1km/s，为固态，它与其上部的地壳一起构成岩石圈。岩石圈地幔底界变化范围为60～220km，其下为P波速度减到平均8.0km/s的低速层（B2）。很多学者将低速层归因于物质部分熔融，认为它可能是大部分拉斑玄武岩岩浆的源区，对于上覆岩石圈构造活动和演化有重要影响。因此，地质学家又把这一层称为软流层，岩石圈和软流层是产生地质构造的主要源地，正因为如此，人们又把它们合称为构造圈。220～400km深度的上地幔下部为均匀层（B3），其中P波速度回升到8.7km/s，物质又变得致密、刚性，温度也回归至正常增长范围。

过渡层（C层）：地幔中在400km和670km深处存在两个不连续面，其间称为地幔过渡层（C层），呈固态，地震波速度随深度变化梯度大。

下地幔（D层）：地幔中自670km深处的不连续面至地幔下界面（2891km处的古登堡面）之间称为下地幔（D层），呈固态，其下部地震波速度梯度变化较大。

古登堡面以下至地心的部分称为地核，是地球的内层。地核又可以分为外核（E层）、过渡层（F层）和内核（G层）三个部分。地核与地幔的分界面，即2891km深处的古登堡面是尖锐的速度间断面，地震P波速度由地幔底部的13.7km/s突然降低到地核顶部的8.06km/s，而S波不见了，密度则由5.55g/cm^{3}升到9.90g/cm^3。外核（E层）处于液态或极为接近液态，过渡层（F层）也是液态性质，波速变化梯度小，内核（G层）则是固态的。内核和外核的分界面是丹麦地震学家莱曼（I. Lehmann）首先发现的，称为莱曼面。

关于全球分层均匀的速度模型，世界上各国科学家根据自己的研究给出了很多模型（图1-5-1），将各种模型的比较可以用下面的程序展示：

```
%P1_5
%比较不同模型的速度随深度的分布
%load wan1066a.txt   %加载1066a模型
%load wan1066b.txt   %加载1066b模型
```

```
load wanjb.txt        %加载 JB 模型
load wanak135.txt     %加载 AK135 模型
load wanalfs.txt      %加载 ALFS 模型
load wanherrin.txt    %加载 HERRIN 模型
load waniasp91.txt    %加载 IASP91 模型
load wanprem.txt      %加载 PREM 模型
%load wanpwdk.txt     %加载 PWDK 模型
load wansp6.txt       %加载 SP6 模型
%注意由于颜色种类所限,此处仅给出 7 种模型的比较,读者可以选择上面任意 7 种模型进行比较
plot(wanjb(:,2),wanjb(:,1),'r',wanalfs(:,2),wanalfs(:,1),'g',wanak135(:,2),wanak135(:,1),'b',
wanherrin(:,2),wanherrin(:,1),'k',wanprem(:,2),wanprem(:,1),'y',waniasp91(:,2),waniasp91(:,1),
'c',wansp6(:,2),wansp6(:,1),'m')
%用不同颜色的实线绘制 P 波速度随深度的变化
legend('JB','ALFS','AK135','Herrin','PREM','IASP91','SP6')    %加上图例,注意,必须与上面的曲线出现的
顺序一致
hold on    %图形保持,使得后面图形绘制基于原来所绘图形
plot(wanjb(:,3),wanjb(:,1),'r:',wanalfs(:,3),wanalfs(:,1),'g:',wanak135(:,3),wanak135(:,1),'b:',
wanherrin(:,3),wanherrin(:,1),'k:',wanprem(:,3),wanprem(:,1),'y:',waniasp91(:,3),waniasp91(:,
1),'c:',wansp6(:,3),wansp6(:,1),'m:')
%用不同颜色的虚线绘制 S 波速度随深度的变化
ylabel('深度/km');xlabel('速度/km.s^-^1')    %给 x 轴和 y 轴加上标记,^表示后面的字符为上标,但值
控制一个字符
set(gca,'YDir','reverse');
%gca 为得到当前的坐标轴(Get Current Axis 的缩写),YDir 为 Y 轴的方向,本句使 Y 轴的方向反向,默认的
向上为正,现在改为向下为正
```

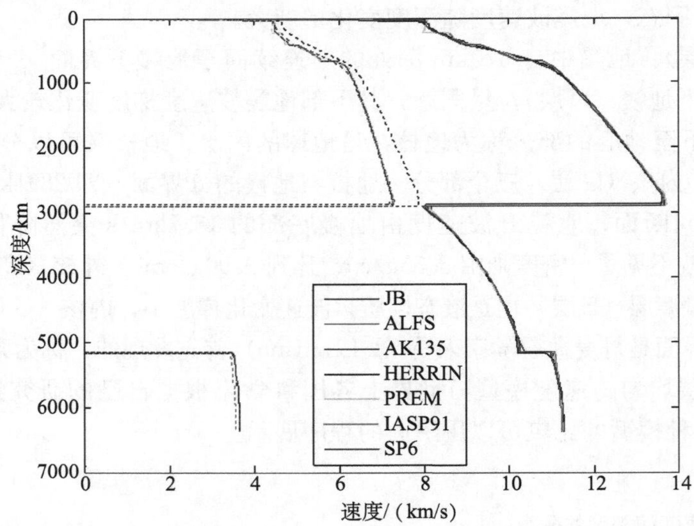

图 1-5-1　不同速度模型绘制结果的比较（请参看程序运行的彩图）

实线为 P 波速度，虚线为 S 波速度

由图 1-5-1 可以看出，各国科学家得到的速度模型差别很小。其中 PREM 模型综合了多种资料给出了多种参数的圈层分布。下面将 PREM 模型中给出的波速、密度、弹性常数、压力等的分布图全部给出。MATLAB 程序如下：

```
%P1_6.m
%绘制 PREM 模型的波速、密度、弹性常数、压力和重力
load premmodel.dat    %加载 PREM 模型数据
subplot(2,3,1)   %绘制 P 波、S 波速度结构
plot(premmodel(:,2)/1000,(6371-premmodel(:,1)),'b',premmodel(:,3)/1000,(6371-premmodel(:,
1)),'r:')
legend('P 波速度 ','S 波速度 ') %加上图例
set(gca,'YDir','reverse')
%gca 为得到当前的坐标轴(Get Current Axis 的缩写),YDir 为 Y 轴的方向,本句使 Y 轴的方向反向,默
认的向上为正,现在改为向下为正
ylabel(' 深度/km');    %加上 Y 轴的标记
xlabel(' 速度/km·s^-^1')       %加上 X 轴的标记,注意,^表示后面的字符为上标
subplot(2,3,2)     %绘制密度分布
plot(premmodel(:,4),(6371-premmodel(:,1)),'b')
set(gca,'YDir','reverse')   %使 Y 轴反向
ylabel(' 深度/km');      %加上 Y 轴的标记
xlabel(' 密度/g·cm^-^3')      %加上 X 轴的标记,注意,^表示后面的字符为上标
subplot(2,3,3)     %绘制弹性常数
plot(premmodel(:,5),(6371-premmodel(:,1)),'b',premmodel(:,6)/1000,(6371-premmodel(:,1)),'r:')
legend('Ks','\mu')        %加上图例,注意\mu 给出的是希腊字母的 μ
set(gca,'YDir','reverse')  %使 Y 轴反向
ylabel(' 深度/km');      %加上 Y 轴的标记
xlabel(' 弹性常数/GPa')      %加上 X 轴的标记
subplot(2,3,4)    %绘制地下压力
plot(premmodel(:,8),(6371-premmodel(:,1)))
set(gca,'YDir','reverse')      %使 Y 轴反向
ylabel(' 深度/km');      %加上 Y 轴的标记
xlabel(' 压力/GPa')      %加上 X 轴的标记
subplot(2,3,5)     %绘制重力分布
plot(premmodel(:,9),(6371-premmodel(:,1)))
set(gca,'YDir','reverse')      %使 Y 轴反向
ylabel(' 深度/km');      %加上 Y 轴的标记
xlabel(' 重力/m·s^-^2')      %加上 X 轴的标记,注意,^表示后面的字符为上标
```

程序运行得到的结果为图 1-5-2。

为更为直观地显示地球模型，这里给出了绘制球层分布的 MATLAB 函数。注意 MATLAB 中的函数相当于 C 语言或 Basic 语言中的子程序。一般需要主程序调用才可以运行。主程序在调用函数时将参数传递给函数，这样函数采用传递过来的参数进行操作。给出的函数 sph_vel_plot（r，para）如下：

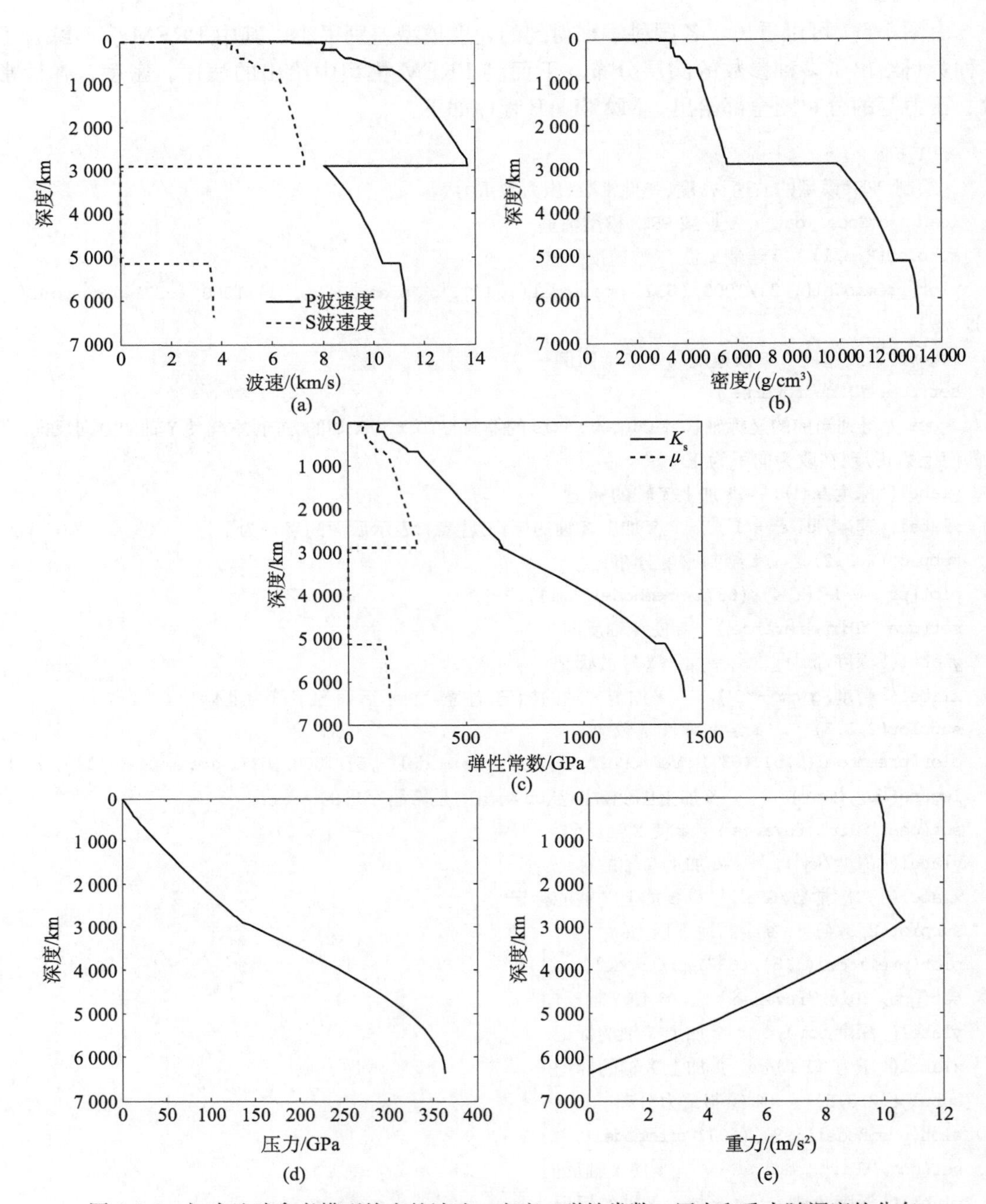

图 1-5-2 初步地球参考模型给出的波速、密度、弹性常数、压力和重力随深度的分布

```
function   [] = sph_vel_plot(r,para)
% 将全球参数结构绘制成球形分布表示的函数,function 为关键字,表示这是一个函数
% 输入: r 为地球半径,应该从大到小排列,para 为对应半径的地球参数,可以为 P 波速度、S 波速度、Qs、Qp
或其他参数
% 这里只是执行绘图不需要输出,因此输出为空
cmap = jet(64); % 制作调色板
```

```
%蓝色最小,红色最大,由蓝到红分为64个颜色值,每个颜色值由蓝、黄、红三原色的比例组成
R=6371;     %地球半径
alpha=0:0.01:2*pi;    %旋转角度
x=R*cos(alpha);y=R*sin(alpha); %绘制地球表面的直角坐标系数据
[m,n]=size(r);    %获得PREM数据的行数和列数
Premin=min(para);Premax=max(para);    %找到参数的最大值和最小值
max_min=Premax-Premin;      %得到最大值和最小值的差
hold on     %图形保持,如果没有此句,则绘制新的数据时,前面的数据会被清除
for ii=1:1:m    %对数据的每一行数据进行操作
    Indx=round((para(ii)-Premin)/max_min*64);
    %根据当前层的参数求得绘制该颜色的调色板颜色序号
    if(Indx==0) Indx=1;end      %由于没有0序号,所以如果得到0序号,则采用序号1的颜色进行
绘图
    fill(r(ii)*cos(alpha),r(ii)*sin(alpha),cmap(Indx,:),'EdgeColor',cmap(Indx,:))
    %采用颜色序号填充指定半径r(ii)的圆内区域,填充区的边缘与填充颜色相同
end  %循环结束
plot(x,y,'k');    %将地表突出出来
axis equal      %使地球为正球,而不是扁球,需要将纵横坐标的两个坐标轴刻度一致
axis off      %不显示坐标轴
caxis([Premin,Premax]);      %原来的颜色轴为[0,1],现在改为我们设置的最大值和最小值的范围,这样
绘出的颜色棒才是正确的
colorbar   %绘出颜色棒
return     %返回调用函数的程序
```

注意上面程序存盘的文件名应该与函数名一致，以.m作为文件扩展名。将上面文件存盘后，可以采用下面的程序绘制P波速度和S波速度分布。

```
%P1_7.m
%绘制PREM模型的球层分布的速度
load wanprem.txt      %加载PREM模型
r=6371-wanprem(:,1);     %地球半径,6371为地球半径,减去层的深度得到每层的半径
vp=wanprem(:,2);    %与P波半径对应的P波速度
figure(1)   %第一个图形绘制P波速度
sph_vel_plot(r,vp);    %调用速度结构参数绘制球形分布的速度
annotation('textbox',[0.80,0.894,0.2,0.05],'linestyle','none','String','速度/km.s^-^1')
%在色标上加上标记
%以下S波的计算程序按照P波速度绘制进行理解
figure(2)   %绘制S波速度
vs=wanprem(:,3);
sph_vel_plot(r,vs);    %调用速度结构参数绘制球形分布的速度
annotation('textbox',[0.80,0.894,0.2,0.05],'linestyle','none','String','速度/km·s^-^1')
%在色标上加上标记
```

运行上面的程序后，得到图1-5-3和图1-5-4。可见可以直观地显示地球内部的速度

分布。

图 1-5-3 初步地球参考模型给出的 P 波速度分布（请参看程序运行的彩图）

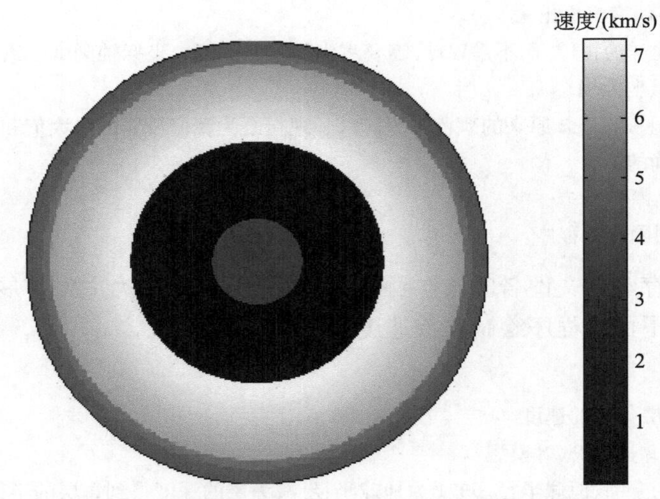

图 1-5-4 初步地球参考模型给出的 S 波速度分布（请参看程序运行的彩图）

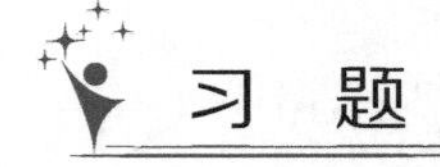

习 题

1.1.1 选择：候风地动仪发明于（ ）

A. 汉代 B. 唐代 C. 宋代 D. 春秋战国

1.1.2 判断

(1) 候风地动仪是一种验震器。（ ）

(2) 压缩波的传播速度比剪切波快。（ ）

(3) 1857 年的那不勒斯地震发生在爱尔兰。（ ）

(4) 马利特提出地震波发自于一个焦点。（ ）

(5) 第一个远距离的地震记录是1889年在波茨坦记录的日本地震。( )

(6) 伽利津研制了第一台有黏滞阻尼的地震计。( )

(7) 维歇特研制了第一台电磁式地震仪。( )

(8) 1907年，杰夫瑞斯和布伦做出了第一个被广泛应用的走时表（走时作为地震到台站距离的函数)。( )

(9) 1914年，古登堡发现了固体内核。( )

(10) 1936年，莱曼给出了对液态地核深度的第一个精确的估算（2900km)。( )

(11) 运用速度与密度的可能的定标关系和已知的地球质量及惯性矩，可以推断地球内部的密度。( )

(12) 板块在洋脊产生，在海沟处消亡。( )

(13) 1928年特纳报道了第一个令人信服的深源（深度在100km以下）地震的证据。( )

(14) 汤加地区的地震深度可达700km。( )

(15) 地球自由振荡可分为球型振荡和环型振荡。( )

(16) 地球内部的衰减情况与地球的弹性性质相联系。( )

(17) 月球上会出现深于700km的深震。( )

(18) 震级是按照观测记录振幅对数来标度的。( )

1.1.3 填空

(1) ________第一次报道在地震图上识别出P波、S波和面波，验证了地球可近似按弹性体处理的正确性。

(2) 1909年，在近地震观测中，________发现了Pn和Sn震相，证实了地壳和地幔界面的存在。

(3) 月震波形记录与地震波形记录的主要区别为________、________。

(4) 美国工程师里德根据________地震前后的跨断层测量提出了弹性回跳学说。

(5) 1923年中野广提出了________。

(6) 在板块消减带，大部分表现为________的震源机制；在海岭处大多呈现________的震源机制；在一些剪切转换带上大多呈现________的震源机制。

(7) 1966年安芸敬一提出了物理基础更明确的地震大小的度量，即________。

1.1.4 选择

(1) 首次观测到激发地球上周期近1小时振动的地震为( )

A. 1923年9月1日关东大地震　　B. 1952年11月4日堪察加地震

C. 1960年5月22日智利地震　　D. 1976年7月28日唐山大地震

(2) 至今观测到的地球本征振荡频率有( )

A. 300多个　　B. 500多个　　C. 1000多个　　D. 2000多个

(3) 采用地球自由振荡观测资料，可以用来( )

A. 研究地球内部的结构　　B. 研究地球介质的非弹性性质

C. 确定地震的震源参数　　D. 研究板块消减带细结构

(4) WWSSN始建于( )

A. 1945 年　　B. 1949 年　　C. 1953 年　　D. 1961 年

1.2.1 填空

(1) 全球的三个主要地震带为________、________、________。

(2) 地球科学家在魏格纳的________以及迪茨和赫斯提出的________学说的基础上提出了板块构造学说。

(3) 全球被划分为________、________、________、________、________和________6 大板块。

1.2.2 判断

(1) 板块构造学说的板块包括软流圈以上的上地幔顶部。( )

(2) 板块边缘的地震都延伸到 700km 左右的深处。( )

1.2.3 选择

(1) 我国的台湾岛属于 ( )

A. 环太平洋地震带　　B. 欧亚地震带

C. 中央海岭地震带　　D. 南北地震带

(2) 我国的天山地区属于 ( )

A. 环太平洋地震带　　B. 欧亚地震带

C. 中央海岭地震带　　D. 南北地震带

(3) 下列属于大陆裂谷系地震带有 ( )

A. 东非裂谷　　B. 红海—亚丁湾—死海裂谷

C. 贝加尔湖地堑　　D. 欧洲莱茵地堑

(4) 属于独立的小板块的构造有 ( )

A. 菲律宾　　B. 阿拉伯半岛　　C. 土耳其　　D. 台湾

(5) 板块的边界有 ( )

A. 大洋中脊或海岭　　B. 深海沟

C. 转换断层　　D. 大地缝合线

1.2.4 试述全球的三个主要地震带地震活动特点。

1.2.5 解释概念：(1) 转换断层；(2) 大地缝合线。

1.2.6 从 ISC 网站上下载前年和去年的地震目录资料，采用本章程序绘制地震分布。

1.2.7 改编本书中的程序，绘制博德 (P. Bird) 的全球板块边界，并与上题得到的地震分布进行对比。

1.3.1 填空：中国位于________板块，其地震分布主要受________板块、________板块和________板块的作用。

1.3.2 填空：中国的地震活动主要分布在五个区，分别是________、________、________、________和________。

1.3.3 华北地区的四个主要地震活动带为________、________、________、________。

1.3.4 填空：东南沿海地震带受与海岸线大致平行的________系的北东向活动断裂控制。这组北东向活动断裂从东到西分别为：________、________、________。

1.3.5 判断

(1) 1556年华县地震位于南北地震带上。( )

(2) 中国西部地区的地震活动比东部强。( )

1.3.6 1975年海城地震发生在( )

A. 南北地震带　　B. 郯城—营口地震带

C. 华北平原地震带　　D. 汾渭地震带

1.3.7 1303年洪洞8.0级地震发生在( )

A. 南北地震带　　B. 郯城—营口地震带

C. 华北平原地震带　　D. 汾渭地震带

1.3.8 1739年银川8.0级地震发生在( )

A. 银川—河套地震带　　B. 郯城—营口地震带

C. 华北平原地震带　　D. 汾渭地震带

1.3.9 2008年5月12日汶川8.0级地震发生( )

A. 银川—河套地震带　　B. 郯城—营口地震带

C. 南北地震带　　D. 汾渭地震带

1.3.10 填空：我国境内的中源地震分布于________、________和________。

1.3.11 填空：中国境内的深源地震分布在________。

1.3.12 采用给出的程序和数据，放大图形分析中国西北、西南、东北、东南几个区域的断层分布和地震活动分布。

1.4.1 选择

(1) 地壳的平均厚度为( )

A. 10km　　B. 20km　　C. 35km　　D. 60km

(2) 我国青藏高原的地壳厚度为( )

A. 20km　　B. 35km　　C. 60～80km　　D. 100km

(3) 华北地区的地壳厚度为( )

A. 10km　　B. 28km　　C. 60km　　D. 100km

(4) 一般海洋地壳的厚度为( )

A. 5～8km　　B. 30km　　C. 60km　　D. 100km

1.4.2 填空：世界上地壳厚度最厚的主要区域为________、________。

1.4.3 判断

(1) 康拉德界面是一个全球地层分界面。( )

(2) 地壳的厚度均大于8km。( )

1.4.4 根据Crust1.0数据绘制中国区域的地壳厚度，并给出中国境内地壳厚度分布的总结。

1.5.1 填空：地幔可分为三个部分：________、________和________。

1.5.2 填空：上地幔可分为三层：________、________和________。

1.5.3 填空：地核可分为________、________和________三部分。

1.5.4 判断

(1) 地幔的密度大于地壳的密度、小于地核的密度。(　　)

(2) 盖层的平均速度小于紧挨其下层的平均速度。(　　)

(3) 岩石圈的底界变化范围为60～220km。(　　)

(4) 岩石圈包含上地幔的盖层。(　　)

(5) 构造圈包含岩石圈和软流层。(　　)

(6) 穿过古登堡界面，地震波速度陡然下降、密度陡然上升。(　　)

(7) 穿过莱曼面，地震波速度陡然增加、密度没有明显增加。(　　)

1.5.5　选择

(1) 地幔速度不连续面有(　　)

A. 220km　　B. 400km　　C. 500km　　D. 670km

(2) 地幔中速度变化最快的层为(　　)

A. 软流层　　B. 过渡层　　C. 下地幔　　D. 盖层

1.5.6　绘制PREM模型、IASP91模型和AK135模型深度、速度曲线，分析它们之间的差别。

1.5.7　采用sph _ vel _ plot函数绘制PREM模型的密度、压力、重力加速度随深度的分布。

第 2 章　应力和应变

地震波传播的任何定量的描述，都基于固体介质的内力和变形特征的表述。现在对后面几章所需要的应力、应变理论的有关部分作简要复习。本章首先介绍应力、应变的基本概念，然后介绍应力和应变之间的联系——广义胡克定律。

介质的变形称为应变，介质不同部分之间的内力称为应力。应力和应变不是独立存在的，它们通过描述弹性固体性质的本构关系相联系。

2.1　应力

2.1.1　应力张量

任意一物体，受到外力的作用都将产生变形。用一个假想的平面把物体切开，取其一部分进行研究。截面上的内力一般不是均匀分布的。为研究截面上 P 点的内力大小，取切面上过 P 点的一个微小面积单元来考察（图 2-1-1）。设 ΔA 的法线方向为 $\boldsymbol{n}$，它上面的内力主矢量为 $\Delta\boldsymbol{F}$，ΔA 上面的平均应力可以表示为$t_{\mathrm{a}}=\dfrac{\Delta\boldsymbol{F}}{\Delta A}$。如果让 ΔA 逐渐缩小至 P 点，最后面积趋于零，则得到 $\boldsymbol{t}(\boldsymbol{n})=\lim\limits_{\Delta A\to 0}\dfrac{\Delta\boldsymbol{F}}{\Delta A}$就是过点 P、面积外法向为 $\boldsymbol{n}$ 的面上的应力。这个应力在弹性体内，不仅随着点的不同而变化，就是同一个点，由于切面的法线方向不同，也在改变。如果说“某点的应力为若干”，这是没有意义的，还必须说明过该点的切面的方向。应力 $\boldsymbol{t}(\boldsymbol{n})$ 是一个矢量，它在切面法线方向上的投影叫**正应力**或**法应力**（normal stress），在平行于切面上的投影叫**剪应力**或**切应力**（shear stress）。

在 $\boldsymbol{n}$ 相反方向的一侧施加在此面上的力与其大小相等，方向相反，即 $\boldsymbol{t}(-\boldsymbol{n})=-\boldsymbol{t}(\boldsymbol{n})$。

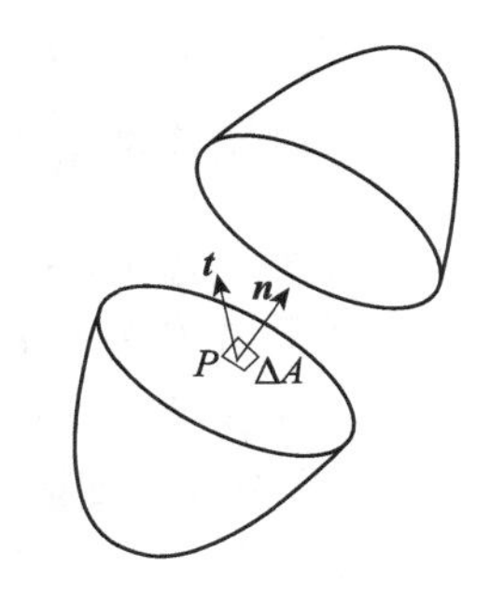

图 2-1-1　一点应力示意图

上面表示的是一个平面上的应力状态，为表示固体内部任意平面上的应力状态。为给出表示任意平面的应力状态的量（用这些量可以给出任意平面上的剪应力和正应力），通常采用以坐标轴为法向的三个面上的应力来表示。由前面可知，以 x 轴为法向的面上的应力可以投影到 x，y，z 轴方向上，即可以表示为 $\boldsymbol{t}(\boldsymbol{x})=(t_x(x),t_y(x),t_z(x))$（图 2-1-2），同样，以 y 轴为法向的面上的应力可以表示为 $\boldsymbol{t}(\boldsymbol{y})=(t_x(y),t_y(y),t_z(y))$，以 z 轴为法向的面上的应力可以表示为 $\boldsymbol{t}(\boldsymbol{z})=(t_x(z),t_y(z),t_z(z))$。将这三个互相垂直平面上的应力排列起来就组成应力

张量（stress tensor）σ，即

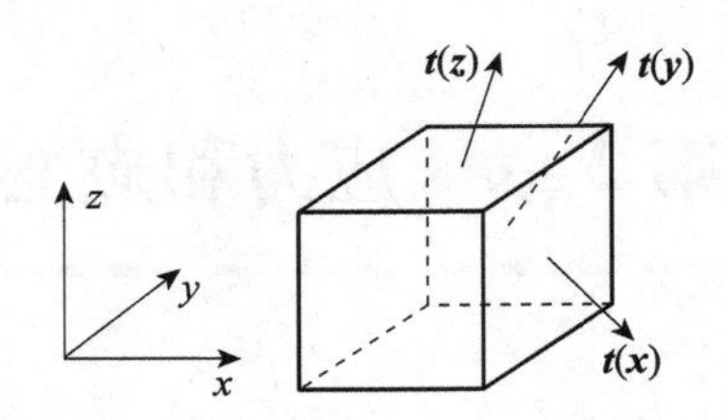

图 2-1-2　在笛卡尔坐标系里描述作用在无限小立方体面上的应力矢量 $\boldsymbol{t}(\boldsymbol{x})$，$\boldsymbol{t}(\boldsymbol{y})$，$\boldsymbol{t}(\boldsymbol{z})$。

$$\boldsymbol{\sigma}=\begin{bmatrix}\boldsymbol{t}(\boldsymbol{x})\\ \boldsymbol{t}(\boldsymbol{y})\\ \boldsymbol{t}(\boldsymbol{z})\end{bmatrix}=\begin{bmatrix}t_x(x) & t_y(x) & t_z(x)\\ t_x(y) & t_y(y) & t_z(y)\\ t_x(z) & t_y(z) & t_z(z)\end{bmatrix}=\begin{bmatrix}\sigma_{xx}\ \sigma_{xy}\ \sigma_{xz}\\ \sigma_{yx}\ \sigma_{yy}\ \sigma_{yz}\\ \sigma_{zx}\ \sigma_{zy}\ \sigma_{zz}\end{bmatrix} \tag{2-1-1}$$

式中，σ_{ij} 的第一个下角标表示面的法线方向，第二个下角标表示该面上应力的作用方向。

应力分量的符号规定如下：对于正应力，规定拉应力为正，压应力为负。对于剪应力，如果截面的外法线方向与坐标轴一致，则沿着坐标轴的正方向为正，反之为负；如果截面外法线方向与坐标轴方向相反，则沿着坐标轴反方向为正。

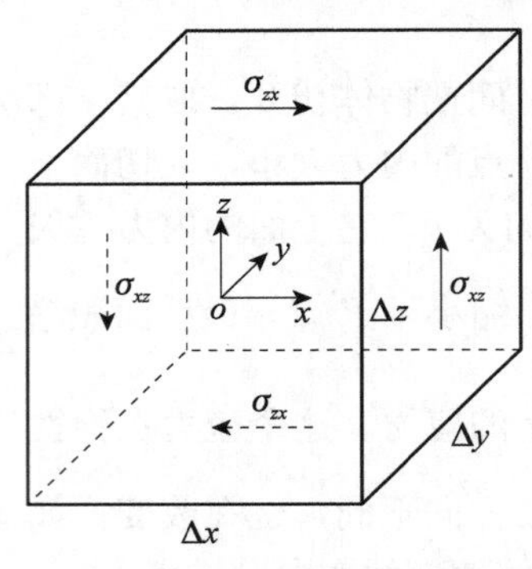

图 2-1-3　剪应力互等图示

下面讨论下角标颠倒后与颠倒前的值的关系。考虑的 xz 面上在 y 轴方向延伸单位长度 Δy 的小微元立方体（图 2-1-3），在 z 轴方向的边长为 Δz，在 x 轴方向的边长为 Δx，如图 2-1-3 所示，右边的 σ_{xz} 的外法线方向与 x 轴一致，因此沿 z 轴方向为正，而左边的 σ_{xz} 的外法线方向与 x 轴相反，逆 z 轴方向为正。σ_{zx} 的分析与此分析类似。绕 y 轴的顺时针转动力矩为 $2\sigma_{zx}S\dfrac{\Delta z}{2}=2\sigma_{zx}(\Delta x\Delta y)\dfrac{\Delta z}{2}=\sigma_{zx}\Delta z\Delta x\Delta y$，逆时针旋转的力矩为 $2\sigma_{xz}S\dfrac{\Delta x}{2}=2\sigma_{xz}(\Delta y\Delta z)\dfrac{\Delta x}{2}=\sigma_{xz}\Delta z\Delta x\Delta y$，由于弹性体内部的微元不可能发生转动，因此两者必须相等，有 $\sigma_{xz}=\sigma_{zx}$。类似地有：$\sigma_{xy}=\sigma_{yx}$，$\sigma_{yz}=\sigma_{zy}$。故应力张量是对称的，即

$$\boldsymbol{\sigma}=\boldsymbol{\sigma}^{\mathrm{T}} \tag{2-1-2}$$

应力张量只包含 6 个独立的元素，它们足以完全描述介质中一个给定点的应力状态。

2.1.2　任意一个面上的应力可以由应力张量表示

虽然一点的应力状态可以由应力张量来表示，但地震或地质断层的断层面上的受力状态往往是我们关心的问题。下面看一看如何根据应力张量得到任意截面上的应力状态。

为了说明这一问题，在 O 点用三个坐标面和一任意斜截面截取一个微分四面体单元[通常称作**柯西四面体**，以法国数学家柯西（A. L. Cauchy）命名]，斜截面的法线方向矢量为 $\boldsymbol{n}$，它的三个方向余弦分别为 n_x、n_y 和 n_z（图 2-1-4）。

设斜截面上的应力为 $\boldsymbol{p}_n$，$\boldsymbol{i}$、$\boldsymbol{j}$ 和 $\boldsymbol{k}$ 分别为三个坐标轴方向的单位矢量，$\boldsymbol{p}_n$ 在坐标轴上的投影分别为 p_x、p_y、p_z。则应力矢量可以表示为

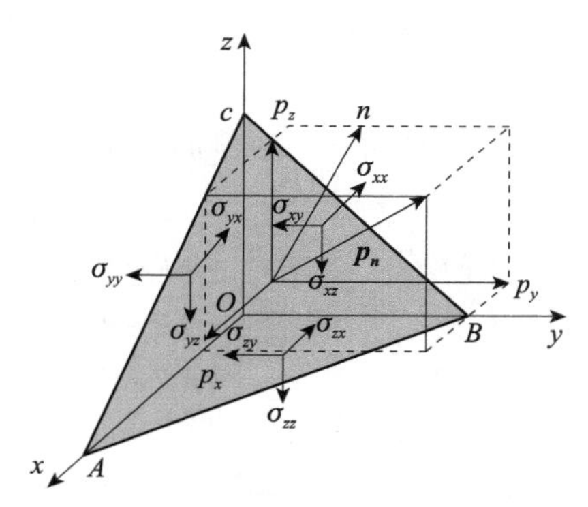

图 2-1-4　截面上应力状态示意图

$$\boldsymbol{p}_n = p_x\boldsymbol{i} + p_y\boldsymbol{j} + p_z\boldsymbol{k} \tag{2-1-3}$$

设 S 为$\triangle ABC$ 的面积，根据几何知识，两个面的夹角等于两个面法向之间的夹角。$\triangle ABC$ 在坐标轴组成平面上投影的面积为三角形面积与夹角余弦的乘积，则

$$\begin{aligned} S_{\triangle OBC} &= S\cos(\boldsymbol{n},\boldsymbol{i}) = Sn_x \\ S_{\triangle OCA} &= S\cos(\boldsymbol{n},\boldsymbol{j}) = Sn_y \\ S_{\triangle OAB} &= S\cos(\boldsymbol{n},\boldsymbol{k}) = Sn_z \end{aligned} \tag{2-1-4}$$

$\triangle ABC$ 的法线方向的单位矢量可表示为

$$\boldsymbol{n} = n_x\boldsymbol{i} + n_y\boldsymbol{j} + n_z\boldsymbol{k} \tag{2-1-5}$$

微分四面体在应力矢量和体积力作用下应满足平衡条件。由 x 方向的平衡，可得

$$\sum F_x=0,\ p_xS-\sigma_{xx}S_{\triangle OBC}-\sigma_{xy}S_{\triangle OAC}-\sigma_{xz}S_{\triangle OAB}=0 \tag{2-1-6}$$

注意，σ_{xx}，σ_{xy}，σ_{xz}取负是因为外法线方向与作用面的方向相反。将式（2-1-4）代入式 2-1-6，有

$$p_xS-\sigma_{xx}Sn_x-\sigma_{xy}Sn_y-\sigma_{xz}Sn_z=0$$

从而

$$p_x=\sigma_{xx}n_x+\sigma_{xy}n_y+\sigma_{xz}n_z \tag{2-1-7}$$

同理可得到

$$p_y=\sigma_{yx}n_x+\sigma_{yy}n_y+\sigma_{yz}n_z \tag{2-1-8}$$

$$p_z=\sigma_{zx}n_x+\sigma_{zy}n_y+\sigma_{zz}n_z \tag{2-1-9}$$

斜截面上应力的各个分量可以表示为

$$p_i=\sigma_{ij}n_j \tag{2-1-10}$$

这里用了爱因斯坦求和约定（Einstein summation convention），在处理关于坐标的方程式时非常有用。该约定是由阿尔伯特·爱因斯坦于 1916 年创立相对论时提出的。按照爱因斯坦求和约定，在同一项中，如果同一指标出现两次（这些标号称为哑指标），就表示遍历其取值范围求和，求和符号可以省略，在式（2-1-10）中的 j 为哑指标；而在每一项中只出现一次，一个公式中必须相同的指标称为自由指标，如式（2-1-10）中的 i。通常表示为 x，y，z 或 1，2，3（代表维度为 3 的欧几里德空间）。

式（2-1-10）给出了物体内一点的 9 个应力分量和任意平面上应力之间的关系，由法国科学家柯西（A. L. Cauchy）首次给出，通常称作**柯西公式**。这一关系式表明，只要有了应力分量，就能够确定一点任意截面的应力矢量。因此应力分量可以确定一点的应力状态。

由前面可知：任一个法向为 $\boldsymbol{n}$ 的平面，一个侧面作用于另一个侧面的牵引力为应力张量与 $\boldsymbol{n}$ 的乘积，即

$$\boldsymbol{t}(\boldsymbol{n})=\begin{bmatrix}t_x(\boldsymbol{n})\\t_y(\boldsymbol{n})\\t_z(\boldsymbol{n})\end{bmatrix}=\boldsymbol{\sigma n}=\begin{bmatrix}\sigma_{xx}&\sigma_{xy}&\sigma_{xz}\\\sigma_{xy}&\sigma_{yy}&\sigma_{yz}\\\sigma_{xz}&\sigma_{yz}&\sigma_{zz}\end{bmatrix}\begin{bmatrix}n_x\\n_y\\n_z\end{bmatrix}\tag{2-1-11}$$

在地震学中，总是把应力张量写成一个 3×3 的矩阵。注意到对称的要求，应力张量的独立参数由 9 个减少为 6 个，呈现为对称的二阶张量（标量为零阶张量，矢量为一阶张量，等等）。

应力张量通常随位置而变化，它是作用在固体里每一点的无限小的面上的力的度量。应力只给出了这些面由一边作用于另一边的力的度量，计量标准是单位面积上的力。然而，可能有其他作用于物体体积内的力（如重力），这些力称为**体力**（body force），计量标准是每单位体积或单位质量上的力。

2.1.3 坐标变换及脱离坐标系的任意截面上的剪应力和正应力表示

某一个截面上的受力状态应该与坐标系的选择无关，因此可以在任意坐标系中表示，在一种坐标系中的应力张量应该能转换为另外的坐标系表示。本小节研究这个问题。

假设已知在坐标系 $Oxyz$ 中，弹性体中的某点的应力状态表示为

$$\boldsymbol{\sigma}=\begin{bmatrix}\sigma_{xx}&\sigma_{xy}&\sigma_{xz}\\\sigma_{xy}&\sigma_{yy}&\sigma_{yz}\\\sigma_{xz}&\sigma_{yz}&\sigma_{zz}\end{bmatrix}\tag{2-1-12}$$

而新坐标系 $Ox'y'z'$ 与旧坐标系 $Oxyz$ 坐标轴之间的方向余弦为表 2-1-1。

表 2-1-1 新旧坐标系方向余弦关系

	x	y	z
x'	l_1	m_1	n_1
y'	l_2	m_2	n_2
z'	l_3	m_3	n_3

根据式（2-1-11）可知，以 $\boldsymbol{x}'$ 为法向的面上的应力矢量可以表示为

$$\boldsymbol{t}(\boldsymbol{x}')=\boldsymbol{\sigma x}'=\begin{bmatrix}\sigma_{xx}&\sigma_{xy}&\sigma_{xz}\\\sigma_{xy}&\sigma_{yy}&\sigma_{yz}\\\sigma_{xz}&\sigma_{yz}&\sigma_{zz}\end{bmatrix}\begin{bmatrix}l_1\\m_1\\n_1\end{bmatrix}\tag{2-1-13}$$

此应力有三个分量，将其再投影到 $\boldsymbol{x}'$ 方向即得到在新坐标系中的各分量，将应力矢量与 $\boldsymbol{x}'$ 点乘即可得到：

$$\begin{aligned}\sigma_{x'x'}&=\boldsymbol{x}'\cdot\boldsymbol{t}(\boldsymbol{x}')=\begin{bmatrix}l_1&m_1&n_1\end{bmatrix}\begin{bmatrix}\sigma_{xx}&\sigma_{xy}&\sigma_{xz}\\\sigma_{xy}&\sigma_{yy}&\sigma_{yz}\\\sigma_{xz}&\sigma_{yz}&\sigma_{zz}\end{bmatrix}\begin{bmatrix}l_1\\m_1\\n_1\end{bmatrix}\\&=l_1^2\sigma_{xx}+m_1^2\sigma_{yy}+n_1^2\sigma_{zz}+2l_1m_1\sigma_{xy}+2m_1n_1\sigma_{yz}+2n_1l_1\sigma_{xz}\end{aligned}$$

$$\sigma_{y'y'}=\boldsymbol{y}'\cdot\boldsymbol{t}(\boldsymbol{y}')=[l_2\quad m_2\quad n_2]\begin{bmatrix}\sigma_{xx}&\sigma_{xy}&\sigma_{xz}\\\sigma_{xy}&\sigma_{yy}&\sigma_{yz}\\\sigma_{xz}&\sigma_{yz}&\sigma_{zz}\end{bmatrix}\begin{bmatrix}l_2\\m_2\\n_2\end{bmatrix}$$

$$=l_2^2\sigma_{xx}+m_2^2\sigma_{yy}+n_2^2\sigma_{zz}+2l_2m_2\sigma_{xy}+2m_2n_2\sigma_{yz}+2n_2l_2\sigma_{xz}$$

$$\sigma_{z'z'}=\boldsymbol{z}'\cdot\boldsymbol{t}(\boldsymbol{z}')=[l_3\quad m_3\quad n_3]\begin{bmatrix}\sigma_{xx}&\sigma_{xy}&\sigma_{xz}\\\sigma_{xy}&\sigma_{yy}&\sigma_{yz}\\\sigma_{xz}&\sigma_{yz}&\sigma_{zz}\end{bmatrix}\begin{bmatrix}l_3\\m_3\\n_3\end{bmatrix}$$

$$=l_3^2\sigma_{xx}+m_3^2\sigma_{yy}+n_3^2\sigma_{zz}+2l_3m_3\sigma_{xy}+2m_3n_3\sigma_{yz}+2n_3l_3\sigma_{xz}$$

$$\sigma_{x'y'}=\boldsymbol{y}'\cdot\boldsymbol{t}(\boldsymbol{x}')=[l_2\quad m_2\quad n_2]\begin{bmatrix}\sigma_{xx}&\sigma_{xy}&\sigma_{xz}\\\sigma_{xy}&\sigma_{yy}&\sigma_{yz}\\\sigma_{xz}&\sigma_{yz}&\sigma_{zz}\end{bmatrix}\begin{bmatrix}l_1\\m_1\\n_1\end{bmatrix}$$

$$=l_1l_2\sigma_{xx}+m_1m_2\sigma_{yy}+n_1n_2\sigma_{zz}+(l_1m_2+l_2m_1)\sigma_{xy}$$
$$+(m_1n_2+m_2n_1)\sigma_{yz}+(l_2n_1+n_2l_1)\sigma_{xz}$$

$$\sigma_{y'z'}=\boldsymbol{z}'\cdot\boldsymbol{t}(\boldsymbol{y}')=[l_3\quad m_3\quad n_3]\begin{bmatrix}\sigma_{xx}&\sigma_{xy}&\sigma_{xz}\\\sigma_{xy}&\sigma_{yy}&\sigma_{yz}\\\sigma_{xz}&\sigma_{yz}&\sigma_{zz}\end{bmatrix}\begin{bmatrix}l_2\\m_2\\n_2\end{bmatrix}$$

$$=l_2l_3\sigma_{xx}+m_2m_3\sigma_{yy}+n_2n_3\sigma_{zz}+(l_2m_3+l_3m_2)\sigma_{xy}$$
$$+(m_2n_3+m_3n_2)\sigma_{yz}+(l_2n_3+n_2l_3)\sigma_{xz}$$

$$\sigma_{x'z'}=\boldsymbol{z}'\cdot\boldsymbol{t}(\boldsymbol{x}')=[l_3\quad m_3\quad n_3]\begin{bmatrix}\sigma_{xx}&\sigma_{xy}&\sigma_{xz}\\\sigma_{xy}&\sigma_{yy}&\sigma_{yz}\\\sigma_{xz}&\sigma_{yz}&\sigma_{zz}\end{bmatrix}\begin{bmatrix}l_1\\m_1\\n_1\end{bmatrix}$$

$$=l_1l_3\sigma_{xx}+m_1m_3\sigma_{yy}+n_1n_3\sigma_{zz}+(l_3m_1+l_1m_3)\sigma_{xy}$$
$$+(m_3n_1+m_1n_3)\sigma_{yz}+(l_1n_3+n_1l_3)\sigma_{xz}$$

所以

$$\boldsymbol{\sigma}_{i'j'}=\begin{bmatrix}l_1&m_1&n_1\\l_2&m_2&n_2\\l_3&m_3&n_3\end{bmatrix}\begin{bmatrix}\sigma_{xx}&\sigma_{xy}&\sigma_{xz}\\\sigma_{xy}&\sigma_{yy}&\sigma_{yz}\\\sigma_{xz}&\sigma_{yz}&\sigma_{zz}\end{bmatrix}\begin{bmatrix}l_1&l_2&l_3\\m_1&m_2&m_3\\n_1&n_2&n_3\end{bmatrix}=\mathbf{N}^{\mathrm{T}}\boldsymbol{\sigma}\mathbf{N}\qquad(2\text{-}1\text{-}14)$$

这里由于是矩阵相乘，采用 MATLAB 进行处理比较方便。

如果一处的应力状态为 $\sigma_{xx}=1$，$\sigma_{yy}=-1$，而其他元素为零（图 2-1-5），可以将该应力状态写成

$$\sigma=\begin{pmatrix}1&0&0\\0&-1&0\\0&0&0\end{pmatrix}\quad\text{或}\quad\sigma'=\begin{pmatrix}0&-1&0\\-1&0&0\\0&0&0\end{pmatrix}$$

将该应力状态按照图 2-1-5 的新坐标系进行转换。这里新坐标系的 $\boldsymbol{x}'$ 向量在老坐标系的表示为 [cos (deg2rad (45)), cos (deg2rad (45)), 0]，$\boldsymbol{y}'$ 向量在老坐标系的表示为 [cos (deg2rad (135)), cos (deg2rad (45)), 0]，$\boldsymbol{z}'$ 向量的方向不变，为 [0，0，1]；则采用式（2-1-13）的 MATLAB 处理的程序如下：

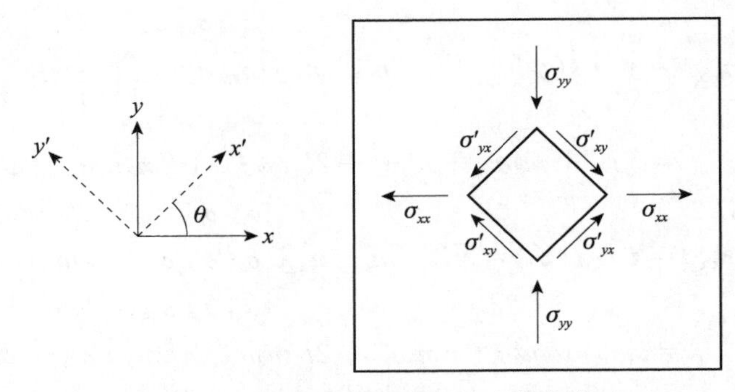

图 2-1-5　不同坐标系下的应力状态表示

```
%P2_1.m
x1 = [cos(deg2rad(45)), cos(deg2rad(45)),0];    %新坐标系 x' 轴在老坐标系中的表示,deg2rad 函数的功能是将角度变为弧度
y1 = [cos(deg2rad(135)), cos(deg2rad(45)),0]; %新坐标系 y' 轴在老坐标系中的表示
z1 = [0,0,1];                          %新坐标系 z' 轴在老坐标系中的表示
N = [x1',y1',z1'];    %组成式(2-1-12)中的 N 矩阵
S = [1,0,0;0,-1,0;0,0,0];    %应力张量在原坐标系中的表示
S1 = N'*S*N                          %采用式(2-1-12)得到应力张量在新坐标系中的表示
```

运行该段程序后得到：

```
S1 =0    -1.0000         0
   -1.0000    -0.0000         0
         0         0         0
```

研究图 2-1-5 中以新坐标轴为法向的面上的应力，可以看到上面得到的结论是正确的。

由上面的分析可知一个斜面上的正应力［特指某一面上的正应力，用 σ（$\boldsymbol{n}$）表示，或者去掉后面括号里直接用 σ］可以表示为：

$$\sigma(\boldsymbol{n}) = [n_x \quad n_y \quad n_z] \begin{bmatrix} \sigma_{xx} & \sigma_{xy} & \sigma_{xz} \\ \sigma_{xy} & \sigma_{yy} & \sigma_{yz} \\ \sigma_{xz} & \sigma_{yz} & \sigma_{zz} \end{bmatrix} \begin{bmatrix} n_x \\ n_y \\ n_z \end{bmatrix} \tag{2-1-15}$$

在该面上的最大剪应力为

$$\tau^2 = |\boldsymbol{t}(\boldsymbol{n})|^2 - [\sigma(\boldsymbol{n})]^2 \tag{2-1-16}$$

此时的正应力值和最大剪应力是脱离了坐标系表示的一个值，与坐标系的定义无关。注意，这里是该面上的最大剪应力，求某一方向的剪应力不能采用这种方式计算。

采用上面的方法得到某一面上的最大剪应力和正应力的 MATLAB 程序如下：

```
function [shear,sigma] = shearnormal(S,n)
%根据应力张量表达求解应力张量 S 在法向为 n 的面上的剪应力 shear 和正应力 sigma 的程序
%S 为应力张量,是对角线对称的 3*3 的矩阵,n 为 3*1 的矩阵,表示三维向量
%输出 shear 表示剪切应力,sigma 表示正应力
t = S*n;    %根据面法向量和应力张量得到该面上的应力矢量
```

```
sigma = n′ * t;   % 根据式(2-1-15)得到正应力
shear = sqrt(sum(t.^2) - sigma^2);    % 根据式(2-1-16)得到剪切应力,sum 函数是将所有的元素累加
起来,".^2"表示矩阵的每个元素的平方
return
```

如对图 2-1-5 中老坐标系的应力表达求解法向为新坐标系 x′轴的正应力和最大剪应力，可采如下语句：

```
% P2_2.m
S = [1,0,0;0, - 1,0;0,0,0];    % 应力张量在原坐标系中的表示,3 * 3 的对称矩阵
n = [cos(deg2rad(45)); cos(deg2rad(45));0]; % 在该坐标系下的面的外法线方向,为 3 * 1 的矩阵
[shear,sigma] = shearnormal(S,n)   % 调用程序求得面上的最大剪应力和正应力
```

运行程序，得到的结果为：shear ＝1.0000；sigma ＝ 0。根据图 2-1-5 分析可知，该结果是正确的。应该注意，这里得到的是最大剪应力，而上例求得的剪应力为某一方向的剪应力。

2.1.4　主应力和应力主轴

对任何应力张量，总是可以找到方向 $\boldsymbol{n}$，使得垂直于 $\boldsymbol{n}$ 的面上没有剪应力，也就是说，$\boldsymbol{t}$（$\boldsymbol{n}$）沿 $\boldsymbol{n}$ 方向，在这种情况下，有

$$
\begin{aligned}
&\boldsymbol{t}(\boldsymbol{n})=\sigma\boldsymbol{n}=\lambda\boldsymbol{n}，\text{即}\\
&\sigma\boldsymbol{n}-\lambda\boldsymbol{n}=\boldsymbol{0}，\text{这样有}\\
&(\sigma-\boldsymbol{I}\lambda)\boldsymbol{n}=\boldsymbol{0}
\end{aligned}
\tag{2-1-17}
$$

式中，$\boldsymbol{I}$ 为单位矩阵；λ 为标量（不要把该符号同后面将要讨论的拉梅常数相混淆）。回忆一下线性代数的本征值和本征向量的相关知识，可知，这是一个标准的本征值问题。回忆一下线性代数中本征值和本征向量的解法，只有

$$
\det[\boldsymbol{\sigma}-\boldsymbol{I}\lambda]=0 \tag{2-1-18}
$$

才有非零解。注意，在高等数学中，det［　］，是将［　］里的内容变为行列式。由于 $\boldsymbol{\sigma}$ 是对称的，元素是实数，所以本征值也是实数（参考线性代数的相关内容）。det［$\boldsymbol{\sigma}-\boldsymbol{I}\lambda$］＝0 的左端为 λ 的三次多项式，在线性代数中为矩阵的特征多项式。令其等于零，得到三个本征值 λ_1，λ_2，λ_3 的解本身。注意，得到三个本征值只是满足了方程组有非零解的条件，这并不是非零解。将这三个解分别代入式（2-1-17）的第三式就可以得到相应于三个本征值 λ_1、λ_2、λ_3 的本征矢量为 $\boldsymbol{n}^{(1)}$，$\boldsymbol{n}^{(2)}$，$\boldsymbol{n}^{(3)}$，它们是正交的，或者说这三个方向相互垂直。在弹性力学中称这三个方向为应力主轴，也就是说三个应力主轴是相互垂直的。

前面对应力张量本征值的理解已经相当清楚。下面求解本征向量，任取一个本征值$\lambda=\lambda_i$，则由方程$(\boldsymbol{\sigma}-\boldsymbol{I}\lambda_i)\boldsymbol{x}=0$，可求得非零解：$\boldsymbol{x}=(n_x^{(i)}，n_y^{(i)}，n_z^{(i)})$，这就是该本征值对应的本征向量，用同样的方法也可以求出其他两个本征值对应的本征向量，这就得到了该应力张量的三个本征向量。下面通过一个具体例子说明如何求解一个应力张量的本征值和本征向量。

设一个应力张量在北东下坐标系（通常在地震学中均定义为这样的坐标系）中为

$$
\boldsymbol{\sigma}=\begin{bmatrix}-1&2&2\\2&1&0\\2&0&1\end{bmatrix}，\text{则根据 }\det[\boldsymbol{\sigma}-\boldsymbol{I}\lambda]=\begin{bmatrix}-1-\lambda&2&2\\2&1-\lambda&0\\2&0&1-\lambda\end{bmatrix}=0，\text{得到}
$$

$$-(1+\lambda)(1-\lambda)(1-\lambda)-4(1-\lambda)-4(1-\lambda)=-(1-\lambda)(9-\lambda^2)=0$$

这样得到应力张量的本征值为 $\lambda_1=-3$，$\lambda_2=1$，$\lambda_3=3$。

当 $\lambda_1=-3$ 时，根据 $(\boldsymbol{\sigma}-\boldsymbol{I}\lambda_i)\boldsymbol{x}=\boldsymbol{0}$ 得到

$$\begin{cases}2x+2y+2z=0\\2x+4y=0\\2x+4z=0\end{cases}$$

其基础解系为 $x=1$，$y=-0.5$，$z=-0.5$，该解代表一个方向，解增加 k 倍仍为方程的解，通常将其归一化为单位向量 $\boldsymbol{v}_1=\dfrac{(1,\ -0.5,\ -0.5)}{\sqrt{1+0.5^2+0.5^2}}=(0.8165,\ -0.4082,\ -0.4082)$，这就是本征值 $\lambda_1=-3$ 的本征向量。

当 $\lambda_2=1$ 时，根据 $(\boldsymbol{\sigma}-\boldsymbol{I}\lambda_i)\boldsymbol{x}=\boldsymbol{0}$ 得到

$$\begin{cases}2y+2z=0\\2x=0\\2x=0\end{cases}$$

其基础解系为 $x=0$，$y=-1$，$z=1$。与上边一样，该解代表一个方向，解增加 k 倍仍为方程的解，将其归一化为单位向量 $\boldsymbol{v}_2=\dfrac{(0,\ -1,\ 1)}{\sqrt{2}}=\left(0,\ -\dfrac{\sqrt{2}}{2},\ \dfrac{\sqrt{2}}{2}\right)$，这就是本征值 $\lambda_2=1$ 的本征向量。

当 $\lambda_2=3$ 时，根据 $(\boldsymbol{\sigma}-\boldsymbol{I}\lambda_i)\boldsymbol{x}=\boldsymbol{0}$ 得到

$$\begin{cases}-4x+2y+2z=0\\2x-2y=0\\2x-2z=0\end{cases}$$

其基础解系为 $x=1$，$y=1$，$z=1$。与上边一样，该解代表一个方向，解增加 k 倍仍为方程的解，将其归一化为单位向量 $\boldsymbol{v}_3=\dfrac{(1,\ 1,\ 1)}{\sqrt{3}}=\left(\dfrac{\sqrt{3}}{3},\ \dfrac{\sqrt{3}}{3},\ \dfrac{\sqrt{3}}{3}\right)$，这就是本征值 $\lambda_3=3$ 的本征向量。

由上面的解可以得到，上面应力张量表示在北西上—南东下向存在压应力，方向为(1，−0.5，−0.5)，大小为3；在西下—东上向存在张应力，方向为(0，−1，1)，即与西和下的夹角均为45°，大小为1；在北东下向存在张应力，方向为(1，1，1)，即与北、东、下的夹角相等，大小为3。

在MATLAB中矩阵的本征值和本征向量的求法为：[X，D] =eig（sigma)；其中sigma为三维应力矩阵，X为三个本征向量（注意，得到的列向量为本征向量)，D为本征值矩阵。得到本征向量和本征值后，你可以采用 X′ * sigma * X 得到的结果验证是否是向量矩阵。

上面的求解可以采用下列MATLAB语句来实现：

```
S=[-1,2,2; 2,1,0; 2,0,1]; [V, D] =eig (S)
```

运行上面的语句，得到

```
V = 0.8165    0.0000    0.5774
```

```
   -0.4082   -0.7071    0.5774
   -0.4082    0.7071    0.5774
D =   -3.0000         0         0
         0    1.0000         0
         0         0    3.0000
```

经分析可知，与上面的计算结果一致。

设一个应力张量在北东下坐标系中为

$$\boldsymbol{\sigma}=\begin{bmatrix}1 & 1 & 1\\1 & 1 & 1\\1 & 1 & 1\end{bmatrix}，则根据 \det[\boldsymbol{\sigma}-\boldsymbol{I}\lambda]=\begin{bmatrix}1-\lambda & 1 & 1\\1 & 1-\lambda & 1\\1 & 1 & 1-\lambda\end{bmatrix}=0，得到$$

$$(1-\lambda)^3+2-3(1-\lambda)=\lambda^2(3-\lambda)=0$$

这样得到应力张量的本征值为 $\lambda_1=\lambda_2=0$，$\lambda_3=3$。

当 $\lambda_1=\lambda_2=0$ 时，根据 $(\boldsymbol{\sigma}-\boldsymbol{I}\lambda_i)\boldsymbol{x}=\boldsymbol{0}$ 得到

$$\begin{cases}x+y+z=0\\x+y+z=0\\x+y+z=0\end{cases}$$

可以看到，这是一个平面，在该平面中的任意方向均满足方程，可以任意选取平行于平面的方向作为本征方向。如选取 $x=1$，$y=-1$，$z=0$ 作为一个方向，该方向可以归一化为 $\boldsymbol{v}_1=\frac{(1,\ -1,\ 0)}{\sqrt{2}}=\left(\frac{\sqrt{2}}{2},\ -\frac{\sqrt{2}}{2},\ 0\right)$。但请读者注意，这里两个本征值具有相同的值，因此应该给出两个方向。一旦第一个本征方向给定，第二个本征方向选择在该平面上与前面选定的本征方向垂直即可得到第二个本征方向。假设第二个本征方向为 $\boldsymbol{v}_2=(x,\ y,\ z)$，则根据与第一个本征方向垂直（点积为零）可以得到 $\boldsymbol{v}_1\cdot\boldsymbol{v}_2=\left(\frac{\sqrt{2}}{2},\ -\frac{\sqrt{2}}{2},\ 0\right)\cdot(x,\ y,\ z)=\frac{\sqrt{2}}{2}x-\frac{\sqrt{2}}{2}y=0$，即 $x=y$。再结合第二个本征方向在 $x+y+z=0$ 的平面内，$z=-2x$，设 $x=1$，可得第二个本征方向为 $(x,\ x,\ -2x)$，其单位方向为 $\boldsymbol{v}_2=\left(\frac{\sqrt{6}}{6},\ \frac{\sqrt{6}}{6},\ -\frac{2\sqrt{6}}{6}\right)$，这就是第二个本征值的本征方向。

当 $\lambda_3=3$ 时，根据 $(\boldsymbol{\sigma}-\boldsymbol{I}\lambda_i)\boldsymbol{x}=\boldsymbol{0}$ 得到

$$\begin{cases}-2x+y+z=0\\x-2y+z=0\\x+y-2z=0\end{cases}$$

其基础解系为 $x=1$，$y=1$，$z=1$。该解代表一个方向，解增加 k 倍仍为方程的解，将其归一化为单位向量 $\boldsymbol{v}_3=\frac{(1,\ 1,\ 1)}{\sqrt{3}}=\left(\frac{\sqrt{3}}{3},\ \frac{\sqrt{3}}{3},\ \frac{\sqrt{3}}{3}\right)$，这就是本征值 $\lambda_3=3$ 的本征向量。

上面的求解可以采用下列 MATLAB 语句来实现：

```
S = [1,1,1;1,1,1;1,1,1]; [V,D] = eig(S)
```

运行上面的语句，得到

```
V =   0.4082     0.7071     0.5774
      0.4082    -0.7071     0.5774
     -0.8165          0     0.5774
D =  -0.0000          0          0
           0          0          0
           0          0     3.0000
```

经分析可知，与上面的计算结果一致。

垂直于应力主轴的平面叫做**主平面**。通过式（2-1-14），可以把 $\boldsymbol{\sigma}$ 旋转到 $\hat{\boldsymbol{n}}^{(1)}$，$\hat{\boldsymbol{n}}^{(2)}$，$\hat{\boldsymbol{n}}^{(3)}$ 为坐标轴的坐标系里：

$$\boldsymbol{\sigma}^{R}=\boldsymbol{N}^{\mathrm{T}}\boldsymbol{\sigma}\boldsymbol{N}=\begin{bmatrix}\sigma_1 & 0 & 0\\ 0 & \sigma_2 & 0\\ 0 & 0 & \sigma_3\end{bmatrix} \tag{2-1-19}$$

式中，$\boldsymbol{\sigma}^{\mathrm{R}}$ 为旋转的应力张量；σ_1，σ_2，σ_3 为主应力（与本征值 λ_1，λ_2，λ_3 相等）；$\boldsymbol{N}$ 为本征矢量矩阵：

$$\boldsymbol{N}=\begin{bmatrix}n_x^{(1)} & n_x^{(2)} & n_x^{(3)}\\ n_y^{(1)} & n_y^{(2)} & n_y^{(3)}\\ n_z^{(1)} & n_z^{(2)} & n_z^{(3)}\end{bmatrix} \tag{2-1-20}$$

$\boldsymbol{N}^{\mathrm{T}}=\boldsymbol{N}^{-1}$ 为归一化到单位长度的正交的本征矢量。

如果 $\sigma_1=\sigma_2=\sigma_3$，那么应力场处于流体静压状态，任何取向的面上均没有剪应力。在流体情况下，应力张量可写成：

$$\boldsymbol{\sigma}=\begin{bmatrix}-P & 0 & 0\\ 0 & -P & 0\\ 0 & 0 & -P\end{bmatrix} \tag{2-1-21}$$

式中，P 为压强。

对于垂直应力不变的应力状态，其水平方向不同的应力状态可以表示为

$\boldsymbol{\sigma}=\begin{bmatrix}\sigma_{xx} & \sigma_{xy} & 0\\ \sigma_{xy} & \sigma_{yy} & 0\\ 0 & 0 & \sigma_{zz}\end{bmatrix}$，其主应力方程可以表示为 $\begin{bmatrix}\sigma_{xx}-\lambda & \sigma_{xy} & 0\\ \sigma_{xy} & \sigma_{yy}-\lambda & 0\\ 0 & 0 & \sigma_{zz}-\lambda\end{bmatrix}=0$，（注意这里为行列式）或者展开为 $(\sigma_{zz}-\lambda)[\lambda^2-(\sigma_{xx}+\sigma_{yy})\lambda+(\sigma_{xx}\sigma_{yy}-\sigma_{xy}^2)]=0$，解这个方程可得到三个主应力为

$$\lambda_1=\frac{1}{2}\left[\sigma_{xx}+\sigma_{yy}+\sqrt{(\sigma_{xx}-\sigma_{yy})^2+4\sigma_{xy}^2}\right]=\sigma_1 \tag{2-1-22}$$

$$\lambda_2=\frac{1}{2}\left[\sigma_{xx}+\sigma_{yy}-\sqrt{(\sigma_{xx}-\sigma_{yy})^2+4\sigma_{xy}^2}\right]=\sigma_2 \tag{2-1-23}$$

$$\lambda_3=\sigma_{zz}=\sigma_3 \tag{2-1-24}$$

这与平面应力状态的主应力大小一致。由此可见，垂直方向的主应力 σ_3 与原来的 z 方向上的正应力 σ_{zz} 相同，垂直轴就是一个主应力轴，即 $\boldsymbol{v}_3=(0,0,1)$；而水平方向的两个主应力与原坐标系的 x 方向和 y 方向不同，假设主轴坐标系的 σ_1 与原坐标系的 x 方向夹

角为 θ，则主轴坐标系下的两个分量分别为 $\boldsymbol{v}_1=(\cos\theta, \sin\theta, 0)$和$\boldsymbol{v}_2=(-\sin\theta, \cos\theta, 0)$。图 2-1-6 平面应力转换为主轴方向图示。

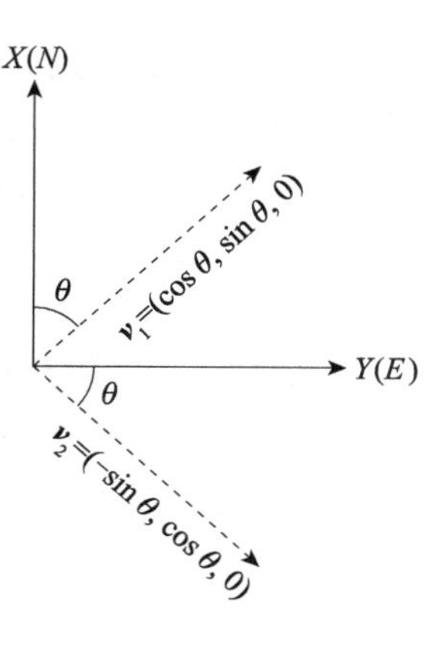

图 2-1-6 平面应力转换为主轴方向图示

这样以主轴坐标系的$\boldsymbol{v}_1$ 轴为法向的面上投影到$\boldsymbol{v}_2$ 方向上的剪应力为

$$\sigma_{x'y'}=\boldsymbol{y}'\boldsymbol{t}\ (\boldsymbol{x}')=[l_2\quad m_2\quad n_2]\begin{bmatrix}\sigma_{xx} & \sigma_{xy} & \sigma_{xz}\\ \sigma_{xy} & \sigma_{yy} & \sigma_{yz}\\ \sigma_{xz} & \sigma_{yz} & \sigma_{zz}\end{bmatrix}\begin{bmatrix}l_1\\ m_1\\ n_1\end{bmatrix}$$

$$=[-\sin\theta\quad \cos\theta\quad 0]\begin{bmatrix}\sigma_{xx} & \sigma_{xy} & 0\\ \sigma_{xy} & \sigma_{yy} & 0\\ 0 & 0 & \sigma_{zz}\end{bmatrix}\begin{bmatrix}\cos\theta\\ \sin\theta\\ 0\end{bmatrix} \tag{2-1-25}$$

$$=\frac{1}{2}(\sigma_{yy}-\sigma_{xx})\sin\ (2\theta)\ +\sigma_{xy}\cos\ (2\theta)$$

由于主轴上的剪应力必为零，因此使得式（2-1-25）为零得到

$$\tan\ (2\theta)\ =\frac{2\sigma_{xy}}{\sigma_{xx}-\sigma_{yy}}\Rightarrow\theta=\frac{1}{2}\tan^{-1}\left(\frac{2\sigma_{xy}}{\sigma_{xx}-\sigma_{yy}}\right) \tag{2-1-26}$$

求出了 θ 角，也就知道了主轴坐标系的三个方向。

由于应力的表达有很多，本书中规定，不加任何角标的 $\boldsymbol{\sigma}$ 表示应力张量，加上坐标轴角标的表示应力张量的一个元素，如 σ_{xy}，表示以 x 轴为法向的面上的 y 方向的应力，而以数字 1，2，3 为角标的表示应力张量的三个主应力（正应力）。采用 τ 表示剪应力。

2.1.5 应力值

应力以单位面积上的力为计量单位，在国际单位制（SI）中的单位是：

$$1\ 帕斯卡\ (\mathrm{Pa})\ =1\ 牛顿/米^2$$

回顾一下，1 牛顿=1 千克米秒$^{-2}$=10^5 达因。另一个普遍采用的力的单位是 bar（巴）：

$$1\mathrm{bar}\ (巴)\ =10^5\mathrm{Pa}$$

$$1\mathrm{kbar}\ (千巴)\ =10^8\mathrm{Pa}=100\mathrm{MPa}$$

$$1\mathrm{Mbar}\ (兆巴)\ =10^{11}\mathrm{Pa}=100\mathrm{GPa}\ (千兆帕)$$

如表 2-1-2 用参考模型 PREM（Dziewonski and Anderson，1981）所给出的值所示，在地球里压力随深度快速增大。在 400km 的深度，压力达到 13.4GPa，在核幔边界达 136GPa，在内核边界达 329GPa。与此对比，月球中心的压力仅为 4.8GPa，相当于在地球 150km 深度所达到的值，这是由于月球的质量小得多。

表 2-1-2 地球内部压力与深度的关系

深度/km	区域	压力/GPa
0～24	地壳	0～0.6
24～400	上地幔	0.6～13.4
400～670	过渡区	13.4～23.8
670～2891	下地幔	23.8～135.8
2891～5150	外核	135.8～328.9
5150～6371	内核	328.9～363.9

这些压力是地球内部的流体静压力。深部的剪切应力值小得多，包括与地幔对流有关的应力和由地震波传播所产生的动态应力。然而剪切应力与地震破裂和其他相关地质过程紧密相关，因此应力的量级是有争议的问题，地壳应力可能为 100～1000bar（10～100MPa)，在接近活动断层的区域，应力有降低的趋势（活动断层的作用使应力降低)。

2.2 应变张量

2.2.1 位移场表示

现在考虑怎样描述连续介质里点的位置的变化。任何一点 $\boldsymbol{r}$ 与参考点$\boldsymbol{r}_0$的相对位置都可以用一个矢量场来描述，即位移场为

$$\boldsymbol{u}(\boldsymbol{r}_0)=\boldsymbol{r}-\boldsymbol{r}_0 \tag{2-2-1}$$

式中，$\boldsymbol{r}$ 为现在的位置；$\boldsymbol{r}_0$为参考点的位置。位移场是一个重要的概念，在本书中经常涉及，它是位置变化的绝对度量。与此相对照，应变是位移场相对变化的局部度量，即位移场空间梯度的度量。应变与材料的变形或形状的变化有关，而与位置的绝对变化无关。例如，线应变是按照长度的相对变化来定义的。如果把一根 100m 长的细绳，一端固定，在另一端均匀地拉长到 101m，那么沿细绳位移场从 0m 变化到 1m。因此，在绳的任何地方，应变为 0.01（1%）的常数。

考虑离开参考位置$\boldsymbol{r}_0$一个小的距离的某一点 $\boldsymbol{r}$ 的位移$\boldsymbol{u}=(u_x, u_y, u_z)$，对 $\boldsymbol{u}$ 的每一个分量作泰勒级数展开，只取 1 阶项（忽略了二阶及以上的高阶项，因此只对小变形正确)，有

$$\begin{aligned}
u_x &= u_x(r_0)+\frac{\partial u_x}{\partial x}\mathrm{d}x+\frac{\partial u_x}{\partial y}\mathrm{d}y+\frac{\partial u_x}{\partial z}\mathrm{d}z \\
u_y &= u_y(r_0)+\frac{\partial u_y}{\partial x}\mathrm{d}x+\frac{\partial u_y}{\partial y}\mathrm{d}y+\frac{\partial u_y}{\partial z}\mathrm{d}z \\
u_z &= u_z(r_0)+\frac{\partial u_z}{\partial x}\mathrm{d}x+\frac{\partial u_z}{\partial y}\mathrm{d}y+\frac{\partial u_z}{\partial z}\mathrm{d}z
\end{aligned} \tag{2-2-2}$$

写成矩阵形式得到：

$$\boldsymbol{u}(\boldsymbol{r})=\begin{bmatrix}u_x\\u_y\\u_z\end{bmatrix}=\boldsymbol{u}(\boldsymbol{r}_0)+\begin{bmatrix}\frac{\partial u_x}{\partial x} & \frac{\partial u_x}{\partial y} & \frac{\partial u_x}{\partial z}\\ \frac{\partial u_y}{\partial x} & \frac{\partial u_y}{\partial y} & \frac{\partial u_y}{\partial z}\\ \frac{\partial u_z}{\partial x} & \frac{\partial u_z}{\partial y} & \frac{\partial u_z}{\partial z}\end{bmatrix}\begin{bmatrix}\mathrm{d}x\\ \mathrm{d}y\\ \mathrm{d}z\end{bmatrix}=\boldsymbol{u}(\boldsymbol{r}_0)+\boldsymbol{J}\boldsymbol{d} \tag{2-2-3}$$

这里 $\boldsymbol{d}=\boldsymbol{r}-\boldsymbol{r}_0$。我们可以通过把 $\boldsymbol{J}$ 分成对称和反对称部分，把刚性旋转部分分离出来：

$$\boldsymbol{J}=\begin{bmatrix}\frac{\partial u_x}{\partial x} & \frac{\partial u_x}{\partial y} & \frac{\partial u_x}{\partial z}\\ \frac{\partial u_y}{\partial x} & \frac{\partial u_y}{\partial y} & \frac{\partial u_y}{\partial z}\\ \frac{\partial u_z}{\partial x} & \frac{\partial u_z}{\partial y} & \frac{\partial u_z}{\partial z}\end{bmatrix}=\boldsymbol{e}+\boldsymbol{\Omega} \tag{2-2-4}$$

这里 $\boldsymbol{e}$ 是对称的（$e_{ij}=e_{ji}$），称为**应变张量**（strain tensor），可表达为

$$\boldsymbol{e}=\begin{bmatrix}\frac{\partial u_x}{\partial x} & \frac{1}{2}(\frac{\partial u_x}{\partial y}+\frac{\partial u_y}{\partial x}) & \frac{1}{2}(\frac{\partial u_x}{\partial z}+\frac{\partial u_z}{\partial x})\\ \frac{1}{2}(\frac{\partial u_y}{\partial x}+\frac{\partial u_x}{\partial y}) & \frac{\partial u_y}{\partial y} & \frac{1}{2}(\frac{\partial u_y}{\partial z}+\frac{\partial u_z}{\partial y})\\ \frac{1}{2}(\frac{\partial u_z}{\partial x}+\frac{\partial u_x}{\partial z}) & \frac{1}{2}(\frac{\partial u_z}{\partial y}+\frac{\partial u_y}{\partial z}) & \frac{\partial u_z}{\partial z}\end{bmatrix} \tag{2-2-5}$$

$\boldsymbol{\Omega}$ 是反对称的，可表达为

$$\boldsymbol{\Omega}=\begin{bmatrix}0 & \frac{1}{2}(\frac{\partial u_x}{\partial y}-\frac{\partial u_y}{\partial x}) & \frac{1}{2}(\frac{\partial u_x}{\partial z}-\frac{\partial u_z}{\partial x})\\ -\frac{1}{2}(\frac{\partial u_x}{\partial y}-\frac{\partial u_y}{\partial x}) & 0 & \frac{1}{2}(\frac{\partial u_y}{\partial z}-\frac{\partial u_z}{\partial y})\\ -\frac{1}{2}(\frac{\partial u_x}{\partial z}-\frac{\partial u_z}{\partial x}) & -\frac{1}{2}(\frac{\partial u_y}{\partial z}-\frac{\partial u_z}{\partial y}) & 0\end{bmatrix} \tag{2-2-6}$$

后面会发现，式（2-2-6）代表刚体的旋转，称为**旋转张量**。读者可对 $\boldsymbol{e}+\boldsymbol{\Omega}=\boldsymbol{J}$ 作检验。

2.2.2　应变的物理解释

为何将式（2-2-4）分解为式（2-2-5）和式（2-2-6）两部分？这样的分解有何物理意义？下面主要研究这个问题。

为简单起见，考虑平面的几何问题来讨论形变分量和位移之间的关系。如图 2-2-1 所示，经过弹性体内的任意一点 P，沿 x 轴和 y 轴的正方向取两个微小长度的线段 $PA=\mathrm{d}x$，$PB=\mathrm{d}y$。假定弹性体受力后，P，A，B 分别移到 P'，A'，B'。

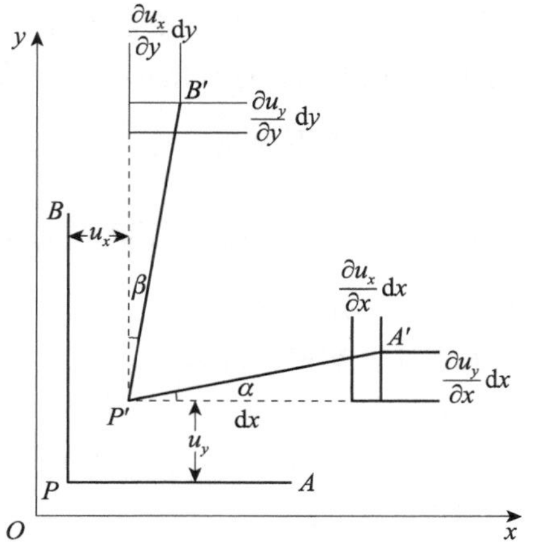

图 2-2-1　物体变形与应变的关系

首先考察线段 PA 和 PB 的线应变，设 P 在 x 方向的位移为 u_x，在 y 方向的位移为 u_y，则 A 点在 x 方向的位移将是 $u_x+\frac{\partial u_x}{\partial x}\mathrm{d}x$，在 y 方向的位移为 $u_y+\frac{\partial u_y}{\partial x}\mathrm{d}x$；$B$ 点在 x 方向的位移为 $u_x+\frac{\partial u_x}{\partial y}\mathrm{d}y$，在 y 方向的位移为 $u_y+\frac{\partial u_y}{\partial y}\mathrm{d}y$。固体力学中将变形体内的某一线段的长度变化量与原长度之比称为**线应变**（longitudinal strain）。线应变是无量纲的（dimensionless）。线段 PA 的线应变为其伸长量 $\frac{\partial u_x}{\partial x}\mathrm{d}x$ 与其原长度 $\mathrm{d}x$ 之比，即 $\frac{\partial u_x}{\partial x}$。这里 A 点相对于 P 点在 y 方向的位移增量为高一阶微量，故未考虑。同理，线段 PB 的线应变为 $\frac{\partial u_y}{\partial y}$。

对于上述二维情况，若以 PA、PB 看作是矩形的两个边，其面积为 $\mathrm{d}x\mathrm{d}y$，则变形后的 $P'A'$ 的长度为 $\mathrm{d}x+\frac{\partial u_x}{\partial x}\mathrm{d}x$（忽略其高阶微量），$P'B'$ 的长度为 $\mathrm{d}y+\frac{\partial u_y}{\partial y}\mathrm{d}y$（忽略其高阶微量），则微元的面积趋于零时，面积增量与原来面积之比的极限为

$$\frac{S-S_0}{S_0}=\frac{\left(\mathrm{d}x+\frac{\partial u_x}{\partial x}\mathrm{d}x\right)\left(\mathrm{d}y+\frac{\partial u_y}{\partial y}\mathrm{d}y\right)-\mathrm{d}x\mathrm{d}y}{\mathrm{d}x\mathrm{d}y}\approx\frac{\partial u_x}{\partial x}+\frac{\partial u_y}{\partial y} \tag{2-2-7}$$

固体力学中，将变形面的面积变化量与原来面积之比称为**面应变**（area strain）。对于二维情况，式（2-2-7）就表示了面应变（图 2-2-2）。

同样地，对于三维情况，可以得到体积增量和原来体积之比的极限为：

$$\frac{V-V_0}{V_0}=\frac{\left(\mathrm{d}x+\frac{\partial u_x}{\partial x}\mathrm{d}x\right)\left(\mathrm{d}y+\frac{\partial u_y}{\partial y}\mathrm{d}y\right)\left(\mathrm{d}z+\frac{\partial u_z}{\partial z}\mathrm{d}z\right)-\mathrm{d}x\mathrm{d}y\mathrm{d}z}{\mathrm{d}x\mathrm{d}y\mathrm{d}z}\approx\frac{\partial u_x}{\partial x}+\frac{\partial u_y}{\partial y}+\frac{\partial u_z}{\partial z}=\mathrm{div}\boldsymbol{u} \tag{2-2-8}$$

式（2-2-8）与式（2-2-5）的对角线元素之和一致，可表示为 $\Theta=\frac{\partial u_x}{\partial x}+\frac{\partial u_y}{\partial y}+\frac{\partial u_z}{\partial z}=\mathrm{tr}\,[\boldsymbol{e}]=\nabla\cdot\boldsymbol{u}$，固体力学中称为**体应变**（volumetric strain）。在线性代数中表示的 $\mathrm{tr}\,[\boldsymbol{e}]=e_{xx}+e_{yy}+e_{zz}$ 是 $\boldsymbol{e}$ 的迹（trace）。膨胀或收缩的体积相对变化是由位移场的散度给出的。

现在考察线段 PA 与 PB 之间的直角的改变，该改变量有两部分贡献：一部分为由 y 方向的位移 u_y 引起的，即 x 方向的线段 PA 的转角 α，另一部分为由 x 方向的位移 u_x 引起的，即 y 方向的线段 PB 的转角 β，由图 2-2-1 的关系不难看出：$\alpha\approx\tan\alpha=\frac{\partial u_y}{\partial x}$，$\beta\approx\tan\beta=\frac{\partial u_x}{\partial y}$。在三维情况下也具有同样道理。因此 $\boldsymbol{e}$ 矩阵中的对角线元素为线应变，非对角线元素为线段偏转角度的平均值（采用弧度表示）。

下面考察旋转张量部分，在高等数学中旋度表示为

$$\mathrm{rot}\boldsymbol{u}=\nabla\times\boldsymbol{u}=\begin{vmatrix}\boldsymbol{i} & \boldsymbol{j} & \boldsymbol{k}\\ \frac{\partial}{\partial x} & \frac{\partial}{\partial y} & \frac{\partial}{\partial z}\\ u_x & u_y & u_z\end{vmatrix}=\left(\frac{\partial u_z}{\partial y}-\frac{\partial u_y}{\partial z}\right)\boldsymbol{i}+\left(\frac{\partial u_x}{\partial z}-\frac{\partial u_z}{\partial x}\right)\boldsymbol{j}+\left(\frac{\partial u_y}{\partial x}-\frac{\partial u_x}{\partial y}\right)\boldsymbol{k} \tag{2-2-9}$$

为了明确式（2-2-9）的物理意义，考察下面的情况。参考图 2-2-3，一个质点 $P(y, z)$ 向逆时针方向扭转到 $P'(y, z)$，扭转一个微元角度 ω_x，若其扭转半径为 r，PP' 的长度为 $r\omega_x$，由于扭转角度很小，可以认为 PP' 垂直于矢径 $\boldsymbol{r}$。由于 $\angle PP'A$ 的两边与 α 角两边相互垂直，因此 $\angle PP'A=\alpha$。根据几何关系可得到：

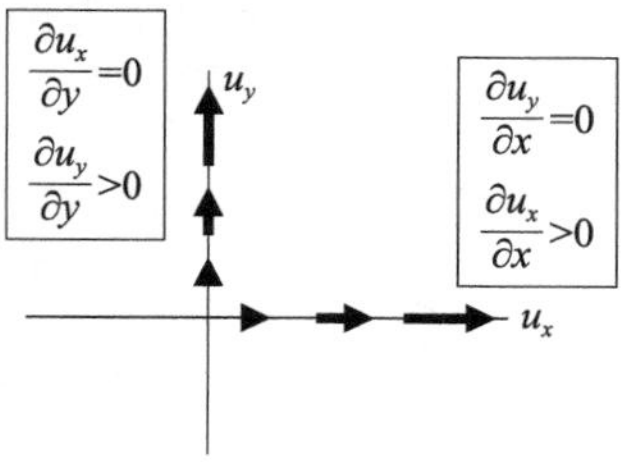

$$y = r\cos\alpha, z = r\sin\alpha \tag{2-2-10}$$

图 2-2-2　面应变图示

P 点的位移为

$$u_y = \overline{BP} = -r\omega_x \sin\alpha = -z\omega_x \tag{2-2-11}$$

$$u_z = \overline{BP'} = r\omega_x \cos\alpha = y\omega_x \tag{2-2-12}$$

将其分别对 y 及 z 微分，代入下式得

$$\frac{1}{2}\left(\frac{\partial u_z}{\partial y} - \frac{\partial u_y}{\partial z}\right) = \omega_x \tag{2-2-13}$$

因此，式（2-2-9）中的矢量在 x 方向的投影 $\left(\frac{\partial u_z}{\partial y}-\frac{\partial u_y}{\partial z}\right)$ 表示位移场绕 x 轴的旋转量的 2 倍。同理，$\left(\frac{\partial u_x}{\partial z}-\frac{\partial u_z}{\partial x}\right)$ 表示位移场绕 y 轴的旋转量的 2 倍，$\left(\frac{\partial u_y}{\partial x}-\frac{\partial u_x}{\partial y}\right)$ 表示位移场绕 z 轴的旋转量的 2 倍，这正是式（2-2-6）的几个元素，于是反对称的旋转张量式（2-2-6）表示了刚体旋转的度量。

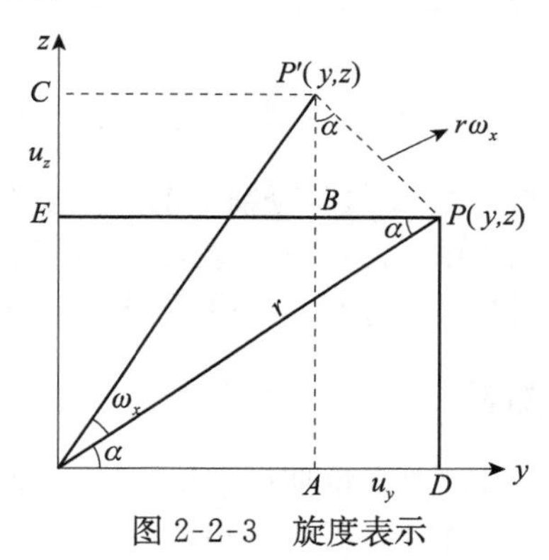

图 2-2-3　旋度表示

为对旋度有更清楚的理解，考察绕 z 轴的旋转。图 2-2-4 中，沿 x 轴的 u_y 分量逐渐增加，有 $\frac{\partial u_y}{\partial x}>0$，而在 y 轴上，u_x 分量逐渐减小，有 $\frac{\partial u_x}{\partial y}<0$，因此，$(\nabla\times u)_z=\frac{\partial u_y}{\partial x}-\frac{\partial u_x}{\partial y}>0$，这正是绕 z 轴的旋转。

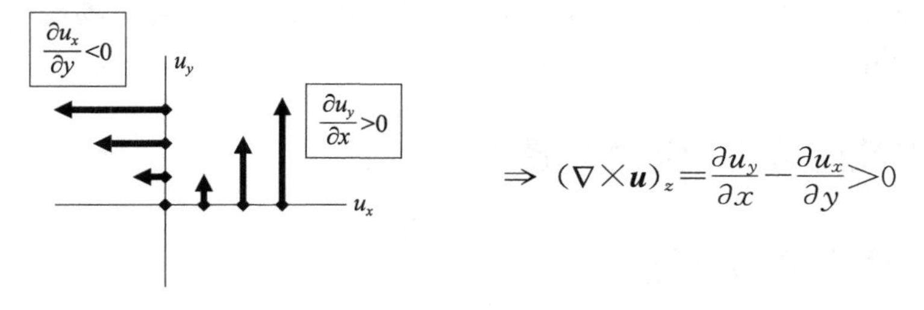

图 2-2-4　绕 z 轴的旋度示意图

下面以二维应变为例列举几种应变状态（图 2-2-5），以此可以理解不同应变状态下的变形。

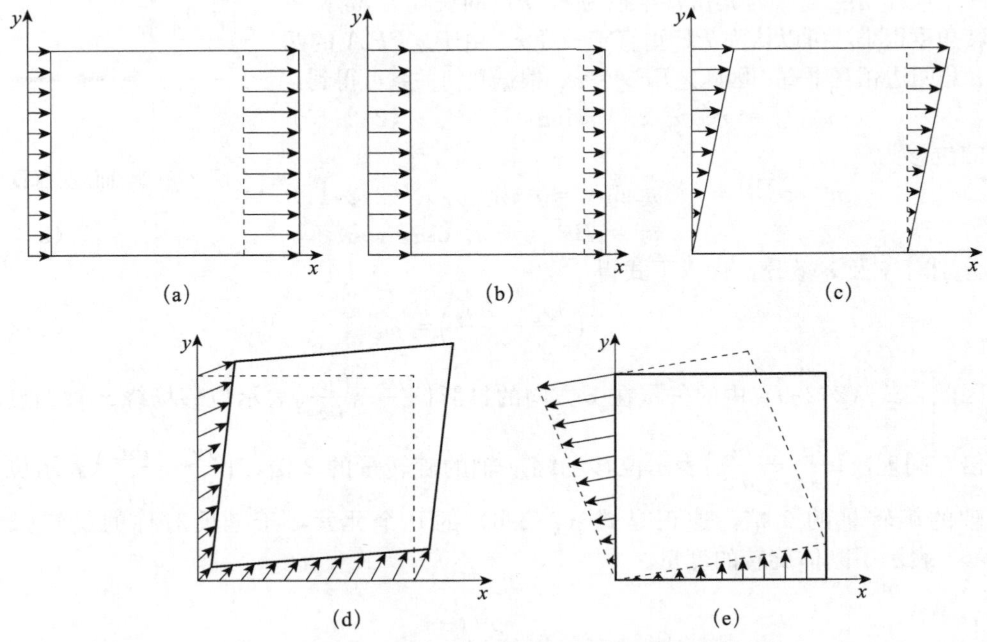

图 2-2-5　二维情况下不同应变状态的变形举例

由此可知，矩阵 $\boldsymbol{e}$ 的对角线元素表示对应轴上的长度变化与原长度的比值（线段的相对变化，线应变），对角线元素之和（即散度）表示了体积变化与原体积的比值（体积的相对变化，体应变），而 $\boldsymbol{\Omega}$ 的元素表示了沿某一轴旋转的旋转角度。

2.2.3　本征值和本征向量

在式（2-2-5）可以看到，像应力张量那样，应变张量是对称的，包含 6 个独立参数。仿照主应力和主轴的分析［式（2-1-17）］，可以找到应变主轴方向 $\boldsymbol{n}$，即

$$\lambda\boldsymbol{n}=\boldsymbol{en},\ (\boldsymbol{e}-\lambda\boldsymbol{I})\ \boldsymbol{n}=0 \tag{2-2-14}$$

这里主应变和应变主轴的意义可以仿照应力张量的形式自然得知，在此不再赘述。

在下节将发现用脚标符号有助于表达应变张量。式（2-2-5）可写成：

$$e_{ij}=\frac{1}{2}\left(\frac{\partial u_i}{\partial x_j}+\frac{\partial u_j}{\partial x_i}\right)(i,j=x,y,z) \tag{2-2-15}$$

由于应变表示长度变化量除以原长度，故应变是无量纲的。与远场地震波通过相联系的动态应变，基本上小于10^{-6}。

2.3　线性的应力-应变关系

2.3.1　弹性参数的引入

在弹性介质中，应力和应变通过应力-应变的本构关系联系起来。应力张量和应变张

量之间最一般的线性关系可以写成：

$$\sigma_{ij} = c_{ijkl}e_{kl} = \sum_{k=x,z}\sum_{l=x,z} c_{ijkl}e_{kl} \tag{2-3-1}$$

式中，c_{ijkl} 为**弹性张量**。式（2-3-1）假定是完全弹性的，在应力作用下，材料发生变形时，能量没有损失和衰减（否则需采用复数 c_{ijkl} 来模拟）。除了第 9 章，本书不考虑非弹性状态和衰减。

弹性常数是一个有 81 个（3^4）元素的四阶张量。然而，由于应力张量和应变张量的对称性，它们各自只有 6 个分量，此时，$c_{ijkl} = c_{jikl} = c_{ijlk} = c_{jilk}$。因此应力分量和应变分量之间的表达式可以表示为

$$\begin{cases}
\sigma_{xx} = c_{xxxx}e_{xx} + c_{xxyy}e_{yy} + c_{xxzz}e_{zz} + c_{xxxy}e_{xy} + c_{xxyz}e_{yz} + c_{xxxz}e_{xz} \\
\sigma_{yy} = c_{yyxx}e_{xx} + c_{yyyy}e_{yy} + c_{yyzz}e_{zz} + c_{yyxy}e_{xy} + c_{yyyz}e_{yz} + c_{yyxz}e_{xz} \\
\sigma_{zz} = c_{zzxx}e_{xx} + c_{zzyy}e_{yy} + c_{zzzz}e_{zz} + c_{zzxy}e_{xy} + c_{zzyz}e_{yz} + c_{zzxz}e_{xz} \\
\sigma_{xy} = c_{xyxx}e_{xx} + c_{xyyy}e_{yy} + c_{xyzz}e_{zz} + c_{xyxy}e_{xy} + c_{xyyz}e_{yz} + c_{xyxz}e_{xz} \\
\sigma_{yz} = c_{yzxx}e_{xx} + c_{yzyy}e_{yy} + c_{yzzz}e_{zz} + c_{yzxy}e_{xy} + c_{yzyz}e_{yz} + c_{yzxz}e_{xz} \\
\sigma_{xz} = c_{xzxx}e_{xx} + c_{xzyy}e_{yy} + c_{xzzz}e_{zz} + c_{xzxy}e_{xy} + c_{xzyz}e_{yz} + c_{xzxz}e_{xz}
\end{cases} \tag{2-3-2}$$

式（2-3-2）只有 36 个弹性常数。可以证明，对于一个保守系统（即无能量损失）：$c_{xxyy} = c_{yyxx}$，$c_{xxzz} = c_{zzxx}$，$c_{yyzz} = c_{zzyy}$，$c_{xyxz} = c_{xzxy}$，$c_{xyyz} = c_{yzxy}$，$c_{xzyz} = c_{yzxz}$，$c_{xxxy} = c_{xyxx}$，$c_{xxxz} = c_{xzxx}$，$c_{xxyz} = c_{yzxx}$，$c_{yyxy} = c_{xyyy}$，$c_{yyxz} = c_{xzyy}$，$c_{yyyz} = c_{yzyy}$，$c_{zzyx} = c_{yxzz}$，$c_{xxxz} = c_{xzzz}$，$c_{zzyz} = c_{yzzz}$（证明从略）。因此对于极端的各向异性介质，独立的弹性参数为 21 个，这些元素只有 21 个是独立的。这 21 个元素是确定弹性固体的最一般形式的应力-应变关系所必须的。

如果固体的性质随方向变化，就称这种介质是**各向异性**（anisotropic）的。与此相反，**各向同性**（isotropic）的固体在所有方向的性质是相同的。

对地球内部，大多数情况下，各向同性是合适的一级近似。但在一些地区观测到各向异性，这是现代地震学研究的一个重要领域。

如果作了各向同性的假定，独立参数减至 2 个：λ 和 μ，在弹性力学中统称为介质的**拉梅常数**（Lamé constant）。

$$c_{ijkl} = \lambda\delta_{ij}\delta_{kl} + \mu(\delta_{ik}\delta_{jl} + \delta_{il}\delta_{jk}) \tag{2-3-3}$$

其中，$\delta_{ij} = \begin{cases} 1 & i=j \\ 0 & i\neq j \end{cases}$，后面的讲解还要用到这种表示。

可见，$c_{xxxx} = c_{yyyy} = c_{zzzz} = \lambda + 2\mu$，$c_{xxyy} = c_{xxzz} = c_{yyzz} = \lambda$，$c_{xzxz} = c_{xyxy} = c_{yzyz} = \mu$，$c_{xxxy} = c_{xxxz} = c_{xxyz} = c_{yyxy} = c_{yyxz} = c_{yyyz} = c_{zzxy} = c_{xxxz} = c_{zzyz} = 0$，$c_{xyxz} = c_{xyyz} = c_{xzyz} = 0$。

在第 3 章讨论中可以看到拉梅常数及介质的密度将最终确定介质的地震波速度。对各向同性固体，应力-应变方程为

$$\sigma_{ij} = [\lambda\delta_{ij}\delta_{kl} + \mu(\delta_{il}\delta_{jk} + \delta_{ik}\delta_{jl})]e_{kl} = \lambda\delta_{ij}e_{kk} + 2\mu e_{ij} \tag{2-3-4}$$

用 $e_{ij} = e_{ji}$ 合并含有 μ 的项，为 $2\mu e_{ij}$。$e_{kk} = tr[\boldsymbol{e}]$ 是 $\boldsymbol{e}$ 的对角线元素的和。式（2-3-4）又称为**广义胡克定律**（generalized Hooke's law）。采用式（2-3-4），根据应变张量可直接写出应力张量：

$$\boldsymbol{\sigma} = \begin{bmatrix} \lambda \mathrm{tr}[\boldsymbol{e}] + 2\mu e_{xx} & 2\mu e_{xy} & 2\mu e_{xz} \\ 2\mu e_{yx} & \lambda \mathrm{tr}[\boldsymbol{e}] + 2\mu e_{yy} & 2\mu e_{yz} \\ 2\mu e_{zx} & 2\mu e_{zy} & \lambda \mathrm{tr}[\boldsymbol{e}] + 2\mu e_{zz} \end{bmatrix} \tag{2-3-5}$$

这两个拉梅常数完全描述了各向同性固体里的线性的应力-应变关系（又称为**本构关系**，constitutive relation）。μ 叫做**剪切模量**（shear modulous），是介质抗剪切的度量。它的值是所作用的剪切应力与所导致的剪应变比率的一半，即 $\mu=\sigma_{xy}/2e_{xy}$（这里的 2 与应变张量式（2-2-5）的 1/2 有关）。另一个拉梅常数 λ，没有简单的物理解释。有很多描述各向同性固体的普遍使用的弹性参数，并且大多具有特定的物理意义。

已知两个拉梅常数，可以用下面的程序给出应力张量：

```
function[sigma] = strain2stress(e,lamada,miu)
% 各向同性、完全弹性介质中根据应变计算应力的程序
% 输入:e 为应变张量,lamada 为拉梅常数,miu 为剪切模量
% 输出:sigma 为应力张量
ekk = sum(diag(e)); % diag 函数为找到输入矩阵的对角线元素,sum 函数为将所有对角线元素加起来,此句还可以采用 ekk = trace(e)来代替
sigma = lamada * eye(3,3) * ekk + 2 * miu * e;
% 注意:eye(3,3)为产生一个对角线元素为 1,其他元素为零的矩阵
return
```

为了更直观地显示力作用下物体的变形，在图 2-3-1 给出在 X 轴（左图）和 Y 轴方向挤压力作用下引起的变形，图 2-3-2 给出了剪切力作用下物体的变形。

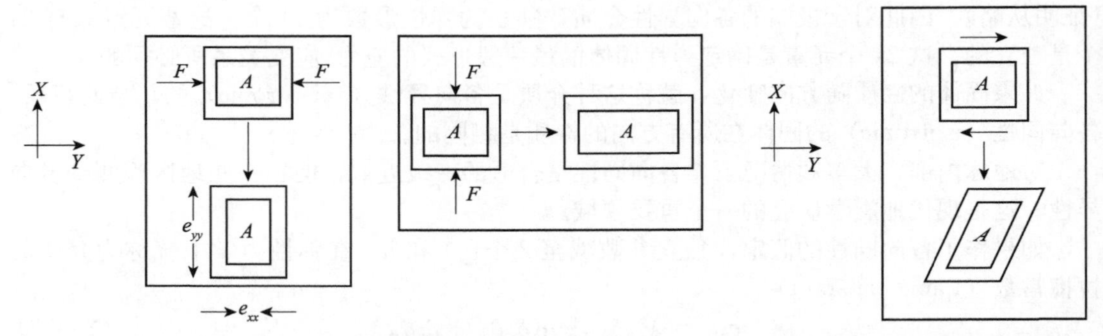

图 2-3-1 拉伸和压缩变形示意图

图 2-3-2 剪切变形示意图

2.3.2 弹性参数的物理意义

上一小节的两个拉梅常数物理意义比较抽象，无法在实验室测定，下面介绍可以在实验室测定的弹性参数。

1）杨氏模量 E

杨氏模量（Young modulous）为两端拉伸的柱体的张应力 σ 与线应变 ε 的比率。

张应力表示为 $\sigma=F/S$，为单位截面上受到的力（拉伸为正，压缩为负），具有压强的量纲。线应变表示为相对伸长或缩短（伸张为正，缩短为负），即 $\Delta L/L$。正应力 σ 和线应变 ε 之间满足胡克定律：

$$\varepsilon=\frac{\sigma}{E},\quad E=\frac{\sigma}{\varepsilon} \tag{2-3-6}$$

所以 E 表示弹性材料抵抗拉张（或压缩）的能力，**E 越大说明弹性体越难变形。**

2）泊松比（Poission ratio）

单向拉伸时，在垂直于力作用线的方向上发生收缩（图 2-3-3），在弹性极限内，横向相对缩短 ε_y 和纵向相对伸长 ε_x 成正比，因缩短和伸长的线应变符号相反，$\varepsilon_y=-\gamma\varepsilon_x$，比例常数 γ 为**泊松比**（Poission ratio），$\gamma=-\varepsilon_y/\varepsilon_x$。

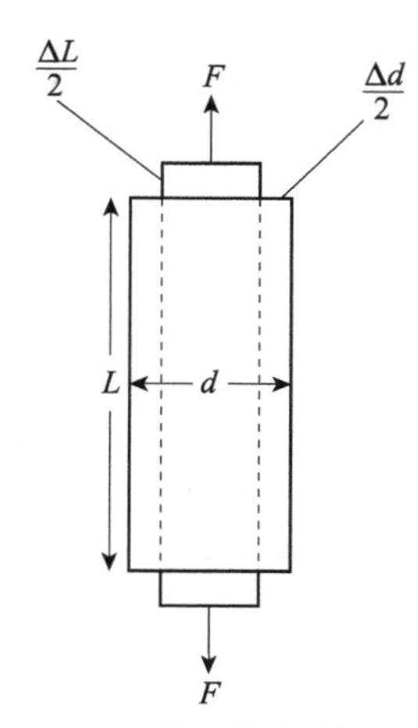

图 2-3-3 杆拉伸变形示意图

泊松比仅与材料本身的性质有关。实验表明，对于一切介质，γ 为 0～0.5，一般固体在 0.25 附近，常用 0.25 表示地幔的大部分。在固体力学中，将泊松比为 0.25 的固体称为**泊松固体**，对于泊松固体，两个拉梅常数相等，即 $\lambda=\mu$。对于地球外核（液态），泊松比取 0.5。

3）体变模量 K

在实际地球中，只受单向压力或拉力的情形很少，一般情况下是各个方向都受力，最常见的是液体静压力。弹性体在静压力 P 作用下体积变化为 ΔV，相对体积变化为$\Theta=\frac{\Delta V}{V}$（扩大为正、压缩为负），则有关系：

$$P=-K\frac{\Delta V}{V},K=\frac{-P}{\Delta V/V}=-\frac{P}{\Theta} \tag{2-3-7}$$

因此**体变模量**（bulk modulous）K 为流体静压力与由其所导致的体积相对变化的比率，是介质不可压缩性的度量。

2.3.3 弹性参数之间的关系

前面的讲解可知，对各向同性介质，弹性参数中只有两个是独立的，现在讨论它们之间的变换关系。本节分别采用杆的拉伸试验和各向均匀压缩试验来讨论这个问题。

1）拉伸试验

对于沿 x 方向拉伸的杆，受到的应力只有在 x 轴上有正应力，其他的应力分量均为零，因此有

$$\sigma_{xx}=\sigma,\ \sigma_{yy}=\sigma_{zz}=\sigma_{yz}=\sigma_{xz}=\sigma_{xy}=0 \tag{2-3-8}$$

根据杨氏模量和泊松比的定义，对应的应变有

$$e_{xx}=\frac{\sigma}{E}$$

$$e_{yy}=e_{zz}=-\gamma e_{xx}=-\gamma\frac{\sigma}{E} \tag{2-3-9}$$

由广义胡克定律可得：

$$\begin{aligned}\sigma&=2\mu e_{xx}+\lambda e_{kk}\\0&=2\mu e_{yy}+\lambda e_{kk}\\0&=2\mu e_{zz}+\lambda e_{kk}\end{aligned} \tag{2-3-10}$$

将式（2-3-10）的三式相加得

$$e_{kk}=\frac{\sigma}{3\lambda+2\mu} \tag{2-3-11}$$

将式（2-3-11）代入式（2-3-10）的第一式，并结合式（2-3-9）的第一式得

$$E=\frac{\mu(3\lambda+2\mu)}{\lambda+\mu} \tag{2-3-12}$$

将式（2-3-11）代入式（2-3-10）的第二式或第三式，并结合式（2-3-9）的第二式得

$$\gamma=\frac{\lambda}{2(\lambda+\mu)} \tag{2-3-13}$$

可见杨氏模量和泊松比都可以用拉梅常数表示出来。

2）各向均匀压缩试验

如果一个物体受到三个方向的均匀压缩，压力为 P，则三个方向的正应力为 $-P$，没有剪应力。

$$\begin{aligned}\sigma_{xx}=\sigma_{yy}=\sigma_{zz}=-P\\ \sigma_{xy}=\sigma_{xz}=\sigma_{yz}=0\end{aligned} \tag{2-3-14}$$

根据体变模量定义，体变模量可以表示为

$$K=\frac{-P}{e_{kk}} \tag{2-3-15}$$

根据广义胡克定律式（2-3-4），三个方向的应力可以表示为

$$\begin{aligned}-P=2\mu e_{xx}+\lambda e_{kk}\\ -P=2\mu e_{yy}+\lambda e_{kk}\\ -P=2\mu e_{zz}+\lambda e_{kk}\end{aligned} \tag{2-3-16}$$

将式（2-3-16）的三式相加得

$$-3P=(3\lambda+2\mu)e_{kk} \tag{2-3-17}$$

结合式（2-3-15）可得

$$K=\lambda+\frac{2}{3}\mu \tag{2-3-18}$$

这就是体变模量和拉梅常数之间的关系。

2.3.4 弹性参数的单位

拉梅常数、杨氏模量、体变模量都有与应力一样的单位（帕斯卡）。回顾一下：

1 帕斯卡（Pa）＝1 牛顿/米^2＝1 千克·米/秒^2/米^2＝1（千克/米^3）（米^2/秒^2）

这里前面括号里的密度单位，后面括号里为速度单位的平方，当其被密度除时，即为速度平方的单位，这就将密度、速度和弹性模量联系起来了。在第 3 章将看到可以利用地震波速度和密度求解弹性常数。

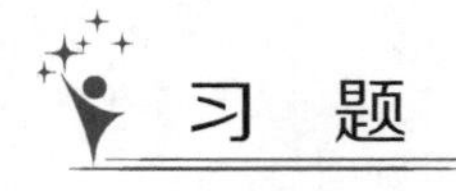

习　题

2.1.1　填空

（1）应力分量 σ_{xy} 表示以________为法向的面上的沿________方向的面力。该应力为________（选择正应力或者剪应力）。

(2) 应力的单位是____________。

(3) 应力张量的 9 个元素中，有____________个是独立的。

(4) 对于应力张量 $\boldsymbol{\sigma}=\begin{pmatrix}2 & 5 & 4\\ 5 & -1 & -2\\ 4 & -2 & -5\end{pmatrix}$，$Oxy$ 面上的应力分量为____________，Oxz 面上的应力分量为____________。

2.1.2　解释概念：面力、正应力、剪应力、主平面、应力主轴。

2.1.3　判断

(1) 弹性力学中的应力指的是单位面积上受到的力。(　　)

(2) 流体中没有剪应力。(　　)

(3) 某一截面的应力状态与坐标系的选择无关。(　　)

2.1.4　应力张量的每个元素下角标的物理意义是什么?

2.1.5　应力张量的元素的正负号是如何规定的?

2.1.6　一个小立方体有六个面，描述应力张量只取了小立方体的三个面的张力组成应力张量。为何不取另外的三个面?

2.1.7　为什么应力张量是对称张量?

2.1.8　已知应力张量和一个断层面，用公式写出如何得到通过断层面法向的拉张力。

2.1.9　说明爱因斯坦求和约定是怎么回事。

2.1.10　如果液体内某点的压强为 1000Pa，写出这种状态的应力张量。

2.1.11　给定应力张量 $\boldsymbol{\sigma}=\begin{pmatrix}-180 & -2 & 1\\ -2 & -185 & 3\\ 1 & 3 & -190\end{pmatrix}$，单位为 MPa。对角线元素较大的负值表示的物理意义是什么?

2.1.12　若两个矢量表示为：$\boldsymbol{u}=(2, 3, 4)$，$\boldsymbol{v}=(1, 2, 3)$，(1) 求这两个矢量的夹角；(2) 将坐标系的 y，z 坐标轴沿 x 轴方向顺时针旋转 30°，求这两个矢量在旋转后坐标系中的表示及其夹角。

2.1.13　二维应力张量 $\boldsymbol{\sigma}=\begin{bmatrix}2 & -1\\ -1 & 1\end{bmatrix}$，求其主应力和应力主轴。

2.1.14　二维应力张量 $\boldsymbol{\sigma}=\begin{bmatrix}10 & -6\\ -6 & 20\end{bmatrix}$，求其主应力和应力主轴。

2.1.15　求应力张量 $\boldsymbol{\sigma}=\begin{bmatrix}\sigma_{xx} & 0 & 0\\ 0 & \sigma_{yy} & \sigma_{yz}\\ 0 & \sigma_{yz} & \sigma_{zz}\end{bmatrix}$ 的本征值。

2.1.16　地壳中某点的应力状态在北东下坐标系中表示为：$\boldsymbol{\sigma}=\begin{pmatrix}1 & 0 & -1\\ 0 & -1 & 0\\ -1 & 0 & 1\end{pmatrix}$，单位为 MPa。求 (1) xy 面上的张力；(2) 求三个主应力及其方向。

2.1.17 求下列应力张量的主值和主应力张量$\boldsymbol{\sigma}=\begin{pmatrix} 2 & -1 & 1 \\ -1 & 0 & 1 \\ 1 & 1 & 2 \end{pmatrix}$。

2.1.18 已知地壳中某点的主应力为$\sigma_1=75\text{bar}$，$\sigma_2=50\text{bar}$，$\sigma_3=-50\text{bar}$，一斜截面的法线与三个主轴成等角，求该面上的正应力和剪应力（提示该面的方向余弦为$\frac{1}{\sqrt{3}}$，$\frac{1}{\sqrt{3}}$，$\frac{1}{\sqrt{3}}$）。

2.1.19 设防灾科技学院所在的地壳中受到20MPa的N30°E的压应力，10MPa的N60°W的张应力，在垂直方向上受到5MPa的压应力，试给出在北东下坐标系中表示的应力张量。

2.2.1 解释概念：线应变、面应变、体应变

2.2.2 判断

(1) 应变为无量纲的物理量。(　　)

(2) 体应变可以表示为应变张量的对角线元素之和。(　　)

(3) 应变张量对角线上的元素的物理意义为沿着三个坐标轴的线应变。(　　)

(4) 应变张量的非对角线元素的物理意义是坐标轴所组成的面内的变形角的平均值。(　　)

(5) $\left(\frac{\partial u_y}{\partial x}-\frac{\partial u_x}{\partial y}\right)$表示以$z$轴为旋转轴的旋转角度。(　　)

(6) 体应变是无量纲的。(　　)

2.2.3 写出用位移场表示的绕x轴、绕y轴和绕z轴的旋转分量的表达式。

2.2.4 写出用位移场表示的体应变的表达式。

2.2.5 给定应变张量数值的例子，要求：(1) 应变使得变形体体积增加；(2) 应变使得变形体体积减小；(3) 应变使得变形体体积不变，但存在剪应变。

2.2.6 某一地方的应变张量为$\boldsymbol{e}=\begin{bmatrix} 4\times10^{-7} & 2\times10^{-7} & 2\times10^{-7} \\ 2\times10^{-7} & 6\times10^{-7} & 0 \\ 2\times10^{-7} & 0 & 6\times10^{-7} \end{bmatrix}$，求其主应变值和应变主轴方向。

2.3.1 解释概念：拉梅常数、切变模量、杨氏模量、泊松比、体变模量。

2.3.2 填空：杨氏模量的单位是__________。剪切模量的单位是________。体变模量的单位是________。

2.3.3 判断

(1) 一般物质泊松比的值为0～0.5。(　　)

(2) 橡皮的杨氏模量大于钢铁。(　　)

(3) 具有负泊松比的物质都能在外力的作用下既可以长度变大又能在横向变粗。(　　)

2.3.4 设某一地方观测的应变张量的水平分量（垂直分量没有变化）按以下数量变化：$e_{xx}=-0.26\times10^{-6}$，$e_{yy}=0.92\times10^{-6}$，$e_{xy}=-0.69\times10^{-6}$，这里脚标$x$表示东，$y$表示北，拉张为正。(1) 求应变的主方向；(2) 假设一个农民有10000m^2的一小片土地，他将其围起来，求该农民每年增加或损失多少土地；(3) 假定$\lambda=3.1\times10^{10}\text{Pa}$，$\mu=3.31\times$

10^{10} Pa，求解由于上述变形导致的应力分量；（4）编写计算机程序计算垂直断层两侧 0°～170°不同方位（从北到东以 10°增加）的应力。并考察什么方位有最大的剪应力？

2.3.5　证明对各向同性介质，应力主轴总是恰好与应变主轴重合。

2.3.6　对于均匀各向同性弹性体，用应变分量表示应力分量的胡克定律 $\sigma_{ij}=\lambda\delta_{ij}e_{kk}+2\mu e_{ij}$，试利用弹性常数之间的关系导出应力分量表示为应变分量的表达式：$e_{ij}=-\frac{\gamma}{E}\delta_{ij}\sigma_{kk}+\frac{1+\gamma}{E}\sigma_{ij}$。

2.3.7　考虑在均匀介质里沿 x 方向传播的两类单色平面波：（a）压缩波，对压缩波 $u_x=A\sin(\omega t-kx)$，（b）在 y 方向有位移的剪切波，即 $u_y=A\sin(\omega t-kx)$。对每种情况，导出应力张量的非零分量的表达式。提示：先得到应变张量的分量，然后根据胡克定律得到应力分量。

2.3.8　在 PREM 模型中查找地壳 25km 的压力和弹性常数，计算在此深度的岩石取出到地表（压力为零），估计其体积对于地壳 25km 深处的变化。

第3章　地震波动方程

本章用第2章提出的应力和应变理论来建立在均匀全空间里弹性波传播的地震波动方程并求解。首先根据一维波动方程的建立理解地震波传播的一些基本概念，然后建立三维波动方程，进而得到地震纵波和横波的波动方程，为了后面进一步讨论，引入地震波势的概念，给出地震波势与地震波位移之间的关系，而后讲解三维波动方程的求解，讨论地震纵波和横波的偏振，最后介绍球面波和二维声波方程的模拟。这章涉及矢量运算和复数，需要对一些数学问题进行复习。

3.1　一维波动方程

3.1.1　一维波动方程的导出及求解

第2章考虑了在静力平衡和不随时间变化情况下的应力、应变和位移场。然而，因为地震波动是速度和加速度随时间变化，因此，必须考虑动力学效应，把牛顿定律（$F=ma$）用于连续介质。

如图3-1-1所示，考虑一横截面为ΔA圆棒向x轴延伸，沿x方向任取自x处到$x+\Delta x$处的一个微元，长度为Δx，其左端的应力为σ_{xx}，方向逆x轴正向，右端的应力为$\sigma_{xx}+\frac{\partial \sigma_{xx}}{\partial x}\Delta x$，方向沿$x$轴正向，位移量为$u$。在不考虑其他力的情况下，作用在该微元的力为微元两端面上的应力所致的合力。应力在微元端点面上的力为“应力”×“其所在的质元面积”。微元所受的力F为

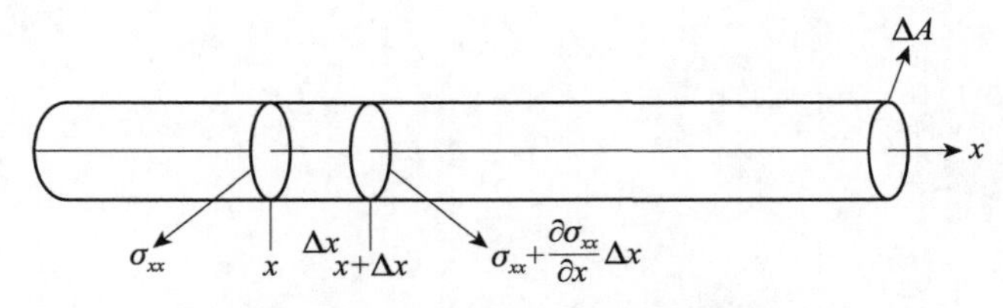

图3-1-1　波动在杆中传播示意图

$$\Delta A[\sigma_{xx}(x+\Delta x)-\sigma_{xx}(x)]=\Delta A\left[\sigma_{xx}(x)+\frac{\partial \sigma_{xx}}{\partial x}\Delta x-\sigma_{xx}(x)\right]=\frac{\partial \sigma_{xx}}{\partial x}\Delta x\Delta A$$

惯量（inertia）ma为$\rho\Delta x\Delta A\,\frac{\partial^2 u}{\partial t^2}$，根据牛顿第二定律$F=ma$，可以得到

$$\rho\frac{\partial^2 u}{\partial t^2}=\frac{\partial \sigma_{xx}}{\partial x} \tag{3-1-1}$$

式中，ρ 为密度（density）。

式（3-1-1）表示物体因介质中的应力梯度（stress gradient）而得到加速度。如果杆的密度 ρ 与杨氏模量 E 为常数，根据第 2 章的知识有 $\frac{\partial\sigma_{xx}}{\partial x}=\frac{\partial}{\partial x}\left(E\frac{\partial u}{\partial x}\right)=E\frac{\partial^2 u}{\partial x^2}$。则式（3-1-1）可写为

$$\frac{\partial^2 u}{\partial x^2}=\frac{1}{c^2}\frac{\partial^2 u}{\partial t^2} \tag{3-1-2}$$

式中，$c=\sqrt{\frac{E}{\rho}}$。按国际单位制考察一下该物理量的量纲。根据第 2 章，杨氏模量 E 的单位为帕斯卡，即牛顿/米^2=千克・米/秒^2/米^2，密度的量纲为千克/米^3，将这些量纲代入 c 的表达式进行量纲运算可以得到 c 的量纲为米/秒，即速度的量纲，它代表波传播的速度。

下面运用分离变量法求解式（3-1-2），设 $u=X(x)T(t)$，式(3-1-2)可以变为

$$X''T=\frac{1}{c^2}XT''$$

设 $\frac{c^2X''}{X}=\frac{T''}{T}=-\omega^2$，则有 $T''+\omega^2T=0$，$X''+\frac{\omega^2}{c^2}X=0$。首先求解 $T''+\omega^2T=0$，其特征方程为 $r^2+\omega^2=0$，特征根为 $r_{1,2}=\pm\mathrm{i}\omega$，所以微分方程的解为

$$T=C_1\mathrm{e}^{\mathrm{i}\omega t}+C_2\mathrm{e}^{-\mathrm{i}\omega t} \tag{3-1-3}$$

同理得到，$X''+\frac{\omega^2}{c^2}X=0$ 的解为

$$X=D_1\mathrm{e}^{\mathrm{i}\frac{\omega}{c}x}+D_2\mathrm{e}^{-\mathrm{i}\frac{\omega}{c}x} \tag{3-1-4}$$

所以式(3-1-2)的解为

$$\begin{aligned}u&=X(x)T(t)=(D_1\mathrm{e}^{\mathrm{i}\frac{\omega}{c}x}+D_2\mathrm{e}^{-\mathrm{i}\frac{\omega}{c}x})(C_1\mathrm{e}^{\mathrm{i}\omega t}+C_2\mathrm{e}^{-\mathrm{i}\omega t})\\&=D_1C_1\mathrm{e}^{\mathrm{i}\frac{\omega}{c}(x+ct)}+D_1C_2\mathrm{e}^{\mathrm{i}\frac{\omega}{c}(x-ct)}+D_2C_1\mathrm{e}^{-\mathrm{i}\frac{\omega}{c}(x-ct)}+D_2C_2\mathrm{e}^{-\mathrm{i}\frac{\omega}{c}(x+ct)}\end{aligned}$$

将其写为

$$\begin{aligned}u&=A\mathrm{e}^{\mathrm{i}\frac{\omega}{c}(x+ct)}+B\mathrm{e}^{-\mathrm{i}\frac{\omega}{c}(x+ct)}+C\mathrm{e}^{\mathrm{i}\frac{\omega}{c}(x-ct)}+D\mathrm{e}^{-\mathrm{i}\frac{\omega}{c}(x-ct)}\\&=A\mathrm{e}^{\mathrm{i}\omega\left(t+\frac{x}{c}\right)}+B\mathrm{e}^{-\mathrm{i}\omega\left(t+\frac{x}{c}\right)}+C\mathrm{e}^{-\mathrm{i}\omega\left(t-\frac{x}{c}\right)}+D\mathrm{e}^{\mathrm{i}\omega\left(t-\frac{x}{c}\right)}\end{aligned} \tag{3-1-5}$$

式中，A，B，C，D 为根据初始条件和边界条件确定的常数。这里前两项为沿 $-x$ 方向传播的波，可以这样理解，当 $t=0$ 时的波形为 $A\mathrm{e}^{\mathrm{i}\frac{\omega}{c}(x)}+B\mathrm{e}^{-\mathrm{i}\frac{\omega}{c}(x)}$，当 $t=t_1$ 时，波形为 $A\mathrm{e}^{\mathrm{i}\frac{\omega}{c}(x+ct_1)}+B\mathrm{e}^{-\mathrm{i}\frac{\omega}{c}(x+ct_1)}$，相互对比可以发现，$t=0$ 和 $t=t_1$ 时刻的波形不发生变化，但在空间上移动了 $-ct_1$，即向 x 的负方向移动了 ct_1，因此前面两项为沿 x 负方向传播的波。同理，后两项为沿 x 的正方向传播的波。另外，前面假定的 ω 并没有考虑其量纲，从方程的解来看，它与后面的 $\left(t-\frac{x}{c}\right)$（具有时间的量纲-秒）相乘必须为无量纲的量（指数部分必是无量纲的），因此 ω 的量纲为秒$^{-1}$，即具有频率的量纲，实际该量表示了角频率。方程的解具有 $u=f(x-ct)+g(x+ct)$ 的形式，其中 f 及 g 为分别以 $(x-ct)$ 和 $(x+ct)$ 为变量的波函数，分别以 c 的波行速度向 $+x$ 与 $-x$ 方向传播。这正是达朗贝尔（D'Alembert）解。根据数字信号处理的知识知道，在频谱分析中，通常频率为负的分析与频率为正的分

析对称，在分析中，取频率为正值的项。因此取 $u=Ae^{i\omega\left(t+\frac{x}{c}\right)}+De^{i\omega\left(t-\frac{x}{c}\right)}$ 来代替方程的解。如果沿 x 正方向时为 $\boldsymbol{x}=x$，沿 x 负方向时为 $\boldsymbol{x}=-x$，即可以写成一项：

$$u=Ae^{i\omega\left(t-\frac{\boldsymbol{x}}{c}\right)}=A\cos\omega\left(t-\frac{\boldsymbol{x}}{c}\right)+iA\sin\omega\left(t-\frac{\boldsymbol{x}}{c}\right) \tag{3-1-6}$$

上面求解方程时假定的 ω 为一固定值，即求出的波是单频波，将这种波按频率积分即得到总波场。

3.1.2 一维波动传播的模拟

本节模拟上面推导的波动方程所揭示的地震波传播。如果地震波在均匀介质里沿 x 方向传播，则根据前面的推导，波动方程可表达为：

$$\frac{\partial^2 u}{\partial t^2}=c^2\frac{\partial^2 u}{\partial x^2} \tag{3-1-7}$$

式中，u 为位移。

假定波速 c 为 4km/s，在 50km 处有震源振动，振动位移表示为（震源时间函数）

$$u_{50}(t)=\sin^2(\pi t/5)\quad 0\mathrm{s}<t<5\mathrm{s} \tag{3-1-8}$$

采用长度间距 $\mathrm{d}x=1\mathrm{km}$，时间间距 $\mathrm{d}t=0.1\mathrm{s}$，模拟 100km 波场里的波动传播情况。这里采用有限差分来近似求解二次导数，则式（3-1-7）的右边为

$$rhs=c^2\frac{\partial^2 u}{\partial x^2}=c^2\frac{\partial}{\partial x}\left(\frac{\partial u}{\partial x}\right)=c^2\frac{\frac{(u_{i+1}-u_i)}{\mathrm{d}x}-\frac{(u_i-u_{i-1})}{\mathrm{d}x}}{\mathrm{d}x}=c^2\frac{u_{i+1}-2u_i+u_{i-1}}{(\mathrm{d}x)^2} \tag{3-1-9}$$

这里，位移 u 的下角标表示在 x 方向间隔点的序号。下面给出式（3-1-7）左边的求解。设前一时刻的位移为 u^1，当前时刻为 u^2，下一时刻为 u^3，则按照差分计算得到：

$$\frac{\partial^2 u}{\partial t^2}=\frac{(u^3-u^2)-(u^2-u^1)}{(\mathrm{d}t)^2}=\frac{u^3-2u^2+u^1}{(\mathrm{d}t)^2} \tag{3-1-10}$$

将式（3-1-9）和式（3-1-10）代入式（3-1-7），可以得到下一时刻的位移：

$$u^3=rhs\cdot(\mathrm{d}t)^2+2u^2-u^1 \tag{3-1-11}$$

下面给出边界的设置。假定左端（0km 处）为自由边界条件（最左端的质点振动与紧挨它的质点运动相同），右端（100km）处为固定边界条件（位移为零）。这样可以按 4s 给出一帧图像模拟出 1～33s 的波的传播（图 3-1-2）。程序如下：

```
%P3_1.m
filename='wave1D.gif';
dx=1;dt=0.1;tlen=5;c=4;    %初始化变量,tlen为震源持续时间,c为波传播的速度
u1=zeros(101,1);u2=u1;u3=u1;    %zeros(m,n)函数为产生m行n列,元素均为零的矩阵
    %u1为前一个时刻的各点的位移ui,u2为当前时刻的位移,u3为下一个时刻的位移值,开始均假定
为零
t=0;
jj=0;    %不同的时刻
while (t<=33)    %模拟的最长时间为33秒
jj=jj+1;
    for ii=2:100    %这里的ii为不同的位置
```

```
        rhs = c^2 * (u2(ii+1) - 2 * u2(ii) + u2(ii-1))/dx^2;   %以当前时刻求方程的右边部分即式(3-1-9)
        u3(ii) = dt^2 * rhs + 2 * u2(ii) - u1(ii);   %对时间求导数式(3-1-11)
        end
        %左边为自由边界条件,右边为固定边界条件
        u3(1) = u3(2);       %左边为自由边界条件
        u3(101) = 0.0;       %右边为固定边界条件
        %左右两边为自由边界条件
        %u3(1) = u3(2);       %左边为自由边界条件
        %u3(101) = u3(100);       %右边为自由边界条件
        %左右两边为固定边界条件
        %u3(1) = 0.0;       %左边为固定边界条件
        %u3(101) = 0.0;       %右边为固定边界条件
        if(t< = tlen)
        u3(51) = (sin(pi * t/tlen)).^2;    %地震震源时间函数式(3-1-8)
    end
    u1 = u2;   %将当前时刻的位移变为前一个时刻的位移
    u2 = u3;   %将后一个时刻的位移变为当前时刻的位移
    plot(u2);   %绘制目前的波形图
    axis([0, 101, -1.2,1.2]);    %显示 y 轴的上下限
    xlabel('x/km')   %添加 x 轴标记
    ylabel('波的振幅')   %添加 y 轴标记
    f = getframe(gcf);   %获得当前的图像
    imind = frame2im(f);   %将 frame 格式变为图像(image)的格式,imind 为图像文件
    [imind,cm] = rgb2ind(imind,256);
    %将 RGB 图像文件 imind 转换为编号图像
    ifjj = =1    %第一次循环
    imwrite(imind,cm,filename,'gif', 'Loopcount',inf,'DelayTime',0.05);
    %将开始的一帧图像写入文件,格式为 gif,延迟时间为 0.05 秒
    else
    imwrite(imind,cm,filename,'gif','WriteMode','append','DelayTime',0.1);
    %在原来文件后面添加一帧图像,延迟时间为 0.1 秒
    end
    t = t + dt;   %时间延长
    %pause
    end
```

通过模拟看到，方程的解存在着向 x 正方向和 x 负方向传播的两种波，验证了前面的推导。并且对不同的边界条件，波的反射性质不同，即波的相位会发生变化。对于能够完全通过的边界，相位不发生改变；对于固定边界条件，波到达该边界后会有 180°的相移。这在后面的地震波反射透射研究（第 4 章 3.4.3 节）中也会看到。

请读者分别采用不同的边界条件，即注释程序中的“左边为自由边界条件，右边为固定边界条件”的行，而选择“左右两边为自由边界条件”或“左右两边为固定边界条件”

的行，可以看到波在此边界的反射和相位改变情况。

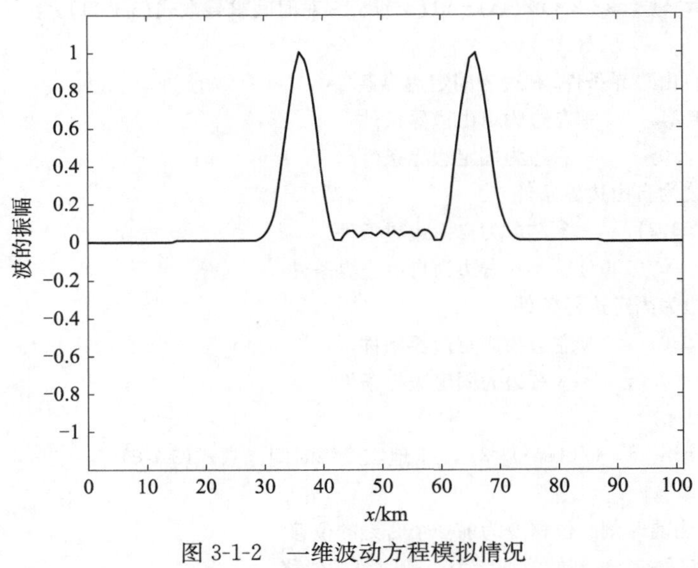

图 3-1-2 一维波动方程模拟情况

3.1.3 描述地震振动和波的基本概念

回想一下普通物理所学的振动和波的相关知识，式（3-1-6）中的 $\omega\left(t-\frac{\boldsymbol{x}}{c}\right)$ 为在 x 处的质点在 t 时刻的**相**（或叫**相位**，phase)，给定相的位置随时间而改变，其移动速度为 $\frac{\mathrm{d}x}{\mathrm{d}t}=c$，这就是简谐波中扰动的传播速度，即波速，也就是振动的相的传播速度。因此这一速度又叫**相速度**（phase velocity)。式（3-1-6）通常称为描述波的传播的**波函数**（wave function)。由于波函数含有空间坐标 x，表明波在空间上还有周期性，表示简谐波空间周期性的特征量叫做**波长** Λ，波长就是一个周期内简谐振动传播的距离，或者更确定地说，波长等于一个周期内任一给定的相所传播的距离。对于简谐波，还常用**波数** k 来代表其特征，其定义为 $k=\frac{2\pi}{\Lambda}$。如果把波中相接的一峰一谷叫做一个“完整波”，波数定义式可以理解为波数等于长度 2π 内含有“完整波”的数目。它与频率和速度的关系为：$k=\frac{2\pi}{\Lambda}=\frac{2\pi f}{\Lambda f}=\frac{\omega}{c}$，其中 Λf 为 1s 的时间内有多少个波长，即 1s 走过多少路程，即为速度。频率为 $f=\frac{\omega}{2\pi}$，周期为 $T=\frac{1}{f}$，波长为 $\Lambda=cT$。

可以采用下面的程序直观显示波动在 x 方向和时间轴上的图像：

```
%P3_2.m
%波动时空分布模拟
clear all                         %清除变量
close all          %关闭所有的图形窗口
```

```
T = 0.5;          % 波的周期
c = 3;                               % 波的传播速度
lamada = c * T;                 % 波长
t = [0:0.05:2 * T]/T;                                     % 时间向量,采用周期作为单位
x = [0:0.01:3 * lamada]/lamada;                           % 位置向量,采用波长为单位
[X1,T1] = meshgrid(x,t);                             % 时间和位置矩阵
a = 0.2;                                            % 振幅(波长的倍数)
U = a * cos(2 * pi/T * (T1 - X1/c));                          % 波动方程
figure(1)                                            % 创建图形窗口
waterfall(X1,T1,U)                                  % 画瀑布曲线
alpha(0.1)                                         % 使曲面透明
box on                                             % 加框架
axis equal                                         % 使坐标间隔相等
fs = 16;                                            % 字体大小
title('波动的时空分布模拟','FontSize',fs) % 标题
xlabel('\itx/\Lambda','FontSize',fs)   % x 标签
ylabel('\itt/T','FontSize',fs)          % y 标签
zlabel('\itu','FontSize',fs)    % z 标签
i = floor(rand * length(x)) + 1;                   % 随机取坐标的下标
x0 = 1;                                           % 选取 1 个波长时给出方程
u1 = a * cos(2 * pi * (t - x0));                        % 位移方程
hold on                                            % 保持图像
plot3(ones(size(t)) * x0,t,u1,'LineWidth',2) % 画三维位移曲线
t0 = 1;                                           % 选取 1 个周期时刻给出 x 方向的振动
u2 = a * cos(2 * pi * (t0 - x));                        % 波形方程
plot3(x,ones(size(x)) * t0,u2,'r','LineWidth',2) % 画三维波形曲线

figure(2)                                            % 创建图形窗口
subplot(2,1,1)                                     % 取子图
plot(t,u1,'LineWidth',2)                          % 画质点的位移曲线
grid on                                            % 加网格
title(['\itx\rm_0 = ',num2str(x0),'\it\Lambda 的质点振动曲线'],'FontSize',fs) % 标题
xlabel('\itt/T','FontSize',fs)          % x 轴标签
ylabel('\itu','FontSize',fs)    % y 轴标签
subplot(2,1,2)                                     % 取子图
plot(x,u2,'LineWidth',2)                          % 画 T 时刻的波形曲线
grid on                                            % 加网格
title(['\itt\rm_0 = ',num2str(t0),'\itT 时刻的波形曲线'],'FontSize',fs) % 标题
xlabel('\itx/\Lambda','FontSize',fs)   % x 轴标签
ylabel('\itu','FontSize',fs)    % y 轴标签
```

运行程序得到的图像为图 3-1-3 和图 3-1-4，可以看到，式（3-1-6）所描述的波函数在空间和时间上的波动方式。

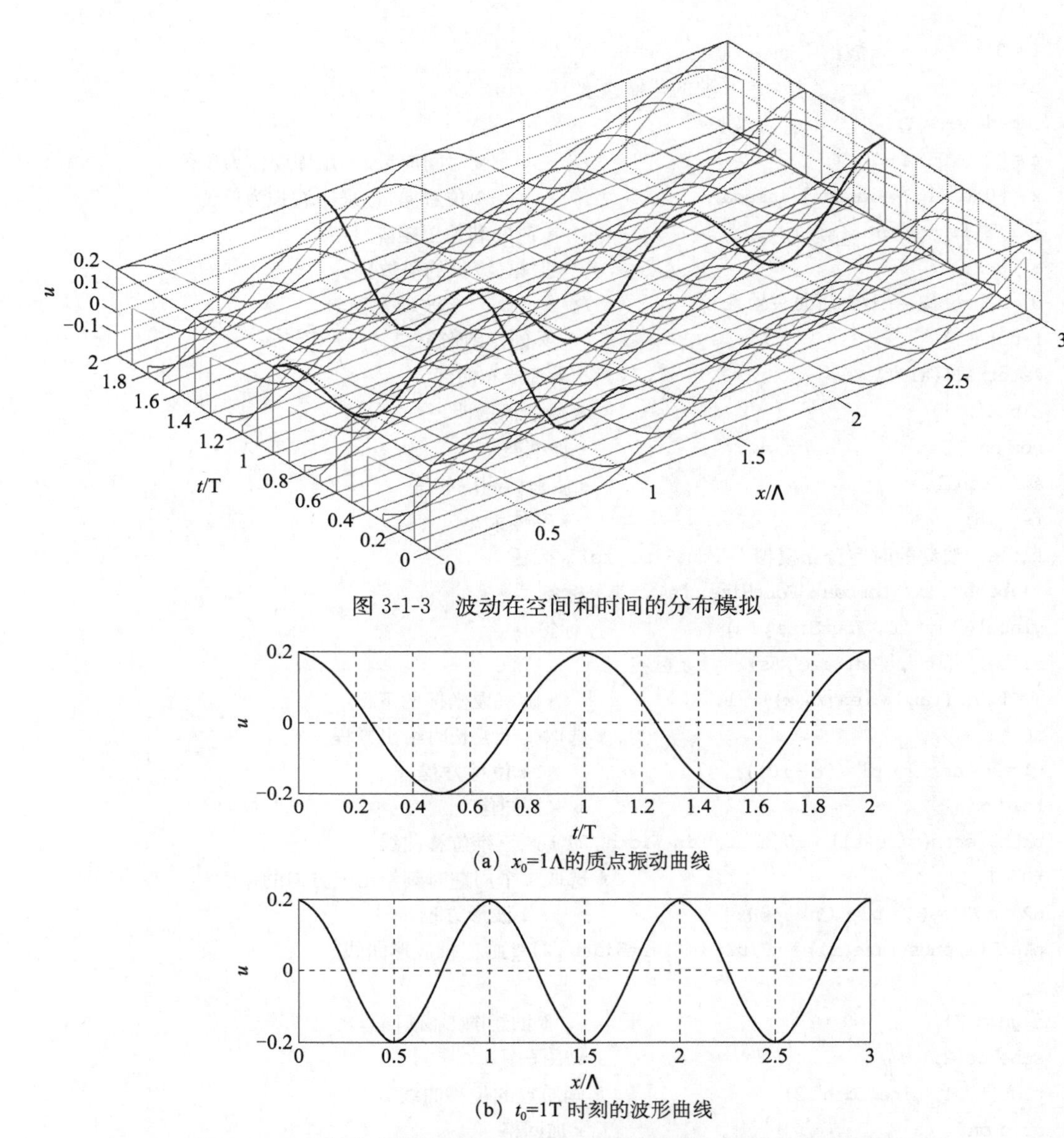

图 3-1-3　波动在空间和时间的分布模拟

图 3-1-4　1 个波长处的质点振动和 1 个周期时沿 x 轴的波动分布图像

应注意介质中各质点的振动速度和波的传播速度 c 是两个完全不同的概念。振动速度由震源确定，它是周期性变化的，而波速的大小只与介质性质有关。对于振动和波的描述的基本参数之间的变换关系见表 3-1-1。

表 3-1-1　振动和波的描述参数

物理量	符号表示	与其他物理量的关系
角频率	ω	$\omega=2\pi f=\frac{2\pi}{T}=ck$
频率	f	$f=\frac{\omega}{2\pi}=\frac{1}{T}=\frac{c}{\Lambda}$
周期	T	$T=\frac{1}{f}=\frac{2\pi}{\omega}=\frac{\Lambda}{c}$

续表

物理量	符号表示	与其他物理量的关系
速度	c	$c=\frac{\Lambda}{T}=f\Lambda=\frac{\omega}{k}$
波长	Λ	$\Lambda=\frac{c}{f}=cT=\frac{2\pi}{k}$
波数	k	$k=\frac{\omega}{c}=\frac{2\pi}{\Lambda}=\frac{2\pi f}{c}$

3.2　三维波动方程的导出

推导三维波动方程式的过程，与3.1节中所采用的一维空间讨论方式类似，如图3-2-1所示，先探讨在 x 方向的位移量 u_x 和应力张量中沿 x 方向的应力元素 σ_{xx}，σ_{yx}，σ_{zx}。

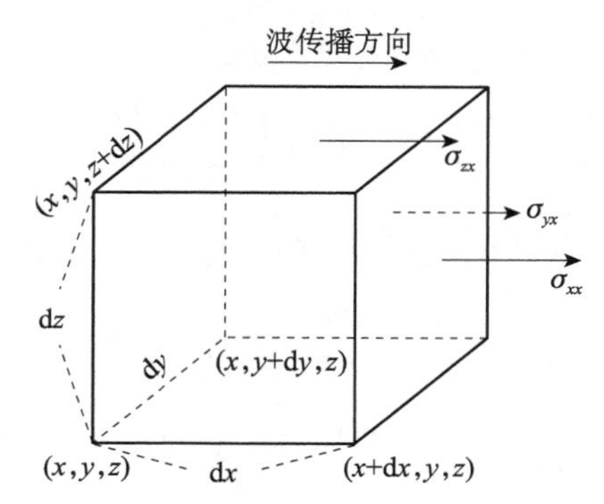

图3-2-1　三维介质中波的传播的一个微元的受力情况

在 y-z 面上的作用力差为

$$[\sigma_{xx}(x+\mathrm{d}x)-\sigma_{xx}(x)]\mathrm{d}y\mathrm{d}z=\left[\sigma_{xx}(x)+\frac{\partial\sigma_{xx}}{\partial x}\mathrm{d}x-\sigma_{xx}\ (x)\right]\mathrm{d}y\mathrm{d}z=\frac{\partial\sigma_{xx}}{\partial x}\mathrm{d}x\mathrm{d}y\mathrm{d}z$$

请读者注意，这与本章3.1节一维波动方程建立的应力分析类似。

在 x-z 面上的作用力差为

$$[\sigma_{yx}(y+\mathrm{d}y)-\sigma_{yx}(y)]\mathrm{d}x\mathrm{d}z=\left[\sigma_{yx}(y)+\frac{\partial\sigma_{yx}}{\partial y}\mathrm{d}y-\sigma_{yx}\ (y)\right]\mathrm{d}x\mathrm{d}z=\frac{\partial\sigma_{yx}}{\partial y}\mathrm{d}x\mathrm{d}y\mathrm{d}z$$

在 x-y 面上的作用力差为

$$[\sigma_{zx}(z+\mathrm{d}z)-\sigma_{zx}(z)]\mathrm{d}x\mathrm{d}y=\left[\sigma_{zx}(z)+\frac{\partial\sigma_{zx}}{\partial z}\mathrm{d}z-\sigma_{zx}(z)\right]\mathrm{d}x\mathrm{d}y=\frac{\partial\sigma_{zx}}{\partial z}\mathrm{d}x\mathrm{d}y\mathrm{d}z$$

惯量 ma 表示为：$\rho\mathrm{d}x\mathrm{d}y\mathrm{d}z\,\frac{\partial^2u_x}{\partial t^2}$

根据牛顿第二定律 $F=ma$，考虑到沿 x 方向的外力 f_x 作用，可以得到

$$\rho\frac{\partial^2u_x}{\partial t^2}=\frac{\partial\sigma_{xx}}{\partial x}+\frac{\partial\sigma_{yx}}{\partial y}+\frac{\partial\sigma_{zx}}{\partial z}+f_x \tag{3-2-1}$$

式中，σ_{xx}、σ_{yx} 及 σ_{zx} 分别为应力张量在 xx（x 轴为法向、x 方向上的力）、yx（y 轴为法向、x 方向上的力）及 zx（z 轴为法向、x 方向上的力）方向的分量；f_x 为沿 x 方向的体力。体力是分布在物体体积内的力（body force，回想一下在第2章提到的面力为单位面

积上的力)，除了重力和惯性力以外，如果材料具有磁性或者分布有非自由电荷，那么磁力和静电力也是体力。作用在某一体积上外力的大小为体力与所作用的体积的乘积。式(3-2-1) 通常被称作**平衡方程**或**纳维尔 (Navier) 方程**。

采用广义胡克定律［式 (2-3-4)］表示式 (3-2-1) 中应力分量，有

$$\sigma_{xx}=\lambda e_{kk}+2\mu e_{xx}=\lambda\left(\frac{\partial u_x}{\partial x}+\frac{\partial u_y}{\partial y}+\frac{\partial u_z}{\partial z}\right)+2\mu\frac{\partial u_x}{\partial x}$$

$$\sigma_{yx}=2\mu e_{yx}=\mu\left(\frac{\partial u_y}{\partial x}+\frac{\partial u_x}{\partial y}\right)$$

$$\sigma_{zx}=2\mu e_{zx}=\mu\left(\frac{\partial u_z}{\partial x}+\frac{\partial u_x}{\partial z}\right)$$

代入式 (3-2-1) 的右边部分得

$$\begin{aligned}\frac{\partial\sigma_{xx}}{\partial x}+\frac{\partial\sigma_{yx}}{\partial y}+\frac{\partial\sigma_{zx}}{\partial z}&=\frac{\partial}{\partial x}\left[\lambda\left(\frac{\partial u_x}{\partial x}+\frac{\partial u_y}{\partial y}+\frac{\partial u_z}{\partial z}\right)+2\mu\frac{\partial u_x}{\partial x}\right]\\&\quad+\frac{\partial}{\partial y}\left[\mu\left(\frac{\partial u_y}{\partial x}+\frac{\partial u_x}{\partial y}\right)\right]+\frac{\partial}{\partial z}\left[\mu\left(\frac{\partial u_z}{\partial x}+\frac{\partial u_x}{\partial z}\right)\right]\\&=(\lambda+2\mu)\frac{\partial^2u_x}{\partial x^2}+\lambda\left(\frac{\partial^2u_y}{\partial x\partial y}\right)+\lambda\left(\frac{\partial^2u_z}{\partial x\partial z}\right)+\mu\frac{\partial^2u_y}{\partial x\partial y}+\mu\frac{\partial^2u_x}{\partial y^2}+\mu\frac{\partial^2u_z}{\partial x\partial z}+\mu\frac{\partial^2u_x}{\partial z^2}\\&=(\lambda+\mu)\frac{\partial}{\partial x}\left(\frac{\partial u_x}{\partial x}+\frac{\partial u_y}{\partial y}+\frac{\partial u_z}{\partial z}\right)+\mu\left(\frac{\partial^2u_x}{\partial x^2}+\frac{\partial^2u_x}{\partial y^2}+\frac{\partial^2u_x}{\partial z^2}\right)\end{aligned}$$

根据场论的知识，$\frac{\partial^2u_x}{\partial x^2}+\frac{\partial^2u_x}{\partial y^2}+\frac{\partial^2u_x}{\partial z^2}$可写为$\nabla^2u_x$ (拉普拉斯算符)。令 $\Theta=\frac{\partial u_x}{\partial x}+\frac{\partial u_y}{\partial y}+\frac{\partial u_z}{\partial z}$，其实这是体应变。则式 (3-2-1) 可写为

$$\rho\frac{\partial^2u_x}{\partial t^2}=(\lambda+\mu)\frac{\partial\Theta}{\partial x}+\mu\nabla^2u_x+f_x \tag{3-2-2}$$

式中，λ 及 μ 为常数。

以相同的方法，可以得出在 y 及 z 方向的波动方程式，若其位移量分别为 u_y 与 u_z，则其相对应的波动方程式可分别表示如下：

$$\rho\frac{\partial^2u_y}{\partial t^2}=(\lambda+\mu)\frac{\partial\Theta}{\partial y}+\mu\nabla^2u_y+f_y \tag{3-2-3}$$

$$\rho\frac{\partial^2u_z}{\partial t^2}=(\lambda+\mu)\frac{\partial\Theta}{\partial z}+\mu\nabla^2u_z+f_z \tag{3-2-4}$$

将式 (3-2-2) ～式 (3-2-4) 分别乘以$\boldsymbol{i}$，$\boldsymbol{j}$，$\boldsymbol{k}$，考虑到$\boldsymbol{u}=u_x\boldsymbol{i}+u_y\boldsymbol{j}+u_z\boldsymbol{k}$，并表示成$\nabla$算符的形式，有：

$$\rho\frac{\partial^2\boldsymbol{u}}{\partial t^2}=(\lambda+\mu)\nabla(\nabla\cdot\boldsymbol{u})+\mu\nabla^2\boldsymbol{u}+\boldsymbol{f} \tag{3-2-5}$$

式中，$\boldsymbol{u}$ 为位移向量，在 x、y 与 z 方向的位移分量分别为 u_x、u_y 与 u_z。f_x，f_y，f_z 为体力，只有在研究震源时（第 10 章)，才考虑该体力。这是位移形式表示的平衡方程，最早由拉梅导出，称之为**拉梅** (Lamé) **方程**，为许多地震学理论基础的基本方程。体力 $\boldsymbol{f}$ 通常包括重力项 $\boldsymbol{f}_g$ 和震源项 $\boldsymbol{f}_s$。重力项是研究低频地震波（如地球自由振荡）的一个重要因子，在体波和面波的计算中，通常可被忽略。在本书第 10 章将考虑震源项 $\boldsymbol{f}_s$。

在场论中考虑到：

$$\nabla\times\nabla\times\boldsymbol{u}=\nabla\nabla\cdot\boldsymbol{u}-\nabla^2\boldsymbol{u} \tag{3-2-6}$$

将其变为更常用的形式，即

$$\nabla^2\boldsymbol{u}=\nabla\nabla\cdot\boldsymbol{u}-\nabla\times\nabla\times\boldsymbol{u} \tag{3-2-7}$$

将式（3-2-7）代入式（3-2-5）得到：

$$\rho\ddot{\boldsymbol{u}}=(\lambda+2\mu)\nabla\nabla\cdot\boldsymbol{u}-\mu\nabla\times\nabla\times\boldsymbol{u} \tag{3-2-8}$$

或表示成

$$\rho\frac{\partial^2\boldsymbol{u}}{\partial t^2}=(\lambda+2\mu)\mathrm{grad}(\mathrm{div}\cdot\boldsymbol{u})-\mu\mathrm{rot}\ (\mathrm{rot}\boldsymbol{u}) \tag{3-2-9}$$

式（3-2-9）决定了在震源区以外的地震波的传播。针对真实地球模型解该方程是地震学的重要部分，它给出了离震源某一距离的特定地点预期的地面运动，通常称为**合成地震图**(synthetic seismogram)。

3.3 体应变和剪切应变的波动方程

根据式（3-2-8）或式（3-2-9），波动方程中含有位移的散度和旋度。从第2章第2.2节可知，位移的散度表示体应变，位移的旋度表示质点的旋转量。本节设法将其分开进行研究，观察位移的散度（体应变）和旋度（剪切应变）分别满足何种方程式。

根据3.2节所描述的单一方向（x，y，z）上位移量（u_x，u_y，u_z）所导出的振动方程式和体应变的表达式 $\Theta=\frac{\partial u_x}{\partial x}+\frac{\partial u_y}{\partial y}+\frac{\partial u_z}{\partial z}$ 很自然地联想到，将式（3-2-2）、式（3-2-3）以及式（3-2-4）三式分别对 x、y 与 z 求导之后再相加，便可得到关于 Θ 的微分表达式。为简单起见下面的推导中忽略体力项。

首先将式（3-2-2）对 x 求导得到：

$$\rho\frac{\partial^2}{\partial t^2}\left(\frac{\partial u_x}{\partial x}\right)=(\lambda+\mu)\frac{\partial^2\Theta}{\partial x^2}+\mu\nabla^2\left(\frac{\partial u_x}{\partial x}\right)$$

将式（3-2-3）对 y 求导得到：

$$\rho\frac{\partial^2}{\partial t^2}\left(\frac{\partial u_y}{\partial y}\right)=(\lambda+\mu)\frac{\partial^2\Theta}{\partial y^2}+\mu\nabla^2\left(\frac{\partial u_y}{\partial y}\right)$$

将式（3-2-4）对 z 求导得到：

$$\rho\frac{\partial^2}{\partial t^2}\left(\frac{\partial u_z}{\partial z}\right)=(\lambda+\mu)\frac{\partial^2\Theta}{\partial z^2}+\mu\nabla^2\left(\frac{\partial u_z}{\partial z}\right)$$

以上三式相加，可得到下式：

$$\rho\frac{\partial^2}{\partial t^2}\left(\frac{\partial u_x}{\partial x}+\frac{\partial u_y}{\partial y}+\frac{\partial u_z}{\partial z}\right)=(\lambda+\mu)\left(\frac{\partial^2\Theta}{\partial x^2}+\frac{\partial^2\Theta}{\partial y^2}+\frac{\partial^2\Theta}{\partial z^2}\right)+\mu\nabla^2\left(\frac{\partial u_x}{\partial x}+\frac{\partial u_y}{\partial y}+\frac{\partial u_z}{\partial z}\right)$$

考虑到 $\Theta=\frac{\partial u_x}{\partial x}+\frac{\partial u_y}{\partial y}+\frac{\partial u_z}{\partial z}$ 和 $\nabla^2\Theta$ 的拉普拉斯算符的展开表达式，可以得到：

$$\frac{\partial^2\Theta}{\partial t^2}=\frac{\lambda+2\mu}{\rho}\nabla^2\Theta \tag{3-3-1}$$

这就是体积变化（膨胀或压缩）相关的波传播的波动方程，暂且称为**体变波**（volumetric

wave）。

下面讨论与扭转应变相关的波。根据 2.2 节，$\omega_x=\frac{\partial u_z}{\partial y}-\frac{\partial u_y}{\partial z}$项就是质点运动绕 x 轴的扭转角度的 2 倍，因此设法得到这种形式的微分方程形式。首先将式（3-2-3）对 z 微分得到：

$$\rho\frac{\partial^2}{\partial t^2}\left(\frac{\partial u_y}{\partial z}\right)=(\lambda+\mu)\frac{\partial^2\Theta}{\partial y\partial z}+\mu\nabla^2\left(\frac{\partial u_y}{\partial z}\right)$$

将式（3-2-4）对 y 微分得到

$$\rho\frac{\partial^2}{\partial t^2}\left(\frac{\partial u_z}{\partial y}\right)=(\lambda+\mu)\frac{\partial^2\Theta}{\partial y\partial z}+\mu\nabla^2\left(\frac{\partial u_z}{\partial y}\right)$$

上面两式相减得到

$$\frac{\partial^2}{\partial t^2}\left(\frac{\partial u_z}{\partial y}-\frac{\partial u_y}{\partial z}\right)=\frac{\mu}{\rho}\nabla^2\left(\frac{\partial u_z}{\partial y}-\frac{\partial u_y}{\partial z}\right)\tag{3-3-2}$$

其中$\left(\frac{\partial u_z}{\partial y}-\frac{\partial u_y}{\partial z}\right)$项是质点运动绕$x$ 轴的扭转角度的 2 倍。所以质点扭转的运动方程式可写为

$$\frac{\partial^2\omega_x}{\partial t^2}=\frac{\mu}{\rho}\nabla^2\omega_x\tag{3-3-3}$$

同理可以得到：

$$\frac{\partial^2\omega_y}{\partial t^2}=\frac{\mu}{\rho}\nabla^2\omega_y\tag{3-3-4}$$

$$\frac{\partial^2\omega_z}{\partial t^2}=\frac{\mu}{\rho}\nabla^2\omega_z\tag{3-3-5}$$

式（3-3-3）～式（3-3-5）就是扭转（剪切）变形的波动传播形式，通常称为**剪切波**（shear wave）。

综上所述，在完全弹性介质中，当其受外力作用时，产生两种震相：体变波与剪切波。下面讨论上述波传播的通用表达式。式（3-3-1）与式（3-3-3）～式（3-3-5）式可用通式描述如下：

$$\frac{\partial^2\phi}{\partial t^2}=c^2\nabla^2\phi\tag{3-3-6}$$

对式（3-3-1）而言，$\phi=\Theta$，可得出

$$c=\sqrt{\frac{\lambda+2\mu}{\rho}}=\alpha\tag{3-3-7}$$

对式（3-3-3）～式（3-3-5）而言，$\phi=\omega_i$，可得出

$$c=\sqrt{\frac{\mu}{\rho}}=\beta\tag{3-3-8}$$

可以看到，体变波的传播速度 α 大于剪切波的传播速度 β。因此从震源出发的这两类波，体变波先于剪切波到达地震台。因此体变波又称为**初至波**（primary wave）或 **P 波**，而剪切波在 P 波之后到达，又称为**续至波**（secondary wave）或 **S 波**。

下面研究地震波速度和弹性常数之间的关系。如果已知介质密度 ρ，根据 $\beta=\sqrt{\frac{\mu}{\rho}}$ 得到

$$\mu=\rho\beta^2 \tag{3-3-9}$$

根据 $\alpha=\sqrt{\frac{\lambda+2\mu}{\rho}}$，结合式（3-3-9）可以得到

$$\lambda=\rho\alpha^2-2\rho\beta^2 \tag{3-3-10}$$

根据式（2-3-13），结合式（3-3-9）和式（3-3-10）可以得到泊松比可以表示为

$$\gamma=\frac{\lambda}{2(\lambda+\mu)}=\frac{\rho(\alpha^2-2\beta^2)}{2\rho(\alpha^2-2\beta^2+\beta^2)}=\frac{(\alpha^2-2\beta^2)}{2(\alpha^2-\beta^2)} \tag{3-3-11}$$

根据式（2-3-12），结合式（3-3-9）和式（3-3-10）可以得到杨氏模量 E 可以表示为

$$E=\frac{\mu(3\lambda+2\mu)}{\lambda+\mu}=\frac{\rho\beta^2[3(\alpha^2-2\beta^2)+2\beta^2]}{(\alpha^2-\beta^2)}=\frac{\rho\beta^2[3\alpha^2-4\beta^2]}{(\alpha^2-\beta^2)} \tag{3-3-12}$$

根据式（2-3-18），结合式（3-3-9）和式（3-3-10）可以得到体变模量 K 可以表示为

$$K=\lambda+\frac{2}{3}\mu=\rho(\alpha^2-2\beta^2)+\frac{2}{3}\rho\beta^2=\rho\left(\alpha^2-\frac{4}{3}\beta^2\right) \tag{3-3-13}$$

地球内部大部分为泊松介质，即泊松比 γ 为 1/4。对于这种情况有

$$\left(\frac{\alpha}{\beta}\right)^2=3,\alpha=1.732\beta \tag{3-3-14}$$

将式（3-3-14）代入式（3-3-9），式（3-3-12），式（3-3-13）得到：

$$\mu=\rho\beta^2=\frac{\rho\alpha^2}{3} \tag{3-3-15}$$

$$E=\frac{5\rho\alpha^2}{6}=\frac{5\rho\beta^2}{2} \tag{3-3-16}$$

$$K=\frac{5\rho\alpha^2}{9}=\frac{5\rho\beta^2}{3} \tag{3-3-17}$$

地球外核为液体，$\gamma=1/2$，对于这种情况，剪切波速度为零，根据式（3-3-15）和式（3-3-16）得到的 μ、E 皆为零。而根据式（3-3-10）和式（3-3-13）得到

$$\lambda=K=\rho\alpha^2 \tag{3-3-18}$$

地震所产生的弹性波，穿过地球内部，根据观测到的介质速度变化，参考第 2 章 2.3 所叙述的弹性系数关系，可以探索地球内部弹性参数分布的情况。

3.4 地震波的势

场论中给出任何一个矢量都可以表示为一个标量场的梯度和一个无散矢量场旋度之和。在地震学中通常将位移场 $\boldsymbol{u}$ 表示为 P 波的标量势 φ 和无散的 S 波的矢量势 $\boldsymbol{\psi}$ 的和：

$$\boldsymbol{u}=\nabla\varphi+\nabla\times\boldsymbol{\psi},\ \nabla\cdot\boldsymbol{\psi}=0 \tag{3-4-1}$$

在第 2 章，体应变可以表示位移场的散度，将式（3-4-1）代入体应变表达式，有

$$\Theta=\nabla\cdot\boldsymbol{u}=\nabla^2\varphi \tag{3-4-2}$$

将其代入 $\frac{\partial^2\Theta}{\partial t^2}=\frac{\lambda+2\mu}{\rho}\nabla^2\Theta$，得到

$$\frac{\partial^2\Theta}{\partial t^2}-\alpha^2\ \nabla^2\Theta=\frac{\partial^2}{\partial t^2}(\nabla^2\varphi)-\alpha^2\ \nabla^2(\nabla^2\varphi)=\nabla^2\left(\frac{\partial^2\varphi}{\partial t^2}-\alpha^2\ \nabla^2\varphi\right)=0$$

忽略掉与空间相关的常数，有

$$\nabla^2\varphi-\frac{1}{\alpha^2}\frac{\partial^2\varphi}{\partial t^2}=0 \tag{3-4-3}$$

这就是地震波标量势所满足的波动方程。

在第 2 章中，旋转量可以表示为位移场的旋度，采用地震波的势来表示可以写为

$$\begin{aligned}\boldsymbol{\omega}&=\nabla\times\boldsymbol{u}=\nabla\times(\nabla\varphi+\nabla\times\boldsymbol{\psi})=\nabla\times\nabla\times\boldsymbol{\psi}\\&=\nabla\nabla\cdot\boldsymbol{\psi}-\nabla^2\boldsymbol{\psi}\qquad(\text{根据}\nabla\times\nabla\times\boldsymbol{u}=\nabla\nabla\cdot\boldsymbol{u}-\nabla^2\boldsymbol{u})\\&=-\nabla^2\boldsymbol{\psi}\qquad(\text{因为}\nabla\cdot\boldsymbol{\psi}=0)\end{aligned} \tag{3-4-4}$$

这里采用了场论中矢量的散度场的梯度为零的结论。

由于 $\boldsymbol{\omega}=\omega_x\boldsymbol{i}+\omega_y\boldsymbol{j}+\omega_z\boldsymbol{k}$，将式（3-3-3）乘以 $\boldsymbol{i}$，式（3-3-4）乘 $\boldsymbol{j}$，式（3-3-5）乘以 $\boldsymbol{k}$，相加可得：

$$\nabla^2\boldsymbol{\omega}-\frac{1}{\beta^2}\frac{\partial^2\boldsymbol{\omega}}{\partial t^2}=0 \tag{3-4-5}$$

将式（3-4-4）代入可得：

$$\nabla^2\boldsymbol{\omega}-\frac{1}{\beta^2}\frac{\partial^2\boldsymbol{\omega}}{\partial t^2}=-\left(\nabla^2\nabla^2\boldsymbol{\psi}-\frac{1}{\beta^2}\frac{\partial^2}{\partial t^2}(\nabla^2\boldsymbol{\psi})\right)=\nabla^2\left(\nabla^2\boldsymbol{\psi}-\frac{1}{\beta^2}\frac{\partial^2\boldsymbol{\psi}}{\partial t^2}\right)=0$$

同样忽略掉与空间相关的常数，有

$$\nabla^2\boldsymbol{\psi}-\frac{1}{\beta^2}\frac{\partial^2\boldsymbol{\psi}}{\partial t^2}=0 \tag{3-4-6}$$

这就是地震波矢量势所满足的波动方程。

由上面的推导可以看出：P 波的解由 φ 的标量势波动方程给出，S 波的解由 $\boldsymbol{\psi}$ 的矢量势波动方程给出。在今后的学习中，我们会逐渐感觉到，引入波的**势函数**（potential function）是理论地震学的一个重要数学技巧，给我们将要学习的地震波理论的其他公式推导带来很大方便。这里需要提醒的是：P 波势函数 φ 是标量势函数，而 S 波势函数 $\boldsymbol{\psi}$ 是矢量势函数。

3.5 三维波动方程求解

式（3-4-3）和式（3-4-6）具有相同的形式，根据 $\nabla^2 f=\frac{\partial^2 f}{\partial x^2}+\frac{\partial^2 f}{\partial y^2}+\frac{\partial^2 f}{\partial z^2}$，在直角坐标系可以表示为

$$\frac{\partial^2 f}{\partial t^2}=c^2\left(\frac{\partial^2 f}{\partial x^2}+\frac{\partial^2 f}{\partial y^2}+\frac{\partial^2 f}{\partial z^2}\right) \tag{3-5-1}$$

下面用分离变量法来寻找 $X(x)\,Y(y)\,Z(z)\,T(t)$ 形式的解，每个因子仅仅是一个变量的函数，令 $f=X(x)\,Y(y)\,Z(z)\,T(t)$，代入式（3-5-1）得：

$$\frac{c^2}{X}\frac{\mathrm{d}^2X}{\mathrm{d}x^2}+\frac{c^2}{Y}\frac{\mathrm{d}^2Y}{\mathrm{d}y^2}+\frac{c^2}{Z}\frac{\mathrm{d}^2Z}{\mathrm{d}z^2}=\frac{1}{T}\frac{\mathrm{d}^2T}{\mathrm{d}t^2} \tag{3-5-2}$$

令式（3-5-2）左右两边等于 $-\omega^2$（注意：在前面一维方程的推导中，曾经称 ω 为角频率，按照同样的道理可知这里定义的常数也代表角频率），可得：

$$\frac{\mathrm{d}^2T}{\mathrm{d}t^2}+\omega^2T=0$$

解得：

$$T=C_1\mathrm{e}^{\mathrm{i}\omega t}+C_2\mathrm{e}^{-\mathrm{i}\omega t} \tag{3-5-3}$$

则方程左边为

$$\frac{c^2}{X}\frac{d^2X}{dx^2}+\frac{c^2}{Y}\frac{d^2Y}{dy^2}+\frac{c^2}{Z}\frac{d^2Z}{dz^2}=-\omega^2 \tag{3-5-4}$$

令$\frac{1}{X}\frac{d^2X}{dx^2}=-k_x^2$，$\frac{1}{Y}\frac{d^2Y}{dy^2}=-k_y^2$，$\frac{1}{Z}\frac{d^2Z}{dz^2}=-k_z^2$，$k_x$，$k_y$，$k_z$ 为常数，则 $k_x^2+k_y^2+k_z^2=\frac{\omega^2}{c^2}$。对比本章 3.1 节波数 k 的定义$\frac{\omega}{c}$，这里的 k_x，k_y，k_z 可以表示波数 $\boldsymbol{k}$ 在各个轴上的投影，可以写作 $\boldsymbol{k}=k_x\boldsymbol{x}+k_y\boldsymbol{y}+k_z\boldsymbol{z}$，$\boldsymbol{k}$ 沿波的传播方向。因此有

$$\frac{d^2X}{dx^2}+k_x^2X=0,\quad X=C_3e^{ik_xx}+C_4e^{-ik_xx} \tag{3-5-5}$$

$$\frac{d^2Y}{dy^2}+k_y^2Y=0,\quad Y=C_5e^{ik_yy}+C_6e^{-ik_yy} \tag{3-5-6}$$

$$\frac{d^2Z}{dz^2}+k_z^2Z=0,\quad Z=C_7e^{ik_zz}+C_8e^{-ik_zz} \tag{3-5-7}$$

应注意，$k_z^2=\frac{\omega^2}{c^2}-k_x^2-k_y^2$，因此解可由三个量($\omega$，$k_x$，$k_y$)，而不是四个量来表示。类似于一维形式的推导，该方程可以有如下形式的通解：

$$f(x,y,z,t)=TXYZ=Ae^{\pm i(\omega t\pm k_xx\pm k_yy\pm k_zz)} \tag{3-5-8}$$

读者可以将式（3-5-8）代入式（3-5-1）进行验证。

根据一维波动方程的表示形式，只考虑为正频率的情况，并且 $\boldsymbol{r}=x\mathbf{i}+y\boldsymbol{j}+z\boldsymbol{k}$，$x$，$y$，$z$ 可取正、负两种，则式（3-5-8）可以写为

$$\begin{aligned}f(x,y,z,t)&=Ae^{i\omega\left[t-\frac{k_xx+k_yy+k_zz}{\omega}\right]}=Ae^{i\omega\left[t-\frac{\frac{ck_x}{\omega}x+\frac{ck_y}{\omega}y+\frac{ck_z}{\omega}z}{c}\right]}\\&=Ae^{i\omega\left[t-\frac{n_xx+n_yy+n_zz}{c}\right]}=Ae^{i\omega\left(t-\frac{\boldsymbol{n}\cdot\boldsymbol{r}}{c}\right)}\end{aligned} \tag{3-5-9}$$

根据 $k_x^2+k_y^2+k_z^2=\frac{\omega^2}{c^2}$可知 $n_x^2+n_y^2+n_z^2=1$，$n_xx+n_yy+n_zz=\boldsymbol{n}\cdot\boldsymbol{r}$。

下面看看 $f=Ae^{i\omega\left[t-\frac{n_xx+n_yy+n_zz}{c}\right]}$的物理意义。令 $t-\frac{n_xx+n_yy+n_zz}{c}=\text{const}=a$，则当$t=t_1$时，$n_xx+n_yy+n_zz=c\ (t_1-a)$，当 $t=t_2$时，$n_xx+n_yy+n_zz=c\ (t_2-a)$。由平面解析几何知识表示平面的方程的一般表达式 $Ax+By+Cz+D=0$ 可知式 $n_xx+n_yy+n_zz=c\ (t_1-a)$ 为离原点距离为 $c\ (t_1-a)$ 的平面，其法向为(n_x，n_y，n_z)。在物理学中，在一个体积甚大的介质内，如果有一个平面上的质点都同相地沿着同一方向做简谐运动，这种振动也会在介质中沿垂直于这个平面的方向传播开去而形成空间的行波。选波的传播方向为 x 轴的方向，则 x 坐标相同的平面上的质点的振动都是同相的，不随 y 轴或 z 轴而变化。这些同相振动的点组成的面叫**同相面或波阵面**（波面，wave front），像这种同相面是平面的波就叫做平面简谐波，通常简称为**平面波**（plane wave）。代表传播方向的直线称为**波线**（图 3-5-1）。由于地震能量通常由震源辐射出来，地震波阵面总有某种程度的弯曲。然而，在离震源足够大的距离，波阵面平坦到足以使平面波近似在局部上是正确的。式 $n_xx+n_yy+n_zz=c\ (t_2-a)$ 为离原点距离为 $c\ (t_2-a)$ 的平面，并且两平面的法线方向都为(n_x，n_y，n_z)。因此两平面之间的距离为 $c\ (t_2-t_1)$，为波从 t_1时刻传播到 t_2时刻所传播的距离，传播的速度恰为 c，这也是为什么我们在波动方程中将其称为速度的原因。

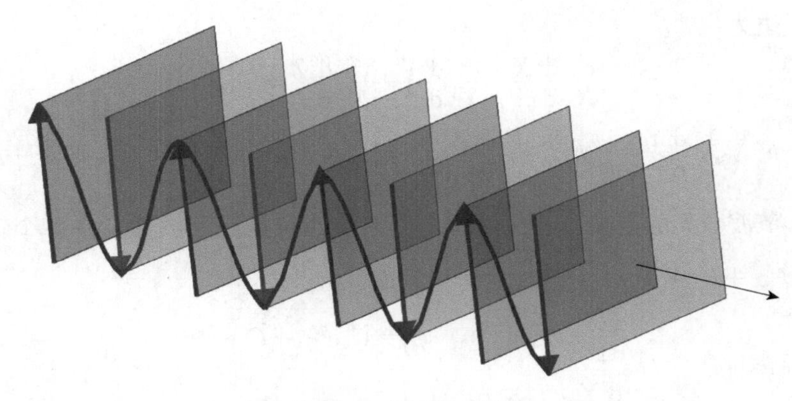

图 3-5-1 平面波示意图
黑色箭头表示波线，图中的平面为同相面

因此$\boldsymbol{n}=(n_x, n_y, n_z)$为波的传播方向，式（3-5-9）是波函数的通常表达式。波从震源出发可以沿各个方向传播，知道了波的传播方向，可以给出该波的势函数的表达式。例如，沿x正向，沿z逆向的波的势函数可以表示为$f=A\mathrm{e}^{\mathrm{i}\omega\left[t-\frac{n_x x-n_z z}{c}\right]}$，其中$n_x$为波的传播方向与x轴正向的夹角的余弦，$n_z$为波的传播方向与z轴反向的夹角的余弦（这是由于该项为负值）。

上面只是给出了某一频率的地震波势函数表示方式。根据傅里叶叠加原理，可以把物理上实际存在的平面波动，分解成覆盖整个频率范围的平面波的积分来表示：

$$
\begin{aligned}
f\left(t-\frac{n_j x_j}{c}\right)&=\int_{-\infty}^{\infty} F(\omega)\mathrm{e}^{\mathrm{i}\omega\left(t-\frac{n_j x_j}{c}\right)}\mathrm{d}\omega \\
F(\omega)&=\frac{1}{2\pi}\int_{-\infty}^{\infty} f\left(t-\frac{n_j x_j}{c}\right)\mathrm{e}^{-\mathrm{i}\omega\left(t-\frac{n_j x_j}{c}\right)}\mathrm{d}t
\end{aligned}
\tag{3-5-10}
$$

在实际问题中通常不考虑$-\omega$。

因此通常取$f(\boldsymbol{r}, t, \omega)=A(\omega)\mathrm{e}^{\mathrm{i}\left[\omega\left(t-\frac{\boldsymbol{n}\cdot\boldsymbol{r}}{c}\right)+\Phi(\omega)\right]}$为方程的基本解。而$\boldsymbol{n}$为波传播的方向，由于$c$为波的传播速度，通常称$\frac{\boldsymbol{n}}{c}$为**慢度矢量**（slowness vector）。对不同的$A(\omega)$，$\Phi(\omega)$做傅里叶叠加即可得到任意的平面波。

解上面的方程仅得到势函数的表达φ，$\boldsymbol{\psi}$，位移需按照式$\boldsymbol{u}=\nabla\varphi+\nabla\times\boldsymbol{\psi}$给出。

3.6 P 波和 S 波的振动方向

3.6.1 P 波的振动方向

考虑沿x方向传播的P波，根据式（3-4-3）有

$$
\alpha^2\frac{\partial^2\varphi}{\partial x^2}=\frac{\partial^2\varphi}{\partial t^2} \tag{3-6-1}
$$

可以把式（3-6-1）的解写成：

$$
\varphi=\varphi_0\mathrm{e}^{\mathrm{i}\omega\left(t\pm\frac{x}{\alpha}\right)} \tag{3-6-2}
$$

这里减号相应于沿$+x$方向传播，加号相应于沿$-x$方向传播，故有

$$
\begin{aligned}
u_x &= \frac{\partial \varphi}{\partial x} \\
u_y &= 0 \\
u_z &= 0
\end{aligned}
\tag{3-6-3}
$$

注意沿 x 方向传播的平面波，在 y 和 z 方向没有位移，所以其势函数对 y 和 z 的空间导数为零。即P波仅在波传播方向上有位移，振动方向与传播方向一致，这样的波叫做**纵波**（longitudinal wave）。而且因为 $\nabla\times\nabla\varphi=0$，质点运动不旋转，或“无旋”。

假定地震P波沿着 x 正方向传播，传播速度为5km/s，频率为3Hz，该波的势函数可以写为 $\varphi=Ae^{i(\omega t-kx)}=Ae^{i\left(6\pi t-\frac{6\pi}{5}x\right)}$，根据式（3-6-3）得到沿 x 方向的位移可表示为 $u_x=-\frac{6\pi Ai}{5}e^{i\left(6\pi t-\frac{6\pi}{5}x\right)}$，设置 $A=\frac{5}{60\pi}$，即位移振幅为0.1，并取位移的实部模拟P波的传播，MATLAB程序如下：

```
%P3_3.m
c=5.0;f=3;%地震波的速度和频率
omiga=2*pi*f;%角频率
k=omiga/c;%波数
N=100;%所用的时间点数
cmap=colormap('jet');    %取得调色盘,采用不同的颜色表示不同深浅的振动
M=moviein(N);%开辟一个数组
filename='P_simu.gif';
for ii=1:N
t=(ii-1)*0.02;%时间点
hold off
x=0:0.1:6;
u=0.1*sin(omiga*t-k*x);%引起的传播方向的质点位移
for z=0:3:30    %深度方向
Ind=ceil(z/30*64);if(Ind==0) Ind=1;end%获得不同深度的颜色序号
plot(x+u,z,'.','Color',cmap(Ind,:))  %采用对应的颜色绘图
hold on
end
set(gca,'Ydir','reverse')   %使得深度方向向下为正
axis([-0.1,6,0,30])
xlabel('P波传播方向/km');
ylabel('深度/km')
M(:,ii)=getframe(gcf);     %获得动画的一帧图像
imind=frame2im(M(:,ii));   %将frame格式变为图像(image)的格式,imind为图像文件
[imind,cm] = rgb2ind(imind,256);
%将RGB图像文件转换为序列文件
if ii==1
imwrite(imind,cm,filename,'gif', 'Loopcount',inf,'DelayTime',0.05);
%开始写入文件
else
```

```
imwrite(imind,cm,filename,'gif','WriteMode','append','DelayTime',0.1);
%在原来文件后面添加图像
end
end
```

运行程序可以得到沿着 x 正方向的 P 波的质点振动的动画演示。可见，P 波的质点振动与传播方向一致。其中的一帧图像如图 3-6-1 所示。其中的动画文件（P _ simu. gif）可以在其他环境中观看。

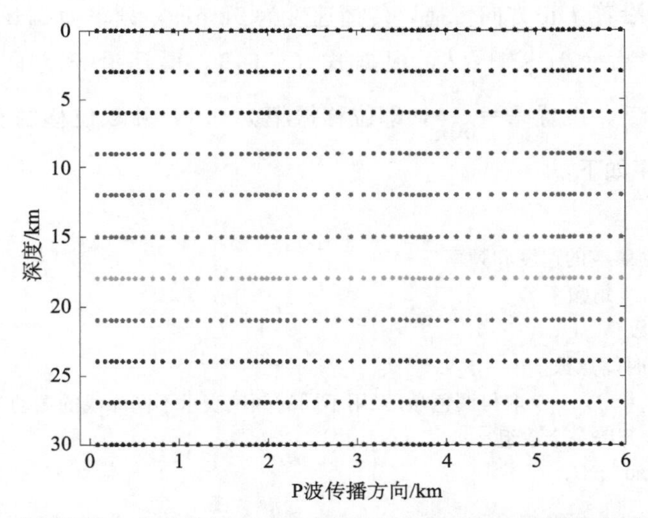

图 3-6-1　模拟的沿 x 方向传播 P 波质点振动的一帧图像（参看程序运行的动画）

3.6.2　S 波的振动方向

现在考察式（3-4-6）所代表的扭转（剪切）应变，它是式（3-4-5）的势函数表达，考察其来源可知，其质点的转动方向与波的传播方向成正交，通常称为**横波**（transverse wave）或 **S 波**。S 波依其质点振动方向的不同可分为 SV 波及 SH 波，如图 3-6-2 所示。

```
%P3 _ 4.m
close all   %关闭所有图形
x=0:0.01:8*pi;      %波前进方向
N=length(x);      %所计算的数据长度
y=sin(x);          %正弦波
z=cos(x);           %余弦波
xx=[];   %先设置一个空矩阵用于放置 SH 波振动的三维数据
for ii=1:N
xx=[xx;x(ii),z(ii),0;x(ii),0,0];   %建立 SH 波振动的三维数据
end
plot3(xx(:,1),xx(:,2),xx(:,3),'g');      %绘制 SH 波的三维振动图像
hold on   %图形保持
fill3([x,0],[zeros(size(x)),0],[y,y(1)],'y'); %采用填充方式绘制 SV 波的振动平面
text(x(N),z(N),0,'SH 波 ','FontSize',20)    %标注 SH 波的振动平面,字体大小为 20
```

```
text(20,0,1.1,'SV 波 ','FontSize',20)   % 标注 SV 波的振动平面,字体大小为 20
view(22,26)    % 采用 22°,俯角 26°的视角看图
xlabel(' 波的传播方向 ','Rotation', - 8,'FontSize',20)   % 给出 x 轴标记
grid on    % 添加网格
```

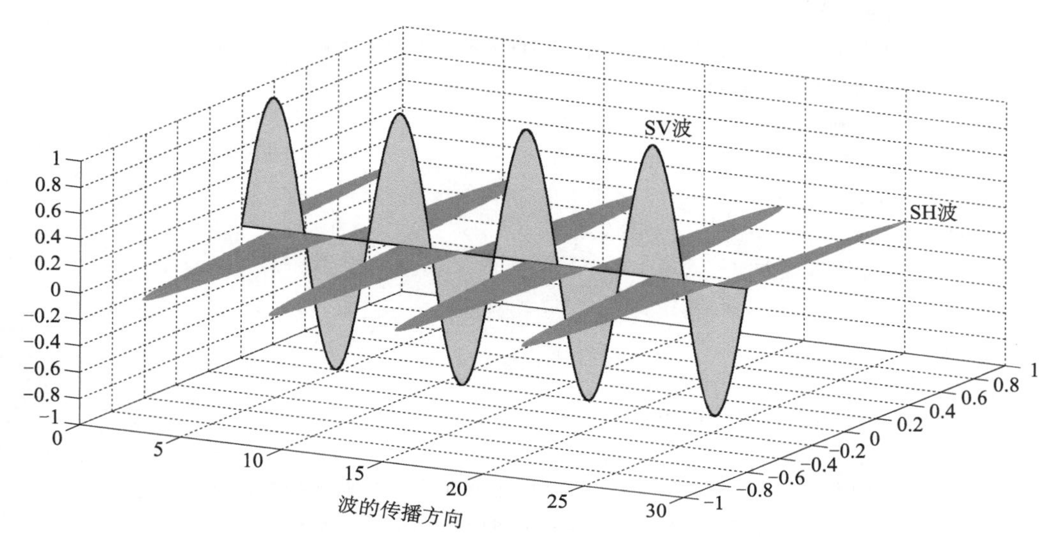

图 3-6-2　剪切波的振动方向示意图

现在考虑沿正 x 方向传播的 S 波，矢量势为

$$\boldsymbol{\psi}=\psi_x\left(t-\frac{x}{\beta}\right)\boldsymbol{i}+\psi_y\left(t-\frac{x}{\beta}\right)\boldsymbol{j}+\psi_z\left(t-\frac{x}{\beta}\right)\boldsymbol{k} \tag{3-6-4}$$

$\psi_x\left(t-\frac{x}{\beta}\right)=Ae^{i\omega(t-x/\beta)}$，$\psi_y\left(t-\frac{x}{\beta}\right)=Be^{i\omega(t-x/\beta)}$，$\psi_z\left(t-\frac{x}{\beta}\right)=Ce^{i\omega(t-x/\beta)}$，S 波位移为

$$\begin{aligned}
u_x&=(\nabla\times\boldsymbol{\psi})_x=\frac{\partial\psi_z}{\partial y}-\frac{\partial\psi_y}{\partial z}=0\\
u_y&=(\nabla\times\boldsymbol{\psi})_y=\frac{\partial\psi_x}{\partial z}-\frac{\partial\psi_z}{\partial x}=-\frac{\partial\psi_z}{\partial x}\\
u_z&=(\nabla\times\boldsymbol{\psi})_z=\frac{\partial\psi_y}{\partial x}-\frac{\partial\psi_x}{\partial y}=\frac{\partial\psi_y}{\partial x}
\end{aligned} \tag{3-6-5}$$

可以给出：

$$\boldsymbol{u}=-\frac{\partial\psi_z}{\partial x}\boldsymbol{j}+\frac{\partial\psi_y}{\partial x}\boldsymbol{k} \tag{3-6-6}$$

运动在 y 和 z 方向，垂直于传播方向（x 方向）。S 波的实际运动往往可以分成两个分量：含传播矢量的垂直面里的运动（SV 波）和取向与这个面垂直的水平运动（SH 波）。因为 $\nabla\cdot\boldsymbol{u}=\nabla\cdot(\nabla\times\boldsymbol{\psi})=0$，运动是纯剪切的，没有任何的体积变化。

假设 SH 波沿着 x 正方向传播，传播速度为 3km/s，频率为 0.5Hz，该波的势函数可以写为 $\psi_z=Ae^{i(\omega t-kx)}=Ae^{i(\pi t-\frac{\pi}{3}x)}$，根据式（3-6-6）可以得到沿 y 方向的位移可表示为$u_y=\frac{\pi Ai}{3}e^{i(\pi t-\frac{\pi}{3}x)}$，设置 $A=-\frac{3}{\pi}$，即位移振幅为 1，并取位移的实部进行模拟 SH 波的传播，MATLAB 程序如下：

```
%P3 _ 5.m
c = 3.0;f = 0.5; %地震波的速度和频率
omiga = 2 * pi * f; %角频率
k = omiga/c; %波数
N = 100; %所用的时间点数
cmap = colormap('jet');    %取得调色盘,采用不同的颜色表示不同深浅的振动
M = moviein(N); %开辟一个数组
filename = ' SH_simu.gif';
for ii = 1:N
t = (ii - 1) * 0.1; %时间点
hold off
for z = 0:3:30    %深度方向
cor = [];
for x = 0:0.5:20
y = sin(omiga * t - k * x); %SH 波的位移
cor = [cor;x,y,z]; %放到数组中
end
Ind = ceil(z/30 * 64);if(Ind = = 0) Ind = 1;end%获得不同深度的颜色序号
plot3(cor(:,1),cor(:,2),cor(:,3),'. - ','Color',cmap(Ind,:))    %采用对应的颜色绘图
hold on
end
set(gca,'Zdir','reverse')    %使得 z 轴反向
grid on
axis([ - 1,21, - 1,1,0,30]); %固定坐标范围
view(30,75); %以一定的视角观察图形
xlabel('SH 波传播方向/km','Rotation', - 20);
ylabel(' 振动方向/km','Rotation',60);
zlabel(' 深度/km'); %给出各个轴的标记
M(:,ii) = getframe(gcf);      %获得电影文件
imind = frame2im(M(:,ii));    %将 frame 格式变为图像(image)的格式,imind 为图像文件
[imind,cm] = rgb2ind(imind,256);
%将 RGB 图像文件 imind 转换为
if ii = = 1
imwrite(imind,cm,filename,'gif', 'Loopcount',inf,'DelayTime',0.05);
else
imwrite(imind,cm,filename,'gif','WriteMode','append','DelayTime',0.1);
end
end
movie(M) %播放电影
```

运行程序可以得到沿着 x 正方向的 SH 波的质点振动的动画演示，可见 SH 波在水平面内振动，其中的一帧图像如图 3-6-3 所示，其中的动画文件（SH _ simu.gif）可以在其他环境中观看。

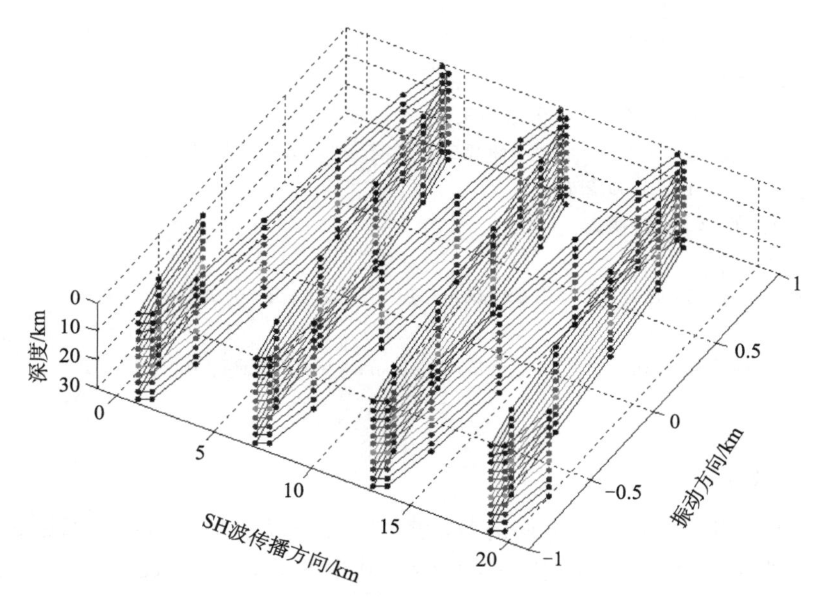

图 3-6-3 模拟的 SH 波质点振动的一帧图像（参看程序运行的动画）

同样假设 SV 波沿着 x 正方向传播，传播速度为 3.5km/s，频率为 1Hz。该波的势函数中只有 φ_y 对 z 分向振动有贡献，将其写为 $\psi_y = A\mathrm{e}^{\mathrm{i}(\omega t - kx)} = A\mathrm{e}^{\mathrm{i}\left(2\pi t - \frac{2\pi}{3.5}x\right)}$，根据式(3-6-6) 可以得到沿 z 方向的位移可表示为 $u_z = -\frac{2\pi A\mathrm{i}}{3.5}\mathrm{e}^{\mathrm{i}\left(2\pi t - \frac{2\pi}{3.5}x\right)}$，设置 $A = \frac{3.5}{2\pi}$，即位移振幅为 1，并取位移的实部进行模拟 SV 波的传播，MATLAB 程序如下：

```
%P3_6.m
c = 3.5;f = 1; %地震波的速度和频率
omiga = 2 * pi * f; %角频率
k = omiga/c; %波数
N = 100; %所用的时间点数
cmap = colormap('jet');    %取得调色盘,采用不同的颜色表示不同深浅的振动
M = moviein(N); %开辟一个数组
filename = 'SV_simu.gif';
for ii = 1:N
t = (ii - 1) * 0.1; %时间点
x = 0:0.2:10;
hold off
for z = 0:3:30    %深度方向
uz = sin(omiga * t - k * x); %引起的沿 z 方向的质点位移
Ind = ceil(z/30 * 64);if(Ind = = 0) Ind = 1;end %获得不同深度的颜色序号
plot(x,z + uz,'. - ','Color',cmap(Ind,:))    %采用对应的颜色绘图
hold on
end
set(gca,'Ydir','reverse')    %使得深度方向向下为正
axis([0,10, - 1,31])
```

```
xlabel('SV 波传播方向/km');
ylabel('深度/km')
M(:,ii) = getframe(gcf);      % 获得电影文件
imind = frame2im(M(:,ii));    % 将 frame 格式变为图像(image)的格式,imind 为图像文件
[imind,cm] = rgb2ind(imind,256);
% 将 RGB 图像文件 imind 转换为
if ii= =1
imwrite(imind,cm,filename,'gif', 'Loopcount',inf,'DelayTime',0.05);
else
imwrite(imind,cm,filename,'gif','WriteMode','append','DelayTime',0.1);
end
end
movie(M) % 播放电影
```

运行程序可以得到沿着 x 正方向的 SV 波的质点振动的动画演示，可见 SV 波在垂直方向上振动，其中的一帧图像如图 3-6-4 所示，其中的动画文件（SV _ simu. gif）可以在其他环境中观看。

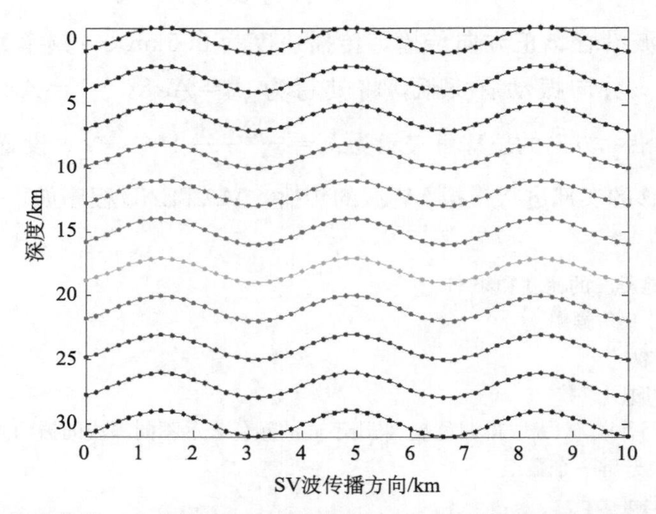

图 3-6-4　模拟的沿 x 方向传播 SV 波质点振动的一帧图像（参看程序运行的动画）

3.6.3　P 波和 S 波振动方向的空间表示

布设在地表的地震仪记录到的三分向为南北向、东西向和上下向，因此地震学中经常采用北东下坐标系表示，北向为 x 的正方向，东向为 y 的正方向，下向为 z 的正方向，这样的坐标系满足右手系准则。下面采用这种坐标系研究 P 波和 S 波的振动位移的关系。

设地震波传播方向为矢量 $\boldsymbol{r}$，其在水平面的投影为矢量 $\boldsymbol{R}$。$\boldsymbol{r}$ 与 z 轴的夹角为 i，由于是偏离垂线的夹角，称之为**偏垂角**。$\boldsymbol{R}$ 与北向 x 的夹角为 a_z，顺时针方向为正，地震学上称为**走向**（azimuth）。则地震波的传播方向可以表示为

$$\boldsymbol{r}=|r|(\sin i\cos a_z,\sin i\sin a_z,\cos i) \tag{3-6-7}$$

P 波位移在北东下坐标系中为$\boldsymbol{u}^{\mathrm{P}}=(u_x^{\mathrm{P}},\ u_y^{\mathrm{P}},\ u_z^{\mathrm{P}})$。由于 P 波振动方向与传播方向一致，因此其三方向位移与$(\sin i\cos\alpha_z,\ \sin i\sin\alpha_z,\ \cos i)$成比例（图 3-6-5）。

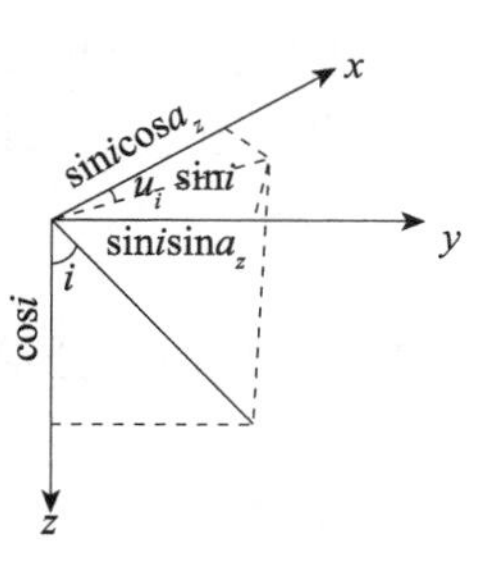

图 3-6-5　P 波在北东下坐标系中的投影示意图

S 波位移在北东下坐标系中为$\boldsymbol{u}^{\mathrm{S}}=(u_x^{\mathrm{S}},\ u_y^{\mathrm{S}},\ u_z^{\mathrm{S}})$。由于 S 波振动方向与传播方向垂直，因此 S 波在同相面上振动。通常定义 S 波振动所在的平面为 **S 波偏振面**（polarization plane）。在偏振面上，S 波振动可以分解为 SH 分量和 SV 分量（图 3-6-6）。S 波振动方向与 SV 波分量的夹角称为**偏振角**（polarization angle）ε：

$$\cos\varepsilon=\frac{u^{\mathrm{SV}}}{u^{\mathrm{S}}},\quad \tan\varepsilon=\frac{u^{\mathrm{SH}}}{u^{\mathrm{SV}}} \tag{3-6-8}$$

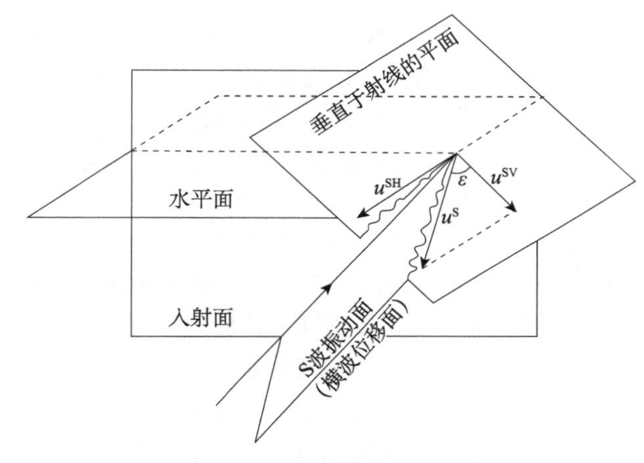

图 3-6-6　S 波振动在偏振面的分解

偏振角在水平面的投影为γ［图 3-6-7（b）］，这就是 S 波水平分量$u_{\mathrm{H}}^{\mathrm{S}}$与传播方向在水平面投影 $\boldsymbol{R}$ 的夹角，通常称为**视偏振角**（apparent polarization angle）。

单位矢量 $\boldsymbol{r}$，**SH**，**SV** 组成了另一个正交坐标系，在该坐标系中，P 波的位移表示为$\boldsymbol{u}^{\mathrm{P}}=(u_r^{\mathrm{P}},\ 0,\ 0)$，S 波的位移表示为$\boldsymbol{u}^{\mathrm{S}}=(0,\ u^{\mathrm{SH}},\ u^{\mathrm{SV}})$。P 波和 S 波在入射面，垂直面和水平面的几何关系如图 3-6-7 所示。

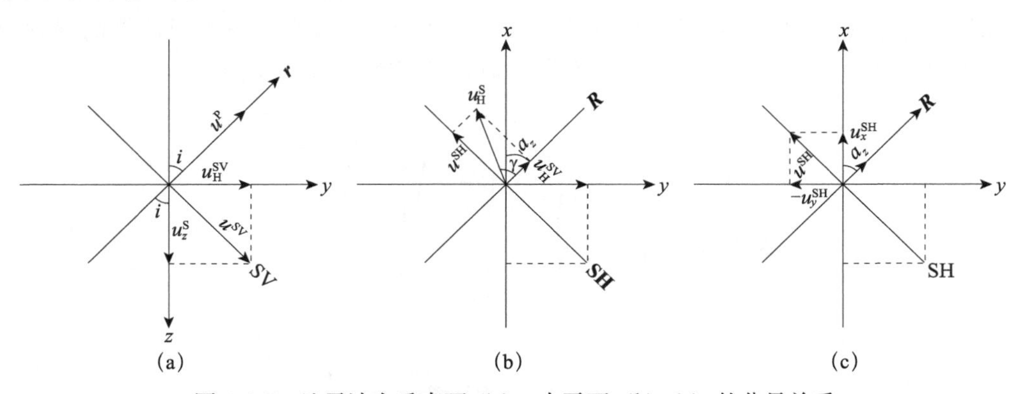

图 3-6-7　地震波在垂直面（a）、水平面（b）（c）的分量关系

需要注意，SV 波虽然在垂直于地面的平面内振动，但其不但会产生垂直分量，也可能产生水平分量。如果已知 S 波的垂直分量和 S 波的偏垂角，根据图 3-6-7（a）有

$$u_z^{\mathrm{S}}=u_z^{\mathrm{SV}}=u^{\mathrm{SV}}\cos(90^\circ-i)=u^{\mathrm{SV}}\sin i\Rightarrow u^{\mathrm{SV}}=\frac{u_z^{\mathrm{S}}}{\sin i} \tag{3-6-9}$$

SV 波的水平振动分量为

$$u_{\mathrm{H}}^{\mathrm{SV}}=u^{\mathrm{SV}}\cos i \tag{3-6-10}$$

现在研究 S 波的视偏振角和偏振角的关系，根据式（3-6-8）可得：

$$\tan\varepsilon=\frac{u^{\mathrm{SH}}}{u^{\mathrm{SV}}}=\frac{u^{\mathrm{SH}}}{\dfrac{u_{\mathrm{H}}^{\mathrm{SV}}}{\cos i}}=\frac{u^{\mathrm{SH}}}{u_{\mathrm{H}}^{\mathrm{SV}}}\cos i=\tan\gamma\cos i \tag{3-6-11}$$

可见一般情况下视偏振角大于偏振角。

S 波的水平分量包含两部分：SH 波和 SV 波的水平分量［图 3-6-7（b）］。这两个分量通过视偏振角分解为 SH 波振动方向和传播方向在地面投影的 R 方向上的 SV 波产生的水平分量。

SH 波也可以分解为坐标系两个水平轴 x，y 的分量［图 3-6-7（c）］，这样如果已知 S 波在水平轴 x，y 上的投影，还可以通过矢量运算得到 SH 波的分量：

$$u^{\mathrm{SH}}=-u_y^{\mathrm{SH}}\cos a_z+u_x^{\mathrm{SH}}\sin a_z \tag{3-6-12}$$

一般情况下，P 波对垂直分量和水平分量均有贡献。

地震波观测中，P 波、S 波是地震记录图上最为显著的两个体波震相。P 波与 S 波的传播速度不同，它们可以由同一震源同时激发，以不同的速度独立传播。P 波的速度大约为 S 波速度的 1.7 倍，在地震图上 P 波比 S 波先到达，比较容易识别。P 波和 S 波的主要差异如下：

（1）P 波的传播速度较 S 波速度快，地震图上总是先记录到 P 波。

（2）这两种波的偏振（质点运动）方向相互正交。P 波的振动方向与波的传播方向一致；S 波的振动方向与波的传播方向垂直。

（3）P 波通过时，物质团无旋转运动，但有体积变化，P 波是一种无旋波。S 波通过时有旋转运动，但无体积变化，S 波为一种无散的等容波。

3.7 三维方程的球坐标下求解：球面波

如果震源是球对称，介质是均匀各向同性的，则当地震波在地球内部传播而遇到分界面之前可看作球面波（图 3-7-1）。爆炸产生的地震波基本上属于这种情况。

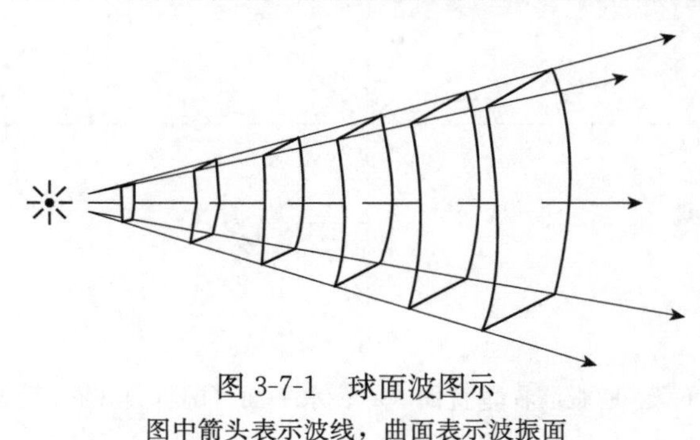

图 3-7-1 球面波图示

图中箭头表示波线，曲面表示波振面

根据数学物理方程中的讲述，在球坐标系中，拉普拉斯算子为

$$\nabla^2\varphi=\frac{1}{r^2}\frac{\partial}{\partial r}\left(r^2\frac{\partial\varphi}{\partial r}\right)+\frac{1}{r^2\sin\theta}\frac{\partial}{\partial\theta}\left(\sin\theta\frac{\partial\varphi}{\partial\theta}\right)+\frac{1}{r^2\sin^2\theta}\frac{\partial^2\varphi}{\partial\phi^2} \tag{3-7-1}$$

式中，r，θ，ϕ 分别为球坐标的径向，经向和纬向的单位向量。考虑 P 波为球对称的情况，P 波势与 θ，ϕ 无关，因此对角度 θ，ϕ 的偏导数为零，可去掉式（3-7-1）的后两项，经过变换得到：

$$\nabla^2\varphi(r)=\frac{1}{r^2}\frac{\partial}{\partial r}\left(r^2\frac{\partial\varphi}{\partial r}\right)=\frac{1}{r}\frac{\partial^2}{\partial r^2}(r\varphi) \tag{3-7-2}$$

代入式（3-4-3），得

$$\frac{1}{r}\frac{\partial^2}{\partial r^2}(r\varphi)-\frac{1}{\alpha^2}\frac{\partial^2\varphi}{\partial t^2}=0 \tag{3-7-3}$$

配成对 $r\varphi$ 的偏导数，有

$$\frac{\partial^2(r\varphi)}{\partial r^2}-\frac{1}{\alpha^2}\frac{\partial^2(r\varphi)}{\partial t^2}=0 \tag{3-7-4}$$

参考式（3-1-2）的解法，在点 $r=0$ 以外，方程的解为

$$\varphi=A\frac{e^{i\omega\left(t-\frac{r}{\alpha}\right)}}{r}+B\frac{e^{i\omega\left(t+\frac{r}{\alpha}\right)}}{r} \tag{3-7-5}$$

式中，A，B 为待定常数。根据本章 3.1 对式（3-1-2）的分析，式（3-7-5）第一项代表由内向外传播的波，而第二项表示由外向内传播的波，这一项显然与实际不符，所以系数 $B=0$。因此得到，在点 $r=0$ 以外方程的解为

$$\varphi=A\frac{e^{i\omega\left(t-\frac{r}{\alpha}\right)}}{r} \tag{3-7-6}$$

写成更一般的形式

$$\varphi(r,t)=\frac{f\left(t-\dfrac{r}{\alpha}\right)}{r} \tag{3-7-7}$$

式（3-7-7）通常用来模拟从点源辐射的波。在通常情况下，$\frac{1}{r}$项表示波的振幅随距离衰减的几何扩散因子。

假设式（3-7-7）的 $f\left(t-\frac{r}{\alpha}\right)$为角频率为 ω 的余弦函数，则可以写为 $A\cos\left[\omega\left(t-\frac{r}{\alpha}\right)\right]$，则式（3-7-7）可写为 $\varphi(r,t)=\frac{A}{r}\cos\left[\omega\left(t-\frac{r}{\alpha}\right)\right]$，其中，$-\omega r/\alpha=-kr$ 是由于波传播距离 r 而滞后的相位。可以采用下面的程序对球面波的传播进行模拟（图 3-7-2）：

```
%P3_7.m
%球面波的传播(曲面)
close all      %关闭所有的图形窗口
clear all     %清除所有变量
f = 2;            %假定地震波的频率为 2Hz
w = 2 * pi * f;              %角频率
alpha = 5;          %假定地震波的波速为 5km/s
A = 1;              %假设中心点的振幅为 1
```

```
rm = 50;                    % 显示的地震波传播的最大距离
r = 1:3:rm;                 % 距离向量
th = linspace(0,2 * pi,30);          % 角度向量
[R,TH] = meshgrid(r,th);           % 距离和角度矩阵
[X,Y] = pol2cart(TH,R);            % 极坐标化为直角坐标
U = A * cos(w * ( - R/alpha)). /R;        % 初始时间为零的位移
figure                            % 创建图形窗口
h = surf(X,Y,U);                  % 画曲面并取句柄
axis([ - rm,rm, - rm,rm, - 1,1])   % 坐标范围
box on                           % 图形外加框
fs = 16;                          % 字体大小
title('球面波传播的曲面','FontSize',fs) % 标题
xlabel('\itx\rm/km','FontSize',fs)      % x 标签
ylabel('\ity\rm/km','FontSize',fs)      % y 标签
zlabel('\itu','FontSize',fs) % z 标签
hold on                                    % 保持图像
t = 0;                                     % 初始时刻的相位
while 1                                    % 无限循环
if get(gcf,'CurrentCharacter') = = char(27)
break
end                 % 按 Esc 键退出循环
t = t + 0.01;                            % 下一时刻的时间相位
U = A * cos(w * (t-R/alpha)). /R;               % 曲面的位移
set(h,'ZData',U)                    % 设置位移
drawnow                                  % 更新屏幕
end                                        % 结束循环
```

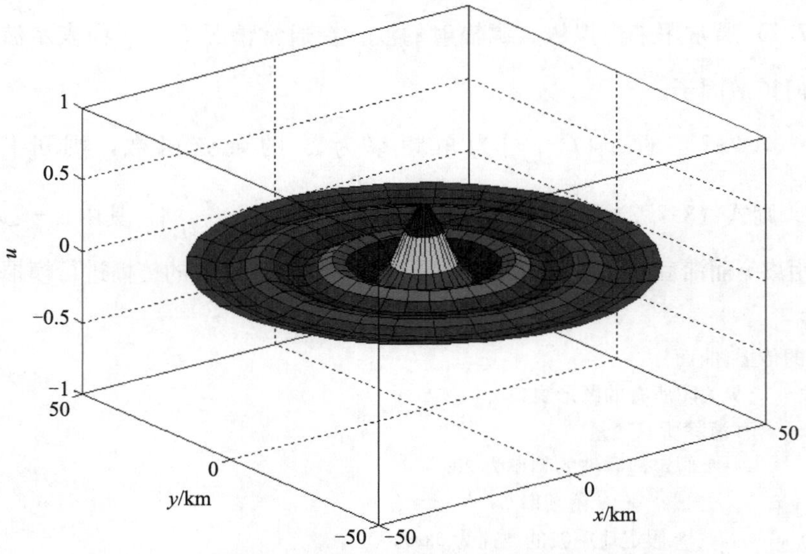

图 3-7-2 模拟球面波传播的界面（参看程序运行的动画）

在 $r=0$ 时，式（3-7-7）不是式（3-7-3）的正确的解。然而，式（3-7-7）是下面的非齐次方程的解（Aki and Richards，2002）：

$$\nabla^2\varphi(r)-\frac{1}{\alpha^2}\frac{\partial^2\varphi}{\partial t^2}=-4\pi\delta(r)f(t) \tag{3-7-8}$$

$\delta(r)$ 函数在 $r=0$ 以外的任何地方都为零，其体积积分为1。因子 $4\pi\delta(r)f(t)$ 表示震源时间函数部分。在第10章讨论震源理论时将回到这个方程上来。

3.8　有限差分求解二维声波传播方程

为了进一步理解地震波动在介质中的传播，本节对能够直观看到的二维声波传播进行模拟。跟第一节所讲的一维波动方程模拟一样，也采用差分算法在 Oxz 平面内进行求解。根据前面的讲解，二维声波方程可以表述为

$$\frac{\partial^2 U(x,z,t)}{\partial x^2}+\frac{\partial^2 U(x,z,t)}{\partial z^2}+f(t)=\frac{1}{c^2}\frac{\partial^2 U(x,z,t)}{\partial t^2} \tag{3-8-1}$$

式中，$U(x,z,t)$ 为声波位移波场；$f(t)$ 为震源函数；c 为声波波速。为方便，在后面的表达中，去掉 U 函数后面的自变量。

根据式（3-1-9），有

$$\frac{\partial^2 U}{\partial x^2}=\frac{\partial}{\partial x}\left(\frac{\partial U}{\partial x}\right)=\frac{\frac{U(x+\Delta x,z,t)-U(x,z,t)}{\Delta x}-\frac{U(x,z,t)-U(x-\Delta x,z,t)}{\Delta x}}{\Delta x}$$

$$=\frac{U(x+\Delta x,z,t)-2U(x,z,t)+U(x-\Delta x,z,t)}{\Delta x^2}$$

$$\frac{\partial^2 U}{\partial z^2}=\frac{\partial}{\partial z}\left(\frac{\partial U}{\partial z}\right)=\frac{\frac{U(x,z+\Delta z,t-Ux,z,t)}{\Delta z}-\frac{(U(x,z,t)-U(x,z-\Delta z,t))}{\Delta z}}{\Delta z}$$

$$=\frac{U(x,z+\Delta z,t)-2U(x,z,t)+U(x,z-\Delta z,t)}{\Delta z^2}$$

$$\frac{\partial^2 U}{\partial t^2}=\frac{\partial}{\partial t}\left(\frac{\partial U}{\partial t}\right)=\frac{\frac{U(x,z,t+\Delta t-Ux,z,t)}{\Delta t}-\frac{U(x,z,t)-U(x,z,t-\Delta t)}{\Delta t}}{\Delta t}$$

$$=\frac{U(x,z,t+\Delta t)-2U(x,z,t)+U(x,z,t-\Delta t)}{\Delta t^2}$$

上面式子中，Δx，Δz 为 x 方向和 z 方向的微元，在有限差分方法中称为离散空间步长。Δt 为时间微元，又称为离散时间步长，也就是采样间隔。

对于震源项，在勘探地震学中通常采用阻尼余弦子波作为激发震源。阻尼余弦子波可以表示为

$$f(t)=\mathrm{e}^{-\left(\frac{2\pi f}{\gamma}\right)^2 t^2}\cos 2\pi f t \tag{3-8-2}$$

式中，t 为流失时间；f 为主频率；γ 为控制频带的参数，通常取2～5。

如果令 $x=i\Delta x$，$z=j\Delta z$，$t=k\Delta t$，且令 $\Delta x=\Delta z=h$，则根据式（3-8-1），可以得到

$$U(i,j,k+1)-2U(i,j,k)+U(i,j,k-1)=$$

$$A^2[U(i+1,j,k)+U(i-1,j,k)+U(i,j+1,k)+U(i,j-1,k)$$

$$-4U(i,\ j,\ k)+f(i,\ j,\ k)] \tag{3-8-3}$$

式中，$A^2=\frac{(c\Delta t)^2}{h^2}$。这就是离散化的二维声波传播方程。下一个时刻的位移可以表示为

$$U(i,\ j,\ k+1)=$$
$$A^2[U(i+1,\ j,\ k)+U(i-1,\ j,\ k)+U(i,\ j+1,\ k)+U(i,\ j-1,\ k)-$$
$$4U(i,\ j,\ k)+f(i,\ j,\ k)]+2U(i,\ j,\ k)-U(i,\ j,\ k-1) \tag{3-8-4}$$

下面用横向和纵向均为201个节点，节点间隔h为8m；时间采样点为400，采样间隔为0.001s来对中心点声源的传播进行模拟。设声音在介质中的传播速度为3km/s，震源在$i=100$，$j=100$处；式（3-8-2）所定义的震源的主频为20Hz，频带控制参数为3。可以采用下面的程序来模拟。

```
%P3_8.m
clc;   %清除绘图区域
clear; %清除内存
Nx = 201; Nz = 201; Nt = 400; %设置采样点数,采样时间点数
h = 8;      %x方向和z方向的步长
dt = 0.001;    %时间步长
c = 3000;       %波传播速度为3km/s
f = 20;            %震源频率
gama = 3;  %频带控制参数
A = (dt * c)^2/h^2;
u = zeros(Nx,Nz,Nt);                    %赋初值
for k = 2:Nt-1
for i = 3:Nx-2
for j = 3:Nz-2
if i = = 100&j = = 100   %震源处
u(i,j,k+1) = exp( - (2 * pi * f * k * dt/gama).^2). * cos(2 * pi * f * k * dt);
%在(100km,100km)处设置一个振动源
else u(i,j,k+1) = A * (u(i+1,j,k) + u(i-1,j,k) + u(i,j+1,k) + u(i,j-1,k) - 4 * u(i,j,k)) - u(i,j,k-1) + 2 * u(i,j,k);
%根据式(3-8-4)给出
end
u(3,j,k+1) = u(4,j,k+1);    %设置顶部为自由边界条件,此时其他边界为透射边界条件(没有设定)
end
end
end
%二维电影动画放映
filename = '二维波场快照.gif';
%波场快照图显示
for k = 1:1:400
```

```
pcolor(u(:,:,k))  %绘制图像
shading interp;   %将颜色进行平滑
colormap('bone');  %可以采用'cool'  'gray'  'jet' 'hsv' 'spring'等调色板来代替
axis equal    %使坐标轴相等
axis([0,200,0,200]);    %设定轴的范围
set(gca,'Ydir','reverse'); %将y轴方向反向,使得地表在上面
xlabel('x'); ylabel('z');    %加上轴的标记
title('顶部为自由边界条件,其他为透射边界的二维声波传播快照');    %加标题
%set(gcf,'doublebuffer','on'); %消除震动
f=getframe(gcf); %捕获画面
imind=frame2im(f);
[imind,cm] = rgb2ind(imind,256);
if k= =1
imwrite(imind,cm,filename,'gif', 'Loopcount',inf,'DelayTime',0.05); %采用延迟时间为0.05s写入给定的文件
else
imwrite(imind,cm,filename,'gif','WriteMode','append','DelayTime',0.1); %采用延迟时间为0.1s写入给定的文件
end
end
```

运行该程序，可以看到压缩波在中心点逐渐向外传播，当遇到固定边界条件时（上端），压缩波会发生相位改变180°，而其他边界为透射边界，没有相位变化。读者可以修改程序，体会压缩波传播过程及其遇到边界的相位改变（图3-8-1）。

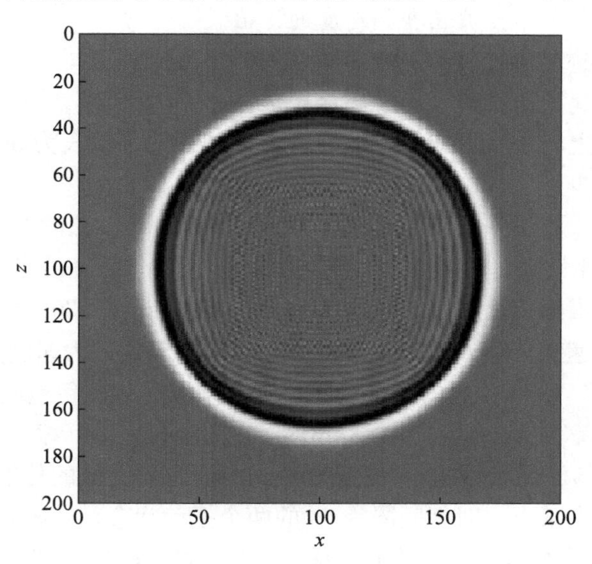

图3-8-1 模拟的压缩波在二维空间的传播（参看程序运行的动画）

顶部为自由边界条件，其他为透射边界的二维波传播快照

习 题

3.1.1 推导一维波动方程。

3.1.2 为何一维方程的 c 代表了波的传播速度？

3.1.3 求解一维波动方程。

3.1.4 为何一维方程的解的形式 $u=f(x-ct)+g(x+ct)$ 的第一项代表沿 x 正方向传播的波，第二项代表沿 x 负方向传播的波？

3.1.5 为何解一维波动方程中假定的系数 ω 代表了频率的度量？

3.1.6 如何得到一维波动方程的各种频率叠加的总波场？

3.1.7 改变模拟程序中的边界条件，得到不同边界条件对应的反射、透射认识。

3.1.8 表示简谐波空间周期性的物理量是（ ）

A. 波数 B. 周期 C. 波长 D. 频率

3.1.9 关于波数描述正确的是（ ）

A. 长度 2π 内含有“完整波”的数目 B. 角频率和相速度的比值

C. 相速度和周期的乘积 D. 为相速度和频率的比值

3.1.10 关于地震波波长描述正确的是（ ）

A. 一个周期内传播的距离 B. 地震波的空间周期

C. 地震波相速度和周期的乘积 D. 相速度和频率的比值

3.1.11 判断

（1）地震波振动的角频率为相速度和波数的乘积。（ ）

（2）地震波振动的频率为波长和相速度的比值。（ ）

（3）地震波的相速度为波长和周期的比值。（ ）

（4）地震波的相速度为角频率和波数的比值。（ ）

3.1.12 太平洋上有一次形成的洋波速度为 740km/h，波长为 300km，这种洋波的频率是多少？波数是多少？

3.1.13 一简谐横波沿一长弦线传播，在 $x=0.1\text{m}$ 处，弦的质点位移随时间的变化关系为 $y=0.05\sin(4.0t-1.0)$，试写出波函数。该波的传播速度是多少？频率是多少？

3.1.14 一横波沿绳传播，其波函数为 $y=2\times10^{-2}\sin2\pi(200t-2.0x)$，（1）求此横波的波长、频率、波速和传播方向；（2）求绳上质元振动的最大速度并与波速比较。

3.1.15 据报道，1976 年唐山大地震时，当地某居民曾被猛地向上抛起 2m 高，设地震波为简谐波，且频率为 1Hz，波速为 3km/s，它的波长多大？振幅多大？

3.1.16 频率为 5Hz 的地震波，波速为 6km/s，（1）沿波的传播方向，相差 60°的两点间相距多远？（2）在某点，时间间隔为 5s 的两个振动状态，其相差为多大？

3.1.17 写出波长 Λ 与以下参数的关系：（1）波数 k；（2）速度 c 及频率 f；（3）速度 c 及周期 T。

3.1.18 30Hz 的地震 P 波在波速为 3km/s 的砂岩和 7km/s 的辉长岩中的探测精度是多大？（提示，在深部的探测精度为一个波长）。

3.1.19 一平面简谐波一波速 v 沿 x 正向传播，波长为 Λ，已知在 $x_0=\Lambda/4$ 的质元振动表达式为 $y_{x_0}=A\cos\omega t$。试写出波函数，并给出 $t=T$，$t=T/4$ 的空间波形表达式。

3.1.20 在海岸抛锚的船因海浪传来而上下振荡，振荡周期为4.0s，传来的海浪每隔24m有一波峰。求海波传播的速度。

3.1.21 设3.1.20题的海浪振幅为60cm，求水质点运动速度，并与波浪的传播速度进行比较。

3.2.1 给出应力张量中沿 x 方向的应力分量。

3.2.2 导出三维波动方程的应力表示形式。

3.2.3 导出三维波动方程的位移表示形式。

3.2.4 给出 $\boldsymbol{a}=\nabla^2\boldsymbol{U}+\nabla(\nabla\cdot\boldsymbol{V})+\nabla\times\nabla\times\boldsymbol{W}$ 的各分量表达式。

3.3.1 导出体应变的振动方程。

3.3.2 导出绕三个轴旋转量的振动方程。

3.3.3 为什么体应变以 $c=\sqrt{\dfrac{\lambda+2\mu}{\rho}}=\alpha$ 的速度传播？

3.3.4 为什么绕轴旋转量以 $c=\sqrt{\dfrac{\mu}{\rho}}=\beta$ 的速度传播？

3.3.5 推导用地震波速度和密度表示的弹性常数，并讨论泊松介质和液体下的简化形式。

3.3.6 对于线弹性介质，证明纵波速度 α 与横波速度 β 的比值只与泊松比有关，给出它们之间的关系，并证明在泊松比的容许范围内，α/β 值的增大反映了泊松比的增大。

3.3.7 对泊松比为0.30的岩石，P波和S波的速度比是多少？

3.3.8 观测到实验室里的花岗岩样品的P波速度为5.5km/s，密度为2.6Mg/m^3。假定样品是泊松固体，求拉梅常数、杨氏模量、体积模量的值。给出你的以帕斯卡为单位的答案。如果样品以地球24km深度所存在的压力压缩，那么比样品体积的相对变化是多少？

3.3.9 根据P波速度、S波速度和密度计算下表中的体变模量、剪切模量、泊松比。

(1) 地壳P波速度为6.5km/s、S波速度为3.9km/s、密度为2900kg/m^3。

(2) 上地幔P波速度为8.5km/s、S波速度为4.6km/s、密度为3400kg/m^3。

(3) 下地幔P波速度为13.0km/s、S波速度为7.0km/s、密度为5300kg/m^3。

3.3.10 给定岩石的体变模量 K 和刚性模量 μ 为 $2\times10^6 N/\text{cm}^2$，密度 ρ 为2.5g/cm^3，求纵波速度 α、横波速度 β 和泊松比。

3.3.11 已知无限介质中的剪切模量为 3×10^{10}Pa，密度为3g/cm^3，泊松比为0.25，求该介质中P波和S波的速度。

3.3.12 根据PREM模型中给出的P波速度、S波速度和密度分布编制程序绘制弹性常数 λ，μ，E，γ，K 随深度的变化，并绘图。

3.4.1 填空：P波的势为________（选择标量势和矢量势）。S波的势为________（选择标量势和矢量势）。

3.4.2 地震波位移场和势函数的关系式是什么？

3.4.3 给出用地震波的势表示的体应变的表达式。

3.4.4 推导地震波标量势的波动方程。

3.4.5 给出用地震波的势表示的绕轴旋转量的表达式。

3.4.6 推导地震波矢量势的波动方程。

3.4.7 已知地震P波位移势表示为 $\varphi=7\mathrm{e}^{2\mathrm{i}\left(6t-\frac{1}{2}x-\frac{\sqrt{3}}{2}z\right)}$，(1) 求该地震波产生的位移分量；(2) 求用弹性系数表示的该地震波产生的应力分量。

3.4.8 已知地震S波位移势表示为 $\boldsymbol{\psi}=(\sqrt{3}，-1，6)\mathrm{e}^{5\mathrm{i}\left(4t-\frac{1}{4}x-\frac{\sqrt{3}}{2}y-\frac{\sqrt{3}}{4}z\right)}$，(1) 求该地震波产生的位移分量；(2) 求用弹性系数表示的该地震波产生的应力分量。

3.5.1 求解三维波动方程。

3.5.2 为何 k_x，k_y，k_z 为 k 矢量在 x，y，z 轴上的投影？

3.5.3 何为同相面？何为平面波？平面波和球面波的区别是什么？

3.5.4 为何沿 x 正向，沿 z 逆向的波的势函数可以表示为 $f=A\mathrm{e}^{\mathrm{i}\omega\left[t-\frac{n_x x-n_z z}{c}\right]}$。

3.5.5 何为慢度矢量？

3.5.6 已知在均匀弹性无限空间中，纵波的标量势在直角坐标系 (x，y，z) 的表达为 $\varphi=A\mathrm{e}^{\mathrm{i}\omega\left(t-\frac{x}{\alpha}\right)}$，求纵波位移场，并指出其传播方向、传播速度、振动频率。

3.5.7 无限弹性泊松介质的密度为 $3\mathrm{g/cm^3}$，剪切模量为 $3\times10^{10}\,\mathrm{Pa}$，在原点发出0.5Hz的弹性波，给出任意振幅的到达点A (500，400，141) km的P波和S波的势函数，并给出P波和S波到达该点的时间。

3.5.8 已知弹性波位移势为 $\varphi=7\mathrm{e}^{2\mathrm{i}\left(6t-\frac{1}{2}x-\frac{\sqrt{3}}{2}y\right)}$，$\boldsymbol{\psi}=(\sqrt{3}，-1，6)\mathrm{e}^{3\mathrm{i}\left(4t-\frac{1}{2}x-\frac{\sqrt{3}}{2}y\right)}$，(1) 确定P波和S波的位移分量表达式；(2) 给出P波和S波的频率和速度；(3) 给出地震波的传播方向。

3.5.9 密度为 $3\mathrm{g/cm^3}$，泊松比为1/3的弹性介质内部传播的频率为1Hz的P波传播方向为 $\left[\frac{1}{3}，\frac{1}{\sqrt{2}}，\frac{\sqrt{7}}{3\sqrt{2}}\right]$，P波的压强为 $500\mathrm{dyne/cm^2}$，位移振幅为 $1\ \mu\mathrm{m}$，为S波振幅的两倍，给出此介质中P波的势。

3.6.1 P波是一种膨胀或压缩波，但其传播速度为何与剪切模量有关？

3.6.2 如何采用势函数来得到P波的振动方向？

3.6.3 根据S波势函数的 $\varphi(\boldsymbol{r}，t)=\left\{\varphi_x\left(t-\frac{\boldsymbol{r}\cdot\boldsymbol{n}}{\beta}\right)，\varphi_y\left(t-\frac{\boldsymbol{r}\cdot\boldsymbol{n}}{\beta}\right)，\varphi_z\left(t-\frac{\boldsymbol{r}\cdot\boldsymbol{n}}{\beta}\right)\right\}$，$\beta$ 为S波速度，$\boldsymbol{n}$ 为波的传播方向，证明S波位移方向与传播方向正交。

3.6.4 解释概念

(1) 偏垂角

(2) 走向

(3) 偏振面

(4) 偏振角

3.6.5 判断

(1) 一般情况下，SV波仅产生垂直位移。(　　)

(2) 一般情况下，SH波仅产生水平位移。(　　)

(3) 偏振角为S波振动方向与SH波振动方向的夹角。(　　)

(4) 一般情况下，P 波仅产生垂直位移。(　　)

3.6.6　P 波和 S 波的质点振动方式是什么？S 波分为哪两类？

3.6.7　可能的平行于地表振动的地震波有（　　）

A. P 波　　　　B. SH 波　　　　C. SV 波

3.6.8　可能的垂直于地表振动的地震波有（　　）

A. P 波　　　　B. SH 波　　　　C. SV 波

3.6.9　P 波和 S 波的区别是什么？

3.6.10　设震源在北东下（x，y，z）坐标系的坐标原点，S 波在 oyz 平面，与 z 轴加 60°沿 y，z 的正方向传播，试给出 S 波传播方向、SV 波和 SH 波振动方向的方向矢量。

3.6.11　假设地球具有球对称性，当台站的正北方发生地震时，在南北（1）、东西（2）、上下向（3）地震图上分别能记录到 P 波，SV 波，SH 波的哪种类型的波。

A. P 波　　　　B. SV 波　　　　C. SH 波

3.6.12　设在三维均匀介质有 P 波和 S 波单色波传播，其运动方程分别为：

$\varphi=10\sin(34t-3x+4z)$ 和 $\boldsymbol{\psi}=(20,\ 30,\ 10)\cos(34t-6x+8z)$（振幅单位为微米）

① 请写出该波的频率及介质 P 波和 S 波的速度，并标出该波的射线方向。

② 如果 x 方向为北 45°东方向，z 垂直向下，则台站地震仪接收的初至 S 波，其南北向地动位移及东西向地动位移振幅各是多少？

③ SH 波地动位移多大？位移方向是什么？

3.6.13　设剪切波的势函数为 $\boldsymbol{\psi}=\left(\frac{\sqrt{7}}{\sqrt{5}},\ \frac{5\sqrt{7}}{\sqrt{5}},\ -6\right)e^{4i\left(4t-\frac{1}{\sqrt{5}}x+\frac{1}{\sqrt{3}}y+\frac{\sqrt{7}}{\sqrt{15}}z\right)}$，计算该地震波的偏振角。

3.6.14　设剪切波的模 $|u^{S}|$ 为 5，传播方向的方位角为 60°，偏振角为 30°，视偏振角为 45°，计算 S 波在投影到三个坐标轴的分量。

3.6.15　已知 S 波的传播方向在北东下坐标系中与垂直向下的 z 轴夹 30°角，与北向 x 轴的夹角为 60°，求 SH 波和 SV 波的质点振动方向。

3.6.16　从震源辐射的 P 波的振幅在北东下坐标系中分别为（4，4，8），S 波的振幅在北东下坐标系的振幅为 $(8,\ 2\sqrt{2},\ -(4+\sqrt{2}))$。求 P 波和 S 波的偏垂角（与垂直方向的夹角），传播方向在水平面上投影与北向的夹角（方位角），SV 波和 SH 波的振幅，真偏振角和视偏振角。

3.6.17　如果波数为 2、频率为 1Hz 的 S 波的传播方向在北东下坐标系中为 $\left(\frac{1}{2\sqrt{2}},\ \frac{1}{2\sqrt{2}},\ \frac{\sqrt{3}}{2}\right)$，其垂直位移振动振幅为 6，求该地震波的 SV 波分量的位移振幅。

3.6.18　如果地震波标量势 φ 的振幅为 3，矢量势的振幅为（-2，2，0），P 波的波数为 2/3，设介质为泊松体，并且地震波的传播方向为 $\left(\frac{1}{2\sqrt{2}},\ \frac{1}{2\sqrt{2}},\ \frac{\sqrt{3}}{2}\right)$，计算周期为 $\frac{\pi}{2}$ 的 P 波、SV 波和 SH 波的位移振幅。

3.6.19　假设 P 波和 S 波的频率为 $\frac{4}{2\pi}$Hz，传播速度分别为 6km/s 和 4km/s，位移振

幅向量分别为：$\boldsymbol{u}^{\mathrm{P}}=\left(\frac{4}{3\sqrt{3}}, \frac{4}{3\sqrt{3}}, \frac{4}{\sqrt{3}}\right)$，$\boldsymbol{u}^{\mathrm{S}}=(-\sqrt{3}, -\sqrt{3}, -\sqrt{2})$，两类波的传播方向相同，求地震波的势。

3.6.20 设 S 波在北东下坐标系中的振幅位移分量为（6，4，3），方位角为 60°，偏垂角为 30°，求 SV 波和 SH 波的振幅及偏振角。

3.7.1 给出球坐标系的地震波标量势的波动方程表达。

3.7.2 给出地震波标量势在 $r\neq 0$ 处的解。

3.7.3 在球坐标的势函数的解中，波的振幅随距离衰减的几何扩散因子表示为什么？

3.7.4 将式（3-7-7）代入式（3-7-3），证明式（3-7-7）是式（3-7-3）的解。

3.7.5 修改 3.7 节的程序中的频率和波长，研究这些因素如何影响球面波的传播形态。

第 4 章　水平分层介质中的地震波

地球内部是成层结构，有不少分界面。地表也可看作一个界面，震源在各向同性的均匀介质中产生的地震波阵面呈球形一层一层向外传播，称为球面波。因此，严格来讲，应该讨论球面波遇到分界面时的情况。但当距离震源足够远时，也就是说震源到接收点的距离比波长大得多时，作为一种近似，可讨论平面波在分界面上的行为。同时当地震波波长远远小于地球的曲率半径（$\Lambda \ll \rho$，ρ 为分界面的曲率半径，不是本书所给出的介质密度），也可以将分界面看作平面，这样可使讨论大大简化而不影响对许多现象本质的揭示。同时，球面波在理论上可以看作是许多不同方向的均匀或不均匀的平面波的叠加，因而先弄清平面波在分界面上的行为，也比较容易讨论球面波在分界面的行为。

本章首先介绍地震波在水平分层介质中用势函数表示的位移、应力及其连续性条件，然后介绍地震波在自由表面的反射，而后介绍地震波在内部界面的反射和透射，最后介绍地震波在地球内部模拟的方法。

4.1　地震波传播的连续性条件和势函数

4.1.1　水平分层介质中地震波传播的连续性条件

设平面波的传播方向在 oxz 平面内（在本书中的水平分层介质中的波均按此定义），传播方向就是波阵面（同相面）的法线方向。对于水平分层介质，界面法向与 z 轴一致。根据牛顿第三定律，界面下方物质通过界面作用于上方物质的应力必然等于上方物质通过界面作用于下方物质的应力，这就是应力连续条件。考虑到图 4-1-1 的界面是以 z 为法向的平面，因此，应力张量中只有三个应力分量，即 σ_{zx}，σ_{zy}，σ_{zz}，在界面上具有连续性。而其他应力分量不一定具有连续性（这往往被误认为分界面两侧应力各个分量必须连续，这是不正确的。通常应力张量有分量 σ_{ij}，它们在分界面两侧不都是连续的。只有自上部施加在界面的力必须等于自下部施加在界面上的力——这是**应力连续条件**，condation of stress continuity）。

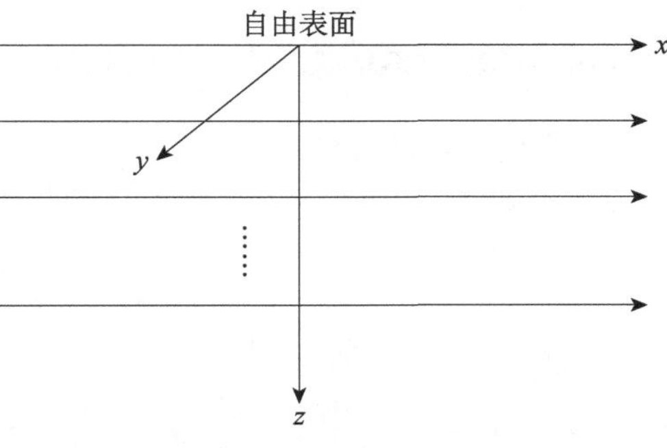

图 4-1-1　水平分层介质中波的传播坐标定义

另外，由于界面处不会由于地震波振动出现任意方向的空隙区，因此，在波动过程中，三个方向的位移即 u_x，u_y，u_z 在界面上也是连续的，这就是**位移连续条件**（condation of displacement continuity）。

4.1.2 P波、SV波与SH波的波场是分离的

根据第3章，波的位移场可以表示为

$$\boldsymbol{u}=\boldsymbol{u}_p+\boldsymbol{u}_s=\nabla\varphi+\nabla\times\boldsymbol{\psi} \tag{4-1-1}$$

式中，φ 满足压缩波的波动方程，为标量；$\boldsymbol{\psi}$ 满足剪切波的波动方程，为矢量。

根据第3章的讲解，P波的质点振动与传播方向一致，由于P波在 oxz 平面内传播，就会有 x 方向和 z 方向的位移，而没有 y 方向的位移。再考虑SV波，SV波的质点振动在垂直于波的传播方向的传播射线的平面内，对应于图4-1-1，即在 oxz 平面内振动，因此也有 x 方向和 z 方向的位移，没有 y 方向的位移。可见观测到的 x 方向和 z 方向的位移来自两方面的贡献：P波和SV波，即这两种波是耦合的，通常称为**P-SV系统**（P-SV system）。而SH波的质点振动垂直于射线传播方向并且在水平面内振动，对应于图4-1-1就是 y 方向，因此SH波只能产生 y 方向的位移，没有 x 和 z 方向的位移，通常称为**SH系统**（SH system）。因此SH系统的地震波场和P-SV系统的波场是分离的。

考虑到P-SV系统涉及位移的 x 分量和 z 分量（u_x，u_z），不涉及 y 分量，根据第2章的广义胡克定律有

$$\sigma_{zz}=\lambda\Theta+2\mu e_{zz}=\lambda\left(\frac{\partial u_x}{\partial x}+\frac{\partial u_z}{\partial z}\right)+2\mu\frac{\partial u_z}{\partial z} \tag{4-1-2}$$

$$\sigma_{zx}=2\mu e_{zx}=\mu\left(\frac{\partial u_x}{\partial z}+\frac{\partial u_z}{\partial x}\right)$$

也就是说应力分量 σ_{zz}，σ_{zx} 跟 u_x，u_z 有关，因此，P-SV系统的连续性为：位移 u_x，u_z 和应力 σ_{zz}，σ_{zx} 在水平分界面上是连续的。在研究P-SV系统时要考虑这个问题。

对于SH系统，位移只涉及 y 分量，没有涉及 x 分量和 z 分量。也可以看作 $u_x=0$，$u_z=0$。根据第2章的广义胡克定律有

$$\sigma_{zy}^{\mathrm{SH}}=2\mu e_{zy}=\mu\left(\frac{\partial u_y}{\partial z}+\frac{\partial u_z}{\partial y}\right)=\mu\frac{\partial u_y}{\partial z} \tag{4-1-3}$$

因此，在SH系统中连续条件为：应力分量 σ_{zy} 和位移分量 u_y 连续。

4.1.3 P-SV系统的势函数

由于平面波传播方向在 oxz 平面内，根据第3章势函数的表达，φ，ψ_x，ψ_y，ψ_z 均不含 y，也就是：

$$\frac{\partial\varphi}{\partial y}=\frac{\partial\psi_x}{\partial y}=\frac{\partial\psi_y}{\partial y}=\frac{\partial\psi_z}{\partial y}=0 \tag{4-1-4}$$

在研究 oxz 平面内传播的耦合的P波和SV波时，由于SV波不产生 y 方向的位移，根据 $\boldsymbol{u}_{\mathrm{SV}}=\nabla\times\boldsymbol{\psi}=\left(\frac{\partial\psi_z}{\partial y}-\frac{\partial\psi_y}{\partial z}\right)\boldsymbol{i}+\left(\frac{\partial\psi_x}{\partial z}-\frac{\partial\psi_z}{\partial x}\right)\boldsymbol{j}+\left(\frac{\partial\psi_y}{\partial x}-\frac{\partial\psi_x}{\partial y}\right)\boldsymbol{k}$ 可知，$\boldsymbol{\psi}$ 的表达式中的 ψ_x，ψ_z 的任一分量不为零，则会产生 y 方向的位移 u_y，因此对于SV波，由于没有 y 分量位移，ψ_x，ψ_z 必为零。

4.2 地球自由表面地震波的反射

地球表面是一个特殊的分界面，它将无限介质划分为两个半空间，地面以上为空气

介质，其密度与地面以下的岩石或海平面以下的海水层相比可以忽略。地球表面可以看成是一个弹性半空间表面，表面之下视为理想弹性介质，表面之上为空气，这种界面称为**自由界面**（free surface），自由界面上的应力为零。本节将介绍弹性波在自由表面上的反射。

4.2.1　P 波在自由界面的反射

如图 4-2-1 所示，取 xoy 平面为自由表面，设有一 P 波自下部介质入射到自由表面上，由于自由表面以上不存在介质，所以当波遇到自由表面时，只可能折回到原来的介质，而不会透过它，即只存在反射波而不存在透射波。当 P 波入射到自由表面上时（此时是 P-SV 系统），为满足自由表面处的边界条件，反射波中通常会同时产生 P 波和 SV 波两种成分（它们在 x 方向和 z 方向均有位移），此时，SV 波称为**转换波**（converted wave）。由于 SH 波的振动方向与 P 波和 SV 波的振动方向是相互独立的，所以反射波中不会产生 SH 波。

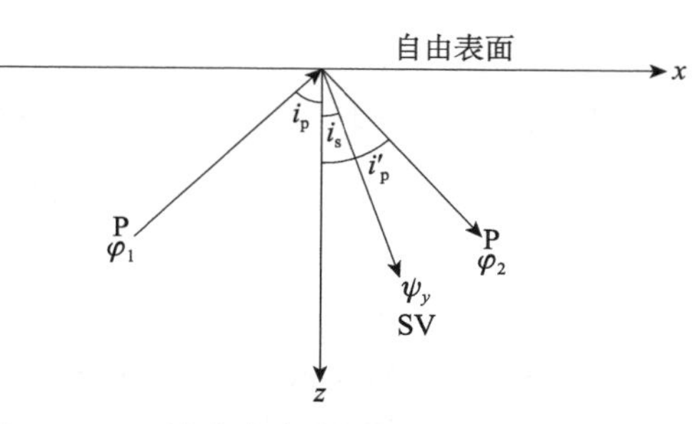

图 4-2-1　P 波在自由表面的反射射线示意图

设入射 P 波为平面简谐波，入射面为 oxz 平面，法线为 z 轴，入射 P 波的入射角为 i_p，反射 SV 波的反射角为 i_s，由图 4-2-1 中各波的传播方向与坐标轴方向的关系，可将波函数写为

$$\varphi_1 = A_1 e^{i(\omega t - k_x x + k_z z)} \tag{4-2-1}$$

$$\varphi_2 = A_2 e^{i(\omega t - k'_x x - k'_z z)} \tag{4-2-2}$$

$$\psi_y = B e^{i(\omega t - k''_x x - k''_z z)} \tag{4-2-3}$$

由 4.1 节的分析，对于 SV 波，只有 x 和 z 方向的位移，ψ_x，ψ_z 分量必为零。

这里，

$$k_x = \frac{\omega}{\alpha}\sin i_p, k'_x = \frac{\omega}{\alpha}\sin i'_p, k''_x = \frac{\omega}{\beta}\sin i_s \tag{4-2-4}$$

$$k_z = \frac{\omega}{\alpha}\cos i_p, k'_z = \frac{\omega}{\alpha}\cos i'_p, k''_z = \frac{\omega}{\beta}\cos i_s \tag{4-2-5}$$

为波数在 x 方向和 z 方向的投影。

由边界条件可知，在 $z=0$ 处（自由表面），应力 σ_{zz}，σ_{zx} 分量必为零。应力表达为 $e^{i(\omega t - k_x x + k_z 0)}$，$e^{i(\omega t - k'_x x - k'_z 0)}$，$e^{i(\omega t - k''_x x - k''_z 0)}$ 的线性组合（位移是势函数的梯度，对位移做偏导才能得到应力分量，但不管如何求偏导，表达式中的上述因子一直存在，只不过需要乘以一个系数）。而这三个因子由于含有时间因素而不为零，否则就没有振动了。要使得它们的线性组合为零，必须使它们完全相同，这样三个因子可以合并，系数相互抵消才能得到自由表面应力为零的条件。这样必有 $k_x = k'_x = k''_x$，因此有

$$\frac{\sin i_p}{\alpha} = \frac{\sin i'_p}{\alpha} = \frac{\sin i_s}{\beta} \tag{4-2-6}$$

这就是斯奈尔定律。回忆一下几何光学，式（4-2-6）与几何光学中的折射定律和反

射定律完全一致，这是由于它们在本质上有相同之处（波动性）。而折射反射定律正是反映了物质的波动相关规律。光学中是从光学实验或惠更斯原理得到折射反射定律，而这里从波动方程和边界条件出发也得到了它。在以后的推导中令式（4-2-6）为常数 p。则波函数可以写为

$$\varphi_1 = A_1 \mathrm{e}^{\mathrm{i}\omega\left(t - px + \frac{\cos i_{\mathrm{p}}}{\alpha} z\right)} \tag{4-2-7}$$

$$\varphi_2 = A_2 \mathrm{e}^{\mathrm{i}\omega\left(t - px - \frac{\cos i_{\mathrm{p}}}{\alpha} z\right)} \tag{4-2-8}$$

$$\psi_y = B \mathrm{e}^{\mathrm{i}\omega\left(t - px - \frac{\cos i_{\mathrm{s}}}{\beta} z\right)} \tag{4-2-9}$$

则根据式（4-1-1），P 波产生的位移为

$$u_x^{\mathrm{P}} = \frac{\partial \varphi}{\partial x} = -\mathrm{i}\omega p \varphi \tag{4-2-10}$$

$$u_z^{\mathrm{P}} = \frac{\partial \varphi}{\partial z} = \pm \mathrm{i}\omega \frac{\cos i_{\mathrm{p}}}{\alpha} \varphi \tag{4-2-11}$$

注意：这里的 S 波虽没有上行波，为后面推导方便，本小节推导也包含上行波。式（4-2-11）中“±”的上面符号对应于上行波，下面的符号对应于下行波。本章中所有这样的符号均按此规定。

P 波产生的应力为

$$\begin{aligned}
\sigma_{zz}^{\mathrm{P}} &= \lambda\Theta + 2\mu \frac{\partial u_z}{\partial z} = \lambda\left(\frac{\partial u_x}{\partial x} + \frac{\partial u_z}{\partial z}\right) + 2\mu \frac{\partial u_z}{\partial z} \\
&= \lambda\left(-\omega^2 p^2 - \omega^2 \frac{\cos^2 i_{\mathrm{p}}}{\alpha^2}\right)\varphi - 2\mu\omega^2 \frac{\cos^2 i_{\mathrm{p}}}{\alpha^2}\varphi \\
&= -\omega^2 \varphi\left[\lambda\left(\frac{\sin^2 i_{\mathrm{p}}}{\alpha^2} + \frac{\cos^2 i_{\mathrm{p}}}{\alpha^2}\right) + 2\mu \frac{\cos^2 i_{\mathrm{p}}}{\alpha^2}\right] \\
&= -\omega^2 \varphi\left[\frac{\lambda}{\alpha^2} + 2\mu \frac{\cos^2 i_{\mathrm{p}}}{\alpha^2}\right] \\
&= -\omega^2 \varphi\left[\frac{\lambda + 2\mu\cos^2 i_{\mathrm{p}} + 2\mu\sin^2 i_{\mathrm{p}} - 2\mu\sin^2 i_{\mathrm{p}}}{\alpha^2}\right] \\
&= -\omega^2 \varphi\left[\frac{\lambda + 2\mu - 2\mu\sin^2 i_{\mathrm{p}}}{\alpha^2}\right] = -\omega^2 \varphi\left[\rho - 2\mu \frac{\sin^2 i_{\mathrm{p}}}{\alpha^2}\right] \\
&= -\omega^2 \rho (1 - 2\beta^2 p^2)\varphi
\end{aligned} \tag{4-2-12}$$

推导时注意拉梅常数跟地震波速之间的关系：$\mu = \rho\beta^2$，$\lambda + 2\mu = \rho\alpha^2$，并考虑 p 参数的定义。

$$\sigma_{zx}^{\mathrm{P}} = 2\mu e_{zx} = \mu\left(\frac{\partial u_x}{\partial z} + \frac{\partial u_z}{\partial x}\right) = \mu\left(-\mathrm{i}\omega p \frac{\partial \varphi}{\partial z} \pm \mathrm{i}\omega \frac{\cos i_p}{\alpha} \cdot \frac{\partial \varphi}{\partial x}\right) = \pm 2\rho\beta^2\omega^2 p \frac{\cos i_{\mathrm{p}}}{\alpha}\varphi \tag{4-2-13}$$

SV 波的位移为

$$u_x^{\mathrm{SV}} = \frac{\partial \psi_z}{\partial y} - \frac{\partial \psi_y}{\partial z} = -\frac{\partial \psi_y}{\partial z} = \mp \mathrm{i}\omega \frac{\cos i_{\mathrm{s}}}{\beta}\psi_y \tag{4-2-14}$$

$$u_z^{\mathrm{SV}} = \frac{\partial \psi_y}{\partial x} - \frac{\partial \psi_x}{\partial y} = \frac{\partial \psi_y}{\partial x} = -\mathrm{i}\omega p \psi_y \tag{4-2-15}$$

SV 波产生的应力为

$$\sigma_{zz}^{SV}=\lambda\Theta+2\mu e_{zz}=2\mu\frac{\partial u_z}{\partial z}=-2\mu i\omega p\frac{\partial\psi_y}{\partial z}=-2\rho\beta^2 i\omega p\frac{\partial\psi_y}{\partial z}=\pm 2\rho\beta\omega^2 p\cos i_s\psi_y \tag{4-2-16}$$

注意：对于 S 波没有体应变，式（4-2-16）第一项为 0。

$$\begin{aligned}\sigma_{zx}^{SV}&=2\mu e_{zx}=\mu\left(\frac{\partial u_x}{\partial z}+\frac{\partial u_z}{\partial x}\right)=\omega^2\rho\left(\mu\frac{\cos^2 i_s}{\rho\beta^2}-\frac{\mu p^2}{\rho}\right)\psi_y\\&=\omega^2\rho\left(\mu\frac{1-\sin^2 i_s}{\rho\beta^2}-\frac{\mu p^2}{\rho}\right)\psi_y=\omega^2\rho(1-2\beta^2p^2)\psi_y\end{aligned} \tag{4-2-17}$$

下面考虑边界条件，对于自由表面，由于上面没有任何压力，因此正应力为零，即

$$\begin{aligned}\sigma_{zz}\mid_{z=0}&=\sigma_{zz}^{P}+\sigma_{zz}^{SV}\\&=-\rho(1-2\beta^2p^2)\omega^2(\varphi_1+\varphi_2)-2\rho\beta\omega^2 p\cos i_s\psi_y=0\end{aligned} \tag{4-2-18}$$

自由面上没有剪应力约束，因此有

$$\begin{aligned}\sigma_{zx}\mid_{z=0}&=\sigma_{zx}^{P}+\sigma_{zx}^{SV}\\&=2\rho\beta^2\omega^2 p\frac{\cos i_p}{\alpha}(\varphi_1-\varphi_2)+\rho(1-2\beta^2p^2)\omega^2\psi_y=0\end{aligned} \tag{4-2-19}$$

将入射波反射波的势的表达式［式(4-2-7)～式(4-2-9)］代入式(4-2-18)和式(4-2-19)，考虑$z=0$，消去指数项，两个式子均除以 A_1 得

$$\begin{cases}(1-2\beta^2p^2)\left(1+\dfrac{A_2}{A_1}\right)+2\beta p\cos i_s\dfrac{B}{A_1}=0\\2\beta^2 p\dfrac{\cos i_p}{\alpha}\left(1-\dfrac{A_2}{A_1}\right)+(1-2\beta^2p^2)\dfrac{B}{A_1}=0\end{cases} \tag{4-2-20}$$

由式（4-2-20）的第二式可得：$\dfrac{B}{A_1}=\dfrac{2\beta^2 p\dfrac{\cos i_p}{\alpha}}{(1-2\beta^2p^2)}\left(\dfrac{A_2}{A_1}-1\right)$，代入式（4-2-20）的第一式得到反射 P 波势函数在自由表面的反射系数 R_{pp}^{F}：

$$\begin{aligned}R_{PP}^{F}=\frac{A_2}{A_1}&=\frac{4\beta^4p^2\dfrac{\cos i_s\cos i_p}{\alpha\beta}-(1-2\beta^2p^2)^2}{4\beta^4p^2\dfrac{\cos i_s\cos i_p}{\alpha\beta}+(1-2\beta^2p^2)^2}\\&=\frac{4\beta^4p^2\dfrac{\sqrt{1-p^2\beta^2}\sqrt{1-p^2\alpha^2}}{\alpha\beta}-(1-2\beta^2p^2)^2}{4\beta^4p^2\dfrac{\sqrt{1-p^2\beta^2}\sqrt{1-p^2\alpha^2}}{\alpha\beta}+(1-2\beta^2p^2)^2}\\&=\frac{4p^2\eta_\alpha\eta_\beta-\left(\dfrac{1}{\beta^2}-2p^2\right)^2}{4p^2\eta_\alpha\eta_\beta+\left(\dfrac{1}{\beta^2}-2p^2\right)^2}\end{aligned} \tag{4-2-21}$$

此处，$\eta_\alpha=\sqrt{\dfrac{1}{\alpha^2}-p^2}$，$\eta_\beta=\sqrt{\dfrac{1}{\beta^2}-p^2}$。

在自由表面的反射 SV 波反射系数 R_{PSV}^{F} 为

$$R_{\mathrm{PSV}}^{\mathrm{F}}=\frac{B}{A_1}=\frac{-4\beta^2 p\dfrac{\cos i_{\mathrm{p}}}{\alpha}(1-2\beta^2 p^2)}{4\beta^4 p^2\dfrac{\cos i_{\mathrm{s}}\cos i_{\mathrm{p}}}{\alpha\beta}+(1-2\beta^2 p^2)^2}$$

$$=\frac{-4\beta^2 p\dfrac{\sqrt{1-\alpha^2 p^2}}{\alpha}(1-2\beta^2 p^2)}{4\beta^4 p^2\dfrac{\sqrt{1-\beta^2 p^2}\sqrt{1-\alpha^2 p^2}}{\alpha\beta}+(1-2\beta^2 p^2)^2}$$

$$=\frac{-4p\eta_\alpha\left(\dfrac{1}{\beta^2}-2p^2\right)}{4p^2\eta_\alpha\eta_\beta+\left(\dfrac{1}{\beta^2}-2p^2\right)^2} \tag{4-2-22}$$

由于 $p^2=\dfrac{\sin i_{\mathrm{p}}}{\alpha}\dfrac{\sin i_{\mathrm{s}}}{\beta}$、$(1-2\beta^2 p^2)=\left(1-2\beta^2\dfrac{\sin^2 i_{\mathrm{s}}}{\beta^2}\right)=\cos 2i_{\mathrm{s}}$，代入式（4-2-21）和式（4-2-22）可得到：

$$\begin{cases}R_{\mathrm{PP}}^{\mathrm{F}}=\dfrac{\beta^2\sin 2i_{\mathrm{p}}\sin 2i_{\mathrm{s}}-\alpha^2\cos^2 2i_{\mathrm{s}}}{\beta^2\sin 2i_{\mathrm{p}}\sin 2i_{\mathrm{s}}+\alpha^2\cos^2 2i_{\mathrm{s}}}\\[2ex] R_{\mathrm{PSV}}^{\mathrm{F}}=\dfrac{-2\beta^2\sin 2i_{\mathrm{p}}\cos 2i_{\mathrm{s}}}{\beta^2\sin 2i_{\mathrm{p}}\sin 2i_{\mathrm{s}}+\alpha^2\cos^2 2i_{\mathrm{s}}}\end{cases} \tag{4-2-23}$$

下面设地壳中的 P 波的波速为 5km/s，S 波的速度为 3km/s，将 P 波入射角自 0°到 90°变化，入射波和反射波的势函数反射系数可以采用下面的 MATLAB 程序模拟：

```
%P4_1.m
alpha = 5;beta = 3;  %P波速度和S波速度
beta2 = beta * beta;
alpha2 = alpha * alpha;
ip = 0:90;   %P波入射角
is = rad2deg(asin(beta/alpha * sin(deg2rad(ip))));   %SV波的反射角
den = beta2 * sin(deg2rad(2 * ip)). * sin(deg2rad(2 * is)) + alpha2 * cos(deg2rad(2 * is)).^2; %
分母
AA = beta2 * sin(deg2rad(2 * ip)). * sin(deg2rad(2 * is)) - alpha2 * cos(deg2rad(2 * is)).^2./
den; %P波反射为P波
BA = -2 * beta2 * sin(deg2rad(2 * ip)). * cos(deg2rad(2 * is))./den;   %P波反射为SV波
plot(ip,AA,'k:',ip,BA,'k--')   %绘图
legend('P波势','SV波势')   %给出图例
xlabel('入射角/^o');   %X轴标记
ylabel('P波入射时的反射系数')   %y轴标记
hold on
plot(xlim,[0 0],'k');   %绘制横轴
plot(12.3,0,'o')   %标出给点的位置
text(12.3,0,'偏振交换点')   %给出偏振交换点的标志
```

程序的运行结果如图 4-2-2 所示。

位移势的振幅并不表示质点位移的振幅，很难看出实际物理意义，下面讨论作为位移

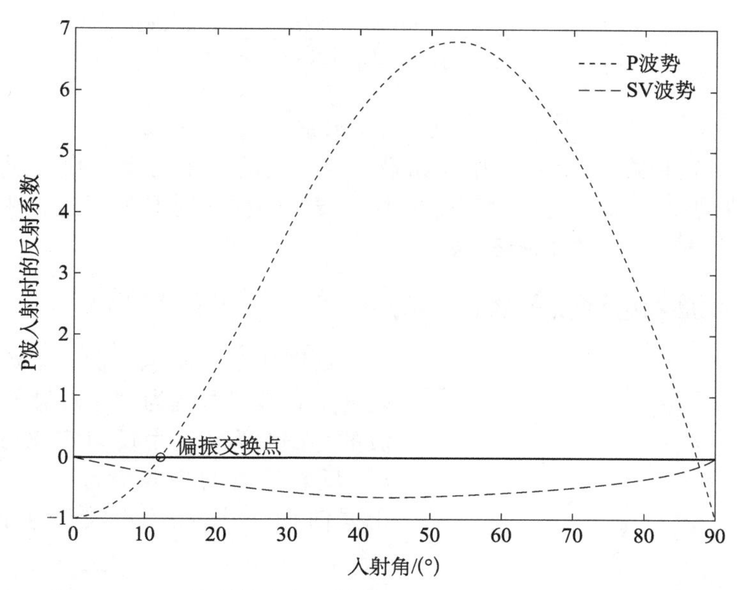

图 4-2-2　P 波入射地表反射为 P 波和 SV 波的势的反射系数

振幅比的反射系数。

对于稳态传播的 P 波，位移振幅为势振幅的$\frac{\omega}{\alpha}$倍；对于稳态传播的 S 波，振幅为势振幅的$\frac{\omega}{\beta}$倍。我们举例说明其正确性。对于上面所表示的入射波：

$$u_x^{\mathrm{P}}=\frac{\partial\varphi_1}{\partial x}=-\mathrm{i}\omega p\varphi_1$$

$$u_y^{\mathrm{P}}=0$$

$$u_z^{\mathrm{P}}=\frac{\partial\varphi_1}{\partial z}=\mathrm{i}\omega\frac{\cos i_{\mathrm{p}}}{\alpha}\varphi_1 \tag{4-2-24}$$

其合成振幅为

$$\sqrt{|u_x^{\mathrm{P}}|^2+|u_z^{\mathrm{P}}|^2}=\frac{\omega}{\alpha}|\varphi_1| \tag{4-2-25}$$

对于上面提到的 SV 波：

$$\begin{aligned}u_x^{\mathrm{SV}}&=\frac{\partial\psi_z}{\partial y}-\frac{\partial\psi_y}{\partial z}=-\frac{\partial\psi_y}{\partial z}=-\mathrm{i}\omega\frac{\cos i_{\mathrm{s}}}{\beta}\psi_y\\u_z^{\mathrm{SV}}&=\frac{\partial\psi_y}{\partial x}-\frac{\partial\psi_x}{\partial y}=\frac{\partial\psi_y}{\partial x}=-\mathrm{i}\omega p\psi_y\end{aligned} \tag{4-2-26}$$

其合成振幅为

$$\sqrt{|u_x^{\mathrm{SV}}|^2+|u_z^{\mathrm{SV}}|^2}=\frac{\omega}{\beta}|\psi_y| \tag{4-2-27}$$

由此可知，入射 P 波在自由界面上的反射 P 波位移反射系数与势反射系数相同，而反射 SV 波的反射系数为势反射系数的 α/β 倍，即

$$\begin{cases} r_{PP}^{F}=\dfrac{a_2}{a_1}=\dfrac{\beta^2\sin 2i_p\sin 2i_s-\alpha^2\cos^2 2i_s}{\beta^2\sin 2i_p\sin 2i_s+\alpha^2\cos^2 2i_s} \\ r_{PSV}^{F}=\dfrac{b}{a_1}=\dfrac{-2\alpha\beta\sin 2i_p\cos 2i_s}{\beta^2\sin 2i_p\sin 2i_s+\alpha^2\cos^2 2i_s} \end{cases} \tag{4-2-28}$$

在式（4-2-23）和式（4-2-28）中，如果令第一式的分子为零，则反射P波势函数的振幅A_2或位移振幅a_2为零，即不会产生反射P波。这样入射P波经过自由界面后就全部转换为SV波。这种现象称为**偏振交换**。

4.2.2 SV波入射到自由表面

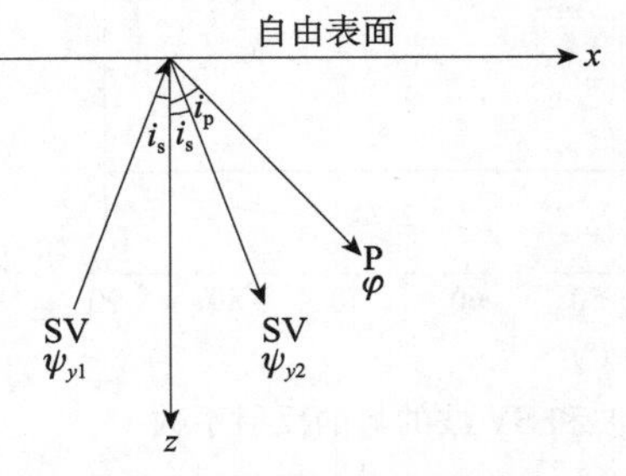

图4-2-3 SV波在自由表面的反射

如图4-2-3所示，假定SV波入射到自由表面上，其势振幅为A，入射角为i_s，反射SV波的势振幅为B，由反射定律可知其反射角为i_s，反射P波的势振幅为C，反射角为i_p，则根据前面P波和SV波产生的势的定义式$\left[\psi_{y1}=A\mathrm{e}^{\mathrm{i}\omega\left(t-px+\frac{\cos i_s}{\beta}z\right)}\right.$，$\psi_{y2}=B\mathrm{e}^{\mathrm{i}\omega\left(t-px-\frac{\cos i_s}{\beta}z\right)}$和$\left.\varphi=C\mathrm{e}^{\mathrm{i}\omega\left(t-px-\frac{\cos i_p}{\alpha}z\right)}\right]$和自由表面应力条件$\sigma_{zz}|_{z=0}=0$和$\sigma_{zx}|_{z=0}=0$并代入式（4-2-12）、式（4-2-13）、式（4-2-16）和式（4-2-17）的对应上行波和下行波的应力表达式，可得：

$$\begin{cases} \sigma_{zx}=-2\rho\beta^2\omega^2 p\dfrac{\cos i_p}{\alpha}\varphi+\rho(1-2\beta^2p^2)\omega^2(\psi_{y1}+\psi_{y2})=0 \\ \sigma_{zz}=-\rho(1-2\beta^2p^2)\omega^2\varphi+2\rho\beta\omega^2p\cos i_s(\psi_{y1}-\psi_{y2})=0 \end{cases}$$

从而得到：

$$\begin{cases} (1-2\beta^2p^2)\left(1+\dfrac{B}{A}\right)-2\beta^2p\dfrac{\cos i_p}{\alpha}\dfrac{C}{A}=0 \\ 2\beta p\cos i_s\left(1-\dfrac{B}{A}\right)-(1-2\beta^2p^2)\dfrac{C}{A}=0 \end{cases} \tag{4-2-29}$$

由式（4-2-29）的第一式可得：

$$\frac{C}{A}=\frac{(1-2\beta^2p^2)}{2\beta^2p\dfrac{\cos i_p}{\alpha}}\left(1+\frac{B}{A}\right) \tag{4-2-30}$$

代入式（4-2-29）的第二式得到SV波入射到自由表面的反射系数R_{SVSV}^{F}为

$$R_{SVSV}^{F}=\frac{B}{A}=\frac{4p^2\dfrac{\cos i_s\cos i_p}{\alpha\beta}-\left(\dfrac{1}{\beta^2}-2p^2\right)^2}{4p^2\dfrac{\cos i_s\cos i_p}{\alpha\beta}+\left(\dfrac{1}{\beta^2}-2p^2\right)^2}$$

$$=\frac{4p^2\dfrac{\sqrt{1-\alpha^2p^2}\sqrt{1-\beta^2p^2}}{\alpha\beta}-\left(\dfrac{1}{\beta^2}-2p^2\right)^2}{4p^2\dfrac{\sqrt{1-\alpha^2p^2}\sqrt{1-\beta^2p^2}}{\alpha\beta}+\left(\dfrac{1}{\beta^2}-2p^2\right)^2} \tag{4-2-31}$$

$$=\frac{4p^2\eta_\alpha\eta_\beta-\left(\frac{1}{\beta^2}-2p^2\right)^2}{4p^2\eta_\alpha\eta_\beta+\left(\frac{1}{\beta^2}-2p^2\right)^2}$$

将式（4-2-31）代入式（4-2-30）得 SV 波入射到自由表面转换为 P 波的反射系数 $R_{\mathrm{SVP}}^{\mathrm{F}}$

$$R_{\mathrm{SVP}}^{\mathrm{F}}=\frac{C}{A}=\frac{4p\,\frac{\cos i_s}{\beta}\left(\frac{1}{\beta^2}-2p^2\right)}{4p^2\,\frac{\cos i_s\cos i_p}{\alpha\beta}+\left(\frac{1}{\beta^2}-2p^2\right)^2}$$

$$=\frac{4p\,\frac{\sqrt{1-\beta^2p^2}}{\beta}\left(\frac{1}{\beta^2}-2p^2\right)}{4p^2\frac{\sqrt{1-\beta^2p^2}\sqrt{1-\alpha^2p^2}}{\alpha\beta}+\left(\frac{1}{\beta^2}-2p^2\right)^2}$$

$$=\frac{4p\eta_\beta\left(\frac{1}{\beta^2}-2p^2\right)}{4p^2\eta_\alpha\eta_\beta+\left(\frac{1}{\beta^2}-2p^2\right)^2} \tag{4-2-32}$$

由于 $p=\frac{\sin i_s}{\beta}$、$(1-2\beta^2p^2)=\left(1-2\beta^2\frac{\sin^2 i_s}{\beta^2}\right)=\cos 2i_s$，代入式（4-2-31）和式（4-2-32）可得到：

$$\begin{cases}R_{\mathrm{SVSV}}^{\mathrm{F}}=\dfrac{B}{A}=\dfrac{\beta^2\sin 2i_p\sin 2i_s-\alpha^2\cos^2 2i_s}{\beta^2\sin 2i_p\sin 2i_s+\alpha^2\cos^2 2i_s}\\ R_{\mathrm{SVP}}^{\mathrm{F}}=\dfrac{C}{A}=\dfrac{2\alpha^2\sin 2i_s\cos 2i_s}{\beta^2\sin 2i_p\sin 2i_s+\alpha^2\cos^2 2i_s}\end{cases} \tag{4-2-33}$$

考虑势振幅和位移振幅之间的关系，可得

$$\begin{cases}r_{\mathrm{SVSV}}^{\mathrm{F}}=\dfrac{b}{a}=\dfrac{\beta^2\sin 2i_p\sin 2i_s-\alpha^2\cos^2 2i_s}{\beta^2\sin 2i_p\sin 2i_s+\alpha^2\cos^2 2i_s}\\ r_{\mathrm{SVP}}^{\mathrm{F}}=\dfrac{c}{a}=\dfrac{2\alpha\beta\sin 2i_s\cos 2i_s}{\beta^2\sin 2i_p\sin 2i_s+\alpha^2\cos^2 2i_s}\end{cases} \tag{4-2-34}$$

与 P 波入射到自由界面一样，在式（4-2-33）和式（4-2-34）中，令第一式的分子为零，则反射 SV 波的势函数的振幅 B 或位移振幅 b 为零，即不会产生反射 SV 波。这样入射 SV 波经过自由界面后就全部转换为 P 波。这种现象同样称为**偏振交换**。

由斯奈尔定律知 $\sin i_p=\frac{\alpha}{\beta}\sin i_s$，由于 $\alpha>\beta$，反射 P 波的反射角大于入射 SV 波的入射角 i_s。当入射角 i_s 满足 $i_s=i_c=\sin^{-1}\frac{\beta}{\alpha}$时，反射 P 波的反射角为 90°。通常把 i_c 称作**临界角**（critical angle）。当入射角继续增大，反射 P 波的反射角无法继续增大，这种情况称作**超临界反射**（supercritical reflection）。为研究这种情况，回到式（4-2-31）。此时 $\sin i_s>\frac{\beta}{\alpha}$，$1-\alpha^2p^2=1-\alpha^2\frac{\sin^2 i_s}{\beta^2}<0$，$\sqrt{1-\alpha^2p^2}$为虚数，将其变换为 $\mathrm{i}\sqrt{\alpha^2p^2-1}$，则 SV 波的反射系数为

$$R^{F}_{SVSV}=\frac{i4p^2\frac{\sqrt{\alpha^2p^2-1}\sqrt{1-\beta^2p^2}}{\alpha\beta}-\left(\frac{1}{\beta^2}-2p^2\right)^2}{i4p^2\frac{\sqrt{\alpha^2p^2-1}\sqrt{1-\beta^2p^2}}{\alpha\beta}+\left(\frac{1}{\beta^2}-2p^2\right)^2}=-e^{-i\theta} \tag{4-2-35}$$

按照 $-\frac{a-ib}{a+ib}=-\frac{\sqrt{a^2+b^2}e^{i\arctan\frac{b}{a}}}{\sqrt{a^2+b^2}e^{i\arctan\frac{b}{a}}}=-e^{i2\arctan\frac{b}{a}}$ 的推导，可知

$$\tan\frac{\theta}{2}=\frac{4p^2\sqrt{p^2-\frac{1}{\alpha^2}}\sqrt{\frac{1}{\beta^2}-p^2}}{\left(\frac{1}{\beta^2}-2p^2\right)^2}$$

由此可见，反射 SV 波与入射 SV 波具有相同的振幅，但有角度为 θ 的相移。

这种情况下没有反射 P 波，但有一个对应于此弹性扰动的势。根据 $\sin i_p=\frac{\alpha}{\beta}\sin i_s=\alpha p$，$\cos i_p=\pm\sqrt{1-\alpha^2p^2}=\pm i\sqrt{\alpha^2p^2-1}$，代入波的势函数可得反射 P 波的势函数为

$$\varphi=Ce^{i\left(\omega t-x\frac{\omega}{\alpha}\sin i_p-z\frac{\omega}{\alpha}\cos i_p\right)}=Ce^{i\left(\omega t-\omega px\mp i\omega\sqrt{p^2-\frac{1}{\alpha^2}}z\right)}$$
$$=Ce^{\left(\pm\omega\sqrt{p^2-\frac{1}{\alpha^2}}\right)z}e^{i\omega(t-px)}$$

易见其振幅随 Z 的增大而指数变化，这时反射 P 波为**非均匀波或暂态波**（inhomogeneous wave）。实指数的指数部分为正时，地震波不满足在无穷远处为零的条件。因此可考虑取为负的情况，此时非均匀波按指数衰减，并且沿 x 轴，也就是沿界面传播的，速率为 $\beta/\sin i_s$。

假定地表附近的 P 波速度为 5km/s，剪切波的速度为 3km/s，采用式（4-2-34）求解地震波势的反射系数。根据上面的分析，当 SV 波入射角较大时会出现超临界反射。为了避开这种情况，这里模拟小于临界角的情况。MATLAB 程序如下：

```
%P4_2.m
alpha = 5;beta = 3;     %P 波速度和 S 波速度
beta2 = beta * beta;
alpha2 = alpha * alpha;
is0 = rad2deg(asin(beta/alpha));    %临界角
is = 0:is0;          %SV 波入射角
ip = rad2deg(asin(alpha/beta * sin(deg2rad(is))));   %P 波反射角
den = beta2 * sin(deg2rad(2 * ip)). * sin(deg2rad(2 * is)) + alpha2 * cos(deg2rad(2 * is)).^2;   %
分母
BA = beta2 * sin(deg2rad(2 * ip)). * sin(deg2rad(2 * is)) - alpha2 * cos(deg2rad(2 * is)).^2./den;
%SV 波反射为 SV 波
CA = 2 * alpha2 * sin(deg2rad(2 * ip)). * cos(deg2rad(2 * is))./den;     %SV 波反射为 P 波
plot(is,BA,'k:',is,CA,'k--')    %绘图
legend('反射 SV 波势','反射 P 波势','location','NorthWest'); %给出图例
xlabel('入射角/^o');         %x 轴标记
ylabel('SV 波入射的反射系数')    %y 轴标记
hold on;plot(xlim,[0,0],'k');    %绘制横轴
plot(7.4,0,'o')    %标出偏振交换点的位置
```

```
text(7.4,0,'偏振交换点')      % 给出偏振交换点的标志
```

程序得到的结果如图 4-2-4 所示。

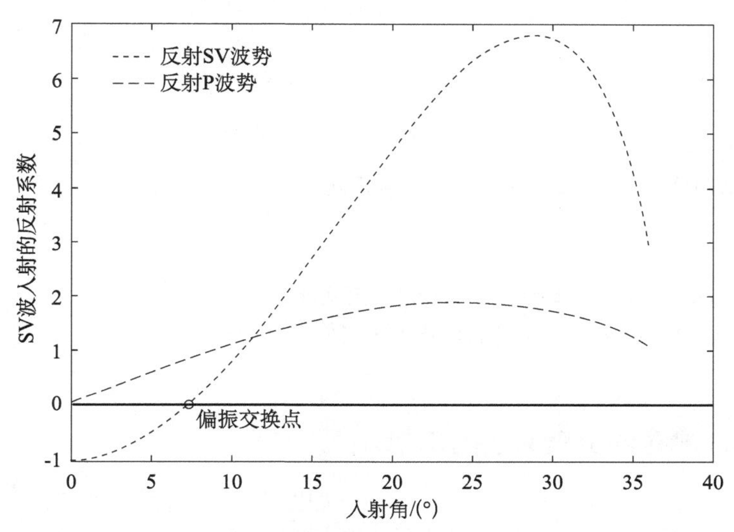

图 4-2-4 SV 波入射时反射 SV 波和 P 波势的反射系数

根据上面的分析，当 SV 波的入射角超过临界角时，会出现反射系数为复数的情况。为通用起见，计算 P 波和 SV 波在地表产生的反射系数通常将反射系数作为复数处理。上述通用的计算 P 波和 SV 波在地表的反射系数的 MATLAB 程序如下：

```
function [rt] = PSFree(vp,vs,hslow)
% vp      =  P 波速度
% vs      =  S 波速度
% hslow   = 水平慢度,相当于 p
% rt(1)   = 向上传播 P 波转换为向下传播 P 波的反射系数
% rt(2)   = 向上传播 P 波转换为向下传播 SV 波的反射系数
% rt(3)   = 向上传播 SV 波转换为向下传播 SV 波的反射系数
% rt(4)   = 向上传播 SV 波转换为向下传播 P 波的反射系数
    rt = zeros(1,4);
    alpha = complex(vp,0.);
    beta = complex(vs,0.);
    p = complex(hslow,0.);
    cone = complex(1,0.);   % 单位为 1 的复数
    a = p * beta^2;
    e = sqrt(cone - p^2 * alpha^2);
    f = sqrt(cone - p^2 * beta^2);
    b = e/alpha;
    c = f/beta;
    d = cone - 2 * (beta^2) * (p^2);
    A1 = 4 * b * c * a^2 + d^2;
```

```
B1 = 4 * b * c * a^2 - d^2;
C1 = ( - cone) * 4 * a * b * d;
A2 = A1;
B2 = B1;
C2 = 4 * a * c * d;
rt(1) = B1/A1;
rt(2) = C1/A1;
% rt(2) = (C1/A1) * (alpha/beta); %位移反射系数
rt(3) = B2/A2;
rt(4) = C2/A2;
% rt(4) = (C2/A2) * (alpha/beta);    %位移反射系数
%注意:rt(1)和rt(3)的位移反射系数和势反射系数相同
return
```

4.2.3 SH波在自由界面上的反射

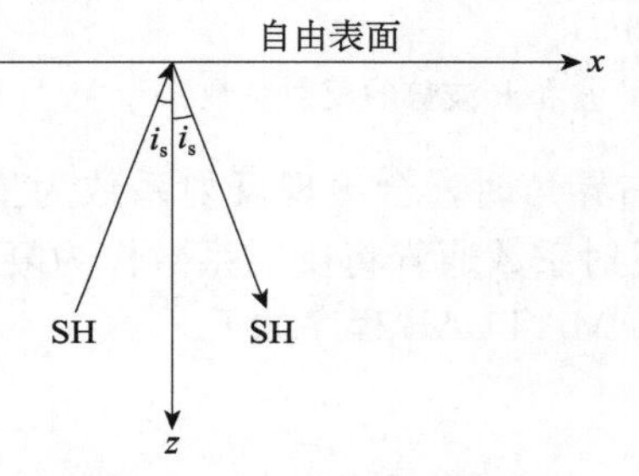

图 4-2-5　SH 波在自由表面的反射

如图 4-2-5 所示，当 SH 波向上入射到自由界面时，由于 SH 波的质点振动沿 y 方向，根据第 3 章的理论，$u_y=(\nabla\times\boldsymbol{\psi})_y=\dfrac{\partial\psi_x}{\partial z}-\dfrac{\partial\psi_z}{\partial x}$，即其位移只与势函数 ψ_x，ψ_z 有关，因此可以将入射 SH 波的势函数写为

$$\psi_x = A\mathrm{e}^{\mathrm{i}\omega\left(t-px+\frac{\cos i_s}{\beta}z\right)}$$

$$\psi_z = B\mathrm{e}^{\mathrm{i}\omega\left(t-px+\frac{\cos i_s}{\beta}z\right)}$$

质点位移可以表示为

$$\begin{aligned} u_y &= \frac{\partial\psi_x}{\partial z}-\frac{\partial\psi_z}{\partial x} = A\mathrm{i}\omega\frac{\cos i_s}{\beta}\mathrm{e}^{\mathrm{i}\omega\left(t-px+\frac{\cos i_s}{\beta}z\right)}+B\mathrm{i}\omega p\,\mathrm{e}^{\mathrm{i}\omega\left(t-px+\frac{\cos i_s}{\beta}z\right)} \\ &= \mathrm{i}\omega\left(A\frac{\cos i_s}{\beta}+Bp\right)\mathrm{e}^{\mathrm{i}\omega\left(t-px+\frac{\cos i_s}{\beta}z\right)} = H\mathrm{e}^{\mathrm{i}\omega\left(t-\frac{\sin i_s}{\beta}x+\frac{\cos i_s}{\beta}z\right)} \end{aligned} \tag{4-2-36}$$

令 $\mathrm{i}\omega\left(A\dfrac{\cos i_s}{\beta}+Bp\right)=H$，表示 SH 波位移 u_y 的振幅，则位移可引入一个系数 H 来表达。注意，沿一个方向传播的 SH 波的 p 和 $\cos i_s/\beta$ 均不变。

同理，反射 SH 波的位移可表示为

$$u_y' = H'\mathrm{e}^{\mathrm{i}\omega\left(t-\frac{\sin i_s'}{\beta}x-\frac{\cos i_s'}{\beta}z\right)} \tag{4-2-37}$$

在 $z=0$ 的边界条件为

$$\begin{aligned} \sigma_{zy}\big|_{z=0} &= 2\mu\frac{1}{2}\left[\frac{\partial(u_z+u_z')}{\partial y}+\frac{\partial(u_y+u_y')}{\partial z}\right]=\mu\frac{\partial(u_y+u_y')}{\partial z} \\ &= \mathrm{i}\frac{\mu\omega}{\beta}\left[H\cos i_s\mathrm{e}^{\mathrm{i}\omega\left(t-\frac{\sin i_s}{\beta}x+\frac{\cos i_s}{\beta}z\right)}-H'\cos i'_s\mathrm{e}^{\mathrm{i}\omega\left(t-\frac{\sin i_s'}{\beta}x-\frac{\cos i_s'}{\beta}z\right)}\right] \\ &= 0 \end{aligned} \tag{4-2-38}$$

注意，由于 SH 波没有 u_z 和 u_z' 分量，因此式（4-2-38）推导第一步的括号中的第一项为零。因为该条件对所有的 t 和 x 均成立，所以式（4-2-38）中 $e^{i\omega\left(t-\frac{\sin i_s}{\beta}x+\frac{\cos i_s}{\beta}z\right)}$ 和 $e^{i\omega\left(t-\frac{\sin i'_s}{\beta}x-\frac{\cos i'_s}{\beta}z\right)}$ 在 $z=0$ 的地表必须相同，否则就不能满足 $\sigma_{zy}=0$ 的边界条件了。因此，$i'_s=i_s$，这就是反射定律。

根据式（4-2-38），考虑 $i_s'=i_s$，可以得到：$H=H'$，即在自由表面 SH 波的反射系数为 1。

4.2.4　自由界面上的位移，视入射角

地面测量得到的是地面的实际位移，也就是自由表面的位移。入射波射到自由表面后由于产生了反射波，因而自由表面上的位移并不等于入射波的位移，这是需要特别关注的。对于 P 波，自由表面位移向量与界面法线的夹角 $\bar{i}_p$ 被称为**视入射角**（apparent incident angle，图 4-2-6）。当 P 波入射时，有

$$\tan\bar{i}_p=\frac{u_x}{-u_z}\Big|_{z=0}=\frac{u_x^P+u_x^{SV}}{-(u_z^P+u_z^{SV})}=\frac{\dfrac{\partial\varphi_1}{\partial x}+\dfrac{\partial\varphi_2}{\partial x}-\dfrac{\partial\psi_y}{\partial z}}{-\left(\dfrac{\partial\varphi_1}{\partial z}+\dfrac{\partial\varphi_2}{\partial z}+\dfrac{\partial\psi_y}{\partial x}\right)}\tag{4-2-39}$$

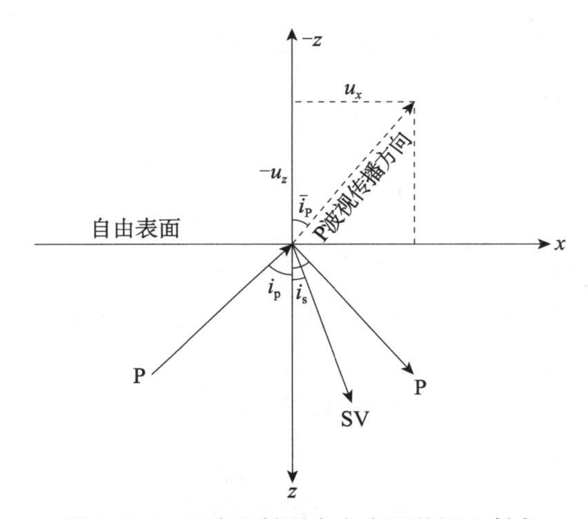

图 4-2-6　P 波入射到自由表面的视入射角

将 P 波入射反射为 P 波和 SV 波的势函数，并采用前面导出的 P 波入射的反射系数式（4-2-21）和式（4-2-22），可得

$$u_x=\frac{\partial\varphi_1}{\partial x}+\frac{\partial\varphi_2}{\partial x}-\frac{\partial\psi_y}{\partial z}$$

$$=-i\omega\varphi_1\left[p+p\frac{4\beta^4p^2\dfrac{\cos i_s\cos i_p}{\alpha\beta}-(1-2\beta^2p^2)^2}{4\beta^4p^2\dfrac{\cos i_s\cos i_p}{\alpha\beta}+(1-2\beta^2p^2)^2}-\frac{\cos i_s}{\beta}\frac{-4\beta^2p\dfrac{\cos i_p}{\alpha}(1-2\beta^2p^2)}{4\beta^4p^2\dfrac{\cos i_s\cos i_p}{\alpha\beta}+(1-2\beta^2p^2)^2}\right]$$

$$=-i\omega\varphi_1\frac{8\beta^4p^3\dfrac{\cos i_s\cos i_p}{\alpha\beta}+4\beta^2p\dfrac{\cos i_s\cos i_p}{\alpha\beta}(1-2\beta^2p^2)}{4\beta^4p^2\dfrac{\cos i_s\cos i_p}{\alpha\beta}+(1-2\beta^2p^2)^2}$$

$$= -\mathrm{i}\omega\varphi_1 \frac{4\beta^2 p \dfrac{\cos i_s \cos i_p}{\alpha\beta}(2\beta^2 p^2 + 1 - 2\beta^2 p^2)}{4\beta^4 p^2 \dfrac{\cos i_s \cos i_p}{\alpha\beta} + (1 - 2\beta^2 p^2)^2}$$

$$= -\mathrm{i}\omega\varphi_1 \frac{4\beta^2 p \dfrac{\cos i_s \cos i_p}{\alpha\beta}}{4\beta^4 p^2 \dfrac{\cos i_s \cos i_p}{\alpha\beta} + (1 - 2\beta^2 p^2)^2} \tag{4-2-40}$$

$$u_z = \frac{\partial\varphi_1}{\partial z} + \frac{\partial\varphi_2}{\partial z} + \frac{\partial\psi_y}{\partial x}$$

$$= -\mathrm{i}\omega\varphi_1 \left[-\frac{\cos i_p}{\alpha} + \frac{\cos i_p}{\alpha} \frac{4\beta^4 p^2 \dfrac{\cos i_s \cos i_p}{\alpha\beta} - (1-2\beta^2 p^2)]^2}{4\beta^4 p^2 \dfrac{\cos i_s \cos i_p}{\alpha\beta} + (1-2\beta^2 p^2)^2} + p \frac{-4\beta^2 p \dfrac{\cos i_p}{\alpha}(1-2\beta^2 p^2)}{4\beta^4 p^2 \dfrac{\cos i_s \cos i_p}{\alpha\beta} + (1-2\beta^2 p^2)^2} \right]$$

$$= -\mathrm{i}\omega\varphi_1 \frac{-2\dfrac{\cos i_p}{\alpha}(1-2\beta^2 p^2)^2 - 4\beta^2 p^2 \dfrac{\cos i_p}{\alpha}(1-2\beta^2 p^2)}{4\beta^4 p^2 \dfrac{\cos i_s \cos i_p}{\alpha\beta} + (1-2\beta^2 p^2)^2}$$

$$= -\mathrm{i}\omega\varphi_1 \frac{-2\dfrac{\cos i_p}{\alpha}(1-2\beta^2 p^2)(1-2\beta^2 p^2 + 2\beta^2 p^2)}{4\beta^4 p^2 \dfrac{\cos i_s \cos i_p}{\alpha\beta} + (1-2\beta^2 p^2)^2}$$

$$= -\mathrm{i}\omega\varphi_1 \frac{-2\dfrac{\cos i_p}{\alpha}(1-2\beta^2 p^2)}{4\beta^4 p^2 \dfrac{\cos i_s \cos i_p}{\alpha\beta} + (1-2\beta^2 p^2)^2} \tag{4-2-41}$$

将式（4-2-40）和式（4-2-41）代入式（4-2-39），分子和分母消去相同的分量，得到：

$$\tan\bar{i}_p = \frac{\dfrac{\partial\varphi_1}{\partial x} + \dfrac{\partial\varphi_2}{\partial x} - \dfrac{\partial\psi_y}{\partial z}}{-\left(\dfrac{\partial\varphi_1}{\partial z} + \dfrac{\partial\varphi_2}{\partial z} + \dfrac{\partial\psi_y}{\partial x}\right)}$$

$$= \frac{4p\beta^2 \dfrac{\cos i_p \cos i_s}{\alpha\beta}}{2(1 - 2\beta^2 p^2)\dfrac{\cos i_p}{\alpha}}$$

$$= \frac{\sin 2i_s}{\cos 2i_s} = \tan 2i_s \tag{4-2-42}$$

因此 $\bar{i}_p = 2i_s$。由地震记录可得到 P 波入射到地面后地面位移的北南、东西与垂直分量，求北南、东西分量的平方和再开方得到地面的水平分量，而水平分量和垂直分量的比值就是 $\tan\bar{i}_p$，$\bar{i}_p$ 的一半即为 SV 波的反射角，根据折射定律即可求得 i_p，即真入射角：

$$\sin i_p = \frac{\alpha}{\beta}\sin i_s = \frac{\alpha}{\beta}\sin\frac{\bar{i}_p}{2} \tag{4-2-43}$$

当 SV 波入射到自由表面时，注意 SV 波的质点振动方向与传播方向垂直，因此在虚线所示的方位振动，设其视入射角为 $\bar{i}_s$（图 4-2-7），$\tan\bar{i}_s=\dfrac{u_{sz}}{u_{sx}}$，则

$$
\begin{aligned}
\tan\bar{i}_s &= \frac{-u_{sz}}{-u_{sx}} = \frac{u_{s1z}+u_{s2z}+u_{pz}}{u_{s1x}+u_{s2x}+u_{px}} \\
&= \frac{-\mathrm{i}\omega\psi_y\left[p\left(1+\frac{B}{A}\right)+\frac{\cos i_p}{\alpha}\frac{C}{A}\right]}{-\mathrm{i}\omega\psi_y\left[\frac{\cos i_p}{\alpha}\left(1-\frac{B}{A}\right)+p\frac{C}{A}\right]} \\
&= \frac{\frac{2\beta^2}{\alpha\sin^2 i_s}\sin 2i_s\sin^2 i_p\cos i_p}{\frac{2\alpha^2}{\beta}\cos 2i_s\cos i_s} \\
&= \frac{2\cot i_p}{\cot^2 i_s-1}
\end{aligned}
\tag{4-2-44}
$$

在推导时应注意 $p=\dfrac{\sin i_p}{\alpha}=\dfrac{\sin i_s}{\beta}$，$\dfrac{\sin i_p}{\sin i_s}=\dfrac{\alpha}{\beta}$，并且将式（4-2-33）代入。

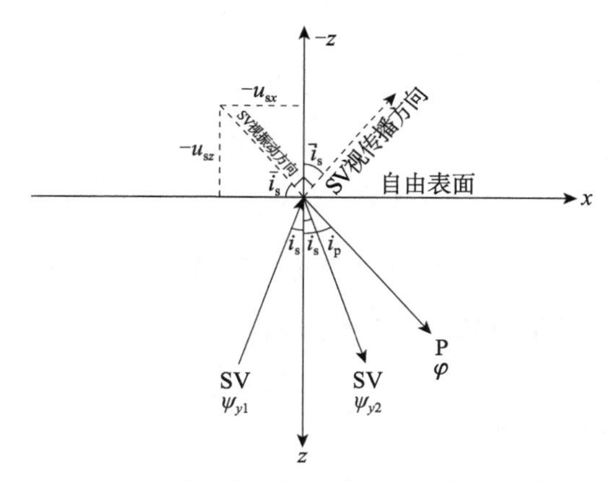

图 4-2-7　SV 波入射到自由界面的视入射角

当 SH 波入射到自由表面时，根据前面的推导，反射系数为 1，按照式（4-2-36）的分析，同样可设入射 SH 波的位移为

$$
u_y = H\mathrm{e}^{\mathrm{i}\omega\left(t-\frac{\sin i_s}{\beta}x+\frac{\cos i_s}{\beta}z\right)}
\tag{4-2-45}
$$

总的位移为

$$
u_y^{\mathrm{all}} = u_y + u_y' = H\left[\mathrm{e}^{\mathrm{i}\omega\left(t-\frac{\sin i_s}{\beta}x+\frac{\cos i_s}{\beta}z\right)} + e^{\mathrm{i}\omega\left(t-\frac{\sin i_s}{\beta}x-\frac{\cos i_s}{\beta}z\right)}\right]
\tag{4-2-46}
$$

在 $z=0$ 的面上即得到：

$$
u_y^{\mathrm{all}} = u_y + u_y' = H\left[\mathrm{e}^{\mathrm{i}\omega\left(t-\frac{\sin i_s}{\beta}x\right)} + \mathrm{e}^{\mathrm{i}\omega\left(t-\frac{\sin i_s}{\beta}x\right)}\right] = 2H\mathrm{e}^{\mathrm{i}\omega\left(t-\frac{\sin i_s}{\beta}x\right)}
\tag{4-2-47}
$$

即自由表面的位移为入射 SH 波位移的 2 倍。

4.3　地震波在内部水平分层界面的反射和透射系数

一般情况下，由于地质沉积作用，地球介质内部往往是水平成层的，每层中的介质可

假定为均匀介质。地震波通过水平分界面会发生反射、透射、转换等情况，本节讨论这个问题。本节的内容涉及的推导相当繁杂，SH 波的反射和透射不涉及转换波，相对比较简单，这里详细讨论 SH 波的反射透射系数（Shearer，2009），对于较为繁杂的 P-SV 系统，本节仅给出公式和程序，不进行详细推导。

4.3.1 SH 波的反射和透射系数

首先研究 SH 波自介质 1 入射到介质 1 和介质 2 的水平分界面上，并假定分界面为 x 轴，向下为 z 轴（图 4-3-1）。介质 1 的剪切模量、剪切波速度和密度分别为 μ_1、β_1 和 ρ_1，介质 2 中的剪切模量、剪切波速度和密度分别为 μ_2、β_2 和 ρ_2。

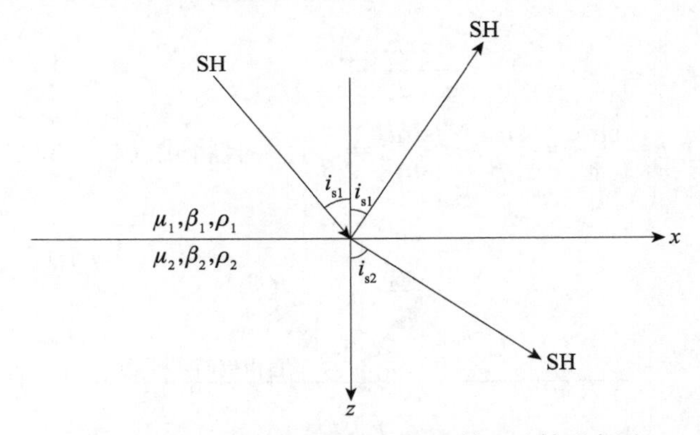

图 4-3-1　SH 波在平层界面的反射、透射示意图

根据式（4-2-36），SH 波位移的一般表达式：

$$u_y = A\mathrm{e}^{\mathrm{i}\omega\left(t-\frac{\sin i_s}{\beta}x\pm\frac{\cos i_s}{\beta}z\right)} \tag{4-3-1}$$

注意，这里包含上行波和下行波。

根据式（4-2-6）（斯奈尔定律），令 $\dfrac{\sin i_s}{\beta}=p$，它表示慢度（速度的倒数）的水平分量方向，而垂直方向的慢度为

$$\frac{\cos i_s}{\beta} = \left(\frac{1}{\beta^2} - p^2\right)^{1/2} = \eta \tag{4-3-2}$$

则式（4-3-1）可以写为

$$u_y = A\mathrm{e}^{\mathrm{i}\omega(t-px\pm\eta z)} \tag{4-3-3}$$

这里为方便起见对波作了限定，只沿 x 的正方向传播。

在均匀层里，下行 SH 波的位移为

$$\grave{u}_y = \grave{A}\mathrm{e}^{\mathrm{i}\omega(t-px-\eta z)} \tag{4-3-4}$$

上行 SH 波位移为

$$\acute{u}_y = \acute{A}\mathrm{e}^{\mathrm{i}\omega(t-px+\eta z)} \tag{4-3-5}$$

这里 $\grave{u}_y$ 和 $\grave{A}$ 分别表示下行波的位移和振幅，$\acute{u}_y$ 和 $\acute{A}$ 分别表示上行波的位移和振幅。对于如图 4-3-1 所示的固体-固体的分界面，其分界面两侧的对应位移和应力必须连续。

在层 1 紧靠分界面上方处（$z=0^-$）的总位移为

$$u_y^{0^-}=\grave{A}_1 e^{i\omega(t-px)}+\acute{A}_1 e^{i\omega(t-px)} \tag{4-3-6}$$

注意，由于分界面上 $z=0$，不含有 η 项。

在层 2 紧靠分界面下方处（$z=0^+$）的位移为

$$u_y^{0^+}=\grave{A}_2 e^{i\omega(t-px)} \tag{4-3-7}$$

根据位移连续：

$$u_y^{0^-}=u_y^{0^+} \tag{4-3-8}$$

将式（4-3-6）和式（4-3-7）代入式（4-3-8），有

$$\grave{A}_1+\acute{A}_1=\grave{A}_2 \tag{4-3-9}$$

假定入射波的振幅 $\grave{A}_1$ 是已知的，现在有一个方程和两个未知数。但仍然不能根据 $\grave{A}_1$ 和介质的性质给出 $\acute{A}_1$ 和 $\grave{A}_2$ 的表达。为得到另外的方程，必须考虑第二个边界条件，即分界面两侧对应的应力分量连续。

在 4.1 节式（4-1-3）已经给出，SH 系统只有：

$$\sigma_{yz}=\sigma_{zy}=\mu\frac{\partial u_y}{\partial z} \tag{4-3-10}$$

是连续的。将下行 SH 波位移式（4-3-4）代入式（4-3-10）给出下行波的应力为

$$\grave{\sigma}_{zy}=-i\omega\mu_1\eta_1\grave{A}_1 e^{i\omega(t-px-\eta z)} \tag{4-3-11}$$

同理得到上行波应力为

$$\acute{\sigma}_{zy}=i\omega\mu_1\eta_1\acute{A}_1 e^{i\omega(t-px+\eta z)} \tag{4-3-12}$$

在紧靠 $z=0$ 的分界面上方邻域处 $z=0^-$，有

$$\sigma_{zy}^{0^-}=(\acute{A}_1-\grave{A}_1)i\omega\mu_1\eta_1 e^{i\omega(t-px)} \tag{4-3-13}$$

而在紧靠分界面下方 $z=0^+$ 邻域处，由于是下行波，应力表示为

$$\sigma_{zy}^{0^+}=-\grave{A}_2 i\omega\mu_2\eta_2 e^{i\omega(t-px)} \tag{4-3-14}$$

应力连续要求 $\sigma_{zy}^{0^-}=\sigma_{zy}^{0^+}$，于是得到：

$$(\grave{A}_1-\acute{A}_1)\mu_1\eta_1=\grave{A}_2\mu_2\eta_2 \tag{4-3-15}$$

考虑式（4-3-8），如果以入射波振幅为单位（$\grave{A}_1=1$），那么就有两个方程和两个未知数：

$$1+\acute{A}_1=\grave{A}_2 \tag{4-3-16}$$

$$(1-\acute{A}_1)\mu_1\eta_1=\grave{A}_2\mu_2\eta_2 \tag{4-3-17}$$

结合式（4-3-16）和式（4-3-17）有

$$(1-\acute{A}_1)\mu_1\eta_1=(1+\acute{A}_1)\mu_2\eta_2 \tag{4-3-18}$$

合并同类项，得

$$\acute{A}_1(\mu_1\eta_1+\mu_2\eta_2)=\mu_1\eta_1-\mu_2\eta_2$$

可以得到

$$\acute{A}_1=\frac{\mu_1\eta_1-\mu_2\eta_2}{\mu_1\eta_1+\mu_2\eta_2} \tag{4-3-19}$$

将其代入式（4-3-16），有

$$\begin{aligned}\grave{A}_2&=1+\frac{\mu_1\eta_1-\mu_2\eta_2}{\mu_1\eta_1+\mu_2\eta_2}\\&=\frac{2\mu_1\eta_1}{\mu_1\eta_1+\mu_2\eta_2}\end{aligned} \tag{4-3-20}$$

在地震学里，通常根据速度、密度和入射角来做工作更方便。根据 $\mu=\rho\beta^2$ 和 $\eta=\cos i_s/\beta$，这里 i_{s1} 是射线与法线的夹角，可以用 $\rho\beta\cos i_s$ 来代替式（4-3-19）和式（4-3-20）中的 $\mu\eta$，即有

$$\grave{S}\acute{S}=\frac{\rho_1\beta_1\cos i_{s1}-\rho_2\beta_2\cos i_{s2}}{\rho_1\beta_1\cos i_{s1}+\rho_2\beta_2\cos i_{s2}} \tag{4-3-21}$$

$$\grave{S}\grave{S}=\frac{2\rho_1\beta_1\cos i_{s1}}{\rho_1\beta_1\cos i_{s1}+\rho_2\beta_2\cos i_{s2}} \tag{4-3-22}$$

这些是 SH 波反射和透射系数的标准表达式，这里 $\grave{S}\acute{S}$ 是由下行 SH 波转换为上行 SH 波的反射系数，$\grave{S}\grave{S}$ 是由下行 SH 波，透射后继续下行的透射系数［采用 Aki 和 Richards（2002）的符号，注意 $\grave{S}\acute{S}$ 是下行的 SH 波变为上行的 SH 波的反射系数，而不是 $\grave{S}$ 与 $\acute{S}$ 的乘积］。在进一步论述前，先对这些公式的含义作探讨。首先注意它们不仅是速度的函数，也是密度的函数，这有一定新意。在几何射线理论（后面的第 6，7 章）中，所有走时仅取决于地震波的速度，与密度无关。实际上，多种地震数据对密度的反应不灵敏。如果可以测定地球里的反射和透射系数，也就提供了约束密度的一种方法。

与 4.2 节 SV 波入射到自由表面一样，当 $\beta_2>\beta_1$ 时，根据斯奈尔定律，$\sin i_{s2}=\frac{\beta_2\sin i_{s1}}{\beta_1}$，随着 i_{s1} 的增大，i_{s2} 逐渐增大，当 $\sin i_{s1}=\sin i_c=\frac{\beta_1}{\beta_2}$ 时，i_{s2} 为 90°，此时 i_c 称为**临界角**（critical angle)。当 i_{s1} 继续增大时，会出现 $\sin i_{s2}>1$ 的情况，此时 $\cos i_{s2}=\pm\sqrt{1-\left(\frac{\beta_1\sin i_{s1}}{\beta_2}\right)^2}=\pm\mathrm{i}\sqrt{\left(\frac{\beta_1\sin i_{s1}}{\beta_2}\right)^2-1}$，在第二种介质中的 $\eta_2=\frac{\cos i_{s2}}{\beta_2}$ 也为虚数，令 $\eta_2=\mathrm{i}\bar{\eta}_2$，按照式（4-3-19）计算反射系数，有

$$\grave{S}\acute{S}=\frac{\mu_1\eta_1-\mu_2\eta_2}{\mu_1\eta_1+\mu_2\eta_2}=\frac{\mu_1\eta_1-\mathrm{i}\mu_2\bar{\eta}_2}{\mu_1\eta_1+\mathrm{i}\mu_2\bar{\eta}_2}=\mathrm{e}^{-\mathrm{i}\theta}$$

参考式（4-2-35）的推导，得到

$$\tan\frac{\theta}{2}=\frac{\mu_2\bar{\eta}_2}{\mu_1\eta_1} \tag{4-3-23}$$

由此可见，反射波的振幅与入射波振幅一样，但有一角度为 θ 的相移。

此时透射波位移可以表示为

$$\grave{u}_y=\grave{A}\mathrm{e}^{\mathrm{i}\omega(t-px-\eta_2 z)}=\grave{A}\mathrm{e}^{\mathrm{i}\omega(t-px-\mathrm{i}\bar{\eta}_2 z)}=\grave{A}\mathrm{e}^{\omega\bar{\eta}_2 z}\mathrm{e}^{\mathrm{i}\omega(t-px)}$$

这也是一种非均匀波（inhomogeneous wave），这种波沿 x 轴传播，振幅随深度指数变化。由于实指数的正指数项在无穷远处不满足有限的条件，取 $\cos i_{s2}$ 为负虚数，可得到实指数的负指数项，则可见这种波随深度指数衰减。

下面考虑一个特定的例子——莫霍面对下行的S波的响应。取PREM模型在莫霍面的速度和密度值：$\rho_1=2.9$，$\rho_2=3.38$，单位为g/cm^3；$\beta_1=3.9$，$\beta_2=4.49$，单位为km/s。计算程序如下：

```
%P4_3.m
is1 = 0:0.1:90;   %入射角度范围
vs1 = 3.9;vs2 = 4.49;    %上层和下层的S波速度
den1 = 2.9;den2 = 3.38;   %上层和下层的密度
csis1 = cos(deg2rad(is1));%cos(is1)
csis2 = sqrt(1 - (vs2/vs1 * sin(deg2rad(is1))).^2);%cos(is2)
den = (den1 * vs1 * csis1 + den2 * vs2 * csis2);   %式(4-3-21)和式(4-3-22)的分母
flect = (den1 * vs1 * csis1 - den2 * vs2 * csis2)./den;   %反射系数式(4-3-21)
trans = 2. * den1 * vs1 * csis1./den;      %透射系数式(4-3-22)
figure(1)
subplot(2,2,1),plot(is1,real(flect),is1,imag(flect),':',is1,abs(flect),'- -');%绘制透射系数的实部、虚部和振幅
grid on   %加网格
xlabel('入射角(~o)');   %加x轴的标记
legend('实部','虚部','振幅')   %加图例
subplot(2,2,2),plot(is1,rad2deg(phase(flect)));   %绘制反射系数的相位角
grid on   %加网格
xlabel('入射角(~o)');   %加x轴标记
ylabel('相位(~o)');   %加y轴标记
subplot(2,2,3),plot(is1,real(trans),is1,imag(trans),':',is1,abs(trans),'- -');   %绘制反射系数的实部、虚部和振幅
grid on   %加网格
xlabel('入射角(~o)');   %加x轴标记
legend('实部','虚部','振幅')   %加图例
subplot(2,2,4),plot(is1,rad2deg(phase(trans)));   %绘制透射系数相位角
grid on  %加网格
xlabel('入射角(~o)');   %加x轴标记
ylabel('相位(~o)');   %加y轴标记
```

程序运行结果为图4-3-2。可以看到，在垂直入射时（入射角为0°），反射脉冲经历了π相移［180°，图4-3-2（b）］，而透射波的相位为零［图4-3-2（d）］。$i_{s1}<30°$时，反射和透射系数变化很小，近似于为垂直入射时的值。当 i_{s1} 增加到较大的值，入射射线更接近于水平时，透射波的振幅增大，反射波的振幅接近于零。当入射角在49°左右时，反射波振幅为零，透射波的振幅为1。在这个角度，不论莫霍面两侧速度和密度有多大的变化，都没有反射波。

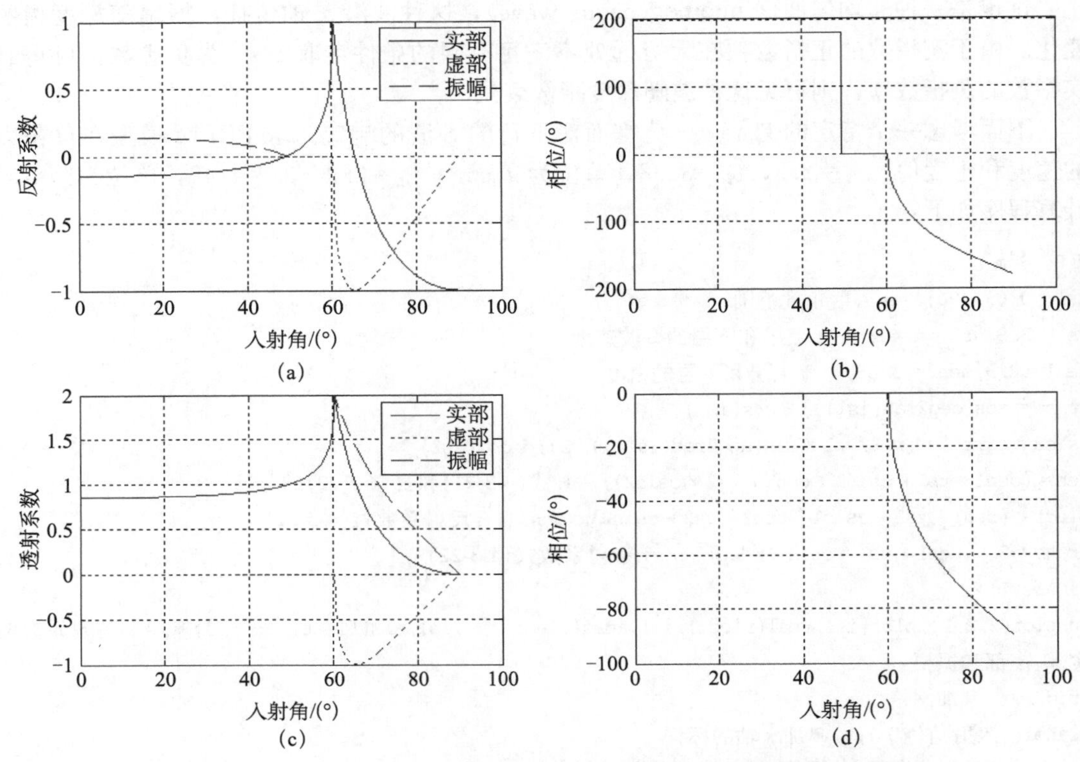

图 4-3-2　SH 波反射［(a)、(b)］透射［(c)、(d)］系数随入射角的变化

如果入射角超过 49°，透射波的振幅连续增大。这种状态一直持续下去，直到 i_{s1} 接近于临界角（在本例中为 60°左右）。这时，透射射线是水平的，即 $i_{s2}=90°$。在临界角，透射的 SH 波的振幅为 2，反射波的振幅为 1。角度小于入射角的所有反射叫做**前临界反射**。当入射角超过临界角时，透射角达到最大值 90 °，不能再增加。这就类似于前面提到的非均匀波（inhomogeneous wave）的情况。

特殊地，对垂直入射的情况（$i_{s1}=0$），此时根据斯奈尔定律 $i_{s2}=0$，SH 波的系数为

$$\grave{S}\acute{S}_{\mathrm{vert}}=\frac{\rho_1\beta_1-\rho_2\beta_2}{\rho_1\beta_1+\rho_2\beta_2} \tag{4-3-24}$$

$$\grave{S}\grave{S}_{\mathrm{vert}}=\frac{2\rho_1\beta_1}{\rho_1\beta_1+\rho_2\beta_2} \tag{4-3-25}$$

乘积 ρc 为**阻抗**（impedance，在第 9 章还会提到），c 是速度。根据式（4-3-24）和式（4-3-25）可知，当地震波由阻抗小的物质射到阻抗大的物质时，反射系数为负，即会引起地震波相位产生 180°的变化。并且阻抗差别越大，反射系数的绝对值越大，而透射波的振幅越小。

4.3.2　P-SV 系统的反射、透射系数

根据前面 SH 波入射到内部界面时相同的思路，可以得到 P-SV 系统在内部界面的反射、透射系数。SH 波只存在两个离开两个固体界面传播的波，即反射和透射的 SH 波，

所以式（4-3-21）和式（4-3-22）是相当简单的。P-SV 系统要复杂得多，这是因为涉及四种波——上行和下行的 P 波和 SV 波。例如，P 波在分界面入射将产生两个反射的 P 波、SV 波和两个透射的 P 波、SV 波（图 4-3-3）。可以像推导 SH 波的系数一样，用类似的方法推导出 P-SV 的系数，但代数问题是相当复杂的，详细推导参考其他相关理论书籍（Aki and Richards，2002）。这里仅仅将得到的理论结果列成表 4-3-1，并给出计算 P-SV 系数的 MATLAB 程序，可以用到实际工作中。

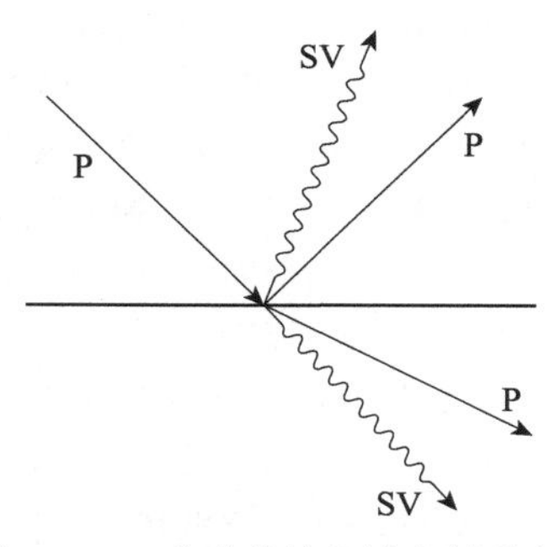

图 4-3-3　非垂直的 P 波入射到水平分界面产生四种不同的散射波

表 4-3-1　固-固界面上位移反射与透射系数表达式

系数	公式
R_{PP}	$[(b\eta_{\alpha_1}-c\eta_{\alpha_2})F-(a+d\eta_{\alpha_1}\eta_{\beta_2})Hp^2]/D$
R_{PSV}	$-[2\eta_{\alpha_1}(ab+cd\eta_{\alpha_2}\eta_{\beta_2})p(\alpha_1/\beta_1)]/D$
T_{PP}	$[2\rho_1\eta_{\alpha_1}F(\alpha_1/\alpha_2)]/D$
T_{PSV}	$[2\rho_1\eta_{\alpha_1}Hp(\alpha_1/\beta_2)]/D$
R_{SVSV}	$-[(b\eta_{\beta_1}-c\eta_{\beta_2})E-(a+d\eta_{\alpha_2}\eta_{\beta_1})Gp^2]/D$
R_{SVP}	$-[2\eta_{\beta_1}(ab+cd\eta_{\alpha_2}\eta_{\beta_2})p(\beta_1/\alpha_1)]/D$
T_{SVSV}	$[2\rho_1\eta_{\beta_1}E(\beta_1/\beta_2)]/D$
T_{SVP}	$-[2\rho_1\eta_{\beta_1}Gp(\beta_1/\alpha_2)]/D$
R_{SHSH}	$\dfrac{\mu_1\eta_{\beta_1}-\mu_2\eta_{\beta_2}}{\mu_1\eta_{\beta_1}+\mu_2\eta_{\beta_2}}$
T_{SHSH}	$\dfrac{2\mu_1\eta_{\beta_1}}{\mu_1\eta_{\beta_1}+\mu_2\eta_{\beta_2}}$
	$E=b\eta_{\alpha_1}+c\eta_{\alpha_2}$
	$F=b\eta_{\beta_1}+c\eta_{\beta_2}$
$a=\rho_2(1-2\beta_2^2p^2)-\rho_1(1-2\beta_2^2p^2)$	$G=a-d\eta_{\alpha_1}\eta_{\beta_2}$
$b=\rho_2(1-2\beta_2^2p^2)+2\rho_1\beta_1^2p^2$	$H=a-d\eta_{\alpha_2}\eta_{\beta_1}$
$c=\rho_1(1-2\beta_1^2p^2)+2\rho_2\beta_2^2p^2$	$D=EF+GHp^2$
$d=2(\rho_2\beta_2{}^2-\rho_1\beta_1{}^2)$	$A=[(1/\beta^2)-2p^2]^2+4p^2\eta_\alpha\eta_\beta$
	$\eta_c=\sqrt{\dfrac{1}{c^2}-p^2}$，$c=\alpha_1$，$\alpha_2$，$\beta_1$，$\beta_2$

根据表 4-3-1 编制的 MATLAB 程序如下：

```
计算 P-SV 反射透射系数子程序
function [rt] = rtcoef(vp1,vs1,den1,vp2,vs2,den2,hslow)
% RTCOEF 计算固体内部界面 P/SV 反射透射系数程序,公式参看
% Aki 和 Richards 的«Qultitative Seismology»pp. 144
% 此 MATLAB 版本自 Peter Shearer 的«Introduction to Seismology»的 FORTRAN 子程序修改
% 输入参数:  vp1 = 上层 P 波速度;vs1 = 上层 S 波速度;den1   = 上层密度;
% vp2 = 下层 P 波速度;vs2 = 下层 S 波速度;den2   = 下层密度;
%  hslow = 水平慢度(射线参数 p)
% 输出参数(复数型):rt(1) = 向下 P 波转换为向上 P 波的反射系数
%  rt(2) = 向下 P 波转换为向上 SV 波的反射系数
```

```
% rt(3) = 向下 P 波转换为向下 P 波的透射系数
% rt(4) = 向下 P 波转换为向下 SV 波的透射系数
% rt(5) = 向下 SV 波转换为向上 P 波的反射系数
% rt(6) = 向下 SV 波转换为向上 SV 波的反射系数
% rt(7) = 向下 SV 波转换为向下 P 波的透射系数
% rt(8) = 向下 SV 波转换为向下 SV 波的透射系数
% rt(9) = 向上 P 波转换为向上 P 波的透射系数
% rt(10) = 向上 P 波转换为向上 SV 波的透射系数
% rt(11) = 向上 P 波转换为向下 P 波的反射系数
% rt(12) = 向上 P 波转换为向下 SV 波的反射系数
% rt(13) = 向上 SV 波转换为向上 P 波的透射系数
% rt(14) = 向上 SV 波转换为向上 SV 波的透射系数
% rt(15) = 向上 SV 波转换为向下 P 波的反射系数
% rt(16) = 向上 SV 波转换为向下 SV 波的反射系数
rt = zeros(1,16);    % 反射透射矩阵的 16 个元素
alpha1 = complex(vp1,0.);    % 第一层 P 波速度的复数形式
beta1 = complex(vs1,0.);    % 第一层 S 波速度的复数形式
rho1 = complex(den1,0.);    % 第一层密度的复数形式
alpha2 = complex(vp2,0.);    % 第二层 P 波速度的复数形式
beta2 = complex(vs2,0.);    % 第二层 S 波速度的复数形式
rho2 = complex(den2,0.);    % 第二层密度的复数形式
p = complex(hslow,0.);    % 射线参数 p 也变为复数形式
%
cone = complex(1,0.);    % 1 的复数形式
ctwo = complex(2,0);    % 2 的复数形式
term1 = (cone - ctwo * beta1^2 * p^2);
term2 = (cone - ctwo * beta2^2 * p^2);
a = rho2 * term2 - rho1 * term1;
b = rho2 * term2 + ctwo * rho1 * beta1^2 * p^2;
c = rho1 * term1 + ctwo * rho2 * beta2^2 * p^2;
d = ctwo * (rho2 * beta2^2 - rho1 * beta1^2);
% MATLAB 程序可以处理入射角为复数的正余弦问题
si1 = alpha1 * p;
si2 = alpha2 * p;
sj1 = beta1 * p;
sj2 = beta2 * p;
ci1 = sqrt(cone - si1^2);
ci2 = sqrt(cone - si2^2);
cj1 = sqrt(cone - sj1^2);
cj2 = sqrt(cone - sj2^2);
E = b * ci1/alpha1 + c * ci2/alpha2;
F = b * cj1/beta1 + c * cj2/beta2;
```

```
G = a - d * ci1 * cj2/(alpha1 * beta2);
H = a - d * ci2 * cj1/(alpha2 * beta1);
DEN = E * F + G * H * p^2;
trm1 = b * ci1/alpha1 - c * ci2/alpha2;
trm2 = a + d * ci1 * cj2/(alpha1 * beta2); % 向下 P 波转换为向上 P 波的反射系数
rt(1) = (trm1 * F - trm2 * H * p^2)/DEN;
trm1 = a * b + c * d * ci2 * cj2/(alpha2 * beta2);
rt(2) = ( - ctwo * ci1 * trm1 * p)/(alpha1 * DEN); % 向下 P 波转换为向上 SV 波的反射系数
rt(3) = ctwo * rho1 * ci1 * F/(alpha2 * DEN);      % 向下 P 波转换为向下 P 波的透射系数
rt(4) = ctwo * rho1 * ci1 * H * p/(beta2 * DEN);    % 向下 P 波转换为向下 SV 波的透射系数
trm1 = a * b + c * d * ci2 * cj2/(alpha2 * beta2);
rt(5) = ( - ctwo * cj1 * trm1 * p)/(alpha1 * DEN);   % 向下 SV 波转换为向上 P 波的反射系数
trm1 = b * cj1/beta1 -  c * cj2/beta2;
trm2 = a + d * ci2 * cj1/(alpha2 * beta1);
rt(6) =  - (trm1 * E - trm2 * G * p^2)/DEN;          % 向下 SV 波转换为向上 SV 波的反射系数
rt(7) =  - ctwo * rho1 * cj1 * G * p/(alpha2 * DEN);   % 向下 SV 波转换为向下 P 波的透射系数
rt(8) =  ctwo * rho1 * cj1 * E/(beta2 * DEN);        % 向下 SV 波转换为向下 SV 波的透射系数
rt(9) =  ctwo * rho2 * ci2 * F/(alpha1 * DEN);       % 向上 P 波转换为向上 P 波的透射系数
rt(10) =  - ctwo * rho2 * ci2 * G * p/(beta1 * DEN);   % 向上 P 波转换为向上 SV 波的透射系数
trm1 = b * ci1/alpha1 - c * ci2/alpha2;
trm2 = a + d * ci2 * cj1/(alpha2 * beta1);
rt(11) = - (trm1 * F + trm2 * G * p^2)/DEN;          % 向上 P 波转换为向下 P 波的反射系数
%
trm1 = a * c + b * d * ci1 * cj1/(alpha1 * beta1);
rt(12) = (ctwo * ci2 * trm1 * p)/(beta2 * DEN);      % 向上 P 波转换为向下 SV 波的反射系数
%
rt(13) = ctwo * rho2 * cj2 * H * p/(alpha1 * DEN);    % 向上 SV 波转换为向上 P 波的透射系数 rt(14)
= ctwo * rho2 * cj2 * E/(beta1 * DEN);      % 向上 SV 波转换为向上 SV 波的透射系数
%
trm1 = a * c + b * d * ci1 * cj1/(alpha1 * beta1);
rt(15) = (ctwo * cj2 * trm1 * p)/(alpha2 * DEN);      % 向上 SV 波转换为向下 P 波的反射系数
%
trm1 = b * cj1/beta1 - c * cj2/beta2;
trm2 = a + d * ci1 * cj2/(alpha1 * beta2);
rt(16) = (trm1 * E + trm2 * H * p^2)/DEN;          % 向上 SV 波转换为向下 SV 波的反射系数
return   % 子程序结束
```

特殊地，对垂直入射的 P 波，P 不转换为 SV，所以 P 波的系数也有比较简单的形式：

$$\grave{P}\acute{P}_{\text{vert}} = -\frac{\rho_1\alpha_1 - \rho_2\alpha_2}{\rho_1\alpha_1 + \rho_2\alpha_2} \tag{4-3-26}$$

$$\grave{P}\grave{P}_{\text{vert}} = \frac{2\rho_1\alpha_1}{\rho_1\alpha_1 + \rho_2\alpha_2} \tag{4-3-27}$$

按照阻抗进行分析，根据式（4-3-26）和式（4-3-27）可知，当地震 P 波由阻抗小的物质射到阻抗大的物质时，反射系数为正，与 SH 波相反，这是由于 P 波的振动方向与传播方向一致所致。并且阻抗差别越大，反射波的振幅越大，而透射波的振幅越小。

4.4 模拟平面波的矩阵方法

4.3 节讲述了地球内部反射、透射系数，那么知道震源处发出的地震波，遇到水平分层界面时，就乘以反射和透射系数，理论上可以传播到水平分层介质中任何一个地方。如果该地震波达到地表，可以根据 4.2 节的知识求得地震仪对地震波的响应，对应着地震仪的记录，这就是理论地震图的计算思路。这里介绍了模拟平面波传播的一种方法（Shearer，2009），这个方法相当普通地用来模拟体波和面波的传播。

由于 SH 系统的推导较为简单，这里再次考虑 SH 系统，以便理解地震波传播的求解思路，对于 P-SV 系统的处理具有相同的思路。

4.4.1 哈斯克尔矩阵

前面已经讲过，对于 SH 系统，界面上有两个物理量是连续的，即位移 u_y 和应力分量 σ_{zy}，把这两个物理量组成一个矩阵，称为**哈斯克尔矩阵**（Haskell matrix）。

根据 4.3 节的式（4-3-4），对给定的频率，将 SH 下行波的位移振幅设为 $\grave{S}$，上行波的振幅设为 $\acute{S}$，则下行波的位移表示为

$$\grave{u}_y = \grave{S}e^{i\omega(t-px)}e^{-i\omega\eta z} \tag{4-4-1}$$

上行波的位移为

$$\acute{u}_y = \acute{S}e^{i\omega(t-px)}e^{i\omega\eta z} \tag{4-4-2}$$

这里 z 朝下，地震波沿 x 方向传播。这里假定 ω 和 p 是固定的，则与深度有关的项 $e^{i\omega\eta z}$ 与 $e^{i\omega(t-px)}$ 分离。则哈斯克尔矩阵可以改写为

$$\boldsymbol{H}(z) = \begin{bmatrix} u_y \\ \sigma_{zy} \end{bmatrix} = \boldsymbol{f}(z)e^{i\omega(t-px)} \tag{4-4-3}$$

这里矢量 $\boldsymbol{f}$ 包含哈斯克尔矩阵中的依赖于深度的部分。对于更一般的情况，介质层中既有上行波，又有下行波。因此 $\boldsymbol{f}(z)$ 包含上行波部分和下行波部分，对于没有上行波或下行波的特殊情况，令相应的项为零即可。回顾 σ_{zy} 的表达式［式（4-3-12）和式（4-3-13）］，有

$$\sigma_{zy} = \mu\frac{\partial u_y}{\partial z} = -i\omega\mu\eta\grave{u}_y \quad \text{下行波} \tag{4-4-4}$$

$$\sigma_{zy} = \mu\frac{\partial u_y}{\partial z} = i\omega\mu\eta\acute{u}_y \quad \text{上行波} \tag{4-4-5}$$

于是把 $\boldsymbol{f}$ 表达为

$$\begin{aligned}\boldsymbol{f}(z) &= \begin{bmatrix} \grave{S}e^{-i\omega\eta z} + \acute{S}e^{i\omega\eta z} \\ -\grave{S}i\omega\mu\eta e^{-i\omega\eta z} + \acute{S}i\omega\mu\eta e^{i\omega\eta z} \end{bmatrix} \\ &= \begin{bmatrix} e^{-i\omega\eta z} & e^{i\omega\eta z} \\ -i\omega\mu\eta e^{-i\omega\eta z} & i\omega\mu\eta e^{i\omega\eta z} \end{bmatrix} \begin{bmatrix} \grave{S} \\ \acute{S} \end{bmatrix}\end{aligned} \tag{4-4-6}$$

令

$$\boldsymbol{F}=\begin{bmatrix} \mathrm{e}^{-\mathrm{i}\omega\eta z} & \mathrm{e}^{\mathrm{i}\omega\eta z} \\ -\mathrm{i}\omega\mu\eta\mathrm{e}^{-\mathrm{i}\omega\eta z} & \mathrm{i}\omega\mu\eta\mathrm{e}^{\mathrm{i}\omega\eta z} \end{bmatrix}$$

$$\boldsymbol{w}=\begin{bmatrix} \grave{S} \\ \acute{S} \end{bmatrix} \tag{4-4-7}$$

$\boldsymbol{F}$ 叫做均匀层介质的**层矩阵**（layer matrix），矢量 $\boldsymbol{w}$ 包括下行波和上行波的振幅。

根据式（4-4-6）和式（4-4-7），可以把矩阵 $\boldsymbol{F}$ 作因子分解

$$\boldsymbol{F}=\begin{bmatrix} 1 & 1 \\ -\mathrm{i}\omega\mu\eta & \mathrm{i}\omega\mu\eta \end{bmatrix}\begin{bmatrix} \mathrm{e}^{-\mathrm{i}\omega\eta z} & 0 \\ 0 & \mathrm{e}^{\mathrm{i}\omega\eta z} \end{bmatrix}=\mathbf{E}\boldsymbol{\Lambda} \tag{4-4-8}$$

4.4.2　反射透射系数矩阵

现考虑固体层1和层2介质分界面的情况。首先在层1和层2分界面上位移和相应应力分量相等，即哈斯克尔矩阵相等，有

$$\boldsymbol{H}_1=\boldsymbol{H}_2 \tag{4-4-9}$$

根据斯奈尔定律，上下两层介质中的 p 不变，而这里研究一种频率的波，则 $\mathrm{e}^{\mathrm{i}\omega(t-px)}$ 在上下两层介质中相同。因此有

$$\boldsymbol{f}_1=\boldsymbol{f}_2 \tag{4-4-10}$$

如果将两层介质的分界面定义 $z=0$，则式（4-4-8）中的 $\boldsymbol{\Lambda}=\boldsymbol{I}$，由式（4-4-5）和式（4-4-10）可以写出：

$$\begin{bmatrix} 1 & 1 \\ -\mathrm{i}\omega\mu_1\eta_1 & \mathrm{i}\omega\mu_1\eta_1 \end{bmatrix}\begin{bmatrix} \grave{S}_1 \\ \acute{S}_1 \end{bmatrix}=\begin{bmatrix} 1 & 1 \\ -\mathrm{i}\omega\mu_2\eta_2 & \mathrm{i}\omega\mu_2\eta_2 \end{bmatrix}\begin{bmatrix} \grave{S}_2 \\ \acute{S}_2 \end{bmatrix} \tag{4-4-11}$$

将该矩阵分开写成

$$\begin{cases} \grave{S}_1+\acute{S}_1=\grave{S}_2+\acute{S}_2 \\ -\mathrm{i}\omega\mu_1\grave{S}_1+\mathrm{i}\omega\mu_1\eta_1\acute{S}_1=-\mathrm{i}\omega\mu_2\eta_2\grave{S}_2+\mathrm{i}\omega\mu_2\eta_2\acute{S}_2 \end{cases} \tag{4-4-12}$$

为了计算反射和透射系数，必须对这些方程重新整理，消去第二个方程中的 $\mathrm{i}\omega$，把朝向界面传播的波和远离界面传播的波分开。结果为

$$\begin{cases} \acute{S}_1-\grave{S}_2=-\grave{S}_1+\acute{S}_2 \\ -\mu_1\eta_1\acute{S}_1-\mu_2\eta_2\grave{S}_2=-\mu_1\eta_1\grave{S}_1-\mu_2\eta_2\acute{S}_2 \end{cases} \tag{4-4-13}$$

或者写成：

$$\begin{bmatrix} 1 & -1 \\ -\mu_1\eta_1 & -\mu_2\eta_2 \end{bmatrix}\begin{bmatrix} \acute{S}_1 \\ \grave{S}_2 \end{bmatrix}=\begin{bmatrix} -1 & 1 \\ -\mu_1\eta_1 & -\mu_2\eta_2 \end{bmatrix}\begin{bmatrix} \grave{S}_1 \\ \acute{S}_2 \end{bmatrix} \tag{4-4-14}$$

于是，有

$$
\begin{bmatrix}\acute{S}_1\\ \grave{S}_2\end{bmatrix}=\begin{bmatrix}1 & -1\\ -\mu_1\eta_1 & -\mu_2\eta_2\end{bmatrix}^{-1}\begin{bmatrix}-1 & 1\\ -\mu_1\eta_1 & -\mu_2\eta_2\end{bmatrix}\begin{bmatrix}\grave{S}_1\\ \acute{S}_2\end{bmatrix}
$$

$$
=\frac{1}{-(\mu_1\eta_1+\mu_2\eta_2)}\begin{bmatrix}-\mu_2\eta_2 & 1\\ \mu_1\eta_1 & 1\end{bmatrix}\begin{bmatrix}-1 & 1\\ -\mu_1\eta_1 & -\mu_2\eta_2\end{bmatrix}\begin{bmatrix}\grave{S}_1\\ \acute{S}_2\end{bmatrix}
$$

$$
=\begin{bmatrix}\dfrac{\mu_1\eta_1-\mu_2\eta_2}{\mu_1\eta_1+\mu_2\eta_2} & \dfrac{2\mu_2\eta_2}{\mu_1\eta_1+\mu_2\eta_2}\\ \dfrac{2\mu_1\eta_1}{\mu_1\eta_1+\mu_2\eta_2} & \dfrac{\mu_2\eta_2-\mu_1\eta_1}{\mu_1\eta_1+\mu_2\eta_2}\end{bmatrix}\begin{bmatrix}\grave{S}_1\\ \acute{S}_2\end{bmatrix} \tag{4-4-15}
$$

定义 $\boldsymbol{R}=\begin{bmatrix}\dfrac{\mu_1\eta_1-\mu_2\eta_2}{\mu_1\eta_1+\mu_2\eta_2} & \dfrac{2\mu_2\eta_2}{\mu_1\eta_1+\mu_2\eta_2}\\ \dfrac{2\mu_1\eta_1}{\mu_1\eta_1+\mu_2\eta_2} & \dfrac{\mu_2\eta_2-\mu_1\eta_1}{\mu_1\eta_1+\mu_2\eta_2}\end{bmatrix}$，该式正好联系了介质 1 的下行波和介质 2 的上行波与它们的反射波和透射波之间的关系。则 $\boldsymbol{R}=\begin{bmatrix}\grave{S}\acute{S} & \acute{S}\acute{S}\\ \grave{S}\grave{S} & \acute{S}\grave{S}\end{bmatrix}$，这里 $\grave{S}\acute{S}$ 为介质 1 的下行波转换为介质 1 的上行波的反射系数，$\acute{S}\acute{S}$ 为介质 2 中的上行波转换为介质 1 的上行波的透射系数，$\grave{S}\grave{S}$ 为介质 1 的下行波转换为介质 2 的下行波的透射系数，$\acute{S}\grave{S}$ 为介质 2 的上行波转换为介质 2 的下行波的反射系数。这里两个透射系数 $\acute{S}\acute{S}$ 和 $\grave{S}\grave{S}$ 具有相同的形式，两个反射系数 $\grave{S}\acute{S}$ 和 $\acute{S}\grave{S}$ 互为相反数，因为它们都对应一个分界面。可以看到所得到的系数与前面的表达式（4-3-19）、式（4-3-20）、式（4-3-21）和式（4-3-22）完全相同。通常称 $\boldsymbol{R}$ 为**反射透射系数矩阵**（reflection-transmission coefficient matrix）。

根据上面的公式编写的求解 SH 波在界面反射的 MATLAB 子程序如下。根据上面的讲解，速度较小介质的 SH 波入射到速度较大介质中时，会出现复数的情况，为适应这种情况，这里采用更为通用的复数形式。

```
function [rt] = sh(v1,v2,den1,den2,is)
 % v1 = 上层 SH 波速度
 % v2 = 下层 SH 波速度
 % den1 = 上层密度
 % den2 = 上层密度
 % rt(1) = 向下 SH 波转换为向上 SH 波的反射系数
 % rt(2) = 向上 SH 波转换为向上 SH 波的透射系数
 % rt(3) = 向下 SH 波转换为向下 SH 波的透射系数
 % rt(4) = 向上 SH 波转换为向下 SH 波的反射系数
cone = complex(1,0.); % 1 的复数形式
beta1 = complex(v1,0.); % 第一层的 S 波速度的复数形式
beta2 = complex(v2,0.); % 第二层的 S 波速度的复数形式
rou1 = complex(den1,0.); % 第一层密度的复数形式
rou2 = complex(den2,0.); % 第二层密度的复数形式
```

```
csis1 = cos(deg2rad(is)); % cos(is1)
csis2 = sqrt(cone - (beta2/beta1 * sin(deg2rad(is))).^2);
miu1 = (beta1^2)/rou1; % 第一层介质的剪切模量
miu2 = (beta2^2)/rou2; % 第二层介质的剪切模量
eta1 = csis1/beta1; % 第一层的垂直慢度
eta2 = csis2/beta2; % 第二层的垂直慢度
c = -1 * cone; % c 的复数形式
a = c * miu1 * eta1;
b = c * miu2 * eta2;
R = [cone c;a b];
R1 = [c cone;a b];
r = (inv(R)) * R1; % 根据式(4-4-15)计算反射透射系数矩阵,inv(R)为求 R 矩阵的逆矩阵
rt(1) = r(1,1); % 将各个系数分离出来
rt(2) = r(1,2);
rt(3) = r(2,1);
rt(4) = r(2,2);
return
```

4.4.3 哈斯克尔矩阵在平层介质中的传递

由于这里讨论的是平面波，并且不考虑衰减效应，所以其振幅（位移或势）在均匀介质中保持不变。因此在均匀层里，式（4-4-7）表示的振幅矩阵 $\boldsymbol{w}$（包括上行波和下行波）不变。则在深度为 z_1 的均匀层的顶部，式（4-4-6）表示的矩阵为

$$\boldsymbol{f}(z_1)=\boldsymbol{F}_1\boldsymbol{w} \tag{4-4-16}$$

由此可以得到：

$$\boldsymbol{w}=\boldsymbol{F}_1^{-1}\boldsymbol{f}(z_1)$$

在深度 z_1 的均匀层的底部，式（4-4-6）表示的矩阵为

$$\begin{aligned}\boldsymbol{f}(z_2)&=\boldsymbol{F}_2\boldsymbol{w}\\&=\boldsymbol{F}_2\boldsymbol{F}_1^{-1}\boldsymbol{f}(z_1)\ \text{代入式(4-4-16)}\\&=\boldsymbol{E\Lambda}_2(\boldsymbol{E\Lambda}_1)^{-1}\boldsymbol{f}(z_1)\\&=\boldsymbol{E\Lambda}_2\boldsymbol{\Lambda}_1^{-1}\boldsymbol{E}^{-1}\boldsymbol{f}(z_1)\\&=\boldsymbol{E}\begin{bmatrix}\mathrm{e}^{\mathrm{i}\omega\eta(z_1-z_2)}&0\\0&\mathrm{e}^{-\mathrm{i}\omega\eta(z_1-z_2)}\end{bmatrix}\boldsymbol{E}^{-1}\boldsymbol{f}(z_1)\end{aligned} \tag{4-4-17}$$

上面推导需要注意：$(\boldsymbol{AB})^{-1}=\boldsymbol{B}^{-1}\boldsymbol{A}^{-1}$。

定义 $\boldsymbol{P}(z_1,z_2)=\boldsymbol{E}\begin{bmatrix}\mathrm{e}^{\mathrm{i}\omega\eta(z_1-z_2)}&0\\0&\mathrm{e}^{-\mathrm{i}\omega\eta(z_1-z_2)}\end{bmatrix}\boldsymbol{E}^{-1}$，则 $\boldsymbol{f}(z_2)=\boldsymbol{P}(z_1,z_2)\boldsymbol{f}(z_1)$。矩阵 $\boldsymbol{P}$ 把解从 z_1 传播到 z_2，所以 $\boldsymbol{P}$ 被叫做**传播因子矩阵**（propagator matrix）。根据传播因子矩阵可以把均匀层顶部的位移和应力传播到层的底部。

这样，已知从震源出发的哈斯克尔矩阵，就知道了式（4-4-3）中的 $\boldsymbol{f}$。在不同深度的均匀层中 $\boldsymbol{f}$ 通过式（4-4-17）传播，通过物质分界面时 $\boldsymbol{f}$ 是相等的（可以通过反射透射

系数矩阵进行计算振幅 **w**)，这样通过一系列的层，可以把解向下（或向上）传播到平层介质的任何地方，得到了介质某处的 **f**，得到 **f** 后代入式（4-4-3），就得到了该处的位移和应力的表达式。如果传播到地表台站处，就得到了该台站的理论地震图，这就是计算理论地震图的基本思路（图 4-4-1）。

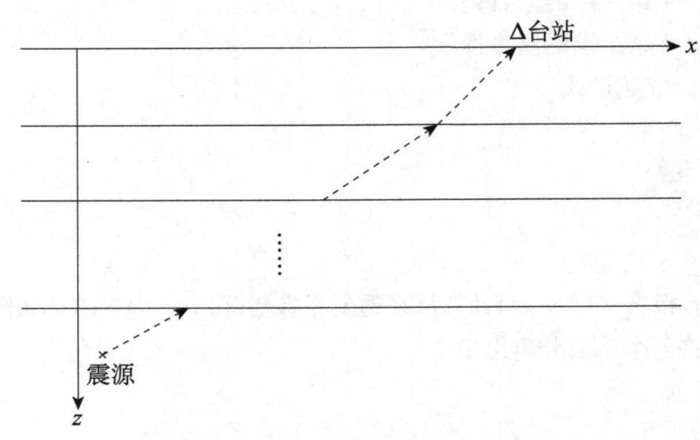

图 4-4-1　地震波到达台站的计算示意

本节论述的是 SH 波。然而所有方法和符号容易推广到 P/SV 系统，此时：

$$\boldsymbol{w}=\begin{bmatrix}\grave{P}\\ \grave{S}\\ \acute{P}\\ \acute{S}\end{bmatrix},\boldsymbol{H}=\begin{bmatrix}u_x\\ u_z\\ \sigma_{xz}\\ \sigma_{zz}\end{bmatrix} \tag{4-4-18}$$

注意对 P/SV，位移限定在 x-z 平面 $[\boldsymbol{u}=(u_x,\ 0,\ u_z)]$，这里 $\sigma_{zy}=\mu\partial u_y/\partial z=0$，《定量地震学》(Aki and Richards，2002) 的第 5 章涉及 P/SV 方程完整的论述，包括反射/透射系数和 4×4 矩阵 $\boldsymbol{E}$ 的表达，这里不再赘述。

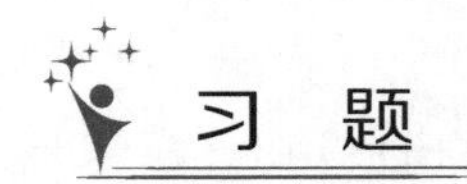

习　题

4.1.1　以 z 轴为法向的界面的应力连续是哪个应力分量连续，以 x 轴和 y 轴为法向的界面的应力连续条件是什么?

4.1.2　为何 SH 波和 P-SV 波产生的波场是分离的?

4.1.3　研究 P-SV 系统时的连续性条件是什么?

4.1.4　研究 SH 系统时的连续性条件是什么?

4.1.5　为何在 oxz 平面内传播的地震波 $\dfrac{\partial\varphi}{\partial y}=\dfrac{\partial\psi_x}{\partial y}=\dfrac{\partial\psi_y}{\partial y}=\dfrac{\partial\psi_z}{\partial y}=0$

4.1.6　为何研究 oxz 面内传播的 S 波时只考虑 ψ_y 分量?

4.2.1　试给出 P 波入射到自由表面时的反射 P 波势和反射 SV 波势的相对振幅公式，并给出各个变量的意义。

4.2.2　已知 P 波入射到自由表面的偏垂角为 30°，P 波速度为 5km/s，频率为 2Hz，介质为泊松介质，假定地震波传播的水平方向为 x 轴，垂直向下为 z 轴。(1) 给出振幅为 A 的 P 波势函数的表达式；(2) 用 A 表示的反射 P 波和 SV 波的势函数表达式；(3) 若地震仪布设在自由表面上，求由于此 P 波入射地震仪记录到的各分量；(4) 此 P 波入射的视入射角。

4.2.3　设一个位移振幅矢量为（$5\sqrt{2}$，$5\sqrt{6}$，$10\sqrt{2}$）、角频率为 12rad/s 的 P 波以 6km/s 的速度入射到自由面上，假定半空间介质为泊松介质，（1）求 P 波势的表达式；(2) 反射 SV 波的势的表达式；(3) 反射 SV 波的振幅矢量。

4.2.4　为何对于稳态传播的 P 波，位移振幅为势振幅的 ω/α 倍；对于稳态传播的 S 波振幅为势振幅的 ω/β 倍？

4.2.5　试给出 4.2.2 题中的反射 P 波和 SV 波相对于入射 P 波的位移振幅。

4.2.6　试给出 SV 波入射到自由表面时的反射 P 波势和反射 SV 波势的相对振幅公式，并给出各个变量的意义。写出 P 波和 SV 波位移反射系数表达式。

4.2.7　一势函数振幅为 A，频率为 1Hz 的 SV 波自地球内部入射到 S 波速度为 3km/s 的泊松介质自由表面上，反射波中未发现 SV 波。求（1）SV 波的入射角；（2）P 波势函数振幅。

4.2.8　一 SV 波自地球内部以 30°的入射角入射到 S 波速度为 3km/s 的自由表面上，并且该点恰为临界反射点，求地表 P 波速度。

4.2.9　已知一 SV 波以 40°的入射角入射从泊松介质内部到 P 波速度为 5km/s 的表面上，求反射 SV 波的相移。

4.2.10　假定 SV 波向上以偏垂角 60°入射到自由界面上，设其势振幅为 A，介质为泊松介质，SV 波的频率为 1Hz，速度为 3km/s，假定地震波传播的水平方向为 x 轴，垂直向下为 z 轴，写出入射 SV 波和反射 SV 波的势函数表达式。

4.2.11　SV 波入射到弹性介质的自由面上，假定介质为泊松介质，地震波的势为 $\boldsymbol{\psi}=\left(\frac{5}{\sqrt{2}}，-\frac{5}{\sqrt{2}}，0\right)\mathrm{e}^{\mathrm{i}\left(4t-\frac{1}{2\sqrt{2}}x-\frac{1}{2\sqrt{2}}y+\frac{\sqrt{3}}{2}z\right)}$，求反射 P 波在此坐标系下的振幅。

4.2.12　泊松介质中的 S 波入射到自由面上，其势函数为

$$\boldsymbol{\psi}=(-10\sqrt{3},2,4)\mathrm{e}^{\mathrm{i}\omega\left(t-\frac{\frac{1}{4}x+\frac{\sqrt{3}}{4}y+\frac{\sqrt{3}}{2}z}{4}\right)}$$

求（1）反射 P 波的位移振幅；(2) 反射 S 波的位移振幅。

4.2.13　何为偏振交换？

4.2.14　试证明 SH 波入射到自由表面时，反射系数为 1。

4.2.15　何为视出射角？

4.2.16　试证明 P 波入射到自由表面时视出射角为反射 SV 波反射角的 2 倍。

4.2.17　试证明 SH 波入射到自由表面时，自由表面的位移为入射 SH 波位移的 2 倍。

4.2.18　某地震台记录到一个正东南方向发生的地震，其 S 波在垂直方向向上为 20μm，东西方向向东为 40μm，南北方向向南为 20μm，求 SV 波的视入射角。

4.2.19　平面 P 波入射到自由表面时，其视入射角和真入射角一般情况下是不相等的，为什么？在什么情况下才相等？

4.2.20　证明单色平面 P 波入射到自由面时，反射 P 波位移的反射系数等于位移势的反射系数。

4.2.21 判断

(1) SV 波入射到地球表面只能产生 SV 波。( )

(2) P 波入射到地球表面有可能转换为 SV 波。( )

(3) SH 波入射到自由表面只能反射 SH 波。( )

(4) SH 波只能在水平面内传播。( )

4.2.22 假定P波的位移振幅为 $(5\sqrt{2},\ 0,\ 10\sqrt{2})$，角频率为 12rad/s，传播速度为 6km/s，泊松比为 0.25。该地震波向上入射到自由界面上，给出 (1) 入射 P 波的势；(2) 反射 SV 波的势；(3) 反射 P 波的势。

4.2.23 入射到自由表面的S波的势表达为 $\boldsymbol{\psi}=(-10\sqrt{3},\ 2,\ 4)\ e^{i20\left(t-\frac{\frac{1}{4}x+\frac{\sqrt{3}}{4}y+\frac{\sqrt{3}}{2}z}{4}\right)}$ 假定介质的泊松比为 3/8，采用入射波的坐标系表达 SV 波和 SH 波，并给出反射系数。

4.3.1 试写出 SH 波入射到内部平界面的应力、位移连续条件。

4.3.2 推导 SH 波入射到固体界面的反射及透射系数。

4.3.3 在 SH 波的反射透射系数中，何种情况会出现复数？出现复数表明地震波传播发生了哪些变化？

4.3.4 试写出垂直入射情况下 SH 波的反射、透射系数。

4.3.5 P 波入射到固体内部界面时会产生哪些反射波和透射波？SV 波入射呢？

4.3.6 试写出垂直入射情况下 P 波的反射、透射系数。

4.3.7 用 4.3 节所给出的程序把下行的 P 波在核-幔边界入射时，反射和透射波的振幅和相位列成表。用分界面两侧的速度和密度的 PREM 值把你的结果绘制成入射角函数的图。

4.3.8 图 1 显示的是 A 波入射到两种不同性质的速度间断面上所产生的次生波。请标出：各射线对应的波的性质（P 波或 S 波）哪种介质是液体、哪种介质是固体？界面上下哪种介质的 P 波速度高？

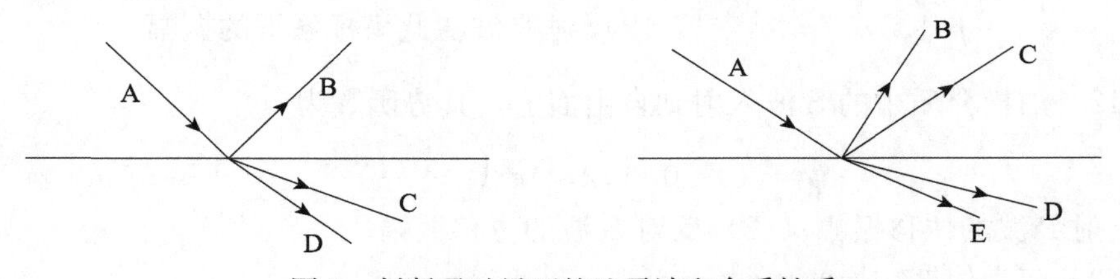

图 1 判断通过界面的地震波和介质性质

4.3.9 一个平面 SH 波通过速度为 4.8km/s，密度为 2400kg/m^3 的岩层垂直入射到密度为 2000kg/m^3 的岩层上，如果反射波有 180°的相位变化，并且反射波振幅为入射波振幅的 2%，求下面岩层的 S 波速度。

4.3.10 计算下列向下垂直入射 P 波的反射系数，(1) 上地壳的 P 波波速为 3km/s，密度为 2200kg/m^3 的砂岩覆盖 P 波波速为 4.1km/s，密度为 2200kg/m^3 的石灰岩上；(2) 下地壳 P 波波速为 6.8km/s，密度为 2800kg/m^3 的玄武岩覆盖 P 波波速为 7.3km/s，密度为 3200kg/m^3 的麻粒岩上；(3) 壳幔边界的 P 波波速为 7.3km/s，密度为 3200kg/m^3 的麻粒岩覆盖 P 波波速为 8.1km/s，密度为 3300kg/m^3 的橄榄岩上。

4.3.11 计算下列向下垂直入射 P 波的透射系数，(1) 上地壳的 P 波波速为 3km/s，密度为2200kg/m^{3}的砂岩覆盖P波波速为4.1km/s，密度为2200kg/m^{3}的石灰岩上；(2) 下地壳P波波速为6.8km/s，密度为2800kg/m^{3}的玄武岩覆盖P波波速为7.3km/s，密度为3200kg/m^{3}的麻粒岩上；(3) 壳幔边界的P波波速为7.3km/s，密度为3200kg/m^{3}的麻粒岩覆盖P波波速为8.1km/s，密度为3300kg/m^{3}的橄榄岩上。

4.3.12　地震P波速度以4.8km/s穿过2100kg/m^{3}的岩层，垂直入射到密度为2400kg/m^{3}的砂岩中，反射波的相位改变了180°，位移振幅为入射波振幅的2%，求砂岩的P波速度。

4.3.13　设P波自一种P波速度为α_1的液体入射到P波速度为α_2、拉梅常数为λ_2的液体中，在第一种液体的偏垂角为i_1，在第二种液体的偏垂角为i_2，求这两种液体界面的地震波势的反射、透射系数。

4.3.14　势函数为$\varphi=4e^{0.25i\left(4t-\frac{x}{\sqrt{6}}-\frac{y}{\sqrt{3}}-\frac{z}{\sqrt{2}}\right)}$的P波自密度为3000kg/m^{3}的液体入射到密度为4000kg/m^{3}的液体中，如果第二种液体的P波速度为5km/s，写出反射波和透射波的势函数表达式。

4.3.15　两种液体介质在$z=0$分界，上层液体的体变模量K为5.0×10^8Pa，密度为1000 kg/m^3，上层液体的入射波频率为3Hz，振幅为$\boldsymbol{u}_{\text{inc}}=18\pi(1,1,\sqrt{6})$，该波透射到下层液体的振幅为$\boldsymbol{u}_{\text{tran}}=\frac{63\sqrt{2}\pi}{7}(\sqrt{2},\sqrt{2},\sqrt{3})$，假定透射势振幅为反射势振幅的两倍，求入射波、反射波和透射波的势的表达式。

4.4.1　SH波在平层界面的位移和应力连续指的是哪个分量?

4.4.2　试写出平层介质中SH波的上行波和下行波位移和应力的表达式。

4.4.3　研究SH波传播时，哈斯克尔矩阵是如何定义的?

4.4.4　SH波传播的层矩阵F如何定义?

4.4.5　采用哈斯克尔矩阵传递形式给出SH波在内部界面的反射、透射系数矩阵。

4.4.6　SH波的位移和应力是如何传播到不同深度的?

4.4.7　传播因子矩阵如何定义? 与哪些因素有关?

第5章　地震面波和地球自由振荡

至此，我们的论述局限于体波。然而，地球介质是有限的、有边界的。当介质中存在自由表面时，还有可能存在另一类波，它们沿着界面传播，通常称为**面波**（surface wave）。沿地球表面传播的面波有两类：瑞雷（Rayleigh）波和勒夫（Love）波。面波通常是远距离记录中最强的震相，对地球的浅层结构和震源的低频特性提供很好的约束。面波与体波有许多方面的差别——面波传播比较慢，振幅随距离的衰减很慢，速度与频率有很强的依赖关系。本章首先讨论勒夫波和瑞雷波的波动方程，然后讨论频散及其资料解释。最后简单介绍地球自由振荡理论与观测。

5.1　勒夫波

5.1.1　勒夫波频散方程

如图 5-1-1 所示，设有均匀弹性半空间之上覆盖一层厚为 H 弹性层，用这样的模型来简单描述地壳覆盖在上地幔的情况。取 x，y 在自由表面上（$z=0$），z 轴垂直向下，波沿 x 方向传播。令层中横波速度为 β_1，密度为 ρ_1，令半空间（地幔）中横波速度为 β_2，密度为 ρ_2，且有 $\beta_1<\beta_2$。设 SH 波在上覆弹性层（地壳）中的位移为 u_{y1}，在下面的半空间（地幔）中的位移为 u_{y2}。为简化分析，仍考虑平面波的情况。由于考虑的是 SH 波，因此振动垂直于 x 轴且平行于分界面，即振动应沿 y 方向，根据式（4-2-36）可以给出沿 x 正向传播的 SH 波的位移表达式为 $u_y=Ee^{i\omega\left(t-\frac{\sin i_s}{\beta}x\pm\frac{\cos i_s}{\beta}z\right)}$。令 $\phi(z)=Ee^{i\omega\left(\pm\frac{\cos i_s}{\beta}z\right)}$，$\sin i_s/\beta$ 为水平方向的慢度，与角频率 ω 的乘积为沿 x 轴的波数 k_x，则上覆弹性层的 SH 波的位移表达式可写为

$$u_{y1}=\phi(z)e^{i(\omega t-k_x x)} \tag{5-1-1}$$

因此，SH 波的位移在地壳和地幔中的位移 u_{y1}，u_{y2} 均满足式（3-2-3）不考虑体力的

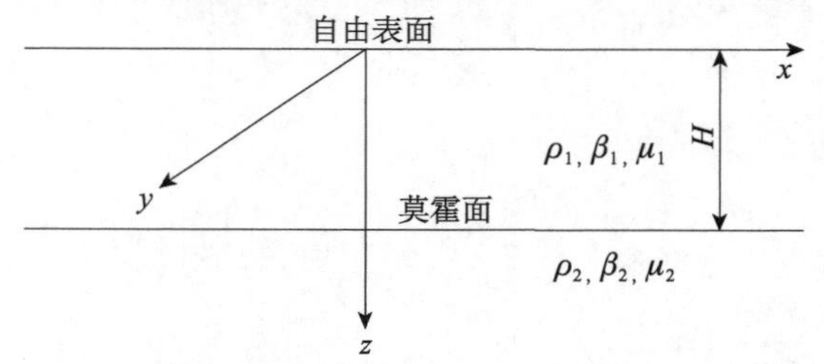

图 5-1-1　勒夫波的坐标及符号规定

表达式，统一写为 u_y，则 $\frac{\partial^2 u_y}{\partial x^2}=-k_x^2\phi(z)\mathrm{e}^{\mathrm{i}(\omega t-k_x x)}$，$\frac{\partial^2 u_y}{\partial y^2}=0$，$\frac{\partial^2 u_y}{\partial z^2}=\frac{\partial^2\phi(z)}{\partial z^2}\mathrm{e}^{\mathrm{i}(\omega t-k_x x)}$，这样可以得到 $\nabla^2 u_y=\frac{\partial^2 u_y}{\partial x^2}+\frac{\partial^2 u_y}{\partial y^2}+\frac{\partial^2 u_y}{\partial z^2}=-\left[k_x^2\phi(z)-\frac{\partial^2\phi(z)}{\partial z^2}\right]\mathrm{e}^{\mathrm{i}(\omega t-k_x x)}$。对时间的二阶导数为 $\frac{\partial^2 u_y}{\partial t^2}=-\phi(z)\omega^2\mathrm{e}^{\mathrm{i}(\omega t-k_x x)}$，考虑到 $\beta=\sqrt{\frac{\mu}{\rho}}$，并且剪切波传播的体应变 $\Theta=0$，式(3-2-3)可以表达为

$$\frac{\mathrm{d}^2\phi(z)}{\mathrm{d}z^2}-\left(k_x^2-\frac{\omega^2}{\beta_1^2}\right)\phi(z)=0 \tag{5-1-2}$$

该方程的特征方程为 $r^2-\left(k_x^2-\frac{\omega^2}{\beta_1^2}\right)=0$，其解为 $r=\pm\sqrt{k_x^2-\frac{\omega^2}{\beta_1^2}}$，根据微分方程理论，

$$\phi(z)=A\mathrm{e}^{z\sqrt{k_x^2-\frac{\omega^2}{\beta_1^2}}}+B\mathrm{e}^{-z\sqrt{k_x^2-\frac{\omega^2}{\beta_1^2}}} \tag{5-1-3}$$

式中，A，B 为常数。因此上覆弹性层（地壳）中的位移为

$$u_{y1}=\left(A\mathrm{e}^{z\sqrt{k_x^2-\frac{\omega^2}{\beta_1^2}}}+B\mathrm{e}^{-z\sqrt{k_x^2-\frac{\omega^2}{\beta_1^2}}}\right)\mathrm{e}^{\mathrm{i}(\omega t-k_x x)} \tag{5-1-4}$$

同理可以得到地幔中的位移为

$$u_{y2}=\left(C\mathrm{e}^{-z\sqrt{k_x^2-\frac{\omega^2}{\beta_2^2}}}+D\mathrm{e}^{z\sqrt{k_x^2-\frac{\omega^2}{\beta_2^2}}}\right)\mathrm{e}^{\mathrm{i}(\omega t-k_x x)} \tag{5-1-5}$$

模型中 z 可以无穷大，必须满足 $z\to\infty$ 的收敛条件。由于式(5-1-5)的第二项在 $z\to\infty$ 时趋于无限，不满足收敛条件，应该丢弃。在两层介质中的方程的解可总结为

$$\begin{aligned}u_{y1}&=(A\mathrm{e}^{b_1 z}+B\mathrm{e}^{-b_1 z})\mathrm{e}^{\mathrm{i}(\omega t-k_x x)},(0<z<H)\\u_{y2}&=C\mathrm{e}^{-b_2 z}\mathrm{e}^{\mathrm{i}(\omega t-k_x x)},(z>H)\end{aligned} \tag{5-1-6}$$

其中

$$b_1=\sqrt{k_x^2-\left(\frac{\omega}{\beta_1}\right)^2},b_2=\sqrt{k_x^2-\left(\frac{\omega}{\beta_2}\right)^2} \tag{5-1-7}$$

式中，k_x 为水平波数，即波数 ω/β 在水平方向的投影，为简单起见，写为 k。式(5-1-6)应满足自由表面边界条件：

$$\sigma_{zy}\big|_{z=0}=2\mu_1 e_{zy}\big|_{z=0}=2\mu_1\frac{1}{2}\left(\frac{\partial u_{y1}}{\partial z}+\frac{\partial u_{z1}}{\partial y}\right)\bigg|_{z=0}=\mu_1\frac{\partial u_{y1}}{\partial z}\bigg|_{z=0}=0 \tag{5-1-8}$$

另外，在上覆弹性层与半空间地幔的层面的连续性条件为相应位移和应力连续，有

$$\begin{cases}u_{y1}\big|_{z=H^-}=u_{y2}\big|_{z=H^+}\\\mu_1\frac{\partial u_{y1}}{\partial z}\bigg|_{z=H^-}=\mu_2\frac{\partial u_{y2}}{\partial z}\bigg|_{z=H^+}\end{cases} \tag{5-1-9}$$

由式(5-1-8)和式(5-1-9)可以得到：

$$\begin{cases}A-B=0\\A\mathrm{e}^{b_1 H}+B\mathrm{e}^{-b_1 H}=C\mathrm{e}^{-b_2 H}\\\mu_1 b_1(A\mathrm{e}^{b_1 H}-B\mathrm{e}^{-b_1 H})=-\mu_2 b_2 C\mathrm{e}^{-b_2 H}\end{cases} \tag{5-1-10}$$

消去 B，得

$$\begin{cases}A(\mathrm{e}^{b_1 H}+\mathrm{e}^{-b_1 H})-C\mathrm{e}^{-b_2 H}=0\\A\mu_1 b_1(\mathrm{e}^{b_1 H}-\mathrm{e}^{-b_1 H})+\mu_2 b_2 C\mathrm{e}^{-b_2 H}=0\end{cases} \tag{5-1-11}$$

式（5-1-11）是一个齐次方程组，要使其有非零解，需使行列式的系数为零，即

$$\begin{vmatrix} (e^{b_1H}+e^{-b_1H}) & -e^{-b_2H} \\ \mu_1 b_1(e^{b_1H}-e^{-b_1H}) & \mu_2 b_2 e^{-b_2H} \end{vmatrix}=0 \tag{5-1-12}$$

可以得到：

$$\frac{e^{b_1H}-e^{-b_1H}}{e^{b_1H}+e^{-b_1H}}=-\frac{\mu_2 b_2}{\mu_1 b_1} \tag{5-1-13}$$

查看数学手册的双曲正切定义为 $\tanh(x)=\frac{e^x-e^{-x}}{e^x+e^{-x}}$，式（5-1-13）可以写为

$$\tanh(b_1H)=-\frac{\mu_2 b_2}{\mu_1 b_1}$$

下面用MATLAB模拟该函数自变量为实数的图像：

```
%P5_1.m
%tanh(x)函数
plot([-10:0.1:10],tanh([-10:0.1:10]))  %绘制tanh(x)函数
hold on  %图形保持,使得后面的绘图基于前面绘图的基础之上
plot([0,0],ylim,'k');      %绘制y轴
grid on  %加上网格
xlabel('x');ylabel('y');   %给定x轴和y轴的标记
title('y=tanh(x)')      %给定标题
```

下面分析式（5-1-13）有解的条件：当 b_1，b_2 都为实数时，由于 $\mu_1 b_1$ 和 $\mu_2 b_2$ 为正值，方程右边为负数，而 $\mu_1 b_1$ 为正值，在正的 x 的范围内找不到函数值对应于负数的情况（图5-1-2），因此这种情况下方程无解。当 b_1 和 b_2 均为虚数时，方程右边为实数，而tanh（$\mu_1 b_1$）为虚数（采用欧拉公式 $e^{\pm i\alpha}=\cos\alpha\pm i\sin\alpha$ 可以验证），也不满足方程。因此只有 b_1 和 b_2 其中之一为虚数。考察 b_1，b_2 的表达式（5-1-7），在实际地球介质中地壳S波速度小于地幔S波速度，即 $\beta_1<\beta_2$，只有 b_1 为虚数，而 b_2 为实数时才可能满足方程。令 $b_1=i\bar{b}_1$，式（5-1-13）可以表达为

$$\frac{e^{i\bar{b}_1H}-e^{-i\bar{b}_1H}}{e^{i\bar{b}_1H}+e^{-i\bar{b}_1H}}=-\frac{\mu_2 b_2}{i\mu_1 \bar{b}_1} \tag{5-1-14}$$

采用欧拉公式将式（5-1-14）左边展开，化简得到

$$\tan(\bar{b}_1 H)=\frac{\mu_2 b_2}{\mu_1 \bar{b}_1} \tag{5-1-15}$$

将式（5-1-7）代入式（5-1-15），并考虑波数 $k_x=\frac{\omega}{c}$（c 为该波沿着 x 方向传播的速度）和正切函数的周期性，可以得到式（5-1-11）有非零解的条件为

$$\tan\left[H\omega\sqrt{1/\beta_1^2-1/c^2}-n\pi\right]=\frac{\mu_2\sqrt{1/c^2-1/\beta_2^2}}{\mu_1\sqrt{1/\beta_1^2-1/c^2}} \tag{5-1-16}$$

式（5-1-16）除 ω 和 c 外均为模型的特性参数（不随地震波是否通过而变化），它说明不同的角频率（ω）传播的波具有不同的相速度（c），自震中发出的不同频率的勒夫波到达地震台的时间不同，这样在地震台上可以看到不同频率的波在时间轴上散开的现象，这叫做**频散**（dispersion）。式（5-1-16）规定了勒夫波在层里传播的频散曲线。注意，沿 x 方向传播

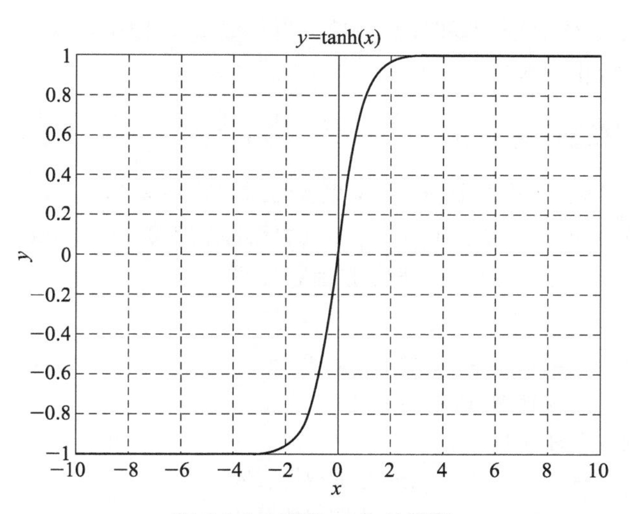

图 5-1-2　函数 tanh 的图像

的地震波速度 c 在 β_1 与 β_2 之间变化，因为只有满足这个条件才能得到 b_1 为虚数，而 b_2 为实数。由于正切函数的周期性，对每个 c 值，有多个 ω 值，每个 ω 对应着一种振型，当 $n=0$ 时，根据波动方程求出的振荡振型称为**基阶勒夫波**（fundamental mode），$n=n$ 时求出的振型称为 ***n* 阶勒夫波**（overtone）。式（5-1-16）没有 c 的解析解，必须用数值法确定 c（ω）的值。

5.1.2　截止频率和最长波长

由频散方程式（5-1-16）可以推出角频率 ω 的表达式为

$$\omega=\frac{1}{\mathrm{H}\sqrt{1/\beta_1^2-1/c^2}}\left[\arctan\frac{\mu_2\sqrt{1/c^2-1/\beta_2^2}}{\mu_1\sqrt{1/\beta_1^2-1/c^2}}+n\pi\right], n=0,1,2\cdots \tag{5-1-17}$$

由于波数 $k_x=\dfrac{\omega}{c}$，将式（5-1-17）两边除以 c 得到波数的表达式，并考虑 $k_x=\dfrac{2\pi}{\Lambda}$，可以得到：

$$\Lambda=\frac{2\pi Hc\sqrt{1/\beta_1^2-1/c^2}}{\arctan\dfrac{\mu_2\sqrt{1/c^2-1/\beta_2^2}}{\mu_1\sqrt{1/\beta_1^2-1/c^2}}+n\pi}, n=0,1,2\cdots \tag{5-1-18}$$

对 $n=0$ 的基阶勒夫波，当 $c=\beta_2$ 时，式（5-1-17）分子为零，有 $\omega\to0$，而式（5-1-18）的分母为零，即波长 $\Lambda\to\infty$。当 $c\to\beta_1$ 时，式（5-1-17）分母为零，即 $\omega\to\infty$，而式（5-1-18）分子为零，即波长 $\Lambda\to0$，此时没有截止频率。

对 n 阶勒夫波，当 $c=\beta_2$ 时，代入式（5-1-17），得到频率的最小值为

$$\omega_c=\frac{n\pi}{H\sqrt{\dfrac{1}{\beta_1^2}-\dfrac{1}{\beta_2^2}}} \tag{5-1-19}$$

这里的最低频率为**截止频率**（cut off frequency）。将 $c=\beta_2$ 代入式（5-1-18）得到波长的最大值：

$$\Lambda_c=\frac{2H\sqrt{\dfrac{\beta_2^2}{\beta_1^2}-1}}{n} \tag{5-1-20}$$

这就是 n 阶勒夫波的最低频率和最长波长。当 $c=\beta_1$ 时，根据式（5-1-17），$\omega\to\infty$。因此所有振型的高频端没有截止频率。

5.1.3 频散曲线计算一例

根据上面所讲的理论按照 PREM 模型给出的 $\beta_1=3.9\text{km/s}$，$\beta_2=4.49\text{km/s}$，$\rho_1=2.9\text{g/cm}^3$，$\rho_2=3.38\text{g/cm}^3$，可求出 μ_1，μ_2，假定地壳厚度 $H=30\text{km}$，再根据上面的 c 限制在 β_1 和 β_2 之间，可以求得频率和速度的函数关系。

```
%P5_2.m
beta1 = 3.9;beta2 = 4.49; %地壳和地幔的S波速度
rou1 = 2.9;rou2 = 3.38; %地壳和地幔的密度
H = 30;      %假定地壳的厚度
miu1 = rou1 * beta1 * beta1;          %地壳中的剪切模量
miu2 = rou2 * beta2 * beta2;          %地幔中的剪切模量
w0 = [];w1 = [];w2 = [];w3 = [];      %基阶,一阶、二阶、三阶波的角频率
for c = beta1:0.05:beta2              %相速度自地壳S波速度到地幔S波速度
    c1 = c/H/sqrt((c/beta1)^2 - 1);   %c1 = c/(H*sqrt(c^2/beta1^2 - 1))
    c2 = miu2 * sqrt(1 - (c/beta2)^2)/miu1/sqrt((c/beta1)^2 - 1); %c2 = mu2*sqrt(1 - c^2/beta2^2)/(mu1*sqrt(c^2/beta1^2 - 1))
w0 = [w0,c1 * (atan(c2))];    %基阶角频率按式(5-1-17)计算
w0c = 0;         %基阶阶频率的最小值(渐进值)
w1 = [w1,c1 * (atan(c2) + pi)];    %一阶角频率按式(5-1-17)计算
w1c = pi/(H * sqrt(1/beta1^2 - 1/beta2^2)); %按式(5-1-19)求得一阶角频率的最小值(渐进值)
w2 = [w2,c1 * (atan(c2) + 2 * pi)]; %二阶角频率按式(5-1-17)计算
w2c = 2 * pi/(H * sqrt(1/beta1^2 - 1/beta2^2)); %按式(5-1-19)求得二阶角频率的最小值(渐进值)
w3 = [w3,c1 * (atan(c2) + 3 * pi)];   %三阶角频率按式(5-1-17)计算
w3c = 3 * pi/(H * sqrt(1/beta1^2 - 1/beta2^2)); %按式(5-1-19)求得三阶角频率的最小值(渐进值)
end  %循环for结束
c = beta1:0.05:beta2;  %按照计算间隔给出相速度序列
plot(w0,c,'r-',w1,c,'b--',w2,c,'r:',w3,c,'m-.')  %绘制
legend('基阶','一阶','二阶','三阶')
hold on  %使以后的绘图建立在原来绘图的基础上
ylimt = [beta1,beta2];  %在速度可能的范围内绘图
plot(w0c * ones(1,2),ylimt,'r-',w1c * ones(1,2),ylimt,'b--',w2c * ones(1,2),ylimt,'r:',w3c *
ones(1,2),ylimt,'m-.')  %绘制基阶、一阶、二阶相速度随频率的变化曲线
xlimit = xlim;
x = [xlimit(1),xlimit(2)];  %以x轴的范围设置绘图范围
plot(x,beta1 * [1,1],'k:')  %以黑色绘制速度下界虚线
plot(x,beta2 * [1,1],'k:')  %以黑色绘制速度上界虚线
xlabel('角频率\omega');  %x轴标记
```

注释中的公式：$c1=\dfrac{c}{H\sqrt{c^2/\beta_1^2-1}}$，$c2=\dfrac{\mu_2\sqrt{1-c^2/\beta_2^2}}{\mu_1\sqrt{c^2/\beta_1^2-1}}$

```
ylabel('相速度/kms^-^1')   % y轴标记
```

程序运行的结果见图5-1-3，可以看到，不管哪种振型，其相速度均随角频率的增大而减小，相速度的范围为$\beta_1 \leqslant c \leqslant \beta_2$。并且每种振型均有截止频率。图5-1-4给出了勒夫波速度在地壳剪切波β_1和地幔剪切波速度β_2之间变动的示意。

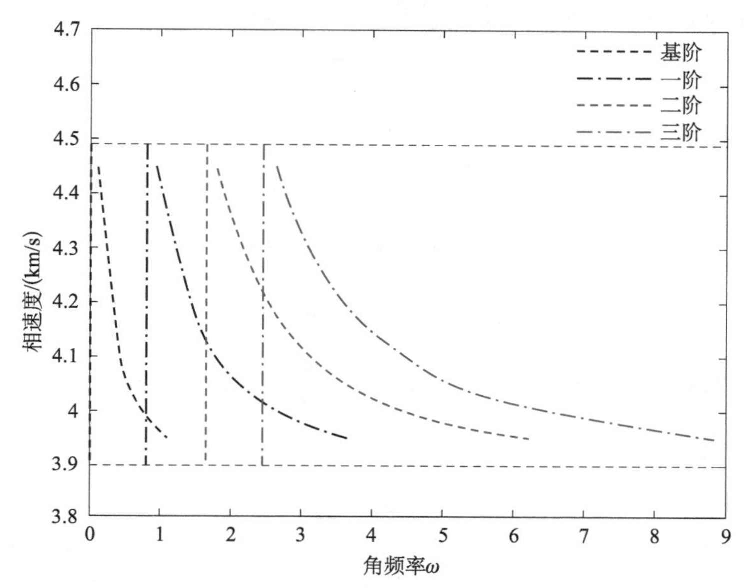

图5-1-3　根据参数模拟给出的勒夫波频散（参看程序运行的彩图）

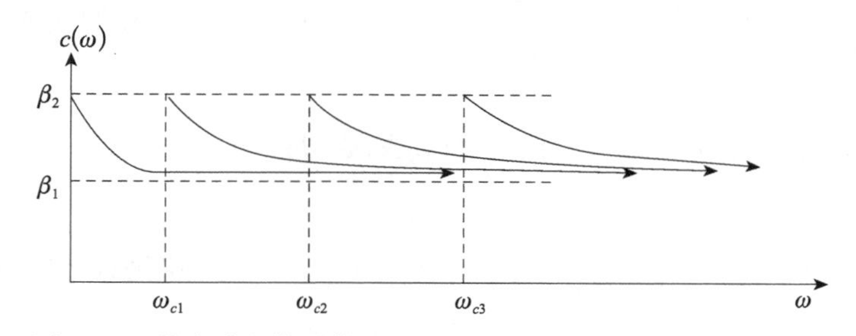

图5-1-4　勒夫波频散示意图（根据Lay and Wallace，1995绘制）

5.1.4　位移分布

下面讨论简正振型勒夫波的位移分布，根据式（5-1-6），消去B，考虑欧拉公式，可以得到地壳中的位移为

$$u_{y1} = A\left(e^{iz\sqrt{\frac{\omega^2}{\beta_1^2}-k_x^2}} + e^{-iz\sqrt{\frac{\omega^2}{\beta_1^2}-k_x^2}}\right)e^{i(\omega t-k_x x)} = 2A\cos\left(z\sqrt{\frac{\omega^2}{\beta_1^2}-k_x^2}\right)e^{i(\omega t-k_x x)} \quad (5\text{-}1\text{-}21)$$

并且根据前面的方程式（5-1-10）的中间式子：$Ae^{b_1 H}+Be^{-b_1 H}=Ce^{-b_2 H}$，考虑$A=B$，得

$$C = \frac{e^{b_1 H}+e^{-b_1 H}}{e^{-b_2 H}}A = \frac{2A\cos\left(H\sqrt{\frac{\omega^2}{\beta_1^2}-k_x^2}\right)}{e^{-H\sqrt{k_x^2-\frac{\omega^2}{\beta_2^2}}}} \quad (5\text{-}1\text{-}22)$$

所以，地幔中的位移为

$$u_{y2}=Ce^{-z\sqrt{k_x^2-\frac{\omega^2}{\beta_2^2}}}e^{i(\omega t-k_x x)}=2A\cos\left(H\sqrt{\frac{\omega^2}{\beta_1^2}-k_x^2}\right)e^{-(z-H)\sqrt{k_x^2-\frac{\omega^2}{\beta_2^2}}}e^{i(\omega t-k_x x)} \tag{5-1-23}$$

根据频散方程式（5-1-16），令 $g=\arctan\dfrac{\mu_2\sqrt{1-\frac{c^2}{\beta_2^2}}}{\mu_1\sqrt{\frac{c^2}{\beta_1^2}-1}}$，得

$$\sqrt{\frac{\omega^2}{\beta_1^2}-k^2}=\frac{g+n\pi}{H} \tag{5-1-24}$$

将式（5-1-24）代入位移公式（5-1-21）和式（5-1-23），得到：

$$\begin{aligned}u_{y1}&=2A\cos\left[(g+n\pi)\frac{z}{H}\right]e^{i(\omega t-k_x x)}\\u_{y2}&=2A\cos(g+n\pi)e^{-(z-H)k_x\sqrt{1-\frac{c^2}{\beta_2^2}}}e^{i(\omega t-k_x x)}\end{aligned} \tag{5-1-25}$$

可见地壳中的勒夫波振幅为 $2A\cos\left[(g+n\pi)\dfrac{z}{H}\right]$。现在考察勒夫波振幅在地壳中的零点，通常称之为**节点**（node）或**节面**。令 $\cos\left[(g+n\pi)\dfrac{z}{H}\right]=0$，即 $(g+n\pi)\dfrac{z}{H}=m\pi+\dfrac{\pi}{2}$，这里 $m=0，1，2，\cdots$，得到 $z=\dfrac{m\pi+\frac{\pi}{2}}{n\pi+g}H$，在此深度上，勒夫波的振幅为零。由于 $g=\arctan\dfrac{\mu_2\sqrt{1/c^2-1/\beta_2^2}}{\mu_1\sqrt{1/\beta_1^2-1/c^2}}$取值范围为 $0\sim\dfrac{\pi}{2}$，当 $m=0$，$n=0$ 时，节点的深度为$z=\dfrac{\frac{\pi}{2}}{g}H\geqslant H$，因此基阶勒夫波在地壳层中无节点。对于一阶勒夫波，取 $n=1$，$m=0$，得到 $z=\dfrac{\frac{\pi}{2}}{\pi+g}H<H$ 为节点，若取 $m=1$，则 $z=\dfrac{\pi+\frac{\pi}{2}}{\pi+g}$，即地壳中无解，因此该类波在地壳层中有一个节点。对于二阶勒夫波，取 $n=2$，$m=0，1$，得到 $z_1=\dfrac{\frac{\pi}{2}}{2\pi+g}H$，$z_2=\dfrac{\frac{3\pi}{2}}{2\pi+g}H$，因此该类波在地壳层中有两个节点。在这些节点上对应的振幅为零，即在这些深度上对应类型的勒夫波是不振动的。

下面模拟 $\beta_1=3.6\text{km/s}$，$\beta_2=4.6\text{km/s}$，$\mu_2/\mu_1=1.8$，地壳厚度为 30km 的频散曲线和勒夫波振幅随深度的分布：

```
%P5_3.m
H=30;   %地壳的厚度为30km
vs1=3.6;vs2=4.6;%地壳和地幔的速度,单位 km/s
miu21=1.8;   %剪切模量的比值
c=vs1:0.01:vs2;   %相速度序列
c2=c.*c;   %相速度的平方
```

```
sqc1 = sqrt(1/vs1/vs1 - 1./c2);   % $\sqrt{\frac{1}{\beta_1^2}-\frac{1}{c^2}}$
sqc2 = sqrt(1./c2 - 1/vs2/vs2);   % $\sqrt{\frac{1}{c^2}-\frac{1}{\beta_2^2}}$
atann = atan(miu21.*sqc2./sqc1);   % arctan $\frac{\mu_2\sqrt{1/c^2-1/\beta_2^2}}{\mu_1\sqrt{1/\beta_1^2-1/c^2}}$
omiga0 = 1./(H*sqc1).*(atann); % 根据式(5-1-17)计算基阶频率
omiga1 = 1./(H*sqc1).*(atann + 1*pi); % 根据式(5-1-17)计算一阶频率
omiga2 = 1./(H*sqc1).*(atann + 2*pi); % 根据式(5-1-17)计算二阶频率
omiga3 = 1./(H*sqc1).*(atann + 3*pi); % 根据式(5-1-17)计算三阶频率
figure(1)
semilogx(2*pi./omiga0,c,'-',2*pi./omiga1,c,':',2*pi./omiga2,c,'--',2*pi./omiga3,c,'-.') % 以半对数轴绘制周期、相速度曲线
legend('基阶','一阶','二阶','三阶','location','northwest')   % 加上图例
xlabel('周期/s');      % 加 x 轴标记
ylabel('速度/km.s^-^1')   % 加 y 轴标记
figure(2)      % 第二幅图画板,绘制基阶、一阶、二阶的相对振幅随深度的分布
c = 4.0;      % 相速度
c2 = c.*c;   % 相速度的平方
sqc1 = sqrt(1/vs1/vs1 - 1./c2);   % $\sqrt{\frac{1}{\beta_1^2}-\frac{1}{c^2}}$
sqc2 = sqrt(1./c2 - 1/vs2/vs2);   % $\sqrt{\frac{1}{c^2}-\frac{1}{\beta_2^2}}$
atann = atan(miu21.*sqc2./sqc1);   % arctan $\frac{\mu_2\sqrt{1/c^2-1/\beta_2^2}}{\mu_1\sqrt{1/\beta_1^2-1/c^2}}$
omiga0 = 1./(H*sqc1).*(atann + 0*pi); % 根据式(5-1-17)计算基阶频率
z1 = [0:30];        % 地壳深度范围
D0 = cos((omiga0*sqc1).*z1); % 根据式(5-1-25)的第一式计算基阶振型地壳中相对振幅
z2 = [31:40];      % 地幔范围
D0 = [D0,cos(omiga0*sqc1*H)*exp(-omiga0*sqc2*(z2-H))]; % 根据式(5-1-25)第二式计算基阶振型地幔的相对振幅
omiga1 = 1./(H*sqc1).*(atann + 1*pi); % 根据式(5-1-17)计算一阶频率
D1 = cos((omiga1*sqc1).*[0:30]); % 根据式(5-1-25)的第一式计算一阶振型地壳中相对振幅
D1 = [D1,cos(omiga1*sqc1*H)*exp(-omiga1*sqc2*([31:40]-H))]; % 根据根据式(5-1-25)的第二式计算一阶振型地幔相对振幅
omiga2 = 1./(H*sqc1).*(atann + 2*pi); % 根据式(5-1-17)计算二阶频率
D2 = cos((omiga2*sqc1).*[0:30]); % 根据式(5-1-25)的第一式计算二阶振型地壳相对振幅
D2 = [D2,cos(omiga2*sqc1*H)*exp(-omiga2*sqc2*([31:40]-H))]; % 根据根据式(5-1-25)的第二式计算二阶振型地幔相对振幅
fill([-1,1,1,-1,-1],[40,40,30,30,40],'y'); % 将地幔涂为黄色
hold on   % 图形保持
plot(D0,[z1,z2],'r-',D1,[z1,z2],'g:',D2,[z1,z2],'b-.');
```

```
%绘制基阶、一阶、二阶的相对振幅
legend('地幔','基阶','一阶','二阶','location','NorthWest')  %绘制图例
plot([0,0],ylim,'k')  %绘制零线
plot(0,11.1847,'go');  % 标出1阶的一个节点的深度位置
plot(0,6.4075,'ro');plot(0,19.2219,'ro');  % 标出二阶的两个节点的深度位置
set(gca,'Ydir','reverse')  %将y轴的显示反向,向下为正
xlabel('相对振幅')  %加x轴标记
ylabel('深度/km')  %加y轴标记
```

程序运行结果见图 5-1-5 和图 5-1-6。图 5-1-5 给出了不同振型的勒夫波速度随周期的变化。图 5-1-6 给出了不同振型的勒夫波在地球内部的振幅情况。

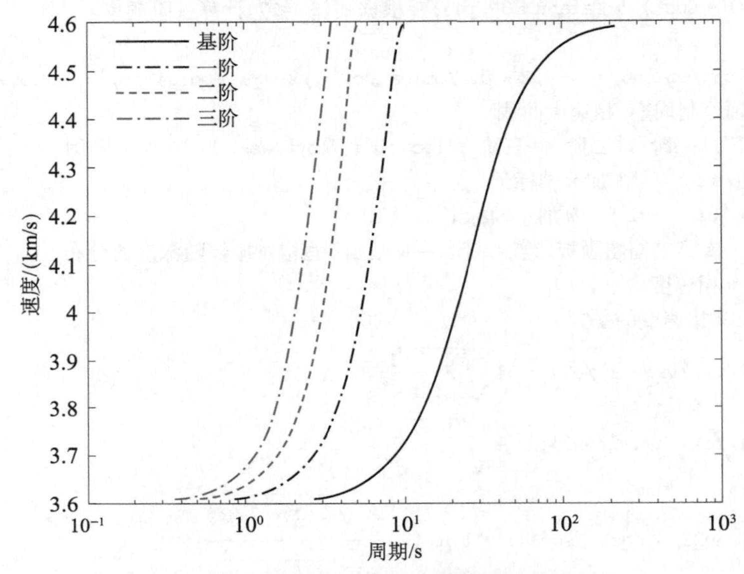

图 5-1-5　模拟的勒夫波速度随周期的分布

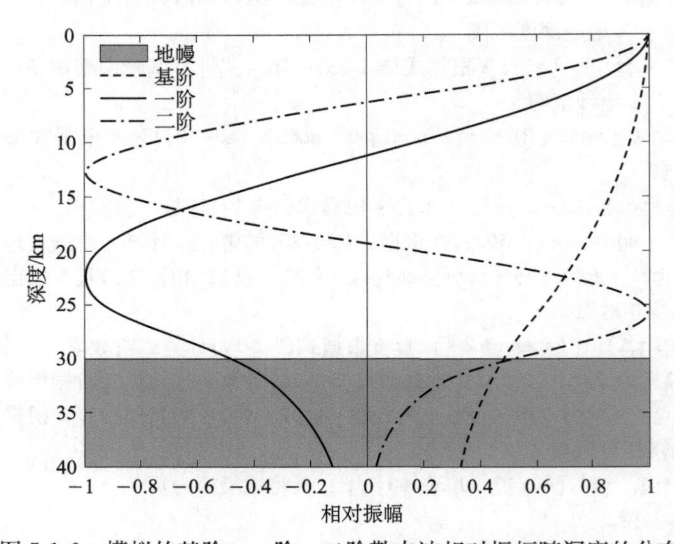

图 5-1-6　模拟的基阶、一阶、二阶勒夫波相对振幅随深度的分布

由于勒夫波由 SH 波叠加而成，因此只有水平向位移，其质点运动如图 5-1-7 所示。

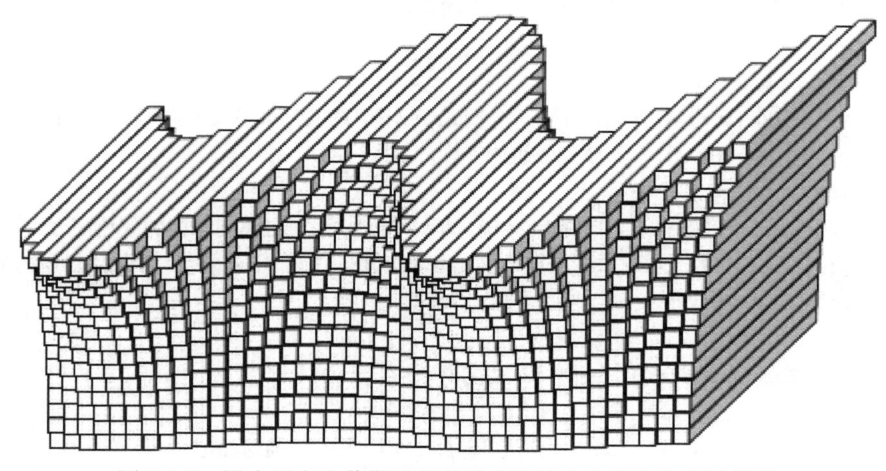

图 5-1-7　沿水平方向传播的基谐勒夫面波在地壳的位移示意图
(引自 Shearer，2009)

下面采用地壳厚度为 30km，相速度为 4km/s，地壳和地幔剪切波速度分别为 3.6km/s 和 4.6km/s，剪切模量之比为 1.8，采用 MATLAB 模拟勒夫波随深度的振动情况如下：

```
%P5_4.m
H=30;  %地壳的厚度为30km
c=4.0;  %相速度
c2=c.*c;  %相速度的平方
vs1=3.6;vs2=4.6;%地壳和地幔的速度,单位km/s
miu21=1.8;  %剪切模量的比值
sqc1=sqrt(1/vs1/vs1-1./c2);  % $\sqrt{\frac{1}{\beta_1^2}-\frac{1}{c^2}}$
sqc2=sqrt(1./c2-1/vs2/vs2);  % $\sqrt{\frac{1}{c^2}-\frac{1}{\beta_2^2}}$
atann=atan(miu21.*sqc2./sqc1);  %arctan $\frac{\mu_2\sqrt{1/c^2-1/\beta_2^2}}{\mu_1\sqrt{1/\beta_1^2-1/c^2}}$
omiga0=1./(H*sqc1).*(atann+0*pi);  %根据式(5-1-17)计算角频率,改变0的值可以模拟
不同振型随深度振动情况
%可以改变pi的倍数观看不同的振型在深部的振幅分布
k=omiga0/c;  %波数
N=100;  %所用的时间点数
cmap=colormap('jet');  %取得调色盘,采用不同的颜色表示不同深浅的振动
M=moviein(N);  %开辟一个数组
for ii=1:N
    t=(ii-1)*0.1;  %时间点
    hold off
```

```
        for z = 0:3:30  % 深度方向
            D = cos((omiga0 * sqc1). * z);  % 振动振幅
            cor = [];
            for x = 0:0.5:60
            y = D * cos(omiga0 * t - k * x);  % 按式(5-1-20)的实部计算位移随时间和空间的变化
            cor = [cor;x,y,z];  % 放到数组中
            end
            Ind = ceil(z/30 * 64);if(Ind = = 0)Ind = 1;end  % 获得不同深度的颜色序号
            plot3(cor(:,1),cor(:,2),cor(:,3),'. - ','Color',cmap(Ind,:))  % 采用对应的颜色绘图
            hold on
        end
        set(gca,'Zdir','reverse')  % 使得 z 轴反向
        grid on
        xlabel('X');ylabel('Y');zlabel('深度/km');  % 给出各个轴的标记
        axis([0,60, - 1,1,0,30]);  % 固定坐标范围
        view( - 91, - 20);  % 以一定的视角观察图形
        M(:,ii) = getframe;  % 获得电影文件
    end
    movie(M)  % 播放电影
```

程序的模拟结果如图 5-1-8 所示。读者可以改变勒夫波的阶数“omiga0＝1. /（H * sqcl）. * （atann＋0 * pi)”，运行程序得到不同振型的勒夫波的振动模拟。

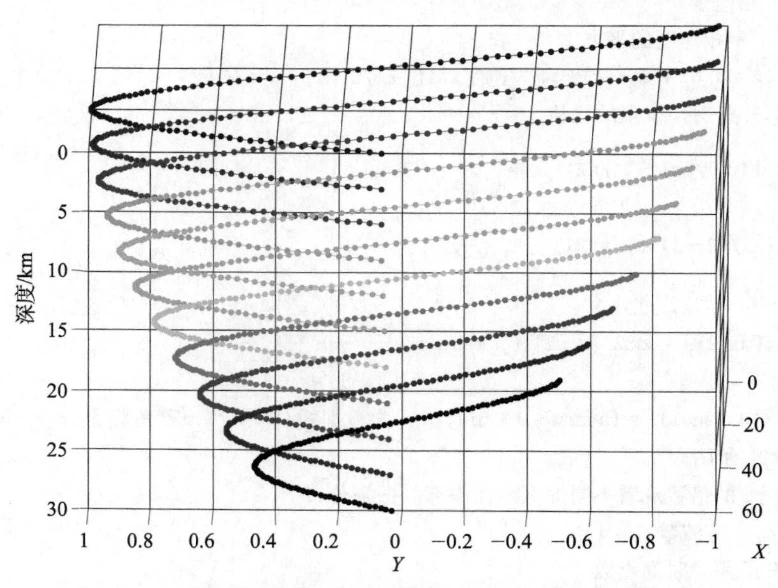

图 5-1-8　模拟的振动振幅分布情况（参看程序运行的彩图）

由此可以总结勒夫波的特点：

（1）它产生于弹性半空间（地幔）上覆盖有弹性层（地壳）的情况，并要求层中的横波速度小于半空间的横波速度。

（2）它是 SH 型面波，振动方向平行于自由表面而且垂直于波的传播方向。

（3）其波速 c 满足 $\beta_1<c<\beta_2$，勒夫波存在频散。

（4）勒夫波存在很多简正振型，基型勒夫波振幅一般比较大，占优势，在层内无节点，一阶勒夫波在层内有一个节点，n 阶有 n 个节点。

（5）基阶勒夫波波长范围为 $0<\Lambda<\infty$，n 阶勒夫波波长范围为 $0<\Lambda<\dfrac{2H\sqrt{\dfrac{\beta_1^2}{\beta_2^2}-1}}{n}$。因此高阶勒夫波存在截止波长，阶数越高，截止波长越短，但层厚越大，截止波长越长。

5.2　瑞雷波

5.2.1　均匀半空间中的瑞雷方程

本节研究 P 波和 SV 波与自由表面相互作用时出现的情况（参看第 4 章的相关内容）。对横向均匀的介质，沿 $+x$ 方向传播的平面简谐波的势函数为

$$\varphi = f(z)\mathrm{e}^{\mathrm{i}(\omega t-kx)} \tag{5-2-1}$$

$$\psi_y = h(z)\mathrm{e}^{\mathrm{i}(\omega t-kx)} \tag{5-2-2}$$

式中，$k=\omega/c$ 为波数，注意这里的波数是沿 x 方向的波数 k_x，为简化直接写成 k。

根据分离变量法，并考虑 f（z）与 x，t 无关，代入波动方程表达式（3-4-3），可得

$$\frac{\mathrm{d}^2 f}{\mathrm{d}z^2}-\left(k^2-\frac{\omega^2}{\alpha^2}\right)f=0 \tag{5-2-3}$$

该方程的特征方程为 $r^2-\left(k^2-\dfrac{\omega^2}{\alpha^2}\right)=0$，其解为 $r=\pm\sqrt{k^2-\dfrac{\omega^2}{\alpha^2}}$，根据微分方程理论，

$$f(z)=A\mathrm{e}^{-z\sqrt{k^2-\frac{\omega^2}{\alpha^2}}}+B\mathrm{e}^{z\sqrt{k^2-\frac{\omega^2}{\alpha^2}}} \tag{5-2-4}$$

式中，A，B 为常数。同理将 S 波的势［式（5-2-2）］代入波动方程式（3-4-6）可以得到：

$$h(z)=C\mathrm{e}^{-z\sqrt{k^2-\frac{\omega^2}{\beta^2}}}+D\mathrm{e}^{z\sqrt{k^2-\frac{\omega^2}{\beta^2}}} \tag{5-2-5}$$

因 P 波的势［式（5-2-4）］与 S 波的势［式（5-2-5）］要满足 $z\to\infty$ 的收敛条件，将两式的第二项去掉，P 波和 SV 波的势函数表达式可以写为

$$\begin{aligned}\varphi &= A\mathrm{e}^{-k_\alpha z}\,\mathrm{e}^{\mathrm{i}(\omega t-kx)}\\ \psi_y &= C\mathrm{e}^{-k_\beta z}\,\mathrm{e}^{\mathrm{i}(\omega t-kx)}\end{aligned} \tag{5-2-6}$$

这里，$k_\alpha=\sqrt{k^2-\dfrac{\omega^2}{\alpha^2}}$，$k_\beta=\sqrt{k^2-\dfrac{\omega^2}{\beta^2}}$。第 3 章讲过，根据 P 波的标量势 φ 和 S 波的矢量势 $\boldsymbol{\psi}=\psi_y$ 可以表达位移，即 $\boldsymbol{u}=\nabla\varphi+\nabla\times\boldsymbol{\psi}$，这里只有 y 方向矢量势在 xOz 面内振动。则可以得到：

$$\begin{aligned}u_x^{\mathrm{P}} &= \frac{\partial\varphi}{\partial x}=-\mathrm{i}kA\,\mathrm{e}^{-zk_\alpha}\,\mathrm{e}^{\mathrm{i}(\omega t-kx)}\\ u_z^{\mathrm{P}} &= \frac{\partial\varphi}{\partial z}=-k_\alpha A\,\mathrm{e}^{-zk_\alpha}\,\mathrm{e}^{\mathrm{i}(\omega t-kx)}\end{aligned} \tag{5-2-7}$$

S 波的位移为

$$\boldsymbol{u}^{\mathrm{SV}}=\nabla\times\boldsymbol{\psi}=\begin{bmatrix}\boldsymbol{i} & \boldsymbol{j} & \boldsymbol{k}\\ \dfrac{\partial}{\partial x} & \dfrac{\partial}{\partial y} & \dfrac{\partial}{\partial z}\\ 0 & \psi_y & 0\end{bmatrix}=-\frac{\partial\psi_y}{\partial z}\boldsymbol{i}+\frac{\partial\psi_y}{\partial x}\boldsymbol{k} \tag{5-2-8}$$

推导得到：

$$\begin{aligned}u_x^{\mathrm{SV}}&=k_\beta C\mathrm{e}^{-zk_\beta}\mathrm{e}^{\mathrm{i}(\omega t-kx)}\\ u_z^{\mathrm{SV}}&=-\mathrm{i}kC\mathrm{e}^{-zk_\beta}\mathrm{e}^{\mathrm{i}(\omega t-kx)}\end{aligned} \tag{5-2-9}$$

现在考虑自由表面 $z=0$ 的边界条件。$\sigma_{zx}\big|_{z=0}=\sigma_{zz}\big|_{z=0}=0$。根据广义胡克定律表达式 $\sigma_{zx}=\mu\left(\dfrac{\partial u_x}{\partial z}+\dfrac{\partial u_z}{\partial x}\right)$，$\sigma_{zz}=\lambda\left(\dfrac{\partial u_x}{\partial x}+\dfrac{\partial u_z}{\partial z}\right)+2\mu\dfrac{\partial u_z}{\partial z}$，注意这里没有沿 y 方向的位移。

将式（5-2-7）和式（5-2-9）代入相应应力分量表达式，可得：

$$\begin{aligned}\sigma_{zx}^{\mathrm{P}}&=A(\mathrm{i}2\mu kk_\alpha)\mathrm{e}^{-zk_\alpha}\mathrm{e}^{\mathrm{i}(\omega t-kx)}\\ \sigma_{zz}^{\mathrm{P}}&=A[(\lambda+2\mu)k_\alpha^2-\lambda k^2]\mathrm{e}^{-zk_\alpha}\mathrm{e}^{\mathrm{i}(\omega t-kx)}\end{aligned} \tag{5-2-10}$$

$$\begin{aligned}\sigma_{zx}^{\mathrm{SV}}&=-C\mu(k^2+k_\beta^2)\mathrm{e}^{-zk_\beta}\mathrm{e}^{\mathrm{i}(\omega t-kx)}\\ \sigma_{zz}^{\mathrm{SV}}&=C[\mathrm{i}2\mu kk_\beta]\mathrm{e}^{-zk_\beta}\mathrm{e}^{\mathrm{i}(\omega t-kx)}\end{aligned} \tag{5-2-11}$$

作用在 z 轴为法向的自由表面上的相应应力分量为零，即

$$\sigma_{zx}\big|_{z=0}=\sigma_{zx}^{\mathrm{P}}+\sigma_{zx}^{\mathrm{SV}}=0 \tag{5-2-12}$$

$$\sigma_{zz}\big|_{z=0}=\sigma_{zz}^{\mathrm{P}}+\sigma_{zz}^{\mathrm{SV}}=0 \tag{5-2-13}$$

在 $z=0$ 把式（5-2-10）和式（5-2-11）代入式（5-2-12）和式（5-2-13），消去公共项，即得到：

$$\begin{cases}A(\mathrm{i}2kk_\alpha)-C(k^2+k_\beta^2)=0\\ A[(\lambda+2\mu)k_\alpha^2-\lambda k^2]+C(\mathrm{i}2\mu kk_\beta)=0\end{cases} \tag{5-2-14}$$

将 $\lambda+2\mu=\rho\alpha^2$，$\mu=\rho\beta^2$ 和 $\lambda=\rho$（$\alpha^2-2\beta^2$）代入式（5-2-14），得到：

$$\begin{cases}A(i2kk_\alpha)-C(k^2+k_\beta^2)=0\\ A\left[2k^2-\dfrac{\omega^2}{\beta^2}\right]+C(i2kk_\beta)=0\end{cases} \tag{5-2-15}$$

该方程描述了 P 波和 SV 波的自由表面边界条件。只有当其系数行列式为零，才有 A 和 C 的非零解，即

$$4k^2k_\alpha k_\beta-\left(2k^2-\frac{\omega^2}{\beta^2}\right)(k^2+k_\beta^2)=0 \tag{5-2-16}$$

把 k_α 和 k_β 的表达式代入式（5-2-16），可得

$$\left(2-\frac{c^2}{\beta^2}\right)^2=4\left(1-\frac{c^2}{\alpha^2}\right)^{1/2}\left(1-\frac{c^2}{\beta^2}\right)^{1/2} \tag{5-2-17}$$

式（5-2-17）就是著名的**瑞雷方程**。c 可以根据 α 和 β 解出。在我们所论及的问题中，只有 $\left(1-\dfrac{c^2}{\alpha^2}\right)^{1/2}$ 和 $\left(1-\dfrac{c^2}{\beta^2}\right)^{1/2}$ 取正值才有意义。

为求瑞雷方程的根，将两边平方，整理得：

$$\frac{c^2}{\beta^2}\left[\frac{c^6}{\beta^6}-8\frac{c^4}{\beta^4}+c^2\left(\frac{24}{\beta^2}-\frac{16}{\alpha^2}\right)-16\left(1-\frac{\beta^2}{\alpha^2}\right)\right]=0 \tag{5-2-18}$$

可见，$c=0$ 是方程的解，但这个解没有意义，因为该解的地震波不能传播。

对泊松固体，$\lambda=\mu$，可得 $\alpha=\sqrt{3}\beta$，式（5-2-18）可化简为

$$\frac{c^6}{\beta^6}-8\frac{c^4}{\beta^4}+\frac{56}{3}\frac{c^2}{\beta^2}-\frac{32}{3}=0 \tag{5-2-19}$$

对其进行因式分解，得

$$\left(\frac{c^2}{\beta^2}-4\right)\left[\frac{c^2}{\beta^2}-\left(2+\frac{2}{\sqrt{3}}\right)\right]\left[\frac{c^2}{\beta^2}-\left(2-\frac{2}{\sqrt{3}}\right)\right]=0 \tag{5-2-20}$$

方程的三个根为：$\frac{c^2}{\beta^2}=4$，$\left(2+\frac{2}{\sqrt{3}}\right)$，$\left(2-\frac{2}{\sqrt{3}}\right)$。因为$\left(1-\frac{c^2}{\beta^2}\right)^{1/2}$必须取正值，因此前两个根都不符合要求，只有最小的根$\left(2-\frac{2}{\sqrt{3}}\right)$满足要求。此时

$$c=0.9194\beta \tag{5-2-21}$$

瑞雷在 100 年以前得到的这个结果说明 P 波和 SV 波在地表半空间里的耦合传播是有可能的。

5.2.2　均匀半空间中的瑞雷波的质点运动

根据关于 A，C 的方程组（5-2-15）的第一式可得

$$C=\mathrm{i}\frac{2kk_\alpha}{k^2+k_\beta^2}A \tag{5-2-22}$$

根据式（5-2-7）和式（5-2-9）有

$$\begin{aligned}u_x&=u_x^{\mathrm{P}}+u_x^{\mathrm{SV}}=-\mathrm{i}kA\,\mathrm{e}^{-zk_\alpha}\mathrm{e}^{\mathrm{i}(\omega t-kx)}+k_\beta C\mathrm{e}^{-zk_\beta}\mathrm{e}^{\mathrm{i}(\omega t-kx)}\\&=-\mathrm{i}kA\left(\mathrm{e}^{-zk_\alpha}-\frac{2k_\beta k_\alpha}{k^2+k_\beta^2}\mathrm{e}^{-zk_\beta}\right)\mathrm{e}^{\mathrm{i}(\omega t-kx)}\end{aligned} \tag{5-2-23}$$

$$\begin{aligned}u_z&=u_z^{\mathrm{P}}+u_z^{\mathrm{SV}}=-k_\alpha A\,\mathrm{e}^{-zk_\alpha}\mathrm{e}^{\mathrm{i}(\omega t-kx)}-\mathrm{i}kC\mathrm{e}^{-zk_\beta}\mathrm{e}^{\mathrm{i}(\omega t-kx)}\\&=A\left(-k_\alpha\mathrm{e}^{-zk_\alpha}-\mathrm{i}k\left(\mathrm{i}\frac{2kk_\alpha}{k^2+k_\beta^2}\right)\mathrm{e}^{-zk_\beta}\right)\mathrm{e}^{\mathrm{i}(\omega t-kx)}\\&=A\left(-k_\alpha\mathrm{e}^{-zk_\alpha}+\frac{2k^2k_\alpha}{k^2+k_\beta^2}\mathrm{e}^{-zk_\beta}\right)\mathrm{e}^{\mathrm{i}(\omega t-kx)}\end{aligned} \tag{5-2-24}$$

取实部，并代入 $c=0.9194\beta$，$\alpha=\sqrt{3}\beta$（对于泊松介质），可给出垂直和水平位移为

$$\begin{cases}u_x=Ak(\mathrm{e}^{-0.8475kz}-0.5773\mathrm{e}^{-0.3933kz})\sin(\omega t-kx)\\u_z=Ak(-0.8475\mathrm{e}^{-0.8475kz}+1.4679\mathrm{e}^{-0.3933kz})\cos(\omega t-kx)\end{cases} \tag{5-2-25}$$

在地表

$$\begin{cases}u_x\big|_{z=0}=0.4227D\sin(\omega t-kx)\\u_z\big|_{z=0}=0.6204D\cos(\omega t-kx)\end{cases} \tag{5-2-26}$$

其中，$D=Ak$。可得：$\left(\frac{u_x|_{z=0}}{0.4227D}\right)^2+\left(\frac{u_z|_{z=0}}{0.6204D}\right)^2=1$，为椭圆方程式。椭圆的水平轴和垂直轴的比值约为 2/3，且质点的垂直位移比水平位移超前$\frac{\pi}{2}$。现在研究 $x=0$ 处的质点运动状态（图 5-2-1），当 $t=0$ 时 $u_x=0$，$u_z=0.6204D$，对应于 A 点；当 $t=\frac{\pi/2}{\omega}$时，

$u_x=0.4227D$，$u_z=0$，对应于 B 点；当 $t=\dfrac{\pi}{\omega}$ 时，$u_x=0$，$u_z=-0.6204D$，对应于 C 点；当 $t=\dfrac{3\pi/2}{\omega}$ 时，$u_x=-0.4227D$，$u_z=0$，对应于 D 点；当 $t=\dfrac{2\pi}{\omega}$ 时，$u_x=0$，$u_z=0.6204D$，对应于 E 点，质点运动轨迹正好是一个逆进椭圆，表明瑞雷波在传播过程中引起地表介质的质点做逆椭圆运动。

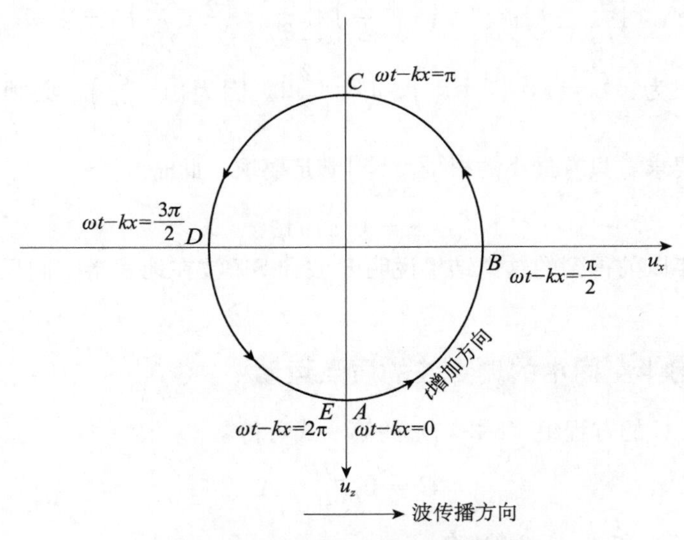

图 5-2-1　地表瑞雷波质点运动轨迹图

基阶模式瑞雷波的质点运动随深度的分布如图 5-2-2 所示。当 z 逐渐增加，使得 $(e^{-0.8475kz}-0.5773e^{-0.3933kz})=0$，即 $kz=-\dfrac{\ln 0.5773}{0.4482}=1.2258$，由于 $k=\dfrac{2\pi}{\Lambda}$，当 $\dfrac{z}{\Lambda}=\dfrac{1.2258}{2\pi}=0.1951$ 时，波没有水平运动。当继续增加深度时，u_x 的振幅变为负数，当 x 固定时，随着时间 t 的增加，质点的运动轨迹为顺进椭圆。

取 S 波速度为 3.8km/s，采用泊松介质，可以得到瑞雷波的相速度为 0.9194×3.8km/s。我们模拟周期为 5s（频率为 0.2Hz）的瑞雷波在地壳中的振动情况，MATLAB 程序如下：

```
%P5_5.m
fai = 0:0.01:2*pi;      %角度旋转 360°
beta = 3.8;      %S 波速度
c = 0.9194*beta;   %瑞雷波相速度
f = 0.2;      %频率为 0.2Hz,对应的周期为 5s
w = 2*pi*f;     %角频率
k = w/c;      %波数
N = 100;      %所用的时间点数
filename = 'Rayleigh.gif';      %给出存放动画文件的文件名
for ii = 1:N
```

```
        t = (ii - 1) * 0.5;      % 时间点
    for z = 0:2:20      % 深度循环
        kz = k * z;
        uxa = exp( - 0.8475 * kz) - 0.5773 * exp( - 0.3933 * kz);      % 根据式(5-2-25)计算 x 方向分量的相对值
        uza = - 0.8475 * exp( - 0.8475 * kz) + 1.4679 * exp( - 0.3933 * kz);      % 根据式(5-2-25)计算 y 方向分量的相对值
        zux = uxa * cos(fai);zuz = uza * sin(fai);      % 将 x 方向和 y 方向的位移合成位矢量
        for x = 0:30   % 波传播方向的循环
            ux = uxa * sin(w * t - k * x);      % 根据式(5-2-25)计算 x 方向分量的相对值
            uz = uza * cos(w * t - k * x);      % 根据式(5-2-25)计算 y 方向分量的相对值
            plot(zux + x,zuz + z,'b - ',x + ux,z + uz,'r.');      % 绘制质点运动路径及轨迹
            hold on
        end
    end
    plot(xlim,[0,0],'k - ','lineWidth',2);   % 绘制地平线
    set(gca,'Ydir','reverse','box','on');   % 将 z 轴改为向下为正
    axis equal    % 使坐标轴相等,这样可以看出椭圆的正确形状
    text(31,0,'地表')   % 给出地表的标志
    axis([ - 1,31, - 1,20]);      % 给出 x 轴和 z 轴的范围
    xlabel('波传播距离 x/km');      % 加 x 轴的标记
    ylabel('深度/km');      % 加 y 轴的标记
    title('瑞雷波的质点运动轨迹模拟')
    f = getframe(gcf); %  捕获画面
    imind = frame2im(f);
    [imind,cm] = rgb2ind(imind,256);
        if ii = = 1
            imwrite(imind,cm,filename,'gif','Loopcount',inf,'DelayTime',0.05); % 采用延迟时间为 0.05 秒写入给定的文件
        else
            imwrite(imind,cm,filename,'gif','WriteMode','append','DelayTime',0.1); % 采用延迟时间为 0.1 秒写入给定的文件
        end
    hold off     % 下次绘图时清除原来的图形
    end
```

程序运行后得到最后振动时刻的图形（图 5-2-2）。读者可以查看产生的文件“Rayleigh. gif”研究质点的振动情况。

上面的采用不同深度的振动椭圆质点运动轨迹可以用下面程序展示：

```
% P5_6.m
kz = 0; % 波数 k 和深度的乘积,取 0 为地表,随着深度增加 kz 逐渐增大,振幅也逐渐减小
fai = 0:0.01:2 * pi;      % 角度旋转 360°
```

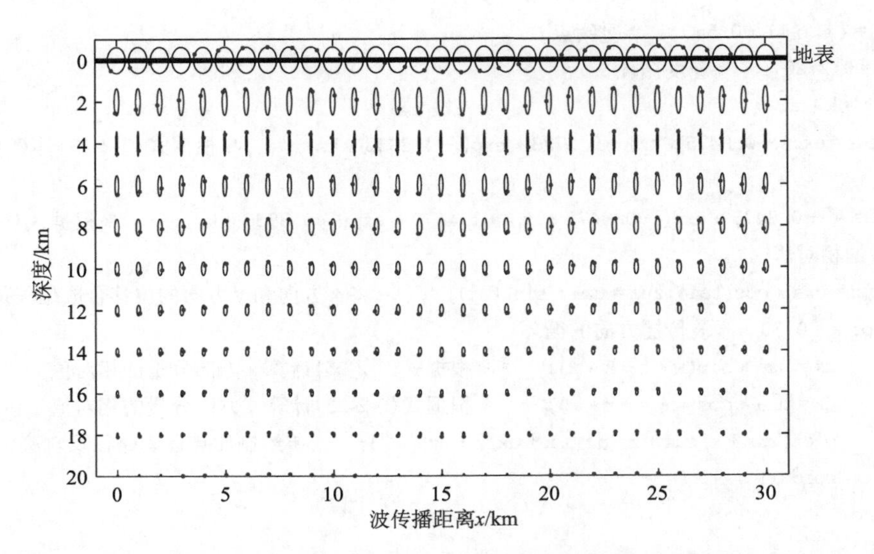

图 5-2-2　模拟的均匀半空间里从左向右传播的基谐模式瑞雷波的质点运动（参看程序运行的动画）

在地表面，运动是逆时针的（逆行），在大约$\frac{\Lambda}{5}$的深度，为纯垂直运动，在更大的深度为顺时针（顺行）

```
x = linspace(0,2 * pi,100);      % 将 360°分为 100 等份
uxa = exp( - 0.8475 * kz) - 0.5773 * exp( - 0.3933 * kz);      % 根据式(5-2-25)计算 x 方向分量的相对值
uza = - 0.8475 * exp( - 0.8475 * kz) + 1.4679 * exp( - 0.3933 * kz); % 根据式(5-2-25)计算 y 方向分量的相对值
zux = uxa * cos(fai);zuz = uza * sin(fai); % 将 x 方向和 y 方向的位移合成位矢量
N = length(x);   % x 的数据个数
M = moviein(N);   % 电影的帧数
for ii = 1:N   % 循环给出各帧图像
    ux = uxa * cos(x(ii));   % 水平向投影
    uz = uza * sin(x(ii)); % 垂向投影
    plot(zux,zuz,'-',ux,uz,'o');   % 绘制质点运动路径及轨迹
    axis equal   % 使得坐标单位长度一致
    M(:,ii) = getframe; % 获得当前的图像
end
movie(M)      % 播放各帧图像
```

读者改变不同的 kz 可以得到不同深度的质点运动轨迹的动画演示。

为了对瑞雷波振动幅度随深度的分布有一个总体的认识，采用下面的程序给出总体振幅图像：

```
%P5_7.m
kz = 0:0.01:10;   % 波数和深度的乘积
kcl = kz/2/pi;   % z/lamada
uamp = exp( - 0.8475 * kz) - 0.5773 * exp( - 0.3933 * kz);   % 根据式(5-2-25)第一式求得水平相对振幅
zamp = - 0.8475 * exp( - 0.8475 * kz) + 1.4679 * exp( - 0.3933 * kz);   % 根据式(5-2-25)第二式求
```

得垂直相对振幅

```
plot(uamp,kcl,zamp,kcl) % 绘制垂直和水平振幅随 z/lamada 的变化
legend('水平分量','垂直分量','Location','southeast')   % 加图例
hold on % 图形保持,保留原来的绘图
plot([0,0],ylim,'k')   % 绘制 y 轴
set(gca,'Ydir','reverse')   % 将 y 轴方向反向
xlabel('相对振幅')   % x 轴的标记
ylabel('z/\Lambda')   % y 轴的标记
```

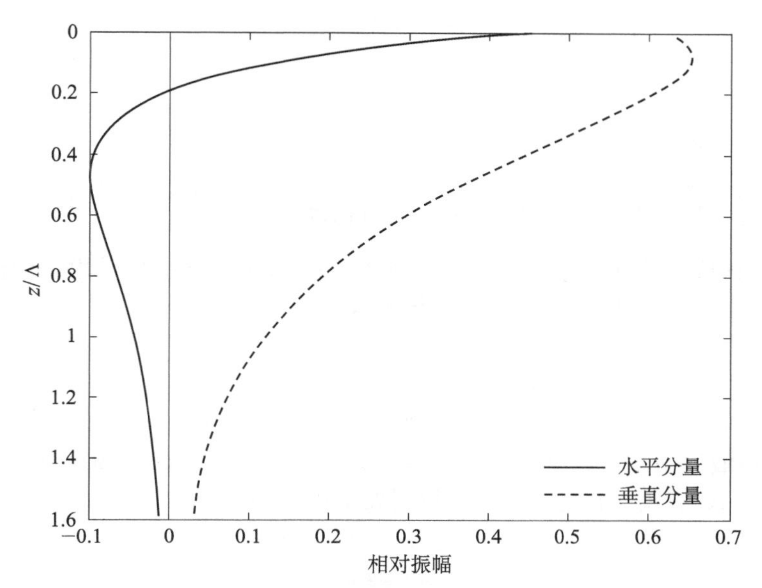

图 5-2-3　模拟的瑞雷波在不同深度水平和垂直分量的相对振幅

程序运行结果见图 5-2-3，可见瑞雷波包含垂直和径向运动，波的振幅都随深度迅速衰减。

瑞雷波在地壳内的振动的总体情况可用图 5-2-4 示意给出。

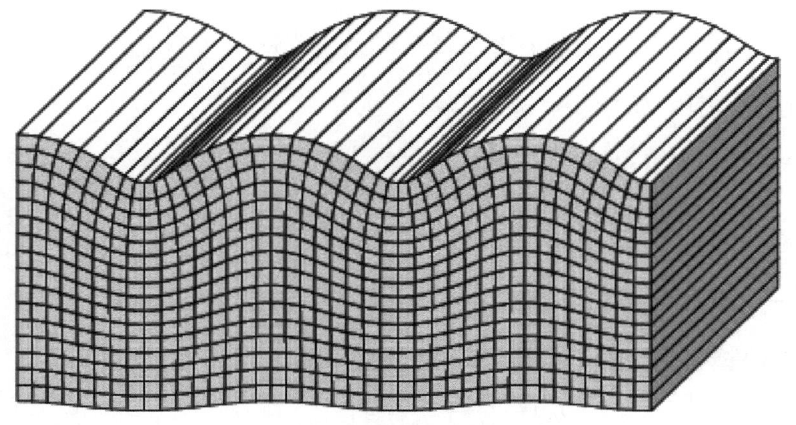

图 5-2-4　沿水平方向传播的瑞雷面波的位移（引自 Shearer，2009）

5.2.3 液体层覆盖在半空间介质上的瑞雷波方程

本节讨论海洋中的面波方程。设在弹性固体半空间上覆盖一厚度为 H 的液体层（图 5-2-5），ρ_w，α_w 分别为液体层中的介质密度和 P 波速度；ρ，α，β 分别为固体层介质的密度、P 波速度、S 波速度；λ_w 为液体中拉梅常数；λ，μ 为固体中的拉梅常数。

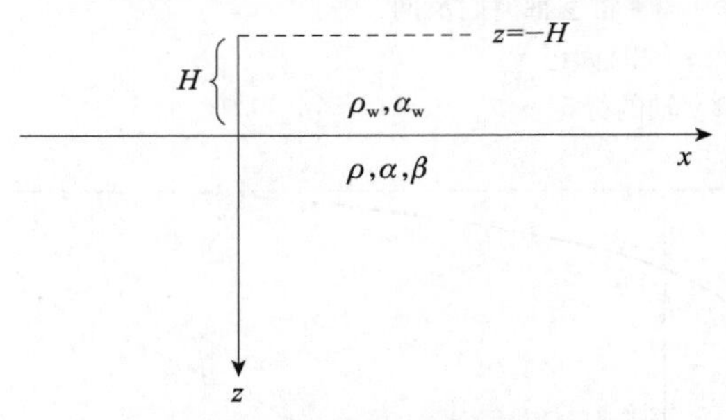

图 5-2-5　液体覆盖在固体层之上模型

类似于地壳中勒夫波位移函数和均匀介质中瑞雷波的势函数的求解，液体层中 P 波势函数和固体半无限弹性介质中 P 波、S 波势函数分别为

$$\begin{cases}\varphi_w = C_1 e^{i\omega(t-px+\eta_w z)} + C_2 e^{i\omega(t-px-\eta_w z)} \\ \varphi = A e^{i\omega(t-px-\eta_\alpha z)} \\ \psi = B e^{i\omega(t-px-\eta_\beta z)}\end{cases} \tag{5-2-27}$$

由于在理想液体中没有剪切应力的存在，并且当 $z=-H$ 时，满足自由边界条件；在固液分界面 σ_{zz}，u_z 连续，并且 $\sigma_{xz}=0$，得到如下边界条件：

$$\begin{cases}\sigma_{zz}\big|_{z=-H} = 0 \\ u_z\big|_{z=0^-} = u_z\big|_{z=0^+} \\ \sigma_{zz}\big|_{z=0^-} = \sigma_{zz}\big|_{z=0^+} \\ \sigma_{xz}\big|_{z=0^+} = 0\end{cases} \tag{5-2-28}$$

其中，液体层中（$-H\leqslant z\leqslant 0^-$）

$$\begin{cases}u_z = \dfrac{\partial \varphi_w}{\partial z} \\ \sigma_{zz} = \lambda_w\left(\dfrac{\partial u_x}{\partial x}+\dfrac{\partial u_z}{\partial z}\right) = \lambda_w\left(\dfrac{\partial^2 \varphi_w}{\partial z^2}+\dfrac{\partial^2 \varphi_w}{\partial x^2}\right)\end{cases} \tag{5-2-29}$$

固体半无限介质中（$0^+\leqslant z<\infty$）

$$\begin{cases}u_z = \dfrac{\partial \varphi}{\partial z}+\dfrac{\partial \psi}{\partial x} \\ \sigma_{zz} = \lambda\left(\dfrac{\partial u_x}{\partial x}+\dfrac{\partial u_z}{\partial z}\right)+2\mu\dfrac{\partial u_z}{\partial z} = (\lambda+2\mu)\left(\dfrac{\partial^2 \varphi}{\partial z^2}+\dfrac{\partial^2 \psi}{\partial x\partial z}\right)+\lambda\left(\dfrac{\partial^2 \varphi}{\partial x^2}-\dfrac{\partial^2 \psi}{\partial x\partial z}\right) \\ \sigma_{xz} = \mu\left(\dfrac{\partial u_x}{\partial z}+\dfrac{\partial u_z}{\partial x}\right) = \mu\left(2\dfrac{\partial^2 \varphi}{\partial x\partial z}-\dfrac{\partial^2 \psi}{\partial z^2}+\dfrac{\partial^2 \psi}{\partial x^2}\right)\end{cases} \tag{5-2-30}$$

根据边界条件式（5-2-28）的第一式，得到：

$$\lambda_w\left(\frac{\partial^2 \varphi_w}{\partial x^2}+\frac{\partial^2 \varphi_w}{\partial z^2}\right)\bigg|_{z=-H} = 0 \tag{5-2-31}$$

$$C_1+C_2 e^{-2i\omega\eta_w H}=0$$

根据边界条件式（5-2-28）的第二式并联合式（5-2-29）和式（5-2-30），得到：

$$A\eta_\alpha + Bp - 2C_1\eta_w e^{i\omega\eta_w H}\cos(\omega\eta_w H) = 0 \tag{5-2-32}$$

其中，$\cos(\omega\eta_w H) = \dfrac{e^{i\omega\eta_w H} + e^{-i\omega\eta_w H}}{2}$

根据边界条件式（5-2-28）的第三式并联合式（5-2-29）和式（5-2-30），得到：

$$A(\rho\alpha^2\eta_\alpha^2 + \lambda p^2) + 2B\mu p\eta_\beta + 2C_1 i\rho_w e^{i\omega\eta_w H}\sin(\omega\eta_w H) = 0 \tag{5-2-33}$$

其中，$\sin(\omega\eta_w H) = \dfrac{e^{i\omega\eta_w H} - e^{-i\omega\eta_w H}}{2i}$，$\rho\alpha^2 = \lambda + 2\mu$，$\rho\beta^2 = \mu$，$\rho_w\alpha_w^2 = \lambda_w$

根据边界条件式（5-2-28）的第四式，得到

$$\begin{aligned} &\mu\left(2\frac{\partial^2\varphi}{\partial x\partial z} - \frac{\partial^2\psi}{\partial z^2} + \frac{\partial^2\psi}{\partial x^2}\right)\bigg|_{z=0} = 0 \\ &\Rightarrow 2Ap\eta_\alpha + B(p^2 - \eta_\beta^2) = 0 \end{aligned} \tag{5-2-34}$$

联合式（5-2-31）～式（5-2-34），得到下列方程组：

$$\begin{bmatrix} 0 & 0 & 1 & e^{-2i\omega\eta_w H} \\ \eta_\alpha & p & -2\eta_w\cos(\omega\eta_w \mathrm{h})e^{i\omega\eta_w H} & 0 \\ \rho\alpha^2\eta_\alpha^2 + \lambda p^2 & 2\mu p\eta_\beta & 2i\rho_w e^{i\omega\eta_w h}\sin(\omega\eta_w H) & 0 \\ 2p\eta_\alpha & p^2 - \eta_\beta^2 & 0 & 0 \end{bmatrix}\begin{bmatrix} A \\ B \\ C_1 \\ C_2 \end{bmatrix} = \begin{bmatrix} 0 \\ 0 \\ 0 \\ 0 \end{bmatrix} \tag{5-2-35}$$

为使得 A，B，C_1，C_2 有非零解，令其系数行列式为零：

$$\begin{vmatrix} 0 & 0 & 1 & e^{-2i\omega\eta_w H} \\ \eta_\alpha & p & -2\eta_w\cos(\omega\eta_w H)e^{i\omega\eta_w H} & 0 \\ \rho\alpha^2\eta_\alpha^2 + \lambda p^2 & 2\mu p\eta_\beta & 2i\rho_w e^{i\omega\eta_w H}\sin(\omega\eta_w H) & 0 \\ 2p\eta_\alpha & p^2 - \eta_\beta^2 & 0 & 0 \end{vmatrix} = 0 \tag{5-2-36}$$

其中，

$$p = \frac{1}{c}, \eta_w = \sqrt{\frac{1}{\alpha_w^2} - \frac{1}{c^2}}, \eta_\alpha = \sqrt{\frac{1}{\alpha^2} - \frac{1}{c^2}}, \eta_\beta = \sqrt{\frac{1}{\beta^2} - \frac{1}{c^2}}$$

即得到其频散方程：

$$\tan\left(H\omega\sqrt{\frac{1}{\alpha_w^2} - \frac{1}{c^2}}\right) = \left[\frac{\rho\beta^4\sqrt{\dfrac{c^2}{\alpha_w^2} - 1}}{\rho_w c^4\sqrt{1 - \dfrac{c^2}{\alpha^2}}}\right] \times \left[\left(4\sqrt{1 - \frac{c^2}{\alpha^2}}\sqrt{1 - \frac{c^2}{\beta^2}}\right) - \left(2 - \frac{c^2}{\beta^2}\right)^2\right] \tag{5-2-37}$$

式（5-2-37）表明，上覆液体层的固体介质中瑞雷波的频率（ω）是相速度（c）的函数，即这种波存在频散。需要说明的是，除了均匀介质的瑞雷波没有频散外，其他瑞雷波均有频散。

5.3　勒夫波为SH波相长干涉的结果

在大学物理的波动中讲过，由频率相同、振动方向相同、相位相同或相位差保持恒定的波源所发出的波为相干波，在相干波相遇的区域内，有些点的振动加强，有些点的振动

减弱，形成振幅较大的波动，这些波动在空间的传播与面波的产生机制一致。本节给出SH波的传播和其在莫霍面的反射波相互干涉形成勒夫波。如图5-3-1所示，考虑时刻t的

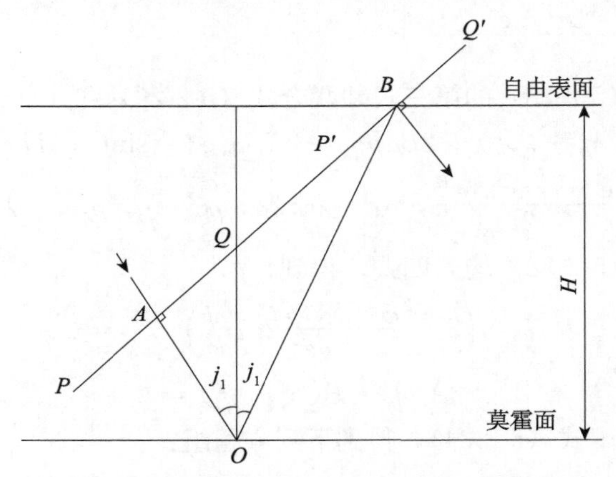

图5-3-1　勒夫波是SH波干涉结果的解释

A点的超临界SH波的波前（PQ）和刚从地表B点反射的SH波的波前（$P'Q'$），为了使PQ的质点运动与$P'Q'$的质点运动相互干涉，必须使这段行程的总相位差正好为2π的整数倍（$2n\pi$），而相位差可以表示为

$$\phi_B - \phi_A = 2n\pi = AOB\,\frac{2\pi}{\Lambda} + \phi_1 + \phi_2 \tag{5-3-1}$$

式中，$AOB\,\frac{2\pi}{\Lambda}$为$AOB$传播路径上的相位差别；$\phi_1$为$O$点反射的相位变化，即前面所讲的$\grave{S}\acute{S}$相位差；$\phi_2$为自由表面$B$点反射的相位变化。根据前面的反射系数理论，$\phi_2=0$，而

$$OB = \frac{H}{\cos j_1}, AO = OB\cos(2j_1) = OB(2\cos^2 j_1 - 1) = \frac{H}{\cos j_1}(2\cos^2 j_1 - 1)$$

$$\begin{aligned} AOB &= AO + OB = \frac{H}{\cos j_1} + \frac{H}{\cos j_1}(2\cos^2 j_1 - 1) = 2H\cos j_1 \\ &= 2H\sqrt{1-\sin^2 j_1} = 2H\sqrt{1-\left(\frac{\beta_1}{c}\right)^2} \\ &= 2H\left(\frac{\beta_1}{c}\right)\sqrt{\left(\frac{c}{\beta_1}\right)^2 - 1} \end{aligned} \tag{5-3-2}$$

注意，c为沿着自由表面的水平传播速度，$\frac{\sin j_1}{\beta_1} = \frac{\sin\frac{\pi}{2}}{c} = \frac{1}{c} = p$，因此$\sin j_1 = \frac{\beta_1}{c}$。

注意到$\frac{2\pi}{\Lambda} = \frac{\frac{2\pi}{T}}{\frac{\Lambda}{T}} = \frac{\omega}{\beta_1} = k\frac{c}{\beta_1}$，则

$$AOB\,\frac{2\pi}{\Lambda} = 2kH\sqrt{\left(\frac{c}{\beta_1}\right)^2 - 1} \tag{5-3-3}$$

而根据前面的SH波反射系数公式（4-3-21）：

$$\overset{\backslash /}{SS} = \frac{\rho_1\beta_1\cos\theta_1 - \rho_2\beta_2\cos\theta_2}{\rho_1\beta_1\cos\theta_1 + \rho_2\beta_2\cos\theta_2} = \frac{\rho_1\beta_1\sqrt{1-p^2\beta_1^2} - \rho_2\beta_2\sqrt{1-p^2\beta_2^2}}{\rho_1\beta_1\sqrt{1-p^2\beta_1^2} + \rho_2\beta_2\sqrt{1-p^2\beta_2^2}}$$

$$= \frac{\mu_1\sqrt{\frac{1}{\beta_1^2}-p^2} - \mathrm{i}\mu_2\sqrt{p^2-\frac{1}{\beta_2^2}}}{\mu_1\sqrt{\frac{1}{\beta_1^2}-p^2} + \mathrm{i}\mu_2\sqrt{p^2-\frac{1}{\beta_2^2}}} = \frac{\mathrm{e}^{-\mathrm{i}\arctan\frac{\mu_2\sqrt{p^2-\frac{1}{\beta_2^2}}}{\mu_1\sqrt{\frac{1}{\beta_1^2}-p^2}}}}{\mathrm{e}^{\mathrm{i}\arctan\frac{\mu_2\sqrt{p^2-\frac{1}{\beta_2^2}}}{\mu_1\sqrt{\frac{1}{\beta_2^2}-p^2}}}} = \mathrm{e}^{-\mathrm{i}2\arctan\frac{\mu_2\sqrt{p^2-\frac{1}{\beta_2^2}}}{\mu_1\sqrt{\frac{1}{\beta_1^2}-p^2}}} \tag{5-3-4}$$

在这个推导过程中，采用了复数运算的知识，即

$$a+\mathrm{i}b = \sqrt{a^2+b^2}\left(\frac{a}{\sqrt{a^2+b^2}} + \mathrm{i}\frac{b}{\sqrt{a^2+b^2}}\right) = \sqrt{a^2+b^2}\left[\cos\left(\arctan\frac{b}{a}\right) + \mathrm{i}\sin\left(\arctan\frac{b}{a}\right)\right]$$
$$= \sqrt{a^2+b^2}\,\mathrm{e}^{\mathrm{i}\arctan\frac{b}{a}} \tag{5-3-5}$$

式中负的相位表示超前，因此SH波在地壳底部反射的相位超前，为 $2\arctan\frac{\mu_2\sqrt{p^2-\frac{1}{\beta_2^2}}}{\mu_1\sqrt{\frac{1}{\beta_1^2}-p^2}}$

因此有

$$2kH\sqrt{\left(\frac{c}{\beta_1}\right)^2-1} = 2\arctan\frac{\mu_2\sqrt{p^2-\frac{1}{\beta_2^2}}}{\mu_1\sqrt{\frac{1}{\beta_1^2}-p^2}} + 2n\pi \tag{5-3-6}$$

将式（5-3-6）两边同时除以2，并且考虑到 $p=\frac{1}{c}$，$k=\frac{\omega}{c}$，式（5-3-6）正好为勒夫波的频散方程。由此可以理解勒夫波是SH波相长干涉的结果。

类似地，瑞雷波也可以理解为P波和SV波干涉在地表传播的结果，这里不再赘述。

5.4 地震波频散

5.4.1 频散的直观解释

当不同频率成分的波以不同的速度传播时，波形不会保持同样的形状，而是随着频率变化而分离。这会使得某些特定的时间，能量相互抵消，干涉相消，而某些特定的时间干涉相长。下面通过考虑两个频率稍有不同的谐波求和来加以说明：

$$u(x,t) = \cos(\omega_1 t - k_1 x) + \cos(\omega_2 t - k_2 x) \tag{5-4-1}$$

令 $\omega=\frac{\omega_1+\omega_2}{2}$，$\delta\omega=\frac{\omega_2-\omega_1}{2}$，$k=\frac{k_1+k_2}{2}$，$\delta k=\frac{k_2-k_1}{2}$，频率 ω 和波数 k 为平均频率和波数。相对于平均频率 ω 和波数 k，有

$$\omega_1 = \omega - \delta\omega, k_1 = k - \delta k$$
$$\omega_2 = \omega + \delta\omega, k_2 = k + \delta k$$

因此有

$$u(x,t) = \cos(\omega t - \delta\omega t - kx + \delta kx) + \cos(\omega t + \delta\omega t - kx - \delta kx)$$
$$= \cos[(\omega t - kx) - (\delta\omega t - \delta kx)] + \cos[(\omega t - kx) + (\delta\omega t - \delta kx)]$$
$$= 2\cos(\omega t - kx)\cos(\delta\omega t - \delta kx) \quad (5\text{-}4\text{-}2)$$

这里利用了恒等式 $2\cos A\cos B=\cos(A+B)+\cos(A-B)$。可以看到，两个频率和振幅相差不大的波所产生的波列由平均频率 ω 的信号组成，其振幅由频率为 $\delta\omega$ 的较长周期的波来调制。在声学上，这种现象称为拍。短周期的波以速度 $x/t=\omega/k$ 传播，较长的周期波的包络线以速度 $x/t=\delta\omega/\delta k$ 传播。前者叫做**相速度** c（phase velocity），后者称为**群速度** U（group velocity）。当 $\delta\omega$ 和 δk 趋于零时，即有

$$U = \frac{\mathrm{d}\omega}{\mathrm{d}k}$$

下面我们采用频率为 0.05Hz（周期为 20s）和 0.053Hz、相速度分别为 3.5km/s 和 3.45km/s 的两种波，采用 MATLAB 程序模拟上述频散现象：

```
%P5_8.m
%地震面波频散模拟
f1 = 0.05;f2 = 0.053;                %两种波的频率
w1 = 2 * pi * f1;w2 = 2 * pi * f2;   %两种波的角频率
c1 = 3.5;c2 = 3.45;                  %两种波的速度
k1 = w1/c1;k2 = w2/c2;               %两种波的波数
U = (w2 - w1)/(k2 - k1)              %这两种波传播的群速度,根据式(5-4-3)给出
c = mean([c1,c2])                    %这两种波传播的相速度
x100 = 100;x150 = 150;x200 = 200;x250 = 250;x300 = 300;x350 = 350;   %震中距
t = 0:1:800;   %时间
y100 = cos(w1 * t - k1 * x100) + cos(w2 * t - k2 * x100);    %100km处的波形
y100b = 2 * cos((w2 - w1)/2 * t - (k2 - k1)/2 * x100);   %100km处的波形的包络线
y150 = cos(w1 * t - k1 * x150) + cos(w2 * t - k2 * x150);    %150km处的波形
y150b = 2 * cos((w2 - w1)/2 * t - (k2 - k1)/2 * x150);   %150km处的波形的包络线
y200 = cos(w1 * t - k1 * x200) + cos(w2 * t - k2 * x200);    %200km处的波形
y200b = 2 * cos((w2 - w1)/2 * t - (k2 - k1)/2 * x200);   %200km处的波形的包络线
y250 = cos(w1 * t - k1 * x250) + cos(w2 * t - k2 * x250);    %250km处的波形
y250b = 2 * cos((w2 - w1)/2 * t - (k2 - k1)/2 * x250);   %250km处的波形的包络线
y300 = cos(w1 * t - k1 * x300) + cos(w2 * t - k2 * x300);    %300km处的波形
y300b = 2 * cos((w2 - w1)/2 * t - (k2 - k1)/2 * x300);   %300km处的波形的包络线
y350 = cos(w1 * t - k1 * x350) + cos(w2 * t - k2 * x350);    %350km处的波形
y350b = 2 * cos((w2 - w1)/2 * t - (k2 - k1)/2 * x350);   %350km处的波形的包络线
level = 22;
plot(t,y100 + level,'b',t,y100b + level,'r:',t, - y100b + level,'r:')   %绘制100km处的波形和包络线
hold on;plot(t(185) * [1,1],[ - 2, + 2] + level,'k') %选择第185个点的相位
plot(t(204),level,'.')   %找到第204个点作为波包的计算点(波动能量的最低点)
text(800,level,'x = 100km')   %给出震中距标记
```

```
level = 18;
plot(t,y150 + level,'b',t,y150b + level,'r:',t, - y150b + level,'r:') % 150km处的波形的包络线
plot((t(185) + 50/c) * [1,1],[ - 2,2] + level,'k')   % 计算出相位在 50km 的传播所需的时间
plot(t(203) + 50/U,level,'.')   % 计算出波包在 50km 的传播所需的时间
text(800,level,'x = 150km')   % 给出震中距标记

level = 14;
plot(t,y200 + level,'b',t,y200b + level,'r:',t, - y200b + level,'r:') % 200km处的波形的包络线
plot((t(185) + 100/c) * [1,1],[ - 2,2] + level,'k') % 计算出相位在 100km 的传播所需的时间
plot(t(204) + 100/U,level,'.') % 计算出波包在 100km 的传播所需的时间
text(800,level,'x = 200km') % 给出震中距标记

level = 10;
plot(t,y250 + level,'b',t,y250b + level,'r:',t, - y250b + level,'r:') % 250km处的波形的包络线
plot((t(185) + 150/c) * [1,1],[ - 2,2] + level,'k') % 计算出相位在 150km 的传播所需的时间
plot(t(204) + 150/U,level,'.') % 计算出波包在 150km 的传播所需的时间
text(800,level,'x = 250km') % 给出震中距标记

level = 6;
plot(t,y300 + level,'b',t,y300b + level,'r:',t, - y300b + level,'r:') % 300km处的波形的包络线
plot((t(185) + 200/c) * [1,1],[ - 2,2] + level,'k') % 计算出相位在 200km 的传播所需的时间
plot(t(204) + 200/U,level,'.') % 计算出波包在 200km 的传播所需的时间
text(800,level,'x = 300km') % 给出震中距标记

level = 2;
plot(t,y350 + level,'b',t,y350b + level,'r:',t, - y350b + level,'r:') % 350km处的波形的包络线
plot((t(185) + 250/c) * [1,1],[ - 2, + 2] + level,'k') % 计算出相位在 250km 的传播所需的时间
plot(t(204) + 250/U,level,'.') % 计算出波包在 250km 的传播所需的时间
text(800,level,'x = 350km') % 给出震中距标记
xlabel('时间/s')   % 横轴的标记
text(253,12,'群速度','rotation', - 70)   % 给出群速度的标记,使字体旋转 - 70 度
text(215,12,'相速度','rotation', - 80)   % 给出相速度的标记,使字体旋转 - 80 度
```

程序的运行结果如图5-4-1所示，其中包络线的峰或谷传播的速度为群速度，而单个的峰或谷传播的速度为相速度。在这两种波的传播过程中，群速度为2.79km/s，相速度为3.48km/s。群速度小于相速度，因此，等相位点的连线比波包能量最低点的连线更陡。程序模拟结果与前面分析一致。

利用谐波参数之间的各种关系，可以把群速度表示为

$$U=\frac{\mathrm{d}\omega}{\mathrm{d}k}=\frac{\mathrm{d}(ck)}{\mathrm{d}k}=c+k\,\frac{\mathrm{d}c}{\mathrm{d}k} \tag{5-4-3}$$

$$U=\frac{\mathrm{d}\omega}{\mathrm{d}k}=\frac{\mathrm{d}\omega}{\mathrm{d}\left(\frac{\omega}{c}\right)}=\frac{\mathrm{d}\omega}{\frac{c\,\mathrm{d}\omega-\omega\mathrm{d}c}{c^2}}=\frac{c}{1-\frac{\omega}{c}\,\frac{\mathrm{d}c}{\mathrm{d}\omega}}=c\left(1-k\,\frac{\mathrm{d}c}{\mathrm{d}\omega}\right)^{-1} \tag{5-4-4}$$

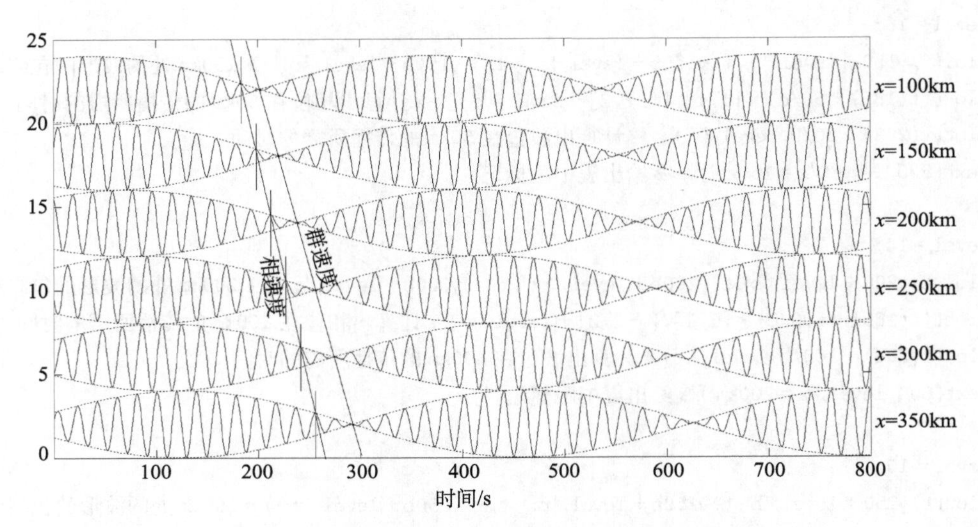

图 5-4-1 两个频率稍有不同的波叠加产生的波

其中群速度是波包的速度，相速度是各个波峰的速度

因为$\frac{\omega}{c}=\frac{2\pi}{Tc}$，

$$U=\frac{\mathrm{d}\omega}{\mathrm{d}k}=\frac{\mathrm{d}\left(\frac{2\pi}{T}\right)}{\mathrm{d}\left(\frac{2\pi}{Tc}\right)}=\frac{-\frac{2\pi}{T^2}\mathrm{d}T}{-\frac{2\pi}{T^2c}\mathrm{d}T-\frac{2\pi}{c^2T}\mathrm{d}c}=c\left(1+\frac{T}{c}\frac{\mathrm{d}c}{\mathrm{d}T}\right)^{-1} \tag{5-4-5}$$

勒夫波和瑞雷波的相速度 c 通常随周期的增大而增大，于是$\frac{\mathrm{d}c}{\mathrm{d}\omega}$为负，则式（5-4-4）中的$\left(1-k\frac{\mathrm{d}c}{\mathrm{d}\omega}\right)$大于 1，因此群速度小于相速度。根据各向同性的 PREM 模型计算的勒夫波和瑞雷波频散曲线在图 5-4-2 中给出。

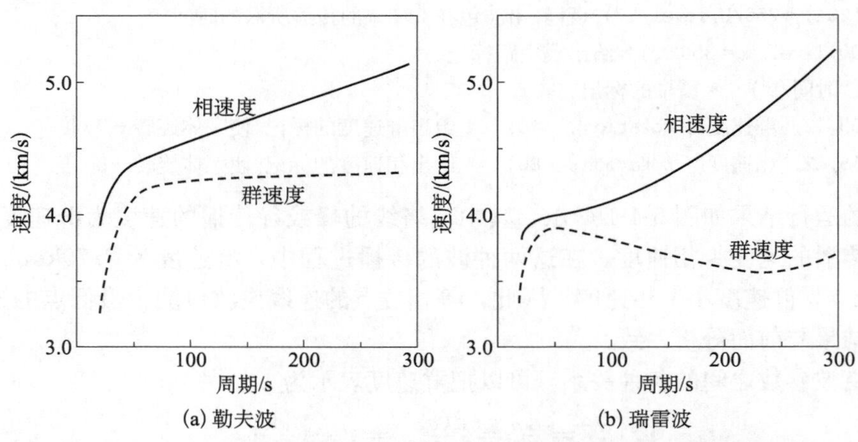

图 5-4-2 根据各向同性的 PREM 模型计算的勒夫波和瑞雷波频散曲线

（引自 Shearer，2009）

5.4.2　面波衰减较慢的解释

实际上地震波是由许多频率不同的简谐波相互叠加而成，其频谱是连续的，可以写成：

$$f(x,t)=\int_{-\infty}^{\infty} g(k)\mathrm{e}^{\mathrm{i}k(ct-x)}\mathrm{d}k \tag{5-4-6}$$

式中，$g(k)$ 为波的振幅谱，令 $\theta=k(ct-x)$，θ 即为波的相位。每一个简谐波都以自己的相速度 c 传播，而相速度 c 为 ω 和 k 的函数。这些简谐波在传播过程中相互干扰，在使 θ 为常数的波数 k_0 处相互叠加而使振幅增强，而 θ 为常数在数学上意味着：

$$\left.\frac{\mathrm{d}\theta}{\mathrm{d}k}\right|_{k=k_0}=0 \tag{5-4-7}$$

或

$$\frac{\mathrm{d}\theta}{\mathrm{d}k}=\frac{\mathrm{d}}{\mathrm{d}k}[k(ct-x)]=\frac{\mathrm{d}(kc)}{\mathrm{d}k}t-x=Ut-x=0 \tag{5-4-8}$$

则

$$\frac{x}{t}=\frac{\mathrm{d}(kc)}{\mathrm{d}k}=\left[c+k\frac{\mathrm{d}c}{\mathrm{d}k}\right]_{k=k_0} \tag{5-4-9}$$

式（5-4-9）表明波数为 k_0 的波的极大振幅经过 t 时间后传到了 x 处，因此 $\frac{x}{t}$ 就是波数为 k_0 的波的群速度 U。这从另外的角度说明了群速度和相速度的关系。

现在在 $k=k_0$ 处展开式（5-4-6）的被积函数。当 x，t 充分大时，一般振幅谱函数 $g(k)$ 在 $k=k_0$ 附近比指数部分的变化慢很多，可设 $g(k)\approx g(k_0)$。$\theta(k)$ 在 $k=k_0$ 附近进行泰勒展开，得

$$\theta(k)=\theta(k_0)+\left.\frac{\mathrm{d}\theta}{\mathrm{d}k}\right|_{k=k_0}(k-k_0)+\frac{1}{2!}\left.\frac{\mathrm{d}^2\theta}{\mathrm{d}k^2}\right|_{k=k_0}(k-k_0)^2+\frac{1}{3!}\left.\frac{\mathrm{d}^3\theta}{\mathrm{d}k^3}\right|_{k=k_0}(k-k_0)^3+\cdots \tag{5-4-10}$$

忽略二阶项以上的高阶项，并考虑群速度使得 $\left.\frac{\mathrm{d}\theta}{\mathrm{d}k}\right|_{k=k_0}=0$，式（5-4-10）可简化为

$$\theta(k)=\theta(k_0)+\frac{1}{2!}\left.\frac{\mathrm{d}^2\theta}{\mathrm{d}k^2}\right|_{k=k_0}(k-k_0)^2 \tag{5-4-11}$$

代入式（5-4-6）有

$$\begin{aligned}f(x,t)&=\int_{-\infty}^{\infty} g(k)\mathrm{e}^{\mathrm{i}k(ct-x)}\mathrm{d}k=g(k_0)\mathrm{e}^{\mathrm{i}\theta(k_0)}\int_{-\infty}^{\infty}\mathrm{e}^{\mathrm{i}\frac{1}{2}\left.\frac{\mathrm{d}^2\theta}{\mathrm{d}k^2}\right|_{k=k_0}(k-k_0)^2}\mathrm{d}k\\&=\sqrt{\frac{2}{\left|\left.\frac{\mathrm{d}^2\theta}{\mathrm{d}k^2}\right|_{k=k_0}\right|}}g(k_0)\mathrm{e}^{\mathrm{i}\theta(k_0)}\int_{-\infty}^{\infty}\mathrm{e}^{\pm\mathrm{i}x^2}\mathrm{d}x\end{aligned} \tag{5-4-12}$$

其中 $\left.\frac{\mathrm{d}^2\theta}{\mathrm{d}k^2}\right|_{k=k_0}>0$ 对应于被积函数指数的正号，$\left.\frac{\mathrm{d}^2\theta}{\mathrm{d}k^2}\right|_{k=k_0}<0$ 对应于被积函数指数的负号。

由数学手册可以查到菲涅尔积分公式 $\int_{-\infty}^{\infty}\cos(x^2)\mathrm{d}x=\sqrt{\frac{\pi}{2}}$，$\int_{-\infty}^{\infty}\sin(x^2)\mathrm{d}x=\sqrt{\frac{\pi}{2}}$，并

注意到$\sqrt{\frac{\pi}{2}}\pm i\sqrt{\frac{\pi}{2}}=\sqrt{2}\sqrt{\frac{\pi}{2}}\left(\frac{\sqrt{2}}{2}\pm i\frac{\sqrt{2}}{2}\right)=\sqrt{\pi}\left(\cos\frac{\pi}{4}\pm i\sin\frac{\pi}{4}\right)=\sqrt{\pi}e^{\pm i\frac{\pi}{4}}$，可得：

$$f(x,t)=\sqrt{\frac{2\pi}{\left|\frac{d^2\theta}{dk^2}\right|_{k=k_0}}}g(k_0)e^{i\left[\theta(k_0)\pm\frac{\pi}{4}\right]} \tag{5-4-13}$$

其中$\left.\frac{d^2\theta}{dk^2}\right|_{k=k_0}>0$ 对应于正号，$\left.\frac{d^2\theta}{dk^2}\right|_{k=k_0}<0$ 对应于负号。

考虑到：

$$\frac{d^2\theta}{dk^2}=\frac{d}{dk}\left(\frac{d(\omega t-kx)}{dk}\right)=\frac{d}{dk}\left(\frac{d\omega}{dk}t-x\right)=\frac{d}{dk}(Ut-x)=\frac{dU}{dk}t \tag{5-4-14}$$

将式（5-4-14）代入式（5-4-13）得

$$f(x,t)=\sqrt{\frac{2\pi}{t\left|\frac{dU}{dk}\right|}}g(k_0)e^{i\left[k_0(c(k_0)t-x)\mp\frac{\pi}{4}\right]} \tag{5-4-15}$$

其中$\frac{dU}{dk}>0$ 对应于指数式中“$\mp$”的负号。而

$$t\left|\frac{dU}{dk}\right|=t\left|\frac{dU}{d\omega}\frac{d\omega}{dk}\right|=t\left|\frac{dU}{d\omega}U\right|=x\left|\frac{dU}{d\omega}\right| \tag{5-4-16}$$

则式（5-4-15）还可以写成

$$f(x,t)=\sqrt{\frac{2\pi}{x\left|\frac{dU}{dk}\right|}}g(k_0)e^{i\left[k_0(c(k_0)t-x)\mp\frac{\pi}{4}\right]} \tag{5-4-17}$$

其中$\frac{dU}{dk}>0$ 对应于指数式中“$\mp$”的负号。由此可见，由于频散，使得随着 x 的增大，振幅以 $x^{-\frac{1}{2}}$ 衰减，即面波是沿着表面呈柱状向外扩散的，扩散造成的衰减因子为 $r^{-\frac{1}{2}}$。根据第 3 章的球面波向外传播的理论，体波的几何扩散按照震中距的倒数进行，即 r^{-1}。因此远处的地震图上，面波占有主要成分。当$\frac{dU}{dk}=0$ 时，式（5-4-16）并不成立，此时必须考虑θ（k）的三阶展开项，得到的 f（x，t）的表达式为正比于爱里（Airy）函数的表达式，其推导已超出本书的范围，请参看傅承义等的《地球物理学基础》。在此种情况下频散曲线群速度出现极小值，在地震记录图上相应的面波振幅为极大，称为**爱里相**（Airy phase）。爱里相附近的振幅以 $r^{-\frac{1}{3}}$ 的形式缓慢衰减，所以当 r 足够大时，爱里相占面波的主要部分，这已被地震观测所证实。地球内部瑞雷波的爱里震相在 50s 和 200s 左右的周期出现。

5.5 根据地震图得到面波群速度和相速度的方法

由于瑞雷波的质点位移在入射面内，勒夫波的质点位移与入射面垂直，所以在测定瑞雷波的频散时，一般只取垂直向记录，而在测定勒夫波频散时，则要将两水平分量作极化合成，以得到横向的振动分量。设地震面波入射方位角（以正北方向顺时针旋转为正）为 ϕ，地震记录南北向及东西向位移分别为 D_N 和 D_E，则勒夫波位移 L 和瑞雷波水平位移

R_H 可由下式计算：

$$\begin{pmatrix} L \\ R_H \end{pmatrix} = \begin{pmatrix} \cos\phi & -\sin\phi \\ \sin\phi & \cos\phi \end{pmatrix} \begin{pmatrix} D_E \\ D_N \end{pmatrix} \tag{5-5-1}$$

5.5.1 群速度

1. **峰谷法**（peaks and troughs analysis）

测量地震面波的群速度，主要是从地震记录中测量某一时刻面波的优势周期。地震台到震中的距离已知，发震时刻 t_0 已知，对应于某一优势周期（频率）的到时 t 可以从地震波形记录上测定，群速度可以按下式计算：

$$U = \frac{\Delta}{t - t_0} \tag{5-5-2}$$

对一系列优势周期 T 测定群速度 U，则可以得到群速度的频散曲线。

首先介绍根据单台记录的地震面波求得群速度的方法，以此理解群速度在地震图上的表现。设某地震台地震图的瑞雷波波列如图 5-5-1 所示。首先光滑地震波列的记录曲线，测量出光滑后波列的每个波峰和波谷的到时 t_1、t_2、t_3…… [图 5-5-1（a）]，然后把它们标在到时——峰谷序号的坐标图上 [图 5-5-1（b）]，作光滑曲线，求出每一时刻的斜率，再乘以 2 就是该时刻的周期。这是由于波峰和波谷的时间间隔为半个周期。根据周期到达时刻和地震发生时刻及震中距采用式（5-5-2）求得群速度，绘制群速度随周期的变化就得到了群速度频散曲线 [图 5-5-1（c）]。

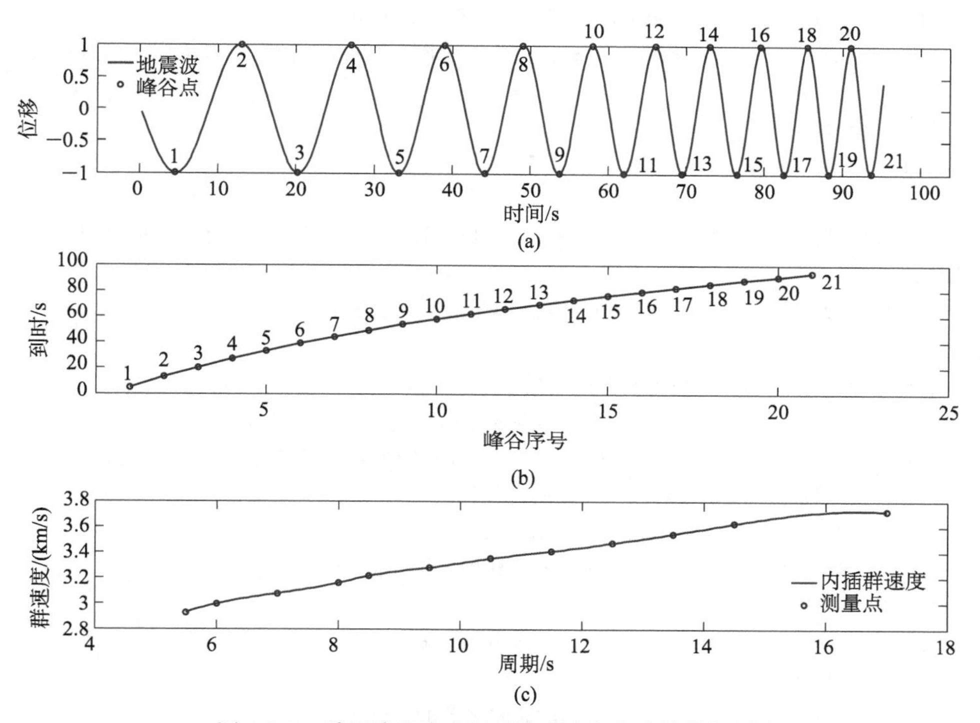

图 5-5-1　采用峰谷法求解面波群速度方法的模拟图

根据上面的求解地震面波群速度的方法，采用 MATLAB 中 chirp 函数产生一个频率逐渐增加、振幅不变的波形，作为台站震中距为 10°，震后 290s 的面波记录，则可用下面程序给出该台站的面波群速度。程序运行结果为图 5-5-1。

```
%P5_9.m
dt=0.25;   %采样间隔
t=0:0.25:100;   %产生面波记录的时间段
x=chirp(t,0.05,50,0.1,'logarithmic');   %产生面波数据,使产生数据的频率从 0.05HZ 在 50 秒时达到 0.1Hz
x=x(21:end);      %去掉前面的由于开始振荡而不精确的 20 个数据,第 21 个数据对应于 290s 后的时间
delta=10*111.199;   %假定震中距为 10°
t0=290;   %给出相对于发震时刻的延迟秒数
[m,N]=size(x);   %给出地震波的总长度为 N
xmean=mean(x);
EPS=max(x)*1.0e-4;   %采用最大值的万分之一作为峰谷值的精度
Indx=find(abs(x-xmean)>EPS);   %找到超过峰谷值精度的序号,从第一个开始计算峰谷值
if(x(Indx(1)+1)>x(Indx(1)))Increase=1;else Increase=-1;end
T=[];   %设置一个空矩阵,用于放置找到的波峰和波谷的时间点和值的大小
for ii=1:N-1
    if(abs(x(ii+1)-xmean)<EPS)continue;end
    if((x(ii+1)-x(ii))*Increase<0)   %是否找到了峰谷点
        Increase=-1*Increase;   %如果原来为增加,现在改为减小,如果原来为减小,现在改为增加.
T=[T;ii*dt,x(ii)];
    end
end
subplot(3,1,1),plot([1:N]*dt,x,'r',T(:,1),T(:,2),'o');   %绘制原始波形并将找到的波峰波谷点用圆圈标出
legend('地震波','峰谷点','location','NorthWest')   %加图例
text(100,0.8,'(a)');
M=size(T,1);   %得到 T 矩阵的行数
text(T(:,1),T(:,2),num2str([1:M]'))   %在图中给出测量的峰谷序号
xlim([min(T(:,1))-10,max(T(:,1))+10]);   %设置能找到峰谷点的窗口显示范围
xlabel('时间/s');ylabel('位移')   %坐标轴加标记
subplot(3,1,2),plot([1:size(T,1)]',T(:,1),'o-')
text([1:M]',T(:,1),num2str([1:M]'))   %在图中给出测量的峰谷序号
text(24,90,'(b)');
xlabel('峰谷序号');ylabel('到时/s')   %坐标轴加标记
%计算地震波的周期和群速度
Period=diff(T(:,1))*2;   %峰谷之间的时间之差的 2 倍为周期
t1=t0+T(1:M-1,1);   %开始测量周期的时间
t2=t0+T(2:M,1);   %结束测量周期的时间
```

```
t = (t1 + t2)/2;  % 将两次测量的平均时间作为该周期波的到时
vg = delta./t;  % 给出群速度,采用式(5-5-2)计算
[Pascend, Ind] = sort(Period);  % 将周期和群速度按降序排列
Y = [Pascend, vg(Ind)];  % 将数据进行排列
PVG = [];  % 设置周期和群速度对应的数组
vzall = 0;
nv = 0;
for ii = 2:M - 1
        vzall = vzall + Y(ii - 1,2);  % 如果周期一样,则将速度累加
        nv = nv + 1;
    if(Y(ii,1)~ = Y(ii - 1,1))
        PVG = [PVG;Y(ii - 1,1),vzall/nv];  % 将上一行数据存盘,如果有相同的周期,则取相同周期群速度的平均值
        nv = 0;  % 下一个群速度和周期的求取开始
        vzall = 0;
    end
end
PVG = [PVG;Y(M - 1,:)];  % 将最后一行数据存入
P = min(Period):0.1:max(Period);  % 给出内插的周期序列
VG = interp1(PVG(:,1),PVG(:,2),P,'spline');  % 采用测量群速度和周期的对应点和样条插值给出平滑曲线数据
subplot(3,1,3),plot(P,VG,'r - ',PVG(:,1),PVG(:,2),'o')  % 绘制群速度相对于周期的曲线
text(17.5,3.6,'(c)');
legend('内插群速度','测量点','location','SouthEast')  % 加图例
%ylim([3.5,6.5])
xlabel('周期/s');  % 加x轴的标记
ylabel('群速度/km.s^ - ^1');  % 加y轴的标记
```

2. 移动窗分析法（moving window analysis）

移动窗分析法就是沿着面波数字化信号的记录时间取一系列时间点 t_i，以 t_i时刻为中心选取窗口长度的数据乘以时间窗 $W(\tau)$，得到新的时间信号：

$$Z_i(\tau) = x(t_i + \tau)W(\tau) \tag{5-5-3}$$

这一计算过程相当于时间窗沿着面波信号移动，故称为**移动窗分析法**。

常用的时间窗为半余弦窗：

$$W(\tau) = \begin{cases} \cos\dfrac{2\pi\tau}{H_w} & |\tau| \leqslant \dfrac{H_w}{2} \\ 0 & |\tau| > \dfrac{H_w}{2} \end{cases} \tag{5-5-4}$$

为了对所有周期保持同样的分辨率，窗宽应随着分析周期增大而加宽。一般窗宽约为分析周期的5倍为宜。这是因为窗口太窄，周期分辨率较差。窗口太宽，则时间的分辨率

不好。

将式（5-5-3）进行傅里叶变换，可以求得时窗中心对于时刻 t_i 处不同的周期 T_k 的谱：

$$F(t_i, T_k) = \frac{1}{2\pi}\int_{-\frac{H_W}{2}}^{\frac{H_W}{2}} Z_i(\tau)\mathrm{e}^{-\mathrm{i}\frac{2\pi\tau}{T_k}}\mathrm{d}\tau \tag{5-5-5}$$

式（5-5-5）所求的振幅谱就是到时 t_i 及周期 T_k 的振幅谱。将各个到时及各个周期依次求出，其中某一周期最大值所对应的时间就是该周期的波包到达的时间，采用式（5-5-2）即可得到单台资料的该周期的群速度。

采用上面的原理求取单台面波频散曲线的子程序（根据姚华建教授的程序修改）如下：

```
function [F,PVG] = move_windowS1(s,dt,D,VPoint,TPoint)
LengthS = length(s);
LengthV = length(VPoint);      % 所要计算的时间点个数,也就是群速度的个数
LengthT = length(TPoint);      % 所要计算的周期点数
F = zeros(LengthV,LengthT);    % 周期和时间点的矩阵,初始全部设置为 0
for jj = 1:LengthT      % 对所有的周期进行循环求解
    Tk = TPoint(jj);      % 周期
    WinLen = 5 * Tk/dt;      % 窗长度,为周期数据长度的 5 倍
    if(rem(WinLen,2) = = 0)  WinLen = WinLen + 1;end      % 使得窗的长度为奇数,这样窗中心为一
个数据
    Hw = floor(WinLen/2);      % 窗的半长度
    Win = cos(pi * [ - Hw:Hw]/2/Hw).^2;      % 半余弦平方窗
    Ps = D/VPoint(1)/dt;      %
    for ii = Ps:D/VPoint(end)/dt      % 循环移动窗的位置
        % 加上窗函数,使得窗的中心点为计算到时的位置
        % 如果数据不能覆盖整个窗,则在窗前部或窗后部加零填充
        if(ii - Hw> = 1&ii + Hw< = LengthS)
            Sig = s(ii - Hw:ii + Hw). * Win;
        elseif(ii - Hw<1)&(ii + Hw< = LengthS)
            Sig = [zeros(1,Hw - ii + 1),s(1:ii + Hw)]. * Win;
        elseif(ii - Hw<1)&(ii + Hw>LengthS)
            Sig = [zeros(1,Hw - ii + 1),s(1:LengthS),zeros(1,Hw - (LengthS - ii) + 1)]. * Win;
        elseif(ii - Hw> = 1)&(ii + Hw>LengthS)
            Sig = [s(ii - Hw:LengthS),zeros(1,Hw - (LengthS - ii))]. * Win;
        end
        temp = sum(Sig. * exp( - j * 2 * pi * [ - Hw:Hw] * dt/Tk));      % 对应的傅里叶变换,得到的数
据包含实部和虚部
        F(ii - Ps + 1,jj) = abs(temp);      % 求取振幅部分
    end
end
Fmax = max(F,[],1);      % 求出每一列中的最大值
```

```
for jj = 1:LengthT
    F(1:LengthV,jj) = F(1:LengthV,jj)/Fmax(jj);    % 对每一列的数据进行归一化
end
% 下面的程序根据得到的图像找到群速度的具体值
GVmax = max(F);    % 求出图像矩阵的列中的最大值
GroupT = [];    % 首先给出一个空矩阵,用于放置周期和对应的群速度
for ii = 1:LengthT
    Indx = find(F(:,ii) = = GVmax(ii));
    GroupT = [GroupT;TPoint(ii),VPoint(Indx(1))];
end
% 下面的程序将具有相同群速度的周期进行求取周期的平均值,在平均值中给出该群速度
PVG = [];   % 设置周期和群速度对应的数组
vzall = 0;
nv = 0;
M = size(GroupT,1);
for ii = 2:M
        vzall = vzall + GroupT(ii - 1,1);    % 如果周期一样,则将速度累加
        nv = nv + 1;
    if(GroupT(ii,2)~ = GroupT(ii - 1,2))
        PVG = [PVG;vzall/nv,GroupT(ii - 1,2)];    % 将上一行数据存盘,如果有相同的周期,则取相
同周期群速度的平均值
        nv = 0;     % 下一个群速度和周期的求取开始
        vzall = 0;
    end
end
PVG = [PVG;GroupT(M,:)];    % 将最后一行数据存入
return
```

下面对汶川地震以东 10°处的汶川地震的垂直向理论地震图采用上面的程序给出瑞雷群速度随周期的分布，程序如下：

```
% P5_10.m
close all;   % 关闭已有的图形窗口
clear all;   % 清除所有的变量
load wenchuan.ur;    % 加载地震波数据,其中第一列为时间,第二列为 10 度台站的垂直向数据
dt = 0.25;   % 数据的采样间隔
D = 10 * 111.199;    % 这里采用的 10°的震中距转换为 km
ts = 259;   % 面波的起始计算时刻
te = 400;   % 从波形上看 400 基本为面波的结束
figure(1)   % 第一个图形
plot(wenchuan(:,1),wenchuan(:,2));hold on;plot([1,1] * ts,ylim,'r:');    % 绘出面波在地震图中
的位置
```

```
xlabel('时间/s');ylabel('振幅')
s = [wenchuan(:,2)]';  %将地震图变为横向排列
Ps = ts/dt;Pe = te/dt;
VPoint = D./[Ps:Pe]/dt;          %根据面波的起始时间和终止时间得到求解群速度的范围,并以 0.1
进行划分
TPoint = [10:0.1:40];  %根据观测的周期变化范围估计所求的周期范围
[F,PVG] = move_windowS1(s,dt,D,VPoint,TPoint);
figure(2);  %第二个图形
axft = axes('Position',[0.35,0.10,0.55,0.80]);
imagesc(TPoint,VPoint,F)  %以周期为横坐标、速度为纵坐标,绘制群速度随周期和速度分布的二
维图
set(gca,'YDir','normal');  %设置 Y 轴的方向为正常
xlabel('周期/s','FontSize',10,'FontWeight','bold');  %给出横轴标记,字体大小为 10,字体粗细属
性为粗体
ylabel('群速度/km.s^-^1','FontSize',10,'FontWeight','bold'); %给出纵轴标记,字体大小为 10,字
体粗细属性为粗体
axseis = axes('Position',[0.10,0.10,0.15,0.80]);
t = [Ps:Pe] * dt;      %所做面波频散的时间段
plot(axseis,wenchuan(Ps:Pe,2),wenchuan(Ps:Pe,1))    %绘制时域波形图
set(axseis,'YDir','reverse')     %设置 Y 轴反向显示
ylabel('时间/s')                 %加时间标记
xlabel('振幅')                   %加振幅标记
figure(3)                      %第三个图形
P = min(PVG(:,1)):0.1:max(PVG(:,1));   %给出内插的周期序列
VG = interp1(PVG(:,1),PVG(:,2),P,'spline');   %采用测量群速度和周期的对应点和样条插值给出
平滑曲线数据
plot(P,VG,PVG(:,1),PVG(:,2),'o')   %绘制得到的频散曲线
legend('内插群速度','测量点','location','NorthWest')     %加图例
xlabel('周期/s','FontSize',10,'FontWeight','bold');   %给出横轴标记,字体大小为 10,字体粗细属
性为粗体
ylabel('群速度/km.s^-^1','FontSize',10,'FontWeight','bold'); %给出纵轴标记,字体大小为 10,字
体粗细属性为粗体
```

运行该程序得到的图形如图 5-5-2～图 5-5-4 所示。其中图 5-5-2 给出了地震的垂直向合成地震图，前面的竖直线为估计的面波开始时刻。图 5-5-3 给出了各频段波群的相对振幅。其中亮区中间部分就对应于频散曲线的位置。找出亮区所对应的速度就是观测得到的面波的群速度。取振幅最大值得到的频散曲线如图 5-5-4 所示。

如果两个地震台和震中基本上在同一大圆弧上，则可以采用两个台的面波记录求得两台之间的群速度。这样可以消除由于地震发震时刻、地震位置、地震深度的误差。假定某一周期的台站 1 和台站 2 的震中距分别 Δ_1 和 Δ_2，其到时分别为 t_1 和 t_2，则该周期的群速度为

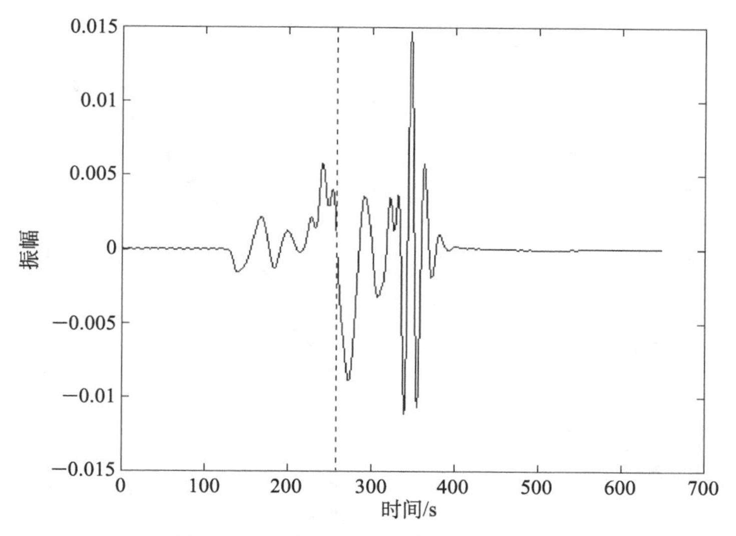

图 5-5-2　采用 2008 年汶川地震震源参数在汶川地震东 10°处模拟的垂直向记录

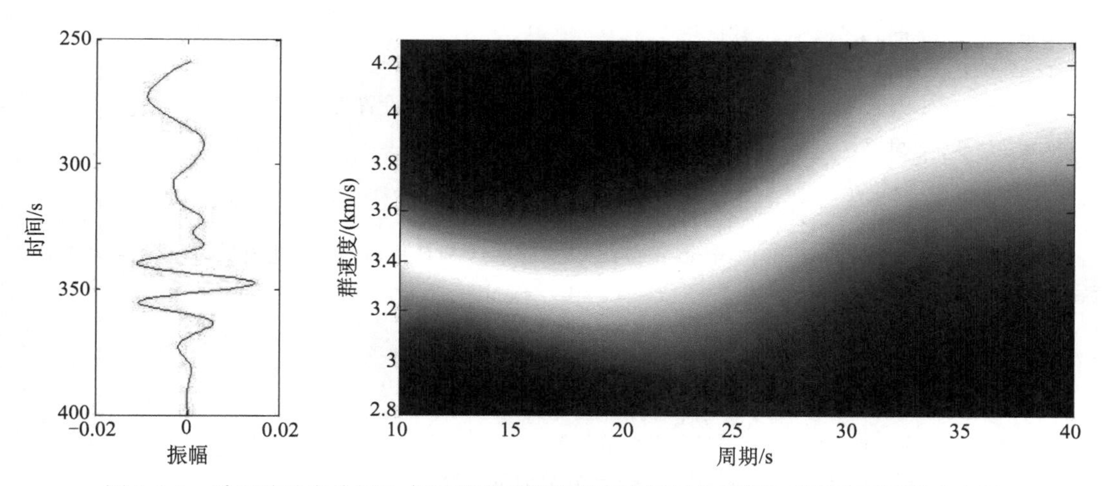

图 5-5-3　采用移动窗分析法求解瑞雷面波群速度的振幅在周期和群速度平面的分布及与时域波形的比较（参看程序运行的彩图）

$$U(T) = \frac{\Delta_2 - \Delta_1}{t_2 - t_1} \tag{5-5-6}$$

采用移动窗分析法根据两个台的资料提取群速度频散曲线的 MATLAB 子程序如下：

```
function [PVG] = move_windowS2(s1,s2,dt,D21,t21,TPoint)
%根据两个台站的面波记录提取面波群速度频散曲线程序
%输入:s1 和 s2 为两个地震波记录,按行排列;dt 为两个地震图的采样间隔,单位 s
%       D21 为两个台站之间震中距,单位 km;t21 为两个截取地震图的起始时刻差别,单位 s
%       TPoint 为计算的周期点,按行排列,单位 s
%输出:PVG 为得到的频散数据,其中第一列为周期,单位 s,第二列为群速度,单位 km/s
%%%%%%%%%%%%%%%%%%%%%%%%%%%%%%%%%%%%%%%%%%%%%%%%%%%%%%%%%%%%%%%
```

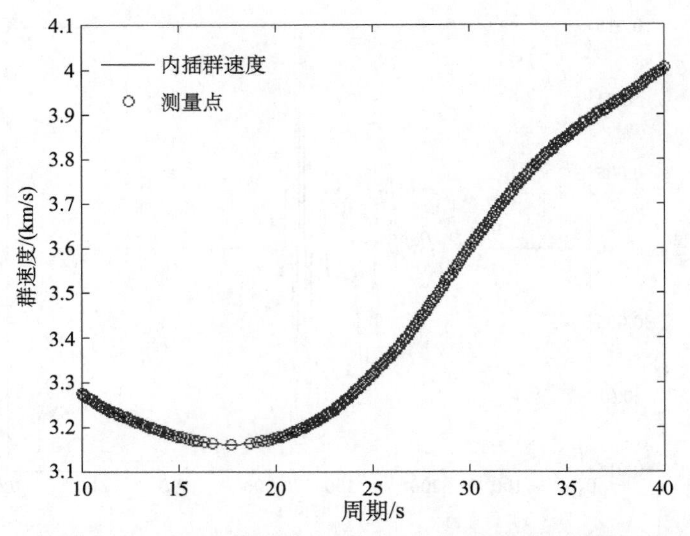

图 5-5-4 采用移动窗分析法得到的图 5-5-2 垂直波形的群速度频散曲线

```
LengthS = length(s1);        % 数据长度
LengthT = length(TPoint);        % 所要计算的周期点数
PVG = zeros(LengthT,2);        % 周期和时间点的矩阵,初始全部设置为 0
for jj = 1:LengthT     % 对所有的周期进行循环求解
    Tk = TPoint(jj);      % 周期
    WinLen = 5 * Tk/dt;      % 窗长度,为周期数据长度的 5 倍
    if(rem(WinLen,2) = = 0)   WinLen = WinLen + 1;end   % 使得窗的长度为奇数,这样窗中心为一个
数据
    Hw = floor(WinLen/2);      % 窗的半长度
    Win = cos(pi * [ - Hw:Hw]/2/Hw).^2;    % 半余弦平方窗
    temp1 = zeros(1,LengthS);temp2 = temp1;
    for ii = 1:LengthS     % 循环移动窗的位置
        % 加上窗函数,使得窗的中心点为计算到时的位置
        % 如果数据不能覆盖整个窗,则在窗前部或窗后部加零填充
        if(ii - Hw> = 1&ii + Hw< = LengthS)
            Sig1 = s1(ii - Hw:ii + Hw). * Win;
            Sig2 = s2(ii - Hw:ii + Hw). * Win;
        elseif(ii - Hw<1)&(ii + Hw< = LengthS)
            Sig1 = [zeros(1,Hw - ii + 1),s1(1:ii + Hw)]. * Win;
            Sig2 = [zeros(1,Hw - ii + 1),s2(1:ii + Hw)]. * Win;
        elseif(ii - Hw<1)&(ii + Hw>LengthS)
            Sig1 = [zeros(1,Hw - ii + 1),s1(1:LengthS),zeros(1,Hw - (LengthS - ii) + 1)]. * Win;
            Sig2 = [zeros(1,Hw - ii + 1),s2(1:LengthS),zeros(1,Hw - (LengthS - ii) + 1)]. * Win;
        elseif(ii - Hw> = 1)&(ii + Hw>LengthS)
            Sig1 = [s1(ii - Hw:LengthS),zeros(1,Hw - (LengthS - ii))]. * Win;
            Sig2 = [s2(ii - Hw:LengthS),zeros(1,Hw - (LengthS - ii))]. * Win;
```

```
            end
            temp1(ii) = abs(sum(Sig1. * exp( - j * 2 * pi * [ - Hw:Hw] * dt/Tk)));    % 对应的傅里叶变换,得到的数据包含实部和虚部
            temp2(ii) = abs(sum(Sig2. * exp( - j * 2 * pi * [ - Hw:Hw] * dt/Tk)));    % 对应的傅里叶变换,得到的数据包含实部和虚部
        end
        Indx1 = find(temp1 = = max(temp1));    % 得到第一个台站资料的该频率最大振幅的序号
        Indx2 = find(temp2 = = max(temp2));    % 得到第二个台站资料的该频率最大振幅的序号
        PVG(jj,1:2) = [TPoint(jj),D21/((Indx2(1) - Indx1(1)) * dt + t21)];     % 求解两个台站之间的群速度
    end
    return
```

采用模拟的汶川地震以东震中距分别为10°和17°处的两个垂直向地震记录提取面波频散曲线的MATLAB程序如下：

```
    % P5_11. m
    close all
    load wenchuan. ur;   % 加载地震波数据,第一列为时间,第二列为第一个台的垂直向记录,第三列为第二个台的垂直向记录
    dt = 0. 25;      % 数据的采样间隔
    D1 = 10 * 111. 199;      % 第一个台站的震中距,转换为 km
    D2 = 17 * 111. 199;      % 第二个台站的震中距,转换为 km
    D21 = D2 - D1;      % ;两个台之间的距离
    t210 = 0;      % 面波地震图的起始时间差别
    ts1 = 259;      % 第一个地震图的面波的大致起始时间
    TPoint = [10:0. 01:40];    % 根据观测的周期变化范围估计所求的周期范围
    s1 = [wenchuan(fix(ts1/dt):end,2)]';    % 第一个台的垂直向地震图,所截取的时间域第二个地震图相同
    s2 = [wenchuan(fix(ts1/dt):end,3)]'; % 第二个台的垂直向地震图
    figure(1)
    subplot(2,1,1),plot(wenchuan(:,1),wenchuan(:,2));    % 绘出面波在地震图中的位置
    xlabel('时间/s');ylabel('垂直位移');
    subplot(2,1,2),plot(wenchuan(:,1),wenchuan(:,3));    % 绘出面波在地震图中的位置
    xlabel('时间/s');ylabel('垂直位移');
    [PVG] = move_windowS2(s1,s2,dt,D21,t210,TPoint)    % 调用函数进行群速度提取
    figure(2)
    b = fir1(200,0. 01);    % 为消除求解的面波频散曲线的不光滑,设计 200 阶的低通 FIR 滤波器
    Z = filtfilt(b,1,PVG(:,2));    % 采用 FIR 滤波器对得到的频散曲线前向和后向的滤波
    plot(PVG(:,1),Z,'-',PVG(:,1),PVG(:,2),'o'); % 绘出得到的频散曲线和测量点的值
    legend('内插群速度','测量点','location','NorthWest')      % 加图例
    xlabel('周期/s','FontSize',10,'FontWeight','bold');
    % 给出横轴标记,字体大小为 10,字体粗细属性为粗体
```

```
ylabel('群速度/km. s^-^1','FontSize',10,'FontWeight','bold');
%给出纵轴标记,字体大小为10,字体粗细属性为粗体
```

运行程序，得到图 5-5-5 和图 5-5-6，可见得到的群速度随周期的分布与单台提取的群速度极为相似。

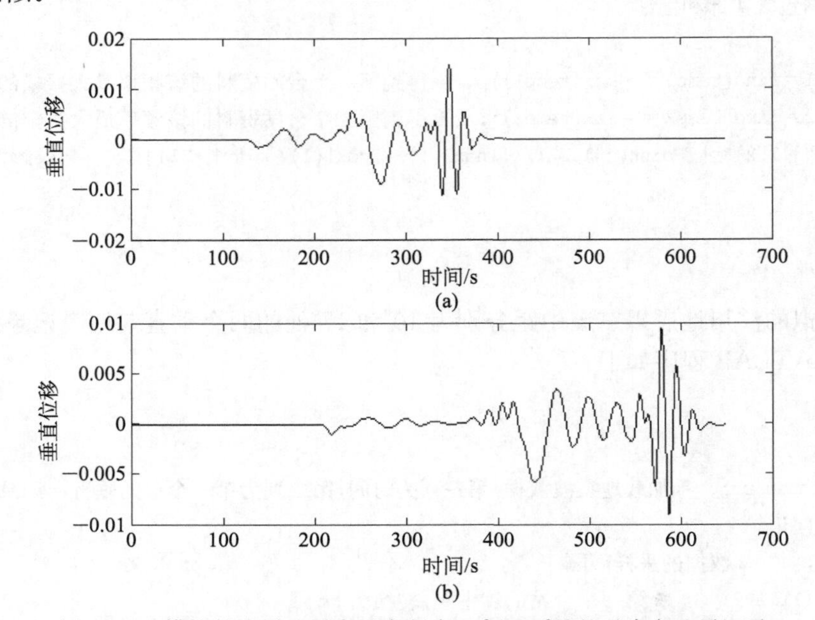

图 5-5-5　模拟的汶川地震东震中距为 10°和 17°处的垂直向地震记录

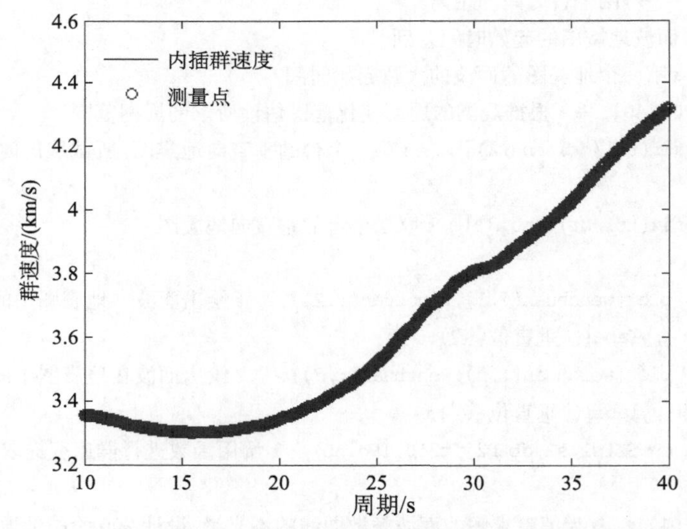

图 5-5-6　采用图 5-5-5 所显示的数据提取的群速度随周期的变化

3. 多重滤波法（multiple filter）

多重滤波法是将时间信号 $x(t)$ 经傅里叶变换为谱函数 $X(f)$，然后以不同的频率点为中心乘以谱窗函数，即进行不同频率外的滤波，再经傅里叶逆变换，得到该频率中心处的

时间域波形，估计其包络线到时，就可以计算该频率处的群速度了。由于该方法对不同的频率点进行滤波求波包到时，所以这种方法称为**多重滤波**。快速傅里叶变换（FFT）算法的应用使得多重滤波法的计算速度大大提高，因此应用比较广泛。多重滤波法的算法如下：

首先将面波信号 $x(t)$ 用 FFT 算法变换为频谱函数：

$$X(f)=\frac{1}{2\pi}\int_{-\infty}^{\infty}x(t)\mathrm{e}^{-\mathrm{i}2\pi ft}\mathrm{d}t=\frac{1}{2\pi}\int_{-\infty}^{\infty}x(t)\cos(2\pi ft)\mathrm{d}t-\mathrm{i}\frac{1}{2\pi}\int_{-\infty}^{\infty}x(t)\sin(2\pi ft)\mathrm{d}t$$
$$=\mathrm{Re}[X(f)]-\mathrm{iIm}[X(f)] \tag{5-5-7}$$

接着将谱函数 $X(f)$ 逐点乘以中心频率为 f_k 的频率窗口 $W(f_k,\ f)$，即

$$S(f)=X(f)W(f_k,f) \tag{5-5-8}$$

频率窗口可采用高斯（Gauss）函数

$$W(f_k,f)=\mathrm{e}^{-\alpha\left(\frac{f-f_k}{f_k}\right)^2} \tag{5-5-9}$$

式中，$f_k=1/T_k$ 为频率窗口的中心频率，T_k 为中心周期；α 为高斯函数峰值的锐度参数，其值越大，周围频率的衰减效果越好，通常根据震中距经验确定 α 值，在 0，100，250，500，1000，2000，4000，20000 的震中距上，α 可取 5，8，12，20，25，35，50，75。给出震中距后，可采用插值方法求得该震中距对应的 α。

对式（5-5-8）做傅里叶逆变换，并取实部可得到滤波后的时间信号：

$$s(t)=\mathrm{Re}\left[\frac{1}{2\pi}\int_{-\infty}^{\infty}X(f)W(f_k,f)\mathrm{e}^{\mathrm{i}2\pi ft}\mathrm{d}f\right]=\frac{1}{2\pi}\int_{-\infty}^{\infty}X(f)W(f_k,f)\cos(2\pi f)\mathrm{d}f \tag{5-5-10}$$

注意在做数值计算时，式（5-5-10）中的积分会出现比较小的虚部，因此需要取实部运算。

在群速度计算中，需要计算滤波后时间信号的包络线。这里采用希尔伯特（Hilbert）变换求得 s（t）函数的解析函数，其幅值就对应于包络线，这方面的论述请参考数字信号处理的讲解。

下面例子对周期为 10s 的数据进行滤波，求其包络线。

```
%P5_12m
load wenchuan.ur   %加载汶川地震东部10°处的理论地震图数据
dt = wenchuan(2,1) - wenchuan(1,1);   %得到地震图的采样间隔
fs = 1/dt;   %地震图的采样频率
StaDist = 10 * 111.199;   %震中距(km)
T = 10;   %计算周期为10秒的滤波后数据及其包络线
s = [wenchuan(:,2)]';   %采用第一个台的地震波垂直向数据
alfa = [0,100,250,500,1000,2000,4000,20000;
  5,8,12,20,25,35,50,75];
%窗函数设置时需要给窗函数的参数alfa,根据不同的震中距给不同alfa值
guassalfa = interp1(alfa(1,:),alfa(2,:),D);
%通过插值得到高斯滤波器的alfa值

PtNum = length(s);   %地震波时间的点数
nfft = PtNum; %计算进行fft的长度
```

```
xxfft = fft(s,PtNum);   % 时域的数据转换到频率域
fxx = (0:(PtNum/2))/(PtNum * dt); % 尼奎斯特频率之前的频率
IIf = 1:(PtNum/2 + 1);      % 尼奎斯特频率之前的数组序号
JJf = (PtNum/2 + 2):nfft;   % 尼奎斯特频率之后的数组序号
fc = 1/T;   % 要计算的地震波频率,为地震波周期的倒数
Hf = exp( - guassalfa * (fxx - fc).^2/fc^2);   % 根据式(5-5-9)设置高斯滤波器的频率域特性,只有
该频率不衰减,其他频率按此距此频率的远近衰减,
yyfft = zeros(1,nfft);   % 开辟滤波后的信号傅里叶变换的数组,并置为零
yyfft(IIf) = xxfft(IIf). * Hf;   % 根据式(5-5-7),对尼奎斯特频率之前的部分数据进行处理,在频
率域中为乘积,在时间域即为卷积
yyfft(JJf) = conj(yyfft((nfft/2): - 1:2)); % 对尼奎斯特之前的频率域数据进行共轭即得到滤波后
的频率域数据,参看傅里叶变换的分析
yy = real(ifft(yyfft,nfft));
% 采用(5-5-10)式进行傅里叶逆变换变换到时间域
filtwave = abs(hilbert(yy(1:nfft)));
% 采用希尔伯特变换得到解析函数,其幅值即是上包络线
plot([0:PtNum - 1] * dt,yy(1:PtNum),[0:PtNum - 1] * dt,filtwave(1:PtNum));   % 绘制包络线和滤
波后数据
legend('滤波后波形','包络线')
xlabel('时间/s'),ylabel('幅值')
```

运行该程序得到图 5-5-7。可见，采用希尔伯特变换较好地得到包络线的振幅形状。

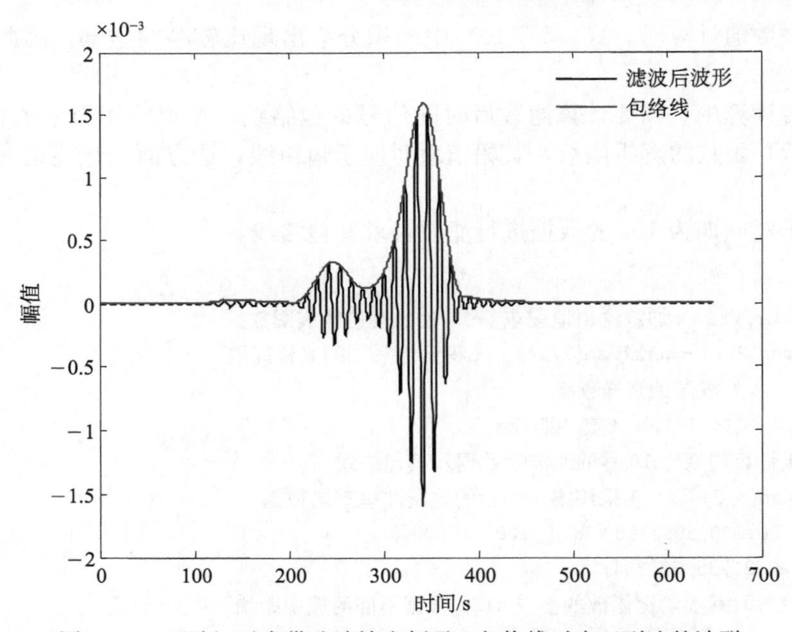

图 5-5-7　面波记录窄带滤波输出例子，包络线对应于到达的波群

已知地震台震中距和地震发震时刻，利用地震面波资料获得面波频散曲线的 MAT-LAB 子程序（根据姚华建教授的程序修改）如下：

```
function [GroupVImg,PVG] = GroupVelocity1S(s,dt,D,TPoint,VPoint,v)
```

```
%根据单台地震面波提取群速度程序
%输入:
%   s为地震波序列,排列为1行;dt为采样间隔,D为震中距,单位km
%   TPoint为要计算群速度的周期序列,一般要比较稠密,排列为行
%   VPoint为要计算的群速度序列,排列为行
%   v为地震图的震中距除以起始点至终止点的走时得到的速度序列,排列为列
%   这里v的序列要包含VPoint序列的范围
%输出:GroupVImg为横轴为周期,纵轴为群速度的相对幅度图像文件,可以绘图看其准确性
%   PVG为从GroupVImg中提取出的周期、群速度矩阵,其中第一列为周期,第二列为对应的群速度
%%%%%%%%%%%%%%%%%%%%%%%%%%%%%%%%%%%%%%%%%%%%%%%%%%%%%%%%%%%
alfa = [0,100,250,500,1000,2000,4000,20000;
  5,8,12,20,25,35,50,75];   %窗函数设置时需要给窗函数的参数alfa,根据不同的震中距给不同alfa值
guassalfa = interp1(alfa(1,:),alfa(2,:),D); %通过插值得到高斯滤波器的alfa值
NumCtrT = length(TPoint); %群速度的点数
PtNum = length(s);   %地震波时间的点数

nfft = PtNum; %计算进行fft的长度
xxfft = fft(s,PtNum);   %时域的数据转换到频率域
fxx = (0:(PtNum/2))/(PtNum * dt); %尼奎斯特频率之前的频率
IIf = 1:(PtNum/2 + 1);   %尼奎斯特频率之前的数组序号
JJf = (PtNum/2 + 2):nfft;   %尼奎斯特频率之后的数组序号

EnvelopeImage = zeros(NumCtrT,PtNum);   %构建包络线图像的矩阵
for i = 1:NumCtrT      %逐一对群速度的点数进行计算包络图像,每次处理得到某一周期的地震波的包络线
    CtrT = TPoint(i);   %要计算的地震波周期
    fc = 1/CtrT;   %要计算的地震波频率,为地震波周期的倒数
    Hf = exp( - guassalfa * (fxx - fc).^2/fc^2);   %设置高斯滤波器的频率域特性,只有该频率不衰减,其他频率按此距此频率的远近衰减
    yyfft = zeros(1,nfft);   %开辟滤波后的信号傅里叶变换的数组,并置为零
    yyfft(IIf) = xxfft(IIf). * Hf;   %频率数据加上窗的作用,对尼奎斯特频率之前进行频率域滤波,在频率域中为乘积,在时间域即为卷积
    yyfft(JJf) = conj(yyfft((PtNum/2): - 1:2)); %对尼奎斯特之前的频率域数据进行共轭即得到滤波后的频率域数据,参看傅里叶变换的分析
    yy = real(ifft(yyfft,PtNum)); %采用傅里叶逆变换变换到时间域
    filtwave = abs(hilbert(yy(1:PtNum))); %采用希尔伯特变换得到解析函数,其幅值即是上包络线
    EnvelopeImage(i,1:PtNum) = filtwave(1:PtNum);   %将得到群速度的上包络线存到EnvelopeImage中,其中行为周期变化,列为时间序列,如看做转换为群速度,则第一个点对应于最大群速度,最后一个点对应于最小群速度
end
imagesc(EnvelopeImage);   %以周期为横坐标、速度为纵坐标,绘制群速度随周期和速度分布的二维图
```

```
pause
AmpS_T = max(EnvelopeImage,[],2);    %得到 EnvelopeImage 矩阵的行的最大值,如果后面为 1,则为列的最大值,这里为 2,则为行的最大值
nt = length(TPoint);    %横轴为周期,此处为其计算点数
nn = length(VPoint);    %纵轴为其群速度,此处为群速度的点数
GroupVImg = zeros(nn,nt);   %开辟存放周期-群速度的地震波幅值数组
    for i = 1:nt
        GroupVImg(1:nn,i) = interp1(v(2:end),[EnvelopeImage(i,2:end)]'/AmpS_T(i),VPoint,'spline');   %将得到的地震某一频率的地震波包络线进行归一化,按照 VPoint 进行样条函数插值,并赋给变量 GroupVImg,
            %注意,由于速度的第一个值为地震发生时刻,如果地震发生时刻到达地震台,此值应为无穷,因此应去掉
    end
[m,n] = size(GroupVImg);   %得到图像矩阵的行和列总数目
GVmax = max(GroupVImg);    %求出图像矩阵的列中的最大值
GroupT = [];    %首先给出一个空矩阵,用于放置周期和对应的群速度
for ii = 1:n
    Indx = find(GroupVImg(:,ii) = = GVmax(ii));
    GroupT = [GroupT;TPoint(ii),VPoint(Indx)];
end
[m,n] = size(GroupVImg);   %得到图像矩阵的行和列总数目
GVmax = max(GroupVImg);     %求出图像矩阵的列中的最大值
GroupT = [];       %首先给出一个空矩阵,用于放置周期和对应的群速度
for ii = 1:n
    Indx = find(GroupVImg(:,ii) = = GVmax(ii));
    GroupT = [GroupT;TPoint(ii),VPoint(Indx)];
end
%下面的程序将具有相同群速度的周期进行求取周期的平均值,在平均值中给出该群速度
PVG = [];   %设置周期和群速度对应的数组
vzall = 0;
nv = 0;
M = size(GroupT,1);
for ii = 2:M
        vzall = vzall + GroupT(ii - 1,1);    %如果周期一样,则将速度累加
        nv = nv + 1;
    if(GroupT(ii,2)~ = GroupT(ii - 1,2))
        PVG = [PVG;vzall/nv,GroupT(ii - 1,2)];    %将上一行数据存盘,如果有相同的周期,则取相同周期群速度的平均值
        nv = 0;       %下一个群速度和周期的求取开始
        vzall = 0;
    end
end
```

```
PVG = [PVG;GroupT(M,:)];   %将最后一行数据存入
return
```

注意，为了直观显示提取的波包振幅分布，上面程序中将各个地震波包络线进行归一化。对于记录地震图，第一个点对应于最早到达的地震波，群速度最大，最后一个点对应于最晚到达的地震波，对应于最小群速度。在实际处理中为绘图方便，经常采用样条(spline)插值得到某一群速度序列下的某个周期的群速度值。下面我们对汶川地震以东17°处的垂直向理论地震图采用上面的子程序给出瑞雷群速度随周期的分布，程序如下：

```
%P5_13.m
load wenchuan.ur;
dt = 0.25;   %数据的采样间隔
D = 17 * 111.199;   %这里采用的 17°的震中距转换为 km
ts = 425;   %估计的面波起始计算时刻
te = 649.75;   %面波的结束时间
figure(1)
plot(wenchuan(:,1),wenchuan(:,3));hold on;plot([1,1] * ts,ylim,'r:');   %绘出面波在地震图中的位置
VPoint = [D/te:0.01:D/ts];        %根据面波的起始时间和终止时间得到求解群速度的范围,并以0.1 进行划分
v = D./wenchuan(:,1);
TPoint = [10:0.01:40];   %根据观测的周期变化范围估计所求的周期范围
s = [wenchuan(:,3)]';   %将地震图变为横向排列
[GroupVImg,PVG] = GroupVelocity1S(s,dt,D,TPoint,VPoint,v); %调用上面的子程序
figure(2);   %绘图
axft = axes('Position',[0.35,0.10,0.55,0.80]);   %绘制振幅随周期和群速度分布的坐标轴位置
minamp = min(min((GroupVImg))); %找到整个矩阵的最小值
imagesc(TPoint,VPoint,GroupVImg,[minamp,1]);   %以周期为横坐标、速度为纵坐标,绘制群速度随周期和速度分布的二维图
set(gca,'YDir','normal');   %设置 Y 轴的方向为正常
xlabel('周期/s','FontSize',10,'FontWeight','bold');   %给出横轴标记,字体大小为 10,字体粗细属性为粗体
ylabel('群速度/km.s^-^1','FontSize',10,'FontWeight','bold'); %给出纵轴标记,字体大小为 10,字体粗细属性为粗体
axseis = axes('Position',[0.10,0.10,0.15,0.80]);
t = ts:dt:te;     %所做面波频散的时间段
plot(axseis,wenchuan(ts/dt:te/dt,3),wenchuan(ts/dt:te/dt,1))     %绘制时域波形图
set(axseis,'YDir','reverse')        %设置 Y 轴反向显示
ylabel('时间/s')              %加时间标记
xlabel('振幅')               %加振幅标记
figure(3)
P = min(PVG(:,1)):0.1:max(PVG(:,1));   %给出内插的周期序列
VG = interp1(PVG(:,1),PVG(:,2),P,'spline');   %采用测量群速度和周期的对应点和样条插值给出平滑曲线数据
```

```
plot(P,VG,PVG(:,1),PVG(:,2),'o')    % 绘制得到的频散曲线
legend('内插群速度','测量点','location','NorthWest')       % 加图例
xlabel('周期/s','FontSize',10,'FontWeight','bold');    % 给出横轴标记,字体大小为 10,字体粗细属性为粗体
ylabel('群速度/km.s^-^1','FontSize',10,'FontWeight','bold'); % 给出纵轴标记,字体大小为 10,字体粗细属性为粗体
```

运行上面的程序，得到图 5-5-8～图 5-5-10。其中图 5-5-8 给出了 17°处地震的垂直向合成地震图，前面的竖直线为估计的面波开始时刻。图 5-5-9 给出了各频段波群的相对振幅大小。其中亮区中间部分对应于频散曲线的位置。求取某一周期包络最大值就得到面波群速度，按最大值得到的频散曲线如图 5-5-10 所示。

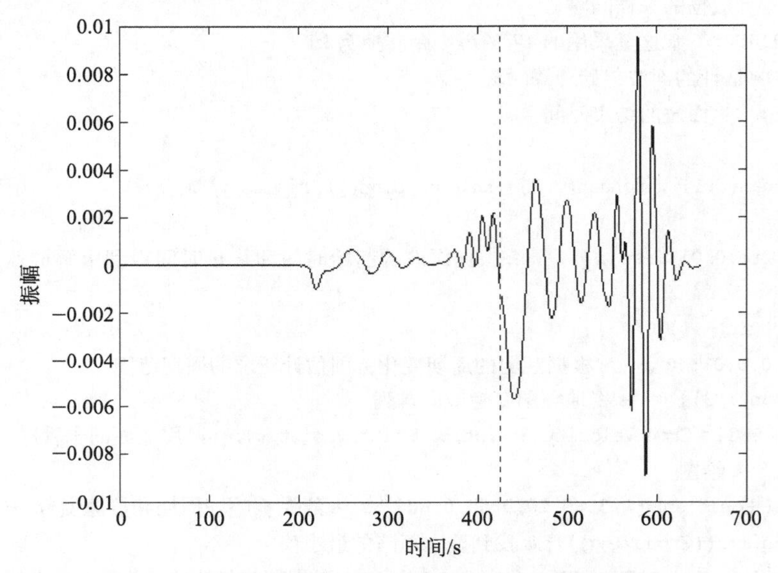

图 5-5-8　汶川地震以东 17°处的垂直向理论地震图

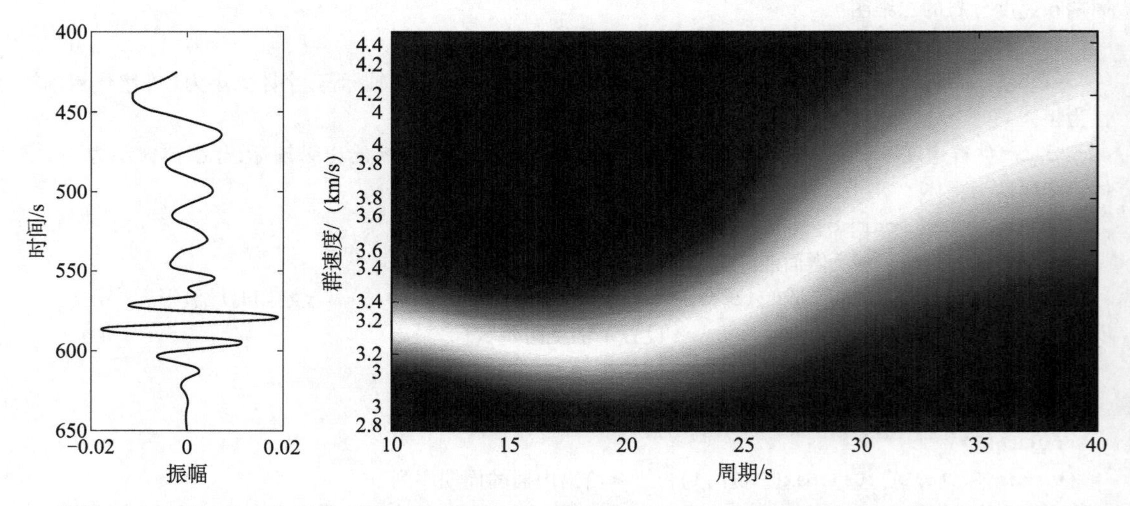

图 5-5-9　根据图 5-5-8 中的数据提取的波包相对振幅随周期和群速度的分布及与时域波形的比较
其中亮区中间部分就对应于频散曲线的位置（参看程序运行的彩图）

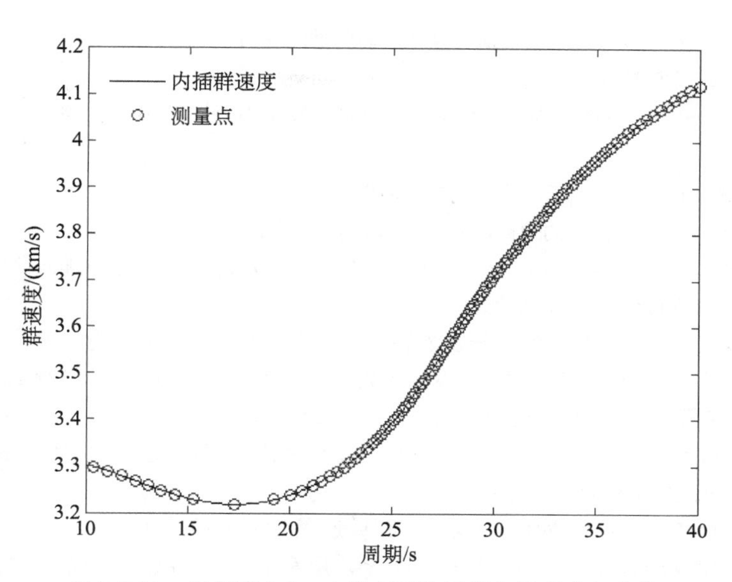

图 5-5-10　根据图 5-5-9 中的亮区位置提取的群速度曲线

下面给出采用两个台地震面波波形资料求解路径上群速度的 MATLAB 子程序（根据姚华建教授的程序修改）。

```
function [PVG] = GroupVelocity2S(s1,s2,dt,D1,D2,t21,TPoint)
%根据同一传播弧线上的两个台地震面波提取群速度程序
%输入:
%  s1 为第一个地震波序列,s2 为第二个台站的地震波序列,排列均为 1 行;dt 为两个台站的采样间隔,D1,D2 为两个台站的震中距,单位 km
%  TPoint 为要计算群速度的周期序列,一般要比较稠密,排列为行
%输出:PVG 为根据两个台的资料提取出的周期、群速度矩阵,其中第一列为周期,第二列为对应的群速度
%%%%%%%%%%%%%%%%%%%%%%%%%%%%%%%%%%%%%%%%%%%%%%%%%%%%%%%%%%%%%%
alfa = [0,100,250,500,1000,2000,4000,20000;
    5,8,12,20,25,35,50,75];  %窗函数设置时需要给窗函数的参数 alfa,根据不同的震中距给不同 alfa 值
guassalfa = interp1(alfa(1,:),alfa(2,:),[D1,D2]); %通过插值得到两个台站高斯滤波器的 alfa 值
NumCtrT = length(TPoint); %群速度的点数
PtNum = length(s1);  %地震波时间的点数
D21 = D2 - D1;
nfft = PtNum; %计算进行 fft 的长度
xxfft1 = fft(s1,PtNum);   %时域的数据转换到频率域
xxfft2 = fft(s2,PtNum);   %时域的数据转换到频率域
fxx = (0:(PtNum/2))/(PtNum * dt); %尼奎斯特频率之前的频率
IIf = 1:(PtNum/2 + 1);      %尼奎斯特频率之前的数组序号
```

```
    JJf = (PtNum/2 + 2):nfft;   % 尼奎斯特频率之后的数组序号
    PVG = zeros(NumCtrT,2);
    for ii = 1:NumCtrT     % 逐一对群速度的点数进行计算包络图像,每次处理得到某一周期的地震波的包络线
        CtrT = TPoint(ii);   % 要计算的地震波周期
        fc = 1/CtrT;   % 要计算的地震波频率,为地震波周期的倒数
        Hf = exp( - guassalfa(1) * (fxx - fc).^2/fc^2);    % 设置高斯滤波器的频率域特性,只有该频率不衰减,其他频率按此距此频率的远近衰减
        yyfft = zeros(1,nfft);   % 开辟滤波后的信号傅里叶变换的数组,并置为零
        yyfft(IIf) = xxfft1(IIf). * Hf;    % 频率数据加上窗的作用,对尼奎斯特频率之前进行频率域滤波,在频率域中为乘积,在时间域即为卷积
        yyfft(JJf) = conj(yyfft((PtNum/2): - 1:2)); % 对尼奎斯特之前的频率域数据进行共轭即得到滤波后的频率域数据,参看 Fourier 变换的分析
        yy = real(ifft(yyfft,PtNum)); % 采用傅里叶逆变换变换到时间域
        filtwave1 = abs(hilbert(yy(1:PtNum))); % 采用希尔伯特变换得到解析函数,其幅值即是上包络线
        Indx1 = find(filtwave1 = = max(filtwave1));    % 找到第一台站此周期的最大包络值的序号
        Hf = exp( - guassalfa(2) * (fxx - fc).^2/fc^2);    % 设置高斯滤波器的频率域特性,只有该频率不衰减,其他频率按此距此频率的远近衰减
        yyfft = zeros(1,nfft);   % 开辟滤波后的信号傅里叶变换的数组,并置为零
        yyfft(IIf) = xxfft2(IIf). * Hf;    % 频率数据加上窗的作用,对尼奎斯特频率之前进行频率域滤波,在频率域中为乘积,在时间域即为卷积
        yyfft(JJf) = conj(yyfft((PtNum/2): - 1:2)); % 对尼奎斯特之前的频率域数据进行共轭即得到滤波后的频率域数据,参看傅里叶变换的分析
        yy = real(ifft(yyfft,PtNum)); % 采用傅里叶逆变换变换到时间域
        filtwave2 = abs(hilbert(yy(1:PtNum))); % 采用希尔伯特变换得到解析函数,其幅值即是上包络线
        Indx2 = find(filtwave2 = = max(filtwave2));    % 找到第二台站此周期的最大包络值的序号
        PVG(ii,1:2) = [CtrT,D21/((Indx2 - Indx1) * dt + t21)];    % 震中距除以两者之间检测的时间差,再考虑两个地震图的起始时间差别,就得到群速度
    end
    return
```

下面采用汶川地震以东10°和17°处的台站的垂直向模拟地震图来展示如何采用两个台的资料求解面波群速度。

```
    % P5_15.m
    close all
    load wenchuan.ur;   % 加载地震波数据,第一列为时间,第二列为第一个台的垂直向记录,第三列为第二个台的垂直向记录
    dt = 0.25;   % 数据的采样间隔
    D1 = 10 * 111.199;      % 第一个台站的震中距,转换为 km
    D2 = 17 * 111.199;      % 第二个台站的震中距,转换为 km
```

```
t210 = 0;      % 面波地震图的起始时间差别
TPoint = [10:0.005:40];   % 根据观测的周期变化范围估计所求的周期范围
s1 = [wenchuan(:,2)]';   % 第一个台的垂直向地震图
s2 = [wenchuan(:,3)]';   % 第二个台的垂直向地震图
figure(1)
subplot(2,1,1),plot(wenchuan(:,1),wenchuan(:,2));   % 绘出面波在地震图中的位置
xlabel('时间/s');ylabel('垂直位移');
subplot(2,1,2),plot(wenchuan(:,1),wenchuan(:,3));   % 绘出面波在地震图中的位置
xlabel('时间/s');ylabel('垂直位移');
[PVG] = GroupVelocity2S(s1,s2,dt,D1,D2,t210,TPoint);   % 调用子程序求得群速度频散数据
figure(2)
b = fir1(200,0.01);   % 为消除求解的面波频散曲线的不光滑,设计 200 阶的低通 FIR 滤波器
Z = filtfilt(b,1,PVG(:,2));      % 采用 FIR 滤波器对得到的频散曲线前向和后向的滤波
plot(PVG(:,1),Z,'-',PVG(:,1),PVG(:,2),'o');   % 绘出得到的频散曲线和测量点的值
legend('内插群速度','测量点','location','NorthWest')      % 加图例
xlabel('周期/s','FontSize',10,'FontWeight','bold');   % 给出横轴标记,字体大小为 10,字体粗细属性为粗体
ylabel('群速度/km.s^-^1','FontSize',10,'FontWeight','bold'); % 给出纵轴标记,字体大小为 10,字体粗细属性为粗体
```

运行上面的程序，得到两个台站的记录图（与移动时间窗法的两个台的垂直向记录一致）和根据两个台的资料得到的面波群速度频散曲线（图 5-5-11）。

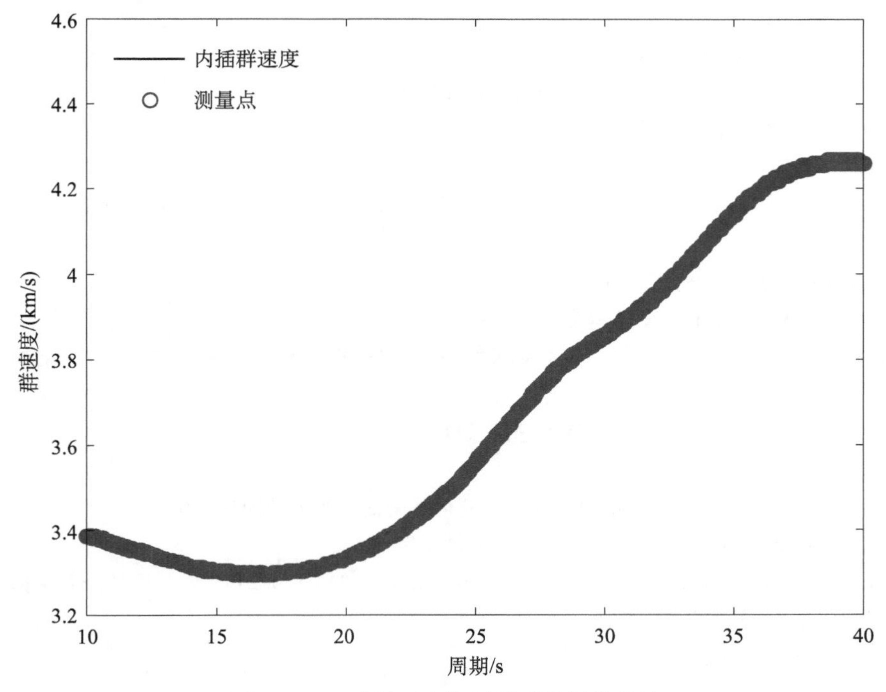

图 5-5-11　采用两台资料得到的频散曲线

5.5.2 相速度

1. 采用单台资料估计相速度

从理论上来说，只要震源产生的相位和仪器的频率特性已知，用单台记录便可求得震中和记录台之间介质的相速度。这种方法首先由佐藤（Sato）提出。

若地震只激发基阶面波，在震源距为 r、方位角为 θ 的台站所记录到的信号为 $x(t)$，注意 $t<0$ 时，$x(t)=0$，则傅里叶变换为

$$X(f)=\frac{1}{2\pi}\int_0^{\infty}x(t)\mathrm{e}^{-\mathrm{i}2\pi ft}\mathrm{d}t \tag{5-5-11}$$

信号的复数谱 $X(f)$ 可用振幅谱和相位谱来表示：

$$X(f)=A(r,\theta,f)\mathrm{e}^{\mathrm{i}\varphi(r,\theta,f)} \tag{5-5-12}$$

其相位函数可以写成

$$\varphi(r,\theta,f)=k(f)r+\varphi_0(\theta,f)+\varphi_i(f)+2n\pi \tag{5-5-13}$$

式中，$k(f)$ 为波数（即 $k=2\pi/\Lambda$）；$\varphi_0(\theta,\ f)$ 为震源处的初相；$\varphi_i(f)$ 为记录仪器的相移。因为傅里叶变换所得到的相位角总是为 0～2π，它与实际相位角可能差 $2n\pi$。为了能够估计 $k(f)$，必须确定 $\varphi_0(\theta,\ f)$、$\varphi_i(f)$ 及整数 n。一般来说，仪器相移 $\varphi_i(f)$ 可以根据仪器特性估计出来。下面采用汶川地震东 10°处的垂向理论地震图，给出相速度的可能分布，程序（参看姚华建教授的程序编制）如下：

```
%P5_16.m
close all
load wenchuan.ur;
dt=0.25;  %数据的采样间隔
D=10*111.199;  %这里采用的10°的震中距转换为km
ts=259;  %面波的起始计算时刻
figure(1)
plot(wenchuan(:,1),wenchuan(:,2));hold on;plot([1,1]*ts,ylim,'r-');  %绘出面波在地震图中的位置
t=wenchuan(:,1);  %地震的时间序列
te=400;  %从波形上看400基本为面波的结束
VPoint=[D/te:0.01:D/ts];  %根据面波的起始时间和终止时间得到求解群速度的范围,并以0.1进行划分
VImgPt=length(VPoint);%所要计算的速度长度
v=D./wenchuan(:,1);
TPoint=[10:0.01:40];  %根据观测的周期变化范围估计所求的周期范围
WaveNumPt=size(wenchuan(:,1),1);  %数据的长度
s=[wenchuan(:,2)]'.*[tukeywin(length([wenchuan(:,2)]'),0.2)]';  %设计余弦衰减窗口,其中0.2是指两个下降沿占总窗长的百分比;
fs=1/dt;  %采样频率
NumCtrT=length(TPoint);%群速度的点数
%Filter Parameter
```

```
    Bw = 1/TPoint(1) - 1/TPoint(2);      % 频带宽度
    Order = 1500;   % 滤波器的阶数
    KaiserPara = 6;   % 凯泽窗参数
    phaseImage = zeros(NumCtrT, WaveNumPt);   % 构建包络线图像的矩阵
    for ii = 1:NumCtrT      % 逐一对某一周期进行计算
        F_low = 1/TPoint(ii) - Bw/2;   % 低频的归一化频率
        F_high = 1/TPoint(ii) + Bw/2;   % 高频的归一化频率
            % 用 fir1 函数来设计窗函数
        b = fir1(Order, [F_low, F_high] * 2/fs, kaiser(Order + 1, KaiserPara));   % 采用凯泽窗设计 FIR
滤波器
        FilteredWave = filtfilt(b, 1, [s, zeros(1, 2 * Order)]);   % 采用前向和后向结合的滤波校正相
位延迟
        % 这里的数据后均加了阶数个零来避免阶数过高带来的滤波问题
        PhaseImg(1:WaveNumPt, ii) = FilteredWave(1:WaveNumPt); % 将滤波后的数据赋给相位的图像
        PhaseImg(1:WaveNumPt, ii) = PhaseImg(1:WaveNumPt, ii)/max(abs(PhaseImg(1:WaveNumPt, ii)));
  % 将数据进行归一化
    end
    PhaseVImg = zeros(VImgPt, NumCtrT);
    for ii = 1:NumCtrT
        TravPtV = D. /t(2:end);              % 计算点得到的速度
        PhaseVImg(1:VImgPt, ii) = interp1(TravPtV, PhaseImg(2:WaveNumPt, ii), VPoint, 'spline');
  % 对速度进行插值
        PhaseVImg(1:VImgPt, ii) = PhaseVImg(1:VImgPt, ii)/max(abs(PhaseVImg(1:VImgPt, ii)));   % 对
插值后的值进行归一化
    end
    figure(2)
    axft = axes('Position', [0.35, 0.10, 0.55, 0.80]);   % 绘制振幅随周期和群速度分布的坐标轴位置
    imagesc(TPoint, VPoint, PhaseVImg, [-1, 1]);      % 采用周期为横坐标,速度为纵坐标绘图
    set(gca, 'YDir', 'normal', 'FontSize', 8, 'FontWeight', 'bold', 'FontName', 'Arial');
    xlabel('周期/s', 'FontSize', 8, 'FontWeight', 'bold', 'FontName', 'Arial');
    ylabel('相速度/km. s^-^1', 'FontSize', 8, 'FontWeight', 'bold', 'FontName', 'Arial');
    axseis = axes('Position', [0.10, 0.10, 0.15, 0.80]);
    t = ts:dt:te;      % 所做面波频散的时间段
    plot(axseis, wenchuan(ts/dt:te/dt, 2), wenchuan(ts/dt:te/dt, 1))      % 绘制时域波形图
    set(axseis, 'YDir', 'reverse')          % 设置 Y 轴反向显示
    ylabel('时间/s')                  % 加时间标记
    xlabel('振幅')                    % 加振幅标记
```

程序运行结果如图 5-5-12 所示。可见，如果不知道地震震源的相位 φ_0 (θ，f)，也不知道经历的周期数 n，无法确定相速度随周期的分布，因此单台法只能作为参考。如果位于同一方位角上有两个台的记录，则可以避免因震源机制不确定引起的困难。下面讨论两种测定两台间面波相速度的方法。

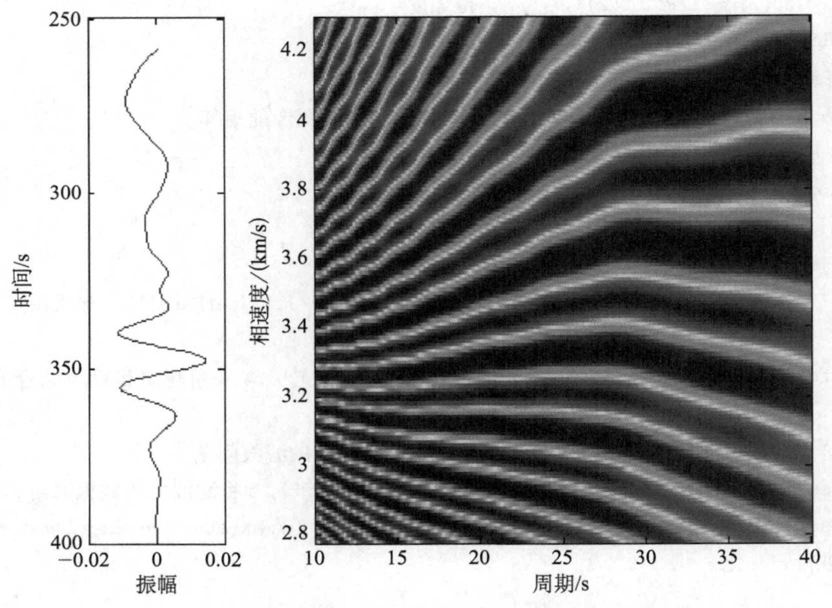

图 5-5-12　相速度的可能分布（参看程序运行的彩图）

2. 相位差法

设有位于同一方位角上的两台记录，由式（5-5-13）不难确定

$$\begin{aligned} k(f)r_1 &= \varphi_1(r,\theta,f)-\varphi_0(\theta,f)-\varphi_{i1}(f)-2n\pi \\ k(f)r_2 &= \varphi_2(r,\theta,f)-\varphi_0(\theta,f)-\varphi_{i2}(f)-2m\pi \end{aligned} \tag{5-5-14}$$

将式（5-5-14）两式相减，并经过简单的变换，可得到两台间的相速度：

$$c(f)=\frac{\omega}{k(f)}=\frac{2\pi f}{k(f)}=\frac{2\pi f(r_2-r_1)}{\varphi_2-\varphi_1-\varphi_{i2}-\varphi_{i1}+2(m-n)\pi} \tag{5-5-15}$$

若两台的仪器特性相同，并将频率 f 改为周期 T 表示，式（5-5-15）可以简化为

$$c(f)=\frac{r_2-r_1}{\dfrac{T}{2\pi}[\varphi_2-\varphi_1+2(m-n)\pi]} \tag{5-5-16}$$

式中，整数（$m-n$）可以根据相速度的粗略范围估计，所以由此测定的相速度是不唯一的。不同的估计常有比较大的差异。

此外，如对两台的记录作傅里叶变换，分别求得 φ_2 及 φ_1，代入式（5-5-16），也可以求得相速度。上述求解误差较大，应用互相关法求两台记录的相位差 $\varphi_2-\varphi_1$ 可以获得更好的结果。

设 $x_1(t)$，$x_2(t)$ 分别为两台的面波记录，其互相关函数为

$$\gamma_{21}(\tau)=\int_{-\infty}^{\infty}x_1(t)x_2(t+\tau)\mathrm{d}t \tag{5-5-17}$$

对求出的互相关作傅里叶变换，有

$$R(f)=\frac{1}{2\pi}\int_{-\infty}^{\infty}\gamma_{21}(\tau)\mathrm{e}^{-\mathrm{i}2\pi\tau}\mathrm{d}\tau=X_2(f)X_1^*(f)=|X_2(f)||X_1(f)|\mathrm{e}^{\mathrm{i}(\varphi_2-\varphi_1)}=R(f)\mathrm{e}^{\mathrm{i}\Delta\varphi} \tag{5-5-18}$$

式中，$X_1^*(f)$ 为 $X_1(f)$ 的共轭谱。所以，互相关谱 $R(f)$ 的相位就是求相速度所需的相

位差 $\Delta\varphi=\varphi_2-\varphi_1$，代入式（5-5-16）即可得到结果。这里 $m-n$ 仍无法确定，但可以分别选取不同的整数，然后按经验给出最终结果。

3. 窄带通滤波-互相关函数法

相位差法由于（$m-n$）的值不确定，使相速度的估计有一定的困难。因此后人提出了改进的窄带通滤波-互相关函数法。这种方法不是基于相位对比，而是基于振幅对比。其主要步骤是先对面波信号做窄带通滤波，再计算互相关函数 γ_{21}，最后将归一化的 γ_{21} 按矩阵排列的形式输出，便可由等值线确定相速度。

设 $x_1(t)$，$x_2(t)$ 为两台面波记录，首先分别对它们进行窄带滤波，即在时间域内对这两个时间序列做褶积运算：

$$\begin{aligned} y_1(\tau) &= \int_{-\infty}^{\infty} x_1(t-\tau)W(t)\mathrm{d}t \\ y_2(\tau) &= \int_{-\infty}^{\infty} x_2(t-\tau)W(t)\mathrm{d}t \end{aligned} \tag{5-5-19}$$

一个理想带通滤波器的单位脉冲响应函数为

$$W(T_k,t) = A_0 \frac{\sin(2\pi ht)}{\pi t}\cos\left(\frac{2\pi}{T_k}t\right) \tag{5-5-20}$$

式中，h 为通频带瓣宽度（一般取 $h=0.001$）；T_k 为滤波器的中心频率；A_0 为常系数。对于有限长离散资料，为了有效压制滤波器的旁瓣效应，必须对脉冲响应函数乘以特定的权函数 $u(t)$。$u(t)$ 可取半余弦平方函数，故窄带滤波器的脉冲响应函数为

$$W(T_k,t) = A_0 \frac{\sin(2\pi ht)}{\pi t}\cos\left(\frac{2\pi}{T_k}t\right)\cos^2\left(\frac{\pi t}{10T_k}\right) \tag{5-5-21}$$

对两台分别做了窄带滤波后，下一步就是通过求互相关函数求相速度

$$\gamma_{21}(T_k,p) = \int_{-\infty}^{\infty} y_2(T_k,\tau+p)y_1(T_k,\tau)\mathrm{d}\tau \tag{5-5-22}$$

式中，p 为第二台记录相对于第一台记录的延迟时间。若两台的震中距的差为 $\Delta_2-\Delta_1$，则 T_k 周期的相速度为

$$c(T_k) = \frac{\Delta_2-\Delta_1}{p} \tag{5-5-23}$$

不妨将互相关函数记为

$$\gamma_{21}(T_k,p) = \gamma_{21}(T_k,c) \tag{5-5-24}$$

它表示相关振幅随周期 T_k 和相速度 $c(T_k)$ 变化的分布。考虑到互相关函数有：

$$\begin{aligned} \gamma_{21}(T_k,c) &= \int_{-\infty}^{\infty} Y_2(f)Y_1^*(f)\mathrm{e}^{\mathrm{i}2\pi f\tau}\mathrm{d}f \\ &= \int_{-\infty}^{\infty} |Y_2(f)|\,|Y_1(f)|\,\mathrm{e}^{\mathrm{i}(\varphi_2-\varphi_1)}\mathrm{e}^{\mathrm{i}2\pi f\tau}\mathrm{d}f \end{aligned} \tag{5-5-25}$$

当两台信号同相时，$\varphi_2-\varphi_1=0$，γ_{21} 有最大值。反相时，$\varphi_2-\varphi_1=\pm\pi$，$\gamma_{21}$ 有最小值。因此，将 $\gamma_{21}(T_k, c)$ 按矩阵形式输出，最大值等值线勾绘出来，即可以方便地确定相速度频散曲线。下面采用汶川地震以东10°和以东17°处合成的垂直向地震图展示得到相速度的程序。

```
% P5_17.m
close all
load wenchuan.ur;
```

```
dt = 0.25;  % 数据的采样间隔
D21 = 7 * 111.199;                % 两台站间距为 7 度,转换为 km
ts1 = 209;ts2 = 372.5;               % 面波的起始计算时刻
t21 = ts2 - ts1;               % 面波地震图的起始时间差别
figure(1)
subplot(2,1,1),plot(wenchuan(:,1),wenchuan(:,2));hold on;plot([1,1] * ts1,ylim,'r:');    % 绘出面波在地震图中的位置
subplot(2,1,2),plot(wenchuan(:,1),wenchuan(:,3));hold on;plot([1,1] * ts2,ylim,'r:');    % 绘出面波在地震图中的位置
y2 = [wenchuan(ts2/dt:end,3);]';   % 较远处台站的地震波
N = length(y2);
if(rem(N,2) = = 0)  N = N + 1;y2 = [y2,0];end  % 使得数据长度为奇数,便于使用窗函数
y1 = [wenchuan(ts1/dt:end,2)]';   % 较近处台站的地震波
N1 = length(y1);
if(N1<N)  y1 = [y1,zeros(1,N - N1)];  end  % 使得两种数据的长度相等
TPoint = [10:0.1:40];       % 根据观测的周期变化范围估计所求的周期范围
NumCtrT = length(TPoint);         % 求取周期的点数
PhaseImg = zeros(N,NumCtrT);        % 构建包络线图像的矩阵
Clags = zeros(NumCtrT,2 * N - 1);
h = 0.001;    % 窄带滤波器脉冲响应设计参数
for ii = 1:NumCtrT   % 逐一对某一周期进行计算
    WinLen = round(TPoint(ii)/dt * 5);
    if(rem(WinLen,2) = = 0) WinLen = WinLen + 1;end
    WinLen2 = floor(WinLen/2);
    t = [ - WinLen2:WinLen2] * dt;    % 窗函数对应的时间
    Win = sin(2 * pi * h * t)./(pi * t + eps). * cos(2 * pi * t/TPoint(ii)). * cos(pi * t/(10 * TPoint(ii)));  % 窄带滤波器的脉冲响应
    FilteredWave1 = filtfilt(Win,1,[zeros(1,WinLen),y1,zeros(1,WinLen)]);   % 采用前向和后向结合的滤波校正相位延迟
    FilteredWave2 = filtfilt(Win,1,[zeros(1,WinLen),y2,zeros(1,WinLen)]);   % 采用前向和后向结合的滤波校正相位延迟
[xycorr,Clags(ii,1:2 * N - 1)] = xcorr(FilteredWave2(WinLen + 1:N + WinLen),FilteredWave1(WinLen + 1:N + WinLen),N - 1);
PhaseImg(1:N,ii) = xycorr(N:2 * N - 1);   % 将滤波后的数据赋给相位的图像
end
figure(2)
VP = D21./(t21 + [0:N - 1] * dt);
pcolor(TPoint,VP,PhaseImg)
shading interp
set(gca,'YDir','normal')
xlabel('周期/s','FontSize',10,'FontWeight','bold');   % 给出横轴标记,字体大小为 10,字体粗细属性为粗体
ylabel('相速度/km.s^-^1','FontSize',10,'FontWeight','bold'); % 给出纵轴标记,字体大小为 10,字体粗细属性为粗体
Pmax = max(max(PhaseImg));          % 找到整个矩阵的最大值
```

```
[m,n] = find(PhaseImg = = Pmax);         % 找到矩阵最大值所对应的序号
PTV = [TPoint(n),VP(m)];         % 将其放入矩阵,该矩阵放置周期和相速度值
SearchWid = 70;   % 搜索的宽度
for ii = NumCtrT - 1: - 1:1
    if((m - SearchWid)<1)   N1 = 1;else N1 = m - SearchWid;end   % 上界宽度
    if((m + SearchWid)>N)   N2 = N;else N2 = m + SearchWid;end   % 下界宽度
    [m,n] = find(PhaseImg(N1:N2,ii) = = max(PhaseImg(N1:N2,ii)));   % 找到前一列搜索范围中的最大值,给出序号
    PTV = [PTV;TPoint(ii),VP(N1 + m - 1)];   % 将给出的序号放置到 PTV 中
end
hold on
plot(PTV(:,1),PTV(:,2),'wp')   % 绘制找到的相速度随周期的变化
xlabel('周期/s','FontSize',10,'FontWeight','bold');   % 给出横轴标记,字体大小为 10,字体粗细属性为粗体
ylabel('相速度/km.s^-^1','FontSize',10,'FontWeight','bold');   % 给出纵轴标记,字体大小为 10,字体粗细属性为粗体
figure(3)
% 将具有相同相速度的周期点采用平均值的方法合并
PTV1 = [];             % 设置周期和相速度对应的数组
vzall = 0;
nv = 0;
M = size(PTV,1);             % 矩阵的行数
for ii = 2:M
        vzall = vzall + PTV(ii - 1,1);          % 如果周期一样,则将速度累加
nv = nv + 1;
if(PTV(ii,2)~ = PTV(ii - 1,2))
        PTV1 = [PTV1;vzall/nv,PTV(ii - 1,2)];   % 将上一行数据存盘,如果有相同的周期,则取相同周期相速度的平均值
nv = 0;   % 下一个相速度和周期的求取开始
        vzall = 0;
    end
end
PTV1 = [PTV1;PTV(M,:)];          % 将最后一行数据存入
NN = size(PTV1,1);          % 得到获得数据的行的长度
U = PTV1(1:NN - 1,2)./(1 + (PTV1(1:NN - 1,1)./PTV1(1:NN - 1,2)).* diff(PTV1(:,2))./diff(PTV1(:,1)));   % 根据公式得到群速度频散曲线
b = fir1(50,0.01);   % 为消除求解的面波频散曲线的不光滑,设计 50 阶的低通 FIR 滤波器
V = filtfilt(b,1,U);   % 对得到的群速度进行滤波
plot(PTV1(:,1),PTV1(:,2),'b',PTV1(1:NN - 1,1),V,'k:')   % 得到光滑的群速度频散曲线
legend('相速度','群速度','location','northwest');   % 给出图例
xlabel('周期/s','FontSize',10,'FontWeight','bold');   % 给出横轴标记,字体大小为 10,字体粗细属性为粗体
ylabel('速度/km.s^-^1','FontSize',10,'FontWeight','bold');   % 给出纵轴标记,字体大小为 10,字体粗细属性为粗体
```

运行程序可得到互相关振幅随周期和相速度分布图（图 5-5-13）以及相速度和群速度的比较（图 5-5-14），可以看到一般群速度小于相速度。

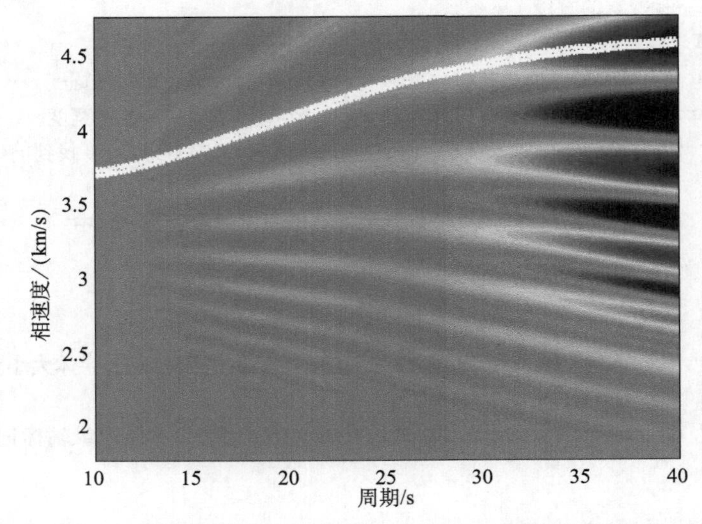

图 5-5-13　采用模拟的汶川地震以东 10°和以东 17°的垂直向数据得到的相关振幅随相速度和周期的分布（参看程序运行的彩图）

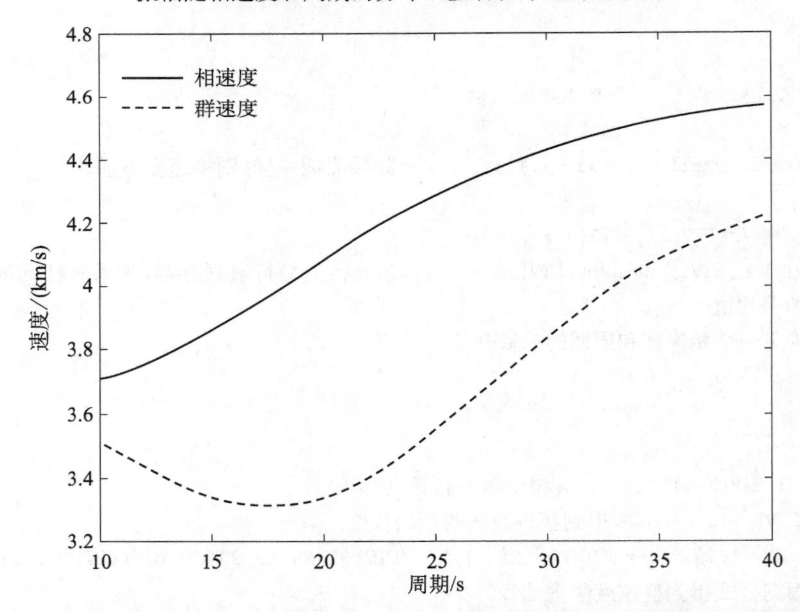

图 5-5-14　采用汶川地震以东 10°和 17°处的垂直向数据提取的相速度及根据相速度计算的群速度比较

5.6　全球面波

在地球上勒夫波和瑞雷波沿震源到台站的大圆通道传播。因为面波限于地球表面，因此与体波比较，其几何扩散效应较小。对一个特定位置的接收器，第一个面波波至沿较小的（短的）圆弧传播，后面的波至沿地球相反一边的大圆弧传播（图 5-6-1）。第二个波至是经过震源对跖点的面波，对跖点正好位于与震源相反的地球的另一边。第一个和第二个到达的勒夫波至分别叫做 G_1 和 G_2，而相应的瑞雷波至叫做 R_1 和 R_2。这些波没在接收器的地方停下来，而是继续环绕地球传播。因此在大地震后的很大一段时间内观测到一系列的后续的波至。编号奇数的面波（例如，R_1、R_3、R_5 等）从震源出发，沿小圆弧方向传播，而偶数的面波沿大圆弧方向传播。

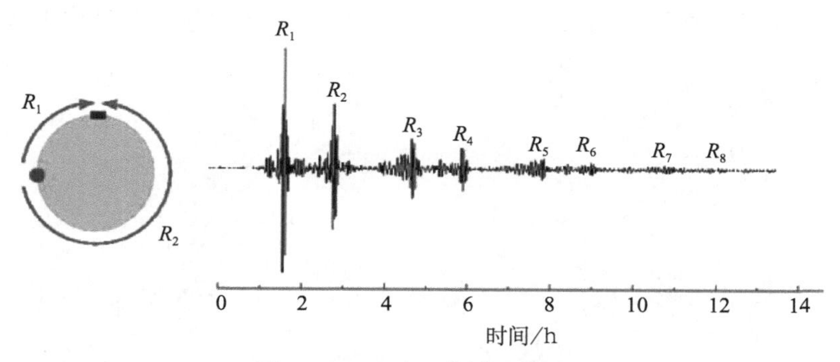

图 5-6-1　地球上传播的瑞雷波

图 5-6-2 给出了在秘鲁 NNA 台站记录汤加消减带发生的 230km 深度的地震的三分向地震图（Shearer，2009）。注意，源于 SH 波的勒夫波在水平方向最突出，而源于 P/SV 的瑞雷波主要在垂直和径向分向量出现。由波至振幅随时间的减小可以看出面波的衰减。

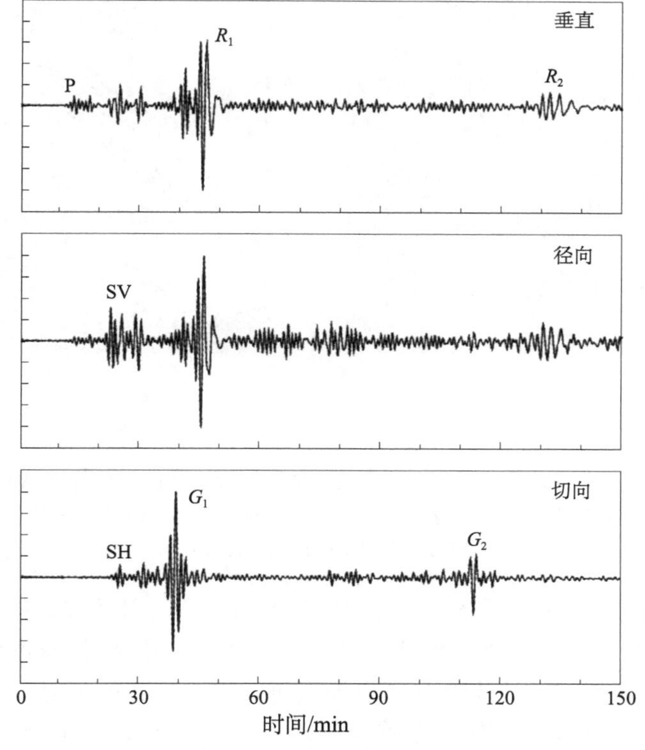

图 5-6-2　在秘鲁的 NNA 台站记录的 1989 年 3 月 11 日汤加海沟地震的垂直、径向和切向运动分量（Shearer，2009）

瑞雷波在垂直分量的长周期地震图上表现比较明显。图 5-6-3 给出了垂直向地震波场的全球图像。可以看到在第一个瑞雷波（R_1）之前的三角形区域中也可以看到较大的 P 和 SV 体波震相。在 R_1 和第二个瑞雷波（R_2）之间有其他明显的体波波至。这些波至包括某些 P 波震相，但最突出的是在地表多次反射的高阶位的 S 波和多次反射所产生的 S−P 转换震相族。这些震相可追踪到 720°（两次往复，每次往复为 360°），是瑞雷波波至之间地震能量的主要来源。在面波的文献中，这些波至叫做**谐波波包**，有时称为 **X 震相**。

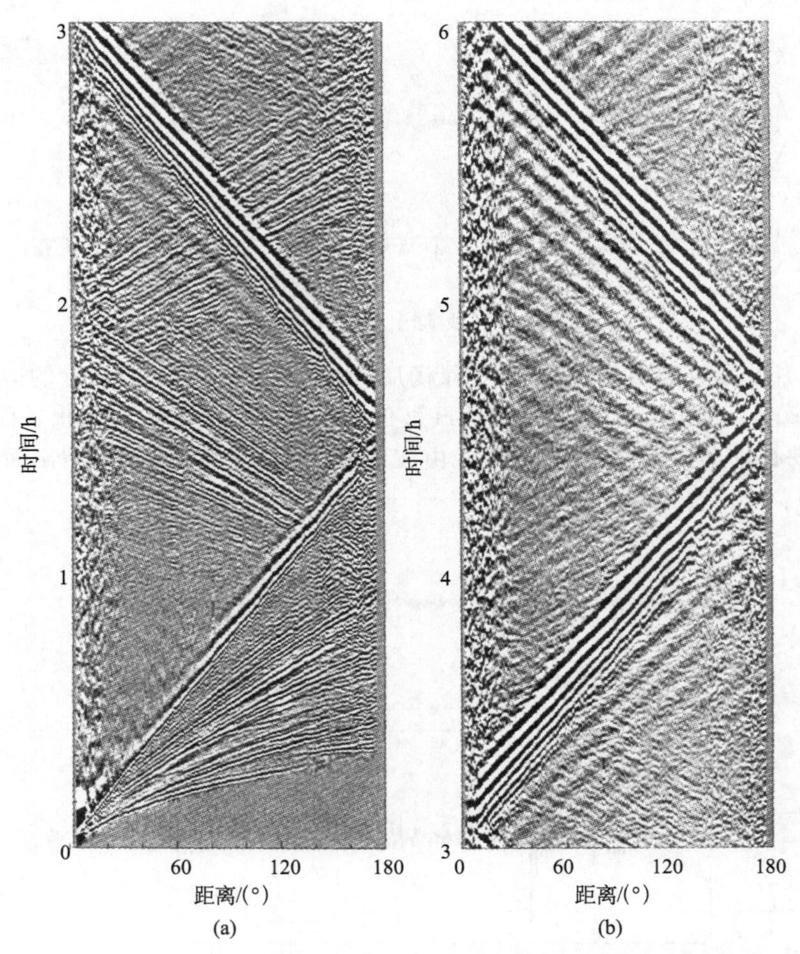

图 5-6-3　在垂直分向地震仪上作为地震的时间和距离函数的地球长周期地震响应图像

正的振幅用黑线表示，负的振幅用白线表示。在展现前 3 小时数据的（a）上，瑞雷波 R_1 和 R_2 很明显。而在（b）上可以看到 R_3 和 R_4（引自 Shearer，2009）

面波通常是远距离最强的波至，包含地壳和上地幔结构以及震源的大量信息。在一张地震图上，可以在许多不同的频率测量速度，直接提供震源-接收器路径上不同深度的速度-深度剖面。而一张地震图的体波观测只提供每个体波震相的走时，不能单独用来求解速度-深度剖面（或三维速度结构），只有将很多台站的体波震相到时结合起来才能求解速度结构。因此，采用面波记录可以在台站较为稀疏的地方得到相对精确的速度结构。

5.7　多层介质中面波的频散曲线的计算

多层介质中的面波频散曲线的计算较为麻烦。本节仅以勒夫波频散曲线的计算为例说明多层介质中面波的频散曲线计算的思路。

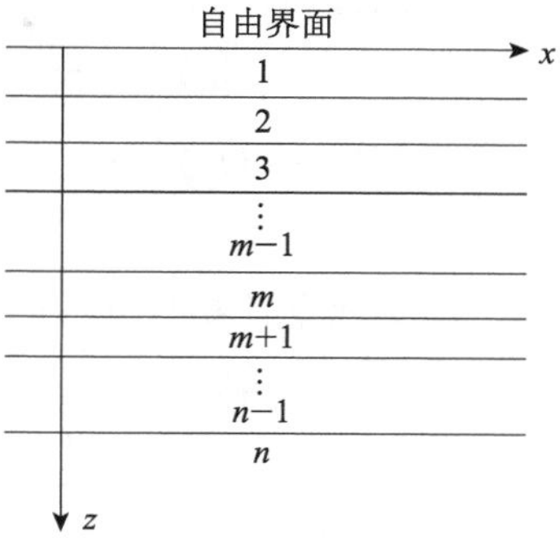

考虑角频率为 ω，相速度为 c 的勒夫波在 n 层水平、各向同性的层状均匀介质中传播，x 轴与波的传播方向一致，z 轴向下，层的序数及界面序数如图 5-7-1 所示。

自由界面
x
1
2
3
⋮
m−1
m
m+1
⋮
n−1
n
z

图 5-7-1　N 层半空间介质

对于水平成层介质中传播的 SH 波，根据第 4 章 4.4 节的式（4-4-3）和式（4-4-6），第 m 层随深度连续变化的位移和应力的哈斯克尔矩阵可写为

$$\boldsymbol{H}(z)=\begin{bmatrix}u_{ym}\\ \sigma_{yzm}\end{bmatrix}=\begin{bmatrix}\grave{S}_m e^{-i\omega\eta_m z}+\acute{S}_m e^{i\omega\eta_m z}\\ -\grave{S}_m i\omega\mu_m\eta_m e^{-i\omega\eta_m z}+\acute{S}_m i\omega\mu_m\eta_m e^{i\omega\eta_m z}\end{bmatrix}e^{i\omega(t-px)} \tag{5-7-1}$$

式中，μ_m 为第 m 层剪切模量，亦称为拉梅常数，$\eta_m=c\left(\frac{\beta_m^2}{c^2}-1\right)^{1/2}$。

层状介质内部的任一界面上，y 方向的位移分量 u_y 和应力分量 σ_{zy} 都是连续的。位移的连续性使相应的速度分量也连续。由于相速度对各层都一样，因此无量纲的量 $\frac{\dot{u}_y}{c}$ 也连续。令

$$r_{\beta m}=\begin{cases}+\left[(c/\beta_m)^2-1\right]^{1/2} & c>\beta_m\\ -i\left[1-(c/\beta_m)^2\right]^{1/2} & c<\beta_m\end{cases} \tag{5-7-2}$$

下行波表示为

$$\grave{D}_m=\grave{S}_m e^{i\omega(t-px)} \tag{5-7-3}$$

上行波表示为

$$\acute{D}_m=\acute{S}_m e^{i\omega(t-px)} \tag{5-7-4}$$

采用欧拉公式将指数形式展开为三角函数，式（5-7-1）为

$$\frac{\dot{u}_{ym}}{c}=ik\cos(kr_{\beta m}z)(\grave{D}_m+\acute{D}_m)+k\sin(kr_{\beta m}z)(\grave{D}_m-\acute{D}_m) \tag{5-7-5}$$

$$\begin{aligned}\sigma_{zym}&=-\grave{D}i\omega\mu_m\eta_m e^{-i\omega\eta_m z}+\acute{D}i\omega\mu_m\eta_m e^{i\omega\eta_m z}\\&=-kr_{\beta m}\mu_m\sin(kr_{\beta m}z)(\grave{D}_m+\acute{D}_m)-ikr_{\beta m}\mu_m\cos(kr_{\beta m}z)(\grave{D}_m-\acute{D}_m)\end{aligned} \tag{5-7-6}$$

写成矩阵形式为

$$\begin{bmatrix}\frac{\dot{u}_{ym}}{c}\\ \sigma_{yzm}\end{bmatrix}=\begin{bmatrix}ik\cos(kr_{\beta m}z) & k\sin(kr_{\beta m}z)\\ -kr_{\beta m}\mu_m\sin(kr_{\beta m}z) & -ikr_{\beta m}\mu_m\cos(kr_{\beta m}z)\end{bmatrix}\begin{bmatrix}(\grave{D}_m+\acute{D}_m)\\ (\grave{D}_m-\acute{D}_m)\end{bmatrix} \tag{5-7-7}$$

将 z 轴原点置于 $m-1$ 界面上，则在 $m-1$ 界面处于 $z=0$ 处，正弦函数部分为零，余弦函数部分为 1，式（5-7-7）可写成矩阵：

$$\begin{bmatrix}\dfrac{\dot{u}_{ym-1}}{c}\\ \sigma_{yzm-1}\end{bmatrix}=\begin{bmatrix}\mathrm{i}k & 0\\ 0 & -\mathrm{i}kr_{\beta n}\mu_m\end{bmatrix}\begin{bmatrix}(\grave{D}_m+\acute{D}_m)\\ (\grave{D}_m-\acute{D}_m)\end{bmatrix} \tag{5-7-8}$$

由此得到：

$$\begin{bmatrix}(\grave{D}_m+\acute{D}_m)\\ (\grave{D}_m-\acute{D}_m)\end{bmatrix}=\begin{bmatrix}\mathrm{i}k & 0\\ 0 & -\mathrm{i}kr_{\beta n}\mu_m\end{bmatrix}^{-1}\begin{bmatrix}\dfrac{\dot{u}_{ym-1}}{c}\\ \sigma_{yzm-1}\end{bmatrix}=\frac{1}{k^2r_{\beta n}\mu_m}\begin{bmatrix}-\mathrm{i}kr_{\beta n}\mu_m & 0\\ 0 & \mathrm{i}k\end{bmatrix}\begin{bmatrix}\dfrac{\dot{u}_{ym-1}}{c}\\ \sigma_{yzm-1}\end{bmatrix} \tag{5-7-9}$$

将 z 轴原点置于 m 界面上，取 $z=d_m$ 代入，引入符号 $Q_m=kr_{\beta n}d_m$，式（5-7-7）可写为

$$\begin{aligned}\begin{bmatrix}\dfrac{\dot{u}_{ym-1}}{c}\\ \sigma_{yzm-1}\end{bmatrix}&=\begin{bmatrix}\mathrm{i}k\cos(Q_m) & k\sin(Q_m)\\ -kr_{\beta n}\mu_m\sin(Q_m) & -\mathrm{i}kr_{\beta n}\mu_m\cos(Q_m)\end{bmatrix}\begin{bmatrix}(\grave{D}_m+\acute{D}_m)\\ (\grave{D}_m-\acute{D}_m)\end{bmatrix}\\ &=E\begin{bmatrix}(\grave{D}_m+\acute{D}_m)\\ (\grave{D}_m-\acute{D}_m)\end{bmatrix}\end{aligned} \tag{5-7-10}$$

将式（5-7-9）代入式（5-7-10）得

$$\begin{aligned}\begin{bmatrix}\dfrac{\dot{u}_{ym}}{c}\\ \sigma_{yzm}\end{bmatrix}&=\frac{1}{k^2r_{\beta n}\mu_m}\begin{bmatrix}\mathrm{i}k\cos(Q_m) & k\sin(Q_m)\\ -kr_{\beta n}\mu_m\sin(Q_m) & -\mathrm{i}kr_{\beta n}\mu_m\cos(Q_m)\end{bmatrix}\begin{bmatrix}-\mathrm{i}kr_{\beta n}\mu_m & 0\\ 0 & \mathrm{i}k\end{bmatrix}\begin{bmatrix}\dfrac{\dot{u}_{ym-1}}{c}\\ \sigma_{yzm-1}\end{bmatrix}\\ &=\begin{bmatrix}\cos(Q_m) & \mathrm{i}r_{\beta n}^{-1}\mu_m^{-1}\sin(Q_m)\\ \mathrm{i}r_{\beta n}\mu_m\sin(Q_m) & \cos(Q_m)\end{bmatrix}\begin{bmatrix}\dfrac{\dot{u}_{ym-1}}{c}\\ \sigma_{yzm-1}\end{bmatrix}\end{aligned} \tag{5-7-11}$$

这就是第 m 个界面的位移和应力分量递推公式。定义该界面的子矩阵：

$$a_m=\begin{bmatrix}\cos Q_m & \mathrm{i}\mu_m^{-1}r_{\beta n}^{-1}\sin Q_m\\ \mathrm{i}\mu_m r_{\beta n}\sin Q_m & \cos Q_m\end{bmatrix} \tag{5-7-12}$$

则由地表层到第 n 层的应力位移矢量可写为

$$\begin{bmatrix}\dfrac{\dot{u}_{yn-1}}{c}\\ \sigma_{yzn-1}\end{bmatrix}=a_{n-1}a_{n-2}\cdots a_1\begin{bmatrix}\dfrac{\dot{u}_{y0}}{c}\\ \sigma_{yz0}\end{bmatrix} \tag{5-7-13}$$

对于最下面的第 n 层，根据式（5-7-10）有

$$\begin{aligned}\begin{bmatrix}(\grave{D}_n+\acute{D}_n)\\ (\grave{D}_n-\acute{D}_n)\end{bmatrix}&=\frac{1}{k^2r_{\beta n}\mu_n}\begin{bmatrix}-\mathrm{i}kr_{\beta n}\mu_n & 0\\ 0 & \mathrm{i}k\end{bmatrix}\begin{bmatrix}\dfrac{\dot{u}_{yn-1}}{c}\\ \sigma_{yzn-1}\end{bmatrix}\\ &=\frac{1}{k^2r_{\beta n}\mu_n}\begin{bmatrix}-\mathrm{i}kr_{\beta n}\mu_n & 0\\ 0 & \mathrm{i}k\end{bmatrix}a_{n-1}a_{n-2}\cdots a_1\begin{bmatrix}\dfrac{\dot{u}_{y0}}{c}\\ \sigma_{yz0}\end{bmatrix}\end{aligned} \tag{5-7-14}$$

由于第 n 层为最下面的层，没有上行波，则

$$\begin{bmatrix}\grave{S}_n\\ \grave{S}_n\end{bmatrix}=\begin{bmatrix}\dfrac{-\mathrm{i}}{k} & 0\\ 0 & \dfrac{\mathrm{i}}{kr_{\beta n}\mu_n}\end{bmatrix}\begin{bmatrix}A_{11} & A_{12}\\ A_{21} & A_{22}\end{bmatrix}\begin{bmatrix}\dfrac{\dot{u}_{y0}}{c}\\ \sigma_{yz0}\end{bmatrix} \tag{5-7-15}$$

可以得到

$$\begin{aligned} \grave{S}_n &= -\frac{\mathrm{i}A_{11}}{k}\frac{\dot{u}_{y0}}{c} \\ \grave{S}_n &= \frac{\mathrm{i}A_{21}}{kr_{\beta n}\mu_n}\frac{\dot{u}_{y0}}{c} \end{aligned} \tag{5-7-16}$$

可以得到下面的关系：

$$A_{11} = -\frac{A_{21}}{r_{\beta n}\mu_n} \tag{5-7-17}$$

写成方程的形式为

$$0 = A_{21} + \mu_n r_{\beta n} A_{11} \tag{5-7-18}$$

式（5-7-18）提供了 c 与 k 的隐含函数关系，这即是相速度的频散函数，用其右式表示，写为 $F_L(\omega, c)$。其中 n 表示最下面的固体半空间层。如果最深界面为液体界面，则第 n 层的剪切模量 μ_n 为零，则频散方程为

$$F_L(\omega, c) = A_{21} \tag{5-7-19}$$

频散曲线上任一点（ω，c）必使 $F_L(\omega, c)$ 为零。故勒夫波频散函数根据式（5-7-18）和式（5-7-19）统一表示为

$$F_L(\omega, c) = \begin{cases} A_{21} + \mu_n r_{\beta n} A_{11} & \text{最深界面在地幔中} \\ A_{21} & \text{最深界面在核幔边界} \end{cases} \tag{5-7-20}$$

式（5-7-20）还可以写为最简单的形式：

$$F_L(\omega, c) = [s \quad 1]\begin{bmatrix} A_{11} \\ A_{21} \end{bmatrix} \tag{5-7-21}$$

式中，s 取决于地层模型，若最深界面为固体-液体界面，则 $s=0$，如最深界面为固体-固体界面，则 $s=-\mathrm{i}\mu_n\left(1-\frac{c^2}{\beta_n^2}\right)^{1/2}$。

采用上面的理论分析编制的勒夫函数计算的MATLAB子程序如下：

```
function f = love(c,omga,dm,betam,roum)      % 勒夫波函数表达
mium = roum. * betam.^2; % μ = ρβ²m
n = length(dm);
k = omga/c; % k = ω/c
for ii = 1:n
    if(c>betam(ii))rbetam(ii) = sqrt((c/betam(ii))^2 - 1);else
rbetam(ii) = - i * sqrt(1 - (c/betam(ii))^2);end % rβm = ±i√(1 - (c/βm)²)
end
Qm = k * rbetam. * dm; % Qm = k *  rβm·dm
A = [1,0;0,1];
for ii = n - 1: - 1:1
    am = [cos(Qm(ii)),
i * sin(Qm(ii))/rbetam(ii)/mium(ii);i * mium(ii) * rbetam(ii) * sin(Qm(ii)),
cos(Qm(ii))];
```

```
        A = A * am;
    end
    f = (A(2,1) + mium(n) * rbetam(n) * A(1,1)); % f = (A(2,1) + μ(n) * r_βm(n) * A(1,1))
    return
```

令式（5-7-21）为零，就得到相速度和频率的关系。这需要求解方程，在 MATLAB 中可以通过下面的子程序实现：

```
    function rt = findroot(h,prea,omga,dm,betam,roum)
    %得到方程的根
    x = prea;
    F0 = love(x,omga,dm,betam,roum);
        x = x + h;
    F1 = love(x,omga,dm,betam,roum);
    while(F1/F0>0.0)
            F0 = F1;
    if(x - 10.0> = 0) 'cannot find the answer'
    else x = x + h;  F1 = love(x,omga,dm,betam,roum);
    end
    end
    i = 0;                  %迭代此处记数
      t1 = x - h;             %迭代初值 t1
      t2 = x;               %迭代初值 t2
      while i< = 100;
      y = t2 - love(t2,omga,dm,betam,roum)/(love(t2,omga,dm,betam,roum) - love(t1,omga,dm,betam,
roum)) * (t2 - t1);           %弦截法迭代格式
    if abs(y - t2)>10^( - 6);          %收敛判据
              t1 = t2;    t2 = y;
    else break
    end
    i = i + 1;
    end
    rt = y;
    return
```

下面采用 35km 的地壳中剪切波速度为 3.5km/s，密度为 2700kg/m^3，地幔中的剪切波速度为 4.5km/s，密度为 3300kg/m^3，求解周期 T = [5.0，6.0，7.0，8.0，9.0，10.0，11.0，12.0，13.0，14.0，15.0，16.0，17.0，18.0，19.0，20.0，22.0，24.0，26.0，28.0，30.0，32.0，34.0，37.0，40.0，43.0，47.0，50.0，60.0，80.0]（s）的频散曲线，程序如下：

```
    %P5_18.m
    dm = [35,1000]; %地层厚度
    betam = [3.5,4.5]; %地层 S 波速度
    roum = [2.7,3.3]; %地层密度
```

```
T=[5.0,6.0,7.0,8.0,9.0,10.0,11.0,12.0,13.0,14.0,15.0,16.0,17.0,18.0,19.0,20.0,22.0,
24.0,26.0,28.0,30.0,32.0,34.0,37.0,40.0,43.0,47.0,50.0,60.0,80.0];
%周期
n=length(T);  %所计算的周期个数
vph=zeros(1,n);  %相速度数组
vgrp=vph;  %群速度数组
prea=min(betam);  %最小S波速度
for ii=1:n  %对每层进行计算
omga=2*pi/T(ii);  %角频率
%找到角频率所对应的相速度
vph(ii)=findroot(0.05,prea,omga,dm,betam,roum);  %求解频散方程式(5-7-18)得到相速度的值
%使周期减去0.01秒计算对应的相速度
vpha=findroot(0.05,prea,2*pi/(T(ii)-0.01),dm,betam,roum);
%使周期增加0.01秒计算对应的相速度
vphb=findroot(0.05,prea,2*pi/(T(ii)+0.01),dm,betam,roum);
dcdt=(vphb-vpha)/0.02;  %相速度对时间的偏导数
vgrp(ii)=vph(ii)/(1.0+T(ii)/vph(ii)*dcdt); %根据式(5-4-5)计算
end
[T',vph',vgrp']  %显示周期及对应的相速度和群速度的值
plot(T,vph,T,vgrp,':')  %绘制群速度和相速度曲线
legend('相速度','群速度')  %绘制图例
xlabel('周期/s');  %加上x轴标记
ylabel('速度/km.s^-^1')  %加上y轴标记
```

根据上面的程序得到的勒夫波的频散曲线如图 5-7-2 所示。可见群速度和相速度有较大的差别，群速度小于相速度。读者可以采用不同的地壳模型计算群速度和相速度的频散曲线。

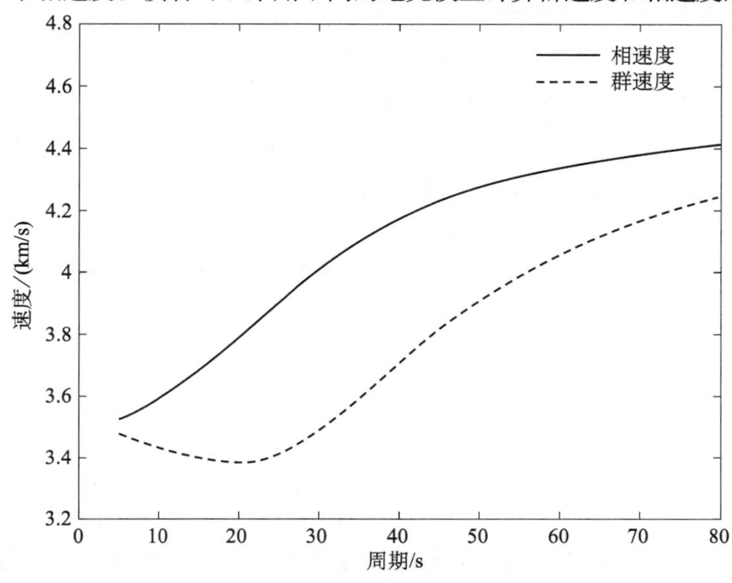

图 5-7-2　两层介质得到的频散曲线

5.8 简正模型

至今我们考虑的是无穷大地球的体波和面波的传播。然而，地球是一个有限体，在地球里所有波的运动必然受到限制。体波在地球表面反射。面波沿大圆路径环行，在地球表面的一特定点，有一系列不同震相到达。这些震相相长或相消干涉，在很长的时间间隔里产生共振，这些共振的振动模式叫做地球的**简正振型**（normal mode)，它提供了一种行波之外的描述地震波的方法。地球简正振型的理论较为复杂，为了阐明这种理论的思路，本节首先讲解数学物理方程中的弦的振动求解中的固定共振频率，然后求解液体球的自由振荡说明地球自由振荡振型表达，最后介绍真实地球的球型振荡和环型振荡。

5.8.1 弦的振动

一个两端固定绳子的振动提供了我们在物理教科书中熟悉的驻波的模拟。绳子长度为 L，绳子的波速为 c，下面从理论上研究绳子的振动。

通过数学物理方程知识（参看梁昆淼的《数学物理方法》）知道，振动弦的波动方程为（与第 3 章式（3-1-2）相同）

$$\frac{\partial^2 u}{\partial x^2} = \frac{1}{c^2}\frac{\partial^2 u}{\partial t^2} \tag{5-8-1}$$

令

$$u(x,t) = \varphi e^{i\omega t} \tag{5-8-2}$$

可以得到

$$\varphi'' + \frac{\omega^2}{c^2}\varphi = 0 \tag{5-8-3}$$

根据常微分方程知识，其解为

$$\varphi = C_1 e^{i\omega x/c} + C_2 e^{-i\omega x/c} \tag{5-8-4}$$

C_1 和 C_2 为任意常数。则某一频率弦振动位移可表达为

$$u(\omega,x,t) = C_1 e^{i\omega(t+x/c)} + C_2 e^{i\omega(t-x/c)} \tag{5-8-5}$$

由于弦的两端固定不动，因此边界条件为

$$u(0,t) = 0,\quad u(L,t) = 0$$

根据第一个边界条件，得到 $C_1 = -C_2$，根据第二个边界条件得到

$$C_1 e^{i\omega t} 2i\sin(\omega L/c) = 0 \tag{5-8-6}$$

因此有

$$\omega L/c = (n+1)\pi, n = 0,1,2,\cdots,\infty \tag{5-8-7}$$

得到频率为

$$\omega_n = \frac{c(n+1)\pi}{L} \tag{5-8-8}$$

可见只存在某些特定频率的振动，即频率是离散的，不是连续的，这种频率叫做**本征频率**（eigenfrequency）。

通常，$n=0$ 对应于弦振动的最低频率（最长波长），该频率称为**基频**（fundamental mode）。其余的频率称为**谐频**（overtone）。

本征频率 ω_n 对应的位移振动为

$$e^{i\omega_n t}\sin(\omega_n x/c) \tag{5-8-9}$$

式（5-8-9）又称为**本征函数**（eigenfunction），或**简正振型**（normal mode）。这种振动的振幅为 $\sin(\omega_n x/c)$，因此振幅不随时间变化，只随空间变化，即波峰和波谷的空间位置保持不变。这种波叫做**驻波**（standing wave）。

下面采用式（5-8-9）的实部模拟各种振型随时间的振动，L 为 10m，波传播的速度为 3m/s。MATLAB 程序如下：

```
%P5_19.m
c=3;  %波传播的速度
L=10;  %弦的长度
N=100;    %所用的时间点数
x=0:0.1:L;        %x的坐标
subplot(2,2,1);
plot1=plot(x,zeros(size(x)),'-');grid on
axis([0,10,-1,1]);  %固定坐标范围
subplot(2,2,2);
plot(5,0,'o');  %绘制节点
hold on;
plot2=plot(x,zeros(size(x)),'-');grid on;
axis([0,10,-1,1]);  %固定坐标范围
subplot(2,2,3);
plot([3.3,6.67],zeros(1,2),'o');   %绘制节点
hold on;
plot3=plot(x,zeros(size(x)),'-');grid on
axis([0,10,-1,1]);  %固定坐标范围
subplot(2,2,4);
hold on;  plot([2.5,5,7.5],zeros(1,3),'o');   %绘制节点
plot4=plot(x,zeros(size(x)),'-');grid on

axis([0,10,-1,1]);  %固定坐标范围
n=0;  %阶数,改变此值可以模拟不同的振型
w0=c*pi/L;  %离散的频率式(5-8-8)
w1=c*2*pi/L;  %离散的频率式(5-8-8)
w2=c*3*pi/L;  %离散的频率式(5-8-8)
w3=c*4*pi/L;  %离散的频率式(5-8-8)
for ii=1:N
    t=(ii-1)*0.1;  %时间点
    y0=cos(w0*t)*sin(w0*x/c);      %按式(5-8-9)的实部给出振型
    y1=cos(w1*t)*sin(w1*x/c);      %按式(5-8-9)的实部给出振型
```

```
    y2 = cos(w2 * t) * sin(w2 * x/c);          % 按式(5-8-9)的实部给出振型
    y3 = cos(w3 * t) * sin(w3 * x/c);          % 按式(5-8-9)的实部给出振型
    set(plot1,'xdata',x,'ydata',y0);
    set(plot2,'xdata',x,'ydata',y1);
    set(plot3,'xdata',x,'ydata',y2);
    set(plot4,'xdata',x,'ydata',y3);
    drawnow;
end
```

将上述程序的图形符合在一起，可以看到前四种振型（图 5-8-1）。

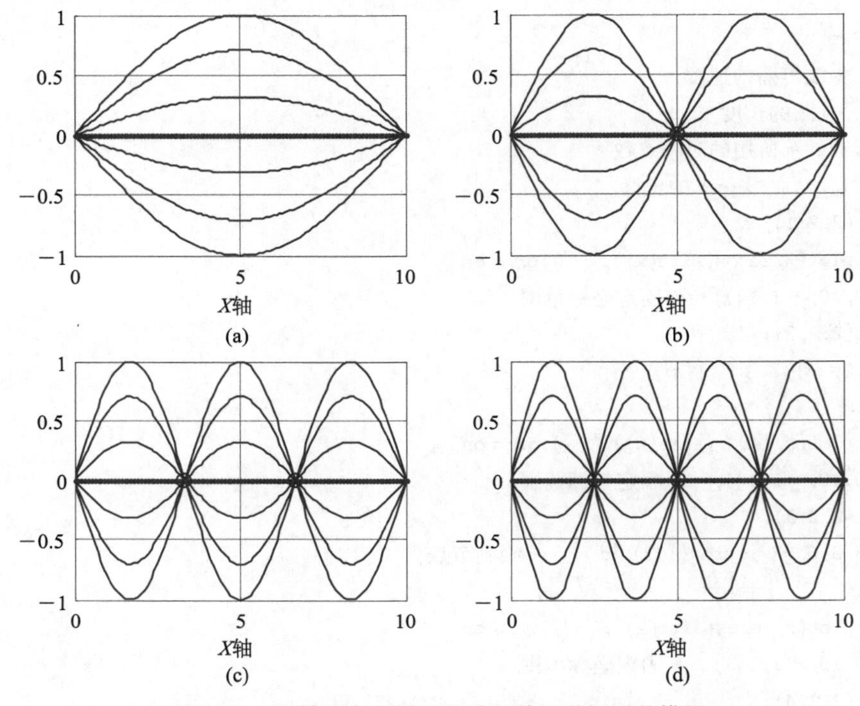

图 5-8-1　两端固定的绳子振动的前四种振型的模拟

将式（5-8-9）所表示的本征函数进行叠加就得到了弦的总体振动，即

$$u(x,t)=\sum_{n=0}^{\infty}Ce^{i\omega_n t}\sin(\omega_n x/c) \tag{5-8-10}$$

如果在 x_s 处的零时刻产生一个持续时间为 τ 的脉冲，按照第 3 章 3.8 节的阻尼余弦子波设置源，控制频带的参数设为 2，则可将震源函数写为 $f(t)=e^{-\left(\frac{\omega_n\tau}{2}\right)^2}\cos(\omega_n t)$。这样传播的波描述为各种振型的叠加，取实部得到：

$$u(x,t)=\sum_{n=0}^{\infty}\sin[(n+1)\pi x/L]\sin[(n+1)\pi x_s/L]e^{-\left(\frac{\omega_n\tau}{2}\right)^2}\cos(\omega_n t) \tag{5-8-11}$$

式（5-8-11）给出了任意时刻和任意位置的波形图。这里假定弦的长度为 2m，波的传播速度为 0.5m/s，源位于 x_s 为 0.8m 处，研究 100 个振型叠加的波形图。采用的时间采样间隔为 0.02s。程序如下：

```
%P5_20.m
L=2.0;   %弦的长度为2m
c=0.5;   %波的传播速度假定为0.5m/s
Nmode=100;   %采用最初的100个振型进行叠加
dx=0.02;   %空间间隔
x=0:dx:L;     %所求的弦上的坐标点
Nx=length(x);   %空间坐标的点数
dt=0.025;     %时间间隔
t=0:dt:40;     %所求的时间点,要求持续时间为40s
Nt=length(t);   %时间坐标的点数
tau=0.02;     %震源的持续时间
Xs=0.8;     %源放置的位置
u=zeros(Nt,Nx);   %开辟一个数据
for n=0:Nmode-1      %对于所有振型叠加的循环
    NPIL=(n+1)*pi/L;
    SNXs=sin(NPIL*Xs);   %震源项 sin((n+1)*pi*xs/L)
    Wn=(n+1)*pi*c/L;     %振型的频率
    SNXr=sin(NPIL*x);   %sin((n+1)*pi*x/L)
    Space=SNXr*SNXs*exp(-(Wn*tau/2)^2);   %在空间的变化因子
    u=u+[cos(Wn*t)]'*Space;   %采用矩阵相乘的方式得到位移的叠加,式(5-8-11)
    %得到的位移的行为时间序列,列为空间序列
end
filename='summation.gif';     %定义空间图像随时间变化的播放文件
h=plot(x,u(1,:));     %绘制空间位置分布
xlabel('X/m')       %给x轴加标记
ylim([-20,20]);     %固定y轴上下限
for ii=1:Nt     %对所有的时间点循环,由此看到图像随时间的变化
    set(h,'Ydata',u(ii,:));   %显示当前文件的数据
    f=getframe(gcf);   %获得当前的图像
    imind=frame2im(f);   %将frame格式变为图像(image)的格式,imind为图像文件
    [imind,cm]=rgb2ind(imind,256);
    %将RGB图像文件imind转换为编号图像
    if ii==1      %第一次循环
        imwrite(imind,cm,filename,'gif','Loopcount',inf,'DelayTime',0.05);
        %将开始的一帧图像写入文件,格式为gif,延迟时间为0.05s
    else
        imwrite(imind,cm,filename,'gif','WriteMode','append','DelayTime',0.1);
        %在原来文件后面添加一帧图像,延迟时间为0.1s
    end
end
figure(2)
subplot(2,1,1)  %第一个子图
```

```
plot(t',u(:,50));      %绘制空间第 50 个点处能够记录的位移振动图
xlabel('时间/s');ylabel('位移/m');   %加上轴标记
subplot(2,1,2)   %第二个子图
[vpsd,f]=pwelch(u(:,50),length(t),0,length(t),1/dt); %按照采样间隔,采用 Welch 方法进行功率谱密度估计
 %Pwelch 的调用方式为[Pxx,f]=pwelch(x,window,noverlap,nfft,fs)
 %x 为数据,window 为窗长度,noverlap 为重叠点数,nfft 为进行 fft 采用的点数,fs 为采样间隔,输出 Pxx 为功率谱密度,f 为对应的频率
 %参看相应的数字信号处理书籍
plot(f,vpsd);   %将估计的密度谱绘制出来
hold on   %图形保持
plot(c/2/L*[1;1]*[1:40],[ylim]'*ones(1,40),'y');   %绘制每个谐振频率的位置
xlim([0,5])   %固定显示的 x 轴范围
xlabel('频率/Hz');ylabel('功率谱密度');   %加上轴标记
```

运行程序可以看到类似于第 3 章 P3 _ 1.m 的模拟行波的时空分布图，但这里的计算采用简正振型叠加形式，计算结果也再现了行波的传播。由此可以看出，将更高阶的简正振型叠加，可以得到面波、体波等各种类型的波，这是一种计算理论地震图的标准算法。运行上述程序得到的另一幅图为图 5-8-2。图 5-8-2（a）为位移图，可以看到源在该弦上往返传播造成的振动。图 5-8-2（b）为位移随时间振动的功率谱图，可以看到，这是一个分离谱，不是连续谱，这跟前面的理论分析是一致的。

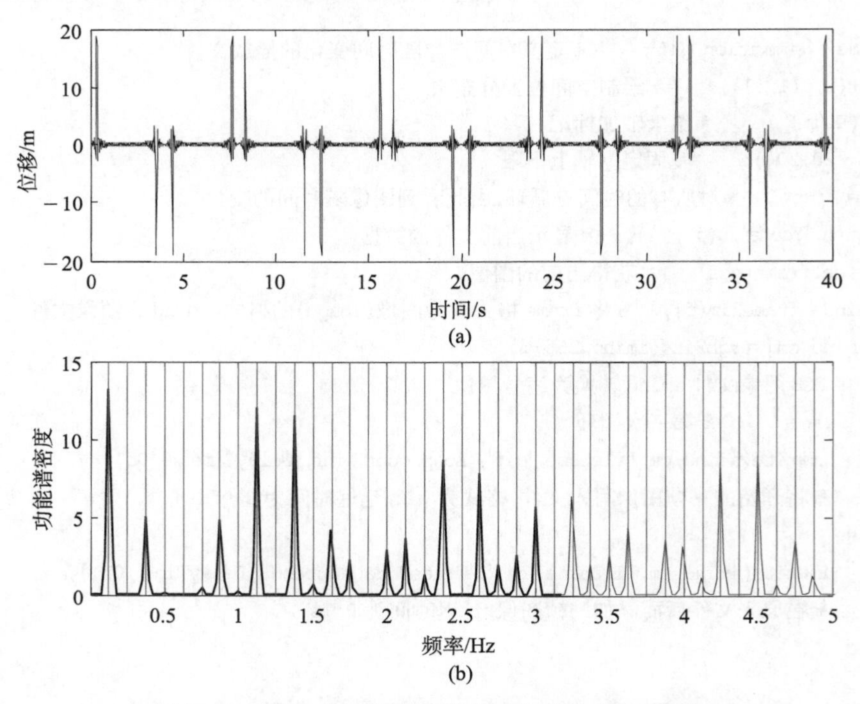

图 5-8-2　第 50 个点随时间振动图像及其功率谱密度

5.8.2　均匀液体球的自由振荡——地球自由振荡的模式

为了解球形介质自由振荡的特征，现分析一个最简单的球体振荡模型。设有一半径为 R_0 的均匀、可压缩的液体球，其弹性性质可由其体变模量 K 和密度 ρ 来描述，此球体介质内没有体力作用。现考虑相对于平衡压力场的微小压力扰动 P 引起的振荡。由于在此情况下应力为

$$\sigma_{ij}=-P\delta_{ij} \tag{5-8-12}$$

第 3 章中在没有外力情况下，应力平衡方程为

$$\begin{aligned}\rho\frac{\partial^2 u_x}{\partial t^2}&=\frac{\partial\sigma_{xx}}{\partial x}+\frac{\partial\sigma_{yx}}{\partial y}+\frac{\partial\sigma_{zx}}{\partial z}\\ \rho\frac{\partial^2 u_y}{\partial t^2}&=\frac{\partial\sigma_{xy}}{\partial x}+\frac{\partial\sigma_{yy}}{\partial y}+\frac{\partial\sigma_{zy}}{\partial z}\\ \rho\frac{\partial^2 u_z}{\partial t^2}&=\frac{\partial\sigma_{xz}}{\partial x}+\frac{\partial\sigma_{yz}}{\partial y}+\frac{\partial\sigma_{zz}}{\partial z}\end{aligned} \tag{5-8-13}$$

式（5-8-13）的左边可写为

$$\rho\frac{\partial^2}{\partial t^2}(u_x\boldsymbol{i}+u_y\boldsymbol{j}+u_z\boldsymbol{k})=\rho\frac{\partial^2\boldsymbol{u}}{\partial t^2}$$

将式（5-8-12），即 $\sigma_{xx}=\sigma_{yy}=\sigma_{zz}=-P$ 代入式（5-8-13）的右边有

$$\frac{\partial\sigma_{xx}}{\partial x}\boldsymbol{i}+\frac{\partial\sigma_{yy}}{\partial y}\boldsymbol{j}+\frac{\partial\sigma_{zz}}{\partial z}\boldsymbol{k}=-\frac{\partial P}{\partial x}\boldsymbol{i}-\frac{\partial P}{\partial y}\boldsymbol{j}-\frac{\partial P}{\partial z}\boldsymbol{k}=-\nabla P$$

因此有

$$\rho\frac{\partial^2\boldsymbol{u}}{\partial t^2}=-\nabla P \tag{5-8-14}$$

此时广义胡克定律的表达式为

$$P=-K\frac{\Delta V}{V}=-K\,\nabla\cdot\boldsymbol{u} \tag{5-8-15}$$

考虑到 ρ，K 为常数，并设 $c=\sqrt{\dfrac{K}{\rho}}$，对式（5-8-14）两边求散度并进行变换，可以得到：

$$\frac{\partial^2 P}{\partial t^2}=c^2\,\nabla^2 P \tag{5-8-16}$$

选择如图 5-8-3 所示的球坐标系（r，θ，φ）来描述自由振荡。当用此坐标系研究大地震激发的实际地球的自由振荡时，通常总是将 $\theta=0$ 的 z 轴取为通过震源 S 的位置，注意此 z 轴并不是通过地球的南、北极的地轴。不过，这里仅讨论液体球的稳态自由振荡可取解答的形式，尚不涉及有源激发问题。

在球坐标系中，根据场论的知识，对空间的微分运算可表达为

$$\nabla^2 P=\frac{1}{r^2}\frac{\partial}{\partial r}\left(r^2\frac{\partial P}{\partial r}\right)+\frac{1}{r^2\sin\theta}\frac{\partial}{\partial\theta}\left(\sin\theta\frac{\partial P}{\partial\theta}\right)+\frac{1}{r^2\sin^2\theta}\frac{\partial^2 P}{\partial\varphi^2} \tag{5-8-17}$$

球体表面自由，即有边界条件：

$$P(R_0,\theta,\varphi,t)=0 \tag{5-8-18}$$

式中，R_0 为液体球半径。

设该微分方程的解为

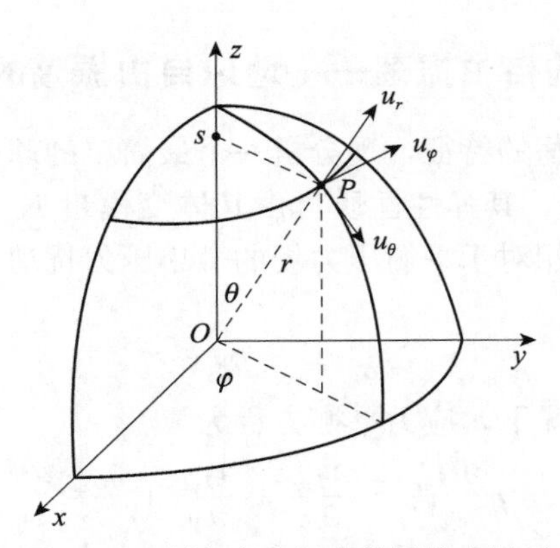

图 5-8-3　研究自由振荡常用的坐标系

$$P(r,\theta,\varphi,t)=S(r,\theta,\varphi)T(t) \tag{5-8-19}$$

将式（5-8-19）代入微分方程式（5-8-16），可得

$$\frac{\ddot{T}}{T}=c^2\,\frac{\nabla^2 S}{S}=-\,\omega^2 \tag{5-8-20}$$

式中，右端（$-\omega^2$）是我们所取的与空间变量和时间变量皆无关的一个常数。由式（5-8-20）可得到解答式（5-8-19）中的时间函数 T（t）应取以下形式：

$$T(t)=A\mathrm{e}^{\pm\mathrm{i}\omega t} \tag{5-8-21}$$

而式（5-8-19）中的空间函数 S（r，θ，φ）满足以下亥姆霍兹方程：

$$\nabla^2 S+\frac{\omega^2}{c^2}S=0 \tag{5-8-22}$$

即

$$\frac{1}{r^2}\,\frac{\partial}{\partial r}\Big(r^2\,\frac{\partial S}{\partial r}\Big)+\frac{1}{r^2\sin\theta}\,\frac{\partial}{\partial\theta}\Big(\sin\theta\,\frac{\partial S}{\partial\theta}\Big)+\frac{1}{r^2\,\sin^2\theta}\,\frac{\partial^2 S}{\partial\varphi^2}+\frac{\omega^2}{c^2}S=0 \tag{5-8-23}$$

为解式（5-8-23），将方程的解分离为与半径 r 有关的函数 R 和与 θ，φ 有关的函数 Y 的乘积，即

$$S(r,\theta,\varphi)=R(r)Y(\theta,\varphi) \tag{5-8-24}$$

将式（5-8-24）代入式（5-8-23）可得：

$$\frac{1}{R}\,\frac{\mathrm{d}}{\mathrm{d}r}\Big(r^2\,\frac{\mathrm{d}R}{\mathrm{d}r}\Big)+\frac{\omega^2}{c^2}r^2=-\frac{1}{Y\sin\theta}\,\frac{\partial}{\partial\theta}\Big(\sin\theta\,\frac{\partial Y}{\partial\theta}\Big)+\frac{1}{Y\,\sin^2\theta}\,\frac{\partial^2 Y}{\partial\varphi^2} \tag{5-8-25}$$

式（5-8-25）的左边只与变量 r 有关，右边只与 θ，φ 有关，现在令它们都等于某个常数，为分析方便，令该常数为 l（$l+1$），于是函数 R（r）和 Y（θ，φ）应分别满足方程

$$\frac{\mathrm{d}}{\mathrm{d}r}\Big(r^2\,\frac{\mathrm{d}R}{\mathrm{d}r}\Big)+\Big[\frac{\omega^2}{c^2}r^2-l(l+1)\Big]R=0 \tag{5-8-26}$$

$$\frac{1}{\sin\theta}\,\frac{\partial}{\partial\theta}\Big(\sin\theta\,\frac{\partial Y}{\partial\theta}\Big)+\frac{1}{\sin^2\theta}\,\frac{\partial^2 Y}{\partial\varphi^2}+l(l+1)Y=0 \tag{5-8-27}$$

式（5-8-26）为 **l 阶球贝塞尔（Bessel）方程**。方程的解 P（r，θ，φ，t）需在 $0\leqslant r\leqslant R_0$ 范围内无奇点（R_0 为液体球半径）。设 $x=\frac{\omega r}{c}$，把 R（r）变换为 y（x），则 R（r）$=\sqrt{\frac{\pi}{2x}}y$（x），

球贝塞尔方程化为 $l+\frac{1}{2}$ 阶的贝塞尔方程：

$$x^2\frac{d^2y}{dx^2}+x\frac{dy}{dx}+\left[x^2-\left(l+\frac{1}{2}\right)^2\right]y=0 \tag{5-8-28}$$

数学物理方程的研究结果指出，该方程的解答为特解为 **$l+\frac{1}{2}$ 阶贝塞尔函数** J。贝塞尔函数为特殊函数，在数学物理方法中有详细介绍。这样方程的解可表示为

$$R(r)=C\sqrt{\frac{\pi}{2x}}J_{l+\frac{1}{2}}(x) \tag{5-8-29}$$

式中，C 为任意常数。为更为简洁地表达球贝塞尔方程的解，在数学物理方程中通常定义 $j_l(x)=\sqrt{\frac{\pi}{2x}}J_{l+\frac{1}{2}}(x)$ 为 **l 阶球贝塞尔函数**。这样式（5-8-29）就表达为 $R(r)=Cj_l(x)$。在数学物理方程中有：$J_{\frac{1}{2}}(x)=\sqrt{\frac{2}{\pi x}}\sin x$，$j_0(x)=\frac{\sin x}{x}$。球贝塞尔函数满足以下递推公式：$\frac{j_{l+1}(x)}{x^{l+1}}=-\frac{1}{x}\frac{d}{dx}\left[\frac{j_l(x)}{x^l}\right]$，采用该递推公式可以得到：

$$j_1(x)=\frac{\sin x-x\cos x}{x^2},\ j_2(x)=\frac{3(\sin x-x\cos x)-x^2\sin x}{x^3},\ \cdots。$$

我们用以下 MATLAB 程序观看前四阶球贝塞尔函数的变化情况：

```
%P5_21.m
x=eps:0.2:15;   %横轴的范围
y1=sqrt(pi/2./x).*besselj(1/2,x); %0 阶贝塞尔函数
y2=sqrt(pi/2./x).*besselj(3/2,x); %1 阶
y3=sqrt(pi/2./x).*besselj(5/2,x); %2 阶
y4=sqrt(pi/2./x).*besselj(7/2,x); %3 阶
plot(x,y1,'-',x,y2,':',x,y3,'--',x,y4,'-.') %绘制各阶贝塞尔函数的图像
grid on   %在图形上加上网格
legend('j0','j1','j2','j3') %加图例
```

运行程序得到图 5-8-4，可以看到球贝塞尔函数的形态。

因此式（5-8-26）的解可以表示为 $R(r)=Cj_l(x)$。其中，$x=\frac{\omega r}{c}=kr$，当 $l=0$ 时，$R(r)\propto\frac{\sin(\omega r/c)}{r}$，即函数 $R(r)$ 取振幅按 $1/r$ 衰减的正弦振荡的形式。

另外一个方程式（5-8-27）在数学物理方程中称为 **l 阶球函数方程**，其解的表达形式为

$$Y_l^m(\theta,\varphi)=(-1)^m\left[\frac{(2l+1)}{4\pi}\frac{(l-m)!}{(l+m)!}\right]^{\frac{1}{2}}P_l^m(\cos\theta)e^{im\varphi} \tag{5-8-30}$$

式中，P_l^m 为**缔合勒让德函数**（需要与压力 P 区别开），也是一种特殊函数，可查看数学物理方程的特殊函数方面的内容；$l=0,1,2,\cdots$，为正整数；$-l\leqslant m\leqslant l$；$Y_l^m(\theta,\varphi)$ 称为**球函数**（**或球面调和函数**）；$P_l^m(\cos\theta)e^{im\varphi}$ 涉及空间分布，而前面部分只涉及该函数强度大小，只随纬度改变，$e^{im\varphi}$ 随经度的变化。下面模拟 $P_l^m(\cos\theta)e^{im\varphi}$ 的空间分布，由于 $e^{im\varphi}=\cos(m\varphi)+i\sin(m\varphi)$，我们只取实部，下面程序模拟 $P_5^3(\cos\theta)\cos(5\varphi)$ 的空间

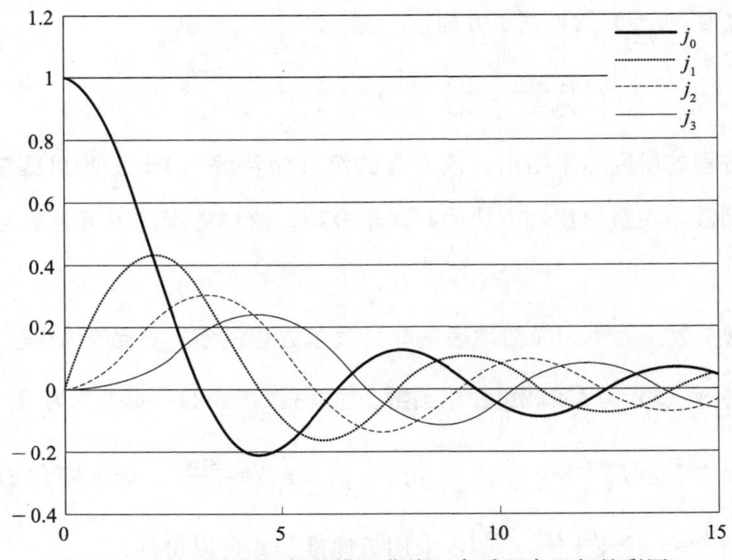

图 5-8-4 球贝塞尔函数的模拟曲线（参看程序运行的彩图）

图像。

```
%P5_22.m
%对于 l=5,m=3,此时 m 可取 0,1,2
l=5;m=3; %采用不同的 l,m,改变这里的 l,m
n=100; %绘图的精度
fai=(-n:2:n)/n*pi;   %经度取-pi~pi
theta=[0:n]'/n*pi;   %纬度取 0~pi
cosfai=cos(fai);   %cosfai
sinfai=sin(fai);   %sinfai
costheta=cos(theta);sintheta=sin(theta);
p=legendre(l,cos(theta));
%调用 Lengedre 函数,这里将所有 m=0,…,l 的所有值输出,第一列对应于 m=0,第二列对应 m=1,以
此类推
r=[[p(m+1,:)]'*cos(m*fai)]; %采用 sin(m*fai),将 cos(m*fai)改为 sin(m*fai)
%以下三行将球坐标系改为直角坐标系
x=r.*(sintheta*cosfai);
y=r.*(sintheta*sinfai);
z=r.*(costheta*ones(1,n+1));
surfl(x,y,z) %绘出空间分布图像
shading interp %将图像平滑
%colormap gray %采用不同的色标,改动此设置
axis equal %使坐标轴代表的长度相等
axis off   %去掉坐标轴
```

程序的模拟图像如图 5-8-5 所示，读者可以改变其中的参数查看不同球函数的空间表现图像。

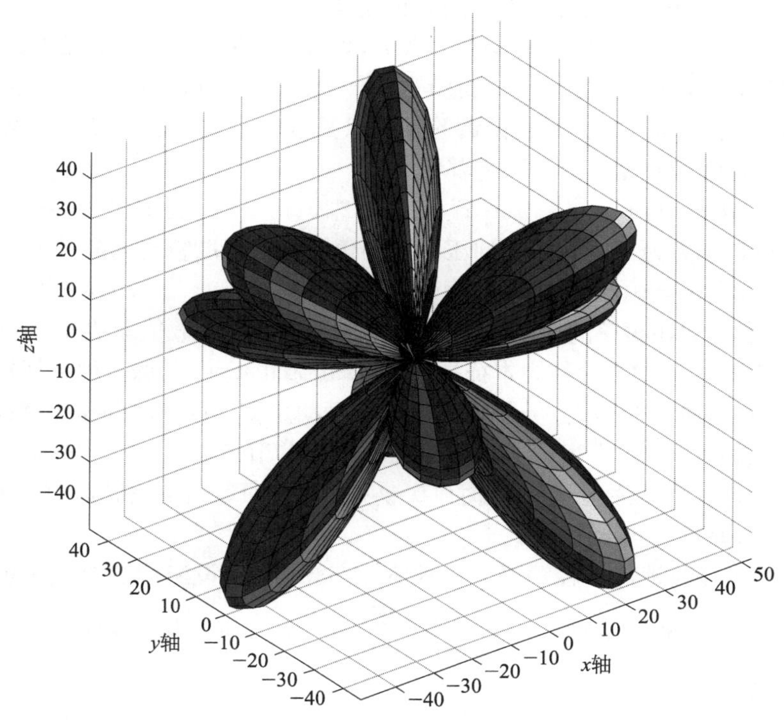

图 5-8-5 P_5^3（cosθ）cos（5φ）的空间图像

将球贝塞尔方程的解［式（5-8-29)］和球函数方程的解［式（5-8-30)］代入式（5-8-19)，得到：

$$P(r,\theta,\varphi,t)=A\mathrm{e}^{\pm\mathrm{i}\omega t}j_l\left(\frac{\omega r}{c}\right)(-1)^m\left[\frac{(2l+1)}{4\pi}\frac{(l-m)!}{(l+m)!}\right]^{\frac{1}{2}}P_l^m(\cos\theta)\mathrm{e}^{\mathrm{i}m\varphi} \quad (5\text{-}8\text{-}31)$$

代入边界条件，应有

$$j_l\left(\frac{\omega R_0}{c}\right)=0 \quad (5\text{-}8\text{-}32)$$

当 $l=0$ 时：

$$j_0\left(\frac{\omega R_0}{c}\right)=\frac{\sin\left(\frac{\omega R_0}{c}\right)}{\frac{\omega R_0}{c}}=0 \quad (5\text{-}8\text{-}33)$$

于是振荡角频率 ω 只能取以下特定值：

$${}_n\omega_0=\frac{(n+1)c\pi}{R_0},n=0,1,2,3,\cdots \quad (5\text{-}8\text{-}34)$$

式中，${}_n\omega_0$ 的左右下角标分别表示 n 和 l 所取的值；R_0为地球半径。

当 $l=1$ 时，根据递推公式可以得到，j_1（x）$=\frac{\sin x-x\cos x}{x^2}$，代入边界条件有

$$\frac{\sin\left(\frac{\omega R_0}{c}\right)-\omega R_0\cos\left(\frac{\omega R_0}{c}\right)/c}{\left(\frac{\omega R_0}{c}\right)^2}=0 \quad (5\text{-}8\text{-}35)$$

同样可以得到${}_n\omega_1$。依此类推可以得到 l 为其他正整数的振荡频率。

在解答式（5-8-30）中，除可变整数参数 n 和 l 外，还有一个与压强函数 P 随 φ 角变化特征有关的参数 m，前已述及，其取值范围是 $-l\leqslant m\leqslant l$，这是式（5-8-27）有合理解答的要求。这样，由式（5-8-31）表达的解答实际只是依赖于 n、l、m 三个整数参数的一个具体特解，这种特解可有无数个，可将其记为

$$ {}_nP_l^m(r,\theta,\varphi,t), n=0,1,2,\cdots; l=0,1,2,\cdots; m=0,\pm1,\pm2,\cdots,\pm l \tag{5-8-36}$$

对每个特解，符合压力为零边界条件的压力振动角频率只能取特定的离散值：

$$ {}_n\omega_l^m, n=0,1,2,\cdots; l=0,1,2,\cdots; m=0,\pm1,\pm2,\cdots,\pm l \tag{5-8-37}$$

它们称为均匀液体球自由振荡的**本征频率**（eigenfrequency），其数值取决于三个整数指标 n、l 和 m。与本征频率相应的振动称为**本征振荡**（eigen oscillation），每一种本征振荡都对应一种驻波，是球体的一种谐振形式。n 代表某一振型振动量 P（振荡时的压力扰动量）沿地球半径方向的节点数；$l-|m|$ 表示 P 在纬度变化方向的节点数（$|m|\leqslant l$）；$2|m|$ 表示 P 在经度变化方向的节点数。n 最小时（0 或 1）的本征频率称**基频**（fundamental frequency），其余称**谐频**（overtone）。

若液体球的半径与地球半径一样大，即 $R_0=6370\text{km}$，设液体的纵波速度 $c=8\text{km/s}$，代入式（5-8-34）可以得到周期：${}_0T_0^0=\dfrac{2\pi}{{}_0\omega_0^0}=\dfrac{2R_0}{c}\approx 26.5\text{min}$。由于球体尺度大，因此基阶振荡的周期是很长的。

5.8.3 球型振荡和环型振荡

1882 年兰姆（H. Lamb）建立了一个均匀弹性球体的小振动的运动方程，他给出了含因子 exp（iωt）的由球面调和函数表示的自由边值问题的完整解答，并首次注意到弹性球体存在两种形式的振荡，后来被称为球型振荡和环型振荡。1911 年勒夫（A. E. H. Love）深入讨论了重力作用下可压缩球体的静态形变和小振动问题。

进一步相对接近地球实际的地球模型，是具有自重作用的球对称分层均匀结构的线弹性地球模型（无旋转的和各向同性的），其密度和拉梅弹性常数分别为 $\rho(r)$、$\lambda(r)$ 和 $\mu(r)$。问题的边界条件是球体表面应力为零，内部界面相应应力连续和位移连续。有人用微扰动分析方法获得了这种地球模型自由振荡的解答（傅承义等，1985），略去时间因子 $e^{i\omega t}$ 后可将振荡位移 $\boldsymbol{u}=\boldsymbol{u}(r,\theta,\varphi)$ 表示为两部分：

$$\boldsymbol{u}=\boldsymbol{u}^S+\boldsymbol{u}^T \tag{5-5-38}$$

式中，

$$\boldsymbol{u}^S=\left\{U(r)Y_l^m, V(r)\frac{\partial Y_l^m}{\partial\theta}, \frac{V(r)}{\sin\theta}\frac{\partial Y_l^m}{\partial\varphi}\right\} \tag{5-8-39}$$

$$\boldsymbol{u}^T=\left\{0, \frac{W(r)}{\sin\theta}\frac{\partial Y_l^m}{\partial\varphi}, -W(r)\frac{\partial Y_l^m}{\partial\theta}\right\} \tag{5-8-40}$$

式中，Y_l^m 为 l 次 m 阶球谐函数；$U(r)$，$V(r)$ 和 $W(r)$ 为由边界条件决定的位移分量随径向变化的函数。上述 $\boldsymbol{u}^S$ 和 $\boldsymbol{u}^T$ 实际是${}_n(\boldsymbol{u}^S)_l^m$ 和${}_n(\boldsymbol{u}^T)_l^m$，即依赖于三个整参数的本征解；通常分别记作${}_nS_l^m$（**球型振荡**，spheroidal oscillation，相当于 P-SV 波型或瑞雷波型的振动）和${}_nT_l^m$（**环型振荡**，torsional oscillation 或 toroidal oscillation，相当于 SH 波或

勒夫波型的振动)。环型振荡位移无径向分量，位移在垂直于半径的球面内，只对剪切波反映灵敏，而球型振荡有径向和水平运动，对压缩波和剪切波的反映都灵敏。长周期的球型振荡的观测结果对重力的反映也灵敏，是对地球密度结构的最好的、直接的地震约束。而由于环型振荡只涉及地球的切向运动，与重力场无关。

基谐球型振荡$_0S_0$ 叫做“呼吸”模式，描述地球简单的膨胀和收缩。它有 20min 左右的周期。在地震学中没有$_0S_1$，这是因为$_0S_1$ 描述地球质心的移动。自由振荡不可能是由纯粹的内力所造成的。$_0S_2$ 有 54min 左右的周期，描述椭球在水平与垂直方向之间的振荡（图 5-8-6）。由于这显而易见的原因，有时称其为“橄榄球”振荡。环型振荡$_0T_0$ 描述地球旋转速率的变化，需要外力矩作用，因此该振型也不存在。环型振荡$_0T_1$ 有 44min 左右的周期，描述了南、北半球之间的相对的扭转运动。因为外核是流体，所以环型振荡不能贯穿到地幔以下。

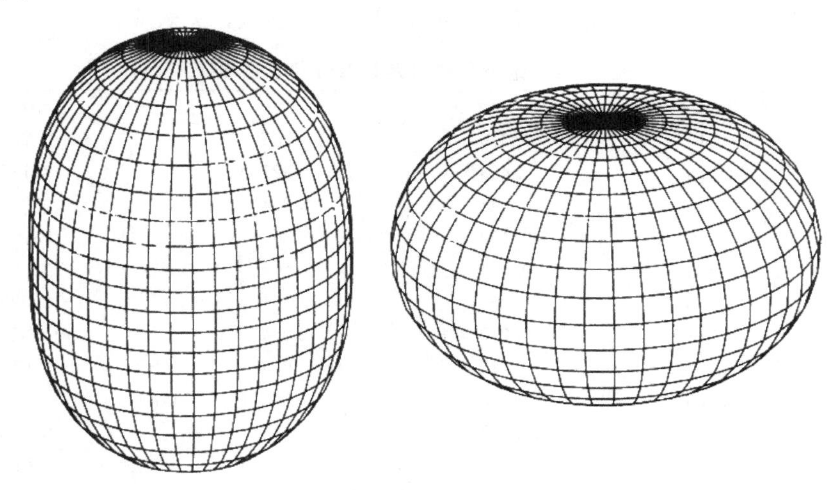

图 5-8-6　简正模型$_0S_2$ 的放大图像

模型有 54min 左右的周期，两个图像相隔 27min（引自 Shearer，2009）

5.8.4　地球自由振荡的观测

虽然固体球体简正振型的理论解可以回溯到 1882 年兰姆的结果，但在 1960 年智利大地震前一直没有确定性的观测结果。1960 年的智利大地震为有地震仪器记录以来的最大震级的地震。自该地震的记录中开始识别出了几十个振型。以后识别地球简正振型的工作轰轰烈烈地开展起来，进入了地震学简正振型研究的黄金时代（Gilbert and Dziewonski，1975），采用这些振型，可以对地球的整体结构进行约束（Backus and Gilbert，1967，1968，1970）。

对不同的方位序数 m 和球对称的固体简正振型，本征频率完全相等，这种现象叫做**本征频率的退化或简并**（degeneracy）。因此，在描述地球自由振荡的振型时，在本征频率简并的情况下，就描述为$_nS_l$ 和$_nT_l$。杰旺斯基和安德森（Dziewonski and Anderson，1981）给出了观测及 PREM 模型所计算的各种振型周期，列成表 5-8-1（见本书所附光盘）。可将观测结果与理论计算结果对比研究。表中的 Q 值的意义参照第 8 章的内容。

地球对球对称的偏离（例如，椭圆率、旋转、三维速度分布）将造成本征频率分离，这叫做**频谱分裂**（spectrum splitting，即不同的 m 具有不同的频率）。单个的谱峰将分裂成多个相应于每个 m 值的分离的峰。不考虑地球的三维速度分布，达伦和赛勒（Dalhen and Sailor，1979）给出了周期高于 500s 的简正振型频谱分裂简化为一个公式：

$$\omega_m = \omega_0(1 + a + bm + cm^2) \tag{5-8-41}$$

式中，b 为科里奥利（Coriolis）力效应的一级近似，通常写为

$$b = \beta\left(\frac{\Omega}{\omega_0}\right) \tag{5-8-42}$$

式中，β 为巴克斯和吉尔伯特（Backus and Gilbert，1961）首次定义的科里奥利谱线分裂参数（注意与前面的 S 波速度区别）；Ω 为地球自转角速度，通常取 $7.292\ 115 \times 10^{-5}$ rad/s；a 和 c 来自地球椭率和地球自转的二阶效应。达伦和赛勒（Dalhen and Sailor，1979）给出了地球自由振荡周期高于 500s 的频谱分裂的 a，b，c 的参数，见表 5-8-2。

表 5-8-2　地球自由振荡频谱分裂参数表

振型	$\Omega/\omega_0/10^{-3}$	$a/10^{-3}$	$b/10^{-3}$	$c/10^{-3}$
${}_0S_2$	37.514	0.376	14.905	−0.2671
${}_0S_3$	24.773	0.463	4.621	−0.1179
${}_0S_4$	17.941	0.544	1.834	−0.0751
${}_0S_5$	13.816	0.452	0.841	−0.0472
${}_0S_6$	11.185	0.391	0.407	−0.0331
${}_0S_7$	9.428	0.354	0.181	−0.0252
${}_0S_8$	8.217	0.273	0.054	−0.0196
${}_0S_9$	7.360	0.015	−0.014	−0.0138
${}_0S_{10}$	6.728	−1.008	−0.040	−0.0033
${}_0S_{11}$	6.237	17.075	−0.047	−0.1284
${}_0S_{12}$	5.836	2.655	−0.045	−0.0241
${}_1S_1$	192.178	15.306	98.380	−0.5538
${}_1S_2$	17.064	1.177	4.173	−0.4283
${}_1S_3$	12.342	0.922	2.633	−0.2151
${}_1S_4$	9.889	0.795	1.948	−0.1219
${}_1S_5$	8.465	0.696	1.437	−0.0750
${}_1S_6$	7.625	0.618	0.873	−0.0490
${}_1S_7$	7.013	0.561	0.564	−0.0329
${}_1S_8$	6.455	0.500	0.427	−0.0228
${}_1S_9$	5.915	0.446	0.349	−0.0165
${}_2S_1$	28.743	2.094	15.074	0.1900
${}_2S_2$	12.175	0.526	1.370	−0.2129
${}_2S_3$	9.352	0.662	0.668	−0.1534
${}_2S_4$	8.424	0.659	0.284	−0.0926
${}_2S_5$	7.668	0.681	0.159	−0.0635
${}_2S_6$	6.908	0.690	0.340	−0.0465
${}_2S_7$	6.224	0.673	0.410	−0.0357

续表

振型	$\Omega/\omega_0/10^{-3}$	$a/10^{-3}$	$b/10^{-3}$	$c/10^{-3}$
$_3S_1$	12.316	0.413	1.657	−0.3531
$_3S_2$	10.484	0.652	1.485	−0.2917
$_3S_3$	8.057	0.455	0.460	−0.0978
$_3S_4$	6.232	0.551	0.173	−0.0652
$_4S_1$	8.214	0.469	3.082	−0.4616
$_4S_2$	6.742	0.745	0.813	−0.3373
$_5S_1$	6.696	−0.988	2.712	1.5307
$_6S_1$	5.867	0.595	0.971	−0.8265
$_0S_0$	14.281	0.336		
$_1S_0$	7.123	0.094		
$_0T_2$	30.542	−1.335	5.090	−0.2314
$_0T_3$	19.765	0.558	1.647	−0.2792
$_0T_4$	15.135	0.849	0.757	−0.1625
$_0T_5$	12.486	0.917	0.416	−0.1023
$_0T_6$	10.744	0.923	0.256	−0.0694
$_0T_7$	9.497	0.926	0.170	−0.0501
$_0T_8$	8.549	0.961	0.119	−0.0384
$_0T_9$	7.799	1.069	0.087	−0.0313
$_0T_{10}$	7.186	1.358	0.065	−0.0280
$_0T_{11}$	6.675	2.398	0.051	−0.0315
$_0T_{12}$	6.241	−15.682	0.040	−0.0992
$_0T_{13}$	5.865	−1.268	0.032	−0.0007
$_1T_1$	9.374	−0.604	4.687	0.8974
$_1T_2$	8.779	0.250	1.463	−0.1563
$_1T_3$	8.054	0.517	0.671	−0.1283
$_1T_4$	7.311	0.576	0.366	−0.0839
$_1T_5$	6.622	0.599	0.221	−0.0579

目前通常通过对地震记录进行功率谱分析来测量谱的峰值以及本征频率的分裂。对这些结果的精细分析还可以得到地球密度分布的信息。由于地球自由振荡持续时间很长，使得可以较为容易地得到振动振幅的衰减常数，从而对地球内部的 Q 值进行约束。最后，简正振型提供了一组完整的基函数来计算球形分层地球的合成地震图。在面波和长周期体波地震学中，用**简正振型求和**（normal mode sumation）的方法来计算理论地震图是标准的做法。其他诸如体波和面波的理论地震图计算一般要与简正振型求和得到的理论地震图进

行比较以检验其正确性。只不过计算面波和体波等高频信息时，需极大地增加振型阶数，计算量也较大。这可以从 5.8.1 节的弦的振动合成得到验证。

下面采用 2001 年昆仑山口西（可可西里）地震的拉萨台的记录分析地球自由振荡（万永革等，2005，2007）。程序如下（图 5-8-7）：

```
%P5_23.m
load LSA318.VHZ %加载拉萨台第 318 天的记录
load LSA319.VHZ %加载拉萨台第 319 天的记录
load LSA320.VHZ %加载拉萨台第 320 天的记录
load LSA321.VHZ %加载拉萨台第 321 天的记录
[m,n] = size(LSA318);   %下面是将拉萨台的记录做成一个矢量
nn = m * n;
b318 = reshape(LSA318',nn,1);
[m,n] = size(LSA319);
nn = m * n;
b319 = reshape(LSA319',nn,1);
[m,n] = size(LSA320);
nn = m * n;
b320 = reshape(LSA320',nn,1);
[m,n] = size(LSA321);
nn = m * n;
b321 = reshape(LSA321',nn,1);
b = [b318;b319;b320;b321];   %得到拉萨台的连续记录
[LSAZPxx,f] = psd(b,16384,0.1);   %以 0.1Hz(10s)采用对连续数据进行功率谱估计
hold on
plot(f,LSAZPxx);   %绘出功率谱随频率的变化
xlim([ 1.5e-3,3e-3])   %给出频率轴的绘图范围
ylim([0,2.5e8])   %给出 y 轴显示的范围
%以下语句是绘出 PREM 模型的球型振荡的理论频率,用黄竖线和绿竖线表示并在图的顶端给出振型
plot(1.5783E-3 * ones(1,2),lim(1,3:4),'y'),text(1.5783E-3,2.6e8,'\fontsize{5}0\fontsize
{10}S\fontsize{5}9');
plot(1.7266E-3 * ones(1,2),lim(1,3:4),'y'),text(1.7266E-3,2.6e8,'\fontsize{5}0\fontsize
{10}S\fontsize{5}10');
plot(1.8660E-3 * ones(1,2),lim(1,3:4),'g'),text(1.8652E-3,2.6e8,'\fontsize{5}2\fontsize
{10}S\fontsize{5}7');
plot(1.9905E-3 * ones(1,2),lim(1,3:4),'y'),text(1.9905E-3,2.6e8,'\fontsize{5}0\fontsize
{10}S\fontsize{5}12');
plot(2.1130E-3 * ones(1,2),lim(1,3:4),'y'),text(2.1130E-3,2.6e8,'\fontsize{5}0\fontsize
{10}S\fontsize{5}13');
plot(2.2315E-3 * ones(1,2),lim(1,3:4),'y'),text(2.2315E-3,2.6e8,'\fontsize{5}0\fontsize
{10}S\fontsize{5}14');
plot(2.3464E-3 * ones(1,2),lim(1,3:4),'y'),text(2.3464E-3,2.6e8,'\fontsize{5}0\fontsize
{10}S\fontsize{5}15');
```

```
plot(2.4583E-3*ones(1,2),lim(1,3:4),'y'),text(2.4583E-3,2.6e8,'\fontsize{5}0\fontsize{10}S\fontsize{5}16');
plot(2.5672E-3*ones(1,2),lim(1,3:4),'y'),text(2.5672E-3,2.6e8,'\fontsize{5}0\fontsize{10}S\fontsize{5}17');
plot(2.6734E-3*ones(1,2),lim(1,3:4),'y'),text(2.6734E-3,2.6e8,'\fontsize{5}0\fontsize{10}S\fontsize{5}18');
plot(2.7771E-3*ones(1,2),lim(1,3:4),'y'),text(2.7771E-3,2.6e8,'\fontsize{5}0\fontsize{10}S\fontsize{5}19');
plot(2.8785E-3*ones(1,2),lim(1,3:4),'y'),text(2.8785E-3,2.6e8,'\fontsize{5}0\fontsize{10}S\fontsize{5}20');
plot(2.9778E-3*ones(1,2),lim(1,3:4),'y'),text(2.9778E-3,2.6e8,'\fontsize{5}0\fontsize{10}S\fontsize{5}21');
set(gca,'box','on')   %使绘图四面都有框
xlabel('频率/Hz')
```

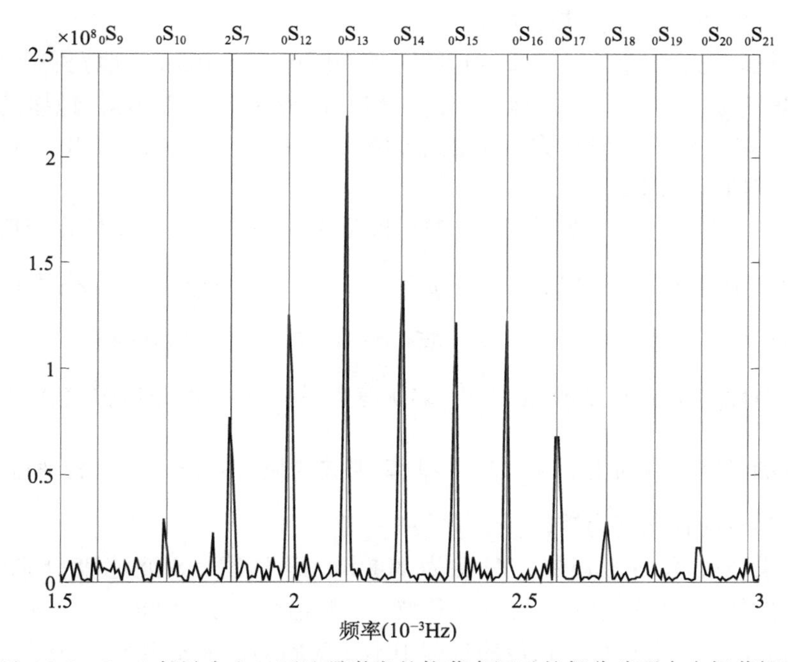

图 5-8-7　2001 年昆仑山口西地震激发的拉萨台记录的部分球型自由振荡振型

习　题

5.1.1　试写出 SH 波在单层地壳覆盖在地幔之上的模型中传播地壳和地幔中所满足的波动方程。

5.1.2　研究 SH 波在单层地壳覆盖在地幔之上的模型中传播的自由表面和内部界面所满足的应力和位移连续条件。

5.1.3 讨论$\frac{e^{b_1 H}-e^{-b_1 H}}{e^{b_1 H}+e^{-b_1 H}}=-\frac{\mu_2 b_2}{\mu_1 b_1}$，$b_1$ 和 b_2 取何种值方程才有解。

5.1.4 推导勒夫波的频散方程。

5.1.5 运用频散方程说明基阶勒夫波和 n 阶勒夫波的定义。

5.1.6 在研究频散问题时，是低频波的传播速度快还是高频波的传播速度快?

5.1.7 何为面波的频散?

5.1.8 基阶勒夫波有截止频率吗?

5.1.9 试写出 n 阶勒夫波的截止频率和最长波长表达式。并讨论它们与地壳厚度的关系。

5.1.10 基阶勒夫波在地壳内有节点吗?

5.1.11 试分析一阶和二阶勒夫波在地壳内的节点深度。假定地壳剪切波速度为 3.6km/s，厚度为 30km，地幔剪切波速度为 4.6km/s，地面和地壳的剪切模量之比为 1.8，求一阶和二阶传播速度为 4km/s 的勒夫波节点深度。

5.1.12 写出勒夫波的相速度范围。

5.1.13 把地壳看作单层，下部为地幔，地壳厚度 $H=40$km，地壳密度为 $\rho_1=2.7\text{g/cm}^3$，地幔密度为 $\rho_2=3.3\text{g/cm}^3$，地壳中的剪切波速为 $\beta_1=3.5$km/s，地幔的剪切波速为 $\beta_2=4.5$km/s，（1）计算二阶勒夫波的截止频率和最长波长。（2）给出三阶传播速度为 4km/s 的勒夫波的节点深度。

5.1.14 对于厚度为 H，密度为 ρ，剪切模量为 μ' 的弹性层，覆盖在密度为 ρ'，剪切模量为 μ 的弹性半空间上，假定 $\mu=4\mu'$，$\rho=\rho'$，$a=\frac{c}{\beta_2}$，$b=\frac{H}{\Lambda}$。（1）采用 a，b 写出勒夫波的频散方程；（2）对于基阶和一阶勒夫波，$a=1$，0.75，给出 b 的值。

5.1.15 厚度为 H，剪切模量为$\frac{3\mu}{4}$，S 波速度为$\frac{\beta}{2}$的弹性介质覆盖在 S 波速度为 β，剪切模量为 μ 的半空间介质上。求（1）一阶勒夫波的最长波长；（2）相速度 $c=\frac{3}{4}\beta$ 的二阶勒夫波的位移在何种深度为零。

5.1.16 设地壳为均匀盖层，厚度为 30km，其 P 波、S 波速度分别为 6km/s 和 3.5km/s，密度为 $3\times10^3\text{kg/m}^3$；上地幔 P 波、S 波速度分别为 8km/s 和 4.5km/s，密度为 $3.5\times10^3\text{kg/m}^3$。假定地震波在传播过程中不改变周期，求震中距为 900km 的台站上记录的一阶勒夫波的最大周期和最短走时。

5.1.17 剪切模量为 μ、厚度为 H 的弹性介质覆盖在半无限刚性介质之上，求 SH 型通道波的频散方程（提示：刚性介质为没有变形的介质）。

5.2.1 试给出 P 波和 SV 波在地球表面的位移和应力表达式。

5.2.2 P 波和 SV 波在地球表面传播时的哪些应力分量为零?

5.2.3 试推导瑞雷方程。

5.2.4 讨论泊松介质中的瑞雷波的相速度和剪切波速度之间的关系。

5.2.5 试给出瑞雷波在地表和地球内部位移的表达式。

5.2.6 讨论地表瑞雷波的质点运动轨迹为逆进椭圆，并且水平轴和垂直轴的比值为

2/3。

5.2.7　瑞雷波在任何深度的质点运动轨迹都是逆进椭圆吗？试给出质点运动轨迹变为顺进椭圆的条件。

5.2.8　证明均匀半空间泊松介质的瑞雷面波的传播速度为0.9194倍的剪切波速度。

5.2.9　半无限空间的瑞雷波具有20s的周期，如果P波速度为6km/s，泊松比为0.25，(1) 求解瑞雷波在该模型中的传播速度；(2) 计算水平位移为零的深度，超过该深度，质点运动会变为顺进椭圆吗。

5.2.10　若半无限空间的P波速度为5km/s，泊松比为0.25，瑞雷波在20km处只有垂直运动，求该地震波的频率和面波的波长。

5.2.11　判断

(1) 半无限空间传播的瑞雷波没有频散。(　　)

(2) 均匀半空间的瑞雷面波的传播速度为0.9194倍的剪切波速度。(　　)

(3) 半无限泊松介质的弹性空间的地表传播的瑞雷波的水平位移和垂直位移之比大约为2/3。(　　)

5.2.12　仿照勒夫波的频散方程推导P波速度为α_2、密度为ρ_2、厚度为h的液体半空间上覆盖另一层P波速度为α_1、密度为ρ_1的液体的瑞雷波的频散方程为：$\tan\left[h\omega\sqrt{\frac{1}{\alpha_1^2-p^2}}-n\pi\right]=\frac{\rho_2\sqrt{1/\alpha_1^2-p^2}}{\rho_1\sqrt{p^2-1/\alpha_2^2}}$，并且对于高阶瑞雷波也存在频散。注意：理想流体的静压力$p=\lambda_w\nabla^2\varphi_w=\rho_w\varphi\omega^2$，在液体分界面处，流体静压力相等，垂直位移相等：$\frac{\partial\varphi_1}{\partial z}=\frac{\partial\varphi_2}{\partial z}$。

5.2.13　设地球为均匀泊松介质，S波速度为3.5km/s，密度为$3\times10^3\mathrm{kg/m^3}$，求震中距为900km的台站上记录的瑞雷波的走时。

5.2.14　密度为ρ、速度为α、厚度为H的液体层覆盖于刚性半空间上，推导液体层中的频散方程。

5.2.15　密度为ρ、速度为α、厚度为H的液体层被夹在两个刚性半空间介质之间，试推导液体层中传播的波的频散方程。

5.2.16　试给出液体层覆盖在半空间弹性介质之上求解瑞雷波振动的边界条件。

5.2.17　试给出液体层覆盖在半空间弹性介质之上求解瑞雷波振动的连续性条件。

5.2.18　假定均匀弹性半空间的泊松比为1/3，S波速度为3km/s，求瑞雷面波的速度。

5.3.1　试用SH波在单层地壳模型中的反射和相位损失导出勒夫波频散方程。

5.3.2　厚度为H，S波速度为β_1的介质覆盖在S波速度为β_2的介质之上，假定自由表面和两层介质分界面的相移分别为$\frac{\pi}{4}$和$-\arctan\left(\frac{\sqrt{\frac{c^2}{\beta_1^2}-1}}{\sqrt{1-\frac{c^2}{\beta_2^2}}}\right)$，采用射线相移方式给出频散方程。

5.3.3　厚度为H，S波速度为β_1的介质覆盖在S波速度为β_2的介质之上，假定自由表面和两层介质分界面的相移分别为$-\frac{\pi}{2}$和$-\arcsin\left(\frac{\sqrt{1-\frac{c^2}{\beta_2^2}}}{\sqrt{\frac{c^2}{\beta_1^2}-1}}\right)$，采用射线相移方式给出频散方程。

5.4.1　用两个频率相近的波的叠加，给出群速度和相速度的概念。

5.4.2　给出群速度和相速度之间的关系式。

5.4.3　有两列平面波，波函数分别为$y_1=A\sin(10t-5x)$，$y_2=A\sin(9t-4x)$，求（1）两波叠加后合成波的波函数；（2）合成波的群速度。

5.4.4　设沿固定细棒传播的波的“频散关系”为：$\omega=\alpha k^2$，其中α为正的常量，由棒材的性质和截面尺寸决定，ω为频率，k为波数。试求这种波的群速度和相速度的关系。

5.4.5　已知一平面波，频率为3Hz的平面波的相速度为4km/s，频率为2.3Hz时相速度为4.1km/s，求解频率为3Hz的平面波的群速度。

5.4.6　已知周期为2s的地震波的相速度为3km/s，周期为2.1s的相速度为3.2km/s，求解周期为2s的该地震波的群速度。

5.4.7　已知波数为2的地震波的相速度为2km/s，波数为2.1的地震波的相速度为2.3km/s，估计波数为2的地震波的群速度。

5.4.8　为何面波的衰减比体波慢？

5.4.9　何为爱里震相？

5.5.1　在地震图上如何得到群速度？

5.5.2　多重滤波法的思路是什么？

5.5.3　高斯滤波器的频率特性如何定义？

5.5.4　如何得到地震波形的包络线？

5.6.1　说明以R加奇数所表示的意义，加偶数呢？

5.6.2　说明以G加奇数下角标所表示的意义，偶数下角标呢？

5.6.3　在地震台上观测勒夫波和瑞雷波，哪种波在水平分向容易观测，哪种波在垂直分向容易观测？

5.6.4　为何面波观测可能在相对稀疏的台站分布下得到速度结构？

5.7.1　试写出m层中SH波的哈斯克尔矩阵。

5.7.2　试推导$\begin{bmatrix}\frac{\dot{u}_{ym}}{c}\\ \sigma_{yzm}\end{bmatrix}=\frac{1}{k^2 r_{\beta m}\mu_m}\begin{bmatrix}\mathrm{i}k\cos Q_m & k\sin Q_m\\ -kr_{\beta m}\mu_m\sin Q_m & -\mathrm{i}kr_{\beta m}\mu_m\cos Q_m\end{bmatrix}\begin{bmatrix}-\mathrm{i}kr_{\beta m}\mu_m & 0\\ 0 & \mathrm{i}k\end{bmatrix}$

$$\begin{bmatrix}\frac{\dot{u}_{ym-1}}{c}\\ \sigma_{yzm-1}\end{bmatrix}=\begin{bmatrix}\cos Q_m & \mathrm{i}r_{\beta m}^{-1}\mu_m^{-1}\sin Q_m\\ \mathrm{i}r_{\beta m}\mu_m\sin Q_m & \cos Q_m\end{bmatrix}\begin{bmatrix}\frac{\dot{u}_{ym-1}}{c}\\ \sigma_{yzm-1}\end{bmatrix}。$$

5.7.3　试证明$\begin{bmatrix}\frac{\dot{u}_{yn-1}}{c}\\ \sigma_{yzn-1}\end{bmatrix}=a_{n-1}a_{n-2}\cdots a_1\begin{bmatrix}\frac{\dot{u}_{y0}}{c}\\ \sigma_{yz0}\end{bmatrix}$。

5.7.4　试证明

$$\sigma_{zym}=-\grave{D}\mathrm{i}\omega\mu_m\eta_m\mathrm{e}^{-\mathrm{i}\omega\eta_m z}+\acute{D}\mathrm{i}\omega\mu_m\eta_m\mathrm{e}^{\mathrm{i}\omega\eta_m z}$$
$$=-kr_{\beta n}\mu_m\sin(kr_{\beta n}z)(\grave{D}_m+\acute{D}_m)-\mathrm{i}kr_{\beta n}\mu_m\cos(kr_{\beta n}z)(\grave{D}_m-\acute{D}_m)。$$

5.7.5　写出多层介质的勒夫函数。

5.7.6　判断：平行层状（多层）半空间介质中的瑞雷面波没有频散。(　　)

5.8.1　何为地球的简正振型？地球简正振型的本质是怎么回事？

5.8.2　地球的自由振荡是行波还是驻波？

5.8.3　弦振动的本征频率和本征函数是如何定义的？何为乐器的基频振型和高阶振型？

5.8.4　为何两端固定弦的振动频率是离散的？

5.8.5　两端固定弦的简正振型如何表示？

5.8.6　假定两端固定弦的长度为0.8m，弦中波的传播速度为200m/s，试给出弦的振动频率，当弦的长度为0.4m时频率会如何？

5.8.7　假定两端固定弦的长度为1m，弦中波的传播速度为200m/s，求基阶、一阶的0.2m处的波的归一化振幅。

5.8.8　已知二胡的“千斤”（弦的上方固定点）和“码子”（弦下方固定点）之间的距离为0.3m，弦的声波传播速度为150m/s，求此弦所发声音的基频是多少？

5.8.9　求5.8.8题的三次谐频（$n=2$）振动的节点的位置。

5.8.10　假设地球半径为6300km，P波速度为7km/s，内部处于静岩压力状态的均匀球体，试计算${}_1S_0$的频率和周期（提示：零阶球贝塞尔函数为$j_0(x)=\frac{\sin x}{x}$，式中$x=\frac{\omega r}{c}$）。

5.8.11　采用简正振型叠加，可以得到面波、体波等各种类型的波，这句话对吗？

5.8.12　试解释${}_nS_l^m$，${}_nT_l^m$的各个字母的物理意义。

5.8.13　重力仪上能观测到球型振荡和环型振荡吗？为什么？

5.8.14　地球自由振荡分为哪两种？分别与哪类面波相当？

5.8.15　地球自由振荡的哪些振型不可能出现？为什么？

5.8.16　何为地球自由振荡本征频率的简并？

5.8.17　为什么地球自由振荡会出现频率分裂？

5.8.18　判断

(1) 环型振荡不能引起密度的变化。(　　)

(2) 环型振荡与SH型面波是一回事；球型振荡与P-SV型面波是一回事。(　　)

(3) 周期大于10min的自由振荡主要取决于地球整体的性质；周期为100s～10min的自由振荡显著依赖于地幔的结构。(　　)

(4) 地球的自转使地球自由振荡的简并频率分裂。(　　)

5.8.19　画出${}_0S_2^0$型自由振荡及${}_0T_2^0$型自由振荡并简述振动方式。

5.8.20　地震记录图上，对于（　　），一般出现在重力仪、形变仪等长周期或超长周期振动系统的观测记录上。

A. 地震尾波　　B. 体波　　C. 面波　　D. 自由振荡

5.8.21　造成低频自由振荡振型分裂的因素有（　　）

A. 地球椭率　　B. 地球自转速度

C. 地球三维速度分布　　D. 地球内的温度分布

5.8.22　根据表 5-8-1 和表 5-8-2，计算$_0S_2$的分裂谱峰对应的周期。

5.8.23　根据表 5-8-1 和表 5-8-2，计算$_0S_{12}$的分裂谱峰的 $m=12$ 和 $m=-12$ 周期之间的差别。

第 6 章　水平分层介质中射线理论

地震射线理论与光学射线理论相似，在过去 100 年中被广泛用于解释地震资料。这些应用包括多数的地震定位算法、体波震源机制的确定及壳幔速度结构的反演。射线理论直观、易懂，程序的编制简单、有效。与更完整的解法比较，射线理论较直截了当地给出三维速度模型。然而，射线理论也有一些局限性。首先它是高频近似，对长周期或陡的速度梯度介质有缺限。其次它不容易对“非几何”效应，如首波和绕射波做出预测。另外，在研究混响过程中，由于是层里多次反射的综合效应，必须对射线的几何形状作详细说明，此时用射线理论反而较为麻烦。

本章首先阐明在什么条件下波动方程能够过渡到基于射线理论的几何地震学，即几何地震学在何种条件下能反映波动在空间传播的真实情况。然后介绍水平分层介质中的地震波走时计算，在第 7 章将介绍球形分层介质中的射线走时计算。

6.1　波动方程向射线理论的过渡

在第 3 章已经得到，如果在一个波长范围内 Λ，μ，ρ 的相对变化很小，即可以看成常数时，等价的 P 波和 S 波方程可以表示为

$$\nabla^2\varphi-\frac{1}{\alpha^2}\frac{\partial^2\varphi}{\partial t^2}=0,\quad \nabla^2\boldsymbol{\psi}-\frac{1}{\beta^2}\frac{\partial^2\boldsymbol{\psi}}{\partial t^2}=0$$

将其统一写为

$$\nabla^2\varphi=\frac{1}{c^2(x,y,z)}\ddot{\varphi} \tag{6-1-1}$$

取 $c^2=\dfrac{\lambda+2\mu}{\rho}$ 为纵波方程，$c^2=\dfrac{\mu}{\rho}$ 为横波方程。根据式（3-5-9），该方程的解可写为

$$\varphi=\varphi_0\mathrm{e}^{\mathrm{i}\omega\left(t-\frac{\boldsymbol{n}\cdot\boldsymbol{r}}{c}\right)} \tag{6-1-2}$$

这里讨论一般的简谐体波，式中，$\boldsymbol{n}\cdot\boldsymbol{r}$ 为坐标原点（或震源）至波阵面的垂直距离；φ_0 为振幅；$\omega\left(t-\dfrac{\boldsymbol{n}\cdot\boldsymbol{r}}{c}\right)$ 表示波动在空间传播的相位。

讨论波前形状及其运动情况即可描述地震波的传播过程。因为波前是一个运动着的曲面，在该面上每一点于相同时刻处在同一个相位。该波阵面的方程可以描述为

$$t-\frac{\boldsymbol{n}\cdot\boldsymbol{r}}{c}=\text{常数} \tag{6-1-3}$$

φ_0 即是 φ 的初始值。式（6-1-3）表明随着时间 t 的增加，$\boldsymbol{n}\cdot\boldsymbol{r}/c$ 也相应增加。波动随时间向外传播。在研究波阵面向前传播时，通常令

$$\tau = \frac{\boldsymbol{n} \cdot \boldsymbol{r}}{c} \tag{6-1-4}$$

τ 确定波沿射线的走时。于是波动方程可表述为

$$\varphi = \varphi_0 \mathrm{e}^{\mathrm{i}\omega(t-\tau)} \tag{6-1-5}$$

则

$$\ddot{\varphi} = -\omega^2 \varphi_0 \mathrm{e}^{\mathrm{i}\omega(t-\tau)} \tag{6-1-6}$$

$$\frac{\partial \varphi}{\partial x} = \frac{\partial \varphi_0}{\partial x} \mathrm{e}^{\mathrm{i}\omega(t-\tau)} - \mathrm{i}\omega \frac{\partial \tau}{\partial x} \varphi_0 \mathrm{e}^{\mathrm{i}\omega(t-\tau)}$$

$$\frac{\partial^2 \varphi}{\partial x^2} = \frac{\partial^2 \varphi_0}{\partial x^2} \mathrm{e}^{\mathrm{i}\omega(t-\tau)} - 2\mathrm{i}\omega \frac{\partial \varphi_0}{\partial x} \frac{\partial \tau}{\partial x} \mathrm{e}^{\mathrm{i}\omega(t-\tau)} - \varphi_0 \mathrm{i}\omega \frac{\partial^2 \tau}{\partial x^2} \mathrm{e}^{\mathrm{i}\omega(t-\tau)} + \varphi_0 (\mathrm{i}\omega)^2 \left(\frac{\partial \tau}{\partial x}\right)^2 \mathrm{e}^{\mathrm{i}\omega(t-\tau)} \tag{6-1-7}$$

同理可得：

$$\frac{\partial^2 \varphi}{\partial y^2} = \frac{\partial^2 \varphi_0}{\partial y^2} \mathrm{e}^{\mathrm{i}\omega(t-\tau)} - 2\mathrm{i}\omega \frac{\partial \varphi_0}{\partial y} \frac{\partial \tau}{\partial y} \mathrm{e}^{\mathrm{i}\omega(t-\tau)} - \varphi_0 \mathrm{i}\omega \frac{\partial^2 \tau}{\partial y^2} \mathrm{e}^{\mathrm{i}\omega(t-\tau)} + \varphi_0 (\mathrm{i}\omega)^2 \left(\frac{\partial \tau}{\partial y}\right)^2 \mathrm{e}^{\mathrm{i}\omega(t-\tau)} \tag{6-1-8}$$

$$\frac{\partial^2 \varphi}{\partial z^2} = \frac{\partial^2 \varphi_0}{\partial z^2} \mathrm{e}^{\mathrm{i}\omega(t-\tau)} - 2\mathrm{i}\omega \frac{\partial \varphi_0}{\partial z} \frac{\partial \tau}{\partial z} \mathrm{e}^{\mathrm{i}\omega(t-\tau)} - \varphi_0 \mathrm{i}\omega \frac{\partial^2 \tau}{\partial z^2} \mathrm{e}^{\mathrm{i}\omega(t-\tau)} + \varphi_0 (\mathrm{i}\omega)^2 \left(\frac{\partial \tau}{\partial z}\right)^2 \mathrm{e}^{\mathrm{i}\omega(t-\tau)} \tag{6-1-9}$$

将式（6-1-6）至式（6-1-9）代入式（6-1-1）可得：

$$-\frac{\omega^2 \varphi_0}{c^2} = \nabla^2 \varphi_0 - 2\mathrm{i}\omega \nabla\varphi_0 \nabla\tau - \mathrm{i}\omega\varphi_0 \nabla^2\tau - \omega^2 \varphi_0 (\nabla\tau)^2 \tag{6-1-10}$$

根据实部和实部相等，虚部和虚部相等可得：

$$-\omega^2 \varphi_0 = c^2 [\nabla^2 \varphi_0 - \omega^2 \varphi_0 (\nabla\tau)^2] \tag{6-1-11}$$

$$0 = -2\omega \nabla\varphi_0 \nabla\tau - \omega\varphi_0 \nabla^2\tau \tag{6-1-12}$$

首先讨论式（6-1-11），将两边同除以 $-\omega^2\varphi_0$ 得到：

$$1 = c^2 (\nabla\tau)^2 - \frac{c^2 \nabla^2 \varphi_0}{\omega^2 \varphi_0} \tag{6-1-13}$$

当 ω 较大（高频），且 $\nabla^2\varphi_0$ 很小时：

$$1 = c^2 (\nabla\tau)^2 \tag{6-1-14}$$

即

$$(\nabla\tau)^2 = \frac{1}{c^2} \tag{6-1-15}$$

由于 $\nabla\tau = \frac{\partial \tau}{\partial x}\boldsymbol{i} + \frac{\partial \tau}{\partial y}\boldsymbol{j} + \frac{\partial \tau}{\partial z}\boldsymbol{k}$ 为波阵面 τ 的垂线方向，而 $(\nabla\tau)^2$ 为两个向量相乘的模，故有

$$\left(\frac{\partial \tau}{\partial x}\right)^2 + \left(\frac{\partial \tau}{\partial y}\right)^2 + \left(\frac{\partial \tau}{\partial z}\right)^2 = \frac{1}{c^2} \tag{6-1-16}$$

这就是特征方程或哈密顿方程，又称**时间场方程**、**程函方程**（eikonal equation）。它表明地震波波阵面以速度 c 沿着垂直于波阵面的方向传播。这是一个具有纯粹几何图像的波阵面方程，通过它，波动地震学就过渡为几何地震学了。

式（6-1-16）具有重要的物理意义，如果介质的波速参数 c 已知，利用边界条件或初始条件，就可以求得时间场，从而可知任何时刻波前的空间位置，也就求得了地震波传播的全部情况，而用不着求波动方程的解。因此式（6-1-16）是几何地震学中最基本的公式。

但我们要记住，从波动地震学过渡到几何地震学有两个基本条件：①波长趋近于零，即只对高频适用；② $\nabla^2\varphi_0$ 不能趋于无限。对于球面波而言，$\varphi=\dfrac{f(r-ct)}{r}$，当 r 趋于零时，φ 趋于无穷，即球心或聚焦点处几何地震学不适用。

式（6-1-16）还可以表示成向量形式：

$$\nabla\tau=\frac{\boldsymbol{r}_0}{c} \tag{6-1-17}$$

式中，$\boldsymbol{r}_0$ 为沿波传播方向的单位向量。从式（6-1-17）计算的从点 S_1 到 S_2 的波的传播时间的线积分 $\int_{S_2}^{S_1}\nabla\tau\mathrm{d}l$，应该不大于对应两点其他传播路径的传播时间 $\int_{S_2}^{S_1}\dfrac{\mathrm{d}l}{c}$，即有

$$\int_{S_2}^{S_1}\nabla\tau\mathrm{d}l\leqslant\int_{S_2}^{S_1}\frac{\mathrm{d}l}{c} \tag{6-1-18}$$

这是因为沿梯度的方向其值总是最小的。因此，式（6-1-18）告诉我们，两点之间波沿射线传播时间最小的路径传播，在微积分中我们要使函数的微分为零得到函数极值点，同样道理，对于泛函（以函数作为变元的函数）求极值采用变分进行，即

$$\delta\int_{S_2}^{S_1}\frac{\mathrm{d}l}{c}=0 \tag{6-1-19}$$

式中，δ为变分符号，这就是著名的**费马原理**（Fermat's principle），它说明沿射线传播的时间与沿其他路径的时间相比为一个极值。

对于式（6-1-12），τ 是相位因子或波前的走时。根据式（6-1-17）得到 $\nabla\tau=u\hat{\boldsymbol{k}}$，这里 u 是波的慢度，$\hat{\boldsymbol{k}}$ 是在射线方向上的单位矢量，根据场论中的公式（$\nabla^2\varphi=\nabla\cdot\nabla\varphi$），有

$$2u\hat{\boldsymbol{k}}\cdot\nabla\varphi_0=-\varphi_0\nabla\cdot(u\hat{\boldsymbol{k}}) \tag{6-1-20}$$

对其分离变量有

$$\frac{\nabla\varphi_0}{\varphi_0}=-\frac{\nabla\cdot(u\hat{\boldsymbol{k}})}{2u\hat{\boldsymbol{k}}} \tag{6-1-21}$$

沿 $\hat{\boldsymbol{k}}$ 方向的射线路径积分（沿此路径$\dfrac{\nabla\varphi_0\cdot\hat{\boldsymbol{k}}}{\varphi_0}$，可以写作$\dfrac{\mathrm{d}\varphi_0}{\varphi_0}$）得到：

$$\varphi_0=C\exp\left(-\frac{1}{2}\int\frac{\nabla\cdot(u\hat{\boldsymbol{k}})}{u}\mathrm{d}s\right) \tag{6-1-22}$$

把式（6-1-22）代入波函数［式（6-1-2）］并令 $t=0$，得到：

$$\varphi(\omega)=\varphi_0\mathrm{e}^{-\mathrm{i}\omega\tau(x)}=C\exp\left(-\frac{1}{2}\int_{路径}\frac{\nabla\cdot(u\hat{\boldsymbol{k}})}{u}\mathrm{d}s\right)\exp\left(-\mathrm{i}\omega\int_{路径}u\mathrm{d}s\right) \tag{6-1-23}$$

这里 $u\mathrm{d}s$ 是沿射线路径的走时。第一指数式的指数是负实数，描述了沿射线路径振幅的衰减。考虑场论中的公式 $\nabla\cdot(u\boldsymbol{a})=u\nabla\cdot\boldsymbol{a}+\boldsymbol{a}\cdot\nabla u$，可以把此指数进一步变换为

$$-\frac{1}{2}\int_{路径}\frac{\nabla\cdot(u\hat{\boldsymbol{k}})}{u}\mathrm{d}s=-\frac{1}{2}\int_{路径}\left(\frac{\hat{\boldsymbol{k}}\cdot\nabla u}{u}+\nabla\cdot\hat{\boldsymbol{k}}\right)\mathrm{d}s$$

$$
\begin{aligned}
&=-\frac{1}{2}\int_{\text{路径}}\left(\frac{1}{u}\frac{\mathrm{d}u}{\mathrm{d}s}+\nabla\cdot\hat{\boldsymbol{k}}\right)\mathrm{d}s \\
&=-\frac{1}{2}\int_{\text{路径}}\frac{\mathrm{d}u}{u}-\frac{1}{2}\int_{\text{路径}}\nabla\cdot\hat{\boldsymbol{k}}\mathrm{d}s \qquad (6\text{-}1\text{-}24)\\
&=-\frac{1}{2}\ln u\,\Big|_{u_0}^{u}-\frac{1}{2}\int_{\text{路径}}\nabla\cdot\hat{\boldsymbol{k}}\mathrm{d}s \\
&=-\frac{1}{2}\ln\left(\frac{u}{u_0}\right)-\frac{1}{2}\int_{\text{路径}}\nabla\cdot\hat{\boldsymbol{k}}\mathrm{d}s
\end{aligned}
$$

这里 u_0 是震源处的慢度（slowness，为速度的倒数），辐射从那里开始。把式（6-1-24）代入式（6-1-23）可发现：

$$
\varphi(\omega)=C\left(\frac{u_0}{u}\right)^{\frac{1}{2}}\mathrm{e}^{-\frac{1}{2}\int_{\text{路径}}\nabla\cdot\hat{\boldsymbol{k}}\mathrm{d}s}\,\mathrm{e}^{-\mathrm{i}\omega\int_{\text{路径}}u\mathrm{d}s} \qquad (6\text{-}1\text{-}25)
$$

式（6-1-25）描述了地震波振幅的几何扩散效应。平行于射线方向单位矢量的散度 $\nabla\cdot\hat{\boldsymbol{k}}$ 描述了波前的曲率（因为散度是矢量场的发散程度，发散程度越大，对应波前的曲率越大，曲率半径越小，参看下面均匀全空间的球面波示例），当曲率比较大时，就导致较大的振幅衰减。

为了说明几何扩散项，考虑一个在均匀全空间里发散的球面波。在这种情况下，波前是球面，而射线是半径（$\hat{\boldsymbol{k}}=\hat{\boldsymbol{r}}$）。

球坐标中散度表达式为 $\nabla\cdot\boldsymbol{F}=\frac{1}{r^2}\frac{\partial(r^2F_r)}{\partial r}+\frac{1}{r\sin\theta}\frac{\partial(\sin\theta F_\theta)}{\partial\theta}+\frac{1}{r\sin\theta}\frac{\partial(\sin\theta F_\varphi)}{\partial\varphi}$，由于球面波的传播方向即为径向（径向值为 1，而其他两个分量为零），有：

$$
\nabla\cdot\hat{\boldsymbol{k}}=\frac{1}{r^2}\frac{\partial\,(r^2)}{\partial\,r}=\frac{2}{r} \qquad (6\text{-}1\text{-}26)
$$

代入式（6-1-25）的第一个指数项，得到：

$$
-\frac{1}{2}\int_{\text{路径}}\nabla\cdot\hat{\boldsymbol{k}}\mathrm{d}s=-\frac{1}{2}\int_{\text{路径}}\frac{2\mathrm{d}s}{r}=-\int_{r_0}^{r}\frac{\mathrm{d}r}{r}=\ln\left(\frac{r_0}{r}\right) \qquad (6\text{-}1\text{-}27)
$$

于是根据式（6-1-18）并假设为均匀介质，可以得到：

$$
\varphi(\omega)=C\left(\frac{r_0}{r}\right)\mathrm{e}^{-\mathrm{i}\omega\int_{\text{路径}}u\mathrm{d}s}=C\left(\frac{r_0}{r}\right)\mathrm{e}^{-\mathrm{i}\omega ur} \qquad (6\text{-}1\text{-}28)
$$

于是在均匀介质（全空间）里，振幅按 r^{-1} 衰减，与第 3 章球面波势函数的表达一致。由于波前的面积按 r^2 增大，故这个结果也可以由对能量的考虑（见第 9 章）来得到。

6.2 水平分层介质中的本多夫定律和斯奈尔定律

6.2.1 本多夫（Benndorf）定律

现在考虑一个以均匀速度 v 在介质里传播，并与水平地表面相交的平面波（图 6-2-1）。注意这里假定的平面波是由于震源距观测点很远，可以近似把地震震源看做无穷远射过来的地震射线。沿射线路径，波阵面在 t 和 $t+\Delta t$ 之间所走的距离为 Δs。射线偏离垂直方向的角度 i 叫做入射角（本书称为**偏垂角**）。这样 i 就可以把 Δs 与波阵面在地表面分开的距离 Δx 联系起来：

$$
\Delta s=\Delta x\sin i \qquad (6\text{-}2\text{-}1)
$$

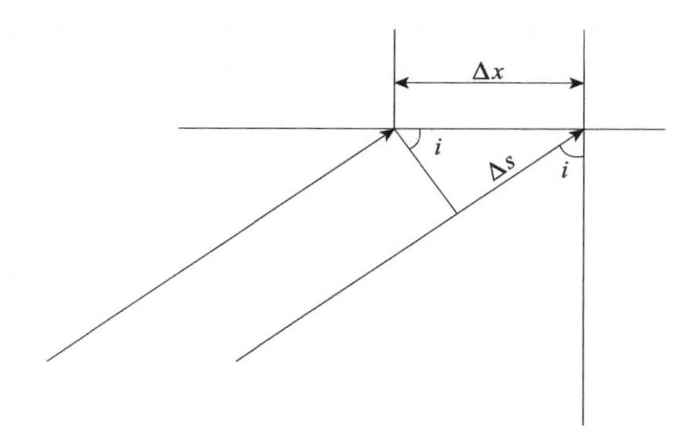

图 6-2-1　地震射线入射到地表的情况

因为 $\Delta s = v\Delta t$，故有

$$v\Delta t = \Delta x \sin i \tag{6-2-2}$$

或

$$p = \frac{\Delta t}{\Delta x} = \frac{\sin i}{v} = u\sin i \tag{6-2-3}$$

式（6-2-3）就是水平分层介质中的**本多夫（Benndorf）定律**。u 为慢度（$u = \frac{1}{v}$，v 为速度），p 叫做**射线参数**（在波动方程中也是这样定义的）。注意，如果界面是地球自由表面，通过计算波阵面到达两个不同台站的时间 Δt 和距离 Δx，就可以直接测量 p。射线参数 p 表示波阵面在水平方向的**视慢度**（apparent slowness），这正是为什么有时把 p 叫做射线的**水平慢度**的理由。$\Delta x/\Delta t$ 为地表观测的地震波传播速度，称为**视速度**（apparent velocity）。

这里需要说明的是射线参数的量纲为时间量纲和长度量纲之比，在地震学中通常采用的单位为 s/km。它说明了每增加单位震中距所需要的时间。另外根据式（6-2-3），设层中速度不变，射线以不同的偏垂角射向成层介质时，p 参数不同。最大 p 参数射线偏垂角的正弦为 1，即水平射出的射线，p 参数的最大值即为震源层的慢度，最小值为 0，表示射线垂直射出，即偏垂角为零。

6.2.2　斯奈尔（Snell）定律

在地震波反射透射的推导过程中已得到斯奈尔定律，即 $p=\frac{\sin i_p}{\alpha}=\frac{\sin i_s}{\beta}$。这说明对于一条射线，无论是反射、折射或波型转换，其慢度（速度的倒数）在与法线垂直方向上的投影分量保持不变。如果法线垂直于地表，则慢度在水平方向的投影保持不变。对于水平成层介质，所有界面的法线都垂直于地面，因此 p 就是慢度在水平方向的投影，该值保持为常值，也就是速度的倒数在水平方向的投影为常值。因此一条射线**在介质中单位水平距离所需要的传播时间总是不变的**。但要注意，射线只是在与法线垂直方向上的慢度为常值（即这里的偏垂角是相对于垂直方向定义的），如果法线与水平面不垂直，如倾斜界面，这时的 p 参数不是水平慢度，上述结论就不成立。本章如不特殊说明均为水平界面。

现在考虑一个下行波到达了一个上、下层分别为均匀层的界面上，并在下一层产生的透射波（图 6-2-2）。如果上层地震波速度小于下层，沿射线以均匀的时间间隔画出波阵面。由于在下层介质中速度大，地震波传播相同的距离需要的时间相对于上层更短，为了保持在分界面两边波阵面之间所用时间一致，必须弯曲射线使得下层波阵面之间的垂直距离加长，即射线的角度必然发生变化。

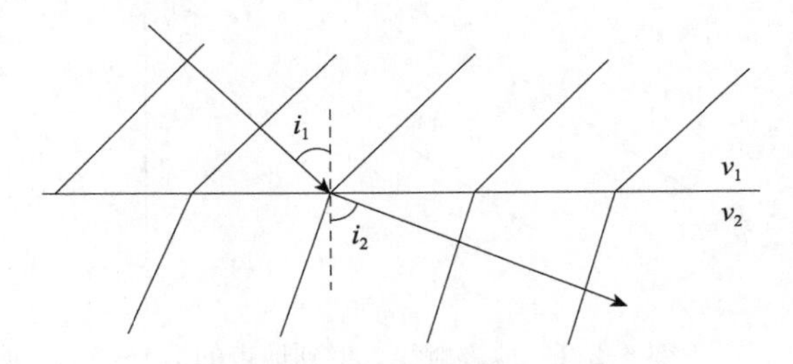

图 6-2-2　两个均匀半空间水平界面两边的平面波
下一层较高的速度使波阵面间距更大

依据上面的讨论，我们根据每一层里的慢度和射线偏离垂直方向的角度来表示射线参数：

$$p = u_1 \sin i_1 = u_2 \sin i_2 \tag{6-2-4}$$

注意，这只不过是几何光学的斯奈尔定律在地震学上的说法。式（6-2-4）也可以根据费马原理（Femat's principle）推导出来（习题 6-2-5），该原理指出，两点之间，射线按最小走时的路径传播。

6.3　水平分层介质的射线方程

6.3.1　速度随深度增加的水平分层介质地震波传播路径的形态

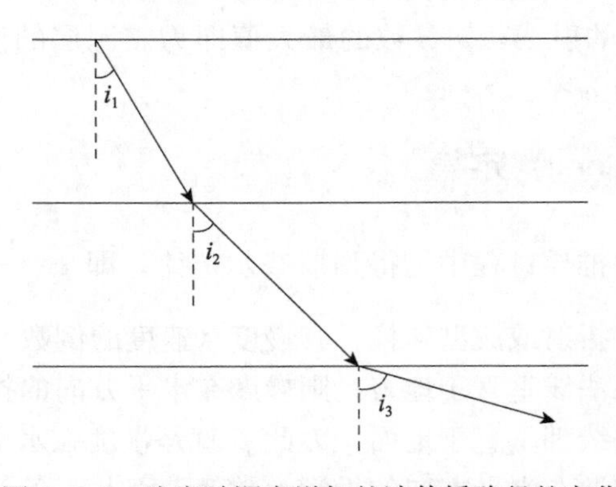

图 6-3-1　速度随深度增加的波传播路径的变化

在多数情况下，P 波和 S 波的速度是深度的函数，随深度的增大而增加。假如考察水平成层介质中向下传播的波，下层的传播速度比上层快（图 6-3-1）。射线参数 p 保持不变，则有

$$p = u_1 \sin i_1 = u_2 \sin i_2 = u_3 \sin i_3 \tag{6-3-1}$$

如果速度连续增加，i 最终达 90°，射线将沿水平向传播。由此可知，对于地球内部速度随深度增加的介质，向下传播的地震波的传播方向会逐渐变平，即射线凸向地球内部。

对应于连续的速度梯度的情况（图 6-3-2），令在地表面的慢度为 u_0，偏垂角为 i_0，则有

$$u_0 \sin i_0 = p = u \sin i \tag{6-3-2}$$

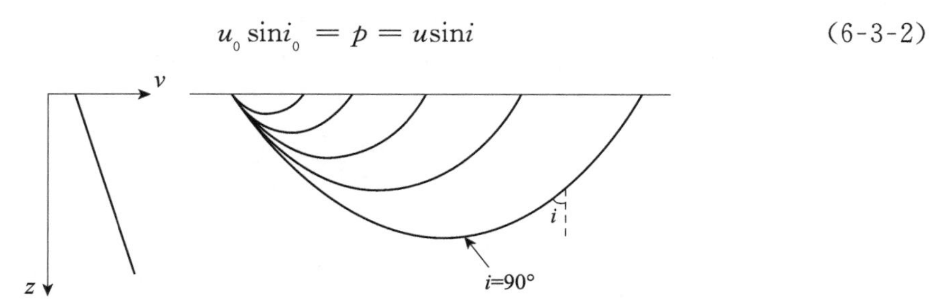

图 6-3-2　速度随深度连续增大的模型，射线路径的弯曲凹向地表面

随着速度随着深度逐渐增加，i 逐渐增大。当 $i=90°$时，射线在这点发生转折，$p=u_{tp}$，这里 u_{tp} 表示转折点的慢度。根据式（6-3-2），射线参数越小的射线对应的 i_0 越小，路径越陡，地震射线越会在比较深的地方发生转折，在地表上所走的路程也越远。

6.3.2　参数方程

前面提过慢度的概念，慢度是速度的倒数。在射线上的每一点，慢度矢量 s 可分解为水平和垂直两个分量（图 6-3-3），分量大小由局部的慢度 u 给出。慢度的水平分量为 $u\sin i$，也就是射线参数 p。

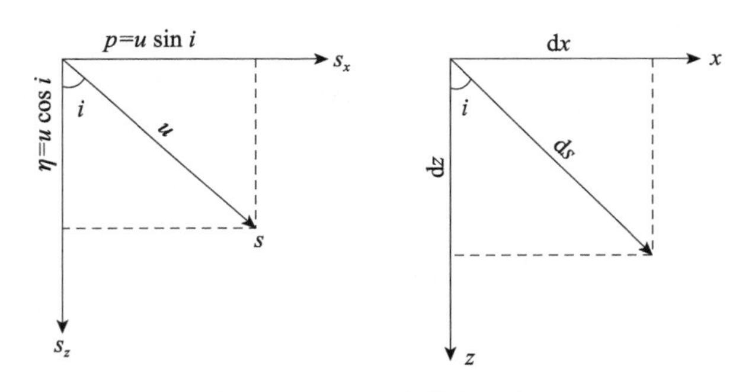

图 6-3-3　地震波射线元分析

用类似的办法，我们可以把**垂直慢度** η 写为

$$\eta = u\cos i = (u^2 - p^2)^{1/2} \tag{6-3-3}$$

由此可见，垂直慢度为介质慢度在垂向上的投影。与射线参数 p 的分析一样，垂直慢度表明了水平层状介质中穿过单位深度所需要的时间，其单位跟 p 参数一致，也是 s/km。在斯奈尔定律中说明一条射线的水平慢度相等，但垂直慢度不一定相等。

根据式（6-3-2）和式（6-3-3）可知：在转折点，i 为 90°，射线在水平方向传播，$p=u$，$\eta=0$。

现在研究积分表达，以计算沿特定射线的走时和距离。考虑沿射线路径的长度为 $\mathrm{d}s$ 的一个小线段（图 6-3-3 右图）。按几何学，有

$$\frac{dx}{dz} = \tan i$$

因为 $p=u\sin i$，故可以写成：

$$\sin i = \frac{p}{u}$$

$$\cos i = (1 - \sin^2 i)^{1/2} = (1 - p^2/u^2)^{1/2} \tag{6-3-4}$$

所以有

$$\frac{dx}{dz} = \tan i = \frac{\sin i}{\cos i} = \frac{p}{(u^2 - p^2)^{1/2}}$$

$$dx = \frac{p}{(u^2 - p^2)^{1/2}} dz \tag{6-3-5}$$

对式（6-3-5）积分得到 x：

$$x(z_1, z_2, p) = p \int_{z_1}^{z_2} \frac{dz}{[u^2(z) - p^2]^{1/2}} \tag{6-3-6}$$

令 z_1 为自由表面（$z_1=0$），z_2 为转折点 z_p，得到地震射线自地表震源到转折点（射线最深点）之间在地表投影的距离 x 为

$$x(p) = p \int_0^{z_p} \frac{dz}{[u^2(z) - p^2]^{1/2}} \tag{6-3-7}$$

由于转折点两边的射线是对称的，所以从地表原点（震源点）到地表接收点的距离 X（p）正好是式（6-3-7）的两倍，即

$$X(p) = 2p \int_0^{z_p} \frac{dz}{[u^2(z) - p^2]^{1/2}} \tag{6-3-8}$$

根据几何学还可以得知：

$$\frac{dz}{ds} = \cos i = (1 - \sin^2 i)^{1/2} = (1 - \frac{p^2}{u^2})^{1/2} \tag{6-3-9}$$

因此有

$$ds = \frac{dz}{(1 - \frac{p^2}{u^2})^{1/2}}$$

由此得到：

$$dt = u ds = \frac{u dz}{(1 - \frac{p^2}{u^2})^{1/2}} \tag{6-3-10}$$

可以得到走时自深度 z_1 到 z_2 的走时的表达式为

$$t(z_1, z_2, p) = \int_{z_1}^{z_2} \frac{u^2(z)}{[u^2(z) - p^2]^{1/2}} dz \tag{6-3-11}$$

地震射线自地表到最深的转折点 z_p 的走时 $t(p)$ 的表达式为

$$t(p) = \int_0^{z_p} \frac{u^2(z)}{[u^2(z) - p^2]^{1/2}} dz \tag{6-3-12}$$

该式给出了从地表原点到转折点 z_p 的走时，从地表—地表的总走时 T（p）为：

$$T(p) = 2 \int_0^{z_p} \frac{u^2(z)}{[u^2(z) - p^2]^{1/2}} dz \tag{6-3-13}$$

式（6-3-8）和式（6-3-12）适用于 $u(z)$ 是深度的连续函数的模型。

最简单的速度模型是水平层的每层速度均匀。在这种情况下，X 和 T 的积分变为求和：

$$X(p)=2p\sum_i \frac{\Delta z_i}{(u_i^2-p^2)^{1/2}} \qquad u_i>p \tag{6-3-14}$$

$$T(p)=2\sum_i \frac{u_i^2\Delta z_i}{(u_i^2-p^2)^{1/2}} \qquad u_i>p \tag{6-3-15}$$

注意，式（6-3-14）和式（6-3-15）式对层的求和顺序为从上到下进行，直至慢度小于射线参数之前的层。在上面的层中，$[u^2(z)-p^2]^{1/2}$ 为实数。对于慢度小于射线参数的情况，$[u^2(z)-p^2]^{1/2}$ 为虚数，则表明地震波不能到达该层。

6.4　速度梯度为常数的地震波传播

6.4.1　单层走时和震中距

式（6-3-14）和式（6-3-15）给出了多个速度均匀层的地震波走时和震中距的数值计算方法。但如果速度是深度的连续函数，仍采用该公式就必须将连续函数划分为可以认为层中速度均匀的大量的层进行计算，才能得到较为精确的解。因此，用式（6-3-14）和式（6-3-15）计算很不方便。如果对于特定的随深度分布的连续函数将式（6-3-6）和式（6-3-11）的积分得出，则可以在计算量较小的情况下得到地震波在该层介质中的精确解。本节对于速度梯度为常数，即线性速度梯度进行讨论。

假定速度梯度为常数的层的上边界和下边界的速度分别为 $\upsilon_1(z_1)$ 与 $\upsilon_2(z_2)$，相对应的深度为 z_1 和 z_2，该层中的速度和梯度斜率 b 值可以表示为

$$\upsilon(z)=a+bz,\quad b=\frac{\upsilon_2-\upsilon_1}{z_2-z_1} \tag{6-4-1}$$

通过求解积分 $t(p)$ 和 $x(p)$，可以得到（Chapman et al.，1988）：

$$x(p)=p\int_{z_1}^{z_2}\frac{\mathrm{d}z}{\sqrt{(a+bz)^{-2}-p^2}}=-p\int_{u_1}^{u_2}\frac{\mathrm{d}u}{bu^2\sqrt{u^2-p^2}}=\frac{\sqrt{u^2-p^2}}{bup}\Bigg|_{u_2}^{u_1} \tag{6-4-2}$$

注意式（6-4-2）的推导根据积分公式 $\int\frac{\mathrm{d}u}{u^2\sqrt{u^2\pm a^2}}=-\frac{\sqrt{u^2\pm a^2}}{\pm a^2u}+C$，$u=\frac{1}{a+bz}$。

对于 u_1，u_2 均大于 p 的情况，射线穿过研究的深度，可按式（6-4-2）直接计算。对于 u_1 和 u_2 均小于 p 参数的情况，分子为虚数，此时射线在 $u=p$ 时已经变得水平，此层应该对应于上部，因此此种情况地震射线达不到需要计算的层。如果 u_1 大于 p，u_2 小于 p 的情况，射线从 u_1 射向深部的过程中，达到 $u=p$ 时射线已经水平，从而弯曲向上传到地表。因此地震射线会在此层转折。穿透的最深处为 $u=p$ 的地方，因此只需计算 $u=p$ 以上的射线部分即可，即可以用 p 代替 u_2。这样在式（6-4-2）中只需将 u_1 代入即可，$u_2=p$ 代入得到的值为零。

$$t(p)=\int_{z_1}^{z_2}\frac{(a+bz)^{-2}\mathrm{d}z}{\sqrt{(a+bz)^{-2}-p^2}}=-\frac{1}{b}\int_{z_1}^{z_2}\frac{\mathrm{d}[(a+bz)^{-1}]}{\sqrt{(a+bz)^{-2}-p^2}}=\frac{1}{b}[\ln(u+\sqrt{u^2-p^2})+C]\mid_{u_2}^{u_1}$$

$$=\frac{1}{b}[\ln(u+\sqrt{u^2-p^2})-\ln p]\mid_{u_2}^{u_1}=\frac{1}{b}[\ln(\frac{u+\eta}{p})]\mid_{u_2}^{u_1} \tag{6-4-3}$$

注意式（6-4-3）的推导根据积分公式 $\int\frac{\mathrm{d}u}{\sqrt{u^2\pm a^2}}=\ln(u+\sqrt{u^2\pm a^2})+c$。将积分结果变为 $\ln\left(\frac{u+\eta}{p}\right)$ 完全是考虑数值计算精度问题，使得 $\frac{u+\eta}{p}$ 的量值在 1 附近扰动。垂直方向的慢度为 $\eta=(u^2-p^2)^{1/2}$。这里的 u_1 和 u_2 与 p 的关系与上面 $x(p)$ 的讨论一致。我们给出了用这些表达式计算线性速度梯度层（包括常速层）的地震波走时和震中距变化的子程序。

```
function [dx,dt,irtr] = layertx(p,h,utop,ubot)
% LAYERTX 计算线形速度梯度的水平分层介质中的地震波走时 dt 和震中距 dx
% 该程序根据 Chris Chapman's WKBJ 的 FORTRAN 程序修改
% 输入参数:    p       = 水平慢度或射线参数
%              h       = 层的厚度
%              utop    = 层顶部的慢度
%              ubot    = 层底部的慢度
% 返回参数:    dx      = 震中距增加量
%              dt      = 该层中的地震波走时
%              irtr    = 返回代码
%                      = -1,表示层的厚度为零
%                      = 0,射线在上层已经折返,不能到达此层
%                      = 1,射线穿过该层
%                      = 2,射线在此层折返,此时射线不能到达该层的底部
%%%%%%%%%%%%%%%%%%%%%%%%%%%%%%%%%%%%%%%%%%%%%%%%%%%%%%%%%%%%%
if (p>=utop) %射线在上层已经折返,不能到达此层
dx = 0.;
dt = 0.;
irtr = 0;
return;
elseif (h==0)  %层的厚度为零的情况
dx = 0.;
dt = 0.;
irtr = -1;
return;
end
u1 = utop;
u2 = ubot;
v1 = 1./u1;
v2 = 1./u2;
b = (v2 - v1)/h; %速度随深度增加的斜率式(6-4-1)
```

```
eta1 = sqrt(u1^2 - p^2); % 在上限值的垂直慢度
if (b = = 0)            % 对于速度为常值的情况，这直接采用公式
dx = h * p/eta1; % 直接根据式(6-3-5)计算
dt = h * u1^2/eta1; % 直接根据式(6-3-10)计算
irtr = 1;
return;
end
x1 = eta1/(u1 * b * p); % 式(6-4-2)的上限代入值
tau1 = (log((u1 + eta1)/p))/b; % 式(6-4-3)的上限代入值
if (p> = ubot)          % 射线在该层中向上折返，此时只需将顶层的慢度值代入即可
dx = x1 - 0;
dt =  tau1 - 0;
irtr = 2;
return;
end
irtr = 1;
eta2 = sqrt(u2^2 - p^2); % 层底部的垂直慢度值
x2 = eta2/(u2 * b * p); % 式(6-4-2)的下限代入值
tau2 = (log((u2 + eta2)/p))/b; % 式(6-4-3)的下限代入值
dx = x1 - x2; % 震中距上下限的代入值的差
dt = tau1 - tau2; % 走时上下限的代入值的差
return
```

6.4.2 速度梯度为常数的介质中的射线路径

如图 6-4-1，地震射线由上向下穿过某地层，其中一微元 $\mathrm{d}s$ 对应的曲率中心为 O，在 A 点的偏垂角为 i，由于偏垂角 i 的两个边与 $\angle AOC$ 的两个边相互垂直，因此 $\angle AOC=i$；在 B 点的偏垂角为 $i+\mathrm{d}i$，同样，其两个边与 $\angle BOC$ 的两个边相互垂直，因此 $\angle BOC=i+\mathrm{d}i$；则 AB 弧对应的角度为 $\mathrm{d}i$。其曲率半径为

$$\mathrm{d}s=\rho\mathrm{d}i,\quad \frac{1}{\rho}=\frac{\mathrm{d}i}{\mathrm{d}s} \tag{6-4-4}$$

根据斯奈尔定律，$\sin i=pv$，两边对 s 求导有

$$\frac{\mathrm{d}(\sin i)}{\mathrm{d}s}=p\frac{\mathrm{d}v}{\mathrm{d}s}=p\frac{\mathrm{d}v}{\mathrm{d}z}\frac{\mathrm{d}z}{\mathrm{d}s}$$

考虑到式（6-3-9），并有$\dfrac{\mathrm{d}\ (\sin i)}{\mathrm{d}s}=\cos i\dfrac{\mathrm{d}i}{\mathrm{d}s}$，可得到

$$\frac{\mathrm{d}i}{\mathrm{d}s}=p\frac{\mathrm{d}v}{\mathrm{d}z} \tag{6-4-5}$$

将式（6-4-5）代入式（6-4-4）得到

$$\frac{1}{\rho}=p\frac{\mathrm{d}v}{\mathrm{d}z} \tag{6-4-6}$$

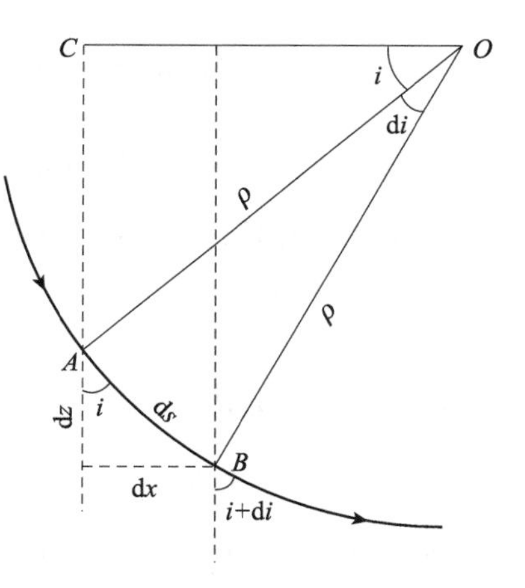

图 6-4-1　射线曲率半径的表示

式（6-4-6）适用于速度是深度的任意函数的介质，

对于随深度线性增加的速度 $v=v_0+bz$，则有

$$\frac{1}{\rho}=pb=\text{const} \tag{6-4-7}$$

即射线的曲率半径为常数。这说明速度随深度线性增加的介质中的射线路径为标准圆弧。

在图 6-4-2 中，设地表的速度为 v_0，射线最深处深度为 d，震中距为 x。p 参数为 $p=\dfrac{\sin i_0}{v_0}$，则 $\sin i_0=pv_0$。根据式（6-4-7）知 $\rho=\dfrac{1}{pb}$。在直角三角形 OAB 中，$OB=\rho\sin i_0=\dfrac{v_0}{b}$，因此射线最深处深度 d 可以表示为

$$d=\frac{1-pv_0}{bp} \tag{6-4-8}$$

AB 为半径在水平面的投影，有

$$AB=\frac{x}{2}=\rho\cos i_0=\rho\sqrt{1-\sin^2 i_0}=\rho\sqrt{1-p^2v_0^2}=\frac{\sqrt{1-p^2v_0^2}}{bp}$$

可以得到：

$$x=2\frac{\sqrt{1-p^2v_0^2}}{bp} \tag{6-4-9}$$

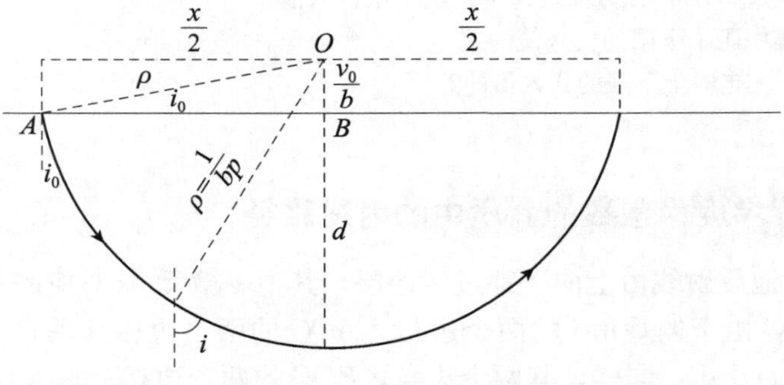

图 6-4-2　线性变化介质中地震射线路径

由于射线最深点的深度为 d，射线参数可写为 $p=\dfrac{1}{v_0+bd}$，曲率半径可表达为 $\rho=\dfrac{v_0}{b}+d$。由于曲率半径为常数，射线路径为以高出地面 $\dfrac{v_0}{b}$ 为圆心的圆的一部分，如图 6-4-2 所示。根据直角三角形 OAB 的勾股定理，曲率半径表达为

$$\rho=\sqrt{\left(\frac{x}{2}\right)^2+\left(\frac{v_0}{b}\right)^2} \tag{6-4-10}$$

射线在最深点的速度为

$$v_m=v_0+bd=v_0+b\left(\rho-\frac{v_0}{b}\right)=b\rho=b\sqrt{\left(\frac{x}{2}\right)^2+\left(\frac{v_0}{b}\right)^2} \tag{6-4-11}$$

将速度的表达式代入式（6-3-13）进行积分，根据积分公式

$\int \frac{\mathrm{d}x}{x\sqrt{a^2-x^2}}=-\frac{1}{a}\ln\frac{a+\sqrt{a^2-x^2}}{x}+C$，并注意到 $\cosh^{-1}x=\ln(x+\sqrt{x^2-1})$，有

$$t=2\int_0^d \frac{u^2(z)}{[u^2(z)-p^2]^{1/2}}\mathrm{d}z=2\int_0^d \frac{u(z)}{p[\frac{1}{p^2}-\frac{1}{u^2(z)}]^{1/2}}\mathrm{d}z=\frac{2}{bp}\int_0^d \frac{\mathrm{d}(v_0+bz)}{(v_0+bz)[\frac{1}{p^2}-(v_0+bz)^2]^{1/2}}$$

$$=-\frac{2}{b}\ln\frac{p^{-1}+\sqrt{\frac{1}{p^2}-(v_0+bz)^2}}{v_0+bz}\Bigg|_0^d=\frac{2}{b}\ln\frac{v_m+\sqrt{v_m^2-v_0^2}}{v_0}=\frac{2}{b}\ln\left[\frac{v_m}{v_0}+\sqrt{\left(\frac{v_m}{v_0}\right)^2-1}\right]$$

$$=\frac{2}{b}\cosh^{-1}\frac{v_m}{v_0} \tag{6-4-12}$$

将式（6-4-11）代入式（6-4-12），并考虑到 $\sinh^{-1}x=\ln(x+\sqrt{x^2+1})$，有

$$t=\frac{2}{b}\ln\left[\frac{v_m}{v_0}+\sqrt{\left(\frac{v_m}{v_0}\right)^2-1}\right]=\frac{2}{b}\ln\left[\frac{b\sqrt{\left(\frac{x}{2}\right)^2+\left(\frac{v_0}{b}\right)^2}}{v_0}+\sqrt{\left[\frac{b\sqrt{\left(\frac{x}{2}\right)^2+\left(\frac{v_0}{b}\right)^2}}{v_0}\right]^2-1}\right]$$

$$=\frac{2}{b}\ln\left[\sqrt{\left(\frac{bx}{2v_0}\right)^2+1}+\frac{bx}{2v_0}\right]=\frac{2}{b}\sinh^{-1}\frac{bx}{2v_0} \tag{6-4-13}$$

这就是走时和震中距的关系。

6.5　速度随深度指数增加的走时和震中距计算

假设速度随深度分布指数变化，即 $v=v_0\mathrm{e}^{\alpha z}$，则代入式（6-3-8）进行积分，并且最深处的深度为 d，可得：

$$x=2p\int_0^d \frac{\mathrm{d}z}{\sqrt{\frac{1}{v_0^2\mathrm{e}^{2\alpha z}}-p^2}}=\frac{2}{\alpha}\int_0^d \frac{\mathrm{d}(pv_0\mathrm{e}^{\alpha z})}{\sqrt{1-p^2v_0^2\mathrm{e}^{2\alpha z}}}=\frac{2}{\alpha}\sin^{-1}(pv_0\mathrm{e}^{\alpha z})\Big|_0^d$$

$$=\frac{2}{\alpha}[\sin^{-1}(pv_0\mathrm{e}^{\alpha d})-\sin^{-1}(pv_0)] \tag{6-5-1}$$

由于 $p=\frac{1}{v_0\mathrm{e}^{\alpha d}}$，式（6-5-1）为

$$x=\frac{2}{\alpha}\left[\frac{\pi}{2}-\sin^{-1}(pv_0)\right] \tag{6-5-2}$$

由此可以得到，p 和震中距的关系为

$$p=\frac{1}{v_0}\cos\left(\frac{\alpha x}{2}\right) \tag{6-5-3}$$

由于 $p=\frac{\mathrm{d}t}{\mathrm{d}x}$，所以

$$t=\int_0^x p\mathrm{d}x=\int_0^x \frac{1}{v_0}\cos\left(\frac{\alpha x}{2}\right)\mathrm{d}x=\frac{2}{\alpha v_0}\sin\left(\frac{\alpha x}{2}\right) \tag{6-5-4}$$

到达震中距为 x 的射线的穿透该介质的最深深度 d 根据式（6-5-3）和 p 的表达式 $p=\frac{1}{v_0\mathrm{e}^{\alpha d}}$可以写为

$$d=-\frac{1}{\alpha}\ln\left(\cos\frac{\alpha x}{2}\right) \tag{6-5-5}$$

6.6 震源在地表的水平分层介质地震波走时计算举例

6.6.1 速度随深度逐渐增加的地震波射线震中距、走时的计算

下面考虑一个速度从地表 2km/s 经过 30km 深的地壳到 7km/s 的速度变化，p 参数从 0.5（注意：由于震源在地表，速度为 2km/s，根据 p 参数的表达式，当偏垂角为 90°时，p 参数最大，可以得到 p 参数的最大值为 0.5）以 0.01 为间隔减少到 0.25，绘制地震波的传播路径。我们将随深度的分布分成很多薄层，研究其中的射线路径。

```
%P6_1.m
v10 = 2;v20 = 7;H = 30;   %速度从地表 2km/s 到壳幔边界(30km)7km/s
b = (v20 - v10)/H;      %速度随深度变化的斜率
x = [0,60];      %震中距取 2 个点
v = [];
for z = 0:15
%得到 16*2 的速度分布图象,其中在横向上是均匀的,纵向随深度而变化
    v = [v;ones(1,2)*(v10 + b*z)];
end
figure(1)
pcolor(x,[0:15],v);   %绘制速度分布图象
shading interp %将图像进行渐变处理
colorbar;      %加上色标
annotation('textbox',[0.866,0.854,0.5,0.1],'linestyle','none','String','速度/km.s^-^1')
%在色标上加上标记
hold on %图形保持,使得以后绘图在原来图的基础上进行
xall0 = 0;tall0 = 0;   %绘制走时曲线需要的初始点
p0 = 0.5;   %p 从 0.5 开始计算
for p = 0.5:-0.01:0.25
%对 p 参数循环计算,大的 p 参数穿透地壳深度小,震中距较小
maxz = (1-p*v10)/b/p;   %p 参数对应的大小深度
maxlayer = 50;        %将穿透的地壳深度分为 50 层
z = linspace(0,maxz,maxlayer);   %将层分成均匀的
h = z(2) - z(1);       %所分层的厚度
z1 = z(1:maxlayer - 1);   %所有层的顶部深度
z2 = z(2:maxlayer);    %所有层的底部深度
xall = 0;tall = 0;      %总的震中距和走时从初始的零开始累加
u1 = 1./(v10 + b*z1);u2 = 1./(v10 + b*z2);    %所有层的顶层慢度
dx = zeros(1,2*maxlayer-1); dt = dx; %所有层的震中距,初始设置为零
figure(1)
for ii = 1:maxlayer - 1    %对每一层分别进行循环计算
```

```
        [dx(ii),dt(ii),irtr] = layertx(p,h,u1(ii),u2(ii));
    % 调用 layertx 函数,每个参数得到走时和震中距.这里将每层震中距增量存盘,以便在计算对称的射
线折返上升时用
        plot([xall,xall + dx(ii)],[z1(ii),z2(ii)],'w'); % 采用白色绘制每层中的射线路径
        xall = xall + dx(ii);   % 下一层的震中距开始为上一层震中距的结束
    tall = tall + dt(ii);
    end
    text(xall,z2(ii),num2str(p));
    for ii = maxlayer - 1: - 1:1   % 将原来计算的震中距用在对称的折返路径上
        plot([xall,xall + dx(ii)],[z2(ii),z1(ii)],'w');   % 用白色绘制每层中的射线路径
        xall = xall + dx(ii); % 下一层的震中距开始为上一层震中距的结束
    tall = tall + dt(ii);
    end
    set(gca,'Ydir','reverse','box','on')
    % 将当前绘图的 y 轴方向反向,使得符合深度大在下部的情况,并且将右边和上边均加上框
    figure(2)
    plot([xall0,xall],[tall0,tall],'. - ');   % 绘制走时—震中距曲线
    hold on
    figure(3)
    plot([p0,p],[xall0,xall],'. - ');   % 绘制 p 参数和震中距曲线
    xall0 = xall;
    tall0 = tall;
    p0 = p;
    hold on
    end
    figure(1)
    axis([0,60,0,15])   % 设置绘图 x 轴的范围为 0～60,y 轴的绘图范围为 0～15
    xlabel('震中距/km')    % 加 x 轴的标记
    ylabel('深度/km')      % 加 y 轴的标记
    figure(2)
    xlabel('震中距/km')    % x 轴标记
    ylabel('走时/s')     % y 轴标记
    figure(3)
    xlabel('p/s.km^-^1')    % x 轴标记
    ylabel('震中距/km') % y 轴标记
```

运行的结果如图 6-6-1～图 6-6-3 所示。从图 6-6-1 和图 6-6-2 可以看到，**震中距 x 随 p 的减小而增大**，即随离源角的减小，距离增大。p 值较大的射线在较浅的深度转折，行进的距离较短。射线参数减小，转折点的深度增大，距离 x 也增大。这是地球介质通常能够看到的现象。在这种情况下，导数 $\mathrm{d}x/\mathrm{d}p$ 是负的，称这支走时曲线是**顺行的**（prograde）。此时走时曲线也是逐渐上升的。但要注意，当遇到速度陡变带或高速层时，会出现走时曲线**逆行**（retrograde）的情况。为了更清楚地研究走时、震中距及 p 参数之间的关系，地震学中引入**折合走时** τ：

$$\tau(p) = T(p) - pX(p) \tag{6-6-1}$$

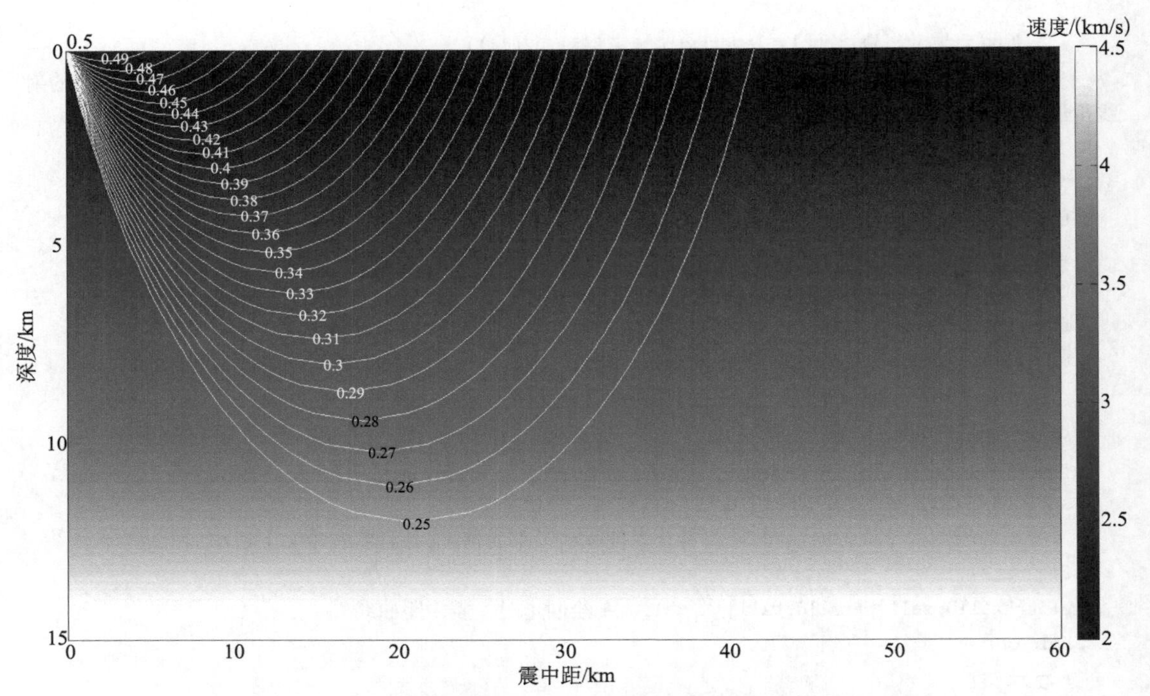

图 6-6-1　线性增加的速度层中不同 p 值的射线传播路径

图中数字代表所在射线的 p 值

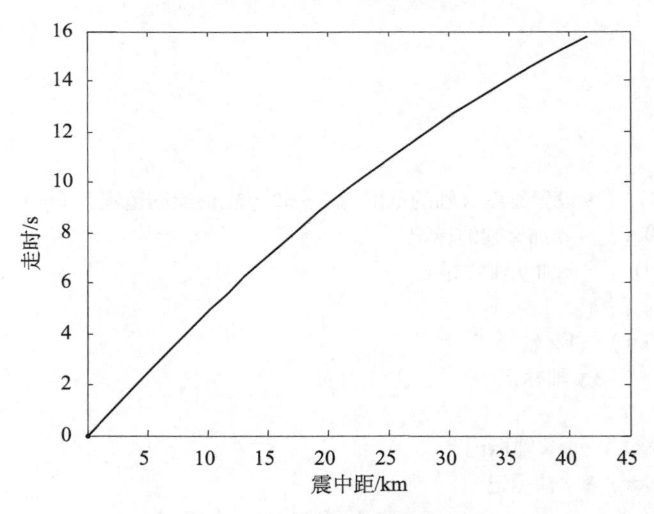

图 6-6-2　例子数据得到的走时曲线

此时，$T(p)$ 和 $X(p)$ 分别为射线参数为 p 的走时和震中距。注意，前面用 τ 表示剪应力和相位，这里表示折合走时。

根据式（6-3-8）和式（6-3-13），可以得到：

$$\begin{aligned}\tau &= 2\int_0^{z_p}\left[\frac{u^2}{(u^2-p^2)^{1/2}}-\frac{p^2}{(u^2-p^2)^{1/2}}\right]\mathrm{d}z \\ &= 2\int_0^{z_p}(u^2(z)-p^2)^{1/2}\,\mathrm{d}z\end{aligned}$$

$$= 2\int_0^{z_p} \eta(z)\mathrm{d}z \tag{6-6-2}$$

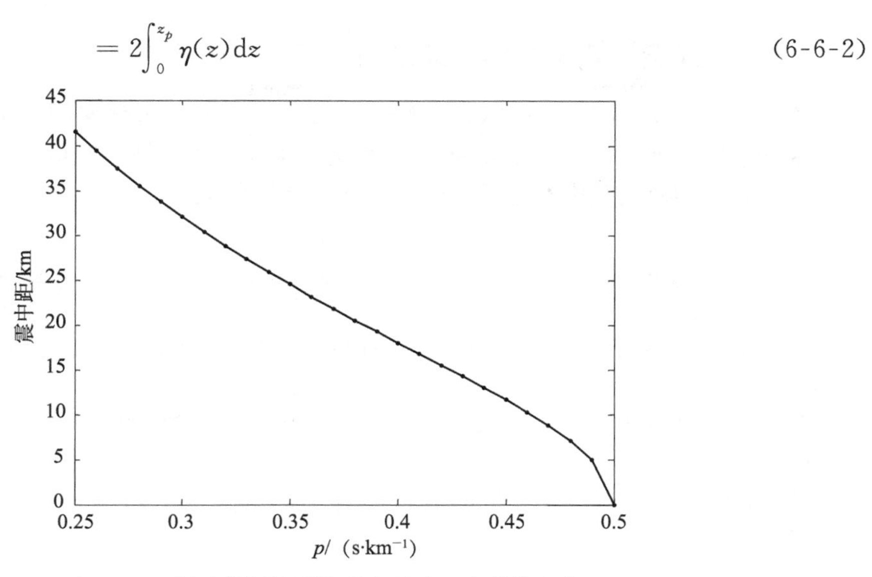

图 6-6-3　例子数据得到的震中距随 p 参数的变化

其中，$\eta(z) = [u^2(z) - p^2]^{1/2} = u(z)\cos i$。

对简单的分层均匀介质，有

$$\tau(p) = 2\sum_i (u_i^2 - p^2)^{1/2}\Delta z_i = 2\sum_i \eta_i \Delta z_i,\quad u_i > p \tag{6-6-3}$$

τ 与 p 关系曲线的斜率为

$$\frac{\mathrm{d}\tau}{\mathrm{d}p} = \frac{\mathrm{d}}{\mathrm{d}p}2\int_0^{z_p} (u^2 - p^2)^{1/2}\mathrm{d}z$$
$$= -2p\int_0^{z_p} \frac{\mathrm{d}z}{(u^2 - p^2)^{1/2}} \tag{6-6-4}$$

根据震中距表达式（6-3-8）有

$$\frac{\mathrm{d}\tau}{\mathrm{d}p} = -X(p) \tag{6-6-5}$$

$\tau(p)$ 曲线的斜率为 $-X$。因为 $X \geqslant 0$，所以 $\tau(p)$ 曲线总是单调下降的。即使 $X(T)$ 出现三次往返，$\tau(p)$ 曲线仍然单调下降（$\frac{\mathrm{d}\tau}{\mathrm{d}p} < 0$）。$\tau$ 的二阶导数较简单，为

$$\frac{\mathrm{d}^2\tau}{\mathrm{d}p^2} = \frac{\mathrm{d}}{\mathrm{d}p}(-X) = -\frac{\mathrm{d}X}{\mathrm{d}p} \tag{6-6-6}$$

在高等数学中，函数的二阶导数可以判断函数的凹凸性。二阶导数大于零表示函数曲线下凹，小于零表示函数曲线上凸，等于零则正好对应于拐点。在式（6-6-6）中，折合走时对射线参数的二阶导数正好为震中距对射线参数的一阶导数的负值。震中距对射线参数的一阶导数小于零，说明函数曲线随 p 的增加而下降，则正好对应于 $\tau-p$ 曲线中的下凹段；反之，震中距对射线参数的一阶导数大于零，说明函数曲线随 p 的增加而上升，则正好对应于 $\tau-p$ 曲线中的上凸段。而震中距随射线参数变化曲线中的斜率转换点及 $\tau-p$ 曲线拐点均对应于走时曲线的**焦散点**（caustics）。

6.6.2 速度陡变带的地震波走时

我们采用地壳最上部的 4km 以每千米 0.25km/s 的速度递增，下面 2km 以每千米 1km/s 的速度递增（模拟速度陡变），后面的 12km 仍然以每千米 0.25km/s 的速度递增的地壳模型，我们研究其中的走时、震中距和 p 参数的关系。

```
%P6_2.m
v10 = 2;v20 = 3;H1 = 4;    %速度从地表 2km/s 到 4km 深度处的 3km/s,层厚为 4km,每公里增加 0.25km/s
b1 = (v20 - v10)/H1;
v11 = v20;v21 = 5;H2 = 2;    %速度从 3km/s 到 5km/s,每公里速度增加 1km/s,该层为速度陡变带
b2 = (v21 - v11)/H2;
v12 = v21;v22 = 8;H3 = 12;    %速度从 5km/s 到 8km/s,每公里速度增加 0.25km/s
b3 = (v22 - v12)/H3;
x = [0,60];
v = [];
for z = 0:15
if(z< = H1)
    v = [v;ones(1,2) * v10 + b1 * z];
elseif(z>H1&z< = (H2 + H1))
    v = [v;ones(1,2) * (v11 + b2 * (z - H1))];
elseif(z>(H2 + H1)&z< = (H1 + H2 + H3))
v = [v;ones(1,2) * (v21 + b3 * (z - (H1 + H2)))];
end
end
figure(1)
pcolor(x,[0:15],v);    %绘制速度分布
fig1 = gca;
shading interp
colorbar
annotation('textbox',[0.866,0.854,0.5,0.1],'linestyle','none','String','速度/km.s^-^1')
%在色标上加上标记
hold on
h = 0.1;
xall0 = 0;tall0 = 0;p0 = 0.5;
for p = 0.5: - 0.02:0.15
xall = 0;tall = 0;
dx = zeros(1,300);dt = dx;
for ii = 1:300
    z = ii * h;
if(z< = H1)
        u1 = 1/(v10 + b1 * (z - h));
        u2 = 1/(v10 + b1 * z);
elseif(z>H1&z< = (H2 + H1))
        u1 = 1/(v11 + b2 * (z - (H1 + h)));
```

```
        u2 = 1/(v11 + b2 * (z - H1));
elseif(z>(H2 + H1)&z< = (H1 + H2 + H3))
        u1 = 1/(v21 + b3 * (z - (h + H1 + H2)));
        u2 = 1/(v21 + b3 * (z - (H1 + H2)));
end
if(p> = u1)break;end
    [dx(ii),dt(ii),irtr] = layertx(p,h,u1,u2);
tall = tall + dt(ii);
figure(1)
plot([xall,xall + dx(ii)],[z - h,z],'w');
xall = xall + dx(ii);
end
for jj = ii - 1: - 1:1
    z = jj * h;
tall = tall + dt(jj);
figure(1)
plot([xall,xall + dx(jj)],[z,z - h],'w');
xall = xall + dx(jj);
set(gca,'Ydir','reverse','box','on')
axis([0,60,0,15])
hold on
end
figure(2)
plot([xall0,xall],[tall0,tall]);    %绘制走时—震中距曲线
hold on
%end
figure(3)
plot([p0,p],[xall0,xall],'-');    %绘制p参数和震中距曲线
hold on
figure(4)
plot([xall0,xall],[tall0 - p0 * xall0,tall - p * xall],'-');    %绘制震中距—折合走时曲线
hold on
figure(5)
plot([p0,p],[tall0 - p0 * xall0,tall - p * xall],'-');    %绘制tau-p曲线
hold on
xall0 = xall;tall0 = tall;p0 = p;
end
figure(1)
xlabel('震中距/km')    %x轴标记
ylabel('深度/km')    %y轴标记
figure(2)
text(18,7.4853,'焦散点','rotation',45)
text(7.5,4.5,'焦散点','rotation',45)
text(8,2.9,'顺行','rotation',45)
```

```
text(25,7.5,'顺行','rotation',30)
text(14,6.8,'逆行','rotation',45)
xlabel('震中距/km')   %x 轴标记
ylabel('走时/s')   %y 轴标记
figure(3)
text(0.17,10,'焦散点')
text(0.31,20,'焦散点')
text(0.15,30,'顺行','rotation',-60);
text(0.38,12,'顺行','rotation',-45);
text(0.24,15,'逆行')
xlabel('p/s.km^-1')   %x 轴标记
ylabel('震中距/km') %y 轴标记
figure(4)
text(18,1.6,'焦散点')
text(7,3.5,'焦散点')
text(25,4,'顺行','rotation',30);
text(7,0.5,'顺行','rotation',40);
text(14,2.3,'逆行')
xlabel('震中距/km')   %x 轴标记
ylabel('\tau/s')   %y 轴标记
figure(5)
text(0.47,0.5,'顺行','rotation',-30)
text(0.31,1.5,'逆行','rotation',-30)
text(0.2,3.9,'顺行','rotation',-30)
ylabel('\tau/s')   %x 轴标记
xlabel('p/s.km^-^1')   %y 轴标记
```

程序运行结果如图 6-6-4～图 6-6-8 所示。将图 6-6-4 和图 6-6-1 相比可见，在正常的速度随深度逐渐线性增加的情况下，随着 p 参数的减小，震中距逐渐增大，走时也逐渐增大，前已述及这种走时随震中距逐渐增大的现象为**顺行**（prograde）。然而当地震射线进入到陡的速度梯度层时，根据式（6-4-6），射线在此处曲率半径减小，即射线在此区域剧烈转弯，导致射线在距震源比较近的地方到达地表，即出现随着射线参数减小，震中距减小的情况，这就是**逆行**（retrograde）现象，在走时曲线图（图 6-6-5）上表现为随着 p 参数的减小走时曲线回折，其中顺行和逆行的转换点称为**焦散点**（caustics），在焦散点处，由于不同离源角的射线在同一距离到达，出现了能量的集中。随着 p 参数的减小，地震射线跨过速度陡变带后，再次回到随着 p 参数减小，震中距和走时逐渐增大的情况，即走时曲线又转变为顺行，由逆行转换为顺行的转换点也为焦散点。

由图 6-6-5 可见，陡的速度梯度带所导致的走时曲线由顺行转换为逆行，再转换为顺行集中在较小的区域里，难以准确研究。通常绘制震中距随射线参数变化的曲线（图 6-6-6）、折合走时随震中距变化曲线（图 6-6-7）和折合走时随射线参数变化曲线进行研究。由图 6-6-6 可见，在射线没有到达陡的速度梯度层时，震中距随 p 的增大而减小，走时曲线对应于顺行阶段。当进入陡速度梯度层时，震中距开始随 p 的减小而减小，走时曲线转换为逆行。一旦射线穿透陡的速度梯度层，回到比较浅的、梯度比较低的层上来，震中距随 p 的减小而增大，即再次回到顺行。地震走时曲线由顺行转换为逆行再次转换为顺行，在震中距随射线参数变化曲线上表现较为明显。同样，在折合走时随震中距变化的曲线（图 6-6-7）上也表现出较为分明的顺行、逆行、再次转为顺行的清晰的关系。在射线参数随折合走时变化曲线（图 6-6-8）上，根据式（6-6-5），曲线总是单调下降的，并且根据式（6-6-6），顺行对应于凸向下方的曲线段，而逆行对应于凸向上方的曲线段。

比较震中距和射线参数变化曲线（图 6-6-6）和折合走时和射线参数变化曲线（图 6-6-8），震中距随射线参数 p 增加而下降（变化率为负）的段对应于 $\tau-p$ 中的下凹段，走时曲线为顺行段，反之，震中距随射线参数 p 增加而增加（变化率为正）的段对应于 $\tau-p$ 中的上凸段，走时曲线为逆行段，而拐点正好对应于焦散点。这与前面的分析一致。

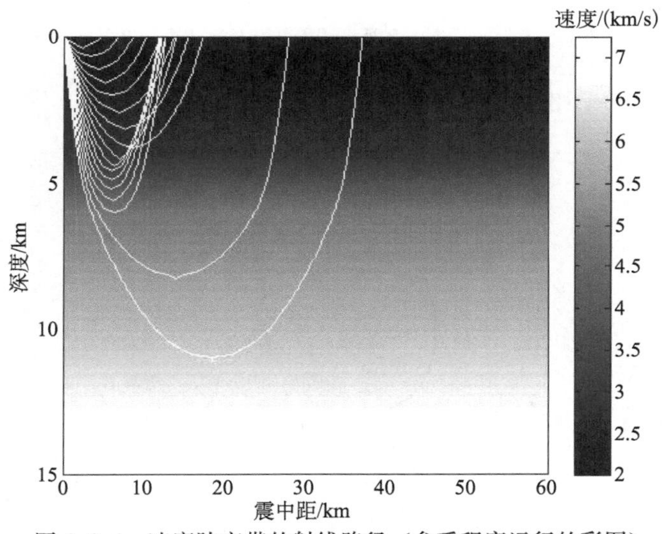

图 6-6-4　速度陡变带的射线路径（参看程序运行的彩图）

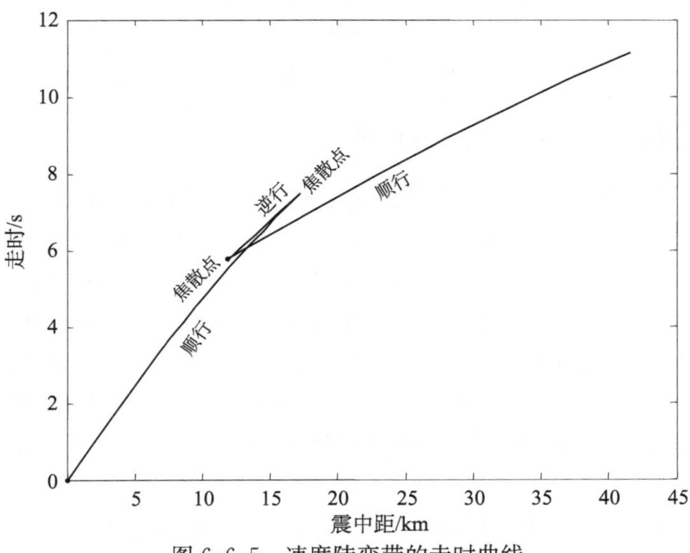

图 6-6-5　速度陡变带的走时曲线

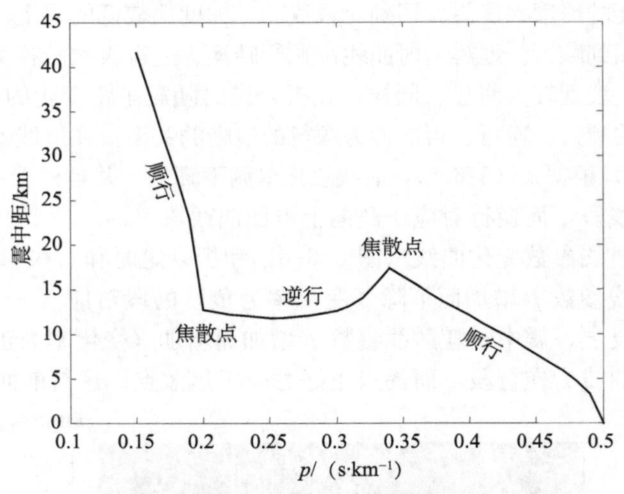

图 6-6-6　速度陡变带的 p 和震中距的关系

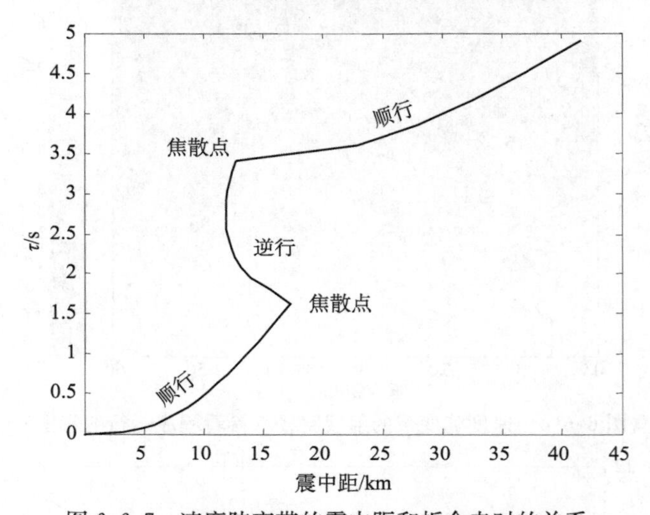

图 6-6-7　速度陡变带的震中距和折合走时的关系

6.6.3　含低速层的地震波射线路径

在前面所示的所有例子中，总是假定速度随深度的增大而增大。然而，也有例外，例如出现低速区（Low Velocity Zone，LVZ），在地球里已弄清楚的例子是外核，P 波速度从地幔最下部的 14km/s 减小到外核最外部的 8km/s。在上地幔也有低速区存在的证据，至少在软流圈（80～200km 的深度）有剪切波的低速区。在低速区（LVZ）顶部，负的速度梯度范围里，射线会向下弯曲，这些射线在下部穿透一定距离后再次回到正常层，使得地震波在较远处到达地面。这样，相比于正常的速度逐渐增加的情况，地表间隔了一段距离记录不到地震波。低速区的存在导致 $T(x)$ 和 $\tau(p)$ 曲线上的间隔叫做**影区**（shadow zone）。

我们采用地壳最上部的 4km 以每千米 0.25km/s 的速度递增，下面的 3km 厚度层中逐渐由 3km/s 减为 1.5km/s，然后再在 12km 的厚度内逐渐增加至 4.5km/s 的速度模型，

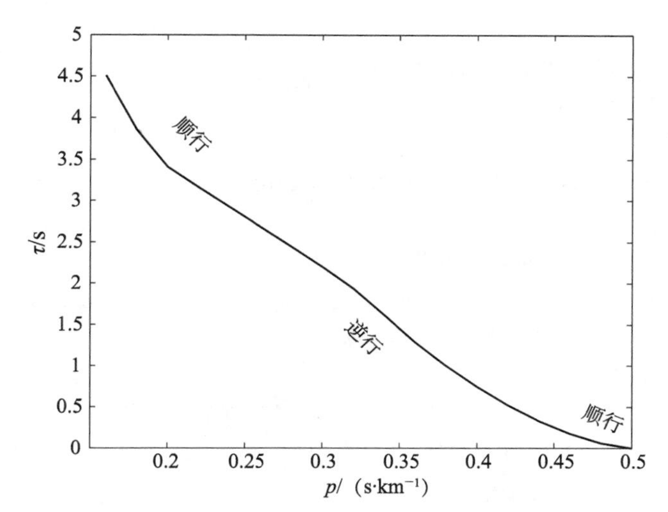

图 6-6-8　速度陡变模型的折合走时和 p 的关系

顺行的一支有向上凹的 τ（p）曲线，逆行的一支有向下凹的 τ（p）曲线

模拟存在低速层情况下的射线路径。

```
%P6_3.m
clf;
v10 = 2;v20 = 3;H1 = 4;    %速度从地表 2km/s 到 4km 深度处的 3km/s,层厚为 4km,每千米速度增加
0.25km/s
b1 = (v20 - v10)/H1;  %该层的速度梯度
v11 = v20;v21 = 1.5;H2 = 3;   %速度从 3km/s 减到 1.5km/s 的速度变化层,层厚为 3km
b2 = (v21 - v11)/H2;      %该层的速度梯度
v12 = v21;v22 = 4.5;H3 = 12;   %速度从 1.5km/s 到 4.5km/s 的速度变化层,层厚为 12km
b3 = (v22 - v12)/H3; %该层的速度梯度
x = [0,60];       %震中距范围
v = [];
for z = 0:19
if(z< = H1)
    v = [v;ones(1,2) * v10 + b1 * z];   %根据震中距的两个等分结点构建第一层速度
elseif(z>H1&z< = (H2 + H1))
    v = [v;ones(1,2) * (v11 + b2 * (z - H1))]; %根据震中距的两个等分结点构建第二层速度
elseif(z>(H2 + H1)&z< = (H1 + H2 + H3))
    v = [v;ones(1,2) * (v21 + b3 * (z - (H1 + H2)))]; %根据震中距的两个等分结点构建第三层速度
end
end
pcolor(x,[0:19],v);    %绘制速度结构
shading interp %将速度图像平滑
colorbar     %加上色标
annotation('textbox',[0.866,0.854,0.5,0.1],'linestyle','none','String',' 速度/km.s^ - ^1')
```

```
%在色标上加上标记
hold on % 图形保持，使得后面的绘图在此基础上
h = 0.1;      % 以厚度 0.1km 进行计算
for p = 0.5: - 0.01:0.25
 % 对 p 参数循环计算，大的 p 参数穿透地壳深度小，震中距较小
xall = 0;zall = 0;
 % 总的震中距和深度，从初始的零开始累加
dx = zeros(1,300); % 所有层的震中距，初始设置为零
for ii = 1:300    % 对每一层分别进行循环计算
z = ii * h;    % 层的深度
if(z< = H1)   % 对不同的速度层，按照要求设置层顶部和底部的慢度
u1 = 1/(v10 + b1 * (z - h)); % 顶部慢度
u2 = 1/(v10 + b1 * z);     % 底部慢度
elseif(z>H1&z< = (H2 + H1))
u1 = 1/(v11 + b2 * (z - (H1 + h))); % 顶部慢度
u2 = 1/(v11 + b2 * (z - H1));     % 底部慢度
elseif(z>(H2 + H1)&z< = (H1 + H2 + H3))
u1 = 1/(v21 + b3 * (z - (h + H1 + H2))); % 顶部慢度
u2 = 1/(v21 + b3 * (z - (H1 + H2))); % 底部慢度
end
if(p> = u1)break;end
[dx(ii),dt,irtr] = layertx(p,h,u1,u2);
 % 调用 layertx 函数，每个参数得到走时和震中距.这里将每层震中距增量存盘，以便在计算对称的射
线折返上升时用
plot([xall,xall + dx(ii)],[z - h,z],'w'); % 采用白色绘制每层中的射线路径
xall = xall + dx(ii); % 下一层的震中距开始为上一层震中距的结束
end % 一直到达最深层
for jj = ii - 1: - 1:1    % 将原来计算的震中距用在对称的折返路径上
z = jj * h; % 深度计算
plot([xall,xall + dx(jj)],[z,z - h],'w');    % 用白色绘制每层中的射线路径
xall = xall + dx(jj); % 下一层的震中距开始为上一层震中距的结束
end % 计算到达地表
end % 一根射线计算结束
set(gca,'Ydir','reverse','box','on') % 使得 y 轴方向并在四周加上框
 % 将当前绘图的 y 轴方向反向，使得符合深度大在下部的情况，并且将右边和上边均加上框
axis([0,60,0,18])   % 设置绘图 x 轴的范围为 0～60，y 轴的绘图范围为 0～15
text(25,0,'影区 ')
xlabel('震中距/km')    % 加 x 轴的标记
ylabel('深度/km')     % 加 y 轴的标记
```

程序运行结果如图 6-6-9 所示，可见低速层确实导致了影区的产生。

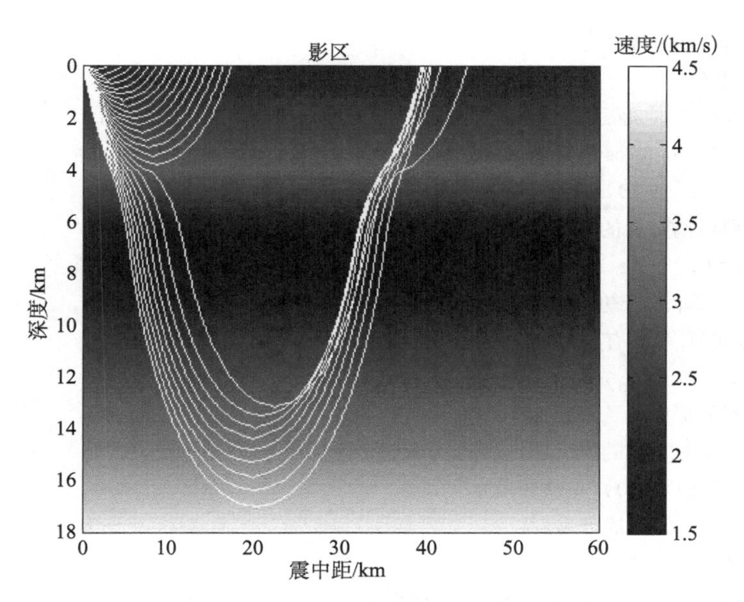

图 6-6-9 含有低速层中的地震射线影区的产生模拟（参看程序运行的彩图）

6.6.4 含高速夹层的地震波射线路径

下面研究 4km 的高速夹层，其他层均是速度随深度线性增加的模型中的射线传播路径，程序如下：

```
%P6_4.m
clf;
v10 = 2;v20 = 3;H1 = 4; %速度从地表 2km/s 到 4km 深度处的 3km/s,层厚为 4km,每千米速度增加
0.25km/s
b1 = (v20 - v10)/H1; %该层的速度梯度
v11 = 4;v21 = 4;H2 = 2; %速度为 4km 的高速夹度,层厚为 2km
b2 = (v21 - v11)/H2; %该层的速度梯度
v12 = v20;v22 = 5.5;H3 = 10; %速度从 3km/s 到 5.5km/s 的速度变化层,层厚为 10km
b3 = (v22 - v12)/H3; %该层的速度梯度
x = [0,60]; %将震中距分为两个结点
v = [];
for z = 0:16
if(z< = H1)
    v = [v;ones(1,2) * v10 + b1 * z]; %根据震中距的两个结点构建第一层速度
elseif(z>H1&z< = (H2 + H1))
    v = [v;ones(1,2) * (v11 + b2 * (z - H1))]; %根据震中距的两个结点构建第二层速度
elseif(z>(H2 + H1)&z< = (H1 + H2 + H3))
    v = [v;ones(1,2) * (v12 + b3 * (z - (H1 + H2)))]; %根据震中距的两个结点构建第三层速度
end
end
pcolor(x,[0:16],v); %绘制速度结构
```

```
shading interp % 将速度图像平滑
colorbar % 加上色标
hold on % 图形保持,使得后面的绘图在此基础上
h = 0.05; % 以厚度 0.05km 进行计算
for p = 0.5: - 0.01:0.18
 % 对 p 参数循环计算,大的 p 参数穿透地壳深度小,震中距较小
xall = 0;zall = 0;
 % 总的震中距和深度,从初始的零开始累加
dx = zeros(1,300); % 所有层的震中距,初始设置为零
for ii = 1:300    % 对每一层分别进行循环计算
z = ii * h; % 层的深度
if(z< = H1)   % 对不同的速度层,按照要求设置层顶部和底部的慢度
u1 = 1/(v10 + b1 * (z - h)); % 顶部慢度
u2 = 1/(v10 + b1 * z); % 底部慢度
elseif(z>H1&z< = (H2 + H1))
u1 = 1/(v11 + b2 * (z - (H1 + h))); % 顶部慢度
u2 = 1/(v11 + b2 * (z - H1)); % 底部慢度
elseif(z>(H2 + H1)&z< = (H1 + H2 + H3))
u1 = 1/(v21 + b3 * (z - (h + H1 + H2))); % 顶部慢度
u2 = 1/(v21 + b3 * (z - (H1 + H2))); % 底部慢度
end
if(p> = u1)break;end
[dx(ii),dt,irtr] = layertx(p,h,u1,u2);
 % 调用 layertx 函数,每个参数得到走时和震中距.这里将每层震中距增量存盘,以便在计算对称的射
线折返上升时用
plot([xall,xall + dx(ii)],[z - h,z],'w'); % 采用白色绘制每层中的射线路径
xall = xall + dx(ii); % 下一层的震中距开始为上一层震中距的结束
end % 一直到达最深层
for jj = ii - 1: - 1:1    % 将原来计算的震中距用在对称的折返路径上
z = jj * h; % 深度计算
plot([xall,xall + dx(jj)],[z,z - h],'w');   % 用白色绘制每层中的射线路径
xall = xall + dx(jj); % 下一层的震中距开始为上一层震中距的结束
end % 计算到达地表
end % 一根射线计算结束
set(gca,'Ydir','reverse','box','on') % 使得 y 轴方向并在四周加上框
axis([0,60,0,16]) % 显示 x 轴和 y 轴的显示范围
 % 将当前绘图的 y 轴方向反向,使得符合深度大在下部的情况,并且将右边和上边均加上框
xlabel(' 震中距/km')    % 加 x 轴的标记
ylabel(' 深度/km')    % 加 y 轴的标记
```

程序运行结果如图 6-6-10。可见，由于高速夹层的存在，地震波在地面出现交叉集中，在这些点地震波的振幅也增大。

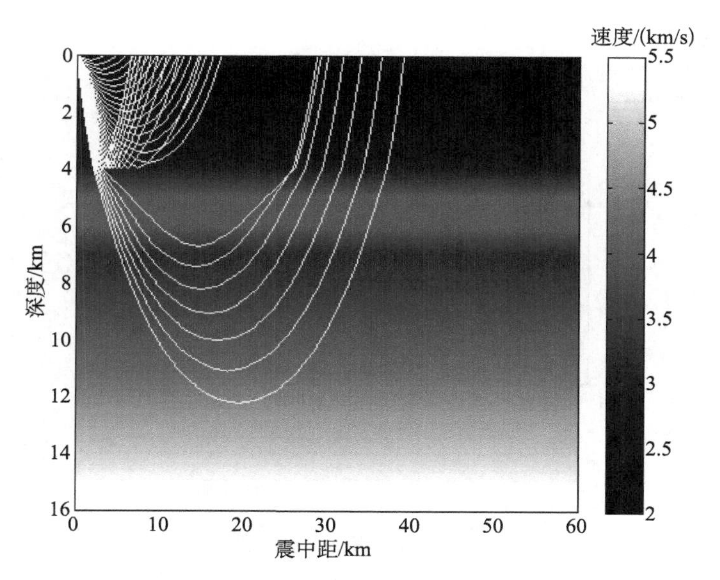

图 6-6-10　含高速夹层的地震射线路径模拟（参看程序运行的彩图）

6.7　天然地震的震相走时

在地震研究中，一般将震中距小于 1000km 或 10°的地震称为**近震**或**区域地震**（regional event），其中小于 200km 的地震称为**地方震**（local event）。近震地震波限定在地壳内或沿莫霍面下的上地幔顶部传播。所记录的主要震相有：直达 P 波，记为 Pg；直达 S 波，记为 Sg；P 波在莫霍面上的反射 P 波，记为 PmP；S 波在莫霍面上的反射 S 波，记为 SmS；沿莫霍面下的上地幔顶部传播的折射波，称为**首波**，记为 Pn 和 Sn。有些地区的地壳内还有一个上地壳与下地壳的分界面，称为**康拉德界面**（Conrad discontinuity），对有此界面的双层地壳，还可能记录到来自康拉德面的折射波震相（记为 Pb、Sb）及反射波震相（因该震相记录少见，无统一标记）。

在近震范围内，可以忽略地球曲率。由于地球介质物性在水平方向的变化远小于其垂直方向的变化，前者通常是后者的 10%～20%，因此许多研究中，为简单起见，将地球介质简化成横向均匀各向同性的弹性介质。将地球介质近似成地震波速度只随深度变化的简单模型，从而使研究地震波在地球内部传播变得方便和简单，如地震波走时及理论地震图计算等都可以有较好的数学表达，计算或定量分析变得相对高效。

与人工地震不同，天然地震一般都发生在一定深度的地方，并且均假设具有简单的地壳模型。

6.7.1　单层地壳介质模型中地震波震相与走时曲线

1. 直达波 Pg，Sg 的走时计算

直达波是从震源直接到达地震台的波，图 6-7-1 为直达波在单层地壳中传播的示意图。假设地壳的地震波的速度为 v_1，震源深度为 h，震中距（在近震采用 km）为 Δ，则

地震波走时可以表示为

$$t_{\mathrm{Pg,Sg}}=\frac{\Delta}{v_1}\sqrt{1+\left(\frac{h}{\Delta}\right)^2} \tag{6-7-1}$$

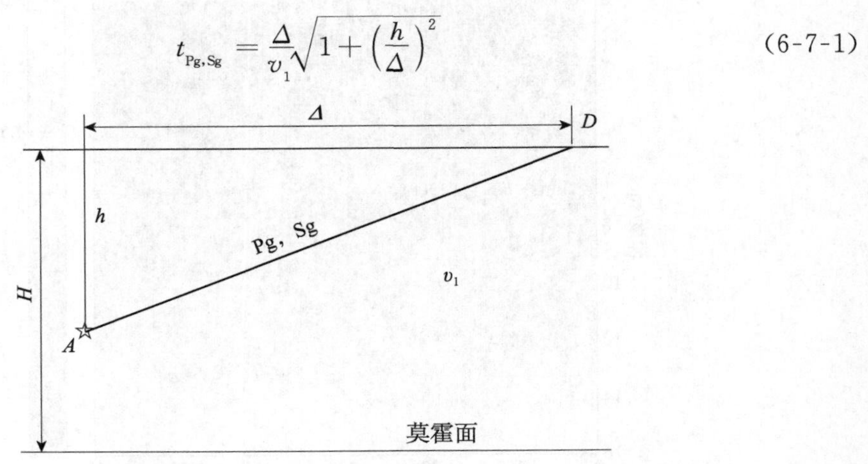

图 6-7-1　直达波路径图

一般情况下，震源深度小于 20km 的范围，如果震中距相对于震源深度 h 足够大，式（6-7-1）的根号里可以简化为 1，这就是震中距较大的走时曲线的渐近线（asymptote），走时曲线都以过原点的直线为渐近线，渐近线的斜率（slope）为地震波的慢度。

这里采用震源深度为 8km，P 波速度为 5km/s，S 波速度为 3km/s 的模型，模拟直达波 Pg 和 Sg 的走时曲线：

```
%P6_5.m
h=8;vs=3;vp=5;   %设置震源深度,S波和P波的速度
x=0:1:20;   %震中距
tp=x/vp.*sqrt(1+(h./x).^2);   %按式(6-7-1)计算 Pg 波走时
ts=x/vs.*sqrt(1+(h./x).^2);   %按式(6-7-1)计算 Sg 波走时
tpa=x./vp;   %震中距较大时的 Pg 波走时的渐近线
tsa=x./vs;   %震中距较大时的 Sg 波走时的渐近线
plot(x,tp,'b',x,ts,'r:',x,tpa,'b-.',x,tsa,'r--')   %绘制 P 波和 S 波走时曲线及其渐近线
legend('P波','S波','P波渐近线','S波渐近线','location','NorthWest')   %加图例
xlabel('震中距/km')   %加x轴的标记
ylabel('走时/s')   %加y轴的标记
set(gca,'box','on')   %加上图形框
```

程序运行结果如图 6-7-2，可见走时曲线具有抛物线的形态。

2. 莫霍面反射波（PmP 和 SmS）的走时曲线

假设莫霍面深度为 H，震源深度 h 和震中距为 Δ（图 6-7-3），根据初等几何知识，可知反射波的走时为

$$t_{\mathrm{PmP,SmS}}=\frac{\sqrt{\Delta^2+(2H-h)^2}}{v_1} \tag{6-7-2}$$

其渐近线与直达波 Pg，Sg 相同。

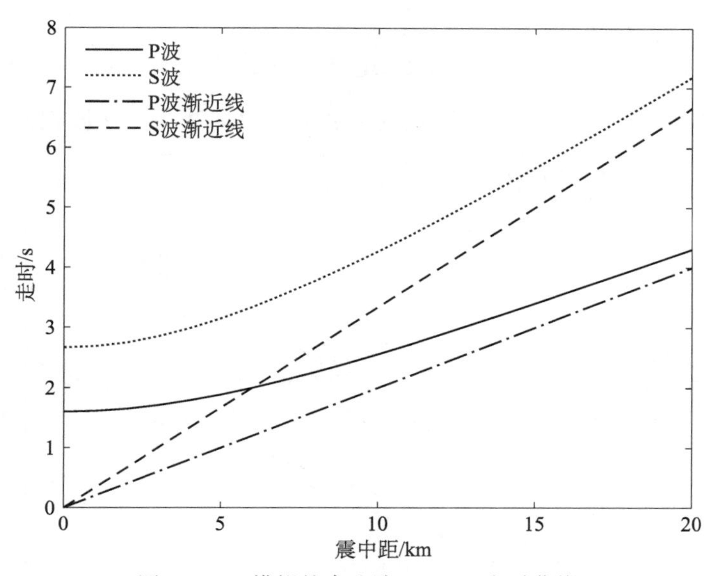

图 6-7-2　模拟的直达波 Pg，Sg 走时曲线

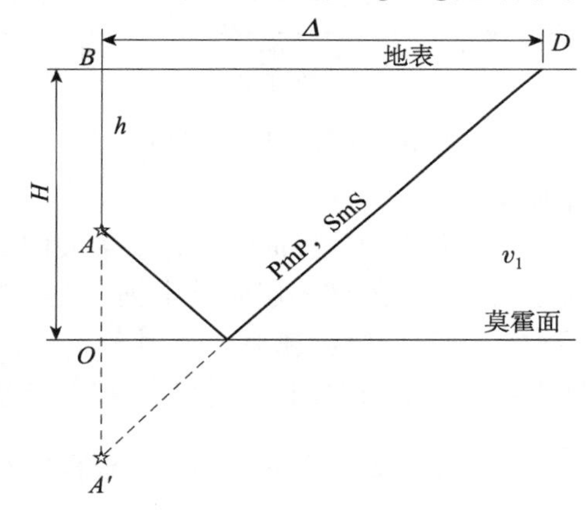

图 6-7-3　反射波路径示意图

下面假设地壳厚度为 30km，震源深度为 8km、S 波速度为 3km/s，P 波的速度按泊松体计算得出，可用下面程序模拟反射波走时：

```
%P6_6.m
h=8;H=30;vs=3;vp=vs*sqrt(3); %地震深度、地壳厚度、S 波速度及 P 波速度
x=0:1:200; %震中距
tpmp=sqrt(x.*x+(2*H-h)*(2*H-h))/vp; %按照式(6-7-2)计算 PmP 波走时
tsms=sqrt(x.*x+(2*H-h)*(2*H-h))/vs; %按照式(6-7-2)计算 SmS 波走时
tpa=x/vp;
tsa=x/vs;
plot(x,tpmp,'b',x,tsms,'r',x,tpa,'b:',x,tsa,'r:')    %绘制 P 波和 S 波走时曲线
xlabel('震中距/km') %加 x 轴的标记
ylabel('走时/s')    %加 y 轴的标记
set(gca,'box','on') %加上图形框
```

```
ylim([0,70]) % 给定 Y 轴的上下限
legend('PmP 波 ','SmS 波 ','PmP 渐近线 ','SmS 渐近线 ','location','NorthWest')    % 加图例
```

程序运行结果如图 6-7-4 所示。可见反射波的走时曲线与直达波相似。

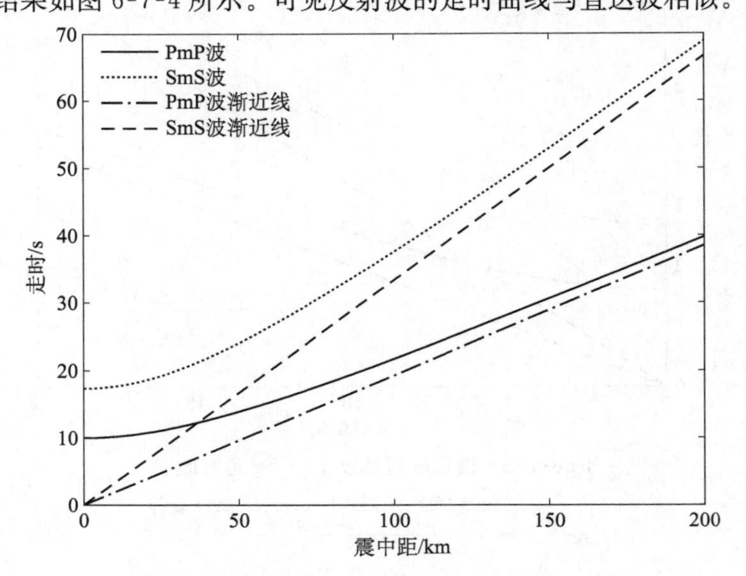

图 6-7-4　模拟的反射波 PmP，SmS 走时曲线

3. 首波 Pn，Sn 的走时曲线

当波由上层介质传播至与下层介质的分界面时，将发生波的反射和折射。部分能量会反射回上层介质中传播，部分能量将透射到下层介质中去，在下层介质中传播。通过第 3 章的学习已经知道：当下层波速大于上层波速时，入射角越大，反射波能量的比例将越大，透射波能量的比例将越小，当入射角大到一定值时，波的能量将全部反射，无能量透射，该入射角定义为**临界角**（critical angle)，并记为 i_0。根据斯奈尔定律有 $\sin i_0=\frac{v_1}{v_2}$。当入射角大于临界角时，透射波转换成沿界面传播的一种新波动——**首波**（head wave)，它以高速介质的波速沿界面传播，并在低速介质的半空间中形成呈锥面状的波阵面（徐果明和周蕙兰，1982)，为此，有时也把首波称为**圆锥波或侧面波**（lateral wave)，因此在低速介质中距震源较远处（临界距离或盲区以外）就可观测到这种“折射”回来的波动，并在更远（不到两倍临界距离以外）处，折射波已比直达波更早到达观测点而成为初至波了，因此又称这种波为首波。天然地震中常见的首波是经地幔顶部传播的 Pn 波。

如图 6-7-5 所示，首波的走时为 AB，CB，CD 段的走时之和。AB 段走时 $t_{AB}=\frac{AB}{v_1}=\frac{H-h}{v_1\cos i_0}$，$CD$ 段走时 $t_{CD}=\frac{CD}{v_1}=\frac{H}{v_1\cos i_0}$，而 BC 段的距离为 $BC=\Delta-\Delta_{AB}-\Delta_{CD}=\Delta-(H-h)\tan i_0-H\tan i_0=\Delta-(2H-h)\tan i_0$，所以，$BC$ 段的走时为 $t_{BC}=\frac{BC}{v_2}=\frac{\Delta-(2H-h)\tan i_0}{v_2}$。

所以首波的走时为

$$t_{Pn}=t_{AB}+t_{CD}+t_{BC}=\frac{2H-h}{v_1\cos i_0}+\frac{\Delta-(2H-h)\tan i_0}{v_2}$$
$$=\frac{\Delta}{v_2}+\frac{(2H-h)}{v_1}\left(\frac{1}{\cos i_0}-\frac{v_1}{v_2}\tan i_0\right)=\frac{\Delta}{v_2}+\frac{(2H-h)}{v_1}\cos i_0$$
$$=\frac{\Delta}{v_2}+\frac{(2H-h)\sqrt{1-\left(\frac{v_1}{v_2}\right)^2}}{v_1}=\frac{\Delta}{v_2}+(2H-h)\sqrt{\frac{1}{v_1^2}-\frac{1}{v_2^2}} \tag{6-7-3}$$

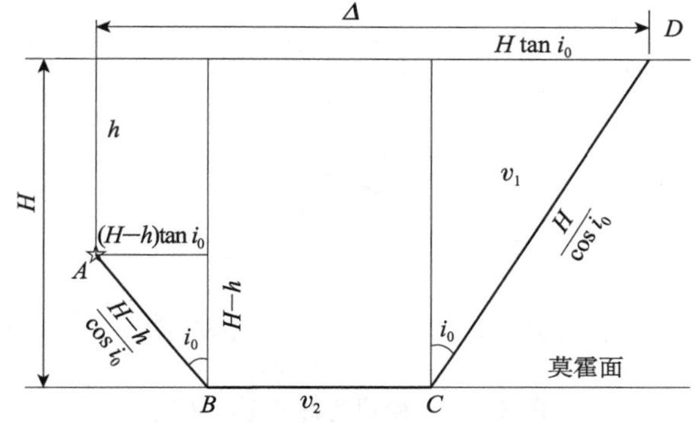

图 6-7-5　首波 Pn，Sn 的射线路径示意图

当 BC 为零时为首波出现的临界距离（通常称之为**首波第一临界距离**），即

$$\Delta_{c1}=(2H-h)\tan i_0=(2H-h)\frac{\sin i_0}{\cos i_0}=(2H-h)\frac{\frac{v_1}{v_2}}{\sqrt{1-\left(\frac{v_1}{v_2}\right)^2}}=(2H-h)\frac{v_1}{\sqrt{v_2^2-v_1^2}} \tag{6-7-4}$$

当震中距小于首波第一临界距离时不会观测到首波。

假定震源深度为 8km，地壳厚度为 30km，P 波在地壳中的速度为 5km/s，在地幔顶部为 7km/s，假设地球介质为泊松体，可以估计 S 波速度。这种情况的走时曲线可用下面的程序模拟：

```
%P6_7.m
h = 8;vp1 = 5;vs1 = vp1/1.732;vp2 = 7;vs2 = vp2/1.732;H = 30; %地震的深度、P 波和 S 波的速度以及地壳厚度
i0p = asin(vp1/vp2);i0s = asin(vs1/vs2);      %产生首波的折射角
delta0p = (2 * H - h) * vp1/sqrt(vp2^2 - vp1^2);     %按式(6-7-4)计算 Pn 波的临界距离
delta0s = (2 * H - h) * vs1/sqrt(vs2^2 - vs1^2);     %按式(6-7-4)计算 Sn 波的临界距离
deltamax = max(delta0p,delta0s);                %绘制曲线选择最小的临界距离
x = deltamax:1:500;       %震中距
tpn = (2 * H - h) * cos(i0p)/vp1 + x./vp2;      %按式(6-7-3)的 Pn 波的走时计算
tsn = (2 * H - h) * cos(i0s)/vs1 + x./vs2;     %按式(6-7-3)的 Sn 波的走时计算
plot(x,tpn,'r',x,tsn,'b:')                      %绘制走时曲线
```

```
xlabel('震中距/km')    %x轴加上必要的标记
ylabel('走时/s')             %y轴加上必要的标记
legend('Pn波','Sn波','location','NorthWest')    %加图例
```

程序运行结果如图 6-7-6 所示。可见首波的走时曲线为直线，这通过式（6-7-3）很容易理解，直线的斜率为 $1/v_2$。

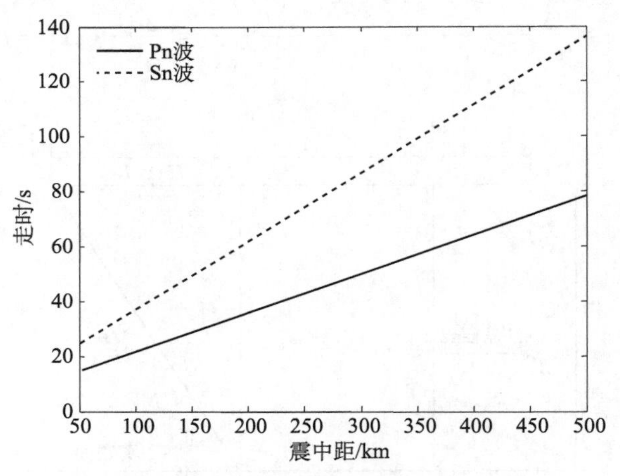

图 6-7-6　模拟的首波走时曲线

实际观测中，在临界震中距 Δ_{c1} 附近记录的地震图上一般是找不到首波震相的。主要原因是与直达波比较，虽然首波以更快的速度传播，但由于传播路径较直达波长，因而在一定的震中距范围内，Pg 波仍是地震图记录的第一个震相，而 Pn 波由于是沿莫霍面传播的次生波源的波，通常较 Pg 波弱，容易被 Pg 波所覆盖，不易识别。在超过一定临界震中距时，Pn 将是地震图上记录的第一个震相，从而可以清楚地识别出 Pn 震相，通常将这个临界距离称为**首波的第二临界震中距**，记为 Δ_{c2} 。当 $\Delta=\Delta_{c2}$ 时，便得到 Pg 和 P_n 两走时曲线的交点，即

$$\frac{\Delta_{c2}}{v_2}+(2H-h)\sqrt{\frac{1}{v_1^2}-\frac{1}{v_2^2}}=\frac{\Delta_{c2}}{v_1}\sqrt{1+\left(\frac{h}{\Delta_{c2}}\right)^2} \tag{6-7-5}$$

假设单层地壳 P 波速度为 5km/s，地壳厚度为 33km，震源深度为 6km，地幔顶部的 P 波速度为 7km/s，我们可以采用下面的程序求解首波的第二临界距离：

```
Deltac2 = solve('x/7 + (2 * 33 - 6) * sqrt(1/5^2 - 1/7^2) = x/5 * sqrt(1 + (6/x)^2)')
```

采用这种模型得到的第二临界距离为 Deltac2＝146.5km。

若震源很浅，h 可以不计，则可写成：

$$\Delta_{c2}=2H\sqrt{\frac{v_2+v_1}{v_2-v_1}} \tag{6-7-6}$$

对于一般的地壳模型，Δ_{c2} 为 150～200km。

6.7.2　多层地壳介质模型中地震波走时曲线

1. 直达波走时

设将地球分成 n 个水平层，如果震源在第 1 层，可以按照 6.7.1 节的单层地壳来计

算，在此不再赘述。

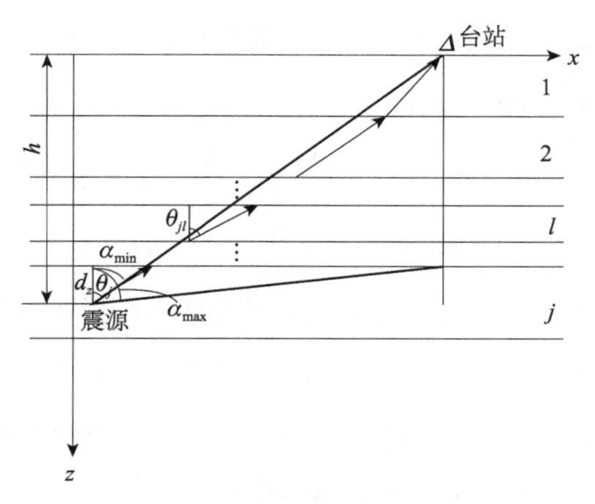

图 6-7-7　直达波传播示意图

当震源在第 1 层以下时，找不出作为震中距（Δ）函数的走时显式表达式。但走时和震中距都可以用入射角作为参变量，给出解析表达式来（图 6-7-7）。已知震源深度 h，可以求出震源所在的层序号。假设震源在第 j 层，震源到第 j 层顶厚度为 d_z。在第 j 层中的入射角（从震源出发的射线与垂直方向的夹角）记为 θ_j，在第 l 层中的入射角为 θ_{jl}，由斯奈尔定律有 $\dfrac{V_j}{V_l}=\dfrac{\sin\theta_j}{\sin\theta_{jl}}$，可以得到：

$$
\begin{aligned}
\cos\theta_{jl} &= \sqrt{1-(V_l\sin\theta_j/V_j)^2} \\
\tan\theta_{jl} &= \frac{\sin\theta_j}{\sqrt{(V_j/V_l)^2-\sin^2\theta_j}}
\end{aligned}
\tag{6-7-7}
$$

所以直达波在第 l 层（$1\leqslant l<j$）中的走时：

$$
T_l = \frac{d_l}{\cos\theta_{jl}\cdot V_l} \tag{6-7-8}
$$

d_l 为该层厚度。于是从震源到台站穿过各层的总走时为

$$
T = \frac{d_z}{\cos\theta_j\cdot V_j} + \sum_{l=1}^{j-1}\frac{d_l}{\cos\theta_{jl}\cdot V_l} \tag{6-7-9}
$$

第 l 层中的震中距为该层射线路径在水平面上的投影，即 $d_l\cdot\tan\theta_{jl}$，总的震中距为

$$
\Delta = d_z\tan\theta_j + \sum_{l=1}^{j-1} d_l\tan\theta_{jl} \tag{6-7-10}
$$

利用式（6-7-9）和式（6-7-10），得到以第 j 层入射角 θ_j 为参变数的直达波走时和震中距的表达式分别为

$$
T = \frac{d_z}{V_j\cdot\sqrt{1-\sin^2\theta_j}} + \sum_{l=1}^{j-1}\frac{d_l\cdot V_j/V_l^2}{\sqrt{(V_j/V_l)^2-\sin^2\theta_j}} \tag{6-7-11}
$$

$$
\Delta = d_z\cdot\frac{\sin\theta_j}{\sqrt{1-\sin^2\theta_j}} + \sum_{l=1}^{j-1}\frac{d_l\cdot\sin\theta_j}{\sqrt{(V_j/V_l)^2-\sin^2\theta_j}} \tag{6-7-12}
$$

已知地震位置和台站位置可以算出震中距，但要计算该地震到达该台站的直达波走时，就比较麻烦。通常采用试射法求得在震源层的离源角 θ_j，然后利用式（6-7-11）求解

直达波走时。下面叙述试射法思路的具体实现。

对于第一层中的震源，不必用试射法，离源角通过 $\theta_j=\tan^{-1}\dfrac{\Delta}{h}$ 可直接求出。对于位于其他层的地震，由于地下介质速度随深度会增大，台站所在位置一定为以离源角 $\alpha_{\min}=\arctan\dfrac{\Delta}{h}$（最小值）和 $\alpha_{\max}=\arctan\dfrac{\Delta}{d_z}$（最大值）所射出的射线到达地面的位置之间。我们以这两个边界为初值，以它们的平均值 $\alpha=\dfrac{\alpha_{\min}+\alpha_{\max}}{2}$ 为离源角，利用式（6-7-12）试算出射到地面的震中距。如果此震中距大于台站的震中距，则说明离源角取大了，则令 $\alpha_{\max}=\alpha$，反之，则说明离源角取小了，则令 $\alpha_{\min}=\alpha$，进行下一次迭代，再次以 $\alpha=\dfrac{\alpha_{\min}+\alpha_{\max}}{2}$ 为离源角迭代计算，这样反复迭代直到计算得到的震中距和台站震中距在一定的误差范围内，则此时的离源角 θ_j 就可直接射到台站上，按此计算走时即可。

直达波走时模拟程序如下，其运行结果如图 6-7-8 和图 6-7-9 所示：

```
 % P6_8.m
 % 模拟地震波直达波走时和震中距及路径
v = [2.0,2.5,3.0,3.8,4.5,5.0,7.5]; % 地壳模型的各层速度
deep = [0,1,3,10,15,23,33,35]; % 地壳模型的各层界面深度
figure(1)  % 给出射线路径
x = [-5,140];nlength = length(x);
vcolor = [];
deep1 = [];
for ii = 1:length(v)
    deep1 = [deep1,deep(ii),deep(ii+1)];   % 两个界面所夹的层为均匀层具有相同的速度
    vcolor = [vcolor;ones(1,nlength) * v(ii);ones(1,nlength) * v(ii)];
end
pcolor(x,deep1,vcolor);   % 绘制速度结构
colorbar    % 加上色标
annotation('textbox',[0.80,0.894,0.5,0.1],'linestyle','none','String','速度/km.s^-^1')
hold on % 图形保持,使得后面的绘图在此基础上
h0 = 22; %  地震深度
plot(0,h0,'p')
 % 求出地震所在的层和地震距震源层顶部的距离 Dz
Dz  =  h0;
SLayerNum  =  1;
for l = 2:length(deep)
 % 如震源深度小于速度模型中某层,那么震源在该层的上一层
if (h0 < deep(l))
Dz  =  h0 - deep(l-1);
 % 计算震源所在层
SLayerNum  =  l-1;
break;
```

```
end % End IF
end % End FOR
%如果震源深度大于速度模型中最深层,计算震源距层顶距离和所在层
if h0 > deep(length(deep))
Dz = h0 - deep(length(deep));
SLayerNum = length(deep);
end % End IF
xx = [];    %震中距数组
tt = [];    %走时数据
for x = 10:10:140
%计算迭代离源角的最大值
Maxthetaj = atan(x/Dz);
%计算迭代离源角的最小值
Minthetaj = atan(x/h0);
thetaj = (Maxthetaj + Minthetaj)/2; %计算入射角初值
%根据新的入射角和速度模型,重新计算震中距
EpiDis = Dz * tan(thetaj);
for l = SLayerNum - 1: - 1:1
tanThetajl = sin(thetaj)/sqrt((v(SLayerNum)/v(l))^2 - (sin(thetaj))^2);    %式(6-7-7)的
第二式
EpiDis = EpiDis + (deep(l+1) - deep(l)) * tanThetajl;   %地震波传播到的横向距离,根据式(6-7-10)
计算
end
%迭代求出入射角(逼近到系统设置值迭代结束)
while (abs(EpiDis - x) > 1.0e-3)
%根据震中距计算入射角
if x > EpiDis
Minthetaj = thetaj;
elseif x < EpiDis
Maxthetaj = thetaj;
end
thetaj = (Maxthetaj + Minthetaj)/2;
%根据新的入射角,重新计算震中距
EpiDis = Dz * tan(thetaj);
for l = SLayerNum - 1: - 1:1
tanThetajl = sin(thetaj)/sqrt((v(SLayerNum)/v(l))^2 - (sin(thetaj))^2);    %式(6-7-7)的
第二式
EpiDis = EpiDis + (deep(l+1) - deep(l)) * tanThetajl;   %地震波传播到的横向距离,根据式(6-7-10)
计算
end
%如大角与小角差值小于10E-10,迭代结束
if(abs(Minthetaj - Maxthetaj)<10e-10)
```

```
break;    %退出迭代
end
end %WHILE 循环结束
%找到了最优的离源角,按照该角即可射到地震台站
h1 = h0;x1 = 0;
sinthetaj = sin(thetaj);
x = x1 + Dz * tan(thetaj);
%震中距的初始值为地震波在震源层传播的水平距离
h = h1 - Dz;
plot([x1,x],[h1,h],'w-')
x1 = x;h1 = h;
t = Dz/(cos(thetaj) * v(SLayerNum));
%走时的初始值为震源层的的水平距离
for l = SLayerNum - 1: - 1:1
tanThetajl = sinthetaj/sqrt((v(SLayerNum)/v(l))^2 - (sinthetaj)^2);   %式(6-7-7)第二式
cosThetajl =  sqrt(1 - ( v(l) * sinthetaj/v(SLayerNum))^2); %式(6-7-7)第一式
x = x1 + (deep(l+1) - deep(l)) * tanThetajl;  %地震波传播到的横向距离,根据式(6-7-10)
h = h1 - (deep(l+1) - deep(l));    %地震波传播到的深度
plot([x1,x],[h1,h],'w-')
x1 = x;   h1 = h;
t = t + (deep(l+1) - deep(l))/(cosThetajl * v(l));    %地震波走时式(6-7-9)
end
xx = [xx,x];
tt = [tt,t];
end
set(gca,'Ydir','reverse','box','on') %使得 y 轴方向并在四周加上框
%将当前绘图的 y 轴方向反向,使得深度增加方向指向下,并且将右边和上边均加上框
xlabel('震中距/km')    %加 x 轴的标记
ylabel('深度/km')     %加 y 轴的标记
figure(2) %给出直达波的走时曲线
plot(xx,tt,'-*');
xlabel('震中距/km')
ylabel('走时/s')
```

2. Pn 波走时

设地球模型层的序号为 l，厚度为 d_l，最下一层为地幔层 m。震源位于 j 层中，d_z 为震源层中震源距该层顶部的距离（图 6-7-10）。在震源层中的偏垂角为 θ_j。只有满足：

$$\theta_j = \arcsin\left(\frac{v_j}{v_m}\right) \tag{6-7-13}$$

才能出现首波，在其他层中的偏垂角为

$$\theta_{jl} = \arcsin\left(\frac{v_l}{v_m}\right) \tag{6-7-14}$$

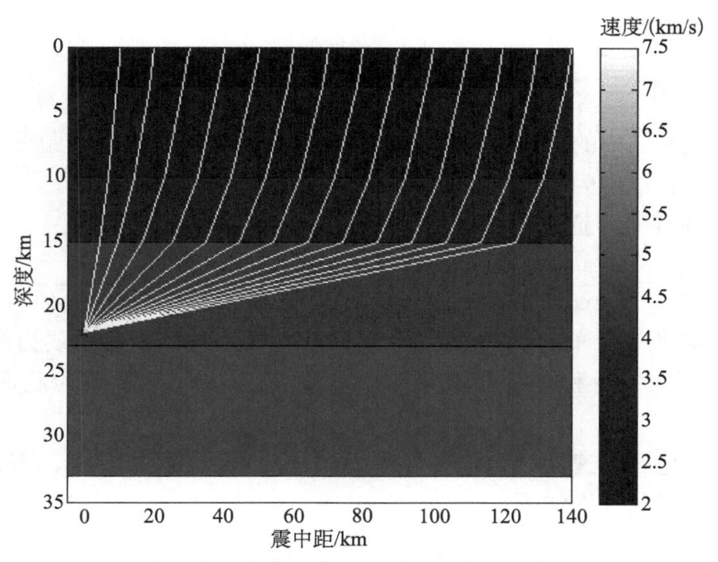

图 6-7-8　多层介质中直达波路径模拟（参看程序运行的彩图）

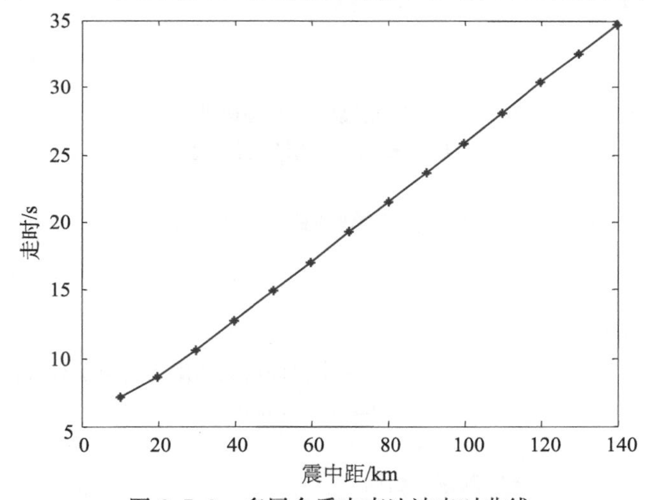

图 6-7-9　多层介质中直达波走时曲线

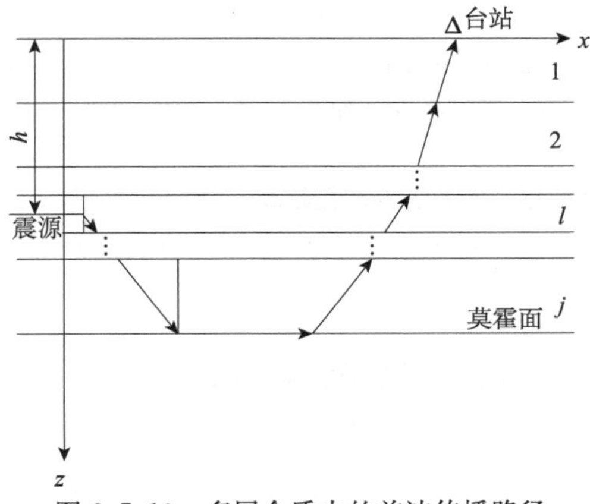

图 6-7-10　多层介质中的首波传播路径

临界观测到首波的距离为

$$\Delta_0 = (2d_j - d_z)\tan\theta_j + 2\sum_{l=j+1}^{m-1} d_l \tan\theta_{jl} + \sum_{l=1}^{j-1} d_l \tan\theta_{jl} \tag{6-7-15}$$

式中，第一项为震源层中的震中距；第二项为震源层下部各层的震中距叠加，由于存在下行和上行两次通过，这里为二倍；第三项为震源层上部的震中距叠加。

震中距为 Δ 的首波的走时为

$$T = \frac{2d_j - d_z}{V_j \cos\theta_j} + \frac{\Delta - \Delta_0}{V_m} + 2\sum_{l=j+1}^{m-1} \frac{d_l}{V_l \cos\theta_{jl}} + \sum_{l=1}^{j-1} \frac{d_l}{V_l \cos\theta_{jl}} \tag{6-7-16}$$

式中，第一项为震源层中的走时；第二项为地幔顶部的走时，第三项为震源层下部各层走时叠加，由于存在下行和上行两次通过，这里为二倍；第四项为震源层上部的走时叠加。

下面假定一个地区的速度结构，并给出地震的震源深度为 12km，采用 MATLAB 求解多层介质首波走时的程序如下：

```
%P6_9.m
h0 = 12; % 地震深度
epi = 130; %震中距
moholayer = 7;    %莫霍面的层号
v = [2.0,2.5,3.0,3.8,4.5,5.0,7.5]; %地壳模型的各层速度
deep = [0,1,3,10,15,23,33,35]; %地壳模型的各层界面深度
figure(1)  %给出射线路径
x = [-10,140];nlength = 2;    %给出绘图中震中距的范围
vcolor = [];
deep1 = [];
for ii = 1:length(deep) - 1
deep1 = [deep1,deep(ii),deep(ii + 1)];    %两个界面所夹的层为均匀层具有相同的速度
vcolor = [vcolor;ones(1,nlength) * v(ii);ones(1,nlength) * v(ii)];
end
pcolor(x,deep1,vcolor);    %绘制速度结构
%caxis([min(v),max(v)]);
colorbar      %加上色标
annotation('textbox',[0.80,0.894,0.5,0.1],'linestyle','none','String','速度/km.s^-^1')
hold on %图形保持,使得后面的绘图在此基础上
plot(0,h0,'p')
%求出地震所在的层和地震距震源层顶部的距离 dz
dz = h0;
SLayerNum = 1;
for l = 2:length(deep)
%如震源深度小于速度模型中某层,那么震源在该层的上一层
if (h0 < deep(l))
dz = h0 - deep(l - 1);
%计算震源所在层
```

```
SLayerNum = l-1;
break;
end % End IF
end % End FOR
% 如果震源深度大于速度模型中最深层,计算震源距层顶距离和所在层
if h0 > deep(length(deep))
dz = h0 - deep(length(deep));
SLayerNum = length(deep);
end % End IF
h1 = h0;
x = epi;thetaj = asin(v(SLayerNum)/v(moholayer));      % 根据式(6-7-13)计算
thick = 2 * (deep(SLayerNum + 1) - deep(SLayerNum)) - dz; % 在震源层传播的总厚度
x0 = thick * tan(thetaj); % 震源层的地震波传播的水平距离总和
Pntime = thick/(v(SLayerNum) * cos(thetaj)); % 根据式(6-7-16)计算
for l = SLayerNum + 1:moholayer - 1      % 震源层下面的传播
thick = deep(l + 1) - deep(l);
x0 = x0 + 2 * thick * tan(asin(v(l)/v(moholayer)));  %
Pntime = Pntime + 2 * thick/(v(l) * cos(asin(v(l)/v(moholayer))));
end
for l = SLayerNum - 1: - 1:1      % 震源层上面的传播
thick = deep(l + 1) - deep(l);
x0 = x0 + thick * tan(asin(v(l)/v(moholayer)));    % 根据式(6-7-15)计算
Pntime = Pntime + thick/(v(l) * cos(asin(v(l)/v(moholayer)))); % 根据式(6-7-16)计算
end
if(x<x0)Pntime = 0;exit;end
PnTim = [];
xx0 = x0;
for epi = xx0:5:140
x = epi;thetaj = asin(v(SLayerNum)/v(moholayer));      % 根据式(6-7-13)计算
thick = 2 * (deep(SLayerNum + 1) - deep(SLayerNum)) - dz; % 在震源层传播的总厚度
x0 = thick * tan(thetaj); % 震源层的地震波传播的水平距离总和
Pntime = thick/(v(SLayerNum) * cos(thetaj)); % 根据式(6-6-16)计算
for l = SLayerNum + 1:moholayer - 1      % 震源层下面的传播
thick = deep(l + 1) - deep(l);
x0 = x0 + 2 * thick * tan(asin(v(l)/v(moholayer)));     % 根据式(6-7-15)计算
Pntime = Pntime + 2 * thick/(v(l) * cos(asin(v(l)/v(moholayer))));
end
for l = SLayerNum - 1: - 1:1       % 震源层上面的传播
thick = deep(l + 1) - deep(l);
x0 = x0 + thick * tan(asin(v(l)/v(moholayer)));      % 根据式(6-7-15)计算
Pntime = Pntime + thick/(v(l) * cos(asin(v(l)/v(moholayer)))); % 根据式(6-7-16)计算
end
```

```
if(x<x0)Pntime = 0;exit;end
Pntime = Pntime + (x - x0)/v(moholayer)      %根据式(6-7-16)计算
PnTim = [PnTim,Pntime];
xmoho = x - x0;
%绘出首波路径
h0 = h1;
thick = deep(SLayerNum + 1) - deep(SLayerNum) - dz;
xx = thick * tan(thetaj);
plot([0,xx],[h0,h0 + thick],'w','LineWidth',2);
h0 = h0 + thick;
for l = SLayerNum + 1:moholayer - 1      %震源层下面的传播
thick = deep(l + 1) - deep(l);
dx = thick * tan(asin(v(l)/v(moholayer)));
plot([xx,xx + dx],[h0,h0 + thick],'w','LineWidth',2);
xx = xx + dx;   %震中距累加
h0 = h0 + thick;
end
plot([xx,xx + xmoho],[h0,h0],'w','LineWidth',2);
xx = xx + xmoho;
for l = moholayer - 1: - 1:1    %向上传播
thick = deep(l + 1) - deep(l);
dx = thick * tan(asin(v(l)/v(moholayer)));
plot([xx,xx + dx],[h0,h0 - thick],'w','LineWidth',2);
xx = xx + dx;    %根据式(6 - 7 - 15)计算
h0 = h0 - thick;
end
set(gca,'Ydir','reverse','box','on') %使得y轴方向并在四周加上框
%将当前绘图的y轴方向反向,使得深度增加方向指向下方,并且将右边和上边均加上框
pause
end
xlabel('震中距/km')    %加x轴的标记
ylabel('深度/km')     %加y轴的标记
figure(2)
plot(xx0:5:140,PnTim,'r - * ');
xlabel('震中距/km')    %加x轴的标记
ylabel('走时/s')    %加y轴的标记
```

运行程序得到图 6-7-11 和图 6-7-12。可见计算结果符合上面所讲的理论。

3. 反射波

根据前面的讨论，可以知道反射波在单层介质中是如何传播的。多层介质中反射波在各层中地震波走时和震中距的计算与直达波分析相同，只不过传播路径不同，这里不再赘述。反射波的射线路径和地震波走时可以用下面的 MATLAB 程序模拟。

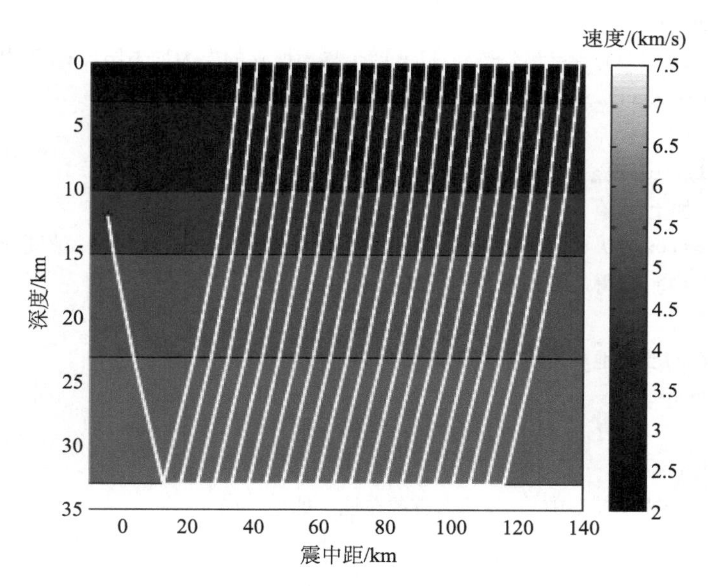

图 6-7-11　首波路径模拟结果（参看程序运行的彩图）

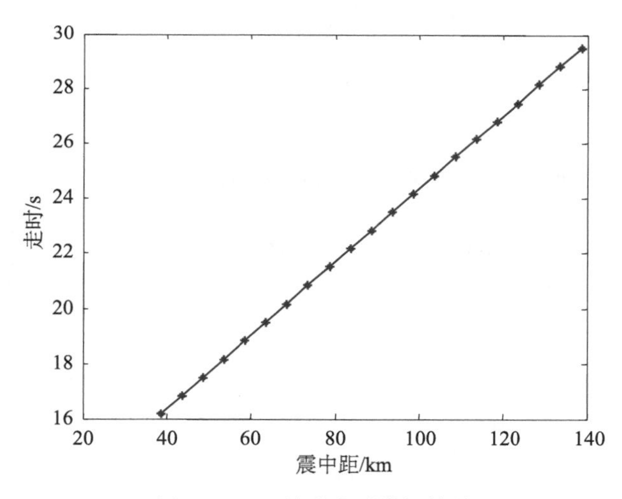

图 6-7-12　首波走时模拟结果

```
%P6_10.m
close all
h0 = 12; %地震深度
epi = 100; %震中距
v = [2.0,2.5,3.0,3.8,4.5,5.0,7.5]; %地壳模型的各层速度
deep = [0,1,3,10,15,23,33,35]; %地壳模型的各层界面深度
moholayer = 7;    %第 7 个界面为莫霍面
figure(1)   %给出射线路径
x = [-5,epi];nlength = 2;    %给出绘图中震中距的范围
vcolor = [];
deep1 = [];
```

```
for ii = 1:length(v)
deep1 = [deep1,deep(ii),deep(ii + 1)];   % 两个界面所夹的层为均匀层具有相同的速度
vcolor = [vcolor;ones(1,nlength) * v(ii);ones(1,nlength) * v(ii)];
end
pcolor(x,deep1,vcolor);   % 绘制速度结构
colorbar    % 加上色标
annotation('textbox',[0.80,0.894,0.5,0.1],'linestyle','none','String','速度/km.s^-^1')
hold on % 图形保持,使得后面的绘图在此基础上
plot(0,h0,'p')
% 求出地震所在的层和地震距震源层顶部的距离 dz
dz  = h0 - deep(1);
SLayerNum = 1;
for l = 2:length(deep)
% 如震源深度小于速度模型中某层,那么震源在该层的上一层
if (h0 < deep(l))
dz  = h0 - deep(l - 1);
% 计算震源所在层
SLayerNum = l - 1;
break;
end % End IF
end % End FOR
% 如果震源深度大于速度模型中最深层,计算震源距层顶距离和所在层
if h0 > deep(length(deep))
dz  = h0 - deep(length(deep));
SLayerNum = length(deep);
end % End IF
xx = [];
tt = [];
for ii = 2:3:45
h = h0;x = 0;
thetaj = deg2rad(ii);
thick = (deep(SLayerNum + 1) - deep(SLayerNum) - dz);
dx = thick * tan(thetaj);
% 震中距的初始值为震源层的的水平距离
plot([x,x + dx],[h,h0 + thick],'w - ','LineWidth',1)
h = h0 + thick;
x = x + dx;
t = thick/(cos(thetaj) * v(SLayerNum));   % 在该层中的地震波走时
for l = SLayerNum + 1:moholayer - 1    % 下行波传播
SinThetajl = v(l)/v(SLayerNum) * sin(thetaj);
if(SinThetajl>1)
error('不能穿过该层介质,请缩小模拟的最大离源角')
```

```
end
cosThetajl = sqrt(1 - SinThetajl * SinThetajl);
tanThetajl = SinThetajl/cosThetajl;    % (6-7-7)
thick = deep(l + 1) - deep(l);
dx = thick * tanThetajl;   % 地震波传播到的横向距离,根据式(6-7-10)计算
plot([x,x + dx],[h,h + thick],'w - ','LineWidth',1)
x = x + dx;
h = h + thick;   % 对称波传播到的深度
t = t + thick/(cosThetajl * v(l));    % 地震波走时式(6-7-9)
end
for l = moholayer - 1: - 1:1    % 震源层上面的传播
SinThetajl = v(l)/v(SLayerNum) * sin(thetaj);
cosThetajl = sqrt(1 - SinThetajl * SinThetajl);
tanThetajl = SinThetajl/cosThetajl;    % 式(6-7-7)
thick = deep(l + 1) - deep(l);
dx = thick * tanThetajl;   % 地震波传播到的横向距离,根据式(6-7-10)计算
plot([x,x + dx],[h,h - thick],'w - ','LineWidth',1)
x = x + dx;
h = h - thick;    % 对称波传播到的深度
t = t + thick/(cosThetajl * v(l));    % 地震波走时式(6-7-9)
end
xx = [xx,x];
tt = [tt,t];
end
set(gca,'Ydir','reverse','box','on') % 使得 y 轴方向并在四周加上框
% 将当前绘图的 y 轴方向反向,使得符合深度大在下部的情况,并且将右边和上边均加上框
xlabel('震中距/km')   % 加 x 轴的标记
ylabel('深度/km')    % 加 y 轴的标记
figure(2)
plot(xx,tt,'- * ');
xlabel('震中距/km')
ylabel('走时/s')
```

程序运行结果如图 6-7-13 和图 6-7-14 所示。图 6-7-13 给出了反射波在成层介质中的射线路径，图 6-7-14 给出了多层介质反射波的走时曲线。读者可以换用不同的速度模型和震源深度进行模拟。

4. 已知震源位置和地壳模型，求解到达各个台站的直达波和首波的走时

假定 9 个台站的 x 坐标为 [150，0，150，300，300，300，150，0，0]，y 坐标为 [150，300，300，300，150，0，0，0，150]；台站的高程均为零。并假定平层地壳模型的界面深度为 [0，1，3，24，38，46]；各层的 P 波速度为 [2.5，5.3，6.1，6.6，7.2，7.9]；各层 S 波的速度为 [1.1，3.1，3.5，3.8，4.0，4.5]。假定地震震源的位置和发震时刻为 [75.071，50.000，19，0.0]，求该地震在 9 个台站的直达 P 波、S 波和首波 Pn

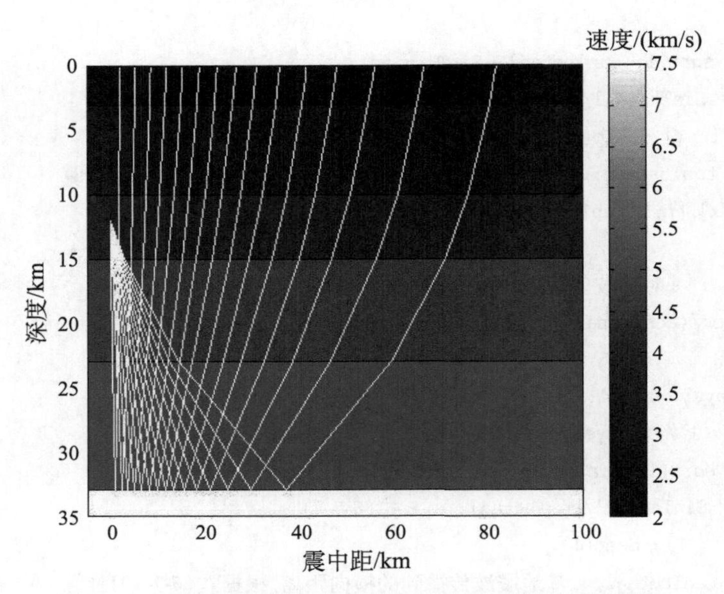

图 6-7-13 模拟的反射波的射线路径（参看程序运行的彩图）

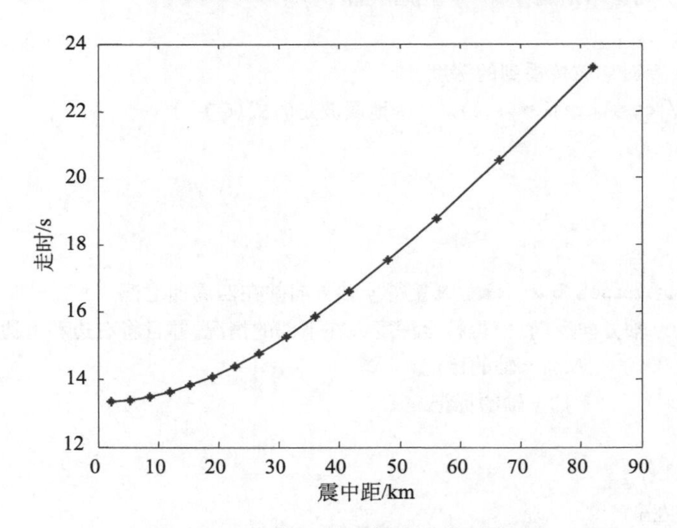

图 6-7-14 模拟的反射波的走时曲线

的走时。程序（参考牟磊育提供的定位程序改编）如下：

```
function forwardtraveltime()
clc
SubDel = 0.0001; % 离源角迭代时,小于该值迭代结束
Stx = [150,0,150,300,300,300,150,0,0]; % 台站的 x 坐标
Sty = [150,300,300,300,150,0,0,0,150]; % 台站的 y 坐标
Stz = zeros(1,9); % 台站的 z 坐标
FirLocal = [75.071,50.000,19,0.0]; % 假定震源的 x,y,z 和发震时刻
plot(Stx,Sty,'^','MarkerFaceColor','b')
text(Stx + 5,Sty,num2str([1,2,3,4,5,6,7,8,9]'))
```

```
hold on
plot(75.071,50.000,'p','MarkerFaceColor','r')
text(75.071,50.0,'震源');
xlabel('X/km');ylabel('Y/km')
axis([-10,310,-10,310])
Vp=[2.5,5.3,6.1,6.6,7.2,7.9]; %P波速度模型
Vs=[1.1,3.1,3.5,3.8,4.0,4.5]; %S波速度模型
deep=[0,1,3,24,38,46]; %各个界面的深度
%注意对于地壳速度模型,地表深度为零为第一个界面,依次为第二界面,等等,但第一层速度为第二界面和第一界面相夹层的介质速度
%因此,第i层的速度为第i个界面和i+1个界面所夹的介质速度,其厚度为Deep(i+1)-Deep(i)
Pg=zeros(1,length(Stx));
for ii=1:length(Stx)
%求出地震所在的层和地震距震源层顶部的距离DisDeep
[Disdep,SLayerNum]=getParam(deep,FirLocal(3));
%计算台站P波入射角
[takeoff,Azim] = getangle(Vp,deep,FirLocal,SLayerNum,Stx(ii),Sty(ii),Disdep,SubDel);
%计算台站P波走时
Pg(ii) = gettime(Vp,deep,takeoff,SLayerNum,Disdep);
%计算台站S波入射角
[SeiTakeoff,Azi]= getangle(Vs,deep,FirLocal,SLayerNum,Stx(ii),Sty(ii),Disdep,SubDel);
%计算台站S波走时
Sg(ii) = gettime(Vs,deep,SeiTakeoff,SLayerNum,Disdep);
SeiDelta=sqrt((Stx(ii)-FirLocal(1))^2+(Sty(ii)-FirLocal(2))^2);
[Pn(ii),takeoff]=PnTraveltime(Vp,deep,SeiDelta,SLayerNum,Disdep);
end
[Pg;Sg;Pn]
function [Disdep,SLayerNum]=getParam(deep,Sdep)
%得到震源相对一个台站的参数
% output
%       Disdep:震源距层顶距离
%       LayerNum:震源所在层
% input
%       deep:每层的界面深度
%       Sdep:初定位震源深度
%计算震源距层顶距离
DisDeep  = Sdep- deep(1);
SLayerNum = 1;
for l=2:length(deep)
%如震源深度小于速度模型中某层,那么震源在该层的上一层
if (Sdep < deep(l))
Disdep  = Sdep - deep(l-1);
```

```
%计算震源所在层
SLayerNum = l-1;
break;
end % End IF
end % End FOR
%如果震源深度大于速度模型中最深层,计算震源距层顶距离和所在层
if Sdep > deep(length(deep))
Disdep  = Sdep - deep(length(deep));
SLayerNum = length(deep);
end % End IF
% End FUNCTION
function [SeiTakeoff,Azi] = getangle(speed,deep,FirLocal,SLayerNum,lon,lat,Disdep,SubDel)
%计算震源所在层的入射角
% output
% SeiTakeoff:震源到台站的入射角(使用迭代方法求出近似值)
% input
% speed:各层速度
% deep:速度模型的界面深度
% Firlocal:修订后震源参数(第一次计算为初定位震源参数)
% SLayerNum:震源所在层
% lon:台站经度
% lat:台站纬度
% Disdep:距层顶距离
% SubDel:系统参数(离源角迭代时,小于该值迭代结束)
%根据震中参数计算震中距
X = lon - FirLocal(1);
Y = lat - FirLocal(2);
Dist = sqrt(X^2 + Y^2); %计算震中距
Azi = atan2(X,Y); %求出方位角,与正北方向的夹角
%计算迭代最大角
MaxTakeoff = atan(Dist/Disdep);
%计算迭代最小角
MinTakeoff = atan(Dist/(FirLocal(3) - deep(1)));
%理论上应该是FirLocal(3),但有时有台站高程,考虑台站高程时需要考虑
%计算入射角初值
SeiTakeoff = (MaxTakeoff + MinTakeoff)/2;
%根据入射角和速度模型,计算震中距
NewDist = getdisk(speed,deep,SeiTakeoff,SLayerNum,Disdep);
%迭代求出入射角(逼近到系统设置值迭代结束)
while (abs(NewDist - Dist) > SubDel)
%根据震中距(NewDist和Dist)计算入射角
if Dist > NewDist
```

```
MinTakeoff = SeiTakeoff;
elseif Dist < NewDist
MaxTakeoff = SeiTakeoff;
end % End IF
SeiTakeoff = (MaxTakeoff + MinTakeoff)/2;
%根据新的入射角,重新计算震中距
NewDist = getdisk(speed,deep,SeiTakeoff,SLayerNum,Disdep);
%如大角等于小角,迭代结束
if (MinTakeoff = = MaxTakeoff)
break;
end %  End IF
%如大角与小角差值小于 SubDel * (10^( - 10)),迭代结束
if(abs(MinTakeoff - MaxTakeoff)< SubDel * (10^( - 10)))
break;
end % End IF
end % End WHILE
% End FUNCTION
function ModelTime = gettime(speed,deep,takeoff,SLayerNum,Disdep)
%计算台站走时
% output
% ModelTime:台站走时
% input
% speed:各层速度
% deep:速度模型的界面深度
% angle:入射角
% SLayerNum:震源所在层
% Disdep:震源距层顶距离
%计算震源所在层的走时
ModelTime = Disdep/(cos(takeoff) * speed(SLayerNum)); %式(6-7-8)
%计算震源在各层中走时之和(震源到台站的走时)
for l = SLayerNum - 1: - 1:1
cosAngle = sqrt(1 - (speed(l) * sin(takeoff)/speed(SLayerNum))^2); %式(6-7-7)第一式
ModelTime = ModelTime + (deep(l + 1) - deep(l))/(cosAngle * speed(l)); %式(6-7-9)
end % End FOR
function [Pntime,takeoff] = PnTraveltime(speed,deep,Delta,SLayerNum,Disdep)
%计算首波临界距离,假定最后一层为地幔顶部
m = length(speed);
Delta0 = 0;
for l = SLayerNum + 1:m - 1      %震源层下面的传播
Delta0 = Delta0 + 2 * (deep(l + 1) - deep(l)) * tan(asin(speed(l)/speed(m)));
```

```
    end
    takeoff = asin(speed(SLayerNum)/speed(m)); % 求得成为首波的离源角
    Delta0 = Delta0 + (2 * ((deep(SLayerNum + 1) - deep(SLayerNum))) - Disdep) * tan(takeoff); % 震源
层传播的水平距离
    for l = SLayerNum - 1: - 1:1    % 震源层上面的传播
    Delta0 = Delta0 + (deep(l + 1) - deep(l)) * tan(asin(speed(l)/speed(m)));
    end
    if(Delta<Delta0)Pntime = 0;return;end
    Pntime = 0;
    for l = SLayerNum + 1:m - 1      % 震源层下面的传播
    Pntime = Pntime + 2 * (deep(l + 1) - deep(l))/(speed(l) * cos(asin(speed(l)/speed(m))));
    end
    Pntime = Pntime + (2 * ((deep(SLayerNum + 1) - deep(SLayerNum))) - Disdep)/(speed(SLayerNum) *
cos(takeoff)); % 震源层的传播
    for l = SLayerNum - 1: - 1:1    % 震源层上面的传播
    Pntime = Pntime + (deep(l + 1) - deep(l))/(speed(l) * cos(asin(speed(l)/speed(m))));
    end
    Pntime = Pntime + (Delta - Delta0)/speed(m);
    return
    function  ModelDelta = getdisk(speed, deep, takeoff, SLayerNum, Disdep)
     % output
     % ModelDelta:震中距
     % input
     % speed:速度模型中各层速度
     % deep:震源深度
     % takeoff:离源角
     % SLayerNum:震源所在层
     % Disdep:距层顶距离
     % 计算地震波在发震层走的距离
    ModelDelta = Disdep * tan(takeoff); % 式(6-7-10)
     % 计算地震波在各层中走的距离之和(震中距)
    for l = SLayerNum - 1: - 1:1
    tanAngle = sin(takeoff)/sqrt((speed(SLayerNum)/speed(l))^2 - (sin(takeoff))^2); % 式(6-7-7)
第二式
    ModelDelta = ModelDelta + (deep(l + 1) - deep(l)) * tanAngle; % 式(6-7-10)
    end % End FOR
```

相对于前面所讲过的走时计算，这里采用了较多的子程序的调用方式。所用的参数有一些差别，读者对照前面所讲的程序很容易理解本程序的思路。运行该程序得到的震源和台站的分布图见图 6-6-15。得到的直达 P 波走时为 [21.21，43.42，43.42，55.74，40.99，38.42，15.56，15.58，21.22]，直达 S 波走时为 [37.17，75.88，75.87，97.36，71.64，67.16，27.32，27.35，37.19，22.43]，首波的走时为 [39.66，39.65，

49.18，37.77，35.78，0，0，22.44]，其中两个为 0 说明该台站小于首波的第一临界距离。对照图 6-7-15，很容易知道台站 7，8 据震源很近，小于本模型的首波第一临界距离。

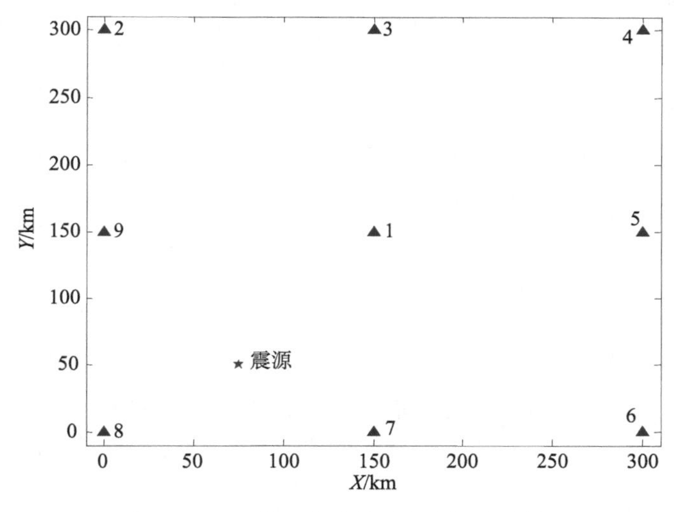

图 6-7-15　假定的台站分布和震中位置

6.8　地震射线在斜界面的反射与折射

由于沉积作用的不均匀或其他地质活动造成下面的界面与地表面并不是平行的，下面来研究这类介质中的地震波走时（傅承义等，1985）。

6.8.1　反射波

如果两种均匀介质的分界面与地平面的夹角为 ω，震源在地表，它与斜面的距离为 h（图 6-8-1）。这里以倾斜界面为对称线，找到震源 A 点的对称点 A'，则 $AE=A'E$，并且反射定律要求 $A'ED$ 在一条直线上。因此反射总路径 $AE+ED=A'D$。由于界面 CD 与倾斜界面平行，在三角形 ACD 中，$\angle ACD$ 为直角，$\angle BAD=90°\mp\omega$（负号对应于接收点在上坡，正号对应于接收点在下坡，见图 6-8-1），则在三角形 $AA'D$ 中，根据余弦定理，有

$$
\begin{aligned}
A'D &= \sqrt{A'A^2+AD^2-2A'A\cdot AD\cdot\cos(\angle BAD)} \\
&= \sqrt{4h^2+\Delta^2-4h\Delta\cos(90°\mp\omega)} = \sqrt{4h^2+\Delta^2\mp 4h\Delta\sin\omega}
\end{aligned}
$$

因此，倾斜界面反射波的走时为

$$
t=\frac{A'D}{v_1}=\frac{\sqrt{\Delta^2+4h^2\mp 4h\Delta\sin\omega}}{v_1} \tag{6-8-1}
$$

这就是反射波的走时表达式。负号对应于接收点在上坡，正号对应于接收点在下坡。

下面假设震源在地表，距界面的距离 $h=30$km，P 波速度为 5km/s，界面倾斜 15°，给出接收点在上坡、接收点在下坡、界面平行于地面三种情况的 P 波走时曲线。MAT-

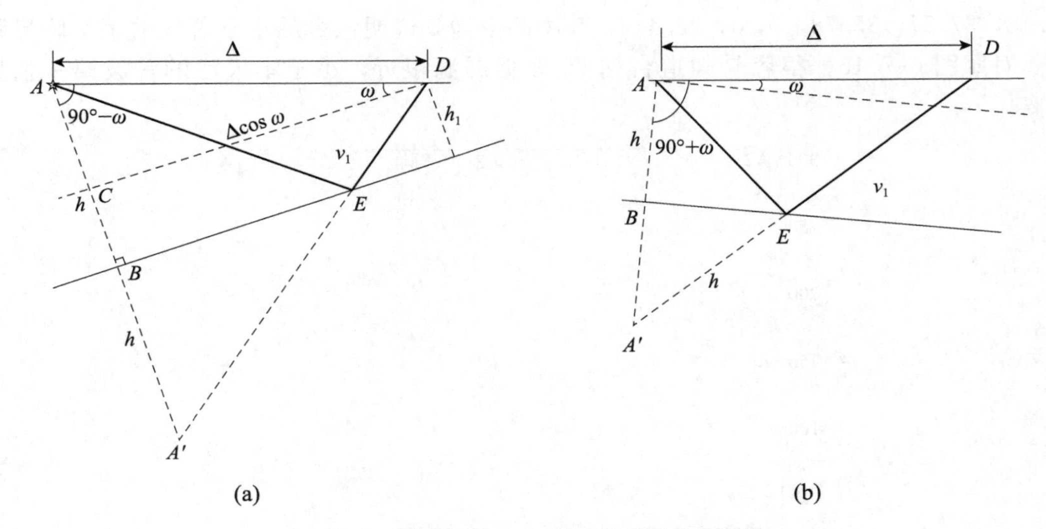

图 6-8-1　倾斜界面上反射波的射线走时计算

LAB 程序如下：

```
%P6_11.m
h=30;vp=5;w=15;    %震源距界面距离、P 波速度及界面倾斜角度
x=0:1:60;     %震中距
tup=sqrt(x.*x+4*h*h-4*h*x*sind(w))/vp;    %按照式(6-8-1)计算接收点在上坡的反射 P 波走时
tdown=sqrt(x.*x+4*h*h+4*h*x*sind(w))/vp;    %按照式(6-8-1)计算接收点在下坡的反射 P 波走时
th=sqrt(x.*x+4*h*h)/vp;    %按照式(6-7-2)计算接收点在下坡的反射 P 波走时
plot(x,tup,'b-.',x,tdown,'r:',x,th,'b')   %绘制 P 波走时曲线
xlabel('震中距/km') %加 x 轴的标记
ylabel('走时/s')    %加 y 轴的标记
set(gca,'box','on') %加上图形框
grid on;    %加上坐标网格
legend('上坡 P 波走时','下坡 P 波走时','平界面 P 波走时','location','NorthWest')    %加图例
```

程序运行结果如图 6-8-2 所示。可见水平界面的 P 波走时介于上坡和下坡的 P 波走时之间。对于倾斜界面的接收点在上坡的情况，并不符合震中距越大，走时越大的特点。

6.8.2 首波

与上面研究反射波的情况一样，设两种均匀介质的分界面与地平面的夹角为 ω，震源在地表，它与斜面的距离为 h，接收点 D 到斜面的距离为 h_1（图 6-8-3），则有

$$h_1 = h \mp \Delta \sin\omega \tag{6-8-2}$$

其中，接收点在上坡取负号，接收点在下坡取正号，下同。

首波的走时为 AB、BC、CD 三段路径走时之和。首先研究在上层介质中传播路段（AB

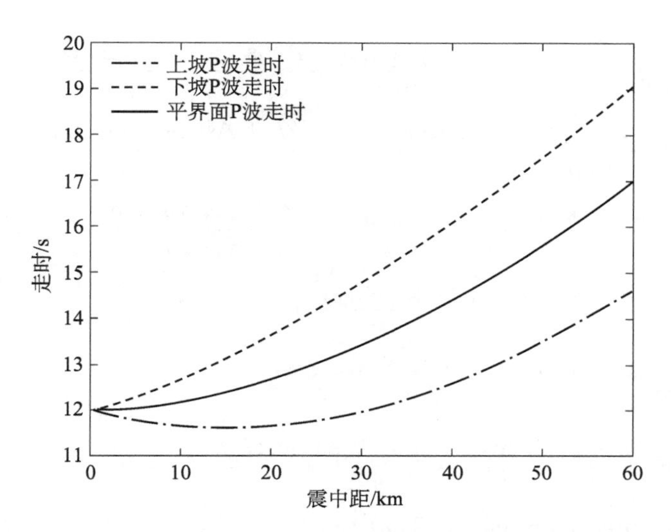

图 6-8-2　接收点在上坡、接收点在下坡的倾斜界面及水平界面 P 波反射波走时比较

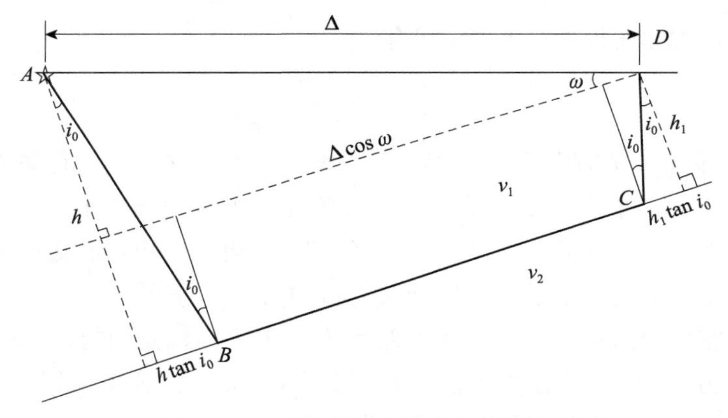

图 6-8-3　倾斜界面首波走时计算

和 CD）的走时。根据图 6-8-3 中的几何关系，有 $AB=\dfrac{h}{\cos i_0}$，$CD=\dfrac{h_1}{\cos i_0}=\dfrac{h\mp\Delta\sin\omega}{\cos i_0}$，这样 AB 和 CD 的走时为

$$t_{AB,CD}=\frac{AB+CD}{v_1}=\frac{2h\mp\Delta\sin\omega}{v_1\cos i_0}$$

再研究 BC 段的走时，首先研究 BC 路径的长度。根据图 6-8-3 中的几何关系有

$$\begin{aligned}BC&=\Delta\cos\omega-h\tan i_0-h_1\tan i_0=\Delta\cos\omega-(h+h_1)\tan i_0\\&=\Delta\cos\omega-(h+h\mp\Delta\sin\omega)\tan i_0\\&=\Delta\cos\omega-(2h\mp\Delta\sin\omega)\tan i_0\end{aligned}$$

因此，BC 段的走时为

$$t_{BC}=\frac{BC}{v_2}=\frac{\Delta\cos\omega-(2h\mp\Delta\sin\omega)\tan i_0}{v_2}$$

将这两部分走时相加，并考虑斯奈尔定律 $\dfrac{\sin i_0}{v_1}=\dfrac{\sin 90^\circ}{v_2}\Rightarrow v_2=\dfrac{v_1}{\sin i_0}$ 得到首波总走时为

$$
\begin{aligned}
t &= t_{AB,CD} + t_{BC} = \frac{2h \mp \Delta\sin\omega}{v_1 \cos i_0} + \frac{\Delta\cos\omega - (2h \mp \Delta\sin\omega)\tan i_0}{v_2} \\
&= \frac{2h \mp \Delta\sin\omega}{v_1 \cos i_0} + \frac{\Delta\cos\omega\sin i_0 - (2h \mp \Delta\sin\omega)\tan i_0 \sin i_0}{v_1} \\
&= \frac{\Delta\cos\omega\sin i_0}{v_1} + \frac{2h \mp \Delta\sin\omega}{v_1 \cos i_0} - \frac{(2h \mp \Delta\sin\omega)\sin^2 i_0}{v_1 \cos i_0} \\
&= \frac{\Delta\cos\omega\sin i_0}{v_1} + \frac{(2h \mp \Delta\sin\omega)}{v_1 \cos i_0}(1 - \sin^2 i_0) \\
&= \frac{\Delta\cos\omega\sin i_0}{v_1} + \frac{(2h \mp \Delta\sin\omega)\cos i_0}{v_1} \\
&= \frac{2h\cos i_0}{v_1} + \frac{\Delta(\cos\omega\sin i_0 \mp \sin\omega\cos i_0)}{v_1} \\
&= \frac{2h\cos i_0 + \Delta\sin(i_0 \mp \omega)}{v_1}
\end{aligned}
\tag{6-8-3}
$$

此时，首波的视速度根据本多夫定律有

$$
\bar{v} = \frac{d\Delta}{dt} = \frac{v_1}{\sin(i_0 \mp \omega)} \tag{6-8-4}
$$

式（6-8-4）说明，在倾斜界面情形下，首波视速度与接收点的位置有关。在上坡接收时，特别是当 $i_0 = \omega$ 时，$\bar{v} \to \infty$。这是因为波阵面与地表面相互平行，波前同时到达爆炸点上坡的两个相近点的缘故。另外，从式（6-8-3）可以看出，在走时曲线上，无论是上坡还是下坡，走时曲线的截距都是 $2h\cos i_0 / v_1$，并且均是直线。

下面假设莫霍面为倾斜界面，倾斜角度为 15°，上面的地壳均匀，P 波速度为 5km/s，下面地幔的速度为 7km/s；震源在地表，距倾斜界面 33km。这里采用 MATLAB 程序给出接收点在上坡、接收点在下坡的 P 波首波走时曲线，并与莫霍面水平的同等情况的 P 波首波走时曲线进行比较。

```
%P6_12.m
vp1 = 5;vp2 = 7;h = 30; %地壳和地幔 P 波速度以及震源距界面的距离
w = 15;   %莫霍面的倾斜角度
i0p = asin(vp1/vp2);  %根据斯奈尔定律求出 i0
x = 100:1:500;     %震中距
Pnh = 2 * h * cos(i0p)/vp1 + x./vp2;      %按式(6-7-3)的 Pn 波的走时计算
Pnup = (2 * h * cos(i0p) + x * sin(i0p - deg2rad(w)))/vp1;  %根据式(6-8-2)计算接收点在上坡的 Pn 波走时
Pndown = (2 * h * cos(i0p) + x * sin(i0p + deg2rad(w)))/vp1;  %根据式(6-8-2)计算接收点在下坡的 Pn 波走时
plot(x,Pnup,'b-.',x,Pndown,'r:',x,Pnh,'b')                %绘制走时曲线
xlabel('震中距/km')   %x 轴加上必要的标记
ylabel('走时/s')              %y 轴加上必要的标记
```

```
set(gca,'box','on') % 加上图形框
legend('上坡 Pn 波','下坡 Pn 波','平界面 Pn 波','location','NorthWest')    % 加图例
```

运行上面的程序得到图 6-8-4，可见水平界面的首波走时介于接收点在上坡和接收点在下坡的倾斜界面走时之间。并且无论是接收点在上坡还是下坡，走时曲线均为直线。这点与平层界面的首波走时一致。

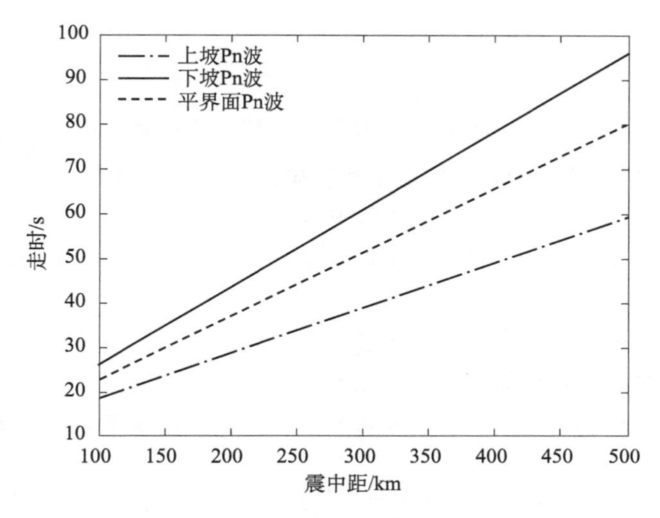

图 6-8-4　接收点在上坡、接收点在下坡的倾斜界面及水平界面 P 波首波走时比较

习　题

6.1.1　令 $\varphi = \varphi_0 e^{i\omega(t-\tau)}$，代入波动方程 $\nabla^2 \varphi = \frac{1}{c^2(x,y,z)} \ddot{\varphi}$，得出方程的实部和虚部的关系。

6.1.2　如果 $\tau = r/c$，为何 $\nabla \tau = u\hat{k}$？

6.1.3　为何方程 $2u\hat{k} \cdot \nabla \varphi_0 = -\varphi_0 \nabla(u\hat{k})$ 表示了地震波的几何扩散？

6.1.4　求得 $(\nabla \tau)^2 = 1/c^2$ 作了哪些简化？

6.1.5　什么是波动方程的时间场方程、程函方程？

6.1.6　从波动地震学过渡到几何地震学的条件是什么？

6.1.7　费马原理的内容是什么？

6.2.1　试推导平层介质本多夫定律。

6.2.2　何为射线参数，它与哪些量有关？说出其单位。

6.2.3　何为水平慢度、视慢度？

6.2.4　“在地震波传播中，介质中的单位时间的水平传播距离总是不变的”对吗？

6.2.5　按图 1 的射线几何形状，说明 A、B 两点之间的最短时间路径与斯奈尔定律给出的结果相同。

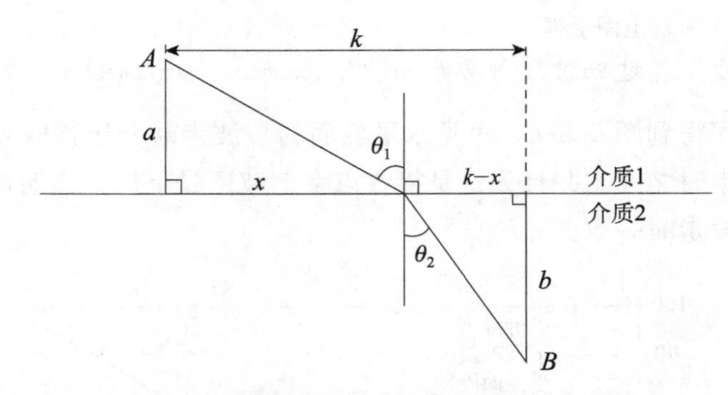

图1　地震射线穿过介质分界面的路径表示

6.2.6　关于平层介质中的射线参数描述正确的是：（　　）

A. 水平慢度　　　　B. 单位震中距所需要的走时

C. 其单位为 s/km　　　　D. 一条射线在水平成层介质的各层中的值均相等

6.2.7　判断

(1) 从震源射出的各个方向的射线 p 参数不同。（　　）

(2) 震源射出的各条射线的 p 参数具有最大值。（　　）

(3) 对于平层介质中的一条射线，无论是反射、折射或波型发生转换，p 参数不发生改变。（　　）

6.3.1　为什么地表震源的地震波在向下传播的过程中会逐渐变为水平方向传播？

6.3.2　“射线参数大的地震射线穿透的深度大”这句话是正确的吗？为什么？

6.3.3　在倾斜层中传播的地震射线，水平慢度是常值吗？

6.3.4　利用射线元分析导出震源在地表时震中距和走时的计算公式。

6.3.5　利用平层地震射线的走时和震中距计算公式时，如果 $[u^2(z)-p^2]^{1/2}$ 为虚数，表示的是什么意义？

6.3.6　射线参数为 0.1s/km 的地震波经过 2km 厚、速度为 5km/s 的地层的走时是多少？地震波在该层中的水平传播距离是多少？如果射线参数增加到 0.12s/km，同样计算该层中走时和震中距，并分析单层均匀介质中射线参数和走时与震中距随 p 参数的变化。

6.3.7　射线参数为 0.3s/km 的射线通过速度为 2km/s 均匀水平介质层所走过的震中距为 4km，求该层的厚度，并给出该地震射线在该层中的走时。

6.3.8　假定某介质由上层、中层和下层组成，速度分别为 6km/s、8km/s 和 10km/s。问 6km/s 的速度层中偏垂角为 30°的射线在 8km/s 和 10km/s 的层中的偏垂角是多大？

6.3.9　地表震源点射出射线的偏垂角分别为 30°，上层速度为 1km/s，厚度为 2km，下层速度为 1.5km/s，厚度也为 2km。(1) 求在下层的偏垂角，每层射线路径的长度和走时；(2) 计算每层的慢度矢量 $s=(p,\eta)$。

6.4.1　导出速度随深度线性增加的水平层中的地震波的走时和震中距。

6.4.2　导出速度随深度线性增加介质模型中的地震射线曲率公式，它与哪些量有关？

6.4.3　速度随深度线性增加介质模型中震中距和穿透深度与哪些因素有关？

6.4.4　地表震源射线偏垂角为 30°，地表速度为 2km/s，并且速度随深度每增加 1km 速度增加 0.5km/s，求：(1) 该射线穿透的最深深度？(2) 回到地表的震中距是多少？

(3) 射线经过多长时间再次回到地表?

6.4.5 设地震波的射线参数为0.25s/km，地球速度线性增加可用函数 $v=3+0.15z$ (km/s) 来表示，其中 z 为深度，单位为km，地表速度为3km/s，求该射线的到达地表的震中距和走时，并给出该射线的曲率半径。对于射线参数为0.2s/km，同样求解射线到达地表的震中距和走时及曲率半径，分析线性增加速度层中 p 参数和走时及震中距的关系。

6.4.6 假设速度 v 与深度 z 的关系表示为 $v=3+0.2z+0.01z^2$，z 的单位为km，速度的单位为km/s。求从地表射出的参数为0.01s/km的地震射线在3km处的射线曲率半径。

6.4.7 水平层状介质中地震射线最低点处的波速为10.87km/s，近地表处的波速为6.1km/s，求此射线参数 p 及在地表的偏垂角。

6.4.8 平层介质的速度按照 $v=v_0+kz$ 变化，其中 v_0 为地表速度，k 为常数，z 为深度。假设震源的深度为 h（图2），采用震中距 x、震源深度 h、地表速度 v_0 和变化率 k 表示偏垂角 i_h。

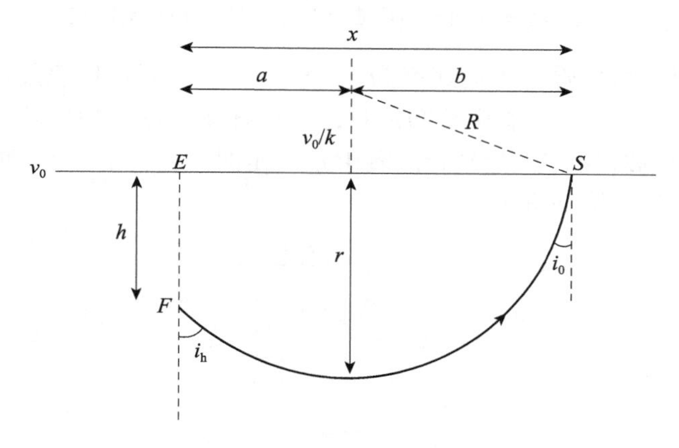

图2 震源在一定深度的速度线性分布的射线路径

6.4.9 假定半无限介质中的地震波速度可表达为 $v=4+0.1z$，假定地震深度在10km的地方，求震源处离源角（偏垂角）为30°的震中距。

6.4.10 厚度为 H、速度为常数 v 的平层介质覆盖在速度为 $v=v_0+k(z-H)$ 的介质上，其中 k 为常数，z 为深度，如果震源在地表（图3）。(1) 写出震中距和走时关于 i_0 的表达式。(2) 如果 $H=10$km，$k=0.1$/s，地表地震波速度为6km/s，计算震中距到达140km的射线的离源角。

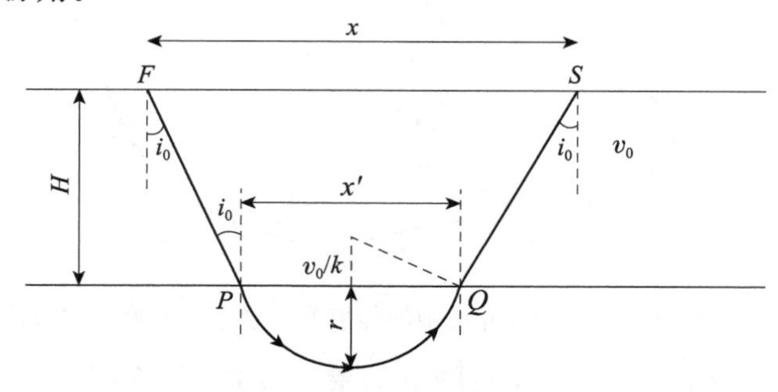

图3 速度线性增加介质上覆盖速度均匀介质中的地震射线路径

6.4.11　厚为 H、速度分布为 $v=v_0+kz$ 的介质覆盖在速度为 $v_1=2(v_0+kH)$ 的半无限介质之上（图 4）。(1) 给出在第一层传播的直达波的最小距离和最大距离。(2) 对于 $H=10\text{km}$，地表速度为 1km/s，$k=0.1/\text{s}$，计算这些参数并给出走时表达式。

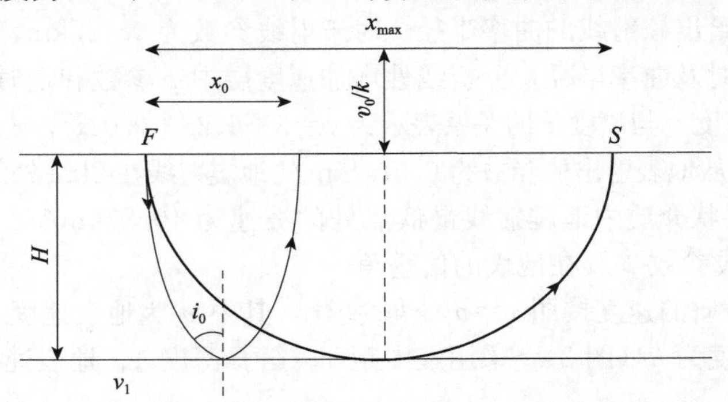

图 4　线性增加介质中直达波最小距离和最大距离

6.5.1　半无限空间介质的传播速度为 $v=6e^{\frac{z}{2}}$，(1) 假定地表震源的 P 波偏垂角为 30°，求 P 波在该速度介质中的震中距和走时；(2) 自该震源的 PP 波（P 波经自由面反射一次后到达台站的 P 波，图 5）达到相同震中距的走时，并计算 P 波和 PP 波震相的到时差；(3) PP 波在地表的偏垂角。

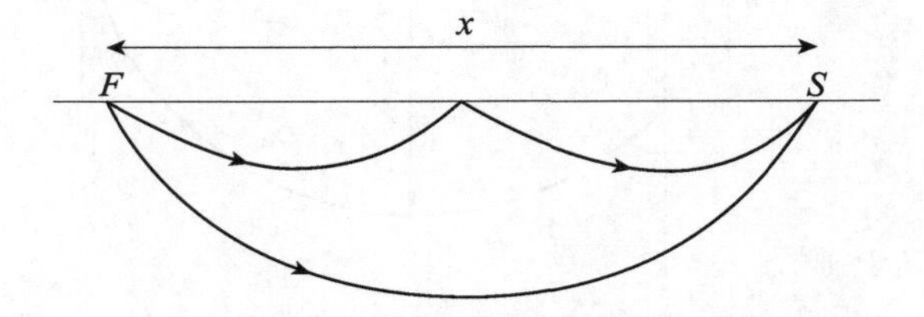

图 5　P 波和 PP 波在速度指数增加介质中的传播路径

6.5.2　厚度为 H 的介质速度分布为 $v=v_0e^{\alpha z}$，这里，$\alpha<1$，该介质之下为半无限空间，速度分布为 $v_1=2v_0e^{\alpha H}$，采用表示 (1) 地表震源首波（首波的定义见本章后面内容）出现的最小距离；(2) 反射波的最小走时；(3) 仅在第一层传播的直达波的最远距离；(4) 如果 $v_0=1\text{km/s}$，$H=10\text{km}$，$\alpha=0.1/\text{km}$，求上面的表达式的值（图 6）。

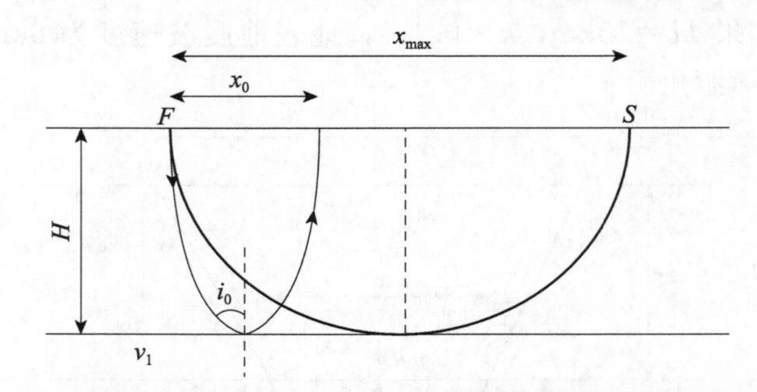

图 6　P 波在速度指数增加介质中的传播的首波距离和直达波最远距离

6.6.1　分析"一般情况下，震中距随 p 的增大而增大"对吗？

6.6.2　何为走时曲线的顺行？

6.6.3　地震学的 $\tau(p)$ 是如何定义的?

6.6.4　为什么 $\tau(p)$ 曲线总是下降或单调下降?

6.6.5　在什么情况下走时曲线是逆行的?

6.6.6　何为地震低速区观测的影区?

6.6.7　表1为速度随深度变化的模型，此模型中，假定介质中每层的速度随深度线性变化。写出这个模型的射线追踪的计算机程序，用0.1236～0.2217s/km 间的等间距的100个射线参数 p 的值给出P波的下列曲线。(1) $T(X)$；(2) $X(p)$；(3) $\tau(p)$。在每张图上标出顺行和逆行的分支。

表1　一般的海洋地震模型 MARMOD

深度/km	α/(km/s)	β/(km/s)	ρ/(g/cm^3)
0.0	4.50	2.40	2.0
1.5	6.80	3.75	2.8
6.0	7.00	3.85	2.9
6.5	8.00	4.60	3.1
10.0	8.10	4.70	3.1

6.6.8　编程计算并给出下列横向均匀无曲率介质模型的 T-X、X-p 及 τ-p 曲线。

(1) $U(z)=3.0+0.12z$

(2) $U(z)=\begin{cases}3.0+0.12z & z<30\text{km}\\ 7.8+0.05(z-30) & z\geqslant 30\text{km}\end{cases}$

(3) $U(z)=\begin{cases}3.0+0.12z & z<25\text{km}\\ 6.0+0.2(z-35) & 25\text{km}\leqslant z\leqslant 35\text{km}\\ 8.0+0.1(z-35) & 25\text{km}\leqslant z\leqslant 35\text{km}\\ 13 & z>35\text{km}\end{cases}$

6.7.1　何为地方震、区域地震?

6.7.2　何为首波?

6.7.3　推导单层地壳内直达波的走时公式，并给出其渐近线。

6.7.4　推导单层地壳内反射波的走时公式，并给出其渐近线。

6.7.5　推导单层地壳内首波的走时公式。

6.7.6　解释概念：首波的第一临界距离、首波的第二临界距离。

6.7.7　研究地壳中的首波时，首波的第二临界距离为(　　)

A. 30～50km　　B. 50～80km　　C. 80～120km　　D. 150～200km

6.7.8　一个震源深度为10km的地震，多个区域台站记到的Pn波走时曲线的斜率为0.125s/km，截距为 $3\sqrt{7}$ s (约8s)，若均匀地壳内P波速度为6km/s，试估计地幔顶部的P波速度和地壳厚度。

6.7.9　多层介质模型如何自动给出地震所在的层号?

6.7.10　多层平层介质模型中如何确定一定震中距的直达地震波的偏垂角?

6.7.11　证明地震波从震源层到达某一层的偏垂角只跟该层的速度和震源层的速度比例及震源层的偏垂角有关，与其他层的速度无关。

6.7.12　给出多层平层介质中直达波的走时和震中距的计算公式。

6.7.13　一地震图上的S波和P波的到时差为5.5s，假定震中距为震源深度的2倍，假定地球为均匀泊松体，S波速度为$\sqrt{3}$km/s，求震源深度和震中距。

6.7.14　一地震图的S波和P波的到时差为5.31s，假定地震深度为地壳厚度2倍的地幔中，地壳的P波速度为3km/s，地幔速度均匀，其P波速度为地壳速度的2倍，且地壳和地幔均为泊松体。求震源处偏垂角为30°的射线到达地表的震中距。

6.7.15　编写一计算水平多层介质中直达P波走时和Pn波走时程序。

6.7.16　假定地表沉积层为0.2km，P波速度为2.5km/s，地下岩石层的P波速度为4.5km/s，求在地表能够观测到来自地表爆破的沿沉积层和岩石层界面传播的首波的最短距离。

6.7.17　单层地壳的震源恰好位于层的中间，其首波的第一临界距离为51.09km，临界角为48.59°。地震首波到达第一临界距离的走时为4.96s，求地壳速度、地幔速度、地壳厚度。

6.7.18　假定地壳速度为6km/s，厚度为20km；地幔顶部的速度为8km/s，设地震震源深度为10km，计算震中距为150km的反射波和首波的到时差。

6.7.19　假设单层地壳厚度为20km，地震波速度为6km/s，地幔顶部的速度为8km/s，震源深度为10km，计算首波的第一临界距离。

6.7.20　若地幔比均匀地壳的速度快20%，表面震源在莫霍面的反射波经17.2s到达震中距为99km的台站，并且此距离为首波出现的临界距离，计算地壳和地幔的速度及地壳厚度。

6.7.21　设地壳速度为a，地表震源的首波临界距离$x_c=2a/\sqrt{3}$，直达波和首波在震中距$x=2a\sqrt{3}$同时到达，计算地壳厚度、地幔速度和临界角。

6.7.22　设唐山震区发生一次地震，震源深度为8km，防灾科技学院实验楼地震仪的震中距为250km。假定单层地壳P波速度为5km/s，地壳厚度为30km，地幔顶部的P波速度为7km/s，求该地震的直达P波、反射P波和首波Pn到达防灾科技学院实验楼需要多长时间。

6.7.23　设防灾科技学院周围区域为单层地壳，地壳P波速度为5km/s，厚度为30km，防灾科技学院实验楼记录的直达P波比反射P波早到2s，直达波的到时为15：10，假定地震深度为8km，求（1）地震离防灾科技学院实验楼有多远；（2）地震的发震时刻。

6.7.24　设唐山震区发生一次地震，防灾科技学院实验楼地震仪的震中距为280km。假定单层地壳P波速度为5km/s，地壳厚度为30km，地幔顶部的P波速度为7km/s，首波P波比直达P波早到9.07s，求地震的震源深度。

6.7.25　假设有n个平行层，每层都是均匀和各向同性，各层厚度分别为h_1，h_2，…，h_n，速度分别为v_1，v_2，…，v_n，入射角分别为i_1，i_2，…，i_n。

（1）试根据水平层状介质中斯奈尔定律，推导地震射线从地表震源O（坐标原点）到达第n层底面A点所用的时间t及A点的横坐标x。

（2）在（1）结论基础之上，利用极限的思想推出速度随深度连续变化即$v=v(z)$情形下的A点的t、x公式。

6.7.26 设在 O 点爆破激发，A、B 两点接收，A 点引爆后 0.2s 接收到某一界面的反射波，B 点比 A 点晚 0.02s 接收到同一界面的反射波，已知 $OA=600\text{m}$，$OB=800\text{m}$，求反射波速度和界面深度。

6.7.27 绘制震源深度为 h，在单层地壳中到达震中距为 Δ 的直达波射线路径。

6.7.28 绘制震源深度为 h，在单层地壳中到达震中距为 Δ 的反射波射线路径。

6.7.29 设覆盖在速度较快的地幔之上厚度为 H 的单层地壳，试绘制到达震中距为 Δ 的首波的射线路径。

6.8.1 设地表爆破之下有一10°的倾斜界面，爆破距界面 50m，地震波在界面之上的速度为 1000m/s，求爆炸点上坡和下坡距爆破点 100m 和 200m 两个接收点的反射波走时。

6.8.2 设地表爆破之下有一10°的倾斜界面，爆破距界面 50m，地震波在界面之上的速度为 500m/s，界面之下的速度为 1500m/s，求爆炸点上坡和下坡距爆破点 1000m 和 2000m 的接收点的首波走时。

6.8.3 为什么教材中图 6-8-2 中的倾斜界面在上坡接收的反射波走时有时会随着震中距的增加走时减小?

第7章　球形分层介质中的射线理论

由于地球是球形，并且地球介质是成层分布的，因此计算远震到达地震台所用的时间，需要采用球形分层模型。本章首先介绍球形分层介质中地震射线传播的基本定律——斯奈尔定律及将射线参数与观测资料联系起来的本多夫定律，以此为基础给出射线参数方程，然后针对几种具体的球形分层速度分布给出震中距和走时的计算公式，并给出地球内部射线的曲率。最后介绍远震震相的路径及其走时，并采用PREM模型对各类地震波进行模拟，给出得到全球地震波走时的计算过程。

7.1　球形分层介质中的斯奈尔定律和本多夫定律

7.1.1　斯奈尔定律

假设介质是由均匀的同心球层组成（图7-1-1），各层中的波速分别为$v_1, v_2, \cdots$，地震射线在各层之间的界面上将会发生折射，由水平分层介质中的斯奈尔定律，在A_1点可看作平层介质，有

$$\frac{\sin i_1}{v_1} = \frac{\sin i_1'}{v_2} \tag{7-1-1}$$

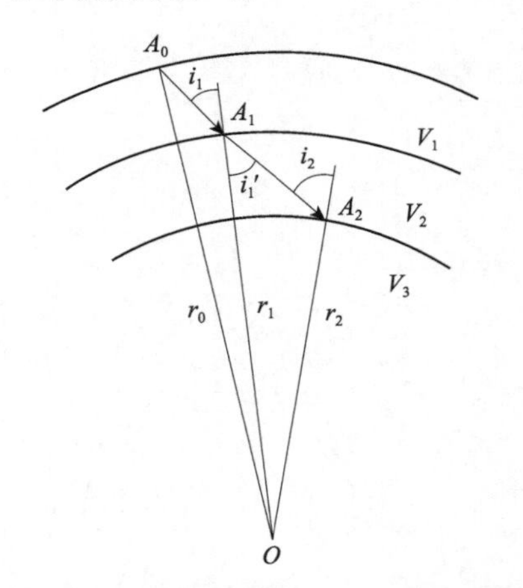

图7-1-1　球形分层介质中的斯奈尔定律

在三角形OA_1A_2中，应用正弦定理

$$\frac{\sin i_1'}{r_2} = \frac{\sin i_2}{r_1} \tag{7-1-2}$$

式（7-1-1）和式（7-1-2）消去i_1'可得：

$$\frac{r_1 \sin i_1}{v_1} = \frac{r_2 \sin i_2}{v_2} \tag{7-1-3}$$

当层数无限增加，波速随r连续变化时，射线成为一条光滑的连续曲线，仍有

$$\frac{r \sin i}{v(r)} = \frac{R \sin i_0}{v_0} = p \tag{7-1-4}$$

式中，R为地球半径；i_0，v_0分别为地表处的入射角和波速；R，i_0，v_0都是常数。因此p也是常数。这就是球形分层介质中的**斯奈尔定律**。

对于震源在地表的地震射线，由于R, i_0, v_0都是常数，并且地震射线的最大偏垂角为$90°$，因此，震源在地表发出射线的p参数的最大值为

$$p_{\max} = \frac{R}{v_0} \tag{7-1-5}$$

对于速度随深度逐渐增大的地球模型，偏垂角 i_0 越小，穿过的路径越长，震中距也越长。反之亦然。

对于一定深度的震源，p 参数的最大值为

$$p_{\max} = \frac{R-h}{v_h} \tag{7-1-6}$$

式中，R 为地表地球半径，h 为震源深度。

7.1.2 本多夫定律

下面将给出走时曲线的斜率 $\frac{\mathrm{d}t}{\mathrm{d}\Delta}$ 与射线参数 p 的关系。这样就能从实测的走时曲线求出射线参数 p 值。设有由 E 出发，在同一平面内的两条相邻射线 EA 和 EB（图 7-1-2）。AE 之间的距离为 Δ（注意 Δ 代表弧度值）。AA' 为波前，与波的传播方向垂直，经 $\mathrm{d}t$ 时间后，波前传到 B 处，设地表处的速度为 v_0，则有

$$A'B = \mathrm{d}s = v_0\,\mathrm{d}t \tag{7-1-7}$$

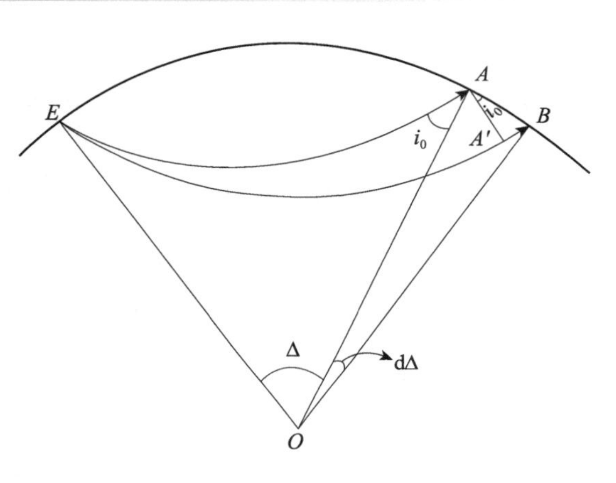

图 7-1-2 本多夫定律的图示

如果取的 $\mathrm{d}t$ 时间非常短，则弧 $A'B$ 可看作直线，$AA'B$ 可看作直角三角形，直角为 $\angle AA'B$，又由于波前 AA' 与射线 EA 垂直，A 的矢径与地表弧 AB 垂直，因此 $\angle A'AB = i_0$，在直角三角形 $A'AB$ 中，有

$$\frac{\mathrm{d}s}{R\,\mathrm{d}\Delta} = \sin i_0 \tag{7-1-8}$$

将式（7-1-7）代入式（7-1-8）得

$$\frac{\mathrm{d}t}{\mathrm{d}\Delta} = \frac{R\sin i_0}{v_0} = p \tag{7-1-9}$$

这就是球形分层介质中的本多夫定律，它说明走时曲线 t-Δ 图上的斜率就等于射线参数 p。其中 $\frac{R\mathrm{d}\Delta}{\mathrm{d}t} = \bar{v}_0$ 表示地震波所走路程在地表投影与所走时间的比值，相当于地震波沿地表观测到的“传播”速度，称为地震波**视速度**（apparent velocity），而 $\frac{\mathrm{d}s}{\mathrm{d}t} = v_0$ 为地震波在射线方向的速度，与视速度相对应，称为**真速度**，它与地震波视速度的关系为 $\sin i_0 = v_0/\bar{v}_0$。

下面讨论一下球形分层介质中 p 参数的单位。在水平分层介质模型中，p 为水平慢度，其单位为 s/km。在球形分层介质模型中，该参数也表示慢度。在球形分层介质的地震波计算时，震中距用角度表示，单位为弧度（rad），则根据式（7-1-9），球形分层介质中的 p 参数表示的是地震波传播一弧度长的震中距所需要的时间，其单位为 s/rad。

7.2 射线方程

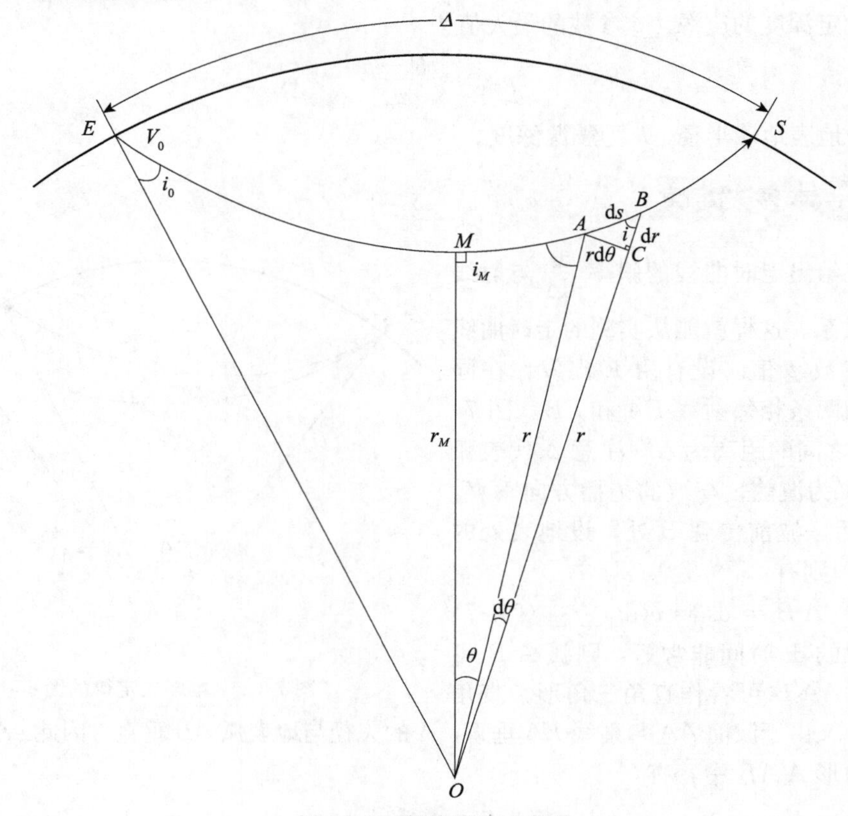

图 7-2-1 射线路径示意图

下面求震源在地表的地震射线走过的距离。这里用平面极坐标（r,θ）来表达射线方程。设 E 为震源，S 为台站，A 为射线上任何一点，OA 为向径 r（图 7-2-1）。考虑射线上非常相近的两点 A，B，令 $AB=\mathrm{d}s$，OB 为 r 和 $\mathrm{d}r$ 之和，把 ABC 近似看作直角三角形，有

$$\sin i=\frac{r\mathrm{d}\theta}{\mathrm{d}s},\quad \cos i=\frac{\mathrm{d}r}{\mathrm{d}s} \tag{7-2-1}$$

消去 $\mathrm{d}s$ 得

$$\mathrm{d}\theta=\frac{\sin i}{\cos i}\frac{\mathrm{d}r}{r} \tag{7-2-2}$$

根据球形成层介质中的斯奈尔定律 $\left(p=\dfrac{r\sin i}{v}\right)$，有

$$\sin i=\frac{pv}{r},\cos i=\sqrt{1-\sin^2 i}=\sqrt{1-\left(\frac{pv}{r}\right)^2}$$

代入式（7-2-2）有

$$\mathrm{d}\theta=\frac{\sin i}{\cos i}\frac{\mathrm{d}r}{r}=\frac{p}{r\sqrt{\dfrac{r^2}{v^2}-p^2}}\mathrm{d}r$$

此式是对图 7-2-1 的右侧射线路径（即射线最低点至台站之间）的计算，如果对于图 7-2-1 的左侧（震源到射线最低点之间）路径，则需要加负号。写成统一的形式为

$$\mathrm{d}\theta = \pm \frac{p}{r\sqrt{\frac{r^2}{v^2}-p^2}}\mathrm{d}r \tag{7-2-3}$$

这就是震中距的微分形式。对式（7-2-3）积分可以得到从地球半径 r_{i+1} 到 r_i 的第 i 层内射线所走过的震中距：

$$\theta_i = \pm \int_{r_{i+1}}^{r_i} \frac{p}{r\sqrt{\frac{r^2}{v^2}-p^2}}\mathrm{d}r \tag{7-2-4}$$

下面求地震波由 A 传到 B 所需的时间，根据图 7-2-1 给出的微元，有

$$\mathrm{d}t = \frac{\mathrm{d}s}{v} \tag{7-2-5}$$

而根据式（7-2-1）第二式，有

$$\mathrm{d}s = \frac{\mathrm{d}r}{\cos i} \tag{7-2-6}$$

考虑到 $\cos i = \sqrt{1-\left(\frac{pv}{r}\right)^2}$ ，有

$$\mathrm{d}t = \pm \frac{r\mathrm{d}r}{v^2\sqrt{\frac{r^2}{v^2}-p^2}}, \tag{7-2-7}$$

此式正负号的规定与式（7-2-3）相同，这就是走时计算的微分形式。写成积分形式为

$$t_i = \pm \int_{r_{i+1}}^{r_i} \frac{r\mathrm{d}r}{v^2\sqrt{\frac{r^2}{v^2}-p^2}} \tag{7-2-8}$$

地表震源经过地球内部到达地面台站的射线，可以先计算自射线最低点 r_M 到地表台站的震中距和走时，由于路径的对称性，直接将该计算结果加倍即可得到总的震中距和走时。在 r_M 处，有 $p = \frac{r_M}{v(r_M)}$ 。这样地表震源的震中距 Δ 和走时 t 为：

$$\Delta = 2p\int_{r_M}^{R} \frac{\mathrm{d}r}{r\sqrt{\frac{r^2}{v^2}-p^2}} \tag{7-2-9}$$

$$t = 2\int_{r_M}^{R} \frac{r\mathrm{d}r}{v^2\sqrt{\frac{r^2}{v^2}-p^2}} \tag{7-2-10}$$

7.3　几种特定速度分布的球形分层中的地震波走时和震中距

7.3.1　恒速球层

设某层速度为常数 v，层顶的地球半径为 r_T ，层底的地球半径为 r_B ，则根据球形分

层地球内震中距的积分表达式［式（7-2-4）］，该层中的震中距可以表达为

$$\Delta_i=\int_{r_B}^{r_T}\frac{p}{r\sqrt{\frac{r^2}{v^2}-p^2}}\mathrm{d}r=\int_{r_B}^{r_T}\frac{pv}{r\sqrt{r^2-p^2v^2}}\mathrm{d}r$$

采用高等数学中的积分公式 $\int\frac{\mathrm{d}u}{u(u^2-a^2)^{\frac{1}{2}}}=\frac{1}{a}\arccos\frac{a}{u}+C$，可得：

$$\Delta_i=\arccos\left(\frac{pv}{r_T}\right)-\arccos\left(\frac{pv}{r_B}\right)\tag{7-3-1}$$

根据球形分层介质中地震波走时表达式［式（7-2-8）］可得

$$T_i=\int_{r_B}^{r_T}\frac{r\mathrm{d}r}{v^2\sqrt{\frac{r^2}{v^2}-p^2}}=\int_{r_B}^{r_T}\frac{r\mathrm{d}r}{v\sqrt{r^2-p^2v^2}}=\int_{r_B}^{r_T}\frac{\mathrm{d}(r^2-p^2v^2)}{2v\sqrt{r^2-p^2v^2}}$$

进行变量替换积分可得

$$T_i=\frac{1}{v}\left[\sqrt{r_T^2-(pv)^2}-\sqrt{r_B^2-(pv)^2}\right]\tag{7-3-2}$$

注意，此处是按照射线能够自上而下穿过该层计算的。如果 $r_T<pv$，射线无法到达该层顶部，即射线不能通过该层；如果 $r_T>pv$ 而 $r_B\leqslant pv$，则射线不能到达该层底部，而是以弦的形式穿过该层，此时不能采用式（7-3-1）和式（7-3-2）计算其第二项的值。但根据斯奈尔定律可以估计到达最深点处有 $p=\frac{r_{B1}\sin90°}{v}$，则射线最深点的半径为 $r_{B1}=pv$，则将 r_{B1} 代替式（7-3-1）和式（7-3-2）中的 r_B 仍可以计算射线在该层的弦的一半对应的震中距和走时。其实 r_{B1} 代替式（7-3-1）和式（7-3-2）中的 r_B 得到的第二项的值为零，直接采用第一项的值即可。其实现的MATLAB函数如下：

```
function [dt,dd,rB1,icode] = sphere_const(p,rT,rB,v)
% 匀速球层中地震波走时和震中距的计算程序
% 输入:p为射线参数,rT为球层上边界的半径,rB为球层下边界的半径,单位为km,v为球层中的速度,单位为km/s
% 输出:dt和dd分别为地震射线在该层中的走时和震中距,单位为s和度
%      rB1为射线在该球层折返的最深深度处的半径,只在icode为3时才有意义
%      icode为返回代码,1表示射线不能到达该层,2表示射线在该层折返,3表示射线穿过该层
rB1 = 0;
if(rT< = p * v)
icode = 1;        % 射线不能到达该层
dt = 0;dd = 0;
return
elseif(rB< = p * v)       % 射线在该层中转折
dd = acosd(p * v/rT);      % 式(7-3-1)的第一项,这里转换为度
dt = sqrt((rT/v)^2 - p^2); % 式(7-3-2)的第一项
rB1 = p * v;      % 射线到达该层的最小半径
icode = 2;
return
```

```
else    %射线穿过该层
dd = acosd(p * v/rT) - acosd(p * v/rB);      %式(7-3-1),这里转换为度
dt = sqrt((rT/v)^2 - p^2) - sqrt((rB/v)^2 - p^2)      %式(7-3-2)
icode = 3;
return
end
```

7.3.2 幂函数分布变速层

设第 i 层的速度随半径 r 变化呈幂函数关系：$v = ar^b$，其中 a，b 为常数。设该层顶部和底部的速度为 v_T 和 v_B，层顶的地球半径为 r_T，层底的地球半径为 r_B，则 $v_T = ar_T^b$，$v_B = ar_B^b$，可以得到 a，b 的系数为

$$b = \frac{\ln(v_T/v_B)}{\ln(r_T/r_B)}, \quad a = v_T r_T^{-b}$$

将地震波从上界面到下界面代入震中距表达式［式（7-2-4）］进行积分：

$$\Delta_i = \int_{r_B}^{r_T} \frac{p}{r\sqrt{\dfrac{r^2}{a^2r^{2b}} - p^2}}\mathrm{d}r = \int_{r_B}^{r_T} \frac{par^b}{r\sqrt{r^2 - p^2a^2r^{2b}}}\mathrm{d}r = \int_{r_B}^{r_T} \frac{par^{b-2}}{\sqrt{1 - p^2a^2r^{2b-2}}}\mathrm{d}r$$

$$= \frac{1}{b-1}\int_{r_B}^{r_T} \frac{\mathrm{d}(par^{b-1})}{\sqrt{1 - p^2a^2r^{2b-2}}} \tag{7-3-3}$$

考虑到数学公式 $\int \frac{1}{\sqrt{1-v^2}}\mathrm{d}v = -\arccos v + C$（其中 C 为常数）可得到：

$$\Delta_i = \frac{1}{1-b}\left[\arccos\left(\frac{par_T^b}{r_T}\right) - \arccos\left(\frac{par_B^b}{r_B}\right)\right] = \frac{1}{1-b}\left[\arccos\left(\frac{pv_T}{r_T}\right) - \arccos\left(\frac{pv_B}{r_B}\right)\right] \tag{7-3-4}$$

代入走时计算公式［式（7-2-8）］可得：

$$T_i = \int_{r_B}^{r_T} \frac{r\,\mathrm{d}r}{a^2r^{2b}\sqrt{\dfrac{r^2}{a^2r^{2b}} - p^2}} \tag{7-3-5}$$

由于 $\mathrm{d}\left(\frac{r^2}{a^2r^{2b}} - p^2\right) = \frac{(2-2b)r^{1-2b}\mathrm{d}r}{a^2}$，$\mathrm{d}r = \frac{a^2}{(2-2b)r^{1-2b}}\mathrm{d}\left(\frac{r^2}{a^2r^{2b}} - p^2\right)$，代入式（7-3-5），积分可以得到：

$$T_i = \frac{1}{1-b}\left(\sqrt{\left(\frac{r_T}{v_T}\right)^2 - p^2} - \sqrt{\left(\frac{r_B}{v_B}\right)^2 - p^2}\right) \tag{7-3-6}$$

与均匀球层震中距和走时的计算类似，此处是按照射线能够自上而下穿过该层计算的。如果 $r_T < pv_T$，射线无法到达该层顶部，即射线不能通过该层；如果 $r_T > pv_T$ 而 $r_B \leqslant pv_T$，则射线不能到达该层底部，而是在该层中折返，此时不能采用式（7-3-4）和式（7-3-6）计算其第二项的值。但根据斯奈尔定律可以估计到达最深点处有 $p = \frac{r_{B1}\sin 90^\circ}{v_{B1}} = \frac{r_{B1}}{ar_{B1}^b}$，则射线最深点的半径为 $r_{B1} = (ap)^{\frac{1}{1-b}} = (pv_T)^{\frac{1}{1-b}} r_T^{\frac{b}{b-1}}$，则将 r_{B1} 代替式（7-3-4）和式

(7-3-6) 中的 r_B 仍可以计算射线到达该层最深点对应的震中距和走时。其实 r_{B1} 代替式 (7-3-4) 和式 (7-3-6) 中的 r_B 得到的第二项的值为零，直接采用第一项的值即可。求解幂指数速度分布变速层中震中距和走时的 MTALAB 程序如下：

```
function [dt,dd,rB1,icode] = sphere_exp(p,rT,rB,vT,vB)
% 速度指数增加球层中地震波走时和震中距的计算程序
% 输入:p为射线参数,rT和vT为球层上边界的半径及对应速度,rB和vB为球层下边界的半径及对应速度,半径单位为km,速度单位为km/s
% 输出:dt和dd分别为地震射线在该层中的走时和震中距,单位为s和度
% rB1为射线在该球层折返的最深深度处的半径,只在icode为2时才有意义
% icode为返回代码,1表示射线不能到达该层,2表示射线在该层折返,3表示射线穿过该层
rB1 = 0;
b = log(vT/vB)/log(rT/rB)
a = vT * rT^( - b);
if(rT<= p * vT)
icode = 1;      % 射线不能到达该层
dt = 0;dd = 0;
return
elseif(rB<= p * vB)      % 射线在该层中转折
dd = acosd(p * vT/rT)/(1 - b);      % 式(7-3-4)的第一项,这里转换为度
dt = sqrt((rT/vT)^2 - p^2)/(1 - b); % 式(7-3-6)的第一项
rB1 = (vT * p)^(1/(1 - b)) * rT^(b/(b - 1));      % 射线到达该层的最小半径
icode = 2;
return
else      % 射线穿过该层
dd = (acosd(p * vT/rT) - acosd(p * vB/rB))/(1 - b);      % 式(7-3-4),这里转换为度
dt = (sqrt((rT/vT)^2 - p^2) - sqrt((rB/vB)^2 - p^2))/(1 - b)      % 式(7-3-6)
icode = 3;
return
end
```

7.3.3 速度线性变化的变速层

设第 i 层的速度随半径 r 呈线性变化 $v=ar+b$。由该层顶部和底部的速度 v_T 、v_B 及半径 r_T 及 r_B ，则可以给出 a，b 的系数：

$$a=\frac{v_T-v_B}{r_T-r_B}$$

$$b=v_T-ar_T \tag{7-3-7}$$

采用震中距计算式［式 (7-2-4)］和走时计算式［式 (7-2-8)］可计算速度线性变化层中的地震波走时 t_i 及对应的震中距变化 Δ_i ，此处的积分比较繁琐，仅给出结果。

令

$$c = 1 - a^2 p^2$$

$$\bar{b} = \frac{b}{|b|} \tag{7-3-8}$$

当 c 取不同值时计算公式是不同的。下面分三种情况讨论（宋仲和等，1981）。

1. $c>0$

$$\Delta_i = \frac{ap}{\sqrt{c}}\ln\left(\sqrt{r_T^2 - p^2 v_T^2} + r_T\sqrt{c} - \frac{abp^2}{\sqrt{c}}\right) + \bar{b}\arcsin\left(-ap\bar{b} - \frac{p|b|}{r_T}\right)$$
$$-\frac{ap}{\sqrt{c}}\ln\left(\sqrt{r_B^2 - p^2 v_B^2} + r_B\sqrt{c} - \frac{abp^2}{\sqrt{c}}\right) - \bar{b}\arcsin\left(-ap\bar{b} - \frac{p|b|}{r_B}\right) \tag{7-3-9}$$

$$t_i = \frac{1}{|a|\sqrt{c}}\ln\left(|a|\sqrt{r_T^2 - p^2 v_T^2} + v_T\sqrt{c} - \frac{b}{\sqrt{c}}\right) + \frac{\bar{b}}{|a|}\ln\left(\frac{|a|\sqrt{r_T^2 - p^2 v_T^2} + |b|}{v_T} - \bar{b}\right)$$
$$-\frac{1}{|a|\sqrt{c}}\ln\left(|a|\sqrt{r_B^2 - p^2 v_B^2} + v_B\sqrt{c} - \frac{b}{\sqrt{c}}\right) - \frac{\bar{b}}{|a|}\ln\left(\frac{|a|\sqrt{r_B^2 - p^2 v_B^2} + |b|}{v_B} - \bar{b}\right) \tag{7-3-10}$$

2. $c=0$

$$\Delta_i = -\bar{b}\sqrt{-1 - 2\frac{ar_T}{b}} + \bar{b}\arcsin\left(-a\bar{b} - \left|\frac{b}{a}\right|\frac{1}{r_T}\right) + \bar{b}\sqrt{-1 - 2\frac{ar_B}{b}}$$
$$-\bar{b}\arcsin\left(-a\bar{b} - \left|\frac{b}{a}\right|\frac{1}{r_B}\right) \tag{7-3-11}$$

$$t_i = \frac{-\bar{b}}{|a|}\left[\sqrt{1 - \frac{2v_T}{b}} + \ln\left[\frac{\sqrt{1 - \frac{2v_T}{b}} - 1}{\sqrt{1 - \frac{2v_T}{b}} + 1}\right] - \sqrt{1 - \frac{2v_B}{b}} - \ln\left[\frac{\sqrt{1 - \frac{2v_B}{b}} - 1}{\sqrt{1 - \frac{2v_B}{b}} + 1}\right]\right] \tag{7-3-12}$$

3. $c<0$

$$\Delta_i = \frac{ap}{\sqrt{-c}}\arcsin\left(\frac{-cr_T}{p|b|} + ap\bar{b}\right) + \bar{b}\arcsin\left(-ap\bar{b} - \frac{p|b|}{r_T}\right) - \frac{ap}{\sqrt{-c}}\arcsin\left(\frac{-cr_B}{p|b|} + ap\bar{b}\right)$$
$$-\bar{b}\arcsin\left(-ap\bar{b} - \frac{p|b|}{r_B}\right) \tag{7-3-13}$$

$$t_i = \frac{1}{|a|}\left[\frac{1}{\sqrt{-c}}\arcsin\left(\frac{-cv_T + b}{p|ab|}\right) + \bar{b}\ln\left(\frac{|a|\sqrt{r_T^2 - p^2 v_T^2} + |b|}{v_T} - \bar{b}\right)\right.$$
$$\left.-\frac{1}{\sqrt{-c}}\arcsin\left(\frac{-cv_B + b}{p|ab|}\right) - \bar{b}\ln\left(\frac{|a|\sqrt{r_B^2 - p^2 v_B^2} + |b|}{v_B} - \bar{b}\right)\right] \tag{7-3-14}$$

7.4　射线的曲率

7.4.1　射线曲率的推导

球形分层介质中的射线曲率可以直接由曲率的定义出发来求得。如图 7-4-1 所示，设 FJ 是一条由震源 F 到地球表面上一点 J 的地震射线，L 是其最低点。BN 和 BM 分别为

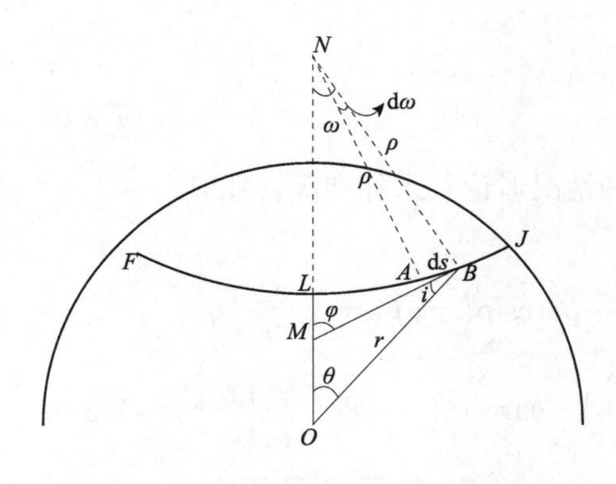

图 7-4-1 求解射线曲率的示意图

射线在坐标（r，θ）的 B 点的法线和切线，M 和 N 分别是它们与 OL 及其延长线的交点。以 ω 表示 $\angle ONB$，φ 表示 $\angle BMN$，i 表示 $\angle MBO$，θ 表示 $\angle BOL$。射线的一小段弧 AB 为 $\mathrm{d}s$，ρ 表示射线在 B 点的曲率半径，则有

$$\mathrm{d}s=\rho\mathrm{d}\omega,\quad \frac{1}{\rho}=\frac{\mathrm{d}\omega}{\mathrm{d}s} \tag{7-4-1}$$

由图 7-4-1 可知：

$$\omega=\frac{\pi}{2}-\varphi=\frac{\pi}{2}-i-\theta \tag{7-4-2}$$

代入式（7-4-1）得到：

$$\frac{1}{\rho}=-\frac{\mathrm{d}i}{\mathrm{d}s}-\frac{\mathrm{d}\theta}{\mathrm{d}s} \tag{7-4-3}$$

由 7.2 节的微元分析，可知：$\sin i=\frac{r\mathrm{d}\theta}{\mathrm{d}s},\cos i=\frac{\mathrm{d}r}{\mathrm{d}s}$，所以

$$\frac{1}{\rho}=-\cos i\frac{\mathrm{d}i}{\mathrm{d}r}-\frac{\sin i}{r} \tag{7-4-4}$$

将斯奈尔定律表达式 $p=\frac{r\sin i}{v}$ 对 r 求微商得（将 i 和 v 看作 r 的函数）

$$\frac{\sin i}{v}+\frac{r\cos i}{v}\frac{\mathrm{d}i}{\mathrm{d}r}-\frac{r\sin i}{v^2}\frac{\mathrm{d}v}{\mathrm{d}r}=0 \tag{7-4-5}$$

解出 $\frac{\mathrm{d}i}{\mathrm{d}r}$ 代入曲率表达式［式（7-4-4）］可得

$$\frac{1}{\rho}=-\frac{\sin i}{v}\frac{\mathrm{d}v}{\mathrm{d}r} \tag{7-4-6}$$

对于地球速度的不同分布，射线路径有较大差别。后面将分不同的情况讨论。

7.4.2 不同速度分布的射线路径

1. 均匀球中地震波路径及走时曲线

当 $v(r)=v_0$ 时，代入式（7-4-6），可得：$1/\rho\to 0,\rho\to\infty$，此时射线是一条直线。如图 7-4-2 所示。很容易求得走时 T 与距离 Δ 满足关系：

$$T=\frac{2R\sin\frac{\Delta}{2}}{v_0} \tag{7-4-7}$$

式中，R 为地球的半径。因而，走时曲线呈现为正弦曲线的前四分之一周期，如图 7-4-3 所示。

按地球半径为 6371km 来模拟，速度为 8km/s 的地震波走时曲线可用下面的程序模拟：

```
%P7_1.m
R=6371;  %地球的半径
v=8;  %地震波速度均匀为8km/s
```

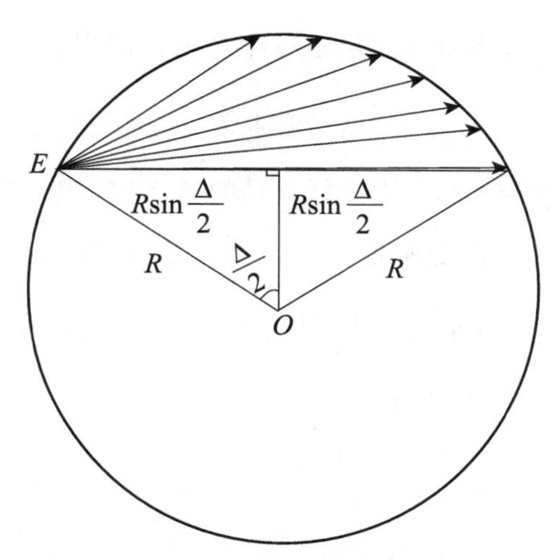

图 7-4-2　速度为常数时的射线路径示意图

```
delta = 1:180;   % 震中距的模拟范围
t = 2 * R * sin(deg2rad(delta/2))/v;   % 按照式(7-4-7)计算均匀球型介质中的走时
plot(delta,t/60);   % 绘制均匀速度模型的走时曲线
xlabel('震中距/~o');    % 给出 x 轴标记
ylabel('走时/分钟');    % 给出 y 轴标记
```

模拟的结果如图 7-4-3 所示。

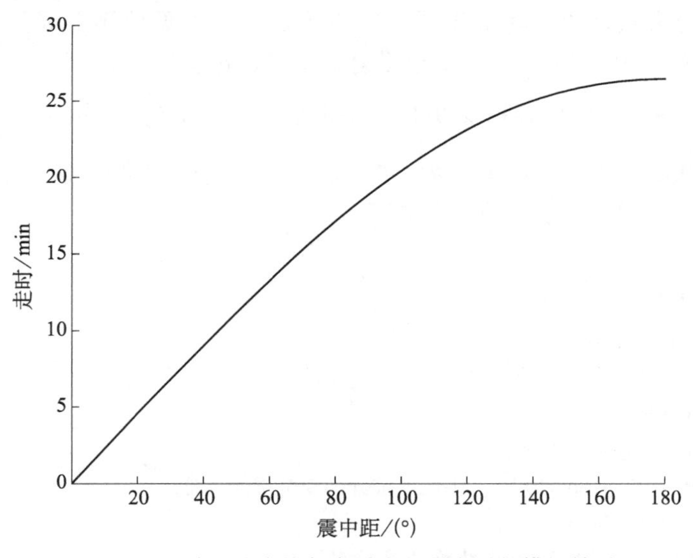

图 7-4-3　球型速度均匀介质中地震走时的模拟结果

2. $\frac{\mathrm{d}v}{\mathrm{d}r}>0$ 的情况

当 $\frac{\mathrm{d}v}{\mathrm{d}r}>0$ 时，式（7-4-6）所表示的曲率半径小于零，此时曲率中心和地球球心在射线的同一侧，射线凹向地球球心。此时射线的曲率半径有小于、大于或等于所在圈层地球

半径的可能。对于曲率半径等于所在圈层地球半径的情况根据式（7-4-6）可以写 $-\frac{1}{r}=-\frac{\sin i}{v}\frac{dv}{dr}$，从而变换为：$\frac{dv}{dr}=\frac{v}{r\sin i}$。由于偏垂角 i 与地震射线的选择有关，与速度分布无关，为简单起见，在讨论速度分布对射线路径的影响时，忽略掉与 i 有关的部分。

考虑 $\frac{dv}{dr}=\frac{v}{r}$ 的情况，可以变换为：$\frac{dv}{v}=\frac{dr}{r}$，积分得到 $\ln v+c_v=\ln r+c_r$，进而有 $\ln\left(\frac{v}{r}\right)=\frac{c_r}{c_v}$，解出 $\frac{v}{r}=c$，根据 $p=\frac{r\sin i}{v}=\frac{\sin i}{c}=\text{const}$，所以偏垂角保持不变。代入震中距的微分形式表达式［式（7-2-3）］：

$$d\theta=\pm\frac{p dr}{r\sqrt{\frac{r^2}{v^2}-p^2}}=\pm\frac{\frac{\sin i}{c}dr}{r\sqrt{\frac{1}{c^2}-\frac{\sin^2 i}{c^2}}}=\pm\frac{\sin i dr}{r\sqrt{1-\sin^2 i}}=\pm\tan i\frac{dr}{r}$$

有

$$\int\frac{dr}{r}=\int\frac{d\theta}{\tan i}$$

积分得到：

$$\ln r+c_1=\pm\theta\cot i+c_2$$

这样有

$$r=e^{\pm\theta\cot i+c_2-c_1}=e^{c_2-c_1}e^{\pm\theta\cot i}=ae^{\pm\theta\cot i}=ae^{\pm k\theta}$$

此处 a 为积分常数。该式对应于螺旋线方程。由此可见地震射线呈螺旋线状卷入地心。如果偏垂角 i 为 90°，则 $r=a$，即地震射线恒绕地球旋转。

本书还按地球半径为 6371km 来模拟。假定地表的速度为 13km/s，$\frac{dv}{dr}=\frac{v}{r}$，并且根据地球速度与地球圈层半径之比为常数，即 13/6371，构建速度模型，研究其中地震波的传播路径，采用 MATLAB 模拟的程序如下。

```
%P7_2.m
clear  %清除内存变量
close all  %关闭所有绘图窗口
nlength = 200;  %采用 200 球层进行模拟
R = 6371;  %地球地表半径
vdr = 13/R;  %地球速度随半径的变化率
r = [linspace(R,0.01,nlength)]';  将地球按分 200 个层面划分
v = vdr * r;  %地球内的速度分布
figure(1)  %绘制地震波速度及射线路径图
sph_vel_plot(r,v);  %调用速度结构参数绘制程序绘制球形分布的速度
%%%%%%%%%%%%%%%%%%%%%%%%%%
nn = length(r);
rt = r(1:nn-1,1);rb = r(2:nn,1);  %地球各层顶部和底部的地球半径
pmax = max(r)/max(v);
for p = pmax-0.01:-10:280  %球层射线参数从最大值到 280 递减
```

```
alpha1 = 0;   %震中距角度自零开始累加
p  %在命令窗口中显示 p 的值
pause
ddeta = zeros(1,nn);   %运行到该时刻的震中距的增加量
for i = 1:nn - 1   %对各层分别计算
if (p. * v(i + 1)< = rb(i))   %地震到达该深度
ddeta(i) = acos(p. * v(i + 1). /rt(i)) - acos(p. * v(i + 1). /rb(i));   %计算震中距的增加[式(7-3-1)]
alpha1 = alpha1 + ddeta(i);   %震中距之和
%绘制从该层顶部到底部的射线段
plot([rt(i) * cos(alpha1 - ddeta(i)),rb(i). * cos(alpha1)],[rt(i). * sin(alpha1 - ddeta(i)),rb(i). * sin(alpha1)],'k')
else
break
end
end
end
```

程序模拟的第一条螺旋线如图 7-4-4 所示，其余的射线每次敲击一下回车键，出现一条射线。其他的射线由于 p 参数减小，初始偏垂角减小，会更快地卷入地心。

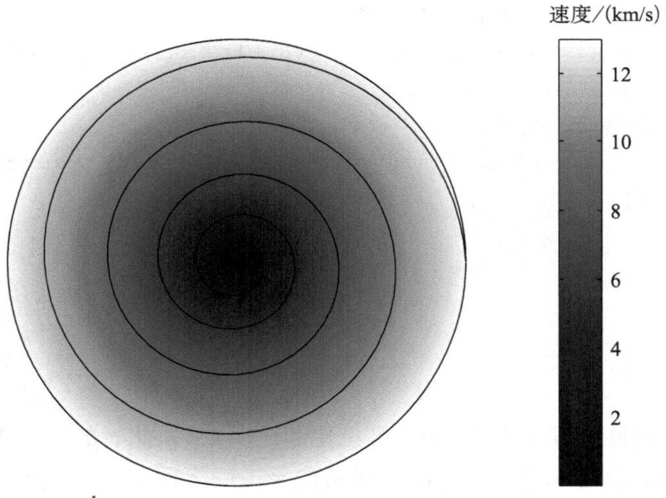

图 7-4-4　对于 $\frac{\mathrm{d}v}{\mathrm{d}r}=\frac{v}{r}$ 的情况模拟的第一条射线路径（参看程序运行的彩图）

考虑 $\frac{\mathrm{d}v}{\mathrm{d}r}>\frac{v}{r}$ 的情况，根据式（7-4-6），曲率半径比起 $\frac{\mathrm{d}v}{\mathrm{d}r}=\frac{v}{r}$ 会更小，即射线弯曲得更厉害，此时射线更快地向地心旋转。保持模拟 $\frac{\mathrm{d}v}{\mathrm{d}r}=\frac{v}{r}$ 情况的速度模型的速度变化率，并将速度值减去 0. 2km/s，使得 $\frac{v}{r}<\frac{\mathrm{d}v}{\mathrm{d}r}$，这样的地震射线模拟的 MATLAB 程序如下：

```
%P7_3.m
```

```
clear   %清除内存变量
close all   %关闭所有绘图窗口
nlength = 200;   %地球的界面数
R = 6371;   %地表半径
vdr = 13/R;   %速度随半径的变化率
r = [linspace(R,0.01,nlength)]';   %圈层的界面半径
v = (vdr) * r - 0.2;   %比上述情况地震波的速度减 0.2
figure(1)   %绘制地震波速度及射线路径的图
sph_vel_plot(r,v);   %调用速度结构参数绘制球形分布的速度
%%%%%%%%%%%%%%%%%%%%%%%%
nn = length(r);   %PREM 的地球分层层数
rt = r(1:nn - 1,1);rb = r(2:nn,1);   %地球各层顶部和底部的地球半径
pmax = max(r)/max(v);
for p = pmax - 0.01: - 10:280   %球层射线参数从最大值到 280 递减
alpha1 = 0;   %震中距角度自零开始累加
p   %在命令窗口中显示 p 的值
pause
ddeta = zeros(1,nn);   %运行到该时刻的震中距的增加量
%%%%%%%%%%%%%%%%%%%%%%%%下行波
for i = 1:nn - 1   %对各层分别计算
if (p. * v(i + 1)<= rb(i))   %地震到达该深度
ddeta(i) = acos(p. * v(i + 1). /rt(i)) - acos(p. * v(i + 1). /rb(i));   %计算震中距的增加
alpha1 = alpha1 + ddeta(i);   %震中距之和
%绘制从该层顶部到底部的射线段
plot([rt(i) * cos(alpha1 - ddeta(i)),rb(i). * cos(alpha1)],[rt(i). * sin(alpha1 - ddeta(i)),rb
(i). * sin(alpha1)],'k')
else
break
end
end
end
```

模拟的第一条射线路径为图 7-4-5。可见比起图 7-4-4，此时的第一条射线更快地卷入地心，验证了上面分析的结果。其余的射线每次敲击一下回车键，出现一条射线。其他的射线由于 p 参数减小，初始偏垂角减小，会更快地卷入地心。

如果 $0<\frac{dv}{dr}<\frac{v}{r}$，根据式（7-4-6），射线的曲率半径大于相应圈层界面半径。此时射线会射出地表。射线与地表有两个交点；保持模拟 $\frac{dv}{dr}=\frac{v}{r}$ 情况的速度模型的速度变化率，并将速度值增加 1km/s，使得 $\frac{v}{r}>\frac{dv}{dr}$。在这种情况下每条射线会出现与地球内部某一曲面相切的情况，该条射线的后面的路径与前面对称，因此相对于上面的程序有所修改，每条射线路径只计算前半段，后面对称画出即可。这样的地震射线模拟的 MATLAB 程序如下：

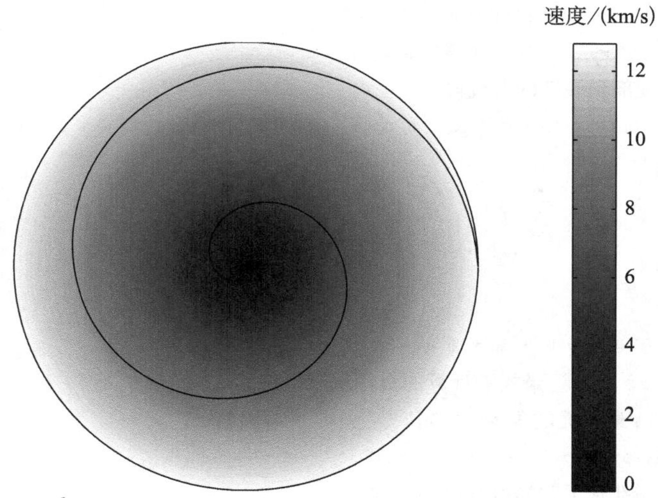

图 7-4-5　对于 $\frac{\mathrm{d}v}{\mathrm{d}r} > \frac{v}{r}$ 的情况模拟的第一条射线路径（参看程序运行的彩图）

```
%P7_4.m
clear  %清除内存变量
close all  %关闭所有绘图窗口
nlength = 200;  %地球的层界面数
R = 6371;  %地球地表半径
vdr = 13/R;  %速度随半径的变化率
r = [linspace(R,0.01,nlength)]';  %地球的圈层半径
v = vdr * r + 1;  %比原来地震波的速度增加 1km/s
figure(1)  %绘制地震波速度及射线路径的图
sph_vel_plot(r,v);  %调用速度结构参数绘制球形分布的速度
%%%%%%%%%%%%%%%%%%%%%%%%%%%
nn = length(r);  %PREM 的地球分层层数
rt = r(1:nn-1,1);rb = r(2:nn,1);  %地球各层顶部和底部的地球半径
pmax = max(r)/max(v);
for p = pmax-0.01:-10:280  %球层射线参数从最大值到 280 递减
alpha1 = 0;  %震中距角度自零开始累加
p
pause
ddeta = zeros(1,nn);  %运行到该时刻的震中距的增加量
sumt = 0;  %到达最深点所用的时间
%%%%%%%%%%%%%%%%%%%%%%下行波
for i = 1:nn-1  %对各层分别计算
if (p.*v(i+1)<=rb(i))  %地震到达该深度
ddeta(i) = acos(p*v(i+1)/rt(i)) - acos(p*v(i+1)/rb(i));  %计算均匀球层震中距的增加[式(7-3-1)]
%dt = sqrt((rt(i)/v(i+1))^2 - p^2) - sqrt((rb(i)/v(i+1))^2 - p^2);  %该层中的走时[式(7-3-2)],这里没有用到
```

```
%sumt = sumt + dt;   %走时累加该层的走时
alpha1 = alpha1 + ddeta(i);   %震中距之和
%绘制从该层顶部到底部的射线段
plot([rt(i) * cos(alpha1 - ddeta(i)),rb(i) * cos(alpha1)],[rt(i) * sin(alpha1 - ddeta(i)),rb(i)
* sin(alpha1)],'k')
else
break
end
end
%%%%%%%%%%%%%%%%%%%%%%上行波
depmaxlayer = i - 1; %记录能够计算的最深层序号
alph = alpha1; %最下面的角度
for ii = depmaxlayer: - 1:1
%绘制从该层底部到顶部的射线段
plot([rb(ii) * cos(alph),rt(ii) * cos(alph + ddeta(ii))],[rb(ii) * sin(alph),rt(ii) * sin(alph
+ ddeta(ii))],'k');
alph = alph + ddeta(ii);   %角度累加
end
end
```

采用上面程序模拟的结果如图 7-4-6 所示。可见地震射线会出现与地球内部某一圈层相切的情况，后面出现对称的路径到达地表，这与前面的分析一致。

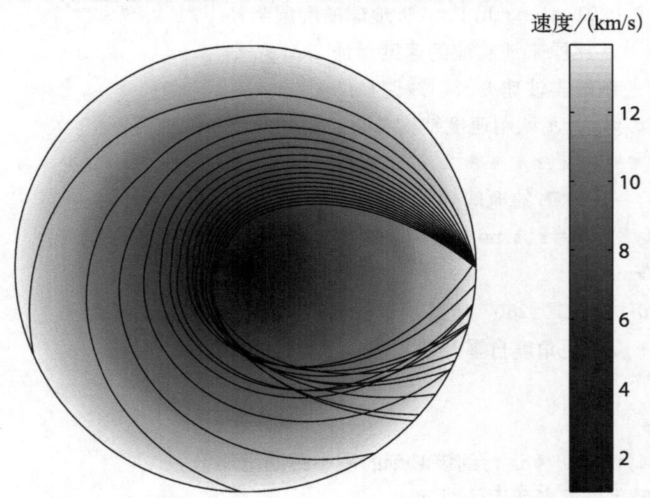

图 7-4-6　对于 $\frac{\mathrm{d}v}{\mathrm{d}r}<\frac{v}{r}$ 的情况模拟的射线路径（参看程序运行的彩图）

3. $\frac{\mathrm{d}v}{\mathrm{d}r}<0$ 的情况

当 $\frac{\mathrm{d}v}{\mathrm{d}r}<0$ 时，根据式（7-4-6），$\rho>0$，射线凸向球心。这时速度随深度的增加（半径 r 减小）而增加，每一条射线都有一个最低点而且都是向上弯曲的。假定地核之上的地震波速度从地表的 2km/s 随着深度的增加（半径的减小）线性增加至 13km/s，而地核中的速度较低，模拟地震波在地幔速度随半径线性变化的地震波走时曲线，程序如下：

```
%P7_5.m
clear  %清除内存变量
close all %关闭所有绘图窗口
%nlength = 500;  %地球的层界面数
R = 6371;     %地球地表半径
v0 = 2;      %设地表的速度为2km/s
vm = 13;      %设核幔界面的速度为13km/s
vdr = (vm - v0)/(R - 3480);    %速度随半径的变化率
r = [R: - 1:R - 1000,R - 1010: - 1:3480]';    %地球的圈层半径
v = vm - vdr * (r - 3480);    %假定正常速度分布
r = [r;3480;0];   %地核设为一层
v = [v;2;2];   %地核的速度为2km/s
v1 = axes('position',[ - 0.12,0.05,0.8,0.8],'box','on');    %绘制地震波速度及射线路径的图
sph_vel_plot(r,v);   %调用速度结构参数绘制球形分布的速度
axis([0,6371,0,6371]);   %给出坐标轴的范围
axis on
ylabel('半径/km')
text(5130,5130,'(a)')  %给出子图的标记
colorbar('location','southoutside');      %在子图下面给出图例
annotation('textbox',[0.25,0.04,0.2,0.1],'String','速度/km.s^ - ^1','LineStyle','none');   %在图例位置给出图例的标题,不含框
v2 = axes('position',[0.615,0.15,0.35,0.7],'box','on');    %给出第二幅子图的位置
axis(v2,[0,90,0,1200]);   %绘制走时曲线
text(80,1100,'(b)')   %给出子图的标记
hold on
xlabel('震中距/^o');
ylabel('走时/s');
%%%%%%%%%%%%%%%%%%%%%%%%
nn = length(r);   %地球分层层数
rt = r(1:nn - 1,1);rb = r(2:nn,1);    %地球各层顶部和底部的地球半径
pmax = max(r)/max(v);
pp = sin([0.1:0.02:0.2,0.24:0.06:0.4,0.48:0.1:pi/2]) * 6371/v(1);   %给出在地幔中传播的射线参数
xt = [];
for p = pp
alpha1 = 0;  %震中距角度自零开始累加
ddeta = zeros(1,nn);   %运行到该时刻的震中距的增加量
sumt = 0; %到达最深点所用的时间
%%%%%%%%%%%%%%%%%%%%下行波
for i = 1:nn - 1   %对各层分别计算
if (p. * v(i+1)<= rb(i))    %地震到达该深度
```

```
    ddeta(i) = acos(p * v(i+1)/rt(i)) - acos(p * v(i+1)/rb(i)); %计算均匀球层震中距的增加[式(7-3-1)]
    dt = sqrt((rt(i)/v(i+1))^2 - p^2) - sqrt((rb(i)/v(i+1))^2 - p^2);   %该层中的走时[式(7-3-2)]
    sumt = sumt + dt;    %走时添加该层的走时
    alpha1 = alpha1 + ddeta(i);    %震中距之和
    %绘制从该层顶部到底部的射线段
    plot(v1,[rt(i) * cos(alpha1 - ddeta(i)),rb(i) * cos(alpha1)],[rt(i) * sin(alpha1 - ddeta(i)),rb(i) * sin(alpha1)],'w')
    else
    break
    end
    end
    %%%%%%%%%%%%%%%%%%%%%上行波
    depmaxlayer = i - 1; %记录能够计算的最深层序号
    alph = alpha1; %最下面的角度
    for ii = depmaxlayer: - 1:1
    %绘制从该层底部到顶部的射线段
    plot(v1,[rb(ii) * cos(alph),rt(ii) * cos(alph + ddeta(ii))],[rb(ii) * sin(alph),rt(ii) * sin(alph + ddeta(ii))],'w');
    alph = alph + ddeta(ii);    %角度累加
    end
    plot(v2,rad2deg(alph),sumt * 2,'rp')      %绘制走时曲线的点
    xt = [xt;alph,sumt * 2];
    end
```

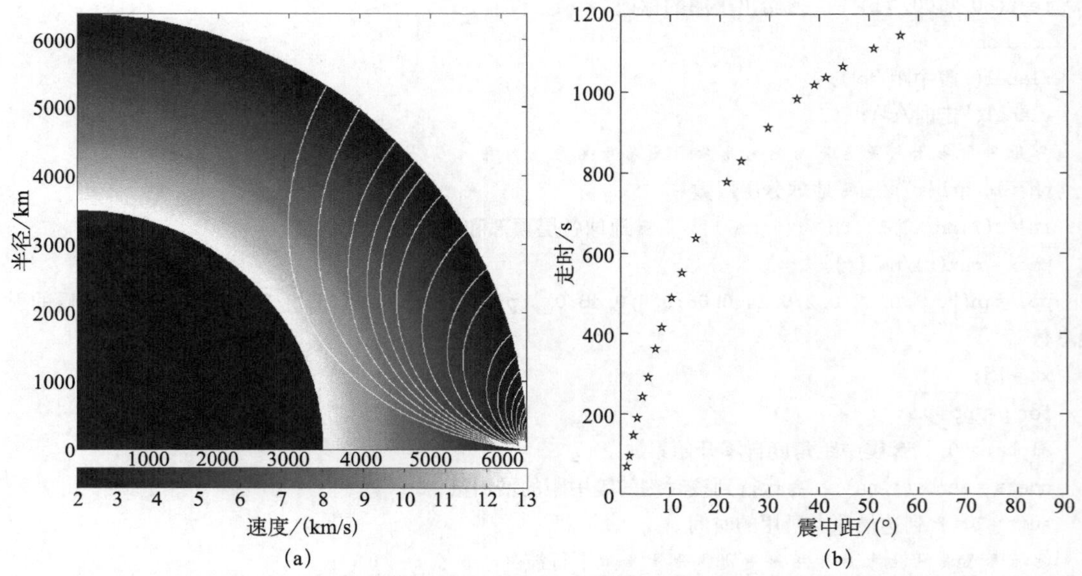

图 7-4-7 模拟的地幔中速度随深度线性增加的射线路径和走时曲线（参看程序运行的彩图）

运行上面的程序，得到图 7-4-7。图 7-4-7（a）为所模拟的射线路经，可见这种速度分布的地震射线全部凸向地心，从而弯曲射出地表。图 7-4-7（b）为模拟的走时曲线。

4. 速度随半径指数分布的地震波

假定速度随半径指数变化，有

$$v = v_0 \left(\frac{R}{r}\right)^{\alpha} \tag{7-4-8}$$

式中，R, v_0 为地球表面的半径和速度。将式（7-4-8）代入式（7-2-9），有

$$\begin{aligned}\Delta &= 2p\int_{r_M}^{R}\frac{\mathrm{d}r}{r\sqrt{\dfrac{r^2}{v_0^2\left(\dfrac{R}{r}\right)^{2\alpha}}-p^2}} = 2p\int_{r_M}^{R}\frac{\mathrm{d}r}{r\sqrt{\dfrac{r^{2(\alpha+1)}}{v_0^2R^{2\alpha}}-p^2}} = \frac{2}{(\alpha+1)}\sec^{-1}\sqrt{\frac{r^{2(\alpha+1)}}{v_0^2R^{2\alpha}p^2}}\Bigg|_{r_M}^{R} \\ &= \frac{2}{(\alpha+1)}\left[\sec^{-1}\sqrt{\frac{R^2}{v_0^2p^2}} - \sec^{-1}\left(\frac{r_M}{v_0\left(\dfrac{R}{r_M}\right)^{\alpha}p}\right)\right] = \frac{2}{(\alpha+1)}\left[\cos^{-1}\left(\frac{p}{\eta_0}\right) - \cos^{-1}(1)\right] \\ &= \frac{2}{(\alpha+1)}\cos^{-1}\left(\frac{p}{\eta_0}\right)\end{aligned} \tag{7-4-9}$$

上面的推导中，采用了高等数学中的积分公式：$\int\frac{\mathrm{d}x}{x\sqrt{ax^n+c}} = \frac{2}{n\sqrt{-c}}\sec^{-1}\sqrt{\frac{-ax^n}{c}}+C$，并注意到 $\eta_0 = \frac{R}{v_0}$，$p = \frac{r_M}{v(r_M)}$。式（7-4-9）可以变换为射线参数 p 随震中距变化的表达式：

$$p = \eta_0\cos\left[\frac{(\alpha+1)\Delta}{2}\right] \tag{7-4-10}$$

这就是地表能够观测的走时曲线的斜率。

将本多夫定律（$p = \frac{\mathrm{d}t}{\mathrm{d}\Delta}$）代入式（7-4-10）并积分（$\Delta$ 的积分上下限为 Δ 和 0，t 的积分上下限为 t 和 0），得到震中距为 Δ 的走时为

$$t = \frac{2\eta_0}{1+\alpha}\sin\left(\frac{1+\alpha}{2}\Delta\right) \tag{7-4-11}$$

假定地表速度 v_0 为 3km/s，α 取 2，则这种速度分布的走时曲线可用下面的 MATLAB 程序模拟：

```
%P7_6.m
R = 6371;      %地球地表半径
v0 = 2;      %设地表的速度为 2km/s
alpha = 0.1;
eta0 = R/v0;
delta = 0:1:180;
t = 2 * eta0/(1 + alpha) * sind((1 + alpha)/2 * delta);     %按照式(7-4-11)计算走时
plot(delta,t);     %绘制走时曲线
xlabel('震中距/^o');     %给出 x 轴标记
```

```
ylabel('走时/s');   % 给出 x 轴标记
```

程序的运行结果如图 7-4-8 所示。可见，地震波的走时在震中距较大时变化较为缓慢。

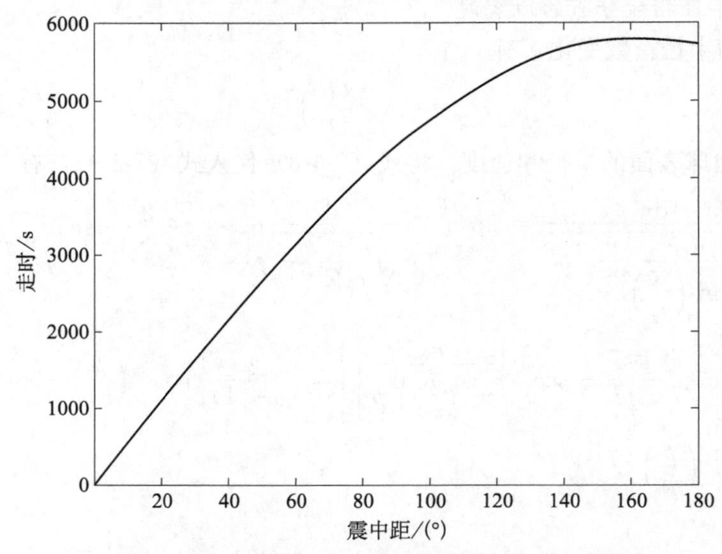

图 7-4-8 速度随半径指数分布模型中的地震波走时曲线模拟

7.4.3 目前地球速度模型的射线路径的讨论

对我们认识的地球，一般速度总是随深度的增大而增大，符合 $\frac{\mathrm{d}v}{\mathrm{d}r}<0$。因此，地震射线一般总是凸向球心而射出地表（图 7-4-7），这样我们才可以根据地震波记录研究地球内部的速度分布。然而，也有例外，如出现低速层、高速层或速度间断面。下面假定速度线性增加模型中添加了低速层、高速层或速度间断面等情况讨论射线路径和地面观测的走时特征。

1. 低速层

地球内部出现低速层的最为明显的例子是外核，P 波速度从地幔最下部的 14km/s 减小到外核最外部的 8km/s。在上地幔也有低速区存在的重要证据，至少在软流圈（80～200km 的深度）有剪切波低速区。下面采用地幔中逐渐增加的速度分布，但半径为 4560km 和 5582km 之间有一速度逐渐由正常速度分布减少到 3km/s 的速度，而后又逐渐变回到正常速度分布的情况模拟出现低速层的射线路径和走时情况。程序如下：

```
%P7_7.m
clear  %清除内存变量
close all %关闭所有绘图窗口
R=6371;      %地球地表半径
v0=2;        %设地表的速度为 2km/s
vm=13;       %设核幔边界的速度为 13km/s
vdr=(vm-v0)/(R-3480);      %速度随半径的变化率
r=[R:-1:R-1000,R-1010:-1:3480]';    %地球的圈层半径
```

```
v = vm - vdr * (r - 3480);   % 正常速度分布
r = [r;3480;0];   % 地核设为一层
v(790:1116) = v(790) - (v(790) - 3) * ([790:1116] - 790)/(1116 - 790);   % 速度逐渐减小为3km/s
v(1117:1803) = 3 + (v(1803) - 3) * ([1117:1803] - 1117)/(1803 - 1117);   % 速度逐渐增加到正常速度
v = [v;2;2];   % 地核速度设为2km/s
v1 = axes('position',[ - 0.12,0.05,0.8,0.8],'box','on');   % 绘制地震波速度及射线路径图
sph_vel_plot(r,v);   % 调用速度结构参数绘制球形速度分布
axis([3000,6371,0,5371]);   % 给出坐标轴的范围
text(5930,5130,'(a)')   % 给出子图的标记
axis on;
ylabel('半径/km')
colorbar('location','southoutside');   % 在子图下面给出图例
annotation('textbox',[0.25,0.04,0.2,0.1],'String','速度/km.s^ - ^1','LineStyle','none');   % 在图例位置给出图例的标题,不含框
v2 = axes('position',[0.615,0.15,0.35,0.7],'box','on');   % 给出第二幅子图的位置
axis(v2,[0,90,0,1300]);   % 绘制走时曲线
text(80,1100,'(b)')   % 给出子图的标记
hold on
xlabel('震中距/^o');
ylabel('走时/s');
%%%%%%%%%%%%%%%%%%%%%%%%
nn = length(r);   % 地球分层层数
rt = r(1:nn - 1,1);rb = r(2:nn,1);   % 地球各层顶部和底部的地球半径
pmax = max(r)/max(v);
pp = sin([0.1:0.02:0.14,0.34:0.06:0.4,0.48:0.1:pi/2]) * 6371/v(1);   % 给出在地幔中传播的射线参数
xt = [];
for p = pp
alpha1 = 0;   % 震中距角度自零开始累加
ddeta = zeros(1,nn);   % 运行到该时刻的震中距的增加量
sumt = 0;   % 到达最深点所用的时间
%%%%%%%%%%%%%%%%%%%%下行波
for i = 1:nn - 1   % 对各层分别计算
if (p. * v(i + 1)< = rb(i))   % 地震到达该深度
ddeta(i) = acos(p * v(i + 1)/rt(i)) - acos(p * v(i + 1)/rb(i));   % 计算均匀球层的震中距[式(7-3-1)]
dt = sqrt((rt(i)/v(i + 1))^2 - p^2) - sqrt((rb(i)/v(i + 1))^2 - p^2);   % 该层中的走时[式(7-3-2)]
sumt = sumt + dt;   % 累加该层的走时
alpha1 = alpha1 + ddeta(i);   % 震中距累加
%绘制从该层顶部到底部的射线段
plot(v1,[rt(i) * cos(alpha1 - ddeta(i)),rb(i) * cos(alpha1)],[rt(i) * sin(alpha1 - ddeta(i)),rb
```

```
(i) * sin(alpha1)],'k')
    else
    break
    end
    end
    %%%%%%%%%%%%%%%%%%%%上行波
    depmaxlayer = i - 1; %记录能够计算的最深层序号
    alph = alpha1; %最下面的角度
    for ii = depmaxlayer: - 1:1
    %绘制从该层底部到顶部的射线段
    plot(v1,[rb(ii) * cos(alph),rt(ii) * cos(alph + ddeta(ii))],[rb(ii) * sin(alph),rt(ii) * sin
(alph + ddeta(ii))],'k');
    alph = alph + ddeta(ii);    %角度累加
    end
    plot(v2,rad2deg(alph),sumt * 2,'rp')      %绘制走时曲线的点
    xt = [xt;alph,sumt * 2];
    end
    axes(v2);    %将 v2 作为当前绘图坐标轴
    text(rad2deg(xt(4,1)),xt(4,2),'B','FontSize',20)
    text(rad2deg(xt(5,1)),xt(5,2),'A','FontSize',20)
    plot(v2,rad2deg(xt(4,1)) * [1,1],[0,xt(4,2)],'k:')      %绘制竖直虚线
    plot(v2,rad2deg(xt(5,1)) * [1,1],[0,xt(5,2)],'k:')      %绘制竖直虚线
    text(rad2deg(mean(xt(4:5,1))) - 4,900,'影区 ','FontSize',20,'rotation',45);
    axes(v1);    %将 v1 作为当前绘图坐标轴
    text(R * cos(xt(5,1)),R * sin(xt(5,1)),'A','FontSize',20);
    text(R * cos(xt(4,1)),R * sin(xt(4,1)),'B','FontSize',20);
    ang = mean(xt(4:5,1));
    text(R * cos(ang),R * sin(ang),'影区 ','FontSize',20,'rotation',rad2deg(ang));
```

程序运行结果如图 7-4-9 所示。可见，只有当射线参数足够小时，射线才能进入低速区。进入低速层后，速度随着半径的减小而下降较快，射线陡然向地心偏转。由于在低速区下面速度再度增大，高于上覆介质里的速度，射线在这些介质层中达到最低点，转折向地表传播。这些射线由于经过低速层而传播了较长的震中距。这时在地面上 AB 段便接收不到地震波而成为影区。对应的走时曲线上出现间断，如图 7-4-9（b）所示。

2. 高速层及速度间断面

当地球内部出现高速层时，会出现高于正常速度梯度的速度梯度异常区，根据射线曲率半径公式，此时曲率半径会减小，更快地折返到地面，导致震中距比正常速度分布小，这样往往会与前面射线参数较大的射线在同一震中距附近交汇，形成焦点。下面采用地幔中逐渐增加的速度分布，但半径为 4560km 和 5582km 之间有一速度快速由前述正常速度分布增加到 10km/s 的速度变化，而后又逐渐变回到正常速度分布的模型，模拟出现高速层的射线路径和走时情况。

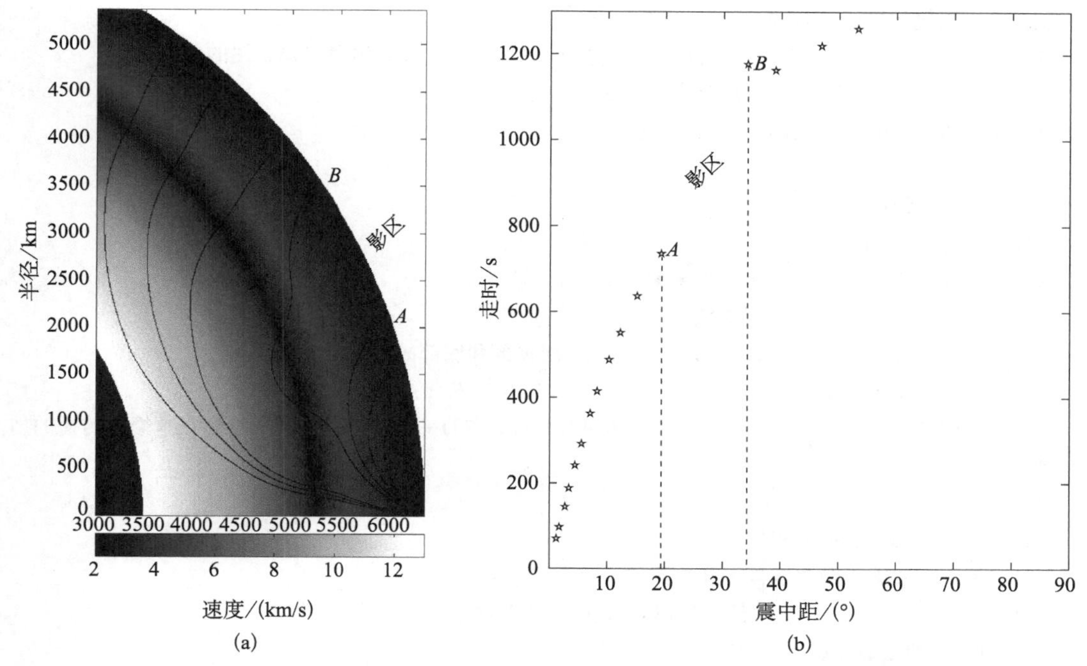

图 7-4-9　含有低速层的射线路径及走时模拟（参看程序运行的彩图）

```
%P7_8.m
clear  %清楚内存变量
close all   %关闭所有绘图窗口
R = 6371;      %地球地表半径
v0 = 2;      %设地表的速度为 2km/s
vm = 13;      %核幔边界的速度为 13km/s
vdr = (vm - v0)/(R - 3480);      %速度随半径的变化率
r = [R: - 1:R - 1000,R - 1010: - 1:3480]';    %地球的圈层半径
v = vm - vdr * (r - 3480);    %正常速度分布
r = [r;3480;0];    %地核设为一层
v(790:1116) = v(790) + (10 - v(790)) * ([790:1116] - 790)/(1116 - 790);    %速度逐渐增加为10km/s
v(1117:1803) = 10 - (10 - v(1803)) * ([1117:1803] - 1117)/(1803 - 1117);    %速度逐渐减少到正常速度分布
v = [v;2;2];    %地核的速度设为 2km/s
v1 = axes('position',[ - 0.12 ,0.05,0.8,0.8],'box','on');    %绘制地震波速度及射线路径的图
sph_vel_plot(r,v);  %调用速度结构参数绘制球形分布的速度
axis([3480,6371,0,3471]);  %给出坐标轴的范围
text(6130,3070,'(a)')  %给出子图的标记
axis on;
ylabel('半径/km')
colorbar('location','southoutside');      %在子图下面给出图例
annotation('textbox',[0.25,0.04,0.2,0.1],'String','速度/km.s^-^1','LineStyle','none');   %在
```

图例位置给出图例的标题,不含框

```
v2 = axes('position',[0.615,0.15,0.35,0.7],'box','on');    % 给出第二幅子图的位置
axis(v2,[0,30,0,900]);    % 绘制走时曲线
text(27,800,'(b)')    % 给出子图的标记
hold on
xlabel(' 震中距/~o');
ylabel(' 走时/s');
%%%%%%%%%%%%%%%%%%%%%%%%
nn = length(r);    % 地球分层层数
rt = r(1:nn-1,1);rb = r(2:nn,1);    % 地球各层顶部和底部的地球半径
pmax = max(r)/max(v);
pp = sin([0.17:0.03:0.2,0.24:0.06:0.4,0.48:0.1:pi/2]) * 6371/v(1);    % 给出在地幔中传播的射
线参数
xt = [];
for p = pp    % 球层射线参数
alpha1 = 0;    % 震中距角度自零开始累加
ddeta = zeros(1,nn);    % 运行到该时刻的震中距的增加量
sumt = 0; % 到达最深点所用的时间
%%%%%%%%%%%%%%%%%%%%下行波
for i = 1:nn-1    % 对各层分别计算
if (p. * v(i+1)< = rb(i))    % 地震到达该深度
ddeta(i) = acos(p * v(i+1)/rt(i)) - acos(p * v(i+1)/rb(i)); % 计算均匀球层震中距的增加
dt = sqrt((rt(i)/v(i+1))^2 - p^2) - sqrt((rb(i)/v(i+1))^2 - p^2);    % 该层中的走时
sumt = sumt + dt;    % 走时添加该层的走时
alpha1 = alpha1 + ddeta(i);    % 震中距之和
% 绘制从该层顶部到底部的射线段
plot(v1,[rt(i) * cos(alpha1 - ddeta(i)),rb(i) * cos(alpha1)],[rt(i) * sin(alpha1 - ddeta(i)),rb
(i) * sin(alpha1)],'w')
else
break
end
end
%%%%%%%%%%%%%%%%%%%%上行波
depmaxlayer = i-1; % 记录能够计算的最深层序号
alph = alpha1; % 最下面的角度
for ii = depmaxlayer: -1:1
% 绘制从该层底部到顶部的射线段
plot(v1,[rb(ii) * cos(alph),rt(ii) * cos(alph + ddeta(ii))],[rb(ii) * sin(alph),rt(ii) * sin
(alph + ddeta(ii))],'w');
alph = alph + ddeta(ii);    % 角度累加
end
plot(v2,rad2deg(alph),sumt * 2,'rp')    % 绘制走时曲线的点
```

```
xt = [xt;alph,sumt * 2];
end
text(14,700,'S','FontSize',20)
axes(v1);    %将 v1 作为当前绘图坐标轴
text(R * cos(xt(4,1)),R * sin(xt(4,1)),'S','FontSize',20);
```

运行程序后得到图 7-4-10。验证了前面的分析。

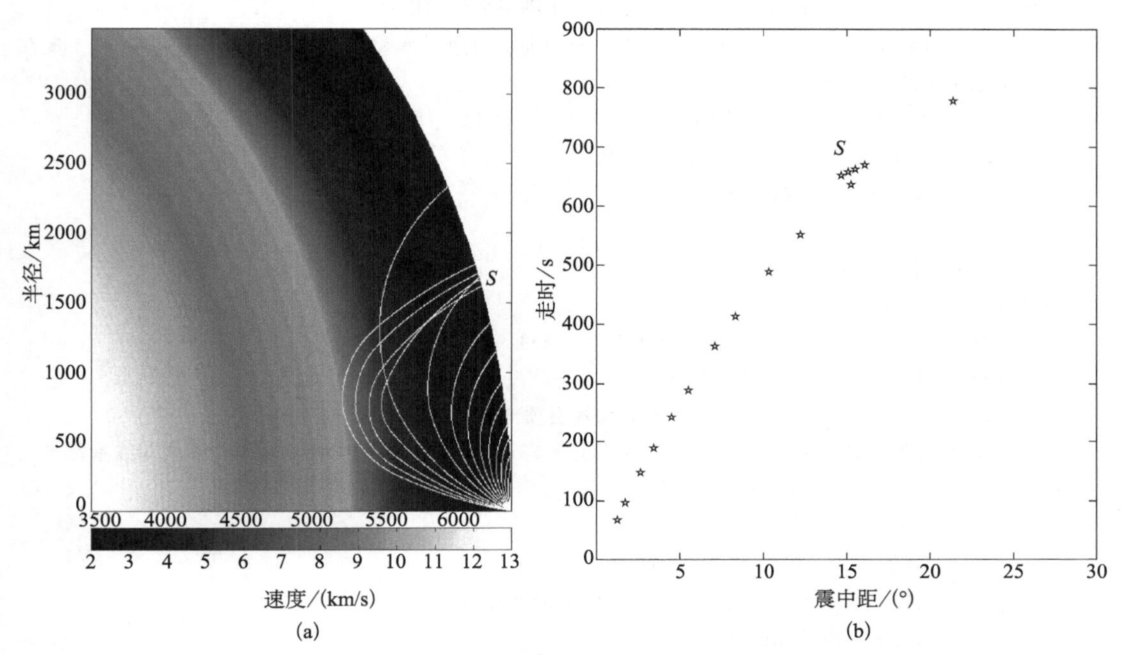

图 7-4-10　高速层对射线和走时影响模拟（参看程序运行的彩图）

高速间断面是指间断面下层的波速大于上层的波速，在间断面处波速 v 有一突增。现讨论间断面上方和下方均有射线分布的情况。为了模拟这种情况，假定地表至 600km 深处速度从 2km/s 随深度逐渐增加至 3km/s，600km 之下突然有一速度增加，以下按照程序 P7_5. m 所设的速度变化，对地震射线传播的模拟程序如下：

```
%P7_9.m
clear   %清除内存变量
close all   %关闭所有绘图窗口
R = 6371;     %地球地表半径
v0 = 2;       %设地表的速度为 2km/s
vm = 13;      %设核幔界面的速度为 13km/s
vdr = (vm - v0)/(R - 3480);     %速度随半径的变化率
r = [R: - 1:R - 1000,R - 1001: - 1:3480]';   %地球的圈层半径
v = vm - vdr * (r - 3480);    %速度增量为常数
r = [r;3480;0];    %地核部分为一层
v(1:600) = 2 + [0:599]/599 * 1;    %浅部速度由 2km/s 逐渐增加到 3km/s
v = [v;2;2];    %地核速度设为 2km/s
```

```
v1 = axes('position',[ - 0.12,0.05,0.8,0.8],'box','on');    % 绘制地震波速度及射线路径的图
sph_vel_plot(r,v);  % 调用速度结构参数绘制球形分布的速度
axis([3480,6371,0,3471]);  % 给出坐标轴的范围
text(6130,3070,'(a)')  % 给出子图的标记
axis on;
ylabel('半径/km')
colorbar('location','southoutside');      % 在子图下面给出图例
annotation('textbox',[0.25,0.04,0.2,0.1],'String','速度/km.s^ - ^1','LineStyle','none');   % 在
图例位置给出图例的标题,不含框
v2 = axes('position',[0.615,0.15,0.35,0.7],'box','on');    % 给出第二幅子图的位置
axis(v2,[0,40,0,1100]);   % 绘制走时曲线
text(35,1000,'(b)')   % 给出子图的标记
hold on
xlabel('震中距/^o');
ylabel('走时/s');
%%%%%%%%%%%%%%%%%%%%%%%%
nn = length(r);   % 地球分层层数
rt = r(1:nn - 1,1);rb = r(2:nn,1);   % 地球各层顶部和底部的地球半径
pp = sin([0.2,0.24:0.06:0.4,0.48:0.1:pi/2]) * 6371/v(1);  % 给出在地幔中传播的射线参数
xt = [];     % 存放震中距和走时的数组
for p = pp   % 球层射线参数
alpha1 = 0;   % 震中距角度自零开始累加
ddeta = zeros(1,nn);  % 运行到该时刻的震中距的增加量
sumt = 0; % 到达最深点所用的时间
%%%%%%%%%%%%%%%%%%%下行波
for i = 1:nn - 1   % 对各层分别计算
if (p. * v(i + 1)<= rb(i))    % 地震到达该深度
ddeta(i) = acos(p * v(i + 1)/rt(i)) - acos(p * v(i + 1)/rb(i)); % 计算均匀球层震中距的增加[式
(7-3-1)]
dt = sqrt((rt(i)/v(i + 1))^2 - p^2) - sqrt((rb(i)/v(i + 1))^2 - p^2);   % 该层中的走时[式(7-3-2)]
sumt = sumt + dt;    % 走时添加该层的走时
alpha1 = alpha1 + ddeta(i);    % 震中距之和
% 绘制从该层顶部到底部的射线段
plot(v1,[rt(i) * cos(alpha1 - ddeta(i)),rb(i) * cos(alpha1)],[rt(i) * sin(alpha1 - ddeta(i)),rb
(i) * sin(alpha1)],'w')
else
break
end
end
%%%%%%%%%%%%%%%%%%%上行波
depmaxlayer = i - 1; % 记录能够计算的最深层序号
alph = alpha1; % 最下面的角度
```

```
    for ii = depmaxlayer: - 1:1
    % 绘制从该层底部到顶部的射线段
    plot(v1,[rb(ii) * cos(alph),rt(ii) * cos(alph + ddeta(ii))],[rb(ii) * sin(alph),rt(ii) * sin
(alph + ddeta(ii))],'w');
    alph = alph + ddeta(ii);    % 角度累加
    end
    plot(v2,rad2deg(alph),sumt * 2,'rp')        % 绘制走时曲线的点
    xt = [xt;alph,sumt * 2];
    end
    axes(v2);    % 将 v2 作为当前绘图坐标轴
    text(rad2deg(xt(5,1)),xt(5,2),'A','FontSize',20)
    text(rad2deg(xt(7,1)),xt(7,2),'B','FontSize',20)
    plot(v2,rad2deg(xt(5,1)) * [1,1],[0,xt(5,2)],'k:')        % 绘制竖直虚线
    plot(v2,rad2deg(xt(7,1)) * [1,1],[0,xt(7,2)],'k:')        % 绘制竖直虚线
    plot(v2,rad2deg(xt(:,1)),xt(:,2),'b')        % 将走时曲线连线
    axes(v1);    % 将 v1 作为当前绘图坐标轴
    text(R * cos(xt(5,1)),R * sin(xt(5,1)),'A','FontSize',20);
    text(R * cos(xt(7,1)),R * sin(xt(7,1)),'B','FontSize',20);
```

运行程序得到的射线路径及走时曲线如图 7-4-11 所示。可见在靠近地表的低速度中，地震射线随着射线参数的减小，震中距和走时均逐渐增大（A 之前的射线）。到达速度间断面后由于存在速度间断面，地震射线在速度间断面反射，导致本来应该传到远处的地震波在近处就返回到地表，形成 A 点。然后随着 p 参数的减小，震中距和走时逐渐增加，在走时曲线上形成三次往返。

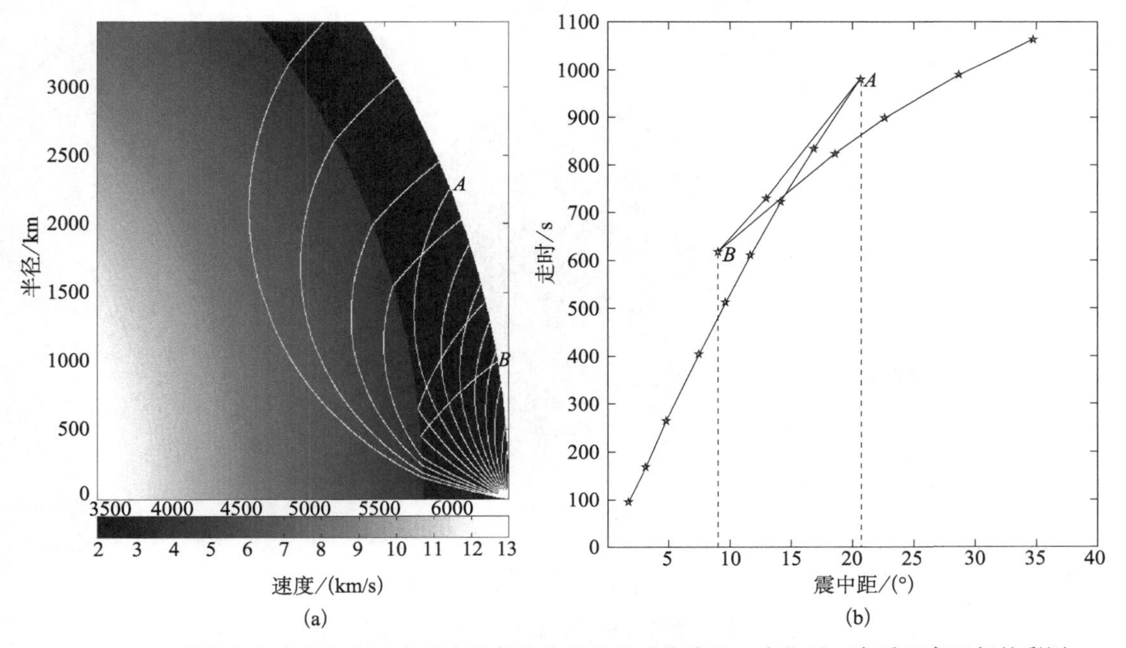

图 7-4-11　模拟存在速度间断面介质中的射线路径及走时曲线的三次往返（参看程序运行的彩图）

7.5　远震震相及其观测

地球不同的层（如地壳、地幔、外核和内核）把两种不同的体波（P，S）联系起来，导致大量的不同几何路径的射线，到达地表被地震台所接收到，称其为**震相**（seismic phase）。下面的命名方案在地震学中被普遍采纳。

在地幔和地核传播的P波和S波标注如下：P表示地幔里的P波，K表示外核里的P波，I表示内核里的P波，S表示地幔里的S波，J表示内核里的S波。由于地球外核不传播S波，在此没有定义。c表示核-幔边界（CMB）的反射波，i表示内核边界（ICB）的反射波。对整个地球里的P波和S波用上述缩写表示从震源到接收点射线的连续线段就构成了震相的名称。图7-5-1展示了这些射线路径和它们的名称的一些例子。注意在地表的多次反射震相用PP、PPP、SS、SP等表示。对深源地震，向上传播，并在地表反射的那段用小写的字母p或s标注，规定为pP、sS、sP等（图7-5-2），这些震相叫做**深震震相**（deep seismic phase）。直达波和深度震相之间的时间差是约束远震震源深度的最好方法。在CMB界面也出现P-S转换，这给出了诸如PcS和SKS震相。由于地球呈球形的几何形状，地核震相的射线路径较复杂。走时曲线出现若干的三次往返。通常把内核P震相PKIKP列作为PKP的分支，因为地球内部有许多间断面，一个强烈地震激发的地震波可以在地球内部经过多次反射和直射，形成丰富多彩的震相。为使复杂震相描述相对简单些，可以对震相进行缩写，如，PKP＝P′，SKSSKS＝（SKS）2，PKKKKKKP＝P7KP，SSSSS＝S5，PPPPP＝P5，P′P′＝PKPPKP，ScSScS＝ScS2等。

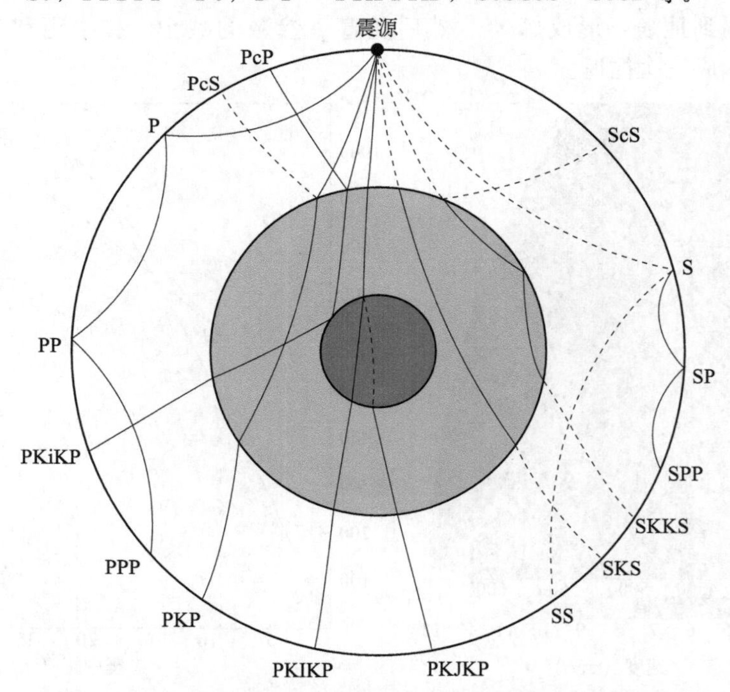

图7-5-1　根据PREM速度模型计算的全球地震射线路径和震相名称

P波震相用实线表示，S波震相用虚线表示，不同的阴影表示内核、外核、地幔

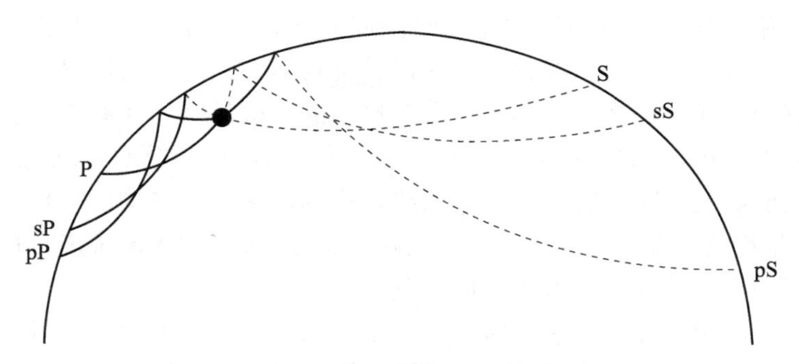

图 7-5-2　深源地震产生的深震震相

用小写字母标出从震源向上传播的那段射线。这里用 PREM 速度模型画出了 650km 深度地震的射线路径

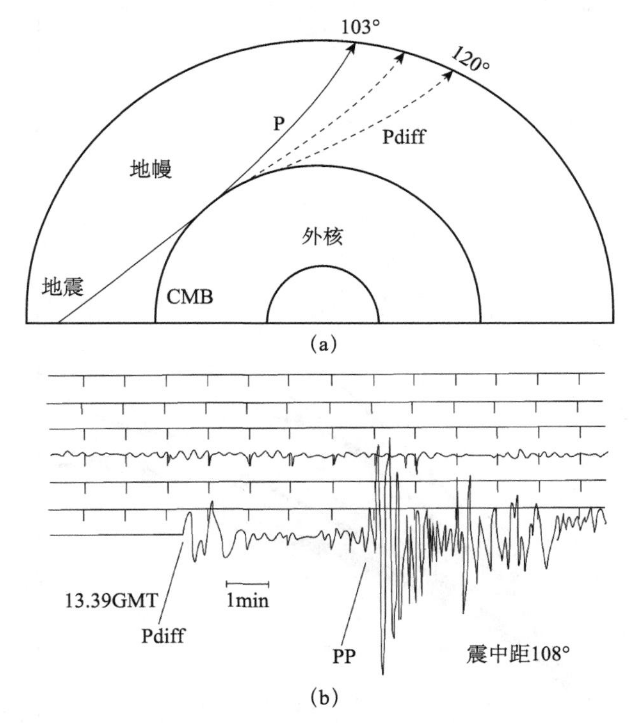

图 7-5-3　外核 P 波低速层引起的衍射 P 波 Pdiff 传播路径（a）及 1968 年 5 月 28 日的新几内亚 M7.7 地震在震中距为 108°的瑞典乌普萨那台的垂直向记录实例（b）[Båth，1973，中译本（1978）]

当地震波遇到障碍体（波阻抗极高的物体）时，会出现地震波绕障碍体弯曲传播至障碍体的几何影区内的现象，称之为**地震波的衍射**（seismic diffraction）。地球内部存在低速层及由高速向低速突变的速度间断面。根据射线理论，低速层或这类速度间断面在地面上将存在相应的地震射线影区，影区内是不会有相应的震相能量射出的。而实际观测中，地震影区中仍能记录到这种射线理论预测不可能出现的震相，这种震相能量一般较弱。地震学中一个著名的衍射波震相是 Pdiff，它出现在震中距为 103°～120°（图 7-5-3），是下地幔与外核间的由高速向低速突变的速度间断面（称为古登堡面）所对应的 P 波影区。

一个地震震相的第一个可识别的振动时间叫做**到时**（arrival），做这一测量的过程叫**拾取震相到时**。过去，特别是在有数字地震记录资料前，到时的拾取是地震台站工作的主要任务。甚至直到今天，许多地震仍然是人工拾取的，这是因为在有噪声存在或有多个地震事件时，难以设计可靠的自动拾取方案。通过测量不同的震源—接收点距离的震相到时，地震学家就能够建立主要震相的走时曲线，用其推断地球平均的径向速度结构。这主要是在20世纪早期完成的，1940年杰弗瑞斯和布伦完成的JB走时表，现在仍被广泛应用，与现代最好的模型比较，仅有数秒的差别。

图7-5-4画出了国际地震中心（ISC）存档的1964～1987年的500万个走时拾取的数据。容易看出一些主要的体波震相。ISC的数据是地震学的宝贵资源，被广泛地用于地震定位和三维速度反演。

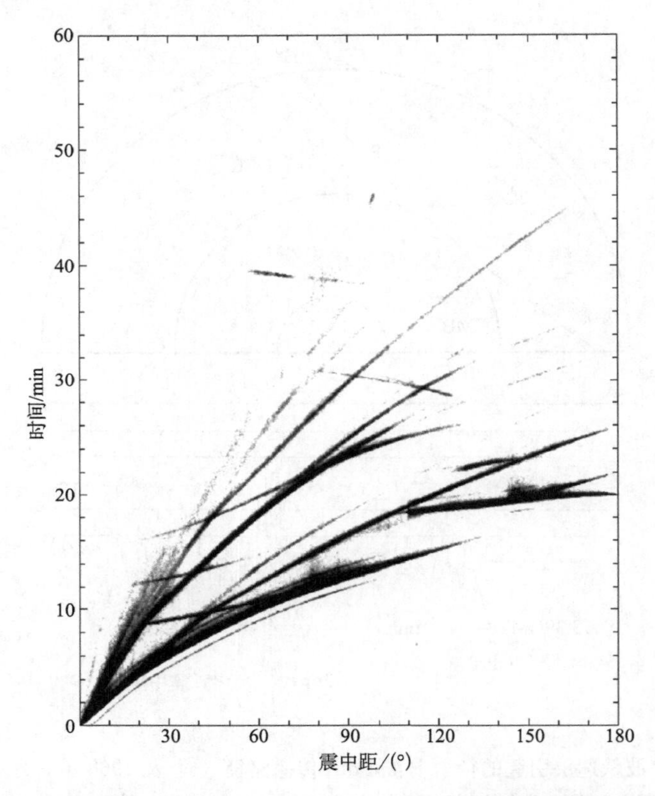

图7-5-4　ISC收集到的1964～1987年深度小于50km的地震拾取的走时数据的叠加

图中给出了500万个的拾取数据，大部分是P、PKP和S波震相数据，但也展示了后续的一些波至的数据，包括PP、PKS、PcP、ScS、PKKP和PKPPKP（引自Shearer，2009）

然而，ISC数据仅提供走时，许多后续震相几乎没有拾取。通过把现代数字地震台网检测的数据放在一起，可得到更完整的地震波场图像。图7-5-5～图7-5-9给出了全球地震台网记录的1988～1994年的大于5.7级地震的约100 000张地震图的“叠加”结果。可见在较高的频率，波至比较尖锐，但可识别出来的震相很少（图7-5-5）。图7-5-5和图7-5-9展示了根据速度模型IASP91（Kennett and Engdahl，1991）计算的地震图叠加图像中可见震相的理论走时曲线。

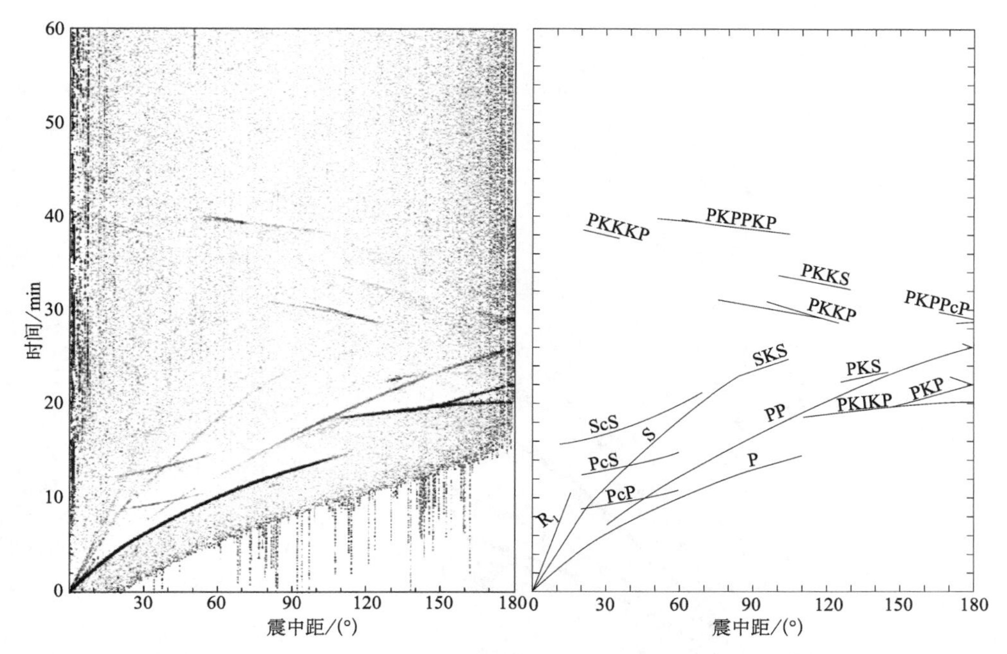

图 7-5-5 全球地震台网短周期（<2s）垂直分量的 1988～1994 年的数据及理论走时

走时曲线根据 IASP91 速度模型（Kennett and Engdahl，1991）计算（Astiz et al.，1996）

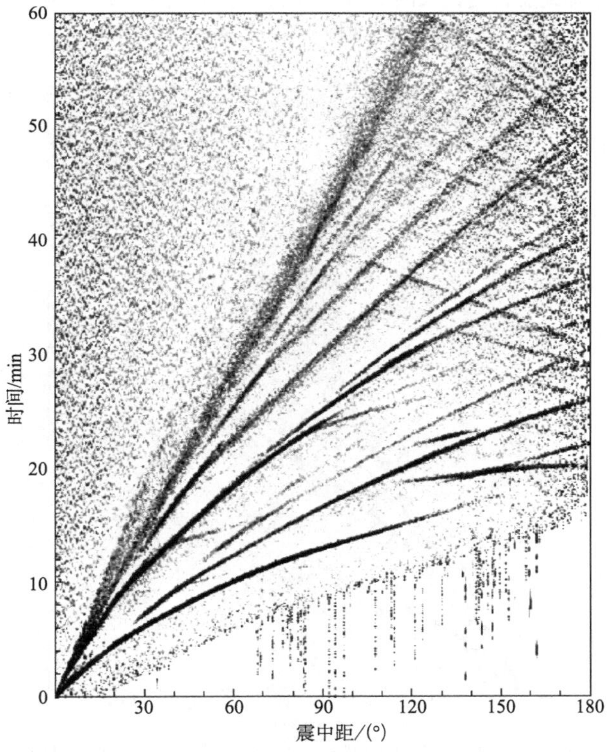

图 7-5-6 全球地震台网记录的 1988～1994 年长周期（>10s）垂直分量的数据

对应的震相名称参见图 7-5-9（Astiz et al.，1996）

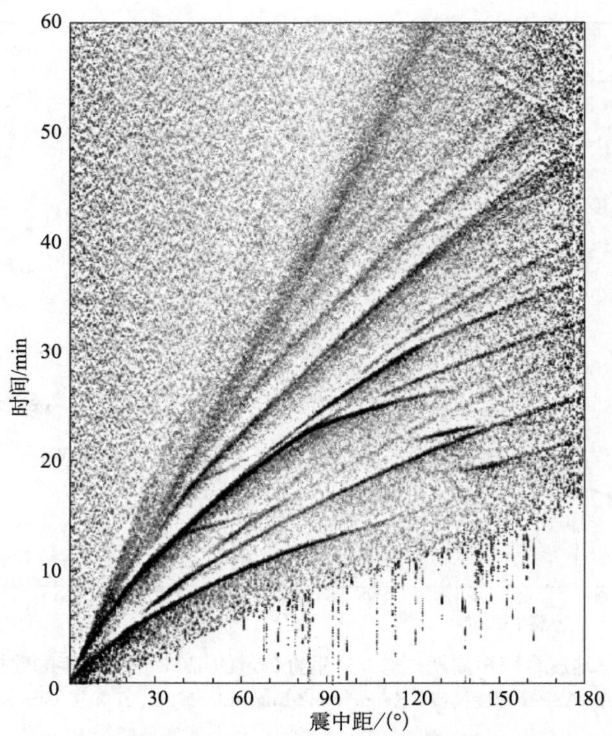

图 7-5-7　全球地震台网记录的 1988～1994 年长周期（>10s）径向分量的数据

对应的震相名称参见图 7-5-9（Astiz et al.，1996）

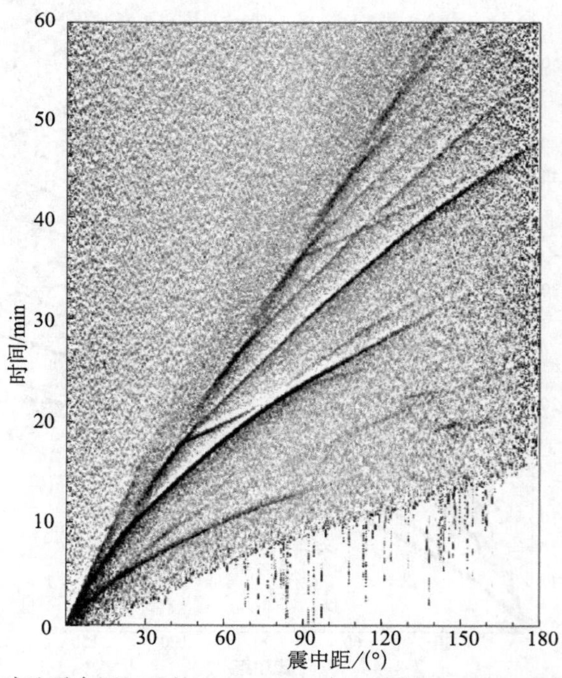

图 7-5-8　全球地震台网记录的 1988～1994 年长周期（>10s）切向分量的数据

对应的震相名称参见图 7-5-9（Astiz et al.，1996）

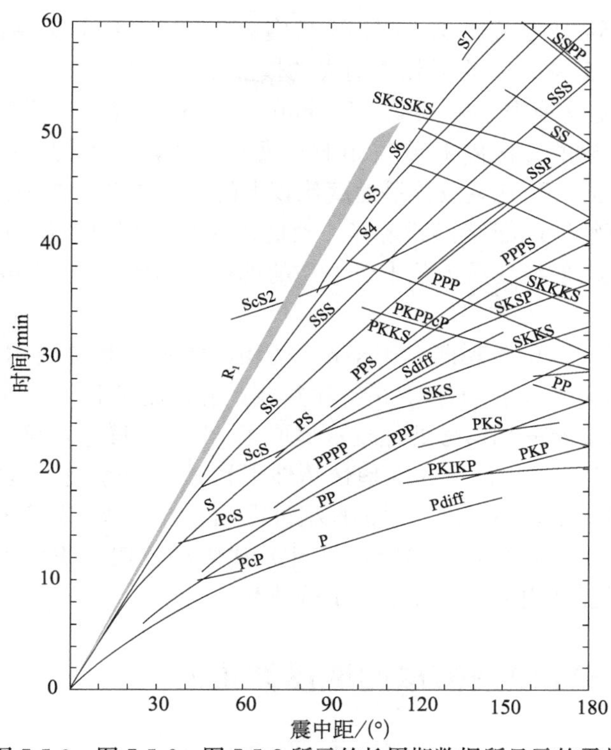

图 7-5-9 图 7-5-6～图 7-5-8 所示的长周期数据所显示的震相

走时曲线根据 IASP91（Kennet and Engdahl，1991）计算（Astiz et al，1996）

对任何的径向地球模型，可以用本章前面导出的射线参数方程来计算理论走时曲线。理论走时曲线应该与观测走时曲线的形态（图 7-5-5～7-5-9）一致。下一章我们将讨论反演问题，即如何根据走时数据来得到速度模型和地震位置。

下面讨论地震震相和速度间断面的观测。在地下 2885km 处的核幔界面上下，纵波由大约 13.6km/s 突然降低到约 7.98km/s，而横波则消失了。1906 年英国人奥尔德姆（R. D. Oldham）根据穿过地球内部对蹠点的 P 波走时太长的现象推断地球内部有一个速度比外部速度低的地核，并预言会出现影区。1914 年美国地震学家古登堡（B. Gutenberg）首先在观测资料中发现了此影区的存在，计算出速度界面的深度约 2900km，并且该不连续面上的地震波出现非常明显的反射、折射现象；后证实这是地核和地幔的分界面，称为古登堡面。1939 年杰弗瑞斯（H. Jeffreys）采用 J-B 走时表确定核幔界面深度为 2898±4km，古登堡和杰弗瑞斯的结果惊人的一致，迄今为地球物理学界所公认。通常认为该界面对应的影区为 103°～143°。经过后人的大量工作，一系列与古登堡面有关的震相被识别出，并与理论模型预测结果相吻合，从而整理出了有规律的各种震相的走时曲线，包括 PcP、ScS、PcS、PcPPcP 等。

古登堡面下的地球外核不能传播横波，但不是高吸收的缘故，因为可以观测到在外核中多次反射的纵波，如 P7KP，甚至 P11KP 等，并且由 P7KP 和 P11KP 两震相的振幅差很小可知外核中的弹性波的衰减（第 9 章）很小。另外对地球自由振荡及固体潮观测的解释也要求外核层刚度比较小。所以现在大家认为地球外核为液态，是由铁、镍、硅等物质构成的熔融态物质组成。

内外核之间的界面把液态外核与固态内核分开，经过该界面，纵波速度由约10.33km/s增大到11.19km/s；在外核中消失的横波在内核中又出现，速度约为3.36km/s。该界面是1936年丹麦女地震学家莱曼（I. Lehmann）在研究太平洋地震的地震图时发现的。她发现在前面讨论的影区内P波震相的强度相当大，不可能用绕射波来解释。她提出，在外核之内应该有一个地震波传播速度比较大的固体内核，如果该震相是从地球内核表面反射出来的，其特征就能够得到解释。她估计这个内核的半径约为1500km。在此模型基础上得到的理论反射波在震中距小于142°的地震观测台出现，预测的走时与实际观测十分接近。

布伦预测在205°～230°能观测到PKJKP震相，博尔特和奥内尔（Bolt and O'Neill, 1965）根据布伦的预言计算了PKJKP的理论震相，并编制了PKJKP的理论走时表；朱利安（Julian）等在1972年采用信号处理技术提取了PKJKP震相，确认了其存在。美国蒙大拿州的大型台阵（LASA）记录到内华达州地下核试验的爆破，震中距仅为10°，这些地震仪捕捉到从地球深部很高角度入射的反射波震相非常清楚，其到时与预期的PcP震相和PKiKP震相吻合，无疑它们是从外核（PcP）或内核（PKiKP）边界很陡地反射回来的，由此表明核幔界面和内外核界面都是十分清楚的。

7.6 按PREM模型模拟的地震波走时

7.6.1 P波射线路径及走时模拟

下面采用PREM模型，将每层看作匀速层，模拟P波的射线路径和走时。由于P波可以穿透地球内部的任何界面，因此这里模拟的震相包含地幔的P波，穿过外核的PKP波和穿过内核的PKIKP波。程序如下：

```
%P7_10.m
close all %关闭所有绘图窗口
load wanprem.txt;    %加载初步地球参考模型
R=6371;
r=R-wanprem(:,1); %地球半径,6371为地球半径,减去层的深度得到每层的半径
vp=wanprem(:,2); %与P波半径对应的P波速度
figure(1) %绘制地震波速度及射线路径的图
sph_vel_plot(r,vp); %调用速度结构参数绘制球形分布的速度
%%%%%%%%%%%%%%%%%%%%%%%%%%%%%%%%
nn=length(r); %PREM的地球分层层数
rt=r(1:nn-1,1);rb=r(2:nn,1); %地球各层顶部和底部的地球半径
sumt=0; %
figure(2) %绘制走时曲线
hold on
for p=800:-10:30    %球层射线参数从30一直循环计算到800
alpha1=0; %震中距角度自零开始累加
ddeta=zeros(1,nn); %运行到该时刻的震中距的增加量
```

```
sumt = 0; % 到达最深点所用的时间
%%%%%%%%%%%%%%%%%%%下行波
figure(1)
for i = 1:nn - 1    % 对各层分别计算
if (p. * vp(i + 1)< = rb(i))    % 地震到达该深度
ddeta(i) = acos(p. * vp(i + 1)./rt(i)) - acos(p. * vp(i + 1)./rb(i)); % 计算震中距的增加[式(7-3-1)]
dt = sqrt((rt(i)./vp(i + 1)).^2 - p^2) - sqrt((rb(i)./vp(i + 1)).^2 - p^2); % 该层中的走时[式(7-3-2)]
sumt = sumt + dt; % 走时累加该层的走时
alpha1 = alpha1 + ddeta(i); % 震中距之和
% 绘制从该层顶部到底部的射线段
plot([rt(i) * cos(alpha1 - ddeta(i)),rb(i). * cos(alpha1)],[rt(i). * sin(alpha1 - ddeta(i)),rb
(i). * sin(alpha1)],'k')
else
break
end
end
%%%%%%%%%%%%%%%%%%%上行波
depmaxlayer = i - 1; % 记录能够计算的最深层序号
alph = alpha1; % 最下面的角度
for ii = depmaxlayer: - 1:1
% 绘制从该层底部到顶部的射线段
plot([rb(ii). * cos(alph),rt(ii). * cos(alph + ddeta(ii))],[rb(ii) * sin(alph),rt(ii) * sin(al-
ph + ddeta(ii))],'k');
alph = alph + ddeta(ii); % 角度累加
end
figure(2)
plot(rad2deg(alph),(sumt * 2)/60.,'.')    % 用点表示震中距(由弧度变为度)和走时(到达最深点的
走时的 2 倍)
%%%%%%%%%%%%%%%%%%%%%%%%%%%%%%%%%%%%%%%
end
figure(1)
text( - 1000,R,' 影区 ')    % 给出影区的标示
text(2000,R,'P 波 ')    % 给出 P 波的标示
text( - 4300,0.85 * R,'PKP 波 ','rotation',30)    % 给出 PKP 的标示
text( - 7000,0.5 * R,'PKIKP 波 ','rotation',45)    % 给出 PKIKP 的标示
figure(2)
text(90,14,' 影区 ','rotation',45)
grid on
xlabel(' 震中距/^o');ylabel(' 走时/分钟 ')    % 给出
set(gca,'box','on')
```

模拟得到的结果如图 7-6-1 所示。由于低速外核造成的影区非常清楚地展现在模拟路径和走时曲线中。

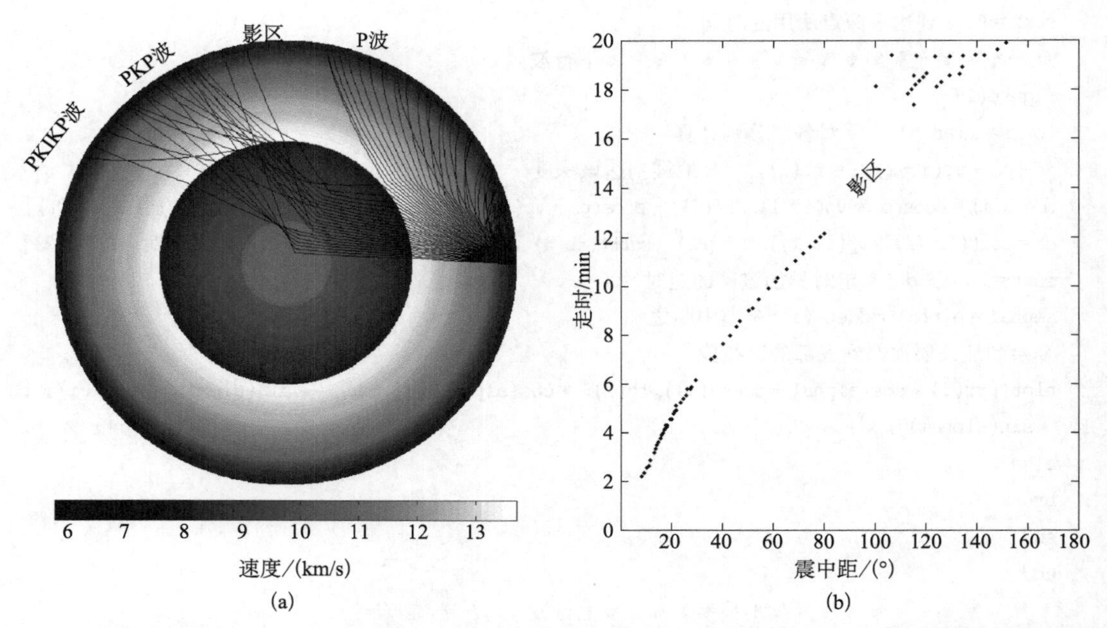

图 7-6-1 模拟的 P 波（包括 P，PKP 和 PKIKP 震相）的射线路径（a）和走时曲线（b）（参看程序运行的彩图）

7.6.2 PP 和 PPP 震相的路径模拟

PP 和 PPP 震相是在地表反射的地幔中传播的波，如果 p 参数过小，就会穿过古登堡界面到达内外核，就不是 PP 和 PPP 震相了。因此不是所有的 p 参数都可以模拟 PP 和 PPP 震相路径。

首先以 p 参数为 300 和 400 模拟 PP 波射线路径。程序如下：

```
%P7_11.m
close all %关闭所有绘图窗口
load wanprem.txt;   %加载初步地球参考模型
r = 6371 - wanprem(:,1);   %地球半径,6371 为地表半径,减去层的深度得到每层的半径
vp = wanprem(:,2);   %与 P 波半径对应的 P 波速度
sph_vel_plot(r,vp);   %调用速度结构参数绘制球形分布的速度
%%%%%%%%%%%%%%%%%%%%%%%%
vp = wanprem(1:50,2);   %提取 P 波速度参数
rr = wanprem(1:50,1);   %深度
nn = length(rr);   %PREM 模型的总层数
rt = r(1:nn - 1,1);   %每层的上边界深度
rb = r(2:nn,1);   %每层的下边界深度
ddeta = zeros(1,nn);   %运行到该时刻的震中距的增加量
for p = [300,400]   %采用 p 参数为 300 和 400 求取射线路径
alpha1 = 0;   %初始震中距为零
%%%%%%%%%%%%%%%%%%%%%%下行波
for ii = 1:nn - 1   %对各层分别计算
```

```
if (p. * vp(ii+1)<=rb(ii))    %地震到达该深度
ddeta(ii)=acos(p. * vp(ii+1)./rt(ii))-acos(p. * vp(ii+1)./rb(ii));    %计算震中距的增加[式(7-3-1)]
alpha1=alpha1+ddeta(ii);    %震中距之和
%绘制该层中的射线路径
plot([rt(ii) * cos(alpha1-ddeta(ii)),rb(ii). * cos(alpha1)],[rt(ii). * sin(alpha1-ddeta(ii)),rb(ii). * sin(alpha1)],'k')
else
break
end
end
%%%%%%%%%%%%%%%%%%%上行波
depmaxlayer=ii-1;
alph=alpha1; %最下面的角度
for ii=depmaxlayer:-1:1    %对各层进行计算
%绘制该层自底部到顶部的射线路径
plot([rb(ii). * cos(alph),rt(ii). * cos(alph+ddeta(ii))],[rb(ii) * sin(alph),rt(ii) * sin(alph+ddeta(ii))],'k');
alph=alph+ddeta(ii);    %角度累加
end
%%%%%%%%%%%%%%%%%%%%%%%%%%%第二次下行波
alpha1=alph;
for ii=1:depmaxlayer    %对各层分别计算
alpha1=alpha1+ddeta(ii);    %震中距之和
%绘制该层中的射线路径
plot([rt(ii) * cos(alpha1-ddeta(ii)),rb(ii). * cos(alpha1)],[rt(ii). * sin(alpha1-ddeta(ii)),rb(ii). * sin(alpha1)],'k')
end
%%%%%%%%%%%%%%%%%%%第二次上行波
alph=alpha1; %最下面的角度
for ii=depmaxlayer:-1:1    %对各层进行计算
%绘制该层中的射线路径
plot([rb(ii). * cos(alph),rt(ii). * cos(alph+ddeta(ii))],[rb(ii) * sin(alph),rt(ii) * sin(alph+ddeta(ii))],'k');
alph=alph+ddeta(ii);    %角度累加
end
end
colorbar
annotation('textbox',[0.77,0.82,0.2,0.1],'String','速度/km.s^-^1','LineStyle','none');    %在图例位置给出图例的标题,不含框
title('PP射线路径追踪')
```

程序的输出结果如图 7-6-2 所示。

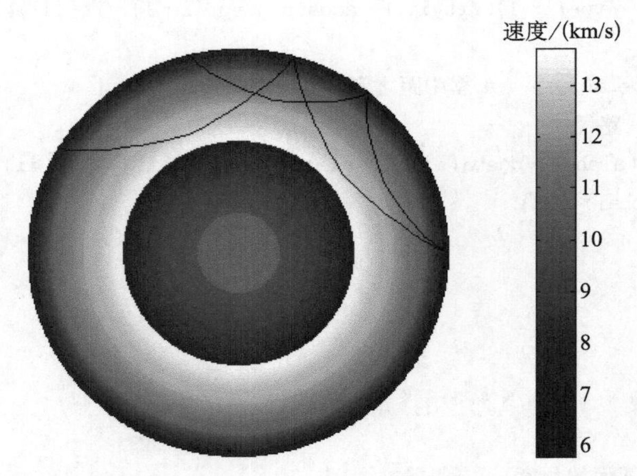

图 7-6-2 模拟的 p 参数为 300 和 400 的 PP 波的射线路径（参看程序运行的彩图）

同样以 p 参数为 300 和 400 模拟 PPP 震相在地球中的传播路径。程序如下：

```
%P7_12.m
close all %关闭所有绘图窗口
load wanprem.txt;    %加载初步地球参考模型
r = 6371 - wanprem(:,1); %地球半径,6371 为地表半径,减去层的深度得到每层的半径
vp = wanprem(:,2); %与 P 波半径对应的 P 波速度
sph_vel_plot(r,vp); %调用速度结构参数绘制球形分布的速度
nn = length(r); %PREM 模型的总层数
rt = r(1:nn - 1,1); %每层的上边界深度
rb = r(2:nn,1); %每层的下边界深度
ddeta = zeros(1,nn); %运行到该时刻的震中距的增加量
for p = [300,400]    %采用 p 参数为 300 和 400 求取射线路径
alpha1 = 0; %初始的震中距为零
%%%%%%%%%%%%%%%%%%%%%下行波
for ii = 1:nn - 1    %对各层分别计算
if (p.*vp(ii + 1)<= rb(ii))    %地震到达该深度
ddeta(ii) = acos(p.*vp(ii + 1)./rt(ii)) - acos(p.*vp(ii + 1)./rb(ii)); %计算震中距的增加[式(7-3-1)]
alpha1 = alpha1 + ddeta(ii); %震中距之和
%绘制该层中的射线路径
plot([rt(ii)*cos(alpha1 - ddeta(ii)),rb(ii).*cos(alpha1)],[rt(ii).*sin(alpha1 - ddeta(ii)),rb(ii).*sin(alpha1)],'k')
else
break
end
end
%%%%%%%%%%%%%%%%%%%%%上行波
```

```
depmaxlayer = ii - 1;
alph = alpha1; % 最下面的角度
for ii = depmaxlayer: - 1:1   % 对各层进行计算
plot([rb(ii). * cos(alph),rt(ii). * cos(alph + ddeta(ii))],[rb(ii) * sin(alph),rt(ii) * sin(al-
ph + ddeta(ii))],'k');
 % 绘制该层中的射线路径
alph = alph + ddeta(ii); % 角度累加
end
 % % % % % % % % % % % % % % % % % % % % % % % % % % % % 第二次下行波
alpha1 = alph;
for ii = 1:depmaxlayer   % 对各层分别计算
alpha1 = alpha1 + ddeta(ii); % 震中距之和
plot([rt(ii) * cos(alpha1 - ddeta(ii)),rb(ii). * cos(alpha1)],[rt(ii). * sin(alpha1 - ddeta
(ii)),rb(ii). * sin(alpha1)],'k')   % 采用该震中距计算地震射线到达的点
 % 绘制该层中的射线路径
end
 % % % % % % % % % % % % % % % % % % % % 第二次上行波
alph = alpha1; % 最下面的角度
for ii = depmaxlayer: - 1:1   % 对各层进行计算
 % 绘制该层中的射线路径
plot([rb(ii). * cos(alph),rt(ii). * cos(alph + ddeta(ii))],[rb(ii) * sin(alph),rt(ii) * sin(al-
ph + ddeta(ii))],'k');
alph = alph + ddeta(ii); % 角度累加
end
 % % % % % % % % % % % % % % % % % % % % % % % % % % % % 第二次下行波
alpha1 = alph;
for ii = 1:depmaxlayer   % 对各层分别计算
alpha1 = alpha1 + ddeta(ii); % 震中距之和
plot([rt(ii) * cos(alpha1 - ddeta(ii)),rb(ii). * cos(alpha1)],[rt(ii). * sin(alpha1 - ddeta
(ii)),rb(ii). * sin(alpha1)],'k')   % 采用该震中距计算地震射线到达的点
 % 绘制该层中的射线路径
end
 % % % % % % % % % % % % % % % % % % % % 第二次上行波
alph = alpha1; % 最下面的角度
for ii = depmaxlayer: - 1:1   % 对各层进行计算
 % 绘制该层中的射线路径
plot([rb(ii). * cos(alph),rt(ii). * cos(alph + ddeta(ii))],[rb(ii) * sin(alph),rt(ii) * sin(al-
ph + ddeta(ii))],'k');
alph = alph + ddeta(ii); % 角度累加
end
end
title('PPP 射线路径追踪 ')
```

程序运行结果如图 7-6-3 所示。

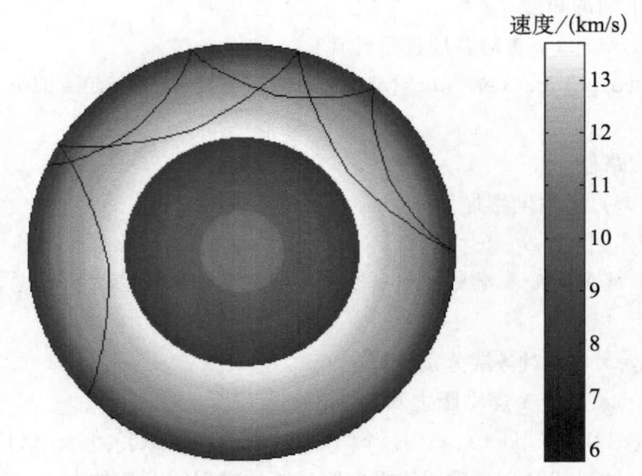

图 7-6-3　模拟的 p 参数为 300 和 400 的 PPP 波的射线路径（参看程序运行的彩图）

7.6.3　PcP 和 PcS 的路径模拟

PcP 震相为在核幔界面的反射波。如果 p 参数太大不足以使射线达到该深度，则不能产生 PcP 波。下面以 p 参数为 0～250 来模拟 PcP 波的路径。程序如下：

```
%P7_13.m
close all %关闭所有绘图窗口
load wanprem.txt;    %加载初步地球参考模型
R=6371;    %PREM的地球半径
r=R-wanprem(:,1);    %地球半径,6371为地表半径,减去层的深度得到每层的半径
vp=wanprem(:,2);    %与P波半径对应的P波速度
sph_vel_plot(r,vp);  %调用速度结构参数绘制球形分布的速度
%%%%%%%%%%%%%%%%%%%%%%%%%%%
r=6371-wanprem(1:50,1);    %地球半径转换为地表深度,只取G面之上的速度层
vp=wanprem(1:50,2);    %P波速度只取G面之上的速度层,在模型中为50层
nn=length(r);    %PREM的地球分层层数
rt=r(1:nn-1,1);rb=r(2:nn,1);    %地球各层顶部和底部的地球半径
for p=0:25:250    %球层射线参数从0一直循环计算到250
alpha1=0;    %震中距角度自零开始累加
ddeta=zeros(1,nn);    %运行到该时刻的震中距的增加量
%%%%%%%%%%%%%%%%%%%下行波
for ii=1:nn-1    %对各层分别计算
if (p.*vp(ii+1)<=rb(ii))    %地震到达该深度
ddeta(ii)=acos(p.*vp(ii+1)./rt(ii))-acos(p.*vp(ii+1)./rb(ii));    %计算震中距的增加[式(7-3-1)]
alpha1=alpha1+ddeta(ii);    %震中距之和
%绘制该层顶部到底部的射线段
plot([rt(ii)*cos(alpha1-ddeta(ii)),rb(ii).*cos(alpha1)],[rt(ii).*sin(alpha1-ddeta
```

```
(ii)),rb(ii). * sin(alpha1)],'k')
    else
    break
    end
    end
    depmaxlayer = ii - 1;
    %%%%%%%%%%%%%%%%%%%%上行波
    alph = alpha1; %最下面的角度
    for ii = depmaxlayer: - 1:1
    plot([rb(ii). * cos(alph),rt(ii). * cos(alph + ddeta(ii))],[rb(ii) * sin(alph),rt(ii) * sin(al-
ph + ddeta(ii))],'k');
    alph = alph + ddeta(ii);    %角度累加
    end
    %%%%%%%%%%%%%%%%%%%%%%%%%%%%%%%%%%%%%%%
    end
    colorbar
    annotation('textbox',[0.77,0.82,0.2,0.1],'String',' 速度/km. s^ - ^1','LineStyle','none');    %在
图例位置给出图例的标题,不含框
    title('PcP 射线路径模拟 ')
```

模拟的结果如图 7-6-4 所示。

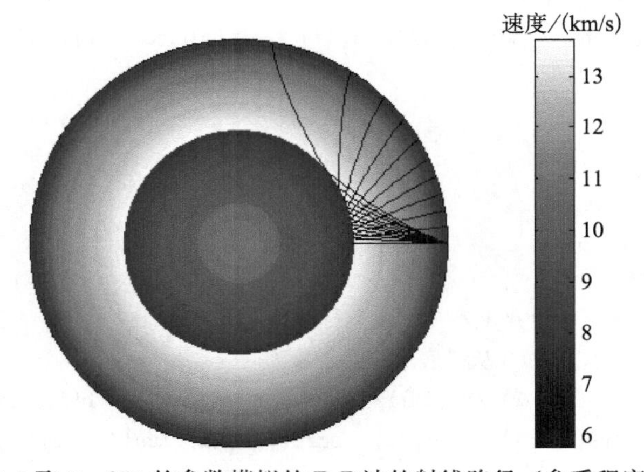

图 7-6-4　在 p 取 0～250 的参数模拟的 PcP 波的射线路径（参看程序运行的彩图）

PcS 也是按照同样道理，p 参数取 0～250 范围，模拟程序如下：

```
    %P7_14.m
    close all %关闭所有绘图窗口
    load wanprem.txt;    %加载初步地球参考模型
    R = 6371; %PREM 的地球半径
    r = R - wanprem(:,1); %地球半径,6371 为地表半径,减去层的深度得到每层的半径
    vp = wanprem(:,2); %与 P 波半径对应的 P 波速度
    sph_vel_plot(r,vp); %调用速度结构参数绘制球形分布的速度
```

```
%%%%%%%%%%%%%%%%%%%%%%%%%
r=r(1:50);
vp=wanprem(1:50,2);%P波速度只取G面之上的速度层,在模型中为49层
vs=wanprem(1:50,3);%P波速度只取G面之上的速度层,在模型中为49层
nn=length(r);%PREM的地球分层层数
rt=r(1:nn-1,1);rb=r(2:nn,1);%地球各层顶部和底部的地球半径
sum1=0;sum2=0;%
for p=0:25:250    %球层射线参数从0一直循环计算到250
alpha1=0;%震中距角度自零开始累加
seta=zeros(1,nn);%运行到一定时刻的震中距的一半
ddeta=zeros(1,nn);%运行到该时刻的震中距的增加量
%%%%%%%%%%%%%%%%%%%下行波
for ii=1:nn-1    %对各层分别计算
if (p.*vp(ii+1)<=rb(ii))    %地震到达该深度
ddeta(ii)=acos(p.*vp(ii+1)./rt(ii))-acos(p.*vp(ii+1)./rb(ii));%计算震中距的增加
%dt=sqrt((rt(ii)./vp(ii+1)).^2-p^2)-sqrt((rb(ii)./vp(ii+1)).^2-p^2);    %该层中的
走时
%sum2=sum2+dt;    %走时累加该层的走时
%t=sum2;    %地震波走时,在模拟地震射线路径时没有用到
alpha1=alpha1+ddeta(ii);%震中距之和
%自该层顶部到底部的射线路径
plot([rt(ii)*cos(alpha1-ddeta(ii)),rb(ii)*cos(alpha1)],[rt(ii).*sin(alpha1-ddeta
(ii)),rb(ii).*sin(alpha1)],'k')
else
break
end
end
depmaxlayer=nn-1;
%%%%%%%%%%%%%%%%%%%上行波为s波
for ii=depmaxlayer:-1:1    %从最底层算到地表
ddeta(ii)=acos(p.*vs(ii+1)./rt(ii))-acos(p.*vs(ii+1)./rb(ii));%计算震中距的增加
%dt=sqrt((rt(ii)./vs(ii+1)).^2-p^2)-sqrt((rb(ii)./vs(ii+1)).^2-p^2);    %该层中的
走时
%sum2=sum2+dt;    %走时添加该层的走时
%t=sum2;    %地震波走时,在模拟地震射线路径时没有用到
alpha1=alpha1+ddeta(ii);%震中距之和
%自该层底部到顶部的射线路径
plot([rb(ii)*cos(alpha1-ddeta(ii)),rt(ii)*cos(alpha1)],[rb(ii)*sin(alpha1-ddeta(ii)),
rt(ii)*sin(alpha1)],'k')
end
%%%%%%%%%%%%%%%%%%%%%%%%%%%%%%%%%%%%
end
```

模拟的结果如图 7-6-5 所示。

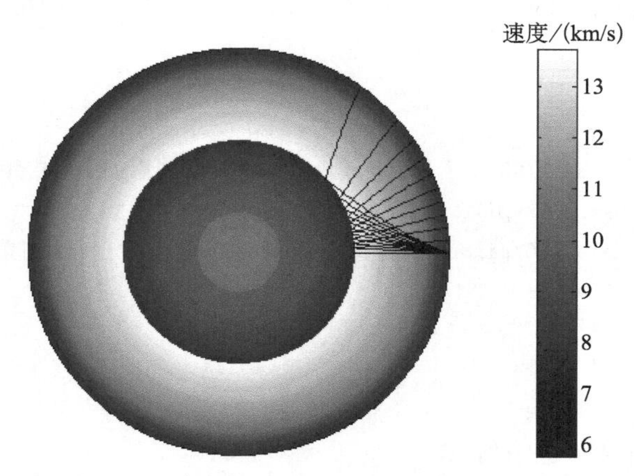

图 7-6-5　在 p 取 0～250 的参数模拟的 PcS 波的射线路径（参看程序运行的彩图）

7.6.4　PP，PPP，PcP，PcS 的走时模拟

上面的 PP，PPP，PcP，PcS 仅给出路径，没有计算其走时。下面模拟这些震相的走时。程序如下：

```
%P7_15.m
close all
load wanprem.txt %加载模型数据
r = 6371 - wanprem(1:50,1); %S 波速度,只取古登堡面的半径,此处为第 50 层
vp = wanprem(1:50,2); %P 波速度
nn = length(r);
rt = r(1:nn - 1,1); %每层的上边界
rb = r(2:nn,1); %每层的下边界
%PP 和 PPP 的走时曲线
for p = 250:700
alpha = 0;t = 0; %走时和震中距从零开始记
for ii = 1:nn - 1
if p. * vp(ii + 1)< = rb(ii) %穿过该层的条件
ddeta = acos(p. * vp(ii + 1)./rt(ii)) - acos(p. * vp(ii + 1)./rb(ii)); %公式(7-3-1)
dt = sqrt((rt(ii)./vp(ii + 1)).^2 - p^2) - sqrt((rb(ii)./vp(ii + 1)).^2 - p^2); %式(7-3-2)
t = t + dt; %走时累加
alpha = alpha + ddeta; %震中距累加
else
break
end
end
if (4 * alpha< = pi)
plot(4 * alpha * 180/pi,4 * t/60,'m.','MarkerSize',5);     %累加的震中距小于 180 度 PP 震相
```

```
elseif(pi< = 4 * alpha< = 2 * pi)
plot((2 * pi - 4 * alpha) * 180/pi,4 * t/60,'m.','MarkerSize',5); % 累加的震中距大于 180 度的 PP
震相
end
if (6 * alpha< = pi)
plot(6 * alpha * 180/pi,6 * t/60,'g.','MarkerSize',5); % 绘制累加的震中距小于 180 度 PPP 震相
elseif(pi< = 6 * alpha< = 2 * pi)
plot((2 * pi - 6 * alpha) * 180/pi,6 * t/60,'g.','MarkerSize',5);   % 绘制累加的震中距大于 180 度
的 PPP 震相
end
hold on
end
 % PcP 和 PcS 震相震中距和走时的计算
vp = wanprem(1:50,2); % 50 层的底部为古登堡面,这里只取以上的速度层
vs = wanprem(1:50,3); % 50 层的底部为古登堡面,这里只取以上的速度层
r = 6371 - wanprem(1:50,1); % 每层介质的半径
nn = length(r); % 总层数
rt = r(1:nn - 1,1);rb = r(2:nn,1); % 每层的上下边界
for p = 0:1:250    % P 参数从 1 循环到 250
alpha = 0;t = 0; % 初始震中距
for ii = 1:nn - 1    % 对每层按照公式计算其震中距和走时
if p. * vp(ii + 1)< = rb(ii)    % 穿过该层的条件
ddeta = acos(p. * vp(ii + 1). /rt(ii)) - acos(p. * vp(ii + 1). /rb(ii)); % 式(7-3-1)
dt = sqrt((rt(ii). /vp(ii + 1)). ^2 - p^2) - sqrt((rb(ii). /vp(ii + 1)). ^2 - p^2); % 公式(7-3-2)
t = t + dt; % 走时累加
alpha = alpha + ddeta; % 震中距累加
else
break
end
end
half_x = alpha;
half_t = t;
 % 对于 PcP 波按照原路径的对称部分累加即可,对于 S 波,必须重新进行计算
for iii = ii - 1: - 1:1    % 对每层按照公式计算其震中距和走时
ddeta = acos(p. * vs(iii + 1). /rt(iii)) - acos(p. * vs(iii + 1). /rb(iii)); % 式(7-3-1)
dt = sqrt((rt(iii). /vs(iii + 1)). ^2 - p^2) - sqrt((rb(iii). /vs(iii + 1)). ^2 - p^2); % 式(7-3-2)
t = t + dt; % 走时累加
alpha = alpha + ddeta; % 震中距累加
end
plot(2 * half_x * 180/pi,2 * half_t/60,'r.','MarkerSize',5);   % 绘制 PcP 的震中距和走时
plot(alpha * 180/pi,t/60,'k.','MarkerSize',5);   % 绘制 PcS 的震中距和走时
hold on
```

```
end
title('PREM 模型 PP、PPP、PcP、PcS 走时曲线 ');
xlabel(' 震中距/°');
ylabel(' 走时/分钟 ');
xlim([0,180]);
ylim([0,50]);
legend('PPP 走时 ','PP 走时 ','PcP 走时 ','PcS 走时 ','Location','NorthEast');
```

模拟的结果为图 7-6-6。对照图 7-5-9 可见震相走时曲线基本一致。

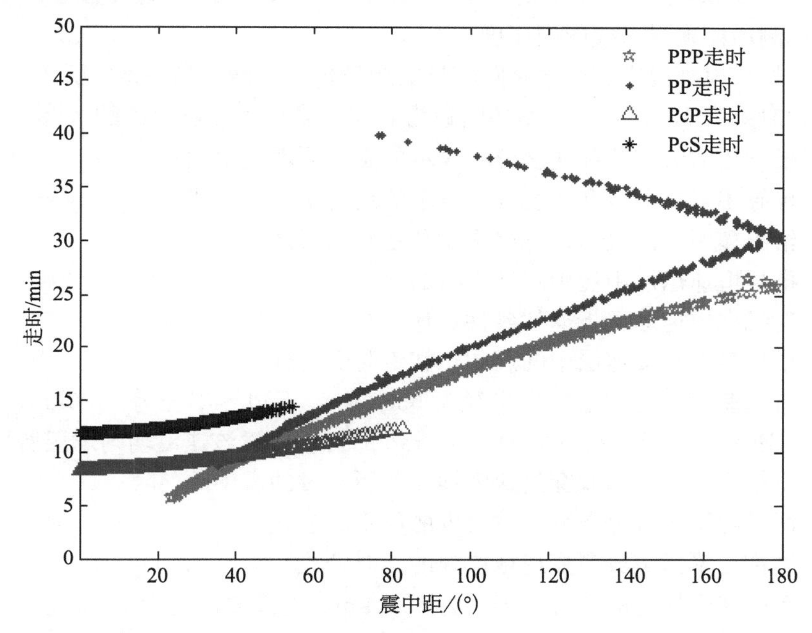

图 7-6-6　模拟的 PP，PPP，PcP 和 PcS 的走时曲线（参看程序运行的彩图）

根据上面的程序，读者可以编制其他震相的路径和走时的模拟程序。

习　题

7.1.1　推导球形分层介质的斯奈尔定律。

7.1.2　如果球形分层介质中的射线参数为 300s/rad，地表地震波速度为 5.0km/s，求该射线在地表的入射角（地球半径为 6371km）。

7.1.3　球形分层介质中地表地震波速度为 6km/s，若地表地震波射线的偏垂角为 30°，求该射线的射线参数 p（地球半径为 6371km）。

7.1.4　求解第 7.1.3 题中的地震射线，如地震波在 1500km 深处开始折返，求解 1500km 的地震波速度。

7.1.5　一射线穿透到半径为 0.9R 的深处（R 为地球平均半径），设在地表的波速为 6km/s，在 0.9R 处的波速为 10.55km/s，求此射线参数 p 及在地表的偏垂角。

7.1.6　试解释同一种地球模型的球形分层介质中射线参数 p 越大的射线，传播的震中距越近。

7.1.7 判断

(1) 球形分层介质中的 p 参数为地震波传播 1rad 长距离所用的时间。( )

(2) 地表震源的球形分层介质中的 p 参数存在最大值。( )

(3) 地表震源球形分层介质模型中 p 参数为零的射线震中距为零。( )

(4) 速度逐渐增加的球形分层介质模型中 p 参数越小，震中距越大。( )

7.1.8 推导本多夫定律。

7.1.9 如果球形分层介质中的射线参数为 300s/rad，地表地震波速度为 5.0km/s，试给出地表观测的该地震射线的视速度。

7.1.10 如果地震震中和两个相距较近的台站位于地球的同一条圆弧上，地震的 P 波到达台站的到时差为 10s，两个台站的间距为 0.5°，求到达地震台站的 p 参数。

7.2.1 推导用射线参数和速度分布表示的震中距增量表达式。

7.2.2 推导用射线参数和速度分布表示的走时增量表达式。

7.2.3 给出震源在地表的射线震中距和走时的表达式。

7.3.1 推导恒速球层中震中距和走时的表达式。

7.3.2 射线在恒速球层折返的条件是什么?

7.3.3 推导幂指数变速层中的震中距和走时表达式。

7.3.4 有一速度均匀的上边界半径为 6330km，下边界半径为 6300km，地震波速度为 8km/s 的匀速球层，求射线参数为 200s/rad 的射线穿过该速度均匀球层所用的时间。

7.3.5 求第 7.3.4 题射线穿过速度均匀层所走过的震中距。

7.3.6 试推导幂指数分布变速球层内的震中距公式。

7.3.7 试推导幂指数分布变速球层内的走时公式。

7.3.8 有一速度均匀的上边界半径为 6330km，地震波速度为 7.5km/s，下边界半径为 6300km，地震波速度为 8.5km/s 的球层，假定地震波速度在该层中按指数分布，即 $v=ar^b$，求射线参数为 200s/rad 的射线穿过该速度分布球层的震中距改变量。

7.3.9 求第 7.3.8 题射线穿过该速度分布球层的走时。

7.4.1 试推导球形分层介质中的射线曲率为 $\dfrac{1}{\rho}=-\dfrac{\sin i}{v}\dfrac{\mathrm{d}v}{\mathrm{d}r}$。

7.4.2 试推导均匀球对称介质中的走时与震中距的关系为：$T=\dfrac{2R\sin\dfrac{\Delta}{2}}{v_0}$。

7.4.3 地球的半径为 6371km，若地球为速度均匀球体，速度为 7km/s，求震中距为 30°的地震波的走时。

7.4.4 半径为 6000km、P 波速度为 10km/s 的均匀球体，计算震中距为 30°、60°、90°、120°及 180°的 P 波走时和射线参数。

7.4.5 在什么情况下地震射线恒绕着地球旋转?

7.4.6 在地球介质的速度分布满足什么条件下地震射线会旋转进入地心?

7.4.7 地球速度呈现什么样的分布可以使得地震射线凹向地球球心但可以出露地表?

7.4.8 地球速度呈现什么样的分布可以使得地震射线凸向地球球心，此时地震无论发生在何处，射线均可以出露地表？

7.4.9 若地球内的速度随半径指数分布，试给出地表震源台站走时的解析表达式。

7.4.10 假设地球内地震波速度分布为 $v=ar^{-b}$ ，如果地表的速度为 6km/s，地球的半径为 6000km，$b=0.2$，求震中距为 30°、60°、90°、120°、150°的地震波走时和射线参数。

7.4.11 假设地球内地震波速度分布为 $v=ar^{-b}$ ，如果地表的速度为 6km/s，地球的半径为 6000km，在 90°的震中距处地震波走时曲线的斜率为 500s。求 b 值及穿透的最深深度。

7.4.12 假定地球半径为 R，北半球具有固定的速度 v_0 ，南半球的速度为 $v=v_0\sqrt{\frac{R}{r}}$，震源在赤道的地表处。问哪个半球的地震波先到达震中距为 60°的台站。

7.4.13 试分析地震射线遇到球形分层介质低速层可能出现的情况。

7.4.14 试分析地震射线遇到球形分层介质中的高速层会出现的情况。

7.4.15 试分析地震射线在球形分层介质的速度陡变带走时曲线的表现。

7.4.16 纵波在地球中传播，假设地球介质速度为：$a+br$，其中 a，b 为常数；r 为到地心的距离，(1) 求地震射线上任意一点的曲率。(2) 讨论 a，b 满足什么条件时：(a) 地震射线向上弯曲；(b) 向下弯曲；(c) 沿球面传播。

7.4.17 假定地球的半径为 R，P 波的速度可以表达为：$v(r)=a-br^2$ 。地表的速度为 v_0 ，地心的速度为 $2v_0$ ，求地震波到达地球半径一半的射线的震中距。

7.5.1 叙述远震震相的命名原则。

7.5.2 举例说明深震震相的命名原则。

7.5.3 说明下列震相表示的全名 (1) P′；(2) P5KP；(3) S3；(4) P5；(5) ScS2；(6) P′P′；(7) (SKS)2

7.5.4 何为地震波的衍射？

7.5.5 叙述衍射震相 Pdiff 出现的震中距范围。

7.5.6 地球低速外核造成的影区的震中距范围是多少？

7.5.7 绘制下列震相的射线路径

(1) P； (2) PcS； (3) PS； (4) PP； (5) PKIKP；(6) PKJKP； (7) PKiKP；(8) SKKS；(9) PKP；(10) SPP

7.5.8 绘制深震的下列震相

(1) sP；(2) pS；(3) sSKS；(4) pP

7.5.9 P 波经地表反射为 S 波，哪边路径的偏垂角大？

7.5.10 教材图 7-5-9 中有些震相用负的斜率画出来，即在较远的距离，比较早地到达，为什么会这样呢？

7.5.11 试说明 Sdiff、PKPPcP、SSPP 的路径。

7.5.12 判断 PKIKP 和 PKiKP 是一样的吗？

7.5.13 假定地表震源垂直入射的 PcP 波的走时为 520s，PKiKP 的走时为 1000s，地球内外核界面深度为 5149.5km，古登堡面深度为 2891km，估计地幔和外核的平均速度。

7.5.14　假定地表震源垂直入射的 PKiKP 的走时为 1000s，而 PKIKP 的走时为 1217s，地球内外核界面深度为 5149.5km，估计内核的平均速度（地球半径按 6371km 计算）。

7.5.15　古登堡面深度为 2891km，P 波速度在古登堡面之上邻域内为 13.7km/s，求该外核衍射波 Pdiff 的 p 参数。

7.6.1　假定地球为两层介质组成，核的半径为地球半径的一半。地核的速度为地幔速度的两倍。求（1）地幔中直达波的最大角距离。（2）在核幔界面爬行波的最小角距离。（3）求最大角距离的直达波和反射波的走时。

7.6.2　假定地球为地核和地幔两层速度均匀介质组成，地核的半径为整个地球半径 R 的 1/2，地核的传播速度为地幔速度 v 的一半 $\frac{v}{2}$。以 $\frac{R}{v}$ 为单位给出地球内部的直达波、反射波和穿透地核内部的波的走时。

7.6.3　假定地球半径为 R，地核的半径为 $R/2$，地幔速度和地核速度分别为 v 和 $2v$，地震震源在 $R/4$ 的深度。给出直达波和反射波的走时表达式。

7.6.4　地球的半径为 3000km，地幔 P 波速度为 4km/s，地核的半径为 1500km，假定地震震源在地表，观测的直达 S 波和 P 波的时间差为 547s，假定地球介质的泊松比为 1/6，P 波到时为 12 时 23 分 20.4 秒，求震中距和地震发震时刻。

7.6.5　地球半径为 4000km，泊松比为 1/8，S 波速度为 3km/s。液态核的半径为地球半径的一半。假设直达 S 波和 P 波的到时差为 600s。地震的震源深度为地球半径的 1/10，求震中距。

7.6.6　假定速度均匀的地球半径为 6000km，S 波速度为 4.17km/s，泊松比为1/4，震中距为 60°的台站记录的直达 S 波和 P 波的到时差为 554s。计算地震的深度。

7.6.7　设地球地幔的速度为 $v=a/\sqrt{r}$，地核的速度为 $4v_0$，半径为 $R/2$，v_0 为地表速度，并且震源在地表。求（1）仅穿过地幔的最大震中距及其对应的走时；（2）核幔界面爬行波在地表的最小偏垂角；（3）核幔界面爬行波出现的最小震中距及其对应的走时。

7.6.8　假定地球半径为 R，北半球具有固定的速度 v_0，南半球的速度为 $v=\frac{v_0}{2}\sqrt{R/r}$，震源在赤道的地表处。求在南北两半球上走时相同的震中距。

7.6.9　假定地球由地核和地幔组成，地球半径为 R，地表速度为 v_0，地核半径为 $R/2$，速度分布为 $v=aR^{-\frac{1}{6}}r^{-\frac{1}{3}}$，地幔的速度分布为 $v=ar^{-\frac{1}{2}}$，求地表震源离源角为 14.5°的射线到达地表的震中距。

7.6.10　将地球简化为均匀的地核、下地幔和上地幔组成。地核半径为 3500km，P 波速度为 9km/s，下地幔的厚度为 2300km，P 波速度为 12km/s，上地幔厚度为 600km，速度为 9km/s。求震源在地表的 P 波观测影区的起始震中距。

7.6.11　设弹性地球的半径为 6000km，地表速度为 6km/s，地球内部速度分布形式为 $v=v_0(R/r)^{\alpha}$，并且在震中距为 90°时的走时曲线斜率为 500s。（1）求 α 值；（2）到达震中距为 90°的射线的最低点半径和速度。

7.6.12　设弹性地球的半径为 6000km，地表速度为 6km/s，地球内部速度分布形式

为 $v = a / \sqrt{r}$ ，(1) 求地表震源以偏垂角 45°射出射线的震中距；(2) 求解该震中距的 P 震相和 PP 震相的到时差。

7.6.13　设半径为 R 的地球内自地表到 $R/2$ 处为地幔，在地幔中速度为 v_0 ，$R/2$ 至地心为地核其速度分布为 $v = v_0 (R/r)^{1/2}$ ，(1) 求地表震源发出的，能进入地核的射线在地表的最大偏垂角；(2) 用偏垂角表示进入地核的射线的震中距。

第 8 章　走时数据的反演

前两章根据已知的速度结构对射线追踪和走时曲线的计算问题进行探讨，推导了波速只随深度变化的一维速度模型的射线走时计算的表达式。三维结构的射线走时计算虽然较复杂，但遵循的原则是类似的。现在研究根据观测到时数据得到速度结构和地震位置的问题。前面两章是已知速度结构和地震位置，如何计算地震波走时的问题，而本章是根据地震波走时得到速度结构和震源位置的问题，是前面两章的反问题。在这个问题的研究中，地震学家通常进行简化：第一种简化是对于震源位置已经清楚的地震，将震源位置和发震时刻作为已知数，根据地震波走时数据求解速度结构；第二种简化是假定所研究的该地区速度结构已知，根据地震波到时求解地震位置和发震时刻。限于篇幅，对于第一种简化，本书仅讲授球形分层介质一维速度结构的反演及其地球内部密度、重力加速度和压力的估计。对于第二种简化，本章讲授地震定位的基本方法。应该说明的是，地震观测走时既与地震位置和发震时刻相关，又与速度结构相关，本章所述研究只不过是特定情况的简化。

8.1　球形分层介质的速度反演

8.1.1　拐点法（古登堡法）

该方法是利用走时曲线的拐点处与从震源水平方向射出的射线相对应，据此求出震源处的波速。

根据第 7 章球形分层介质中的斯奈尔定律有

$$\frac{r_h \sin i_h}{v_h} = \frac{r \sin i}{v} = p \tag{8-1-1}$$

式中，h 为震源深度，$r_h = R - h, v_h = v(r_h)$，它们都是常数。从震源向不同方向射出的射线，$i_h$ 值不同，相应的射线参数 p 也不同。当 $i_h = 90°$时，$\frac{r_h \sin i_h}{v_h}$ 达到极大值，即射线参数达到极大值 $p_{\max} = r_h / v_h$，因此有

$$\left.\frac{\mathrm{d}p}{\mathrm{d}\Delta}\right|_{i_h = \frac{\pi}{2}} = 0 \tag{8-1-2}$$

根据球形分层介质中的本多夫定律［式（7-1-9）］，$p = \frac{\mathrm{d}t}{\mathrm{d}\Delta}$，代入式（8-1-2）有

$$\left.\frac{\mathrm{d}^2 t}{\mathrm{d}\Delta^2}\right|_{i_h = \frac{\pi}{2}} = 0 \tag{8-1-3}$$

而 $\frac{d^2 t}{d\Delta^2}=0$ 对应于走时曲线的拐点。因此走时曲线的拐点与从震源水平射出的射线相对应。

这样，只要求得某地震的震源深度及其走时曲线，找出走时曲线的拐点，并确定该点的走时曲线的斜率 $\left(\frac{dt}{d\Delta}\right)_M$，则有

$$\frac{r_h \sin i_h}{v_h}=p=\left(\frac{dt}{d\Delta}\right)_M \tag{8-1-4}$$

而对应的 M 点有 $i_h=\frac{\pi}{2}$，因此有

$$v_h=\frac{r_h}{\left(\frac{dt}{d\Delta}\right)_M}=\frac{R-h}{R\left(\frac{dt}{R d\Delta}\right)_M}=\frac{R-h}{R}\bar{v}_M \tag{8-1-5}$$

式中，h 为震源深度；$\bar{v}_M$ 为走时曲线拐点 M 点的视速度（参看第 7 章球形分层介质的本多夫定律）；R 为地球半径。

此方法原理清楚、方法简单、计算方便。但由于地震发生在 0～700km 的深度范围内，采用这种方法只能求出 0～700km 处的波速。由于拐点不易找准，得到的速度精度较差。该方法要求对应每个深度的地震就要总结出一条走时曲线，因而资料分析工作量也很大。

8.1.2　赫格洛兹-维歇特-贝特曼（Herglotz-Wiechert-Bateman）方法

考虑球面介质，速度随半径 r 变化 [$v(r)$]，根据 7.2 节中得出震中距的表达式 [式 (7-2-9)] 有

$$\Delta=2p\int_{r_1}^{R}\frac{dr}{r\sqrt{\xi^2-p^2}} \tag{8-1-6}$$

式中，$\xi=\frac{r}{v}$；r_1 为射线转折点距地心的距离；$p=\frac{r\sin i}{v(r)}$；R 为地球半径。

在此介绍一积分式：

$$\int_{\xi_1}^{\xi_0}\frac{dp}{\sqrt{p^2-\xi_1{}^2}} \tag{8-1-7}$$

式中，$\xi_0=\frac{R}{v_0}$；$\xi_1=\frac{r_1}{v_1}=p_1$，为转折半径为 r_1 的射线参数，所以式 (8-1-7) 表示从转折半径为 R 到转折半径为 r_1 的所有射线的积分。将式 (8-1-7) 作用于震中距表达式 [式 (8-1-6)] 的两边，得到：

$$\int_{\xi_1}^{\xi_0}\frac{\Delta dp}{\sqrt{p^2-\xi_1{}^2}}=\int_{\xi_1}^{\xi_0}dp\int_{r_1}^{R}\frac{2p}{r\sqrt{\xi^2-p^2}\sqrt{p^2-\xi_1{}^2}}dr \tag{8-1-8}$$

式 (8-1-8) 的左边变为 $\int_{\xi_1}^{\xi_0}\frac{\Delta dp}{\sqrt{p^2-\xi_1{}^2}}=\int\frac{\Delta d\left(\frac{p}{\xi_1}\right)}{\sqrt{\left(\frac{p}{\xi_1}\right)^2-1}}$，考虑到 $(\cosh^{-1}x)'=\pm\frac{x'}{\sqrt{x^2-1}}$，可以用分部积分的形式给出：

$$\Delta \cosh^{-1}(\frac{p}{\xi_1})\,|_{p=\xi_1}^{p=\xi_0} - \int_{p=\xi_1}^{p=\xi_0} \cosh^{-1}(\frac{p}{\xi_1})\mathrm{d}\Delta \tag{8-1-9}$$

式（8-1-9）的第一项代入积分上下限，当 $p=\xi_0$ 即 $p=\xi_0=\frac{R}{v_0}$，相当于以偏垂角 i 为 90 度，对于地表震源直接到达地表，震中距为零，导致 $p=\xi_0$ 时第一项为零；当 $p=\xi_1$ 时，代入第一项，有 $\Delta\cosh^{-1}$（1）=0，因此第一项消失，仅剩下第二项。对于第二项的积分上下限，前已分析 $p=\xi_0$ 对应于震中距为 0，对应的以震中距为积分变量的定积分上限为 0；积分下限 $p=\xi_1=\frac{r_1}{v_1}$，为转折半径为 r_1 的射线所走过的震中距，设为 Δ_1，则在走时曲线上 Δ_1 所对应的走时曲线的斜率就是 ξ_1。将积分上下限颠倒，去掉前面的负号，式（8-1-8）的左侧可写成：

$$\int_0^{\Delta_1} \cosh^{-1}(\frac{p}{\xi_1})\mathrm{d}\Delta \tag{8-1-10}$$

现在研究式（8-1-8）的右侧，这为一双重积分式，改变积分顺序，写为：

$$\int_{r_1}^{R} \frac{\mathrm{d}r}{r}\int_{p=\xi_1}^{p=\xi_0} \frac{2p\mathrm{d}p}{\sqrt{p^2-\xi_1{}^2}\sqrt{\xi^2-p^2}} \tag{8-1-11}$$

现在考虑（8-1-11）式的第二个积分，积分上下限范围（$\xi_0>\xi_1$）内的值不会使 $\sqrt{p^2-\xi_1{}^2}$ 出现虚数，但只有 p 小于 ξ 才使得 $\sqrt{\xi^2-p^2}$ 为实数，因此积分上限应为 $p=\xi$。这样

$$\begin{aligned}&\int_{r_1}^{R}\frac{\mathrm{d}r}{r}\int_{p=\xi_1}^{p=\xi}\frac{2p\mathrm{d}p}{\sqrt{p^2-\xi_1{}^2}\sqrt{\xi^2-p^2}}=\int_{r_1}^{R}\frac{\mathrm{d}r}{r}\int_{p=\xi_1}^{p=\xi}\frac{\mathrm{d}p^2}{\sqrt{-\xi^2\xi_1{}^2+(\xi^2+\xi_1{}^2)p^2-p^4}}\\&=\int_{r_1}^{R}\frac{\mathrm{d}r}{r}\arcsin\left[\frac{2p^2-(\xi^2+\xi_1{}^2)}{\xi^2-\xi_1{}^2}\right]_{p=\xi_1}^{p=\xi}=\int_{r_1}^{R}\frac{\mathrm{d}r}{r}[\arcsin(1)-\arcsin(-1)]\\&=\int_{r_1}^{R}\frac{\mathrm{d}r}{r}\pi=\pi\int_{r_1}^{R}\frac{\mathrm{d}r}{r}=\pi\ln r\,|_{r_1}^{R}=\pi\ln\left(\frac{R}{r_1}\right)\end{aligned} \tag{8-1-12}$$

这里采用了不定积分公式：$\int\frac{\mathrm{d}x}{\sqrt{a+bx-cx^2}}=\frac{1}{\sqrt{c}}\arcsin\frac{2cx-b}{\sqrt{b^2+4ac}}+C$。

式（8-1-12）与式（8-1-10）结合，得出：

$$\ln(\frac{R}{r_1})=\frac{1}{\pi}\int_0^{\Delta_1}\cosh^{-1}(\frac{p}{\xi_1})\mathrm{d}\Delta \tag{8-1-13}$$

令 $S_1=\int_0^{\Delta_1}\cosh^{-1}(\frac{p}{\xi_1})\mathrm{d}\Delta$，可以得到：

$$r_1=\frac{R}{\exp(S_1/\pi)} \tag{8-1-14}$$

这就是射线最深点的半径表达式。此表达式的值可以根据观测走时曲线 t（Δ）得出。如果t（Δ)为一平滑曲线，可由其切线斜率 $\frac{\mathrm{d}t(\Delta)}{\mathrm{d}\Delta}$ 得到 p（Δ）（由于 $p=\frac{\mathrm{d}t(\Delta)}{\mathrm{d}\Delta}$）。式（8-1-13）

中的 $\xi_1 = p_1 = (\frac{dt}{d\Delta})_1$ ，为在震中距 Δ_1 的走时曲线斜率。S_1 的积分就是求震中距 Δ 从 0 到 Δ_1 范围的 $\cosh^{-1}\left(\frac{P}{\xi_1}\right)$下的面积，得到 S_1 后，根据式（8-1-14）求出 r_1 ，即射线最深转折点。根据转折点为 r_1 的 $\xi_1 = \frac{r_1}{v_1}$ ，得出其对应此深度的速度：

$$v_1 = \frac{r_1}{\xi_1} \tag{8-1-15}$$

选用不同的 Δ_1，就可以得到不同深度的速度。

下面归纳一下求速度分布的具体步骤：

（1）做出 0～Δ 范围内的走时曲线，即 t-Δ 曲线，震源要取在地表上，否则要进行修正；在该步骤中，通常在计算机上利用三次自然样条函数对一元函数进行成组插值及微分，从而使得走时曲线具有较好的平滑性能，采用该方法能保证所插值的函数及其一阶导数、二阶导数连续。

（2）由 t-Δ 曲线求曲线上各点的斜率，从而做出 $\frac{dt}{d\Delta}$ 曲线；该步骤求出 p 随震中距的分布。

（3）在 0～Δ 范围内任取 $\Delta=\Delta_1$，取出 Δ_1 点对应的 $\left(\frac{dt}{d\Delta}\right)_1$ ；这就是 $\xi_1 = p_1 = (\frac{dT}{d\Delta})_1$ 。

（4）将$\left(\frac{dt}{d\Delta}\right)$-$\Delta$ 曲线中 0～Δ_1 段除以常数$\left(\frac{dt}{d\Delta}\right)_1$ 即 ξ_1，得到$\frac{\left(\frac{dt}{d\Delta}\right)}{\left(\frac{dt}{d\Delta}\right)_1}$—$\Delta$，即$\frac{p}{\xi_1}$-$\Delta$ 曲线，从而求出$\cosh^{-1}\left(\frac{p}{\xi_1}\right)$-$\Delta$ 曲线；这就是$\cosh^{-1}$（$\frac{p}{\xi_1}$）随震中距的变化。

（5）在 0～Δ_1 范围内求出 $\cosh^{-1}\left(\frac{p}{\xi_1}\right)$-$\Delta$ 曲线下的面积，即求 $\int_0^{\Delta_1} \cosh^{-1}\left[\frac{\left(\frac{dt}{d\Delta}\right)}{\left(\frac{dt}{d\Delta_1}\right)}\right]d\Delta$ ，这就是 $\int_0^{\Delta_1} \cosh^{-1}(\frac{p}{\xi_1})d\Delta$ ；在计算积分的过程中，通常采用复化辛普生积分数值公式进行，复化辛普生积分公式参看计算方法的相关书籍。

（6）根据式（8-1-14）求出 r_1 ，然后根据式（8-1-15）得到 r_1 所对应的速度 v_1 。

（7）取不同的 Δ_1 值，重复上述步骤，从而求出不同的 r_1 值所对应的速度值 v_1 。

用来研究地球内部速度分布的走时曲线往往是综合了许多地震的一系列选定的台站到时。这些地震可能发生在大陆，也可能发生在海洋，而且具有不同的深度，每个接收台站也具有不同的高程。为了将这些地震和台站归算到同一参考面上，必须作台站高程校正和地震深度校正。如果只研究上地幔速度分布，还需要做剥壳校正。震源深度改正或台站高度改正是将深于参考面的地震或高于参考面的台站归算到同一参考面（地表）上，包括走时校正及震中距校正两项。如震源或台站距参考面的垂直距离为 h，在参考面之下为负，在参考面之上为正（图 8-1-1），按照厚度为 h，速度均匀薄层，计算震中距和走时在此薄层中的改变量。这方面的运算可按照 7.3.1 节中的恒速球层中震中距和走时的计算公式

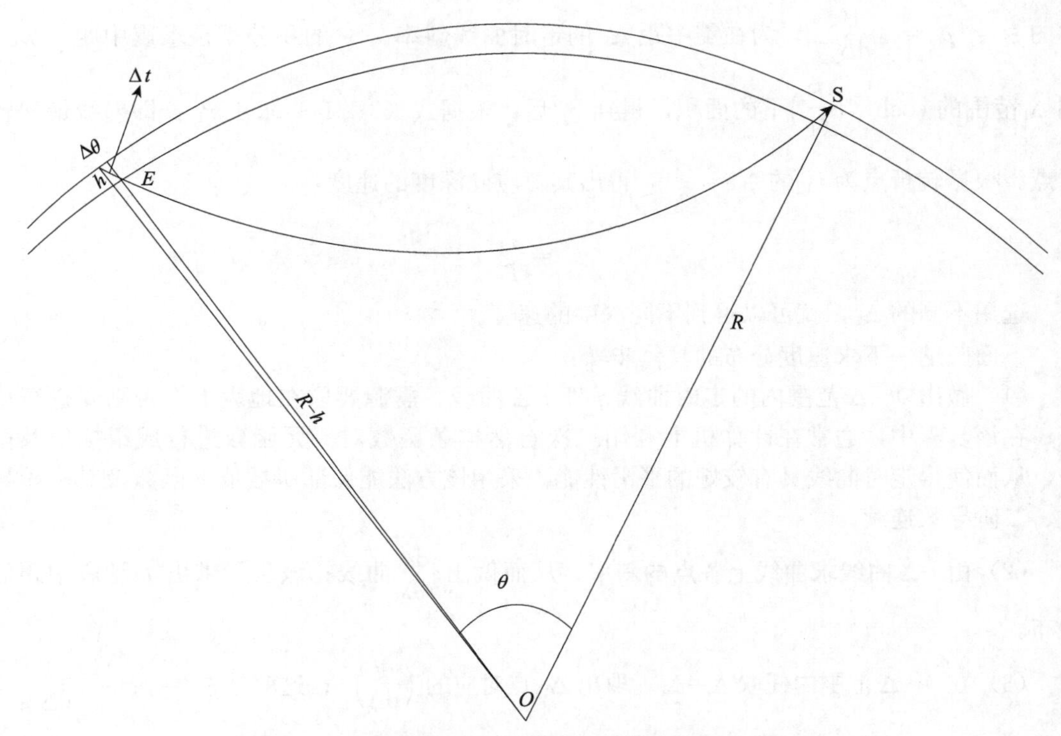

图 8-1-1 震源和台站不在同一个参考面上的校正

[式 (7-3-1) 和式 (7-3-2)] 来进行，但位于此震中距的 p 参数须从走时曲线中求得斜率来给出。这样可以得到震中距和走时改变为：

$$\Delta\theta = \arccos\left[\frac{\frac{\partial t}{\partial \Delta}v_0}{R}\right] - \arccos\left[\frac{\frac{\partial t}{\partial \Delta}v_0}{R-h}\right] \tag{8-1-16}$$

$$\Delta t = \frac{1}{v_0}\left(\sqrt{R^2 - \left(\frac{\partial t}{\partial \Delta}v_0\right)^2} - \sqrt{(R-h)^2 - \left(\frac{\partial t}{\partial \Delta}v_0\right)^2}\right) \tag{8-1-17}$$

式中，R 为参考面的地球半径，按 PREM 模型，可取 6371km；v_0 为地表附近的速度，大陆 P 波可取 6.5km/s，海洋可取 8.0km/s；$\frac{\partial t}{\partial \Delta}$ 为走时曲线的斜率，即对应震中距的射线参数 p，可在走时曲线上量取。由式 (8-1-16) 和式 (8-1-17) 可以看出，若震源或接收点在参考面之上，校正到参考面的震中距和走时增加，则观测震中距和走时应该加上式 (8-1-16)和式 (8-1-17) 的计算值。反之，若台站在参考面之下，校正到参考面的震中距和走时减小。

下面给出一个根据具体地区的走时曲线求解速度剖面的例子，采用的数据是北京、大连、长春、牡丹江等 26 个台站的记录，并选用从北京地区到阿留申群岛西端的 300 多个地震，经过震源深度及剥壳校正后（地壳平均厚度取 35km）。得到的北京—萨哈林一线的 P 波走时曲线。表 8-1-1 为北京—萨哈林剖面 P 波走时观测值（宋仲和等，1981）。

表 8-1-1　北京—萨哈林剖面 P 波走时观测值

Δ/ (°)	t/s	Δ/ (°)	t/s
0.0	0	20.0	265.2
1.0	14.4	21.0	276
2.0	28.7	22.0	286.8
3.0	42.8	23.0	297.6
4.0	56.8	24.0	308.3
5.0	70.8	25.0	317.5
6.0	84.8	26.0	326.5
7.0	99.0	27.0	335.5
8.0	113.4	28.0	344.5
9.0	127.8	29.0	353.3
10.0	141.8	30.0	362.1
11.0	154.8	32.0	379.7
12.0	167.8	34.0	397.3
13.0	180.8	36.0	414.1
14.0	193.8	38.0	430.9
15.0	206.8	40.0	447.7
16.0	219.8	42.0	464.2
17.0	232.8	44.0	479.5
18.0	243.6	46.0	494.5
19.0	254.4	48.0	509.5

这里首先采用三次样条插值函数将数据进行插值，得到密集的数据，然后采用赫格洛兹-维歇特-贝特曼方法求解对应于地球半径的速度。在积分的过程中采用复化辛普生积分方法。其 MATLAB 程序如下：

```
%P8_1.m
clear all
load bj_shl_zs.txt  %调用数据
x0 = bj_shl_zs(:,1)'; %震中距
y0 = bj_shl_zs(:,2)'; %走时
dh = 0.2;
x = 0.2:dh:47.8;
n = length(x);
[y,dy1,dy2] = splineinsert(x0,y0,x);    %对数值进行样条插值,得到插值点的 y 值,一阶导数 dy1,
二阶导数 dy2
figure(1)      %实际观测曲线
plot(x,y,'r*');
grid on
title('实际观测曲线')
xlabel('震中距');
ylabel('走时');
figure(2)
R = 6371 - 35;    %假定有 35km 的校正
Indx = 1;
r1 = zeros(1,(length(3:2:n)));     %射线能够达到的最低点的半径
```

```
v = zeros(1,(length(3:2:n)));        %射线最低点的速度
for ii = 3:2:n
ksi1 = dy1(ii);   %视为常数
f = acosh(dy1(1:ii)/ksi1);
Int = dh/3 * (f(1) + f(ii) + 2 * sum(f(3:2:ii - 1)) + 4 * sum(f(2:2:ii - 1))) * pi/180;
```

%采用辛普生公式进行积分 $\int_a^b f(x)\,\mathrm{d}x \approx \frac{b-a}{6}\left[f(a)+2\sum_{k=1}^{n-1} f(x_k)+4\sum_{k=0}^{n-1} f(x_{k+\frac{1}{2}})+f(b)\right]$

%为采用 $x_{k+\frac{1}{2}}$,这里的采用了 2 * dh 进行计算.采用序列的偶数项就对应于 $x_{k+\frac{1}{2}}$

```
r1(Indx) = R/exp(Int/pi);      %采用式(8-1-15)求解射线最深点的半径
v(Indx) = deg2rad(r1(Indx)/ksi1);
```

%采用球层斯奈尔定律得到最深点的速度;deg2rad 函数的作用是将角度转换为弧度 ,利用式(8-1-16)和 $v_1 = \frac{r_1}{\xi_1}$ 计算

```
Indx = Indx + 1;                        %序号 + 1
end
plot(v,r0 - r1,'.')        %绘制速度和深度剖面图
set(gca,'ydir','reverse')        %将 y 轴的方向进行翻转
xlabel('速度/km·S^-^1');
ylabel('深度/km')
```

运行程序的第一个图（图 8-1-2）为将观测走时曲线进行插值后的走时曲线。第二个图（图 8-1-3）就是研究地区的一维速度剖面。

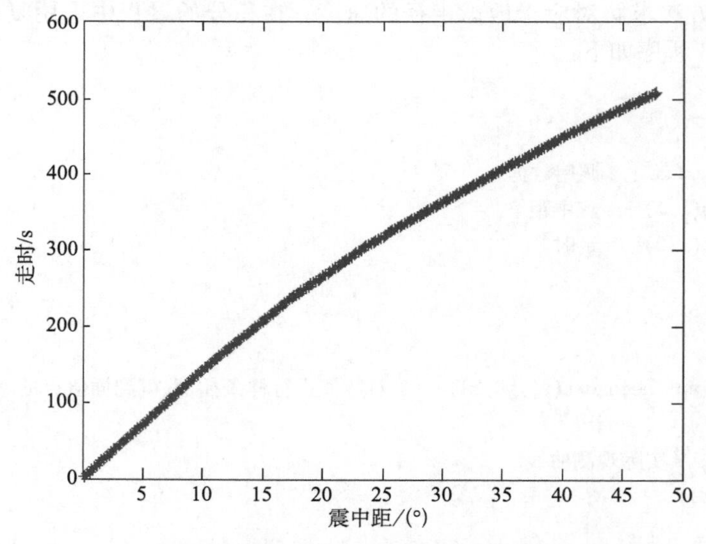

图 8-1-2　根据例子数据的走时数据得到的平滑走时曲线

虽然该方法的解析表达非常完美，但地震学中很少用赫格洛兹-维歇特-贝特曼（HWB）公式。这有两个原因：首先，HWB 假定已知的 $t(\Delta)$ 曲线是连续的，而实际的走时观测仅是有限数据点。这意味着走时曲线必须在这些数据点之间进行内插，内插方案的不同会导致解算结果不同。实际上，有无数个略有不同的速度模型都适合于有限数目的 $t(\Delta)$ 点，然而，更严重的问题是实际地震数据一般都有噪声，自身相互矛盾。图 8-1-4 展

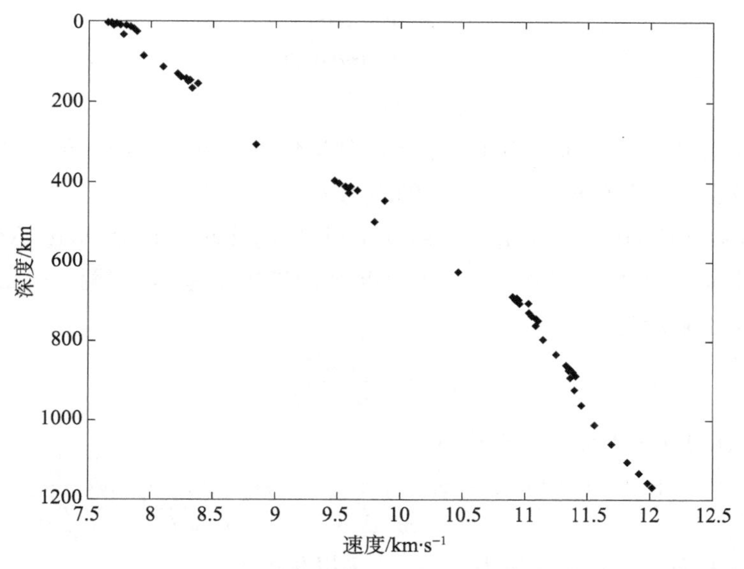

图 8-1-3　根据北京—萨哈林地区 P 波走时数据反演得到的速度剖面

示了实际数据的典型例子。图 8-1-4（a）$t(\Delta)$ 点不太平滑，会导致反演结果平滑程度不足。图 8-1-4（b）是把几次地震的数据结合在一起的，但走时曲线就有多种选择。

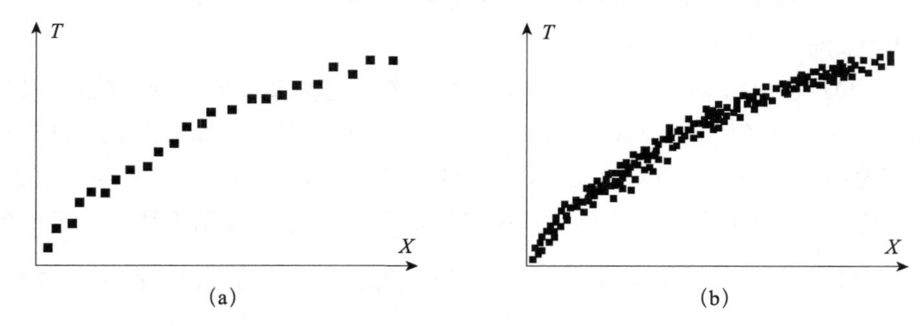

图 8-1-4　呈现离散的走时观测结果往往使速度剖面的反演复杂化
（Shearer，1999）

因此，HWB 公式不能直接应用。HWB 公式的主要进展是阐明精确的 $t(X)$ 曲线可给出速度剖面的唯一解。因此，许多反演策略是把寻找最佳速度模型的问题简化为寻找最佳的 $t(\Delta)$ 曲线的问题。

8.1.3　地球表面震源震中距的计算

前面求解球层介质速度结构时采用表面震源的震中距和走时来反演速度结构。本节讨论如何计算已知经纬度的球面两点之间的距离，如果一点为震源，另一点为接收地震波的台站，则这两点之间的距离为震中距。

将地球视为规则的球体，球半径为 R，以球心为原点建立空间直角坐标系。将经度记为 ϕ，地心纬度记为 θ（这里的地心纬度 θ 为矢径与 XOY 面的夹角，而不是数学上定义的与 z 轴的夹角），根据球面坐标和直角坐标的变换关系有

$$\begin{cases} x = R\cos\phi\sin\theta \\ y = R\sin\phi\sin\theta \\ z = \cos\theta \end{cases} \tag{8-1-18}$$

将震中位置记做 A，经纬度为（ϕ_1,θ_1），台站位置记做 B，经纬度为（ϕ_2,θ_2），根据式（8-1-18），A、B 两点在直角坐标系中的表示为

$$A(R\cos\phi_1\sin\theta_1, R\cos\phi_1\sin\theta_1, R\cos\theta_1), B(R\cos\phi_2\sin\theta_2, R\cos\phi_2\sin\theta_2, R\cos\theta_2)$$

以原点 O 指向点 A 的矢量作为 $\boldsymbol{a}$，指向点 B 的矢量作为 $\boldsymbol{b}$，则两个矢量之间的夹角即为震中距，它可以表示为

$$\cos\Delta = \frac{\boldsymbol{a}\cdot\boldsymbol{b}}{|\boldsymbol{a}|\cdot|\boldsymbol{b}|} \tag{8-1-19}$$

代入 A 点和 B 点的直角坐标矢量表达得到：

$$\cos\Delta = \frac{R^2(\cos\phi_1\sin\theta_1\cos\phi_2\sin\theta_2 + \sin\phi_1\sin\theta_1\sin\phi_2\sin\theta_2 + \cos\theta_1\cos\theta_2)}{R\sqrt{(\cos\phi_1\sin\theta_1)^2 + (\sin\phi_1\sin\theta_1)^2 + \cos^2\theta_1}\cdot R\sqrt{(\cos\phi_2\sin\theta_2)^2 + (\sin\phi_2\sin\theta_2)^2 + \cos^2\theta_2}}$$

上式中分母的两个根号里的值为 1，上式可以化简为

$$\begin{aligned} \cos\Delta &= \cos\phi_1\sin\theta_1\cos\phi_2\sin\theta_2 + \sin\phi_1\sin\theta_1\sin\phi_2\sin\theta_2 + \cos\theta_1\cos\theta_2 \\ &= \sin\theta_1\sin\theta_2(\cos\phi_1\cos\phi_2 + \sin\phi_1\sin\phi_2) + \cos\theta_1\cos\theta_2 \\ &= \sin\theta_1\sin\theta_2\cos(\phi_1 - \phi_2) + \cos\theta_1\cos\theta_2 \end{aligned} \tag{8-1-20}$$

这就是两点之间震中距的计算公式。

式（8-1-20）是根据地心纬度来计算的，如果考虑更为精确的地球形状，可以将地球近似为旋转椭球，极半径 c=6356.755km，赤道半径 a=6378.140km。采用如图 8-1-5 的椭圆来研究地理纬度和地心纬度的关系，其长半轴为 a，短半轴为 c。A 点的地心纬度为 A 点与地心连线与赤道面的夹角，即 θ。A 点的地理纬度为 A 点铅垂线与赤道面的夹角，即 θ'。很明显地心纬度可表示为 $\tan\theta = \frac{z}{x}$。为研究地理坐标的表达，过 A 点作椭圆的切线，则切线与铅垂线垂直。在 A 点的邻域取一点 A'，则根据图中的关系，由于 α 角的两边与地理纬度 θ' 角的两边相互垂直，因此这两个角相等。因此有 $\tan\alpha = \tan\theta' = -\frac{\mathrm{d}x}{\mathrm{d}z}$。为求 $\frac{\mathrm{d}x}{\mathrm{d}z}$，这里给出 Oxz 坐标系中的椭圆方程为 $\frac{x^2}{a^2} + \frac{z^2}{c^2} = 1$ 或 $\frac{x^2}{a^2} = 1 - \frac{z^2}{c^2}$，对上式两边分别微分得到：$\frac{2x\,\mathrm{d}x}{a^2} = -\frac{2z\,\mathrm{d}z}{c^2} \Rightarrow \frac{z}{x} = -\frac{c^2}{a^2}\frac{\mathrm{d}x}{\mathrm{d}z} \Rightarrow \tan\theta = \frac{c^2}{a^2}\tan\theta'$。

在地球形状研究中通常定义地球的几何扁率为 e=（a－c）/a，按照地球极半径和赤道半径计算可知 e=1/298.25。由此得到地理纬度 θ' 和地心纬度 θ 的变换公式为

$$\theta = \tan^{-1}[(1-e)^2\tan\theta'] \tag{8-1-21}$$

式中，e 为地球扁率。在式（8-1-20）中，先将地理纬度转换为地心纬度，就可以得到更为精确的计算震中距结果。下面根据式（8-1-21）给出在不同地理纬度处计算的地心纬度和地理纬度的差别，MATLAB 程序如下：

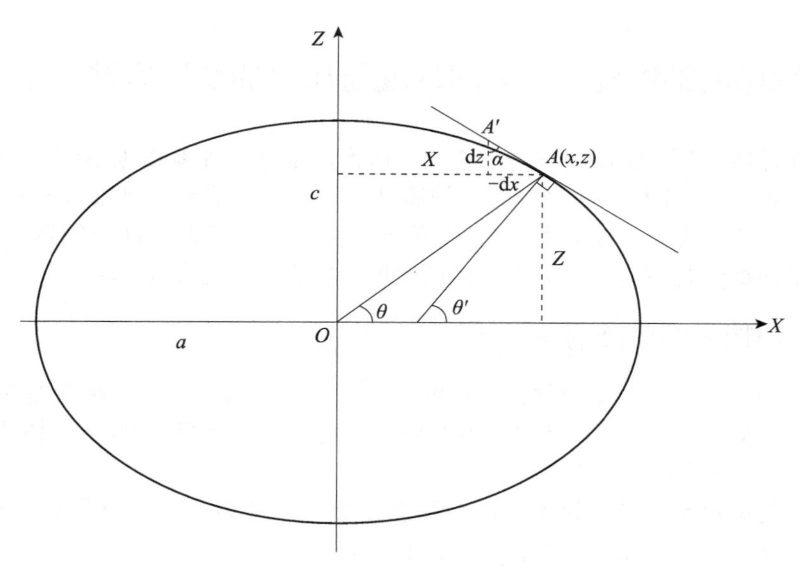

图 8-1-5 地心纬度和地理纬度的关系

```
%P8_2.m
thetaP = 0:1:90;      %地理纬度取值
e = 1/298.25;         %地球偏心率
e11 = (1 - e) * (1 - e);   %(1 - e)^2
theta = atand(e11 * tand(thetaP)); %按照式(8-1-21)转换为地心纬度
plot(thetaP,theta - thetaP);   %绘制地心纬度和地理纬度的差别
xlabel('地理纬度/^o');
ylabel('地心纬度和地理纬度的差别/^o');
```

运行程序后得到图 8-1-6。可见，地心纬度总是小于地理纬度，在纬度为 45°处的地心纬度和地理纬度差别最大，但差别最大值不足 0.2°，通常情况下，将地理纬度近似为地心纬度结果差别不会太大。

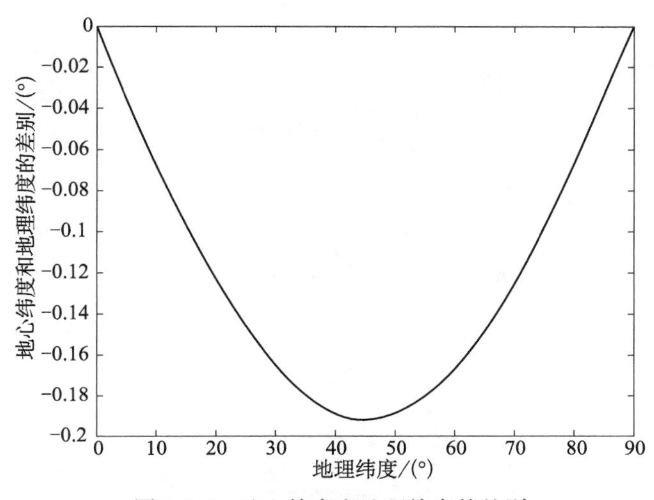

图 8-1-6 地心纬度和地理纬度的差别

8.2 地球内部密度、重力加速度与压力的估计方法

地球内部弹性常数、密度、重力加速度、压力等地球物理参数也是研究地球内部物理状态的重要参数。8.1节给出了地球内部地震波速度的估计方法。地震波速度资料除了作为地球分层的主要依据外，也可用来估计不同深度的弹性常数，这个问题已在3.3节介绍。本节介绍根据地震波速度求取地球内部密度、重力加速度和压力的方法。

8.2.1 地球内部密度的估计

地球介质的密度是随深度变化的。在球对称介质中，只要知道了密度随深度的变化率 $d\rho/dz$，就可以求出密度分布。下面就地球介质的化学成分是否“均匀”，物理状态是否处于“绝热”，分四种情况进行讨论。

首先对均匀绝热情况进行讨论，设在深度 z 处的密度为 $\rho(z)$，压力为 $P(z)$。由于密度随压力变化，压力又随深度变化，因此有

$$\frac{d\rho}{dz}=\frac{d\rho}{dP}\frac{dP}{dz} \tag{8-2-1}$$

除地壳外，地球内部基本处于静态平衡，因而压力随深度的变化是由自重产生的。故

$$\frac{dP(z)}{dz}=g\rho(z)=\frac{Gm}{r^2}\rho(z) \tag{8-2-2}$$

式中，$r=R-z$；m 为 r 以下地球介质的质量；G为万有引力常数。

现在分析一下 $\frac{d\rho(z)}{dP(z)}$，根据体应变 K 的定义［式（2-3-7）］，当体积变化很小时，可以看做 ΔV 为 dV，则

$$K=-\frac{dP}{dV/V} \tag{8-2-3}$$

又根据密度的表达式 $m=\rho V$，求导得 $\rho dV+Vd\rho=0$，从而得到

$$\frac{dV}{V}=-\frac{d\rho}{\rho} \tag{8-2-4}$$

联合式（8-2-3）和式（8-2-4）得到：

$$\frac{d\rho(z)}{dP(z)}=\frac{\rho(z)}{K} \tag{8-2-5}$$

由于：

$$\alpha=\sqrt{\frac{K+\frac{4}{3}\mu}{\rho(z)}},\beta=\sqrt{\frac{\mu}{\rho(z)}}$$

两式联立消去 μ 则有

$$\alpha^2-\frac{4}{3}\beta^2=\frac{K}{\rho}=\phi \tag{8-2-6}$$

因此，有

$$\frac{d\rho}{dz}=\frac{d\rho}{dP}\frac{dP}{dz}=\frac{\rho g}{\alpha^2-\frac{4}{3}\beta^2}=\frac{\rho g}{\phi} \tag{8-2-7}$$

式（8-2-7）可以写为

$$\frac{\mathrm{d}\ln\rho}{\mathrm{d}z}=\frac{g}{\phi} \tag{8-2-8}$$

这就是著名的**威廉森-亚当斯（Williamson-Adams）公式**。其中，ϕ 可由速度分布计算。考虑 g 在核幔边界以上变化很小，可以采用平均值代替。这时密度随深度的变化完全由 ϕ 随深度的变化决定。

对于均匀非绝热情况，在威廉森-亚当斯公式中加一个修正系数即可。即

$$\frac{\mathrm{d}\ln\rho}{\mathrm{d}z}=\frac{g}{\phi}(1-\delta) \tag{8-2-9}$$

式中，δ 为介质不绝热时密度梯度与绝热时密度梯度的差值，它反映了在不绝热情况下的过绝热温度梯度对密度梯度的影响。伯奇（F. Birch）根据固体物理和一些试验资料推断了 δ 的大小，在地幔的 B 区，δ 的平均值约为 0.5，在地幔 D 区，可取 0.07～0.045，整个地幔的平均值为 0.1～0.2。在外核为 0.02～0.03。内核可看做绝热的，因此 δ 可取为零。

对于非均匀绝热情况，需要添加非均匀系数 η_B，公式变为

$$\frac{\mathrm{d}\ln\rho}{\mathrm{d}z}=\eta_B\frac{g}{\phi} \tag{8-2-10}$$

注意，这里的 η_B 表示在绝热非均匀情况下由非均匀性对密度梯度影响的指标。$\eta_B=1$ 表示均匀区。布伦对该参数的估计是：在 B 区（33～410km）远远小于 1，在 C 区（410～1000km）顶部，略大于 2，C 区底部为 1，在 D' 区（1000～2700km）为 0.8，在 D'' 区（2700～2900km）小于 3，在 E 区（2900～4980km）为 1～1.4，在 F 区（4980～5120km）为 30，在 G 区（5120～6371km）为 4。

而对于非均匀、非绝热的情况，既要考虑非均匀系数的影响，又要考虑非绝热系数的影响，公式变为

$$\frac{\mathrm{d}\ln\rho}{\mathrm{d}z}=\frac{g}{\phi}\eta_B(1-\delta) \tag{8-2-11}$$

有了 η_B 和 δ 的估计，代入式（8-2-11）即可得到地球内部密度的估算公式。在第 1 章的地球的径向模型中，均包含了地球内部的密度分布。

应当指出，除威廉森-亚当斯公式确定地球内部密度外，其他学者还从另外的角度建立速度和密度的关系，例如，伯奇（Birch，1961）经过试验得出密度和纵波速度的经验关系为

$$\rho=0.768+0.301\alpha \tag{8-2-12}$$

式中，α 的单位为 km/s；ρ 的单位为 $\mathrm{g/cm^3}$。它适用于沉积岩、花岗岩、橄榄岩，因而可用于地壳和地幔上部。像式（8-2-12）这样简明的解析形式在研究地震波传播的合成地震图中十分方便，只要给出速度结构，则可唯一地确定密度分布。

8.2.2 地球内部重力的估计

地球内部任一点的重力 g 是该点内所有质量对该点单位质量所施加力之合力（不考虑旋转离心力）。对于球对称介质，球壳的体积可表述为 $4\pi r^2\mathrm{d}r$，球壳的质量可表述为 $\mathrm{d}m=\rho 4\pi r^2\mathrm{d}r$，则将质量微元从地心一直积到矢径 r 的观测点处有 $m=\int_0^r\mathrm{d}m=\int_0^r\rho 4\pi r^2\mathrm{d}r$。则距地心为 r 处的重力加速度 g 为

$$g=\frac{Gm}{r^2}=\frac{G}{r^2}\int_0^r \rho 4\pi r^2 \mathrm{d}r \tag{8-2-13}$$

若地球是成层均匀的，则底部为 R_1，顶部为 R_2 的密度均匀层的质量为

$$\Delta m=\int_{R_1}^{R_2}\rho 4\pi r^2 \mathrm{d}r=\frac{4}{3}\rho\pi r^3\bigg|_{r=R_1}^{R_2}=\frac{4}{3}\rho\pi\left(R_2^3-R_1^3\right) \tag{8-2-14}$$

这样，将所要计算点的内部各个均匀层的质量相加再代入式（8-2-13）的第一步即可求出内部某一点的重力。

下面采用 PREM 模型所给的数据文件根据上面的计算公式［式（8-2-13)］给出地球内部的重力分布。

```
%P8_3.m
load premmodel.dat    %加载 PREM 模型数据
N = size(premmodel,1);    %得到模型的行数
G = 6.672e-11;    %万有引力常数
r = [0];g = [0];    %容纳半径及其重力值的变量
m = 0;   %初始积分的质量为零
for ii = N-1:-1:1   %从地心到外依次累加各层的贡献,地心 r = 0,不必计算
    dm = 4/3 * pi * premmodel(ii+1,4) * (premmodel(ii,1)^3 - premmodel(ii+1,1)^3) * 1.0e9; %
计算该层物质质量
    %这里的 1.0e9 为将半径的单位 km 转换为 m,由于积分为半径的三次方,所以这里为 1.0e9
    m = m + dm; %将里面各层质量累加
    g = [g;G * m/(premmodel(ii,1) * 1000)^2]; %记录每一层的顶部的重力加速度
    r = [r;premmodel(ii,1)];        %每一层顶部的半径
end
plot(g,(6371-r))   %以重力为横坐标,以深度为纵坐标绘图
set(gca,'YDir','reverse')   %使 Y 轴反向
ylabel('深度/km'); %加上 Y 轴的标记
xlabel('重力/m.s^-^2') %加上 X 轴的标记,注意,^表示后面的字符为上标
```

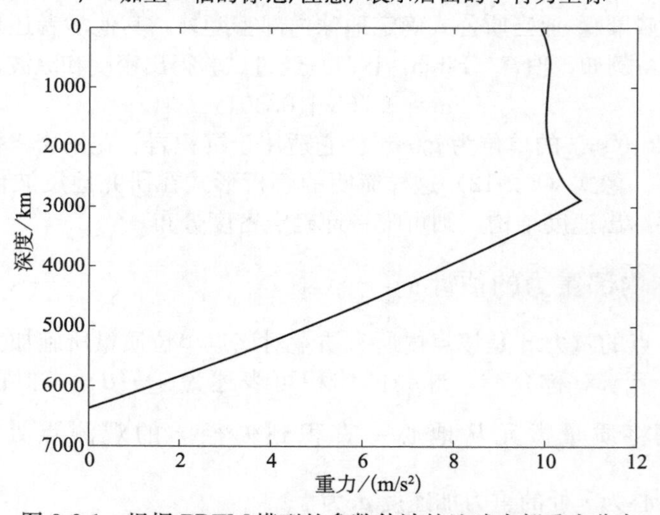

图 8-2-1　根据 PREM 模型的参数估计的地球内部重力分布

运行上面的程序得到图 8-2-1，可以看到，从地表到深部 2400km 处，g 的变化很小，为 9.85～9.90m/s^2，在一般的计算中可视为常数。在核幔边界上，g 达到极大，为 10.69m/s^2。这是由于地核密度突然增大的缘故。在地核内部，随深度增加，g 逐渐减小，在地心处 $g=0$。

8.2.3 地球内部压力的估计

经测量，地表岩石产生破裂或流变的偏应力为 10^8 Pa 的量级，通过震源物理研究，得知偏应力随深度的变化不是很大。但自重产生的正应力（压力）随深度增加很快，到地幔顶部已达 1.2×10^9 Pa。显然偏应力远小于正应力。因此地球内部的受力状态可以用流体静压力来描述，即有

$$\frac{\mathrm{d}P}{\mathrm{d}z}=\rho g \tag{8-2-15}$$

这里 g 为地球内部的加速度。可根据式（8-2-13）得出。ρ 为地球内部的密度，可以根据威廉森-亚当斯公式及其变形式［式（8-2-8）～式（8-2-11）］求得。从而可以算出压力梯度 $\frac{\mathrm{d}P}{\mathrm{d}z}$，再通过积分，算出不同深度处的压力 P。

下面根据 PREM 模型的参数估计地球内部的压力分布，MATLAB 程序如下：

```
%P8_4.m
load premmodel.dat    %加载 PREM 模型数据
N = size(premmodel,1);    %得到模型的行数
r = [6371];P = [0];    %容纳半径及其重力值的变量
Ptmp = 0;   %初始计算的压力为零
for ii = 2:N   %从地心到外依次累加各层的贡献,地心 r = 0,不必计算
    dP = premmodel(ii - 1,4) * premmodel(ii - 1,9) * (premmodel(ii - 1,1) - premmodel(ii,1)) * 
1000; % dP = rou.g.dz
     %后面乘以 1000 将半径的单位 km 变为 m
     Ptmp = Ptmp + dP; %将里面各层质量累加
    P = [P;Ptmp]; %记录每一层的顶部的重力加速度
    r = [r;premmodel(ii,1)];      %每一层顶部的半径
end
plot(P,6371 - r);    %绘制地球内部的压力分布
set(gca,'YDir','reverse')   %使 Y 轴反向
ylabel('深度/km'); %加上 Y 轴的标记
xlabel('压力/Pa') %加上 X 轴的标记
```

程序计算结果如图 8-2-2 所示。可见，地壳底部的压力约为 10^9 Pa，地幔底部的压力为 1.3×10^{11} Pa，而地心压力可达 3.6×10^{11} Pa 以上。

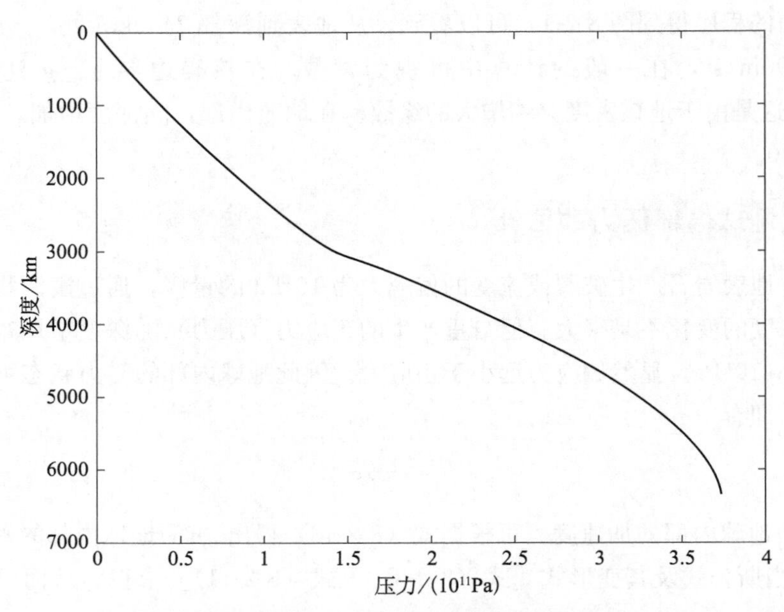

图 8-2-2 根据 PREM 模型参数估计的地球内部压力分布

8.3 单台地震定位及均匀介质中地震的多台定位

根据走时数据确定地震位置是地震学中的一个“古老”的、富有挑战性的问题，一直是地震学研究的一个重要方面。地震通常按发震时间和震源位置来定义。震源是地震的位置 (x,y,z)，而震中是震源正上方地表上的点 (x,y)。在地震定位中，通常把地震作为点源来对待。对于破裂几十到几百公里的大地震，震源不一定是地震的“中心”，此时把地震发生时，地震能量开始辐射的那个点作为震源点，根据初至到时确定震源。标准目录给出的地震发震时刻和震源位置均根据高频体波的走时确定，要与第 10 章所讲的矩心时间和位置区分开。本节首先讨论单台定位法和多台定位的因格拉达（Inglada）方法。

8.3.1 单台定位法

单台定位的原理就是根据纵波初动确定出震中方位角，然后根据震相到时（走时表等）确定出震源到台站的距离，根据 P 波水平和垂直初动振幅大小和垂直位移方向确定震源相对于台站的方位角和偏垂角。根据相对于台站的方位角、偏垂角和震中距即可得到震源位置。注意震中方位角是指通过台站子午线与地震台站到震中连线间的夹角，沿顺时针量取为正。

首先讨论近震的情况，对于近震，台站和震中所在的球面可以近似为平面，在直角坐标系下进行。

第一步，确定震中相对台站的方位角。

由图 8-3-1 所示，设地震台站的 P 波的北向初动半周期位移为 u_{N}，东向初动半周期位移为 u_{E}，则水平向位移矢量与北向的夹角可以由下式来计算

$$\alpha = \arctan \frac{u_E}{u_N} \tag{8-3-1}$$

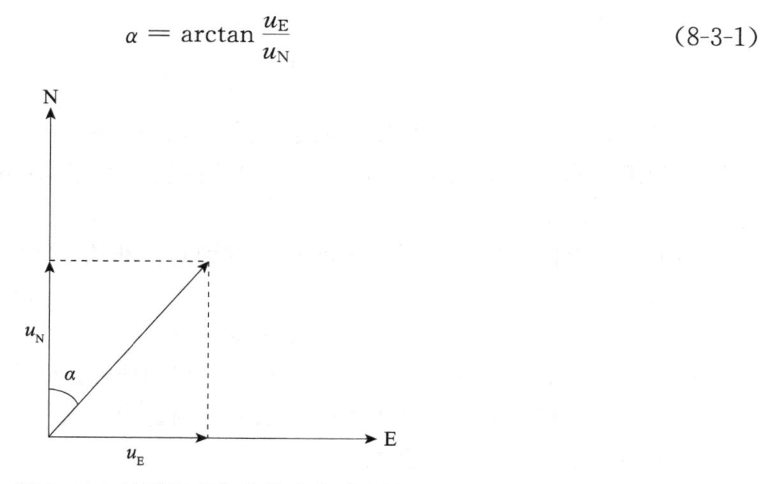

图 8-3-1　地震震中方位的确定示意图

在 MATLAB 中可以用 atan2（u_E，u_N）求得，因为 atan2 函数根据正负号给出 $-\pi$ 到 π 的范围，将其转换为度，对于小于 0°的角度加上 360°，就转换为 0°～360°范围。知道了水平向矢量方向，地震震中应该位于该矢量方向上，但究竟是沿着矢量方向还是与矢量方向相反？这需要采用垂直向记录。

定义垂直向记录 u_U 向上为正。垂直方向的初动半周期决定地震射线的方向。当垂直向初动向上时，地震射线的方向背向震中；当垂直初动向下时，地震波射线的方向指向震中。图 8-3-2 为一断层错动图，台 1 观测到的是压缩波（+），其 P 波垂直向记录向上，即射线是"离源"（即背向震中）运动；此时震中位于水平矢量的相反方向上。台 2 观测到的是膨胀波（−），其 P 波垂直向初动向下，即波射线为"向源"（指向震中）的运动。此时震中位于水平矢量方向上。根据上述分析，可以得到结论：垂直方向初动向上的台站，震中位于水平矢量方向的相反方向上；反之，垂直方向初动向下的台站，震中位于水平矢量方向上。

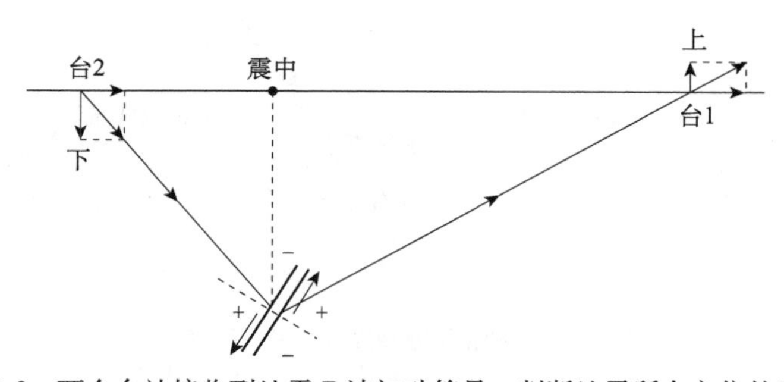

图 8-3-2　两个台站接收到地震 P 波初动符号，判断地震所在方位的示意图

第二步，确定震源到台站的距离。

设 t_s，t_p 分别为该台站 S 波及 P 波的到时，则地震到达该台站的 S 波和 P 波的走时之差等于 S 波及 P 波的到时差，则有

$$t_s - t_p = \frac{R}{v_s} - \frac{R}{v_p} = R\left(\frac{1}{v_s} - \frac{1}{v_p}\right) = R\,\frac{v_p - v_s}{v_p v_s} \tag{8-3-2}$$

通常定义：

$$k=\left(\frac{1}{v_{\mathrm{s}}}-\frac{1}{v_{\mathrm{p}}}\right)^{-1}=\frac{v_{\mathrm{p}}v_{\mathrm{s}}}{v_{\mathrm{p}}-v_{\mathrm{s}}} \tag{8-3-3}$$

该物理量具有速度的量纲，可以根据当地的平均地壳S波速度和P波速度估计该参数。通常被称为**虚波速度**（pseudo wave velocity）。设若 $v_{\mathrm{p}}=5.0\mathrm{km/s}$，$v_{\mathrm{s}}=3.0\mathrm{km/s}$，则虚波速度 $k=7.5\mathrm{km/s}$。

根据台站上读取的该地震的S波和P波到时差和该地区的虚波速度，可求得震源到台站的距离 R，公式为

$$R=k(t_{\mathrm{s}}-t_{\mathrm{p}}) \tag{8-3-4}$$

该步也可以对照观测震相之间的时间差，查询地震走时表来查得震中距。

第三步，根据地震记录的垂直向和水平向的记录，求得P波视入射角，从而根据地球均匀速度模型估计P波真入射角。

地震在该台站的水平向位移由南北向和东西向位移记录合成（图8-3-1）：

$$u_{\mathrm{H}}=\sqrt{u_{\mathrm{N}}^{2}+u_{\mathrm{E}}^{2}} \tag{8-3-5}$$

则视入射角 $\bar{i}_{\mathrm{p}}$ 为

$$\bar{i}_{\mathrm{p}}=\arctan\frac{u_{\mathrm{H}}}{u_{\mathrm{U}}} \tag{8-3-6}$$

根据第4章的P波真入射角和视入射角的转换公式［式（4-2-43）］，即 $\sin i_{\mathrm{p}}=\frac{\alpha}{\beta}\sin\frac{\bar{i}_{\mathrm{p}}}{2}$ 得到P波真入射角 i_{p}。

第四步，根据真入射角和震源到台站的距离 R 求得震中距 Δ 和震源深度 h（图8-3-3）。

$$\Delta=R\sin i_{\mathrm{p}} \tag{8-3-7}$$

$$h=R\cos i_{\mathrm{p}} \tag{8-3-8}$$

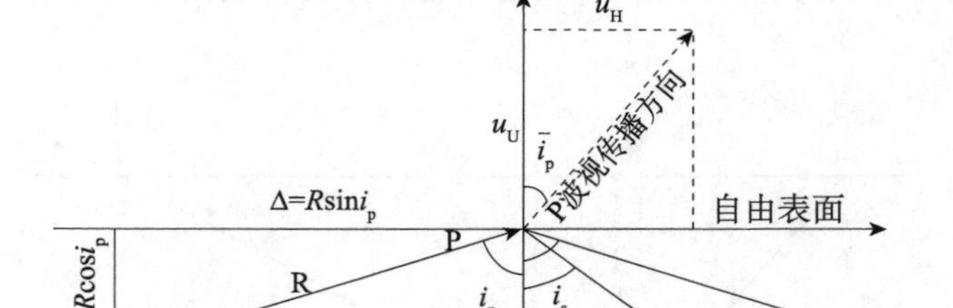

图8-3-3 求解震源深度和震中距示意图

震中方位角及震中距求得以后，便可决定出震中位置。这样应用一个台站的三分向记录就可以估计地震的大概位置了。

在计算机高速发展的今天，计算机可以代替人工操作。通常给出台站的经纬度，需要求解地震的经纬度和深度。在近震的情况下，通常采用直角坐标来解决问题，因此需要进行经纬度转换为直角坐标系的转换。

将观测点的经纬度（$\varnothing_i,\theta_i$）转换为直角坐标（x_i,y_i）有很多成熟的公式可以使用（朱介寿等，1988）。对于近震可采用下述简单公式（时振梁等，1990）。将观测点的经纬度（$\varnothing_i,\theta_i$）换算为直角坐标（x_i,y_i）的公式如下：

$$\begin{cases} y_i = 111.199(\theta_i - \theta_0) \\ x_i = 111.199(\varnothing_i - \varnothing_0)\cos\left(\dfrac{\theta_i + \theta_0}{2}\right) \end{cases} \tag{8-3-9}$$

式中，$\varnothing_0,\theta_0$ 为直角坐标的原点；$\varnothing_0,\theta_0$，$\varnothing_i,\theta_i$ 以度为单位；x_i，y_i的单位为 km。其中 111.199 为将地球看做半径为 6371km 的正球体的 1 度弧长的距离。对于南北向距离，直接用其纬度差乘以平均地球半径所对应的 1 度弧长即可；对于经向（东向）距离，由于不同纬度处地表距地轴的距离不同（图 8-3-4），作为近似，这里采用台站和震中纬度平均值的纬度位置的半径（地表至地轴的距离）得到 1 度弧长，以此来估计台站和震中的经度差所对应的水平距离。其 MATLAB 程序如下：

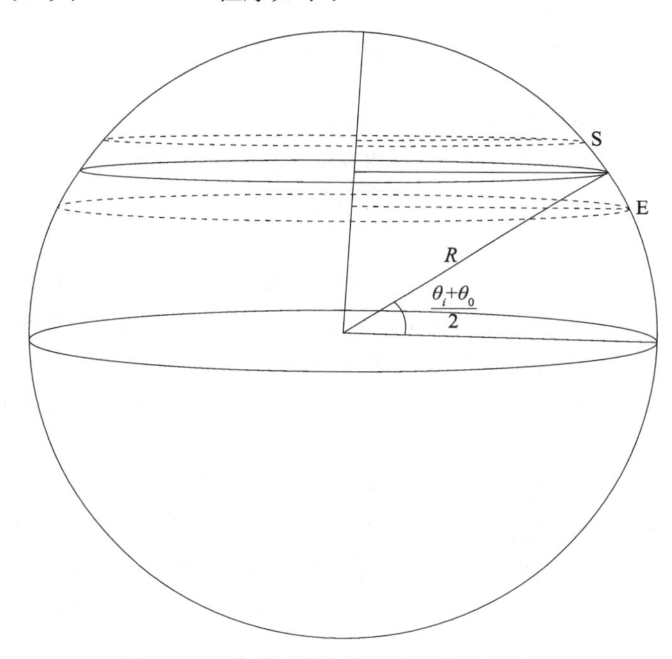

图 8-3-4　估计经度方向 1 度弧长的示意图

```
function [x,y] = geo2dist(lat,long,lat0,long0)
%根据坐标系原点 lat0 和 long0,将地理坐标(lat,long)转换为直角坐标 x,y
%输入 lat,long 分别为纬度和经度
%       lat0 和 long0 为坐标原点
% 输出 x 和 y 为得到的直角坐标,x 沿经向方向的坐标(东向),y 沿纬向方向(北向)
c1 = 111.199; %1 度弧长
y = c1 * (lat - lat0); %北向坐标,式(8-3-9)第一式
rlatP = deg2rad(lat + lat0)/2; %纬度的平均值作为计算经度的大圆的半径
x = c1 * (long - long0) * cos(rlatP); %经向坐标,式(8-3-9)第二式
return
```

采用上述步骤得到震源位置在直角坐标系的表示后，还需将直角坐标系中的坐标（x_i，y_i）转换为经纬度（$\varnothing_i$，θ_i），公式为

$$\begin{cases}\theta_i = \dfrac{y_i}{111.199} + \theta_0 \\ \varnothing_i = \dfrac{x_i}{111.199 \cdot \cos\left(\dfrac{\theta_0 + \theta_i}{2}\right)} + \varnothing_0\end{cases} \tag{8-3-10}$$

其中的符号及意义与式（8-3-9）相同。

采用MATLAB进行转换的程序如下：

```
function [latP, longP] = dist2geo(x, y, lat0, long0)
% 根据坐标系原点 lat0 和 long0,将直角坐标 x,y 转换为地理坐标
% 输入 x,y 分别为纬度方向和经度方向的直角坐标距离
%       lat0 和 long0 为坐标原点
% 输出 latp 和 longp 为得到的直角坐标点的纬度和经度
c1 = 111.199;    % 1 度弧长
latP = y/c1 + lat0; % (x,y)点的纬度,式(8-3-10)第一式
rlatP = deg2rad(latP + lat0)/2; % 纬度的平均值作为计算经度的大圆的半径
longP = x/cos(rlatP)/c1 + long0; % (x,y)点的经度,式(8-3-10)第二式
return
```

为验证上面的程序，以北纬25°，东经120°作为坐标原点，求北纬26°，东经121°的直角坐标，运行“［x，y］＝geo2dist（26，121，25，120）”，则可以得到 x＝100.366km，y＝111.199km 的结果，然后用此结果求解其经纬度，运行“［latp，longp］＝dist2geo（x，y，25，120）”的语句，可以得到北纬26°，东经121°的结果。读者也可以采用其他的数据进行检验。

有了上面的坐标转换程序（geo2dist 和 dist2geo），我们可以编写根据单台记录求解地震位置的计算机程序，假定地震台站纬度为35°N，经度为115°E，台站记录的P波初动北向位移为3μm，东向位移为3μm，垂直向向下位移为2μm，P波到时为5s，S波到时为8s，P波速度和S波速度分别为5km/s和3km/s。则可用下面的程序求解地震位置。

```
% P8_5.m
Slat = 35;  Slon = 115; % 台站的经纬度
ue = 3;un = 3;uu = -2; % 地震台记录的南北分向、东西分向和上下分向
Parrival = 5;Sarrival = 8; % P 波和 S 波到时,单位为 s
vp = 5;vs = 3; % 平均的 P 波速度和 S 波速度,单位为 km/s
k = (vp * vs)/(vp - vs); % 虚波速度
azi0 = atan2(ue,un); % 按式(8-3-1)求解方位角
if(uu<0)  % 垂向位移向下
    azi = azi0;   % 振动方向为其震中位置
    disp(['地震相对于台站的方位角为:',num2str(rad2deg(azi))]);
else  % 垂向位移向上
```

```
        azi = pi + azi0;    % 相反方向指向震中位置
        if(azi>2 * pi)azi = azi - 2 * pi;end
        disp(['地震相对于台站的方位角为:',num2str(rad2deg(azi))]);
    end
    uh = sqrt(ue * ue + un * un); % 南北分向和东西分向在水平面的投影
    ip1 = atan2(uh,abs(uu)); % 求视入射角
    ip = asin(vp/vs * sin(ip1/2)); % 根据式(4-2-45)给出真入射角
    r = k * (Sarrival - Parrival); % 按式(8-3-4)式求震源到台站的距离
    h = r * cos(ip); % 求地震的深度[式(8-3-8)]
    delta = r * sin(ip); % 求地震的震中距[式(8-3-7)]
    x = delta * sin(azi); % 得到以台站为坐标原点的 x 坐标
    y = delta * cos(azi); % 得到以台站为坐标原点的 y 坐标
    [Elat,Elon] = dist2geo(x,y,Slat,Slon);
    disp(sprintf('地震的经度东经 %f 度,纬度为北纬 %f 度,深度 %f km',Elon,Elat,h));
    disp(sprintf('地震到台站的震中距为 %fkm',delta))
    disp(sprintf('P 波的走时为 %f 秒',r/vp))
    disp(sprintf('S 波的走时为 %f 秒',r/vs))
```

读者可以换用其他数据实验体会单台定位原理。对于震中距大于 1000km 的远震，如何采用单台求得地震震中位置呢？与近震情况一样，首先根据台站的 P 波初动的三分向记录确定震中相对于台站的方位角，然后采用能够观测到的特定震相查找走时表确定震中距，最后根据震中距和台站经纬度确定震中经纬度。需要说明的是，远震记录对震源深度反应不敏感，可假定为地表震源。前面两步在近震单台定位叙述比较清楚，只不过查找走时表为远震的走时表，下面着重说明如何根据震中的方位角和震中距计算给出震中位置。

由于是远震，需要采用球坐标来求解。如图 8-3-5 所示，假定地震震中经纬度为 (ϕ_E,θ_E)，台站经纬度为 (ϕ_S,θ_S)，根据地震 P 波初动位移求得地震相对于台站的方位角为 α，根据走时表查得震中距为 Δ，则由球面三角余弦定理（球面三角形任意边的余弦等于其他两边余弦的乘积加上这两边的正弦及其夹角余弦的连乘积）有

$$\cos(90^\circ-\theta_E)=\cos(90^\circ-\theta_S)\cos\Delta+\sin(90^\circ-\theta_S)\sin\Delta\cos\alpha \tag{8-3-11}$$

将其进行化简：

$$\sin\theta_E=\sin\theta_S\cos\Delta+\cos\theta_S\sin\Delta\cos\alpha \tag{8-3-12}$$

从而得到震中纬度的计算公式为

$$\theta_E=\sin^{-1}(\sin\theta_S\cos\Delta+\cos\theta_S\sin\Delta\cos\alpha) \tag{8-3-13}$$

根据球面三角正弦定理（球面三角形各边的正弦和对角的正弦成正比），有

$$\frac{\sin(90^\circ-\theta_E)}{\sin\alpha}=\frac{\sin\Delta}{\sin(\phi_E-\phi_S)} \tag{8-3-14}$$

将其变形可得到震中经度的计算公式：

$$\phi_E=\phi_S+\sin^{-1}\left(\frac{\sin\Delta\sin\alpha}{\cos\theta_E}\right) \tag{8-3-15}$$

假定地震台站的经纬度为 119°E，40°N，该台站记录地震的 P 波初动的北向位移

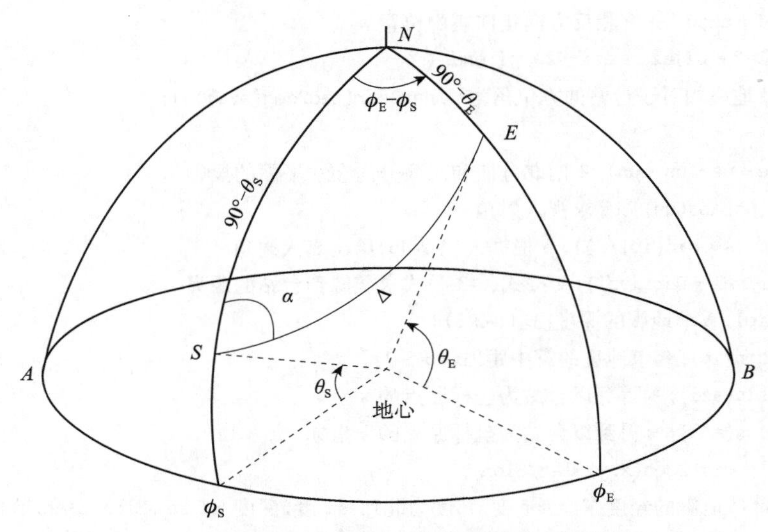

图 8-3-5 远震震中经纬度和台站经纬度之间的关系

2μm，东向位移 2μm，垂向位移向上 3μm，震中距从走时表中查得为 20°。采用上面计算公式进行计算的 MATLAB 程序如下：

```
%P8_6.m
Delta=20;    %假定20°的震中距
Slat=40; Slon=119;    %台站的纬度和经度
alpha=40;
Elat=asind(sind(Slat)*cosd(Delta)+cosd(Slat)*sind(Delta)*cosd(alpha)); %式(8-3-13)
Elon=Slon+asind(sind(Delta)*sind(alpha)/cosd(Elat)); %式(8-3-15)
disp(sprintf('震中经纬度分别为%5.1f,%4.1f\n',Elon,Elat));
```

运行程序可以得到震中经纬度为 142.2°，52.1°。注意这里得到的纬度北纬为正，南纬为负。

8.3.2 三站求取震源位置的石川法

以三站为一组确定震源位置的做法，称为**虚波速度法**，亦称石川法。虚波速度在近震范围内是相当稳定的，可由本地经验得到，一般都在 8km/s 左右。设选定的三个观测站为 S_1、S_2、S_3，先将它们按照地理位置，标在地图上，如图 8-3-6（a）所示，再按各站记录到的（t_s-t_p）到达时间差，用式（8-3-4）求得各站相应的震源距离：R_1、R_2、R_3。然后以 S_1 为中心，R_1 为半径，在操作地图上作第一地震圆，其实应为一个隐藏在下面的半球面，震源应是此球面上的一点。同样以 S_2 及 S_3 为中心，以 R_2、R_3 为半径作第二、第三地震圆，各有其下隐的半球面。这三个半球面互相交切，每两个构成一个弧形交切痕，共有三条，投影到图上为：aa、bb、cc。这三条弧相交于一点，因它是三个下隐半球面的共同点，当然就是震源，投影到图上为 E，就是震中，便可在操作地图上定出其地理位置。

震源深度可通过下面的方法确定。过震中 E，垂直于观测点 S_1（S_2 或 S_3 亦可）与震中的连线，作一直线与第一地震圆交于 A，则 EA 之长就是震源深度 h。这个可从图 8-3-6（b）清楚地看到，若过 E 并垂直于 S_1E 作一垂直面，则这个垂面必通过震源 F，由于 S_1E 与 EA 和 EF 均组成直角三角形，并且三角形的斜边长就是球的半径 R_1，因此，$AE=EF=h$。最后用操作地图的比例尺，将 AE 折合成公里数，便得到震源深度的数据。

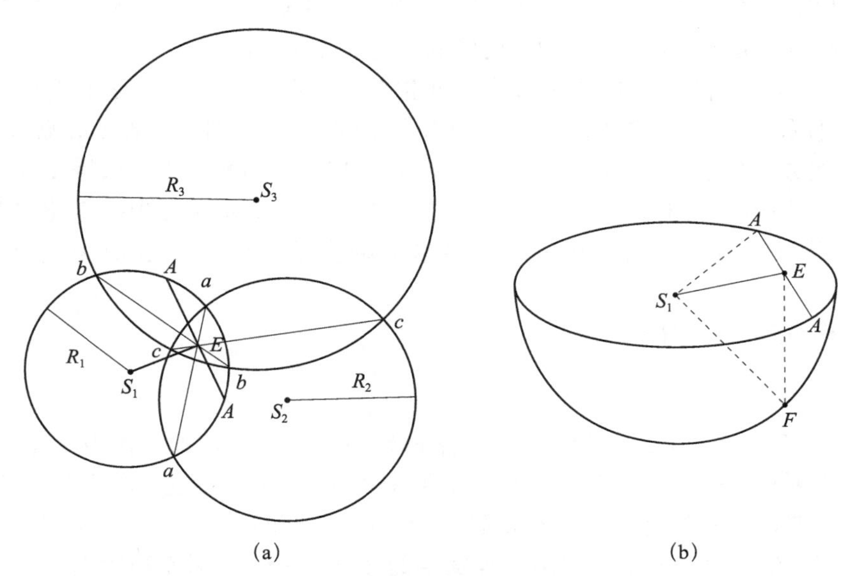

图 8-3-6 三站交切法测定震源位置示意图

8.3.3 四个台站（或以上）求解地震位置的因格拉达算法

设震源坐标为 (x_0, y_0, z_0)，发震时刻为 t_0，台站 i 的坐标为 (x_i, y_i, z_i)，P 波、S 波到时分别为 t_{Pi} 和 t_{Si}，震源到台站 i 的距离为 R_i。采用均匀介质模型，设 P 波、S 波速度分别为 v_P 和 v_S，引入虚波速度 $\bar{v}=\left(\frac{1}{v_S}-\frac{1}{v_P}\right)^{-1}=\frac{v_Pv_S}{v_P-v_S}$，则有

$$t_{Si}-t_{Pi}=\frac{R_i}{v_S}-\frac{R_i}{v_P}=\frac{R_i}{\bar{v}} \tag{8-3-16}$$

从而

$$R_i=\bar{v}(t_{Si}-t_{Pi}) \tag{8-3-17}$$

对台站 i 有

$$(x_0-x_i)^2+(y_0-y_i)^2+(z_0-z_i)^2=R_i{}^2 \tag{8-3-18}$$

对台站 j 有

$$(x_0-x_j)^2+(y_0-y_j)^2+(z_0-z_j)^2=R_j{}^2 \tag{8-3-19}$$

将式（8-3-18）、式（8-3-19）展开后相减，得到线性方程：

$$(x_i-x_j)x_0+(y_i-y_j)y_0+(z_i-z_j)z_0=\frac{1}{2}(r_i{}^2-r_j{}^2+R_j{}^2-R_i{}^2) \tag{8-3-20}$$

其中，$r_i{}^2=x_i{}^2+y_i{}^2+z_i{}^2$。将式（8-3-20）用于三对以上的台站，即得到一关于 (x_0, y_0, z_0) 的线性方程组，方程组写成矩阵形式为

$$\begin{bmatrix} x_1 - x_2 & y_1 - y_2 & z_1 - z_2 \\ x_1 - x_3 & y_1 - y_3 & z_1 - z_3 \\ \vdots & \vdots & \vdots \end{bmatrix} \begin{bmatrix} x_0 \\ y_0 \\ z_0 \end{bmatrix} = \begin{bmatrix} \frac{1}{2}(r_1^2 - r_2^2 + R_2^2 - R_1^2) \\ \frac{1}{2}(r_1^2 - r_3^2 + R_3^2 - R_1^2) \\ \vdots \end{bmatrix} \tag{8-3-21}$$

式（8-3-21）可以写为 $\boldsymbol{Ax}=\boldsymbol{B}$ 的形式，从而方程的解就变成了求解 $\boldsymbol{A}$ 的逆矩阵的形式，方程的解可以表示为：$\boldsymbol{x}=\boldsymbol{A}^{-1}\boldsymbol{B}$。这样就得到了震源位置。

由于 z_i 表示台站高度，当台站海拔高度相差不大时，$|z_i - z_j|$ 远小于 $|x_i - x_j|$ 和 $|y_i - y_j|$，使得方程组［式（8-3-21）］的系数矩阵具有奇异性，导致 z_0 解发散。因此可以通过其他方法单独求解 z_0：将震中解 x_0，y_0 代入式（8-3-18）求得 z_0，将各个台站求得的 z_0 平均值作为震源深度的解。这样 z_0 的误差仅决定于震中的定位误差和 R_i 的到时读数误差（二者均是可控的），从根本上解决了无法得到震源深度有效信息的问题。

关于发震时刻，有方程：

$$t_0 = t_{Pi} - \frac{R_i}{v_P} \tag{8-3-22}$$

将式（8-3-22）用于各个台站，然后求各台站得到的 t_0 的平均值即可作为发震时刻。由于 R_i完全取决于到时［式（8-3-17）］，所以 t_0 和震源的求解完全独立，其误差的唯一来源是到时读数的误差，只要到时读数足够精确，即使震源定位误差很大，也可求得很精确的 t_0。根据上述方法，可以初步求解出地震发生的经度、纬度、深度和发震时间的估计解。下面为求解上述问题的计算机程序：

```
function [FirLocal] = ingladawan(Vp, Vs, Pg, Sg, Stx, Sty, Stz)
% 虚波速度
VSpeed = (Vp * Vs)/(Vp - Vs);
% 计算地震位置
l = 1;   % 方程序号从 1 开始
for ii = 1:length(Pg) - 1
Ri2 = (VSpeed * (Sg(ii) - Pg(ii)))^2;  % 震源距离的平方,式(8-3-17)
ri2 = Stx(ii)^2 + Sty(ii)^2 + Stz(ii)^2; % 公式 r_i^2 = x_i^2 + y_i^2 + z_i^2
for jj = ii + 1:length(Pg)  % ii 和 jj 不能相同
Rj2  = (VSpeed * (Sg(jj) - Pg(jj)))^2;  % 震源距离的平方,式(8-3-17)
rj2  = Stx(jj)^2 + Sty(jj)^2 + Stz(jj)^2; % 采用 r_i^2 = x_i^2 + y_i^2 + z_i^2
LMat(l,1) = (ri2 - rj2 + Rj2 - Ri2)/2; % (r_i^2 - r_j^2 + R_j^2 - R_i^2)/2
RMat(l,1) = Stx(ii) - Stx(jj);   % (x_i - x_j)
RMat(l,2) = Sty(ii) - Sty(jj);   % (y_i - y_j)
RMat(l,3) = Stz(ii) - Stz(jj);   % (z_i - z_j)
l = l + 1;
end % for jj 循环结束
end % for ii 循环结束
FirLocal = pinv(RMat) * LMat;    % 公式 x = A^-1 B, pinv(x)为求解矩阵 x 的伪逆
```

```
% 发震时刻和地震深度没有采用前面的计算结果,下面分别计算
for ii = 1:length(Pg)
SeiDist     = VSpeed * (Sg(ii) - Pg(ii));   % 震中距
SeiTime(ii)  = Pg(ii) - SeiDist/Vp;   % 计算发震时刻
SeiDeeps(ii) = Stz(ii) + sqrt(SeiDist^2 - (FirLocal(1) - Stx(ii))^2 - (FirLocal(2) - Sty
(ii))^2);   % 根据式(8-3-18)计算地震深度
end % for ii 循环结束
FirLocal(3) = real(mean(SeiDeeps));   % 估计地震深度的平均值
if ( FirLocal(3) < 0 | FirLocal(3) > 100)
% 如果地震深度超出可信范围,则强制给定地震深度
FirLocal(3) = 12;
end
FirLocal(4) = mean(SeiTime); % 估计地震发震时刻的平均值
return
```

下面给出一个采用上面的方法对地震进行定位的例子

```
% P8_7.m
Stx = [50,0,50,100,100,100,50,0,0 ];   % 台站位置的 x 坐标
Sty = [50,100,100,100,50,0,0,0,50];   % 台站位置的 y 坐标
Stz = zeros(1,9);   % 台站位置的 z 坐标,在此设置为零
Pg = [6.4,18.5,11.9,11.9,6.4,11.9,11.9,18.5,15.5]; % 各个台站的直达 P 波到时
Sg = [10.7,30.8,19.8,19.8,10.7,19.8,19.8,30.8,25.9]; % 各个台站的直达 S 波到时
[FirLocal] = ingladawan(5,3,Pg,Sg,Stx,Sty,Stz)   % 调用因格拉达法求解地震位置
```

在上面的程序中，均采用直角坐标。如果已知的台站坐标的经纬度，求解地震的经纬度，则需要采用式（8-3-9）首先转换为直角坐标，待求得地震位置后再采用式（8-3-10）转换为地震的经纬度地理坐标。

8.3.4 多台（四个或以上）求解地震发震时刻的和达直线法

设所要求的发震时刻为 T_0 ，在震源距离为 D 的观测点上直达 P 波和 S 波的到时为 T_P、T_S ，传播速度分别为 v_P、v_S ，则有

$$\begin{aligned} D &= v_P(T_P - T_0) \\ D &= v_S(T_S - T_0) \end{aligned} \tag{8-3-23}$$

式（8-3-23）两式导出 T_S 和 T_P 后相减得

$$T_S - T_P = D\frac{v_P - v_S}{v_P v_S} = D/\bar{v} \tag{8-3-24}$$

式中，$\bar{v}$ 为前面提到的虚波速度。令 $\Delta t = T_S - T_P$ ，可以得到

$$T_P = T_0 + \frac{D}{v_P} = T_0 + \frac{v_S}{v_P - v_S}\Delta t \tag{8-3-25}$$

这说明在地壳为均匀速度的假设下，P 波到时 T_P 与 S 波和 P 波的到时差呈直线关系。将各观测点的（T_P,Δt）的值标在 T_P-Δt 的平面上，这些数据点的拟合直线在 T_P 轴上的截距即为发震时刻 T_0 。这个求发震时刻的方法通常被称为**和达直线法**。

若将 T_P 定义为 y，Δt 定义为 x，则式（8-3-25）是一个关于 $y=f(x)$ 的直线方程，T_0 相当于直线拟合方程中的 a，$\frac{v_S}{v_P-v_S}$ 相当于 b，可用最小二乘线性拟合来求解 a 和 b。最小二乘线性拟合的知识查看相关书籍（万永革，2012）。

下面设某地震被 9 个台站记录到，P 波、S 波到时为 TpTs＝［13.0249,20.0511；15.1966,23.2570；17.0544，26.4523；19.2718,30.1574；21.0893,33.2776；23.1923,36.4374；25.0391,39.7976；27.4119,43.2971；29.0323,46.3749］，其中第一列为 P 波到时，第二列为 S 波到时。根据这些观测数据求解地震发震时刻及其不确定性，给出的 MATLAB 程序如下：

```
%P8_8.m
TpTs = [ 13.0249, 20.0511;    15.1966, 23.2570;    17.0544, 26.4523;    19.2718, 30.1574;
21.0893,33.2776;    23.1923,36.4374;    25.0391,39.7976;    27.4119,43.2971;    29.0323,46.3749];
y = [TpTs(:,1)]';    %P 波到时
x = [TpTs(:,2) - TpTs(:,1)]';    %S 波,P 波到时差
n = length(x);    %数据的长度
x_ave = mean(x);y_ave = mean(y);    %求出 x,y 的平均值
b = sum((y - y_ave). * (x - x_ave))/sum((x - x_ave).^2)    %b 的计算
a = y_ave - b * x_ave    %a 的计算
r = sum((y - y_ave). * (x - x_ave))/sqrt(sum((x - x_ave).^2). * sum((y - y_ave).^2)) %相关系数
计算
yhat = a + b * x;    %y 的估计值
lyy = sum((y - y_ave).^2);    %总平方和
U = sum((yhat - y).^2);    %剩余平方和
Q = lyy - U;    %回归平方和
Sy = sqrt(lyy/(n - 1))    %总均方差
Sq = sqrt(Q)    %回归均方差
Syhat = sqrt(U/(n - 2))    %剩余均方差
Sa = Syhat * sqrt(1/n + x_ave^2/sum((x - x_ave).^2)) %a 的均方差
Sb = Syhat/sqrt(sum((x - x_ave).^2))    %b 的均方差
xx = min(x):0.01:max(x);
yy = a + b * xx;    %回归得到的直线
deltayy = Syhat * sqrt(1 + 1/n + (xx - x_ave).^2./sum((x - x_ave).^2));    %回归直线的误差
y1 = yy + deltayy;    y2 = yy - deltayy;    %回归直线误差的上下限
plot(xx,yy,'-',x,y,'s', xx,y1,'r:',xx,y2,'r:',[x;x],[(a + b * x);y],'k-');    %绘图
legend('拟合直线','数据点','误差范围');
xlabel('Ts - Tp/s');ylabel('Tp/s')
```

运行上述程序得到的结果见图 8-3-7，得到的参数：$T_0=2.4439\pm0.3492$（s）；b 为 $V_s/(V_p-V_s)$，其值为 1.5472±0.0278，相关系数 r 为 0.9989，基本接近于 1，达到了较为完美的拟合。

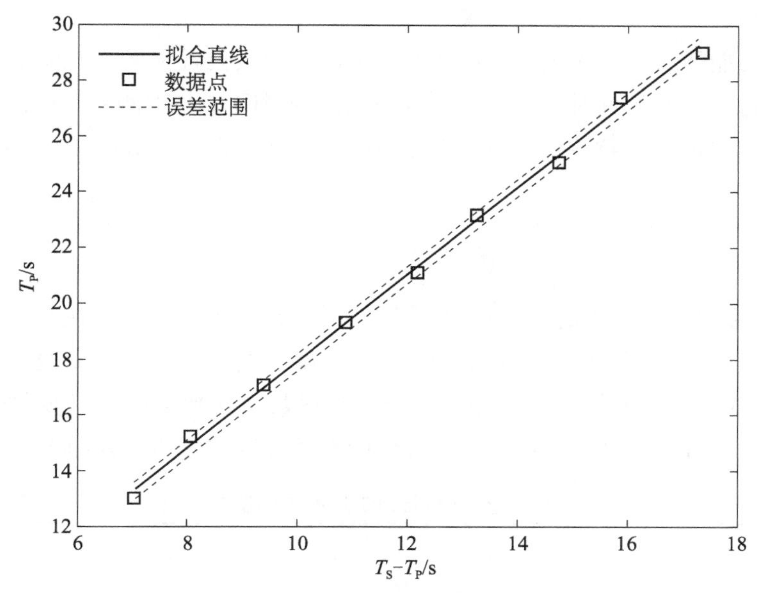

图 8-3-7 采用 P 波、S 波到时数据得到的拟合结果

8.4 地震定位结果与台站分布的关系

地震定位问题需要求解地震的空间位置和发震时刻。通常把这些参数称为模型，定义模型矢量：

$$\mathbf{m} = (m_1, m_2, m_3, m_4) = (T, x, y, z) \tag{8-4-1}$$

假定有地震台观测的 n 个震相到时，为了得到参数 $\mathbf{m}$，首先必须假定一个参考的地球模型，如一维平层介质模型。这样，按照第 6、7 章的知识，根据 $\mathbf{m}$ 值和台站位置可以计算第 i 个台站的预测到时：

$$t_i^p = F_i(\mathbf{m}) \tag{8-4-2}$$

这里 F 是算子，其复杂程度由假定地球模型的复杂程度和地震波传播的射线路径决定。观测到时与预测的理论到时之差为

$$r_i = t_i - t_i^p = t_i - F_i(\mathbf{m}) \tag{8-4-3}$$

式中，r_i 为第 i 个台站的残差。在某种意义上来说，我们希望得到使观测到时与预测到时的残差为最小的 $\mathbf{m}$。注意，F 是地球模型和每个台站位置的函数，根据第 6、7 章的知识就可以精确计算。然而，走时与地震位置参数的非线性关系使反演最佳地震模型的工作大大复杂化。这种非线性的影响甚至在均匀速度进行定位的简单情况下，也是明显的，在这种情况下，坐标为 (x_i, y_i) 的台站记录发震时刻为 T 的震源点 (x, y) 的到时为

$$t_i = T + \frac{\sqrt{(x - x_i)^2 + (y - y_i)^2}}{v} \tag{8-4-4}$$

式中，v 为速度。在此方程中，到时 t 不论是与 x 还是 y 都不呈线性关系。该结果表明，不

能用解线性方程的方法来得到震源位置。

现在有了功能强大的计算机，可以在所有可能的地震位置和发震时间范围里作网格搜索，计算每个台站预测的到时。则可以求得使预测的时间 t_i^p 与观测的时间 t_i 最一致的特定的 **m**。怎样规定“最”一致呢？通常选择最小二乘准则（least square criterion），使下式达到最小：

$$\chi^2 = \sum_{i=1}^{n} \left[t_i - t_i^p \right]^2 \tag{8-4-5}$$

式中，n 为台站数目。把平均的平方残差 χ^2/n 叫做**方差**（variance）。在数理统计上更普遍的形式是用 χ^2/ndf 来定义方差。这里 ndf 是自由度的数目（ndf 为 n 减去拟合中的独立参数的数目）。对通常需要解决的问题，拟合参数的数目比数据的数目少得多，所以 n 和 ndf 近似相等。在数理统计中，χ^2 分布与自由度个数及置信度的关系如表 8-4-1 所示。

表 8-4-1　χ^2 分布与自由度和置信度的关系

ndf	χ^2 (95%)	χ^2 (50%)	χ^2 (5%)
5	1.15	4.35	11.07
10	3.94	9.34	18.31
20	10.85	19.34	31.41
50	34.76	49.33	67.50
100	77.93	99.33	124.34

求解这类问题常采用最小二乘法，这是因为在求最小值的问题中，该方法使方程解答有简单的解析形式。如果 t 与 t^p 之间的拟合差是由 t 中非相关的随机噪声所造成的，那么最小二乘法将有助于给出正确答案。在本书的讨论中，如不特殊说明，假定误差是由服从高斯正态分布的随机噪声导致的。

现在以一组台站，假设为均匀的地壳模型，以 1km 和 0.1s 为网格点搜索地震的位置。MATLAB 程序如下：

```
%P8_9.m
clc
x0 = 30;y0 = 29; %假定的震源位置,发震时刻假定为零 S1
%x0 = 50;y0 = 20;     %假定的震源位置,发震时刻假定为零 S2
%x0 = 10;y0 = 60;     %假定的震源位置,发震时刻假定为零 S3
vel = 6; %假定的地震波速度
st = [9.0,24.0;24.0,13.2;33.0,4.8;45.0,10.8;39.0,27.0;54.0,30.0;15.0,39.0;36.0,42.0;27.0,
48.0;48.0,48.0;15.0,42.0;18.0,15.0;33.0,36.0];
%假定的台站位置
N = length(st); %台站个数
Pt = sqrt((st(:,1) - x0).^2 + (st(:,2) - y0).^2)./vel + (1 - rand(N,1)) * 0.5; %计算各台站的预测
走时,并加上幅度为 0.5s 的误差
ndf = N - 3; %该问题需要求解地震的发震时刻和 x,y 坐标,因此有三个未知数
```

```
resmin = 1.0E50; % 给出最小值是一个较大的数
xmin = 0;ymin = 0;origt = min(Pt); % 初始的位置
for x = 0:1:100
for y = 0:1:100
Pred_t = sqrt((x * ones(N,1) - st(:,1)).^2 + (y * ones(N,1) - st(:,2)).^2)/vel; % 按式(8-4-4)求得预测到时
for orig = origt - 10:0.1:origt
res = sum((Pt - Pred_t - orig).^2)/ndf; % 按照式(8-4-5)计算平均残差
if(res<resmin)
resmin = res; xmin = x;ymin = y;origmin = orig;
end
end
end
end
[xmin,ymin,origmin,resmin] % 输出找到的最优结果
orig = origmin; % 将最优的发震时刻保存
figure(1)
for x = 1:1:101
for y = 1:1:101
Pred_t = sqrt((x - st(:,1)).^2 + (y - st(:,2)).^2)/vel; % 按式(8-4-4)求得预测到时
chisq(x,y) = sum((Pt - Pred_t - orig).^2); % 按照式(8-4-5)计算卡方分布
end
end
chisqlim = interp1([5,10,20,50,100],[1.15,3.94,10.85,34.76,77.93],ndf,'spline');    % 采用表8-4-1插值得到置信度为95%的卡方的限制
contour([0:100],[0:100],chisq',[1:0.5:chisqlim]) % 绘制置信度为95%的范围
colorbar % 加上色标
hold on
plot(st(:,1),st(:,2),'^')   % 绘出台站的位置
axis([0,70,0,70]) % 给x轴和y轴一定的绘图范围
axis equal     % 使得x轴和y轴相等
xlabel('x/km');ylabel('y/km')    % 加标记
annotation('textbox',[0.80,0.894,0.5,0.1],'/ines tyle','none','String','\chi^2/(s^2)')
```

运行程序得到的结果如图8-4-1所示。可见得到的震源位置的95%的置信度的范围接近一个圆。但要注意，置信范围不是一个正圆，这跟台站分布有关，对于方位较为密集的台站，置信度为95%的置信范围就减小；反之置信度为95%的置信范围就增大。如果将上述程序中的震源设置为“x0=50；y0=20;”和“x0=10；y0=60；”，这相当于网缘地震和网外地震，得到的95%置信度的椭圆范围和方位都有变化。这可以很明显地看到台站稠密的方位置信范围变小，台站稀疏的方位置信范围增大。

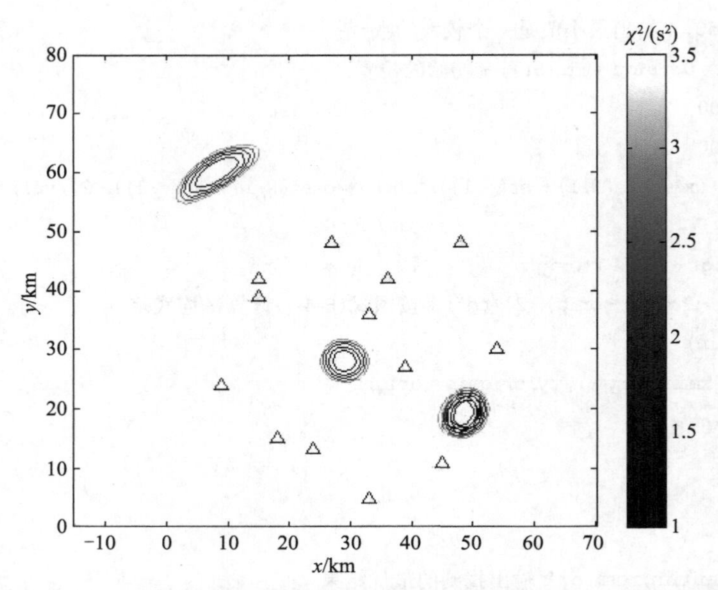

图 8-4-1　给定的台站分布下不同的位置网格搜索得到的 95%置信度的置信范围（参看程序运行的彩图）

8.5　迭代定位方法

8.5.1　迭代定位方法的基本思路

在至今为止的讨论中，我们假定可以直接通过在所有可能的 χ^2（$\mathbf{m}$）的范围里进行搜索，以求得 χ^2 的最小值。然而这样的计算量太大，难以实用，并且搜索间隔的大小也会影响结果的估计精度。通常的做法是估计或用其他方法解出一个接近"真解"的解，这样就可以将残差进行泰勒展开，只取一阶项，这样就只含有线性部分，可以采用线性方法估计更加接近于"真解"的解。一直迭代下去，直到达到了某种精度，就认为找到"真解"了。其详细步骤如下：

首先，对估计"真解"进行扰动：

$$\mathbf{m}=\mathbf{m}_0+\Delta\mathbf{m} \tag{8-5-1}$$

式中，$\mathbf{m}_0$ 为猜想（或用其他方法估计）的最佳位置，这样可以认为 $\mathbf{m}$ 在 $\mathbf{m}_0$ 的邻域内，可以用泰勒级数展开式的第一项来近似表示 $\mathbf{m}$ 参数所预测的到时（采用爱因斯坦求和准则）：

$$t_i^p(\mathbf{m}) = t_i^p(\mathbf{m}_0) + \sum_j \frac{\partial t_i^p}{\partial m_j}\Delta m_j \tag{8-5-2}$$

新的 $\mathbf{m}$ 的台站 i 的观测走时 t_i 与预测走时 t_i^p（$\mathbf{m}$）的残差为

$$\begin{aligned} r_i(\mathbf{m}) &= t_i - t_i^p(\mathbf{m}) \\ &= t_i - t_i^p(\mathbf{m}_0) - \sum_j \frac{\partial t_i^p}{\partial m_j}\Delta m_j \\ &= r_i(\mathbf{m}_0) - \sum_j \frac{\partial t_i^p}{\partial m_j}\Delta m_j \end{aligned} \tag{8-5-3}$$

为了使这些残差最小，令 $r_i(\mathbf{m})=0$ 来求解 $\Delta\mathbf{m}$：

$$r_i(\mathbf{m}_0)=\sum_j \frac{\partial t_i^p}{\partial m_j}\Delta m_j \tag{8-5-4}$$

或

$$r(\mathbf{m}_0)=\mathbf{G}\Delta\mathbf{m} \tag{8-5-5}$$

式中，$\mathbf{G}$ 为偏导数 $G_{ij}=\frac{\partial t_i^p}{\partial m_j}$ 的矩阵，$i=1$，2，…，n，为台站序号，$j=1$，…，4，为震源参数序号。为了得到 $\mathbf{m}$ 的调整值 $\Delta\mathbf{m}$，求解式（8-5-5）即可。

然后，使 $\mathbf{m}_0$ 处于 $\mathbf{m}_0+\Delta\mathbf{m}$ 的位置，重复该过程，直到定位收敛。假如初始猜想的位置离实际位置不是太远，迭代过程一般能相当快地收敛（牟磊育等，2006；万永革等，2012）。

8.5.2 迭代方法的具体实现

盖革方法是盖革（L. Geiger）在1912年提出的使用高斯-牛顿法用于地震定位的经典地震定位方法。因为这里主要研究的是近震定位，所以下面以近震为例具体说明求解步骤。由于多层介质中的直达波走时计算在第6章已经讲过，在此只需要给出直达波和首波走时对震源位置（X_0，Y_0，Z_0）的偏导数。

1. 直达波走时空间偏导数

根据式（6-7-9），即 $T=\frac{d_z}{\cos\theta_j \cdot V_j}+\sum_{l=1}^{j-1}\frac{d_l}{\cos\theta_{jl}\cdot V_l}$，当震源深度 Z_0 变化非常小时，Z_0 仅影响到 d_z，将震源层的震中距增加设为 Δ_j，$\frac{d_z}{\cos\theta_j}=\sqrt{d_z^2+\Delta_j^2}$，而 $d_z=Z_0-z_{j-1}$，z_{j-1} 为震源所在层的顶的深度，与震源所在的深度无关。

$$T=\frac{d_z}{\cos\theta_j\cdot V_j}+\sum_{l=1}^{j-1}\frac{d_l}{\cos\theta_{jl}\cdot V_l}=\frac{\sqrt{(Z_0-z_{j-1})^2+\Delta_j^2}}{V_j}+\sum_{l=1}^{j-1}\frac{d_l}{\cos\theta_{jl}\cdot V_l}$$

上式对 Z_0 求导得到：

$$\frac{\partial T}{\partial Z_0}=\frac{(Z_0-z_{j-1})}{V_j\sqrt{(Z_0-z_{j-1})^2+\Delta_j^2}}=\frac{\cos\theta_j}{V_j} \tag{8-5-6}$$

对于震中坐标 X_0 和 Y_0，可以先对震中距求偏导，然后再乘以震中距对 X_0 或 Y_0 的偏导数，就得到走时 T 对 X_0 和 Y_0 的偏导数。根据平层介质的本多夫定律，有

$$\frac{\partial T}{\partial \Delta}=p=\frac{\sin\theta_j}{v_j} \tag{8-5-7}$$

震中距可以表示为

$$\Delta=\sqrt{(X-X_0)^2+(Y-Y_0)^2}$$

其对 X_0 和 Y_0 的偏导数为

$$\frac{\partial \Delta}{\partial X_0}=-\frac{1}{2}\frac{2(X-X_0)}{\sqrt{(X-X_0)^2+(Y-Y_0)^2}}=\frac{X_0-X}{\Delta} \tag{8-5-8}$$

$$\frac{\partial \Delta}{\partial Y_0}=-\frac{1}{2}\frac{2(Y-Y_0)}{\sqrt{(X-X_0)^2+(Y-Y_0)^2}}=\frac{Y_0-Y}{\Delta} \tag{8-5-9}$$

这样可得到走时对震中坐标的偏导数为

$$\frac{\partial T}{\partial X_0}=\frac{\partial T}{\partial \Delta}\cdot\frac{\partial \Delta}{\partial X_0}=\frac{\sin\theta_j}{V_j}\cdot\frac{X_0-X}{\Delta} \tag{8-5-10}$$

$$\frac{\partial T}{\partial Y_0}=\frac{\partial T}{\partial \Delta}\cdot\frac{\partial \Delta}{\partial Y_0}=\frac{\sin\theta_j}{V_j}\cdot\frac{Y_0-Y}{\Delta} \tag{8-5-11}$$

2. Pn 波走时的偏导数

按照第 6 章所讲的多层介质中首波走时计算公式［式（6-7-16）］，可得走时对震中距的偏导数为 $\frac{\partial T}{\partial \Delta}=\frac{1}{v_m}$，因此，Pn 波走时对震中坐标的偏导数为

$$\frac{\partial T}{\partial X_0}=\frac{\partial T}{\partial \Delta}\cdot\frac{\partial \Delta}{\partial X_0}=\frac{1}{V_m}\frac{X_0-X}{\Delta} \tag{8-5-12}$$

$$\frac{\partial T}{\partial Y_0}=\frac{\partial T}{\partial \Delta}\cdot\frac{\partial \Delta}{\partial Y_0}=\frac{1}{V_m}\frac{Y_0-Y}{\Delta} \tag{8-5-13}$$

与直达波的考虑类似，当 Z_0变化非常小时，Z_0仅影响到 d_z，而考虑式（6-7-16）时除了第一项含有 d_z 外，观测到首波的临界距离 Δ_0 也含有 d_z，因此应该把式（6-7-15）代入式（6-7-16）再对 Z_0 求偏导数。可以得到：

$$\frac{\partial T}{\partial Z_0}=-\frac{1}{V_j\cos\theta_j}+\frac{\tan\theta_j}{V_m} \tag{8-5-14}$$

3. 根据盖革方法建立方程组

基于盖革方法的基本思想（Geiger，1912），建立直角坐标系的线性方程组：

$$\Delta t+\frac{\partial T_k}{\partial x}\Delta x+\frac{\partial T_k}{\partial y}\Delta y+\frac{\partial T_k}{\partial z}\Delta z=r_k \qquad k=1,\ 2,\ \cdots,\ m \tag{8-5-15}$$

式中，Δx、Δy、Δz 为震源坐标校正量；Δt 为发震时刻校正量；$\frac{\partial T_k}{\partial x}$、$\frac{\partial T_k}{\partial y}$、$\frac{\partial T_k}{\partial z}$ 为走时空间偏导数；r_k 为残差，即观测到时与计算到时之差，或写成矢量形式：

$$\mathbf{A}\Delta\mathbf{X}=\mathbf{r} \tag{8-5-16}$$

式中，系数矩阵 $\boldsymbol{A}$ 为 $m\times 4$ 矩阵

$$\mathbf{A}=\begin{pmatrix} 1 & \frac{\partial T_1}{\partial x} & \frac{\partial T_1}{\partial y} & \frac{\partial T_1}{\partial z} \\ 1 & \frac{\partial T_2}{\partial x} & \frac{\partial T_2}{\partial y} & \frac{\partial T_2}{\partial z} \\ \vdots & \vdots & \vdots & \vdots \\ 1 & \frac{\partial T_m}{\partial x} & \frac{\partial T_m}{\partial y} & \frac{\partial T_m}{\partial z} \end{pmatrix} \tag{8-5-17}$$

$$\mathbf{r}=(r_1,\ r_2,\ \cdots,\ r_m)^{\mathrm{T}}$$

$$\Delta\mathbf{X}=(\Delta t,\ \Delta x,\ \Delta y,\ \Delta z)^{\mathrm{T}} \tag{8-5-18}$$

将式（8-5-6），式（8-5-10）～式（8-5-14）所求的偏导数代入式（8-5-17），并将根据经验确定的震源位置初值代入式（8-5-16）求解，再用求解结果校正 $\mathbf{r}$。如此反复迭代校正，直至满足①$\Delta\mathbf{X}<\varnothing$，这里 $\varnothing$ 为一小量，或②第 n 次迭代 $|\Delta\mathbf{X}_n-\Delta\mathbf{X}_{n-1}|<\varepsilon$，这里 ε 为一小量，或③迭代 n 次，这里 n 为预先设置的迭代次数，迭代结束（万永革等，2012）。

采用上述思路得到的近震定位的 MATLAB 实用程序（根据牟磊育提供的程序改编）

如下：

```
function [Local,EndResiItem,EndAzi,EndTakeoffP,EndTakeoffPn,ResiItemOriginal,ResiOriginal] = ...
    geigerwan(Vp, Vs, Deep, Pg, Sg, Pn, Stx, Sty, Stz, FirLocal, MinDepth, MaxDepth, MaxRevDep, MaxRevHor,
SubDelta, IterNum, MinValue)
    %使用盖革迭代校正震源位置
    % 输出
    % Local:定位结果
    % EndResiItem:各台残差
    % ResiItemOriginal:初始各台残差
    % ResiOriginal: 初始各台残差的均方根
    % 输入:
    % Vp,Vs为P波和S波的速度
    % Pg,Sg为P波和S波的直达波的到时
    % Stx,Sty,Stz为记录台站的三个坐标
    % FirLocal为初始地震位置,通常根据因格拉达法确定
    % MinDepth为得到震源的最小深度,MaxDepth为得到震源的最大深度
    % MaxRevHor为能改变的最小水平距离,变化小于该水平距离则迭代过程终止
    % SubDelta为射线计算到台站的最小距离精度,小于此精度,迭代终止
    % IterNum: 设置的最大迭代数
    % Minvalue: 上一次修正值与当前迭代值差,小于该值迭代结束
    % 输出
    % Local:定位结果
    % EndResiItem:各台残差
    % ResiItemOriginal:初始各台残差
    % ResiOriginal: 初始各台残差的均方根
    IterItem     = zeros(length(Pg) * 3,4);
    ResiItem     = zeros(length(Pg) * 3,1);

    RevDep       = MaxRevDep;    %深度校正值大于该值,使用该值进行修正
    MaxDep       = MaxDepth;      %深度大于该值,使用该值代替
    MinDep       = MinDepth;        %校正后深度置于空中,深度重置为该值
    ModSite      = MaxRevHor;     %经纬度校正值大于该值,使用该值进行修正
    SubDel       = SubDelta;        %计算入射角时,两震中距差为该值时,迭代结束
    MinValue     = MinValue;        %迭代上一次修正值与当前迭代值差,小于该值迭代结束

    %进行盖革迭代
    for it = 1:IterNum
    %得到盖革迭代参数(偏导值和各台残差)
    [IterItem, ResiItem, Azim, takeoff, takeoffPn] = getgeigermat(Vp, Vs, Deep, Pg, Sg, Pn, Stx, Sty, Stz,
FirLocal, SubDel);
            %计算定位残差
            EndResi        = computeResi(ResiItem);
```

```
%保存循环中每次计算的残差
AllResi(1,it) = EndResi;

%保存最小残差值及对应的震源参数   %每次循环都要判断1次,显得太繁琐
if EndResi <= min(AllResi)
    EndLocal = FirLocal;
    EndResiItem = ResiItem;
    EndAzi = Azim;
    EndTakeoffP = takeoff;
    EndTakeoffPn = takeoffPn;
end

if it = =1
  ResiItemOriginal = ResiItem;
  ResiOriginal = EndResi;      %保存初始的残差
end
Resi1 = EndResi;   %保留本次迭代误差,供下一次比较

try
    %使用广义逆矩阵解方程组
    % ModifyValue(1):经度修正值
    % ModifyValue(2):纬度修正值
    % ModifyValue(3):深度修正值
    % ModifyValue(4):走时修正值
    ModifyValue = pinv(IterItem) * ResiItem;
catch
    disp('方程无解!无法定位!');
    break;
end

%如方程解满足系统设定值条件,结束循环
if((ModifyValue(1) < MinValue & ModifyValue(2) < MinValue & ...
    ModifyValue(3) < MinValue & ModifyValue(4) < MinValue))
    break;
end

%如深度修正大于系统设置值,重新设置深度修正值,其他震源参数不进行修正
if ModifyValue(3) > RevDep
    ModifyValue(3) = RevDep;   %ModifyValue(3)/(ModifyValue(3)/RevDep + 1);
    ModifyValue(1) = ModifyValue(1)/(ModifyValue(3)/RevDep);
    ModifyValue(2) = ModifyValue(2)/(ModifyValue(3)/RevDep);
    ModifyValue(4) = ModifyValue(4)/(ModifyValue(3)/RevDep);
```

```
        end
        % 如经纬度修正值,大于系统设定值取经纬度最大值对经纬度重新修正
        if ModifyValue(1) > ModSite
          ModifyValue(1) = ModSite;
          ModifyValue(2) = ModifyValue(2)/(ModifyValue(1)/ModSite);
          ModifyValue(3) = ModifyValue(3)/(ModifyValue(1)/ModSite);
          ModifyValue(4) = ModifyValue(4)/(ModifyValue(1)/ModSite);
        end % End IF
        if ModifyValue(2) > ModSite
          ModifyValue(1) = ModifyValue(1)/(ModifyValue(2)/ModSite);
          ModifyValue(2) = ModSite;
          ModifyValue(3) = ModifyValue(3)/(ModifyValue(2)/ModSite);
          ModifyValue(4) = ModifyValue(4)/(ModifyValue(2)/ModSite);
        end

        FirLocal(1) = FirLocal(1) + ModifyValue(1);      % 震源经度
        FirLocal(2) = FirLocal(2) + ModifyValue(2);      % 震源纬度
        FirLocal(3) = FirLocal(3) + ModifyValue(3);      % 震源深度
        FirLocal(4) = FirLocal(4) + ModifyValue(4);      % 发震时间
    % 如果深度小于定义的最小深度,则置为最小深度
        if FirLocal(3)<MinDep
           FirLocal(3) = MinDep;
        end
    % 如果深度大于定义的最大深度,则置为最大深度
        if FirLocal(3)>MaxDep
           FirLocal(3) = MaxDep;
        end

      end   % 进行下一次迭代

      Local(1) = EndLocal(1);          % 震源经度
      Local(2) = EndLocal(2);          % 震源纬度
      Local(3) = EndLocal(3);          % 震源深度
      Local(4) = EndLocal(4);          % 发震时间
      Local(5) = min(AllResi);         % 定位残差

      % ----------------------------------
      function [IterItem,ResiItem,Azim,takeoff,takeoffPn] = getgeigermat(Vp,Vs,Deep,Pg,Sg,Pn,
Stx,Sty,Stz,FirLocal1,SubDel)
      % 得到盖革迭代参数(偏导值和各台残差)
        IterItem    = zeros(length(Pg) * 2,4);   % 保存迭代参数(偏导数值)
        ResiItem    = zeros(length(Pg) * 2,1);   % 保存各台残差值
```

```
        PSpeed = Vp;
        SSpeed = Vs;
        MDeep   = Deep;
        Azim = zeros(1,length(Pg));
        takeoff = Azim;
    step = 1;
    for i = 1:length(Pg)
        %得到台站参数
        StnLon          = Stx(i);
        StnLat          = Sty(i);
        PgTime          = Pg(i);
        SgTime          = Sg(i);
        PnTime          = Pn(i);
        FirLocal = FirLocal1;
        MDeep   = [0 Deep(2:length(Deep)) + Stz(i)];
        FirLocal = FirLocal1;
        FirLocal(3) = FirLocal(3) + Stz(i);
        [DisDeep,LayerNum] = getParam(MDeep,FirLocal);
        if(PgTime~ = 0)
         %计算台站P波入射角
         [takeoff(i),Azim(i)] = getangle(PSpeed,MDeep,FirLocal,LayerNum,StnLon,StnLat,
DisDeep,SubDel);
         %计算台站P波走时
         SeiTimes = gettime(PSpeed,MDeep,takeoff(i),LayerNum,DisDeep);
         %根据P波计算台站震中距
         SeiDelta = getdisk(PSpeed,MDeep,takeoff(i),LayerNum,DisDeep);
         %分别计算并保存P波迭代参数
         IterItem(step,1)   = (sin(takeoff(i))/PSpeed(LayerNum)) * ((FirLocal(1) - St-
nLon)/SeiDelta);   %式(8-4-10)
         IterItem(step,2)   = (sin(takeoff(i))/PSpeed(LayerNum)) * ((FirLocal(2) - St-
nLat)/SeiDelta);  %式(8-4-11)
         IterItem(step,3)   = cos(takeoff(i))/PSpeed(LayerNum);   %式(8-4-6)
         IterItem(step,4)   = 1;
         %计算各台P波残差,并保存
         ResiItem(step,1)   = PgTime - SeiTimes - FirLocal(4);
         step = step + 1;
        end
        if(SgTime~ = 0)
        %计算台站S波入射角
        [SeiAngle,Azi] = getangle(SSpeed,MDeep,FirLocal,LayerNum,StnLon,StnLat,DisDeep,
SubDel);
        %计算台站S波走时
```

```
            SeiTimes = gettime(SSpeed,MDeep,SeiAngle,LayerNum,DisDeep);
            %根据 S 波计算台站震中距
            SeiDelta = getdisk(SSpeed,MDeep,SeiAngle,LayerNum,DisDeep);
            %分别计算并保存 S 波迭代参数
            IterItem(step,1)  = (sin(SeiAngle)/SSpeed(LayerNum)) * ((FirLocal(1) - StnLon)/
SeiDelta);   %式(8-4-10)
            IterItem(step,2)  = (sin(SeiAngle)/SSpeed(LayerNum)) * ((FirLocal(2) - StnLat)/
SeiDelta); %式(8-4-11)
            IterItem(step,3)  = cos(SeiAngle)/SSpeed(LayerNum);   %式(8-4-6)
            IterItem(step,4)  = 1;
            %计算各台 S 波残差,并保存
            ResiItem(step,1)  = SgTime - SeiTimes - FirLocal(4);
            step = step + 1;
            end

            if(Pn(i)~=0)
            %计算台站 Pn 波入射角
            SeiDelta = sqrt((StnLon - FirLocal(1))^2 + (StnLat - FirLocal(2))^2);
            [SeiTimes,takeoffPn(i)] = PnTraveltime(PSpeed,MDeep,SeiDelta,LayerNum,DisDeep);
            m = length(PSpeed);
            IterItem(step,1)  = (FirLocal(1) - StnLon)/(PSpeed(m) * SeiDelta);   %式(8-4-12)
            IterItem(step,2)  = (FirLocal(1) - StnLat)/(PSpeed(m) * SeiDelta);   %式(8-4-13)
            IterItem(step,3)  = -1/(PSpeed(LayerNum) * cos(takeoffPn(i))) + tan(takeoffPn
(i))/PSpeed(m);   %式(8-4-14)
            IterItem(step,4)  = 1;
            %计算各台 Pn 波残差,并保存
            ResiItem(step,1)  = PnTime - SeiTimes - FirLocal(4);
            step = step + 1;
            else
                takeoffPn(i) = 0;
            end
        end


    function [DisDeep,LayerNum] = getParam(deep,FirLocal)
    %得到震源相对一个台站的参数
    % output
    %       DisDeep:  震源距层顶距离
    %       LayerNum: 震源所在层
    % input
    %       deep:震源深度
    %       FirLocal:初定位震源参数
```

```
  %计算震源距层顶距离
  DisDeep  = FirLocal(3) - deep(1);
  LayerNum = 1;
  for l = 2:length(deep)
      %如震源深度小于速度模型中某层,那么震源在该层的上一层
      if (FirLocal(3) < deep(l))
          DisDeep  = FirLocal(3) - deep(l-1);
          %计算震源所在层
          LayerNum = l-1;
          break;
      end %End IF
  end %End FOR
  %如果震源深度大于速度模型中最深层,计算震源距层顶距离和所在层
  if FirLocal(3) > deep(length(deep))
      DisDeep  = FirLocal(3) - deep(length(deep));
      LayerNum = length(deep);
  end

function [SeiAngle,Azi] = getangle(speed,deep,FirLocal,LayerNum,lon,lat,dep,SubDel)
%计算震源所在层的入射角
% 输出:
%       SeiAngle:震源到台站的入射角(使用迭代方法求出近似值),Azi为台站方位角
% 输入:
%       speed:各层速度
%       deep:震源深度
%       Firlocal:修订后震源参数(第一次计算为初定位震源参数)
%       LayerNum:震源所在层
%       lon:台站经度
%       lat:台站纬度
%       dep:距层顶距离
%       SubDel:系统参数(张角迭代计算,小于该值迭代结束)

  %根据震中参数计算震中距
  X = lon - FirLocal(1);
  Y = lat - FirLocal(2);
  ConDisk = sqrt(X^2 + Y^2);
  Azi = atan2(X,Y);    %求出方位角,与正北方向的夹角
  %计算迭代最大角
  MaxAngle = atan(ConDisk/(dep + eps));
  %计算迭代最小角
  MinAngle = atan(ConDisk/(FirLocal(3) - deep(1)));
  %计算入射角初值
```

```
    SeiAngle = (MaxAngle + MinAngle)/2;
    %根据入射角和速度模型,计算震中距
    NewConDisk = getdisk(speed,deep,SeiAngle,LayerNum,dep);
    %迭代求出入射角(逼近到系统设置值迭代结束)
    while (abs(NewConDisk - ConDisk) > SubDel)
      %根据震中距(NewConDisk 和 ConDisk)计算入射角
      if ConDisk > NewConDisk
          MinAngle = SeiAngle;
      elseif ConDisk < NewConDisk
          MaxAngle = SeiAngle;
      end
      SeiAngle = (MaxAngle + MinAngle)/2;

      %根据新的入射角,重新计算震中距
      NewConDisk = getdisk(speed,deep,SeiAngle,LayerNum,dep);

      %如大角等于小角,迭代结束
      if (MinAngle = = MaxAngle)
          break;
      end
      %如大角与小角差值小于 SubDel * (10^( - 10)),迭代结束
      if(abs(MinAngle - MaxAngle)< SubDel * (10^( - 10)))
          break;
      end
    end

function  ModelDelta = getdisk(speed,deep,angle,LayerNum,dep)
%根据速度模型计算震中距
% 输出:
%       ModelDelta:震中距
% 输入:
%       speed:速度模型中各层速度
%       deep:震源深度
%       angle:入射角
%       LayerNum:震源所在层
%       dep:距层顶距离

    %计算地震波在发震层走的距离
    ModelDelta = dep * tan(angle);
    %计算地震波在各层中走的距离之和(震中距)
    for l = LayerNum - 1: - 1:1
        tanAngle = sin(angle)/sqrt((speed(l + 1)/speed(l))^2 - (sin(angle))^2);   %按第
```

```
6章公式计算该层中的偏垂角
            ModelDelta = ModelDelta + (deep(l+1) - deep(l)) * tanAngle;   %按第6章公式计
算该层中的震中距增量
            angle = atan(tanAngle);
        end

    function ModelTime = gettime(speed,deep,angle,LayerNum,dep)
    %计算台站走时
    % 输出
    %       ModelTime:台站走时
    % 输入
    %       speed:各层速度
    %       deep:震源深度
    %       angle:入射角
    %       LayerNum:震源所在层
    %       dep:震源距层顶距离

        %计算震源所在层的走时
        ModelTime = dep/(cos(angle) * speed(LayerNum));
        %计算震源在各层中走时之和(震源到台站的走时)
        for l = LayerNum - 1: - 1:1
            cosAngle = (speed(l)/speed(l+1)) * sqrt((speed(l+1)/speed(l))^2 - (sin(an-
gle))^2);
            ModelTime = ModelTime + (deep(l+1) - deep(l))/(cosAngle * speed(l));   %该层中
的走时
            angle = acos(cosAngle);
        end

    function Resi = computeResi(ResiItem)
    %计算定位残差(先计算各台残差平方和的平均值,再开方)
    % 输出: Resi:定位残差
    % 输入: ResiItem:各台残差
        ResiAll = 0;
        for i = 1:length(ResiItem)
            ResiAll = ResiAll + ResiItem(i)^2;
        end
        Resi = sqrt(ResiAll/length(ResiItem));

  function [Pntime,takeoff] = PnTraveltime(speed,deep,Delta,LayerNum,dep)
    %计算首波的走时
    %输入:speed 各层走时,deep 模型各界面深度,Delta 震中距, LayerNum 层数,dep 震源距震源顶
层距离
```

```
    %输出: Pntime 首波走时,takeoff  首波离源角
      m = length(speed);
      Delta0 = 0;    %首波临界距离
      for l = LayerNum + 1:m - 1     %震源层下面的传播
        Delta0 = Delta0 + 2 * (deep(l + 1) - deep(l)) * tan(asin(speed(l)/speed(m)));
      end
     takeoff = asin(speed(LayerNum)/speed(m));
     Delta0 = Delta0 + (2 * ((deep(LayerNum + 1) - deep(LayerNum))) - dep) * tan(takeoff); %震
源层的传播
     for l = LayerNum - 1: - 1:1    %震源层上面的传播
       Delta0 = Delta0 + (deep(l + 1) - deep(l)) * tan(asin(speed(l)/speed(m)));
     end
     if(Delta<Delta0)Pntime = 0;return;end
     Pntime = 0;
     for l = LayerNum + 1:m - 1     %震源层下面的传播
        Pntime = Pntime + 2 * (deep(l + 1) - deep(l))/(speed(l) * cos(asin(speed(l)/speed
(m))));
     end
     Pntime = Pntime + (2 * ((deep(LayerNum + 1) - deep(LayerNum))) - dep)/(speed(LayerNum) *
cos(takeoff)); %震源层的传播
     for l = LayerNum - 1: - 1:1    %震源层上面的传播
       Pntime = Pntime + (deep(l + 1) - deep(l))/(speed(l) * cos(asin(speed(l)/speed(m))));
     end
     Pntime = Pntime + (Delta - Delta0)/speed(m);
     return
```

采用下面的程序调用上面的子程序:

```
  %P8_10.m
  clc
  Stx = [150,0,150,300,300,300,150,0,0];     %假定的台站位置 x 坐标
  Sty = [150,300,300,300,150,0,0,0,150];   %假定的台站位置 y 坐标
  Stz = zeros(1,9);    %假定的台站位置 z 坐标
  Vp = [2.5,5.3,6.1,6.6,7.2,7.9];    %各层 P 波速度
  Vs = [1.1,3.1,3.5,3.8,4.0,4.5];    %各层 S 波速度
  Deep = [0,1,3,24,38,46];    %地球模型界面深度
  m = length(Stx);
  Pg = [21.2091, 43.4247, 43.4180, 55.7448, 40.9918, 38.4179, 15.5601, 15.5792, 21.2229] + 0.5 *
(rand(1,m) - 0.5);   %直达 P 波的走时加上随机误差
  Sg = [37.1659, 75.8842, 75.8725, 97.3563, 71.6439, 67.1580, 27.3208, 27.3540, 37.1900] + 2.5 *
(rand(1,m) - 0.5);    %直达 S 波的预测走时加上随机误差
  Pn = [22.4312, 39.6553, 39.6501, 49.1825, 37.7728, 35.7808, 0, 0, 22.4419] + 1.5 * (rand(1,m) -
0.5);   %首波 Pn 的预测走时加上随机误差
```

```
MinDepth = 0.1;      %反演震源的最小深度
MaxDepth = 33;   %反演震源的最大深度
MaxRevDepth = 0.1; %反演深度迭代的最大步长
MaxRevHor = 0.5;    %反演水平距离迭代的最大步长
SubDelta = 0.0001;   %直达波走时的震中距计算精度
IterNum = 100;      %最大迭代次数
MinValue = 0.001;    %改变的误差
FirLocal = [50,30.000,18.0,0.0];      %地震的初始位置和发震时刻
[Local,EndResiItem,EndAzi,EndTakeoffP,EndTakeoffPn,ResiItemOriginal,ResiOriginal] = ...
geigerwan(Vp,Vs,Deep,Pg,Sg,Pn,Stx,Sty,Stz,FirLocal,MinDepth,MaxDepth,MaxRevDepth,MaxRevHor,
SubDelta,IterNum,MinValue);
Local   %显示给出的定位结果
```

可以得到地震的震源位置为［74.7155，48.3893，17.6450，0.0824］。如果加入的随机误差振幅减小，能得到更好的定位结果，请读者自己根据程序设定来理解此定位程序。

8.6 相对定位方法

8.6.1 主事件定位

在许多情况下，确定局部区域里地震之间的相对定位，其精度比任何一个地震的绝对定位的精度高得多。这是因为该局部区域处的横向速度变化对远台走时测量不确定性所产生的影响几乎是一样的。如果设定某一地震为主事件，可计算其他地震相对主事件的走时：

$$t^{\mathrm{rel}} = t - t^{\mathrm{master}} \tag{8-6-1}$$

把主事件的位置作为式（8-5-1）中的 $\mathbf{m}_0$，则其余事件相对于主事件的位置 $\Delta\mathbf{m}$ 由对下式的最佳拟合给出（Fitch，1975；周仕勇等，1999）：

$$t_i^{\mathrm{rel}} = t_i^p(\mathbf{m}) - t_i^p(\mathbf{m}_0) = \frac{\partial t_i^p}{\partial m_j}\Delta m_j \tag{8-6-2}$$

由于其余事件距主事件较近，只采用 $\mathbf{\Delta m}$ 的一阶项。如果主事件的绝对位置由其他方法（如地表爆破）给出，则其余事件的相对位置可由上述方法给出。

8.6.2 双差定位法

双差定位法（HypoDD）是瓦尔德豪泽等（Waldhauser et al.，2000）发表的一种精确定位方法，与主事件（master event）法一样属于相对事件定位法，因此较大限度地消除了绝对定位方法中因所用速度结构模型的不确定性所造成的定位误差。在双差定位法中，由相邻事件间的观测到时差与理论到时差的残差（双差）作为数据，结合走时方程，构造出反演的矩阵方程，求得地震定位参数的修正值。由于假设相邻足够近的事件的射线路径相互重合，当速度结构的变化尺度小于相邻两个事件的距离时，双差定位法就不能有效消除速度结构模型的不确定性的影响。2003 年张海江、瑟伯改进了瓦尔德豪泽等提出的双差定位法（Zhang and Thurber，2003），考虑了速度结构变化的影响，并增加了同时反演浅层速度结构的功能。

人们将这种定位方法称为层析双差定位法（TomoDD）。主要原理如下：

基于射线理论的体波走时方程可以表示为

$$T_k^i = t^i + \int_i^k u\,\mathrm{d}s \tag{8-6-3}$$

式中，T 为到时；t 为发震时刻；u 为慢度；i 为地震序号；k 为台站序号。为了得到线性化的方程，采用一级泰勒展开，将理论到时和观测到时的残差分解为震源位置、发震时刻和慢度结构的扰动，则：

$$r_k^i = \sum_{l=1}^{3} \frac{\partial T_k^i}{\partial x_l^i}\Delta x_l^i + \Delta t^i + \int_i^k \delta u\,\mathrm{d}s \tag{8-6-4}$$

式中，r 为理论到时和观测到时的残差。把事件 i 和事件 j 的相应的方程式（8-6-4）相减，就得到了构成反演矩阵的方程：

$$r_k^j - r_k^i = \sum_{l=1}^{3} \frac{\partial T_k^j}{\partial x_l^j}\Delta x_l^j + \Delta t^j + \int_j^k \delta u\,\mathrm{d}s - \sum_{l=1}^{3} \frac{\partial T_k^i}{\partial x_l^i}\Delta x_l^i - \Delta t^i - \int_i^k \delta u\,\mathrm{d}s \tag{8-6-5}$$

将式（8-6-5）右式中的积分离散化，就可以构造出以速度和震源参数的扰动作未知数、到时差残差（双差）作已知数据的反演矩阵方程。最终对由式（8-6-5）得到的矩阵方程使用阻尼最小二乘反演方法求解。

瓦尔德豪泽等（Waldhauser et al.，2000）提出的双差法忽略了小区域内的速度变化项，即式（8-6-5）可退化为

$$r_k^j - r_k^i = \sum_{l=1}^{3} \frac{\partial T_k^j}{\partial x_l^j}\Delta x_l^j + \Delta t^j - \sum_{l=1}^{3} \frac{\partial T_k^i}{\partial x_l^i}\Delta x_l^i - \Delta t^i \tag{8-6-6}$$

比较式（8-6-5）与式（8-6-6）可以看到，层析双差定位的基本方程较原始的双差定位方程要复杂得多，需反演的参数也多得多。只有在获得更好的资料条件时，才可能较原双差法的定位结果有显著改善。

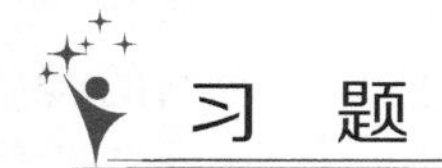

习 题

8.1.1 叙述拐点法求解地球介质结构的基本原理。

8.1.2 为何古登堡法求解震源深度处的速度值又称作拐点法？

8.1.3 1967 年唐山地震的震源深度为 10km，若观测的该地震 P 波走时曲线的斜率为 1060.2s/rad，并且地球的速度结构仅为径向不均匀，求 10km 处的 P 波速度。

8.1.4 推导 HWB 方法求解地球球形分层介质速度随深度分布的公式。

8.1.5 叙述 HWB 方法求解地球内部速度随深度变化的步骤。

8.1.6 HWB 方法求解地球内部速度分布时，若震源在地下深度 h 处，如何校正震中距和走时？

8.1.7 设震源深度为 50km、震中距为 31°的地表台站 P 波观测走时为 379s，在 31°处的 P 波走时斜率为 8.81s/°。设地表 P 波速度为 6.5km/s，地球半径为 6371km，求将震源校正为地面震源的震中距和 P 波走时。

8.1.8 设地表震源被青藏高原上震中距为 60°、高程为 5000m 的台站观测到，且 P 波观测走时为 608.29s。在 60°处的 P 波走时斜率为 6.88s/°。设 P 波速度为 6.5km/s，地

球半径为6371km，求将高处台站校正到地面的震中距和P波走时。

8.1.9　为何地震学中很少用HWB方法求解地球一维速度分布？

8.1.10　2008年5月12日四川汶川地震的初始破裂点深度很浅，可以视为表面源。下面是读取的台网记录的汶川地震的第1个P波到时，请画出$t(\Delta)$曲线，并设计程序用赫格洛兹-维歇特-贝特曼法计算一维速度剖面。

台名	震中距/度	P波走时/s
S1	2.0	35.4
S2	4.2	66.7
S3	8.0	120.3
S4	11.0	161.7
S5	15.0	215.0
S6	20.0	277.0
S7	25.0	326.8
S8	30.0	372.5
S9	35.0	416.1
S10	40.0	458.1
S11	50.0	538.0
S12	55.0	573.1
S13	60.0	610.7
S14	65.0	641.7
S15	70.0	675.4
S16	75.0	704.6
S17	80.0	732.7
S18	90.0	782.3

8.1.11　已知2015年4月25日尼泊尔地震的震中位置为84.7°E，28.2°N，防灾科技学院的一个台站坐标为116.8°E，40.0°N，将地球看作正球体，求防灾科技学院台站的震中距。

8.2.1　推导威廉姆-亚当斯公式。

8.2.2　假设地球内部为均匀绝热环境，地表岩石密度为ρ_0，在下列两种情况下，求得$\rho(z)$的表达式，(1) g和ϕ看做常数；(2) g看做常数，$\phi = a_0 + a_1 z$，a_0, a_1是常数。

8.2.3　设在地壳范围内，P波速度为6.8km/s，S波速度为5.8km/s，地面物质密度为2.9g/cm^3，重力加速度为9.81m/s^2，求$z=30\text{km}$处的密度。

8.2.4　假设地球内核的密度是均匀的，值为13g/cm^3，内核半径为1221.5km，试给出内外核边界的重力加速度。

8.2.5　简述地球内部重力的分布规律。

8.2.6　简述地球内部压力的分布规律。

8.3.1　地震破裂是一个点吗？

8.3.2　为何地震定位问题将地震发生时刻也作为要确定的参数？

8.3.3　地震定位位置与地震破裂的矩心位置一致吗？

8.3.4　防灾科技学院的台站记录的一个地震的初至P波北向半周期为$1\mu\text{m}$，东向半周期为－1.732μm，问该地震可能处于哪个方位，方位角是多少？

8.3.5　防灾科技学院的台站记录的一个地震的初至 P 波北向半周期为 2μm，东向半周期为 2μm，并且初动向下，问该地震可能处于哪个方位，方位角是多少？

8.3.6　何为虚波速度，在定位过程中，如何使用虚波速度。

8.3.7　有一种沙漠蝎子既没有眼睛也没有耳朵，它捕食猎物靠的是一种地震仪的本领。它有八条腿，趴伏时大致对称地放置在躯体四周，不远处的小虫一有骚动，就会在沙面上引起一阵地震波。蝎子从哪只脚先感到地震波就能判断小虫所在的方向，并从 P 波和 S 波到达的时间差就可以“算出”小虫到它的距离。方位和距离都知道了，它就能扑上去捕获小虫了。已知 P 波的速度为 150m/s，S 波速度为 50m/s，如果两波到达沙蝎的时间差为 3.5ms，则小虫离它的距离多大？

8.3.8　设防灾科技学院一台站记录某地震的北向 P 波北向初至为－1.732μm，东向初至为 1μm，上向位移为 2μm，并且 P 波初至比 S 波初至早 3s。假定防灾科技学院周围地壳的 P 波速度为 5km/s，S 波速度为 3km/s，试确定地震相对于防灾科技学院台站的位置。

8.3.9　已知防灾科技学院台站坐标为 116.8°E，40.0°N，根据单台法得到一地震震中位于防灾科技学院台站 N30°W 方向的 200km 处，求该地震的震中位置。

8.3.10　已知防灾科技学院台站坐标为 116.8°E，40.0°N，记录到的 P 波初动位移北向为－1μm，东向为－1.732μm，上向为 0.8μm，并且 P 波到时为 5h3m22.5s，S 波到时为 5h3m26.5s，假定防灾科技学院周围地壳的 P 波速度为 5km/s，S 波速度为 3km/s，试确定地震发震时刻和位置。

8.3.11　修改本章程序 P8_3.m 求解 8.3.10 题所给的题目。

8.3.12　已知防灾科技学院台站坐标为 116.8°E，40.0°N，记录到的 P 波初动位移北向为－1μm，东向为－1.732μm，上向为 0.8μm，根据远震走时表查询台站的震中距为 30°，试确定地震的经纬度。

8.3.13　石川法如何得到地震的震中？

8.3.14　石川法如何得到地震的深度？

8.3.15　叙述石川法求解地震位置的原理。

8.3.16　采用因格拉达方法求解地震位置最少需要几个台站？

8.3.17　叙述因格拉达法测定地震位置的原理。

8.3.18　采用因格拉达法进行地震定位为何地震深度 z_0 不容易准确测定？

8.3.19　采用因格拉达方法如何确定地震的发震时刻？

8.3.20　设地震仪记录的区域地震的 S 波震相比 P 波震相延迟 5.5s，震源深度为震中距的一半，地壳是均匀的泊松介质，并且地壳 S 波速度为 $\sqrt{3}$ km/s。求震源深度和震中距。

8.3.21　叙述和达直线法确定地震发震时刻的原理。

8.4.1　地震定位的走时残差的 χ^2 是如何定义的？

8.4.2　地震定位问题中自由度数目如何定义？

8.4.3　采用 8.4 节所给的程序和地震位置参数绘出 50％置信度的置信范围。

8.4.4　采用8.4节所给的程序和地震位置参数绘出5%置信度的置信范围。

8.4.5　采用8.4节所给的程序分别选取观测台站网外的不同距离的地震，分析95%置信度的置信范围。

8.4.6　地震定位的各个参数的精度一样吗？

8.5.1　试给出在震源参数附近邻域内展开的地震波预测到时的表达式。

8.5.2　试给出采用在震源参数附近邻域展开表达式展开的观测到时残差。

8.5.3　试给出迭代求解震源参数的基本方程。

8.5.4　试给出直达波走时对震源深度的偏导数。

8.5.5　给出直达波走时对震源水平位置 X_0 和 Y_0 的偏导数。

8.5.6　给出多层介质中首波对震中距的偏导数。

8.5.7　给出多层介质中首波对震源深度的偏导数。

8.5.8　解释盖革法方程 $\mathbf{A\Delta X}=\mathbf{r}$ 各个量的意义。

8.5.9　盖革定位法的迭代终止条件是什么？

8.5.10　阅读教材中的定位程序，研究除了教材中所叙述的原理，定位程序中还设了哪些基本准则？

8.6.1　何为主事件定位法？

8.6.2　双差定位法的优点是什么？

8.6.3　何谓层析双差定位法？

第 9 章　地震波能量及衰减，地震震级

为了模拟振幅的变化，必须考虑几何扩散效应及固有衰减。在球面波方程（第 3 章）中，几何扩散呈因子 $1/r$ 的形式。然而在比较复杂的地球介质中，几何扩散将会呈现较为复杂的形式。由于地震波能量是理解几何扩散和固有衰减的基础，本章首先讲解地震波能量的基本概念，在此基础上研究水平层状介质模型和径向地球模型中地震波的几何扩散导致的地震波振幅变化，以及地球介质中地震波的固有衰减特性，最后介绍表示地震大小的地震震级和烈度。

9.1　地震波的能量

地震波里所包含的能量密度 $\widetilde{E}$ 可表达为动能密度 $\widetilde{E}_K$ 和势能密度 $\widetilde{E}_W$ 之和（Shearer，2009）：

$$\widetilde{E}=\widetilde{E}_K+\widetilde{E}_W \tag{9-1-1}$$

在初等物理学中，动能表示为 $E=\frac{1}{2}mv^2=\frac{1}{2}\rho V\dot{u}^2$，而**动能密度**（kinetic energy density）为单位体积的动能，有

$$\widetilde{E}_K=\frac{1}{2}\rho\dot{u}^2 \tag{9-1-2}$$

式中，ρ 为密度，$\dot{u}$ 为速度。在国际单位制中，密度单位为 $\mathrm{kg/m^3}$，速度单位为 m/s，根据量纲之间的关系可知，动能密度单位为 $\mathrm{J/m^3}$，即单位体积内能量。

势能密度 $\widetilde{E}_W$ 也叫做**应变能**（strain energy），是恢复力（应力）作用下材料的变形（应变）引起的。类似于弹簧的弹性能增量 $\mathrm{d}W=F\mathrm{d}x=kx\mathrm{d}x$，此处 k 为弹簧的弹性系数，x 为在力的作用下移动的距离。弹簧弹性能可表示为 $\int_0^x \mathrm{d}W=\int_0^x F\mathrm{d}x=\int_0^x kx\mathrm{d}x=\frac{kx^2}{2}$。仿照弹簧弹性能的求解可以求得固体**弹性能密度**（elastic energy density）为

$$\begin{aligned}\widetilde{E}_W&=\int_0^{e_{ij}}\sigma_{ij}\mathrm{d}e_{ij}=\int_0^{e_{ij}}(\lambda e_{kk}\delta_{ij}+2\mu e_{ij})\mathrm{d}e_{ij}=\lambda\int_0^{e_{ij}}e_{kk}\delta_{ij}\mathrm{d}e_{ij}+2\mu\int_0^{e_{ij}}e_{ij}\mathrm{d}e_{ij}\\&=\lambda\int_0^{e_{kk}}e_{kk}\mathrm{d}e_{ii}+\mu e_{ij}^2\end{aligned} \tag{9-1-3}$$

式中，σ_{ij} 和 e_{ij} 分别为应力张量和应变张量。推导公式中注意：e_{kk} 为体应变 $\Theta=\frac{\Delta V}{V}$，所以式（9-1-3）第一项可直接积分相应的体积变形，有 $\int_0^{\Theta}\Theta\mathrm{d}\Theta=\frac{\Theta^2}{2}=\frac{e_{kk}^2}{2}$。这样有

$$\widetilde{E}_W=\frac{1}{2}\lambda e_{kk}(\delta_{ij}e_{ij})+\mu e_{ij}^2=\frac{1}{2}e_{ij}(\lambda e_{kk}\delta_{ij}+2\mu e_{ij})=\frac{1}{2}\sigma_{ij}e_{ij} \tag{9-1-4}$$

在弹性力学中，应力的国际单位制量纲为 Pa，应变没有单位，但 $\mathrm{Pa}=\mathrm{N/m^2}=\mathrm{N\cdot m/m^3}=\mathrm{J/m^3}$，可见 Pa 也是单位体积内能量的单位。

根据弹性力学应力应变之间的关系，应变能密度还可以表示为其他形式，请读者自己推导。

现在考虑一个平面谐波 S 波，传播方向为 x，位移方向为 y，有

$$u_y=A\sin(\omega t-kx) \tag{9-1-5}$$

$$\dot{u}_y=A\omega\cos(\omega t-kx) \tag{9-1-6}$$

式中，A 为波的振幅；ω 为角频率；$k=\omega/\beta$ 为波数；β 为剪切波的速度。于是动能密度为

$$\widetilde{E}_K=\frac{1}{2}\rho A^2\omega^2\cos^2(\omega t-kx) \tag{9-1-7}$$

由于 $\frac{1}{2\pi}\int_0^{2\pi}\cos^2 x\mathrm{d}x=\frac{1}{4\pi}\int_0^{2\pi}(1+\cos 2x)\mathrm{d}x=\left.\frac{x}{4\pi}\right|_0^{2\pi}+\left.\frac{\sin(2x)}{8\pi}\right|_0^{2\pi}=\frac{1}{2}$，因此式（9-1-7）的 $\cos^2$ 项的平均值为$\frac{1}{2}$，则可以把**平均动能密度$\overline{E_K}$**表达为

$$\overline{E_K}=\frac{1}{4}\rho A^2\omega^2 \tag{9-1-8}$$

这里对 t 或 x 取平均。从量纲来考虑，根据国际单位制，上述单位为：$\mathrm{kg/m^3\cdot m^2/s^2=kg\cdot m/s^2\cdot m/m^3=N\cdot m/m^3=J/m^3}$。这也符合单位体积内的能量表示。

回顾一下应变张量的表达式，$e_{ij}=\frac{1}{2}\left(\frac{\partial u_j}{\partial x_i}+\frac{\partial u_i}{\partial x_j}\right)$，对 S 波，唯一的非零应变元素为

$$e_{xy}=e_{yx}=\frac{1}{2}\frac{\partial u_y}{\partial x}=-\frac{1}{2}Ak\cos(\omega t-kx) \tag{9-1-9}$$

按各向同性的应力-应变关系，由式（2-3-4）给出的非零应力为

$$\sigma_{yx}=\sigma_{xy}=2\mu e_{xy}=-Ak\mu\cos(\omega t-kx) \tag{9-1-10}$$

代入式（9-1-4），得到了**应变能密度**（strain energy density）：

$$\widetilde{E}_W=\frac{1}{2}(\sigma_{xy}e_{xy}+\sigma_{yx}e_{yx})=\frac{1}{2}A^2k^2\mu\cos^2(\omega t-kx) \tag{9-1-11}$$

其平均值为

$$\overline{E_W}=\frac{1}{4}A^2k^2\mu \tag{9-1-12}$$

用 $k=\omega/\beta$ 和 $\beta^2=\mu/\rho$，就变为

$$\overline{E_W}=\frac{1}{4}\rho A^2\omega^2 \tag{9-1-13}$$

可以看出，与动能方程式（9-1-8）完全相同。

根据式（9-1-7）和式（9-1-11）可以看出，在平面简谐波中，质元的动能与弹性势能是同相随时间变化的。质元经过平衡位置时具有最大的振动速度，同时其形变也大。质元的总机械能密度为

$$\widetilde{E}=\widetilde{E}_K+\widetilde{E}_W=\frac{1}{2}\rho A^2\omega^2\cos^2(\omega t-kx)+\frac{1}{2}A^2k^2\mu\cos^2(\omega t-kx)$$
$$=\frac{1}{2}(\rho A^2\omega^2+A^2k^2\mu)\cos^2(\omega t-kx)=\rho A^2\omega^2\cos^2(\omega t-kx) \quad (9\text{-}1\text{-}14)$$

这个总能量随时间作周期性变化，时而达到最大值，时而为零。质元能量的这一变化特征是能量在传播中的表现。

对平面谐波P波，按照传播方向为 x 的振动 $u_x=A\sin(\omega t-kx)$ 也可推导出类似的表达式。一般来说：

$$\widetilde{E}_K=\widetilde{E}_W=\frac{1}{2}\rho A^2\omega^2\cos^2(\omega t-kx) \quad (9\text{-}1\text{-}15)$$

由式（9-1-1），得到：

$$\widetilde{E}=\widetilde{E}_K+\widetilde{E}_W=\rho A^2\omega^2\cos^2(\omega t-kx)=\frac{\rho A^2\omega^2}{2}[\cos(2\omega t-2kx)+1] \quad (9\text{-}1\text{-}16)$$

这说明，单频波振动的总能量波动的频率是波频率的2倍。

无论是P波还是S波，其平均能量密度具有相同的形式：

$$\overline{E}=\overline{E_K}+\overline{E_W}=\frac{1}{2}\rho A^2\omega^2$$

该式说明平均能量密度与振幅的平方和频率的平方成正比；对同样的振幅，高频波携带更多的能量。

下面以波速为5km/s，频率为2.5Hz，振幅为0.001m的P波在密度为 $2\times10^3\text{kg/m}^3$ 的介质中传播为例模拟位移和总能量密度的关系：

```
%P9_1.m
f=2.5;   %地震波的频率(Hz)
alpha=5e3;   %P波波速(km/s)
density=2.0e3;      %介质密度(kg/m³)
w=2*pi*f;      %角频率
T=1/f;          %周期
k=w/alpha;           %波数
lamada=alpha/f;     %波长
t=0:0.001:2;                           %时间向量
xx=0.5;    %取距离为0.5处的位移和能量随时间的变化
A=0.001;      %地震波的振幅(m)
u=A*sin(w*t-k*xx);      %地震波位移
Ek=1/2*density*(A*w*cos(w*t-k*xx)).^2;      %动能密度(J/m³),在此没有对其绘图
Ez=density*(A*w*cos(w*t-k*xx)).^2;      %总能量密度(J/m³)
[AX,H1,H2] = plotyy(t,u,t,Ez);   %以双y轴绘出位移和总能量密度随时间的变化
set(AX,'box','on');      %加方框
set(H1,'LineStyle",':');      %位移用虚线给出
ylabel(AX(1),'位移/m');         %第一条曲线y轴标记
ylabel(AX(2),'总能量密度/J.m^-^3')   %第二条曲线y轴标记
legend('位移(m)','总能量密度(J/m^3)')   %加上图例
xlabel('时间/s')     %给出时间轴标记
```

运行程序得到图 9-1-1，可见位移振幅的最大点对应于能量密度的最大点，并且在时间上能量密度的振荡周期为位移振荡周期的一半。

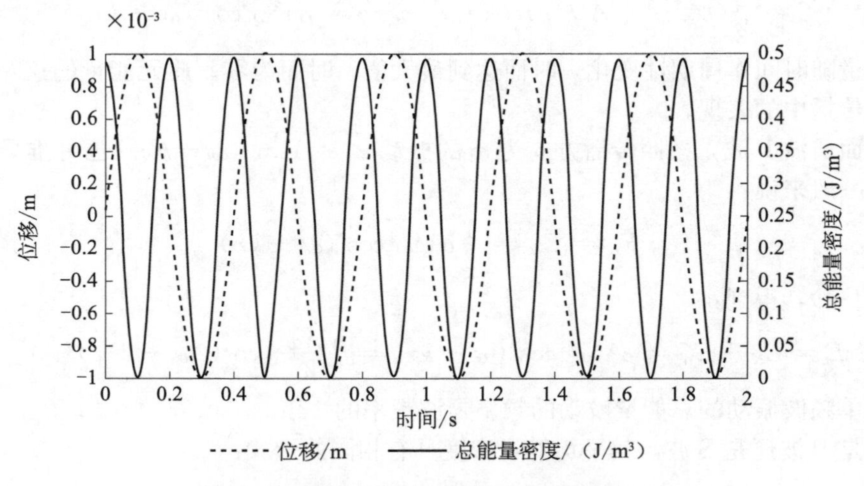

图 9-1-1 模拟的位移和能量密度的对应关系

假设传播速度为 c 的地震波能量通过一个横截面积为 ΔS 的管子（通常称为**射线管**），则在 Δt 时间内波传播的长度为 $c\Delta t$，则在这段时间内射线管的总体积为 $c\Delta t\Delta S$，该体积乘以能量密度为这段时间的总能量为$\frac{1}{2}\rho A^2\omega^2 c\Delta t\Delta S$，则在传播方向（垂直于波前）上，单位时间、单位面积的**能流密度**（energy flux density）为

$$\overline{E}^{\text{flux}} = \frac{1}{2}c\rho A^2\omega^2 \tag{9-1-17}$$

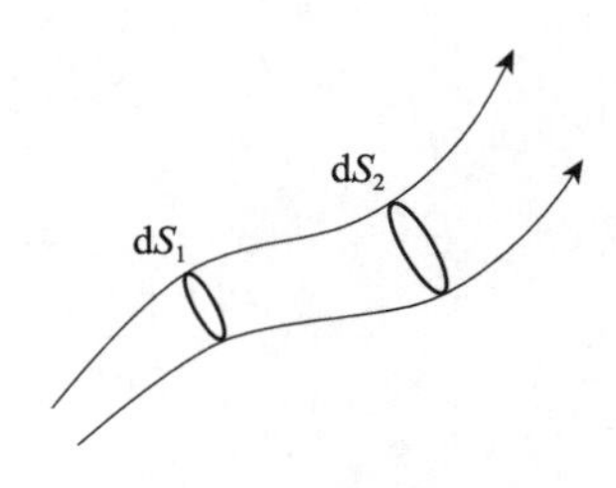

图 9-1-2 射线管图示

式中，c 为波的速度（对 P 波，$c=\alpha$；对 S 波，$c=\beta$）。根据式（9-1-8）单位的推导，$\rho A^2\omega^2$ 的量纲为 J/m³，而能量密度的量纲为 m/s · J/m³ = J/s/m²，这就是单位时间、单位面积内通过的能量。

为了阐明射线理论中的几何扩散，考虑时刻 t_1、波前上横截面积为 dS_1 的一个小的通道（图 9-1-2），振幅为 A_1 的地震射线不会由通道内传到通道外，也不会由通道外传到通道内。单位时间通过这个通道的能流为

$$E^{\text{flux}}(t_1) = \frac{1}{2}c\rho A_1^2\omega^2\,\mathrm{d}S_1 \tag{9-1-18}$$

假定能量只沿这些射线传播（高频近似），那么尽管通道的面积可能发生变化，但单位时间内射线管里流进和流出的能流必定保持不变。于是在时间 t_2：

$$E^{\text{flux}}(t_2) = \frac{1}{2}c\rho A_2^2\omega^2\,\mathrm{d}S_2 = E^{\text{flux}}(t_1) \tag{9-1-19}$$

且根据式（9-1-18）和式（9-1-19），对常数的 c 和 ρ，得到：

$$\frac{A_2}{A_1} = \sqrt{\frac{\mathrm{d}S_1}{\mathrm{d}S_2}} \tag{9-1-20}$$

振幅与由射线管所限定的通道截面面积的平方根呈反比。当波前的面积扩展时振幅减

小；而当波前聚焦到一个比较小的面积时，振幅增大。对球面波前，其面积随 r^2 增大，振幅与 $1/r$ 成比例，这与前面关于球面波的结果（3.7 节）所预测的结果是一致的。

如果密度 ρ 和波速 c 随位置发生变化，那么振幅也发生变化。在没有几何扩散（$dS_1 = dS_2$）时，有

$$\frac{A_2}{A_1} = \sqrt{\frac{\rho_1 c_1}{\rho_2 c_2}} \tag{9-1-21}$$

式中，乘积 ρc 叫做材料的**阻抗**（impedance），振幅与阻抗的平方根呈反向变化。这意味着波在速度比较慢，密度比较小的固体里传播时，振幅将变大。阻抗是强地面运动地震学中的一个重要因子。普遍观测到沉积顶部的大地震振动比基岩场地振动更强就是这个道理。

9.2　一维速度模型的几何扩散

9.1 节介绍了地震波能量的基本概念，可能读者感觉到离地震波的实际应用太远。本节研究一维地球模型中地震波的振幅（Shearer，2009）。假定震源是各向同性的（在所有方向，性质相同），辐射的总能量为 E_s，则在震源邻域内、半径 r_0 的球面上的能量分布相同，地表的慢度为 u_0。考虑在角度 i_0 与之间离开震源的射线（图 9-2-1）。在这些角度里的能量分布在球的一个带里（图 9-2-1）。这个带的圆周为 $2\pi r_0 \sin i_0$，带的面积为圆周的长度和 di_0 所对应的弧长 $r_0 di_0$ 的乘积，即 $2\pi r_0^2 \sin i_0 di_0$，因为单位球面的总面积为 $4\pi r_0^2$，所以带里的能量 E_{di_0} 为

$$E_{di_0} = \frac{1}{2}\sin i_0 \, di_0 E_s \tag{9-2-1}$$

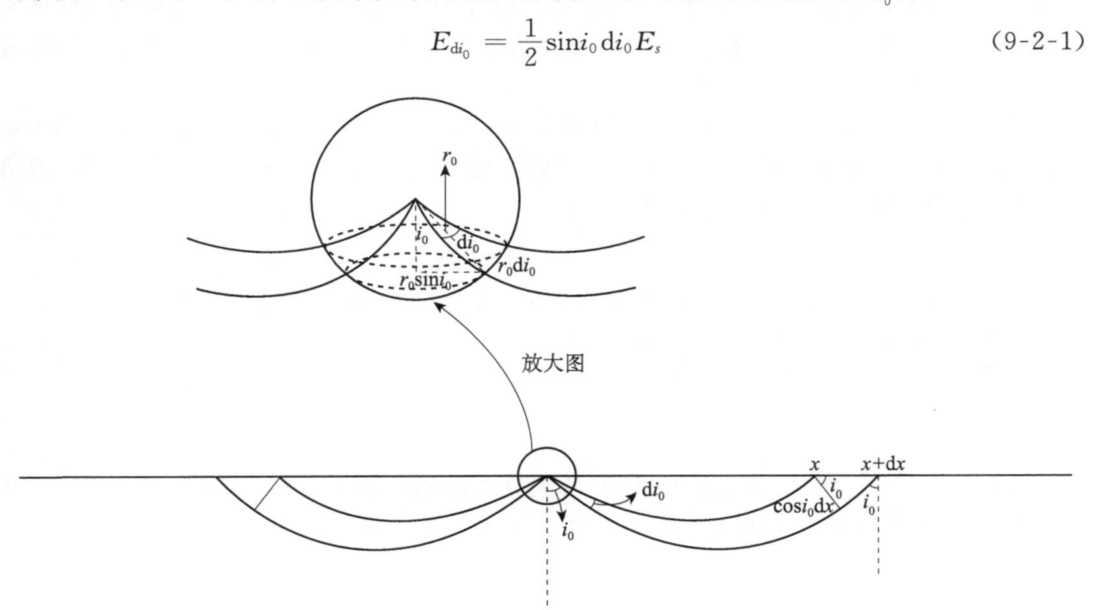

图 9-2-1　水平分层介质地震波的能量分析

下一步考虑这些射线在何处到达地表。以 i_0 至 $i_0 + di_0$ 之间的角度离开震源的射线与地表相交成一个环，这个环的面积为 $2\pi x dx$。因为这些射线以角度 i_0 到达地表，波前与射线垂直，所以相应的波前的面积为 $2\pi x \cos i_0 dx$。波前能量为波前的面积与波前的能量密度 $\widetilde{E}$ 的乘积：

$$E_{dx} = 2\pi x \cos i_0 \mathrm{d}x\widetilde{E}(x) \tag{9-2-2}$$

根据沿着这些射线能量守恒，有 $E_{di_0}=E_{dx}$，于是：

$$\widetilde{E}(x) = \frac{\sin i_0}{4\pi x \cos i_0}\left|\frac{\mathrm{d}i_0}{\mathrm{d}x}\right|E_s \tag{9-2-3}$$

用 $p=u_0\sin i_0$ 和 $\mathrm{d}p=u_0\cos i_0\mathrm{d}i_0$ 代替 $\sin i_0$ 和 $\mathrm{d}i_0$，得到：

$$\widetilde{E}(x) = \frac{p}{4\pi u_0^2 x \cos^2 i_0}\left|\frac{\mathrm{d}p}{\mathrm{d}x}\right|E_s \tag{9-2-4}$$

在 x 处的振幅与这个表达式的平方根成比例。在该表达式中，地表慢度为常数，在分母上，震中距的增大会引起分母的增大，同时震中距越大，偏垂角越小，其余弦平方越大。因此随着震中距的增大分母部分会增大，导致平均能量密度减小。但要注意，随着震中距的增大，射线参数 p 会减小。通常情况下 $\left|\frac{\mathrm{d}p}{\mathrm{d}x}\right|$ 变化不太大。因此平均能量密度会随着震中距的增加而迅速减小，地震波的振幅也就快速衰减。式（9-2-4）也可以用因子 $1/|\mathrm{d}x/\mathrm{d}p|$ 写出来。说明每当 $|\mathrm{d}x/\mathrm{d}p|$ 比较小时，预测的振幅比较大，大量的射线（有不同的 p）密集地落在地面上。

当 $\mathrm{d}x/\mathrm{d}p=0$ 时，预测能量出现“灾变”，振幅变成无穷大。在射线理论中，称为焦散点，为三次往返走时曲线的交汇点。此结果只有在无穷高的频率情况下才是真实的。对感兴趣的有限频率，波长是相当长的，宜对 $\mathrm{d}x/\mathrm{d}p=0$ 场地的所有点求平均。在焦散点附近，振幅变大，但不是无穷大。实际上，因为焦散点是走时曲线上的一个点，由射线几何理论预测的在焦散点处无穷大的振幅通常不会在数值上引起什么问题，积分的能量仍是有限的。

为了对层状介质地震波在不同震中距的几何扩散效应有较为全面地理解，像在第 6 章中模拟成层介质中的地震波传播那样，这里研究随深度速度逐渐增加介质的几何扩散情况，采用的例子同 P6_3.m，程序如下：

```
%P9_2.m
v10 = 2;v20 = 7;H = 30;   %速度从地表 2km/s 到壳幔边界(30km)7km/s
b = (v20 - v10)/H;     %速度随深度变化的斜率
x = [0,60];     %震中距取 2 个点
v = [];
for z = 0:15
%得到 16*2 的速度分布图像,其中在横向上是均匀的,纵向随深度而变化
    v = [v;ones(1,2) * (v10 + b * z)];
end
figure(1)
pcolor(x,[0:15],v);   %绘制速度分布图像
shading interp   %将图像进行渐变处理
colorbar;      %加上色标
annotation('textbox',[0.866,0.854,0.5,0.1],'linestyle','none','String','速度/km. s^-1')
hold on   %图形保持,使得以后绘图在原来图的基础上进行
xall0 = 0;tall0 = 0;
```

```
p0 = 0.5;    % p从0.5开始计算
xallE = [];
Ez = [];
xxxx = [];
for p = 0.5: -0.01:0.23
 %对p参数循环计算,大的p参数穿透地壳深度小,震中距较小
maxz = (1 - p * v10)/b/p;   % p参数对应的大小深度
maxlayer = 50;        %将穿透的地壳深度分为50层
z = linspace(0,maxz,maxlayer);   %将层分成均匀的
h = z(2) - z(1);      %所分层的厚度
z1 = z(1:maxlayer - 1);   %所有层的顶部深度
z2 = z(2:maxlayer);    %所有层的底部深度
xall = 0;tall = 0;      %总的震中距和走时从初始的零开始累加
u1 = 1./(v10 + b * z1);u2 = 1./(v10 + b * z2);    %所有层的顶层慢度
dx = zeros(1,2 * maxlayer - 1); dt = dx; %所有层的震中距,初始设置为零
figure(1)
for ii = 1:maxlayer - 1    %对每一层分别进行循环计算
    [dx(ii),dt(ii),irtr] = layertx(p,h,u1(ii),u2(ii));
 %调用layertx函数,每个参数得到走时和震中距.这里将每层震中距增量存盘,以便在计算对称的射
线折返上升时用
    plot([xall,xall + dx(ii)],[z1(ii),z2(ii)],'w'); %采用白色绘制每层中的射线路径
    xall = xall + dx(ii);   %下一层的震中距开始为上一层震中距的结束
    tall = tall + dt(ii);
end
text(xall,z2(ii),num2str(p));
for ii = maxlayer - 1: - 1:1   %将原来计算的震中距用在对称的折返路径上
    plot([xall,xall + dx(ii)],[z2(ii),z1(ii)],'w');   %用白色绘制每层中的射线路径
    xall = xall + dx(ii); %下一层的震中距开始为上一层震中距的结束
    tall = tall + dt(ii);
end
    if(p~ = 0.5)
    den = 4 * pi * 1/v10^2 * xall * (1 - (p * p * v10 * v10));    %式(9 - 2 - 4)的分母
    num = p * abs((p - p1)/(xall - xall1));      %式(9 - 2 - 4)的分子
xallE = [xallE,xall];
Ez = [Ez,num/den];
end
    p1 = p;    xall1 = xall;
    set(gca,'Ydir','reverse','box','on')
 %将当前绘图的y轴方向反向,使得符合深度大都在下部的情况,并且将右边和上边均加上框
end
Emax = max(Ez);
Eshow = - sqrt(Ez/Emax) * 5;     %将能量开根号就变为相对振幅,将其归为振幅为5的范围内
```

```
stem(xallE,Eshow);      %在图中显示振幅的衰减
axis([0,60,-5,15])   %设置绘图x轴的范围为0～60,y轴的绘图范围为0～15
set(gca,'YTick',[0:5:15],'YTicklabel',num2str([0:5:25]'))
xlabel('震中距/km')    %加x轴的标记
ylabel('深度/km')     %加y轴的标记
```

运行该程序得到图 9-2-2，可见对于速度随深度逐渐增加的介质中，由于地震波几何扩散致使地表记录的地震波振幅随着震中距的增加很快下降。对于存在高速层和低速层的情况，运行本书所附程序中的 P9_3. m 和 P9_4. m 程序，可以得到图 9-2-3 和图 9-2-4。

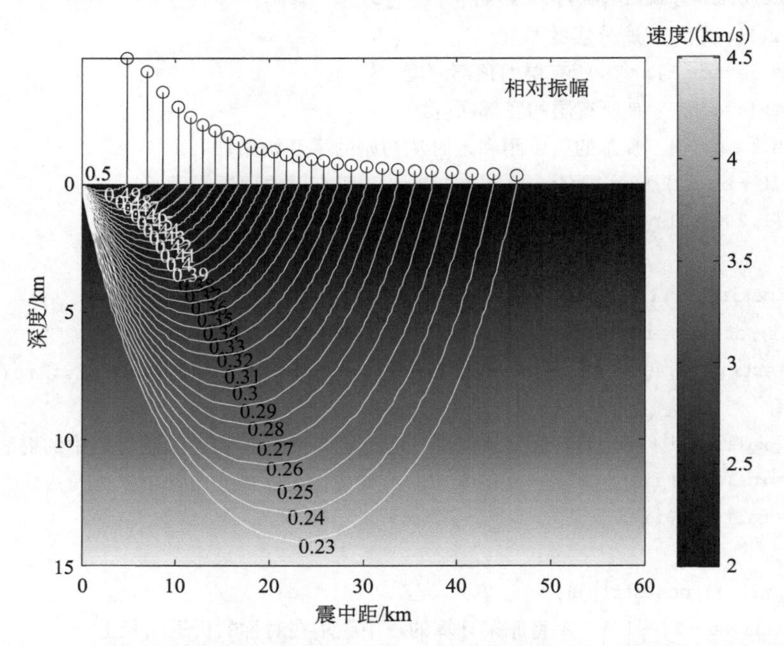

图 9-2-2 随深度线性增加介质的射线路径及对应的相对振幅随震中距的分布（参看程序运行的彩图）

如图 9-2-5 所示，在球形分层地球的情况下（地球半径为 R），Δ 是震源与接收台之间的距离（弧度），i_0 是接收台 S 处的偏垂角。设地球射线从 F 出发到达地球表面。在震源处，射线与半径的夹角为 i_h，此处的半径为 r_h，慢度为 u_h。震源所发出的某种类型的波的能量为 E_s（徐果明和周蕙兰，1982）。与前面分析一致，所有夹角在 i_h 到 $i_h+\mathrm{d}i_h$ 之间的环带的面积为 $2\pi r_0\sin i_h r_0\mathrm{d}i_h$，由于整个单位球的面积为 $4\pi r_0^2$，所以在 i_h 到 $i_h+\mathrm{d}i_h$ 之间的射线所携带的能量为 $\frac{1}{2}\sin i_h\mathrm{d}i_h Es$。这些射线全部到达与 F 的角距为 Δ 到 $\Delta+\mathrm{d}\Delta$ 之间的区域，它们在地表占有的面积为 $2\pi(R\sin\Delta)R\,|\mathrm{d}\Delta|=2\pi R^2\sin\Delta\,|\mathrm{d}\Delta|$。这里 $\mathrm{d}\Delta$ 的方向可能与 $\mathrm{d}i_h$ 的方向相反，所以取绝对值。波前的面积为 $2\pi R^2\sin\Delta\,|\mathrm{d}\Delta|\cos i_0$，$i_0$ 为地表接收点的入射角。根据能量守恒可得地表接收点处的能量密度为

$$\widetilde{E}(\Delta)=\frac{\sin i_h}{4\pi R^2\sin\Delta\cos i_0}\left|\frac{\mathrm{d}i_h}{\mathrm{d}\Delta}\right|E_s \tag{9-2-5}$$

由于球层介质中 $p=u_h r_h\sin i_h=u_0 R\sin i_0$，有 $\frac{\mathrm{d}p}{\mathrm{d}\Delta}=u_h r_h\cos i_h\,\frac{\mathrm{d}i_h}{\mathrm{d}\Delta}$，代入式（9-2-5）得

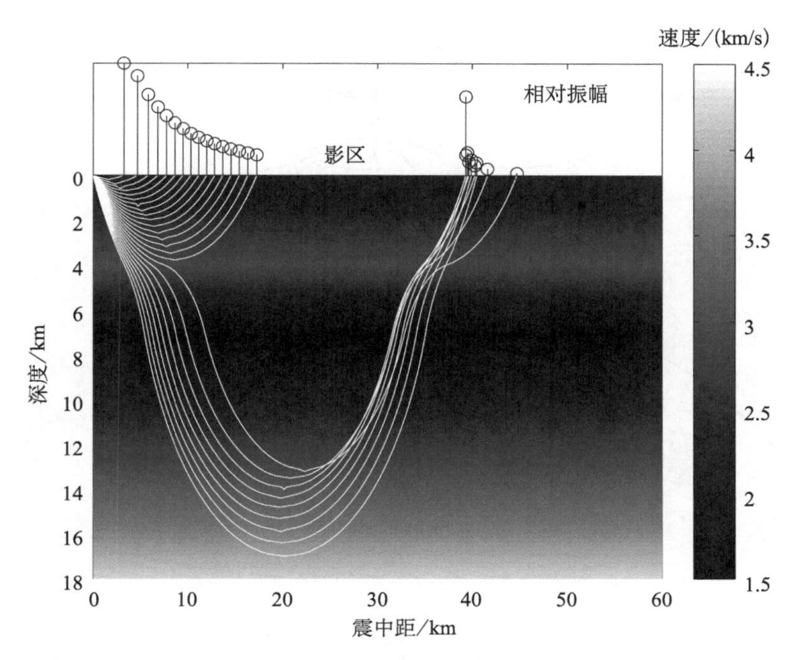

图 9-2-3 存在低速层介质的射线路径及对应的相对振幅随震中距的分布（参看程序运行的彩图）

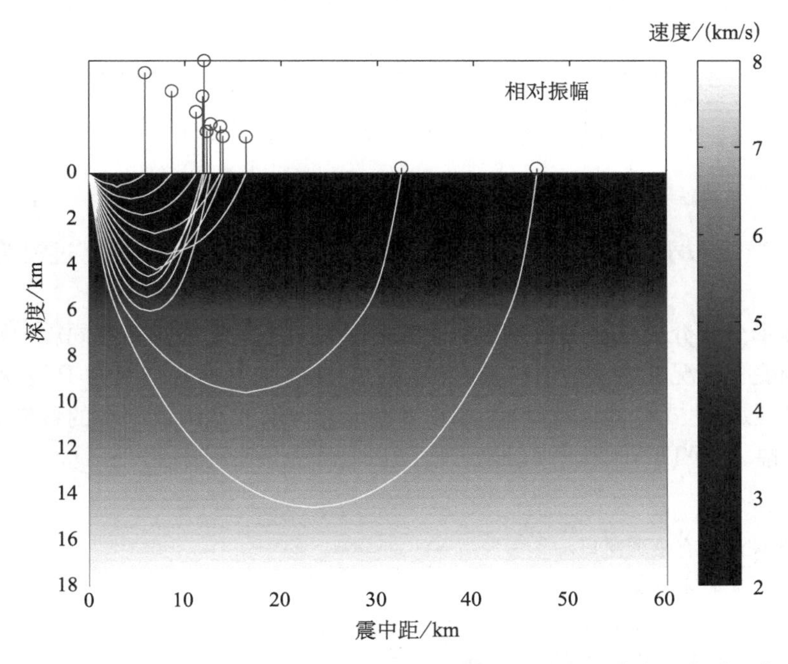

图 9-2-4 存在速度突变介质的射线路径及对应的相对振幅随震中距的分布（参看程序运行的彩图）

$$\widetilde{E}(\Delta)=\frac{\sin i_h E_s}{4\pi R^2\sin\Delta\cos i_0 u_h r_h\cos i_h}\left|\frac{\mathrm{d}p}{\mathrm{d}\Delta}\right|=\frac{pE_s}{4\pi R^2 r_h^2 u_h^2\sin\Delta\cos i_0\cos i_h}\left|\frac{\mathrm{d}p}{\mathrm{d}\Delta}\right| \quad (9\text{-}2\text{-}6)$$

如果震源在地表，则 $r_h=R$，$i_h=i_0$，能量密度表达式为

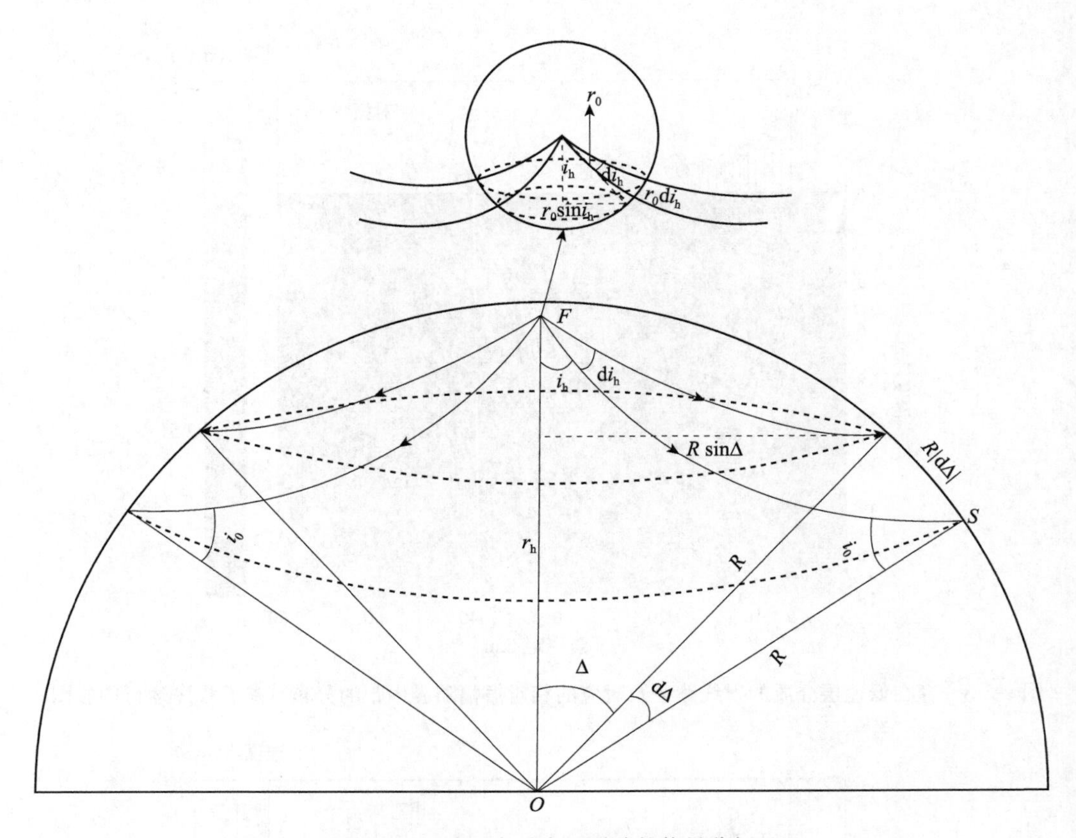

图 9-2-5　球层介质中地震波的能量分析

$$\widetilde{E}(\Delta)=\frac{pE_s}{4\pi R^4 u_0^2 \sin\Delta\cos^2 i_0}\left|\frac{\mathrm{d}p}{\mathrm{d}\Delta}\right| \tag{9-2-7}$$

请注意，当 Δ 很小时，$\sin\Delta\approx\Delta$，$R\sin\Delta=x$，则式（9-2-7）可以过渡为水平成层介质的几何扩散公式。

下面对球形分层介质模型中震源在地表的，采用上述理论预测在不同震中距由于几何扩散引起的振幅变化情况。这里给出地震 P 波的走时及 p 值，假定地表的 P 波速度为 5.8km/s。采用几何扩散表达式［式（9-2-6）］来预测在地表记录的不同震中距的各向同性表面源的 P 波的相对振幅。MATLAB 程序如下：

```
%P9_5.m
close all %关闭所有绘图窗口
R=6371;      %地球地表半径
v0=2;       %设地表的速度为 2km/s
vm=13;       %设核幔界面的速度为 13km/s
vdr=(vm-v0)/(R-3480);        %速度随半径的变化率
r=[R:-1:3480]';    %地球的圈层半径
v=vm-vdr*(r-3480);     %假定正常速度分布
r=[r;3480;0];    %地核设为一层
v=[v;2;2];    %地核的速度为 2km/s
```

```
figure(1)
sph_vel_plot(r,v);  % 调用速度结构参数绘制球形分布的速度
axis([0,6771,0,6371]);  % 给出坐标轴的范围
axis on
ylabel('半径/km')
colorbar;      % 给出图例
annotation('textbox',[0.78,0.894,0.5,0.1],'linestyle','none','String','速度/km.s^-^1')
%%%%%%%%%%%%%%%%%%%%%%%%%%%
nn = length(r);   % 地球分层层数
rt = r(1:nn-1,1);rb = r(2:nn,1);    % 地球各层顶部和底部的地球半径
pmax = max(r)/max(v);
pp = sin([0.1:0.02:0.2,0.24:0.06:0.4,0.48:0.1:pi/2]) * 6371/v0;   % 给出在地幔中传播的射线
参数
xt = [];
for p = pp
alpha1 = 0;  % 震中距角度自零开始累加
ddeta = zeros(1,nn);  % 运行到该时刻的震中距的增加量
sumt = 0; % 到达最深点所用的时间
%%%%%%%%%%%%%%%%%%下行波
for i = 1:nn-1   % 对各层分别计算
if (p.*v(i+1)<=rb(i))   % 地震到达该深度
ddeta(i) = acos(p*v(i+1)/rt(i)) - acos(p*v(i+1)/rb(i)); % 计算均匀球层震中距的增加
dt = sqrt((rt(i)/v(i+1))^2 - p^2) - sqrt((rb(i)/v(i+1))^2 - p^2);   % 该层中的走时
sumt = sumt + dt;   % 走时添加该层的走时
alpha1 = alpha1 + ddeta(i);    % 震中距之和
%绘制从该层顶部到底部的射线段
plot([rt(i)*cos(alpha1-ddeta(i)),rb(i)*cos(alpha1)],[rt(i)*sin(alpha1-ddeta(i)),rb(i)
*sin(alpha1)],'w')
else
break
end
end
%%%%%%%%%%%%%%%%%%%上行波
depmaxlayer = i-1; % 记录能够计算的最深层序号
alph = alpha1; % 最下面的角度
for ii = depmaxlayer:-1:1
%绘制从该层底部到顶部的射线段
plot([rb(ii)*cos(alph),rt(ii)*cos(alph+ddeta(ii))],[rb(ii)*sin(alph),rt(ii)*sin(alph
+ddeta(ii))],'w');
alph = alph + ddeta(ii);    % 角度累加
end
xt = [xt;alph,sumt*2,p];
```

```
end
m = size(xt,1);
p = xt(:,3);
u0 = 1/v0;    % 震源处的慢度
csi02 = 1 - (p(1:m - 1) * v0/R).^2;    % cosi0
dpddelta = diff(xt(:,3))./diff(rad2deg(xt(:,1)));    % dp/dd
Den = 4 * pi * u0 * u0 * R^4 * sin(xt(1:m - 1,1)). * csi02;    % (9 - 2 - 7)式分母
E = p(1:m - 1). * abs(dpddelta)./Den;      % 根据式(9 - 2 - 7)计算能量密度
amp = sqrt(E);    % 将能量密度转换为相对振幅
maxamp = max(amp);        % 得到计算的振幅最大值
ampmaxshow = 300;       % 显示的最大值的长度
for ii = 1:m - 1
    ampshow = amp(ii)/maxamp * ampmaxshow;       % 得到振幅显示的长度
    plot([R * cos(xt(ii)),(R + ampshow) * cos(xt(ii))],[R * sin(xt(ii)),(R + ampshow) * sin(xt
(ii))],'r','LineWidth',2);    % 绘制振幅
end
```

运行上面的程序，得到图 9-2-6。可见在速度随深度逐渐增加的球形介层介质中，地震波的振幅也是逐渐减小的。读者可以根据上面的程序的后一部分修改第 7 章中模拟存在低速层、高速层及速度突变界面介质地震波传播的程序 P7 _ 7. m、P7 _ 8. m 和 P7 _ 9. m，研究这些介质的射线在地表的振幅和能量分布情况。

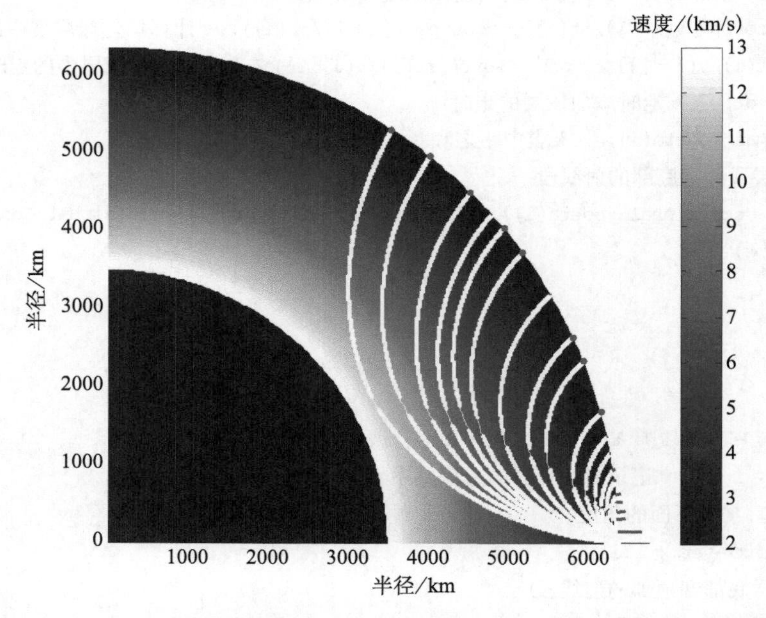

图 9-2-6　球层介质不同震中距地震波振幅模拟（参看程序运行的彩图）

9.3 地震波的衰减

至今本书考虑的是由于波前的几何扩散以及在间断面的反射和透射系数所引起的地震波振幅的变化。影响波的振幅的第三个因素是由于在波传播过程中的非弹性过程或内摩擦所造成的能量耗损。非弹性过程或内摩擦的具体机制比较复杂，依赖于矿物晶体的原子或分子结构、小尺度的裂隙和流体的充盈情况等介质的固有特性。地震波的固有衰减是地震学研究的一个重要课题。应当注意，这种固有衰减与散射衰减有区别。在散射衰减中，地震波振幅的减小是由小尺度的不均匀散射造成的，但整个波场的积分能量不变，通常采用该观测确定地震的持续时间震级。波的固有衰减是地震波能量在空间或时间发生改变。

9.3.1 品质因子

在第3章中讨论过，波的运动在空间和时间进行，其衰减也可以在空间和时间上衰减。对于给定的空间一点，地震波的振幅随时间衰减，对于给定的时间点波随着传播距离而衰减。

地震波衰减是介质损耗引起的。讨论介质的损耗性质时，通常引入电工学中的品质因子Q来表征，Q定义为一个周期的损耗能量与周期内的平均能量的比例关系：

$$\frac{2\pi}{Q(\omega)}=-\frac{\Delta E}{E} \tag{9-3-1}$$

式中，ΔE为一个周期的能量损耗；E为地震波在同一周期内的平均能量。因此式（9-3-1）可以表达为

$$Q=\frac{-2\pi E}{\Delta E}=\frac{-2\pi E}{T\frac{\mathrm{d}E}{\mathrm{d}t}} \tag{9-3-2}$$

分离变量得到：

$$\frac{\mathrm{d}E}{E}=\frac{-2\pi}{QT}\mathrm{d}t \tag{9-3-3}$$

得到能量的表达式为

$$E=E_0\mathrm{e}^{-2\pi t/QT} \tag{9-3-4}$$

式中，E_0为$t=0$时刻的振动能量。

通常的情况下地震波能量衰减表现为位移振幅的减小，因此转换为位移振幅表达更为方便。由9.1节的讲解可知位移振幅比为能量比的开方，因此有

$$A=A_0\mathrm{e}^{-\pi t/QT}=A_0\mathrm{e}^{-\omega t/2Q}=A_0\mathrm{e}^{-\omega(x/c)/2Q}=A_0\mathrm{e}^{-\omega x/2cQ} \tag{9-3-5}$$

式中，x为沿波的传播方向的距离；c为速度。

可见，地震波的衰减与地震波的频率、地震波的传播速度和Q值均有关系。频率高的地震波衰减较快，速度大的地震波衰减较慢，Q值大的地震波衰减较慢。

将式（9-3-5）代入到简谐波的表达式$u(x)=A\mathrm{e}^{\mathrm{i}(\omega t-kx)}$中，地震波随距离的衰减为

$$u(x)=A_0\mathrm{e}^{-\frac{\omega x}{2cQ}}\mathrm{e}^{\mathrm{i}(\omega t-kx)} \tag{9-3-6}$$

为理解地震波位移振幅的衰减随频率、Q 值和速度的变化，这里采用地震波传播速度为 3km/s，频率为 0.5Hz、3Hz、5Hz，Q 值固定为 20、时间固定为 5s，采用式（9-3-6）的实部模拟地震波振幅随距离 x 的分布。

```
%P9_6.m
c=3;    %地震波的传播速度为3km/s
Q=20;    %固定Q值为20
f1=1;f2=3;f3=5;    %比较的三个地震波的频率
w1=2*pi*f1;w2=2*pi*f2;w3=2*pi*f3;    %角频率
t=5;    %时间固定为5s
x=0:0.01:10;    %模拟的空间范围
u1=exp(-w1*x/2/c/Q).*cos(w1*t+w1/c*x);    %地震波位移表达式
u2=exp(-w2*x/2/c/Q).*cos(w2*t+w2/c*x);
u3=exp(-w3*x/2/c/Q).*cos(w3*t+w3/c*x);
plot(x,u1,':',x,u2,'-',x,u3,'--')    %绘制不同频率的位移随空间的衰减.
legend('f=1Hz','f=2Hz','f=3Hz')    %给出图例
xlabel('距离/km');ylabel('振幅')
```

程序运行结果如图 9-3-1 所示。可见，频率低的地震波衰减较慢，频率高的地震波衰减较快。远震观测地震图通常频率较低，就是由于高频成分衰减殆尽的缘故。

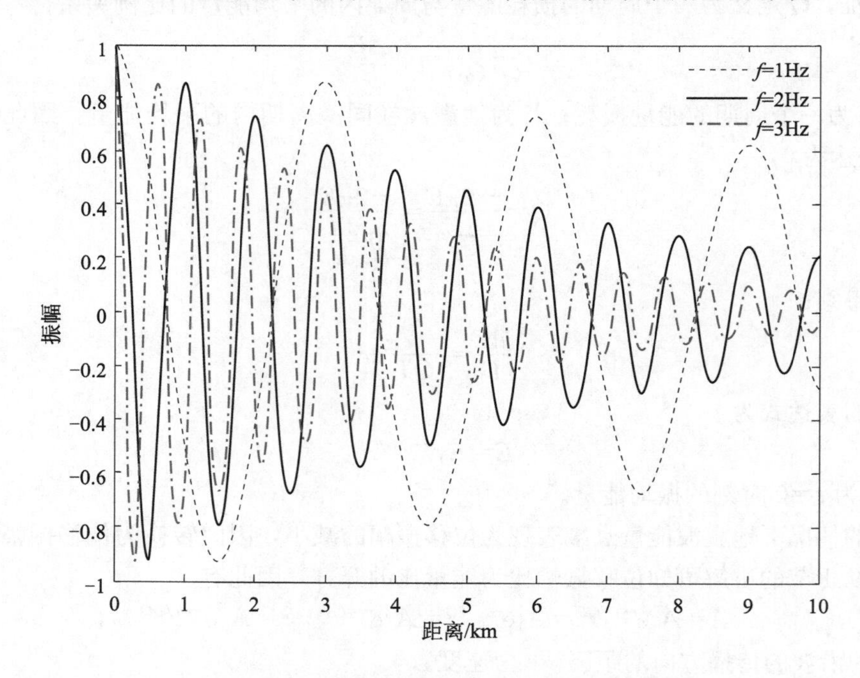

图 9-3-1 不同频率的波在空间衰减的模拟

为理解不同 Q 值的地震波位移振幅衰减随传播距离的变化，这里按照上面例子中所采用的地震波传播速度，频率固定为 3Hz，Q 值分别为 10、20 和 30，时间固定为 5s，采用式（9-3-6）的实部模拟地震波振幅随距离 x 的分布。

```
%P9_7.m
%三种不同Q值对相同频率、相同传播速度的地震波振幅衰减情况
c=3;   %地震波的传播速度为3km/s
Q1=10;Q2=20;Q3=30;   %比较的三种Q值的空间衰减情况
f=3;   %地震波的频率
w=2*pi*f;   %角频率
t=5;   %时间固定为5s
x=0:0.01:10;   %模拟的空间范围
u1=exp(-w*x/2/c/Q1).*cos(w*t+w/c*x);   %地震波位移表达式
u2=exp(-w*x/2/c/Q2).*cos(w*t+w/c*x);   %地震波位移表达式
u3=exp(-w*x/2/c/Q3).*cos(w*t+w/c*x);   %地震波位移表达式
plot(x,u1,':',x,u2,'-',x,u3,'--')   %绘图
legend('Q=10','Q=20','Q=30')   %给出图例
xlabel('距离/km');ylabel('振幅')   %加标记
```

程序运行结果如图 9-3-2 所示。可见 Q 值越大，衰减越慢。

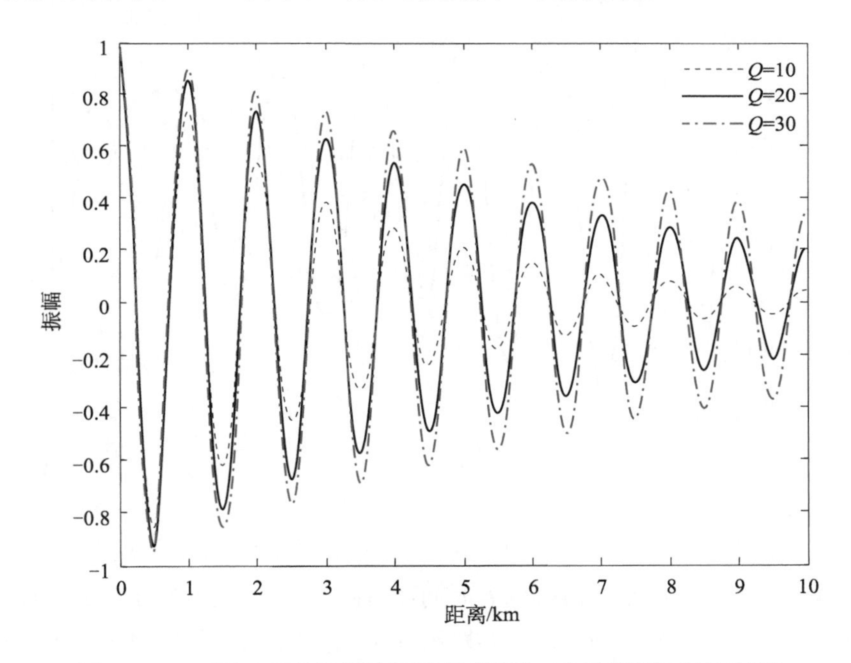

图 9-3-2　不同 Q 值的地震波振幅衰减模拟（参看程序运行的彩图）

为理解不同传播速度的地震波位移振幅衰减随传播距离的变化，这里按照上面例子中所采用的 Q 值为 20，时间固定为 5s，采用式（9-3-6）的实部模拟地震波振幅随距离 x 的分布。

```
%P9_8.m
%三种不同传播速度、相同频率、相同Q值的地震波振幅衰减情况
c1=3;c2=4;c3=5;   %地震波的传播速度为3km/s
Q=20;   %比较的三种Q值的空间衰减情况
```

```
f=3;    %地震波的频率
w=2*pi*f;    %角频率
t=5;    %时间固定为5s
x=0:0.01:10;    %模拟的空间范围
u1=exp(-w*x/2/c1/Q).*cos(w*t+w/c1*x);    %地震波位移表达式
u2=exp(-w*x/2/c2/Q).*cos(w*t+w/c2*x);    %地震波位移表达式
u3=exp(-w*x/2/c3/Q).*cos(w*t+w/c3*x);    %地震波位移表达式
plot(x,u1,':',x,u2,'-',x,u3,'--')    %绘图
legend('速度为3km/s','速度为4km/s','速度为5km/s')    %给出图例
xlabel('距离/km');ylabel('振幅')    %加标记
```

程序运行结果如图 9-3-3 所示。可见波速越大的地震波衰减越小，波速越小的地震波衰减越大。

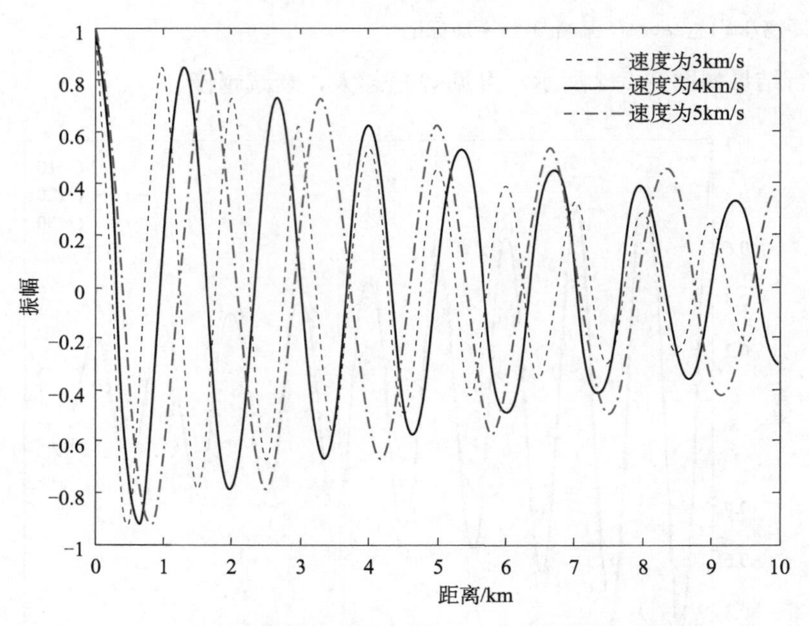

图 9-3-3　不同传播速度的地震波衰减模拟（参看程序运行的彩图）

在一个地震台上观测的地震波会随着时间而衰减，式（9-3-6）中的 x 为距离，c 为地震波的波速，则两者的比例为地震波到达距离为 x 的时间，因此式（9-3-6）可改写为

$$u\ (x)\ =A_0 e^{-\frac{\omega t}{2Q}} e^{i(\omega t-kx)} \qquad (9\text{-}3\text{-}7)$$

此式表明同一点的地震波的振幅会随着时间而衰减，振幅衰减同样由频率和 Q 值决定。

为了理解不同 Q 值得地震波位移振幅的衰减随时间的变化，假定地震波频率分别为 0.5Hz、3Hz、5Hz，Q 值固定为 20，采用式（9-3-7）的实部来研究 50km 远的地震台上的位移振幅随时间的变化。

```
%P9_9.m
x=50;    %地震波的源到台站的距离为50km
```

```
Q = 20;       % 地震波衰减 Q 值
c = 3; % 地震波的传播速度固定为 3km/s
f1 = 1;f2 = 3;f3 = 5;    % 比较的三个地震波的频率
w1 = 2 * pi * f1;w2 = 2 * pi * f2;w3 = 2 * pi * f3;    % 角频率
t = 0:0.01:5;    % 时间固定为 5s
u1 = exp( - w1 * t/2/Q). * cos(w1 * t + w1/c * x);     % 固定点的位移衰减表达式
u2 = exp( - w2 * t/2/Q). * cos(w2 * t + w2/c * x);    % 固定点的位移衰减表达式
u3 = exp( - w3 * t/2/Q). * cos(w3 * t + w3/c * x);    % 固定点的位移衰减表达式
plot(t,u1,':',t,u2,'-',t,u3,'--')     % 绘制三种频率的位移随时间的变化
legend('f = 1Hz','f = 2Hz','f = 3Hz')     % 给出图例
xlabel('时间/s');ylabel('振幅')     % 加上 x 轴和 y 轴标记
```

程序运行结果如图 9-3-4 所示。可见，频率越高的地震波在固定点随时间衰减越快。这类似于地震波空间衰减的特征。

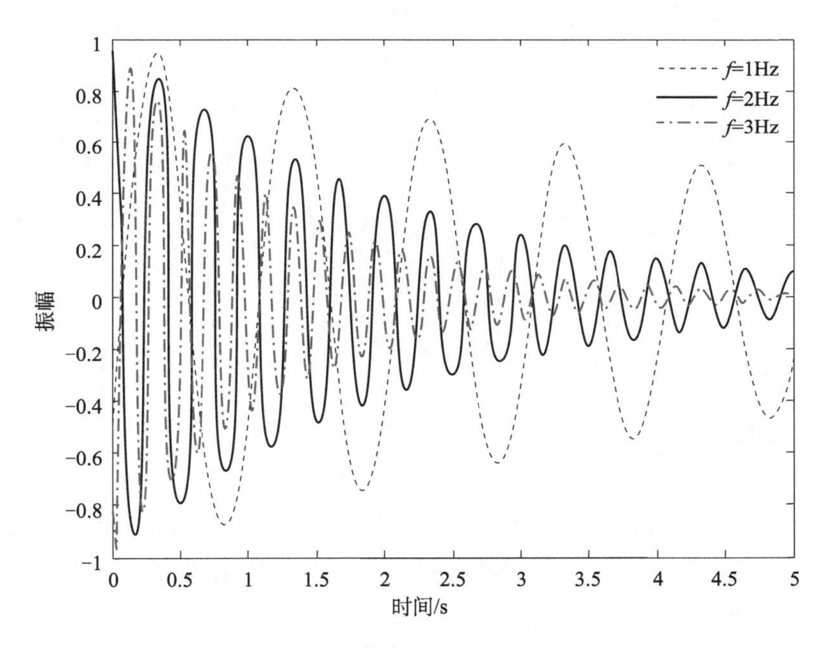

图 9-3-4　不同频率的地震波随时间的衰减比较（参看程序运行的彩图）

同样采用上面例子中的数据，但频率固定为 1Hz，Q 值分别为 10、20 和 30，采用式(9-3-7) 的实部，来模拟地震波振幅随时间的衰减。

```
% P9_10.m
x = 50;      % 地震波的源到台站的距离为 50km
Q1 = 10;Q2 = 20;Q3 = 30;      % 地震波衰减 Q 值
c = 3; % 地震波的传播速度固定为 3km/s
f = 1;    % 比较的三个地震波的频率
w = 2 * pi * f;    % 角频率
```

```
t = 0:0.01:5;    % 时间固定为 5s
u1 = exp( - w * t/2/Q1). * cos(w * t + w/c * x);      % 固定点的位移衰减表达式
u2 = exp( - w * t/2/Q2). * cos(w * t + w/c * x);     % 固定点的位移衰减表达式
u3 = exp( - w * t/2/Q3). * cos(w * t + w/c * x);     % 固定点的位移衰减表达式
plot(t,u1,':',t,u2,'-',t,u3,'--')       % 绘制三种频率的位移随时间的变化
legend('Q = 10','Q = 20','Q = 30')        % 给出图例
xlabel('时间/s');ylabel('振幅')      % 加上 x 轴和 y 轴标记
```

程序运行结果如图 9-3-5 所示。可见，Q 值越大，衰减越小。这与地震波振幅在空间上衰减的情况类似。

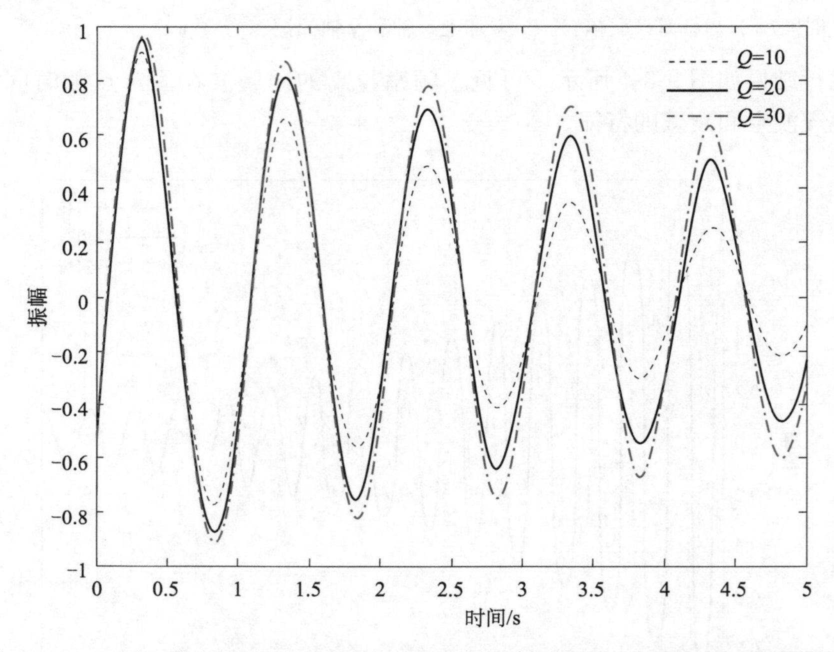

图 9-3-5 不同 Q 值的固定点地震波位移随时间的衰减模拟（参看程序运行的彩图）

通常定义地震波振幅衰减为初始振幅的 1/e（0.37）所用的时间为松弛时间。根据式 (9-3-7)，松弛时间为

$$t_{1/\mathrm{e}}=\frac{2Q}{\omega} \tag{9-3-8}$$

对于 Q 值为 1 的 1Hz 的地震波，松弛时间为 0.3183。

9.3.2 Q 值与复数弹性模量的关系

谐波的振幅可描述为因衰减引起振幅减小的实指数与描述振荡的虚指数的乘积：

$$u(x,t)=A_0\mathrm{e}^{-\omega x/2cQ}\mathrm{e}^{\mathrm{i}\omega(t-x/c)}=A_0\mathrm{e}^{\mathrm{i}\omega t}\mathrm{e}^{\frac{-\mathrm{i}\omega x}{c\left(\frac{2\mathrm{i}Q}{1+\mathrm{i}2Q}\right)}}=A_0\mathrm{e}^{\mathrm{i}\omega t}\mathrm{e}^{\frac{-\mathrm{i}\omega x}{c\left(\frac{2\mathrm{i}Q+4Q^2}{1+4Q^2}\right)}} \tag{9-3-9}$$

对于 Q 值比较大的情形，$\frac{4Q^2}{1+4Q^2}$ 趋近 1，$\frac{2\mathrm{i}Q}{1+4Q^2}$ 为一个比较小的虚数。这提醒我们，只要在第 4 章的计算理论地震图的原理描述中，把一个小的虚部加到 c 中去，就可以把 Q 效应

直接包含在 $e^{i\omega(t-x/c)}$ 里。这提供了一种把衰减效应合并到均匀层方法（如反射、透射系数矩阵方法）中的简便处理办法（Shearer，2009）。

通过上面的分析可以看出，若把速度看做复数：c_r+ic_i，则根据式（9-3-9）：

$$\frac{1}{Q}=\frac{2c_i}{c_r} \tag{9-3-10}$$

对于 P 波和 S 波：

$$\frac{1}{Q_\alpha}=\frac{2\alpha_i}{\alpha_r},\ \frac{1}{Q_\beta}=\frac{2\beta_i}{\beta_r} \tag{9-3-11}$$

我们知道，地震波速度是根据弹性常数和密度计算的，把弹性常数看做复数才能得到地震波速度为复数（Udías，1999）。这里假定剪切模量的实部为 μ_r，虚部为 μ_i，则复数形式的 S 波速度为

$$\beta=\left[\frac{(\mu_r+i\mu_i)}{\rho}\right]^{1/2}=\beta_r\left(1+i\frac{\mu_i}{\mu_r}\right)^{1/2}\approx\beta_r\left(1+i\frac{\mu_i}{2\mu_r}\right) \tag{9-3-12}$$

注意，式（9-3-12）最后一步变换中由于剪切模量的虚部相对于实部非常小，只取了泰勒展开的第一项。考虑式（9-3-10），S 波速度还可以表示为

$$\beta=\beta_r+i\beta_i=\beta_r\left(1+i\frac{Q_\beta^{-1}}{2}\right) \tag{9-3-13}$$

将式（9-3-13）与式（9-3-12）结合可得：

$$Q_\beta^{-1}=\frac{\mu_i}{\mu_r} \tag{9-3-14}$$

如果定义体变模量的实部为 K_r，虚部为 K_i，则复数形式的 P 波速度为

$$\alpha=\left[\frac{\left(\frac{4}{3}\mu_r+i\frac{4}{3}\mu_i+K_r+iK_i\right)}{\rho}\right]^{\frac{1}{2}}=\alpha_r\left(1+i\frac{\frac{4}{3}\mu_i+K_i}{\frac{4}{3}\mu_r+K_r}\right)^{\frac{1}{2}}\approx\alpha_r\left(1+\frac{i}{2}\frac{\frac{4}{3}\mu_i+K_i}{\frac{4}{3}\mu_r+K_r}\right) \tag{9-3-15}$$

同样式（9-3-15）最后一步变换中由于弹性常数的虚部相对于实部非常小，只取了泰勒展开的第一项。考虑式（9-3-11），P 波速度还可以表示为

$$\alpha=\alpha_r+i\alpha_i=\alpha_r\left(1+i\frac{Q_\alpha^{-1}}{2}\right) \tag{9-3-16}$$

将式（9-3-16）与式（9-3-14）结合可得

$$Q_\alpha^{-1}=\frac{\frac{4}{3}\mu_i+K_i}{\frac{4}{3}\mu_r+K_r} \tag{9-3-17}$$

为将体波、面波和自由振荡的衰减特性相结合，通常将剪切模量的虚部与实部之比定义为剪切变形衰减 Q_μ，即

$$Q_\mu^{-1}=\frac{\mu_i}{\mu_r} \tag{9-3-18}$$

将体变模量的虚部与实部之比定义为体积变形衰减 Q_K，即

$$Q_K^{-1}=\frac{K_i}{K_r} \tag{9-3-19}$$

这样P波和S波的衰减可以用体积变形衰减和剪切变形衰减来表示：

$$Q_\alpha^{-1}=\frac{4}{3}\left(\frac{\beta_r}{\alpha_r}\right)^2 Q_\mu^{-1}+\left[1-\frac{4}{3}\left(\frac{\beta_r}{\alpha_r}\right)^2\right]Q_K^{-1} \tag{9-3-20}$$

$$Q_\beta=Q_\mu \tag{9-3-21}$$

在许多地震学问题中，通常假定压缩和膨胀没有能量的衰减，即 $Q_K\to\infty$。在这种情况下：

$$Q_\alpha^{-1}=\frac{4}{3}\left(\frac{\beta}{\alpha}\right)^2 Q_\beta^{-1} \tag{9-3-22}$$

对于泊松介质，$\alpha=\beta\sqrt{3}$，有 $Q_\alpha=\frac{9}{4}Q_\beta$。这说明一般情况下，剪切波较膨胀压缩波更容易衰减。

9.3.3 地球品质因子的测量

在体波传播的射线理论中，我们关心的是自震源到接收点的射线路径上的衰减情况。对于单色波：

$$A=A_0\exp\left(-\frac{\omega s}{2\alpha Q_\alpha}\right)=A_0\mathrm{e}^{-\omega t^*} \tag{9-3-23}$$

式中，A 及 A_0 为震源观测点的振幅；s 为沿射线传播的距离。对于均匀介质有 $t^*=t/2Q_\alpha$，其中 $t=s/\alpha$，为P波的走时。对于S波具有类似的公式。对于球形分层介质的P波和S波，有

$$t^*=2\int_{r_M}^{R}\frac{r\,\mathrm{d}r}{Q(r)v^2\sqrt{\frac{r^2}{v^2}-p^2}} \tag{9-3-24}$$

如果 $\bar{Q}$ 为 $Q(r)$ 在射线路径上的平均值，t 为体波走时，则 $t^*=t/2\bar{Q}$。

假定一个地震有多个不同震中距的台站记录，将式（9-3-23）的初始振幅设为未知数，则可以用它拟合观测的地震波振幅，从而求得不同深度处的 Q_α 和 Q_β 值。这里需要说明的是，用地震体波是不容易测准 Q 值的，原因是震源的性质、传播路径的差异及台基等局部条件的影响很难扣除。

下面讨论面波和自由振荡 Q 值的求取。如果在一个观测点上观测一定频率的振幅随时间的变化，则根据式（9-3-5）可以得到：

$$\ln A(t)=\ln A_0-\frac{\omega}{2Q}t \tag{9-3-25}$$

则根据多个时间点观测的面波或自由振荡的振幅采用将 $\ln A(t)$ 作为因变量 y，$\ln A_0$ 作为常数项 a，$-\frac{\omega}{2Q}$作为斜率，式（9-3-25）可以写成 $y=a+bx$ 的标准形式，最小二乘法进行拟合，可以求得某一频率下的 Q 值。

特殊地，若将某一频率下的间隔一个周期的振幅依次给出，则第一个振幅 A_1 和第二

个振幅 A_2 满足：

$$\frac{A_1}{A_2}=\exp\left[-\frac{\omega}{2Q}t_1+\frac{\omega}{2Q}(t_1+T)\right]=\exp\left(\frac{\pi}{Q}\right)$$

$$Q=\frac{\pi}{\ln\left(\frac{A_1}{A_2}\right)} \tag{9-3-26}$$

根据上述原理，经过 n 个周期后的振幅变为原来振幅的 $\exp\left(-\frac{n\pi}{Q}\right)$，若周期数 $n=Q$，则振幅比为 $\exp(-\pi)\approx 0.04$，这就是说，经过 Q 个周期后，地震波约为原来振幅的 4%。

9.3.4 地球内部的品质因子

如 9.3.3 节所示，地震体波的品质因子可以采用剪切衰减 Q_μ 和体积变形衰减 Q_K（K 为体变模量）来表示［式（9-3-20）和式（9-3-21）］。瑞雷波和勒夫波的品质因子 Q 根据 $Q_\alpha(r)$，$Q_\beta(r)$，$\alpha(r)$，$\beta(r)$ 来确定（Udías，1999）。地球自由振荡环型振型的品质因子依赖于 Q_β，而球型振荡振型的品质因子根据 Q_α 和 Q_β 联合确定（理论查看相关的专门论述）。因此地震各种资料的衰减均可由弹性系数品质因子（Q_μ 和 Q_K）表示出来。在第 1 章所用地球初步参考模型的电子文件中就列有这两个参数。Q_K 在内核中为 1328，而在其他地方为 57 823（通常假定为无穷大，即不衰减）。对于 Q_μ，分布相对复杂，在 80km 深度以上，Q_μ 为 600，在深度为 80～220km，Q_μ 降到 80，在220～670 km，Q_μ 增大到 143，在下地幔（670km 以下），Q_μ 为 312。在流体外核，没有剪切波传播，内核的 Q_μ 为 85。这里需要强调的是，在上地幔和内核，剪切衰减是最大的。

由于 Q_μ 的分布较为简单，本书仅用 MATLAB 程序显示初步地球参考模型的 Q_μ 的分布。

```
%P9_11.m
load premmodelQ.dat   %加载 PREM 的 Q 值模型
r = colormap('gray');      %制作调色板
R = 6371;              %地球半径
alpha = 0:0.01:2*pi;   %绘制地球球型的角度
x = R*cos(alpha);y = R*sin(alpha);   %地壳表层的坐标
[m,n] = size(premmodelQ);   %给出矩阵大小
Premin = min(premmodelQ(:,6));Premax = max(premmodelQ(:,6));     %Q 的最大值和最小值
max_min = Premax - Premin;    %最小值和最大值的差异
hold on    %绘图基于原有绘图基础上
for ii = 1:m
    Indx = round((premmodelQ(ii,6) - Premin)/max_min*64); %得到 Q 值所在的颜色序号
    if(Indx = = 0) Indx = 1;end    %如果序号为零,则采用 1 号颜色绘图
    fill((R - premmodelQ(ii,1)) * cos(alpha),(R - premmodelQ(ii,1)) * sin(alpha),r(Indx,:),
'EdgeColor',r(Indx,:))
```

```
        %采用Q值对应的颜色填充地球内部的对应区域
    end
    plot(x,y,'k');    %绘制地表坐标
    axis equal    %使得坐标轴单位长度一样,使得地球成为正球形,而不是椭球形
    axis off    %不显示坐标轴
    caxis([Premin,Premax]);    %给出色标轴
    H=colorbar;    %得到色标轴句柄
    set(H,'YTick',linspace(Premin,Premax,6),'YtickLabel',num2str(linspace(Premin,Premax,6)'))
    %绘制色标轴及其对应的刻度
    annotation('textbox',[0.816,0.824,0.5,0.1],'linestyle','none','String','Q\mu')
    %给出色标的标注
```

运行上面的程序得到图 9-3-6。它给出了地球内部 Q_μ 分布的一个完整图像。读者修改上面程序的"premmodelQ(:,6)"为"premmodelQ(:,7)"重新运行即可得到 Q_K 在地球内部的分布图像（程序 P9-12. m）。

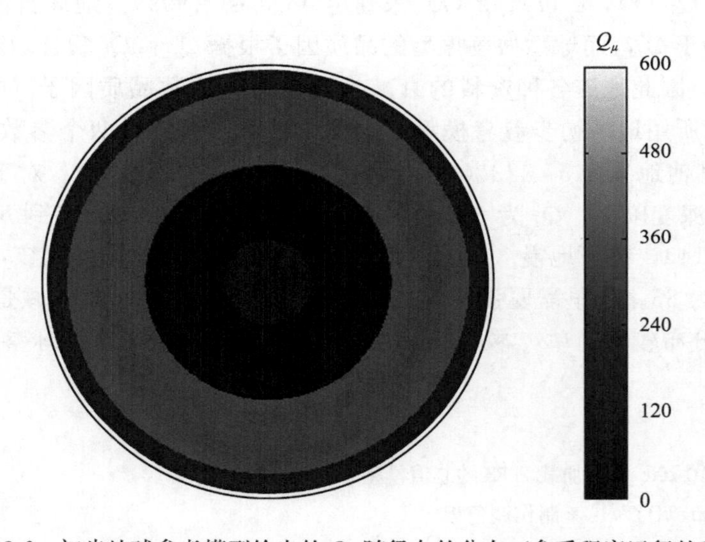

图 9-3-6　初步地球参考模型给出的 Q_μ 随径向的分布（参看程序运行的彩图）

9.4　地震震级及烈度

震级是表征地震强弱的量度，是地震的基本参数之一，是地震预报和其他有关地震学研究中的一个重要参数。常用的震级有三种标度，一是近震震级 M_L，二是面波震级 M_S，三是体波震级标度 M_B 或 M_b，以上三种标度实质上都属于里克特-古登堡震级系统，也就是人们常说的里氏震级系统。其他震级标度都是以此为基础发展起来的。目前已知的最大地震 M_S 还没有超过 8.9 级的，而最小的地震则已可以用高灵敏度的微震仪器观测到一3 级。

1935年里克特在研究美国南加州的地震时引入了地震震级标度 M_L，尽管这种定义任意性较大，但却很方便，更重要的是它为其后的发展提供了基础。1945年，古登堡提出了面波震级标度，它根据震中距为15°～130°的浅源地震的20s周期的面波确定，振幅-震中距的对应关系是由理论和经验相结合得到的，其中考虑了几何扩散、介质吸收和频散的影响。1945年，古登堡根据浅源地震的P、PP、S波又引进体波震级 M_b。各国和国际地震机构，根据他们自己的研究成果和观测数据，建立了适合不同区域的经验公式。多年来计算震级的方法不断改进，在演变过程中，各国情况相差很大。对于一个6级以上的地震，几乎全球所有地震台站都可以记录到并能测定其震级，所以震级标度统一问题引起了各国地震学家的高度重视。

1964年以后，美国开始在全球逐步建立世界标准台网（WWSSN），由于它覆盖的地域广阔，地震仪一致性好，美国地震信息中心（NEIC）所测定震级的准确性和权威性自然就很高。另外，在联合国教科文组织（UNESCO）的主持下，1964年在英国成立了国际地震中心（ISC），这是第一个收集全世界范围地震观测资料的组织，在地震资料中，WWSSN的资料占有很大的比重。从此以后，NEIC和ISC测定的震级得到了各国地震学家的普遍采用。

1967年，苏黎世举行的国际地震学和地球内部物理学（IASPEI）大会向全世界推荐了体波震级和面波震级测定公式，后来许多国家和国际上的地震机构都采用了所推荐的公式。由于历史原因，我国到现在没有采用IASPEI推荐的测定 M_S 的震级公式，致使我国测定的 M_S 震级比国际上的地震机构测定的震级系统偏高0.2级。

9.4.1　地震震级

1. 近震震级

里克特（Richter，1935）通过美国南加利福尼亚地区地震的研究发现，对于同一地点的两次大小不同的震级，用伍德-安德森（Wood-Anderson）标准地震仪进行记录，其周期为0.8s，阻尼为0.8，放大倍数为2800倍，在不同地点的各个台记录到这两次地震的两水平向最大振幅的算术平均值的对数之比为一常数，且这一比值与震中距无关（图9-4-1）。因此地震的大小可以由在同一距离相对于参考地震的 lg$A$ 的偏移来确定。于是提出了计算震级的公式为

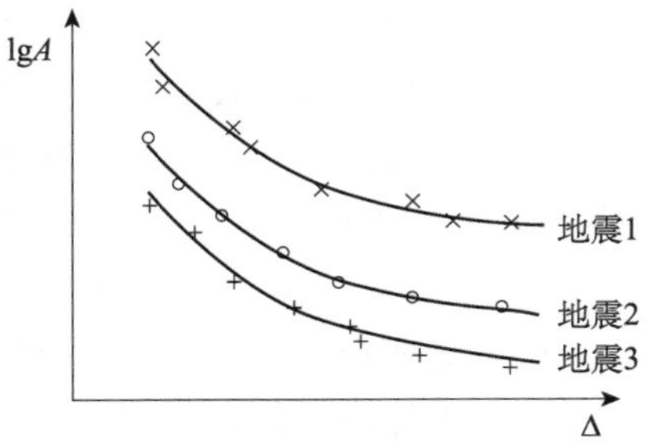

$$M_L = \lg A_{\max} - \lg A_0 \qquad (9\text{-}4\text{-}1)$$

图9-4-1　不同的地震，其振幅的对数 lg$A$ 与距离有类似的衰减关系

式中，$A_{\max}$ 为待定地震两水平分向最大振幅的算术平均值；A_0 为标准地震在同一震中距上两水平分向最大振幅的算术平均值。如果 $A_{\max}=A_0$，则 $M=0$。lgA_0 是震中距的函数，是零级地震在不同震中距的振幅对数值，称作**起算函数、标定函数**或**量规函数**（calibration function）。

伍德-安德森（Wood-Anderson）标准地震仪在震中距等于100km处，如果记录的两水平分向最大振幅的算术平均值是1μm，那么此次地震的震级为零级。

最初的近震震级计算公式只适用美国加利福尼亚地区，并且使用的仪器是伍德—安德森短周期地震仪器，显然存在一定的局限性。我国地震学家李善邦（1981）将式（9-4-1）写成一般形式，并结合我国地震台网短周期地震仪和中长周期地震仪，建立了适合我国的起算函数（陈培善等，1983；时振梁等，1990）。计算公式如下：

$$M_L = \lg A_\mu + R(\Delta) + S(\Delta) \qquad (9\text{-}4\text{-}2)$$

式中，A_μ 是以 μm 为单位的地动位移，是两水平向最大地动位移的算术平均值；R（Δ）是量规函数，其物理意义是补偿地震波随距离的衰减，相当于式（9-4-1）中的 $-\lg A_0$，也是震中距的函数，使用的仪器不同，R（Δ）也不同，在《地震台站观测规范》中，基式仪的量规函数为 R_1（Δ），64 型、62 型地震仪的量规函数为 R_2（Δ）；S（Δ）为台站校正值，对于不同的台站和不同的仪器，其值不同，规定以北京白家疃地震台的基式地震记录为 M_L 的标准，即 $S=0$，其他地震台站和仪器要另求 S 值。实际上，由于如何求得准确的 S（Δ）值并不明确，物理意义也不清楚，按照不同的方法求得的 S（Δ）值又不同，所以，为了避免混乱（即加还是不加，加多少，都不一致），故在地震报告中，均取 S（Δ）$=0$。

由于地震辐射源是各向异性源（参看第 10 章），所以处于不同方位的地震台站测得的震级有差别是很自然的。要消除这种差别，最理想的办法就是准确测定每个地震的震源机制，然后算出其辐射图型，再根据辐射图型做方位振幅校正。但是，由于获取每个地震准确的震源机制有困难，而且获得的震源机制有误差，所以这种校正实际上很难实现。

2. 面波震级

1945 年，古登堡提出的面波震级标度 M_S 为（Gutenberg，1945）

$$M_S = \lg A_{Hmax} + 1.656\lg\Delta + 1.818 \qquad 15^\circ < \Delta < 130^\circ \qquad (9\text{-}4\text{-}3)$$

式中，A_{Hmax} 为面波水平向最大位移，单位为 μm；Δ 为震中距，单位为（°）；当时记录的面波周期 $T=$（20±2）s，即所谓的 20s 面波震级公式。

后来各国根据本国地震仪记录，发展了各自的面波公式，由于各国测定面波震级的量规函数的差异和地震仪频带的不同，使得同一地震各国测定的 M_S 都不一样。

卡尼克（Karnik，1972）研究了 14 个不同作者的量规函数，对它们加权平均，提出了一个测定 M_S 的公式：

$$M_S = \lg(A/T) + 1.66\lg\Delta + 3.3 \qquad 20^\circ < \Delta < 160^\circ \qquad (9\text{-}4\text{-}4)$$

这就是所谓的莫斯科-布拉格公式。这个公式在 1967 年苏黎世召开的 IASPEl 大会上被推荐给世界各国使用（郭履灿、庞明虎，1981；陈培善，1989）。

式（9-4-4）已经为许多国家采用，ISC 和 NEIC 利用式（9-4-4）测定震源深度 $h<$ 60km 浅源地震的面波震级。ISC 认为在 5°～160°震中距范围内，垂直向和水平向面波的周期为 10～60s，但他们只计算震中距在 20°～160°范围内的面波震级。而 NEIC 只计算垂直向震中距在 20 °～160°范围内、周期在 18～22s 的面波震级 M_{SZ}。

1956 年以前。中国的地震报告都不测定震级，1957～1965 年年底的地震报告采用苏联索罗维耶夫和舍巴林（Solovyev and Shebalin，1957）提出的计算公式（陈培善，1989）。

1966 年 1 月以后，中国的地震报告采用郭履灿等（1981）提出的以北京白家疃地震台为基准的面波震级公式：

$$M_S = \lg(A/T) + \delta_{PEK}(\Delta) + C(\Delta) + D \qquad (9\text{-}4\text{-}5)$$

$$\delta_{PEK}(\Delta) = 1.66\lg\Delta + 3.5 \qquad 1^\circ < \Delta < 130^\circ$$

式中，$C(\Delta)$ 为台站台基校正值；D 为震源校正值；$\delta_{PEK}(\Delta)$ 为北京白家疃地震台采用的震级校正值。这个公式一直沿用到现在。而实际工作中均令 $C(\Delta)$ 和 D 为0。

由于式（9-4-5）与式（9-4-4）不一样，故我国测定的 M_S 与 ISC 测定的 M_S 有高0.2级的系统差（陈培善、叶文华，1987；陈培善，1990）。而在1°～20°的范围内却又偏小（陈培善等，1984）。

1985年以后，我国763长周期地震台网建成并投入使用，由于该仪器的仪器参数与美国 WWSSN 长周期完全一样，所以震级的测定方法也和 NEIC 使用的方法以及计算公式一致。即选用垂直向瑞利面波的最大振幅和周期测定 M_{S7}，所以 M_{S7} 与 NEIC 测定的 M_{SZ} 一致，没有系统差。为便于比较，在地震观测报告中除了给出 M_S 以外，也给出 M_{S7}。

面波震级也存在方位校正的问题，其做法与 M_L 类似，即准确测定面波的辐射图样，再据此进行校正。曾有人对几个地震做过这种校正，校正的结果是：各台测定的 M_S 的差异减小。但由于实际操作困难，在常规测定 M_S 的工作中，不做方位校正。而震级值的多台平均也能起到方位校正的作用。

3. 体波震级

用体波P、S、PP、PKP等最大振幅测定的震级称作体波震级，体波震级分为由短周期地震仪测定的体波震级 M_b 和由中长周期地震仪测定的体波震级 M_B。M_b 是用1s左右的地震体波振幅来量度地震的大小，而 M_B 是用5s左右的地震体波振幅来量度地震的大小，但两者的计算公式都用古登堡和里克特（Gutenberg and Richter，1956）提出的体波震级计算公式：

$$m_B = \lg(A/T)_{max} + Q(\Delta,h) + C \tag{9-4-6}$$

式中，A 为体波的最大振幅，单位为 μm，$A=(A_E^2+A_N^2)^{1/2}$，A_E 和 A_N 分别为两水平向的最大振幅，A 也可以是垂直向的最大振幅；$Q(\Delta, h)$ 为量规函数，它是震中距和震源深度的函数；C 为台站校正值。

1967年，式（9-4-6）被 IASPEI 推荐给各国使用，NEIC 和 ISC 一律采用 WWSSN 台网短周期地震仪垂直向P波测定 M_b。我国也采用式（9-4-6），用P波（有少数地震台还用垂直向PP波）测定体波震级。用DD-1短周期地震仪垂直向测定 M_b，用基式仪垂直向测定 M_B。

ISC 和 NEIC 只利用周期 $T\leqslant 3$s 的垂直向P波测定 M_b，而不利用PP波和S波测定体波震级。

4. 矩震级

矩震级实质上就是用地震矩来描述地震的大小。地震矩是震源的等效双力偶中的一个力偶的力偶矩（参考第10章），是继地震能量后的第二个关于震源定量的特征量，一个描述地震大小的绝对力学量，单位为N·m（牛·米）。其表达式为

$$M_0 = \mu\bar{D}A \tag{9-4-7}$$

式中，μ 为介质的剪切模量；$\bar{D}$ 为破裂的平均位错量；A 为破裂面的面积；设距断层面距离 L 发生了平行于断层面的平均错动量 $\bar{D}$，则根据第2章内容，剪切应变为相对于断层面垂直方向的旋转角度，可表示为 $\bar{D}/L$，则剪切应力可表示为 $\mu\bar{D}/L$，则 $\mu A\bar{D}/L$ 为作用

于断层面的剪切力，该剪切力以法向距离 L（即中学所学的力臂）作用于断层面上，可知式（9-4-7）就是中学所学的力与力臂相乘的表达，也就是力矩，在地震学中称为**地震矩**（seismic moment）。地震矩是反映震源区不可恢复的非弹性形变的量度。

由此可见，地震矩是对断层滑动引起的地震强度的直接测量。所以，M_0 由地震波振幅的低频成分的大小决定，它反映了震源处破裂的大小，断层面积越大，激发的长周期地震波的能量越大，周期越长。

矩震级标度的定义（Hanks and Kanamori，1979）为

$$M_W = \frac{2}{3}\lg M_0 - 6.033 \tag{9-4-8}$$

从式（9-4-8）可以看出，如果能够得到地震矩 M_0（单位：N・m），就可以计算矩震级 M_W（moment magnitude）。现在越来越多的数字地震记录台网中心利用宽频带数字地震观测资料测定地震矩和矩震级。数字记录不但可测定强震和远震的矩震级，也可以测定小震和区域地方震的矩震级。

威尔斯和考泊史密斯（Wells and Coppersmith，1994）统计矩震级和面波震级在 $M_s5.7 \sim 8.0$ 的范围内，矩震级和面波震级近似相等。在 $M_s4.7 \sim 5.7$ 的范围内，M_s 略小于 M_w。

矩震级标度有以下优点：

（1）它反映了形变规模的大小，是目前量度地震大小最好的物理量。

（2）它是一个绝对力学标度，没有饱和问题（见本节第 6 个问题）。对大震、小震、微震甚至极微震、深震均可测量。

（3）能够与我们熟悉的震级标度衔接起来，对于破坏性地震，$M_W \approx M_S$。

（4）它是一个均匀震级标度，适于震级尺度范围很宽的统计。

5. 持续时间震级（duration magnitude）

模拟笔绘记录和照相光记录的动态范围只有 40dB 左右，磁带记录的动态范围约为 60dB，早期的数字地震记录一般采用 12 位或 16 位 A-D 转换，动态范围大约分别是 66dB 或 90dB。所以，用这些仪器记录地方强震时，经常会出现限幅现象，这样就无法测定震级。在实际观测中发现这样一个现象：同一个地震，当各台站的放大倍数比较一致时，各台记录的振动持续时间也比较一致。一般说来，地震越大，振动持续时间越长；振动越小，振动持续时间越短，振动持续时间在一定距离内几乎和震中距无关。这样，既然振动的持续时间与地震的强弱有这样的依赖关系，就可以用振动的持续时间作为一个新的标度去测定地震震级（秦嘉政、陈培善，1984）。目前建设的数字地震台站采用 24 位 A-D 数据转换，动态范围为 120～140dB，对强震的限幅现象已不是主要问题。

对于地方震，地震信号的持续时间主要由尾波长度决定，尾波持续时间是从 P 波开始，到振动衰减至与干扰背景相当为止之间的时间长度。

1975 年，赫尔曼（R. B. Herrmann）提出的持续时间震级的计算公式为

$$M_D = a_0 + a_1 \lg D + a_2 \Delta \tag{9-4-9}$$

式中，D 为持续时间，s；Δ 为震中距，km；a_0、a_1 和 a_2 在一定范围内（$M_L < 4.5$）是常数；a_0 与地震仪器的放大倍数或灵敏度有关，一般为 0.5～1.0；a_1 与地震仪器的频带宽度有关，约等于 2.0，一般为 1.7～2.6；a_2 很小，当 $\Delta < 200$km 时可以忽略不计。

可以通过线性拟合得到 a_0 和 a_1。需要指出的是，各个地区不同仪器的 a_0 和 a_1 数值不同，不能套用。

6. 震级饱和（magnitude saturation）现象

20 世纪 70 年代中期，秦乃瑞和诺斯（Chinnery and North，1975）在研究全球地震的年频度与 M_S 关系曲线时，发现缺少 $M_S>8.6$ 的地震，但用地震矩 M_0 求年频度关系时，竟有 M_S 大于 8.6 级和 9 级以上的地震，于是便提出 M_S 震级饱和问题。

金森博雄（Kanamori，1983）对各种震级标度之间的关系进行了总结，并给出了由于观测误差和应力降、断层的几何形状、震源深度等震源性质的复杂性所产生的震级变化范围。不同的震级标度，震级饱和情况也不一样，最早出现震级饱和的是短周期体波震级 M_b，其次是近震震级 M_L、中长周期体波震级 M_B，最后是面波震级 M_S，而矩震级无饱和现象。各种震级的周期变化范围和饱和震级的大小见表 9-4-1。

表 9-4-1　各种震级的饱和震级

震级名称	周期变化范围/s	饱和震级
M_b	～1	6.5
M_L	0.1～3	7.0
M_B	0.5～15	8.0
M_S	～20	8.5
M_W	10～∞	∞

产生震级饱和的主要原因如下：由于里克特-古登堡震级系统建立在单一频率地震波振幅测定震级的基础上，从某个角度讲，振幅的大小表现了震源所释放能量的大小，地震越大，断层越长，激发的面波波长越大，周期越大，携带的能量越丰富。对于近震和小震，各种地震仪器均能对地震体波和 20s 周期以内的面波记录较好，测出的震级也比较客观地反映了震源所释放的能量。但对于大地震或特大地震，地下岩石破裂的长度达数百公里，激发了更长周期的面波，并且携带更多的能量，而通常的中长周期地震仪受频带的限制，对周期为 20s 以上的面波记录到的振幅却不再增加，故产生了震级饱和现象。

矩震级是一个绝对的力学标度，没有饱和现象。如果使用矩震级，历史上曾发生的一些巨大地震的震级都发生了变化。如：1906 年美国旧金山 8.3 级地震，$M_W=9.7$；1960 年智利 8.3 级地震，$M_W=9.5$；1964 年阿拉斯加 8.4 级地震，$M_W=9.2$。更多的资料表明，震源破裂长度在 100km 左右的大地震的 M_S 和 M_W 几乎相近，但当破裂长度更长时它们的差别才明显起来，所以可以认为 M_W 标度是 M_S 标度对破坏性地震震级的自然延续。

7. 地震能量与应力降

震级是通过仪器给出地震大小的一种量度。考虑到地震波在传播过程中的衰减，震级的测定需要考虑地震深度和震中距离。它是考虑了震中距离和震源深度的校正后的地动的量度。而地震所释放的地震波总能量 E 是通过统一震级，用公式换算得到的，通常的关系式为

$$\lg E = 4.8 + 1.5M_s \tag{9-4-10}$$

E 的单位是焦耳。一个 6 级地震释放的能量相当于 1945 年投掷在日本广岛的原子弹所具有的能量（$\sim 5\times10^{13}$ J）。震级每相差 1.0 级，能量相差大约 32 倍（$10^{1.5}$）；每相差 2.0 级，能量相差约 1000 倍。

前面提到矩震级根据地震矩来标定。在简单的破裂模型中，断层的相对滑动量 D 是由

于剪切力超过材料强度或维持断层闭锁的摩擦力引起的。如果地震前后的剪应力为σ_0和σ_1，则可以定义地震前后作用在断层面上的平均剪应力$\bar{\sigma}$和应力降$\Delta\sigma$为

$$\bar{\sigma}=\frac{\sigma_0+\sigma_1}{2},\Delta\sigma=\sigma_0-\sigma_1 \tag{9-4-11}$$

一般情况下，摩擦断层两边总有剩余剪应力σ_1，但如果震后剪应力为0，则有$\Delta\sigma=2\bar{\sigma}$。在这种情况下，震后应变均源自初始剪应力$\sigma_0$。

断层错动所释放的能量可由下式表示：

$$E=\bar{\sigma}\bar{D}A \tag{9-4-12}$$

将式（9-4-12）与式（9-4-7）相比较可知：

$$E=\frac{\bar{\sigma}M_0}{\mu} \tag{9-4-13}$$

如果应力释放彻底，震后剪应力为零，则有

$$E=\frac{\Delta\sigma M_0}{2\mu} \tag{9-4-14}$$

式（9-4-14）将地震释放的能量与地震矩和应力降联系起来。

对于特征尺度为L的断层错动，应变可以表示为$\frac{\bar{D}}{L}$，断层上的平均应力降可表示为

$$\Delta\sigma=\mu\frac{\bar{D}}{L} \tag{9-4-15}$$

根据地震观测记录图容易得到地震矩，所以断层滑动量与地震矩的关系可以写为

$$\bar{D}=\frac{M_0}{\mu A}=c\frac{M_0}{\mu L^2} \tag{9-4-16}$$

式中，c为依赖于断层破裂形状和滑动方向的系数。代入式（9-4-15）得到：

$$\Delta\sigma=c\frac{M_0}{L^3}=c\frac{M_0}{A^{\frac{3}{2}}} \tag{9-4-17}$$

对于半径为R的圆形破裂，应力降表达为

$$\Delta\sigma=\frac{7M_0}{16R^3} \tag{9-4-18}$$

对于长度为L，宽度为W的走滑矩形破裂，有

$$\Delta\sigma=\frac{2M_0}{\pi W^2L} \tag{9-4-19}$$

对于长度为L，宽度为W的倾滑矩形破裂，有

$$\Delta\sigma=\frac{4(\lambda+\mu)M_0}{\pi(\lambda+2\mu)W^2L} \tag{9-4-20}$$

可以采用上面这些公式来估计应力降。目前对于应力降的认识为：对于中强震（$M_s>5$），应力降的范围为1～10MPa，平均值为6MPa。金森博雄和安德森（Kanamori and Anderson，1975）指出发生在板块边界的板缘地震（interplate earthquake）具有较低的应力降（～3MPa），而板内地震（intraplate earthquake）具有较高的应力降（～10MPa）。

9.4.2 地震烈度（seismic intensity）

地震烈度是对地震引起的地震动及其对人、人工结构、自然环境影响的强弱程度的描述，

不是一个物理量；它直接由地震造成的影响评定，但也间接反映了地震动本身的强烈程度。

一次地震只有一个量度地震大小的震级，但一次地震的不同地点却有不同的烈度值（图 9-4-2）。地震烈度受震级、距离、震源深度、地质构造、场地条件等多种因素的影响。一般情况下，震源附近的震中地区烈度最高，称为**震中烈度**（epicentral intensity）；震中烈度随震级的增加而增大，震级相同时则震源深度越浅震中烈度越大；距震源越远烈度越低。

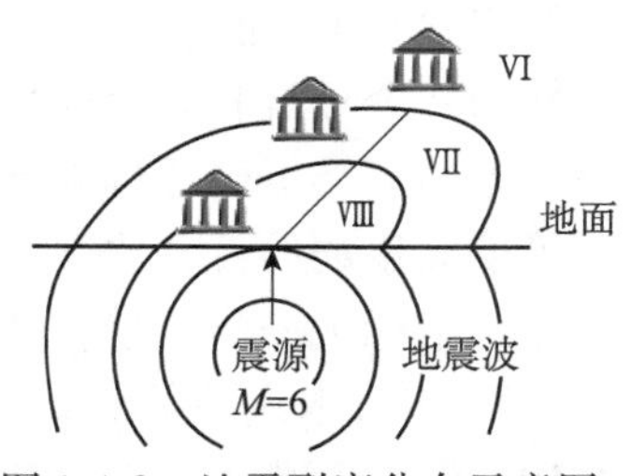

图 9-4-2　地震烈度分布示意图

由于缺乏观测仪器，人类早期对地震的考察只能采用宏观调查方法。1564 年意大利地图绘制者伽斯塔尔第（J. Gastaldi）在地图上用各种颜色标注滨海阿尔卑斯（Maritime Alps）地震影响和破坏程度不同的地区，这是地震烈度概念和烈度分布图的雏形。后人借鉴并改进了他的做法，规定了评定烈度的宏观破坏现象及烈度评定方法，称为**地震烈度表**（scale of seismic intensity）。

17 世纪和 18 世纪烈度曾以四度划分，1810 年出现了按照 10 度划分的烈度表。1874 年意大利人罗西（M. S. de Rossi）编制了第一张有实用价值的地震烈度表，1881 年瑞士人佛瑞尔（F. A. Forel）也独立提出内容相似的烈度表，两人在 1883 年联名发表了罗西-佛瑞尔（Rossi-Forel 或 RF）烈度表，将烈度从微震到大灾分为 10 度，并用简明语言规定了评定烈度的宏观现象与相应的标志，这种做法被广泛认同和采用。1904 年意大利人坎卡尼（A. Cancani）将麦卡利烈度表的 10 度细分为 12 度，试图根据烈度确定震中；他参考了米尔恩（J. Milne）和大森房吉的研究成果，给出了对应各烈度的加速度值，编制了麦卡利-坎卡尼（Mercalli-Cancani）烈度表。1912 年德国人西贝尔格（A. Sieberg）综合分析前人工作，对 Mercalli-Cancani 烈度表加以改进，至 1923 年形成了麦卡利-坎卡尼-西贝尔格（MCS）（Mercalli-Cancani-Sieberg）烈度表，该表补充了更多的宏观现象和标志，注意到房屋结构强弱的区别，但也大大增加了烈度表的篇幅，使用不便。

世界各国大都根据本国实际对烈度表进行适当简化和修改。1931 年美国人伍德（H. O. Wood）和纽曼（F. Newman）针对美国等实际情况，归纳了少量的典型宏观现象，简化了描述，提出了修正的麦卡利烈度表，即 MM（Modified Mercalli）烈度表；他们认为规定对应不同烈度的地震动物理量还不成熟，并去掉了相关内容。这个烈度表经过修改，而后在美国等国家广泛应用，具有较大影响。

1952 年苏联麦德维捷夫（S. V. Medvegev）对 MCS 烈度表进行了改进，并采用弹性球面摆的最大相对位移作为烈度参考指标编制烈度表，该烈度表于 1953 年采用。1964 年麦德维捷夫又和德国人斯彭怀尔（W. Sponheuer）、捷克人卡尼克（V. Karnik）共同编制了麦德维捷夫-斯彭怀尔-卡尼克（MSK）（Medvegev-Sponheuer-Karnik）烈度表，采用 12 度划分，给出了对应不同烈度的加速度、速度和位移，该烈度表被欧洲地震委员会推荐使用。

1998 年欧洲地震委员会发布欧洲地震烈度表。该烈度表认为地表破坏现象和影响因素复杂，与烈度对应关系不明确，不采用地表破坏现象作为烈度评定指标，但仍给出了不同地表破坏现象可能对应的烈度范围。该烈度表将各种结构类型的房屋依其易损性模糊地分为A、B、C、D、E、F共六类（考虑了抗震设计和构造措施对房屋易损性的影响），又将砌体房屋和RC框架结构房屋的破坏程度各划分为五个等级。烈度评定要综合考虑房屋易损性的六个分类和五个破坏等级进行，烈度表条文的表述相当繁琐；烈度综合评定还要考虑在上述分类下破坏现象的相对数量，并给出了相互交叠的“很少”、“多数”和“大多数”等模糊量词的百分比表述。但这种修订尚缺乏足够的震害经验作为依据；且将本来模糊的评定指标进一步繁琐化使现场调查者难以掌握使用。

1885年日本人关谷清景开始编制烈度表，后经大森房吉和河角广等的研究改进，以木结构房屋、石墓碑、石灯笼翻倒等现象评定烈度，据此制定了日本气象厅地震烈度表。该烈度表从无感到极震划分为8个等级，无感为0度，最高为Ⅶ度，该表多次修订，被我国台湾采用。1995年阪神地震后，研究者认为8档烈度不足以分辨破坏程度差别，故将Ⅴ度细分为Ⅴ度弱和Ⅴ度强，将Ⅵ度细分为Ⅵ度弱和Ⅵ度强，实际上改为10度分档；并增加了高烈度下基础设施破坏的宏观现象。该烈度表于1996年1月使用。

中国地震烈度表的研究始于20世纪50年代，李善邦曾按照中国房屋类型修改了MCS烈度表。1957年谢毓寿根据中国的房屋类型和震害特点，参照苏联麦德维捷夫烈度表，编制了《新的中国地震烈度表》，并被采用。该表以Ⅴ～Ⅹ度为重点，将宏观现象归纳为房屋、结构物、地表和其他现象四类，房屋按照抗震性能分为三类，破坏程度也分等级，并对破坏数量适当量化，增加了牌坊、砖石塔、城墙等中国特有结构作为评定烈度的标准。1980年刘恢先等总结1966年邢台地震、1970年通海地震、1975年海城地震、1976年唐山地震的震害和烈度评定实际经验，修改提出了《中国地震烈度表》(1980)（表9-4-2）。该表简化了宏观现象评估标志的描述，便于记忆和现场操作；引入**震害指数**（earthquake damage index）作为衡量建筑物破坏的量化参考指标；给出了对应不同烈度的加速度、速度峰值等地震动参数作为评定烈度的参考。该烈度表以后又几经修订。

表9-4-2 《中国地震烈度表》(1980)

烈度	人的感觉	一般房屋		其他现象	参考物理指标	
		大多数房屋震害程度	平均震害指数		加速度/(cm/s^2)	速度/(cm/s)
Ⅰ	无感					
Ⅱ	室内个别静止的人感觉					
Ⅲ	室内少数静止的人感觉	门、窗轻微作响		悬挂物微动	31 (22～44)	
Ⅳ	室内多数人感觉，室外少数人感觉，少数人惊醒	门、窗作响		悬挂物明显摆动，器皿作响	63 (45～89)	
Ⅴ	室内普遍感觉，室外多数人感觉，多数人惊醒	门窗、屋顶、屋架颤动作响，灰土掉落，抹灰出现微细裂缝		不稳的器物倾倒	125 (90～177)	3 (2～4)
Ⅵ	惊慌失措，仓皇逃出	损坏—个别砖瓦掉落，墙体微细裂缝	0～0.1	河岸和松散土出现裂缝，饱和砂层出现喷砂冒水。地面上有的砖烟囱裂缝掉头	250 (178～353)	6 (5～9)

续表

烈度	人的感觉	一般房屋		其他现象	参考物理指标	
		大多数房屋震害程度	平均震害指数		加速度/(cm/s²)	速度/(cm/s)
Ⅶ	大多数人仓皇逃出	轻度破坏—局部破坏开裂，但不妨碍使用	0.11～0.30	河岸出现塌方，饱和砂层常见喷砂冒水。松散土上地裂缝较多。大多数砖烟囱中等破坏	500 (354～707)	13 (10～18)
Ⅷ	摇晃颠簸，行走困难	中等破坏—结构受损，需要修理	0.31～0.50	干硬土上亦有裂缝，大多数砖烟囱严重破坏	1000 (708～1414)	25 (19～35)
Ⅸ	坐立不稳，行动的人可能摔跤	严重破坏—墙体龟裂，局部倒塌，修复困难	0.51～0.70	干硬土上有许多裂缝。基岩上可能出现裂缝。滑坡塌方常见。砖烟囱出现倒塌		50 (36～71)
Ⅹ	骑自行车的人会摔倒，处不稳状态的人会摔出几尺远，有抛起感	倒塌一大部倒塌，不堪修复	0.71～0.90	山崩和地震断裂出现。基岩上的拱桥破坏。大多数砖烟囱从根部破坏或倒塌		100 (72～141)
Ⅺ		毁灭	0.91～1.0	地震断裂延续很长，山崩常见。基岩上拱桥毁坏		
Ⅻ				地面剧烈变化，山河改观		

注：1. Ⅰ～Ⅴ度以人的感觉为主；Ⅵ～Ⅹ度以房屋震害为主，人的感觉仅作参考；Ⅺ度、Ⅻ度以房屋破坏和地表现象为主。

2. 一般房屋包括用木构架和土、石、砖墙构造的旧式房屋和单层或多层的新式砖房。对于质量特别差的和特别好的房屋，可根据具体情况，对表列各烈度的震害程度和震害指数予以提高或降低。

3. 震害指数以："完好"为0，"全毁"为1，中间按表列震害程度分级。平均震害指数指所有房屋的震害指数总平均值而言，可以用普查或抽查方法确定。

4. 使用本表时可根据地区具体情况作出临时的补充规定。

5. 在农村以自然村为单位，在城镇可以分区进行烈度的评定，但面积以 1km² 左右为宜。

6. 烟囱指工业或取暖用的锅炉房烟囱。

7. 表中数量词的说明：个别为10%以下；少数为10%～50%；多数为50%～70%；大多数为70%～90%；普遍为90%以上。

表 9-4-3 修正的麦卡利烈度表（简表）

烈度	条文
Ⅰ	无感
Ⅱ	安静的人或楼上的人有感
Ⅲ	吊物摆动或轻微振动
Ⅳ	振动犹如重型卡车通过，门窗、碗碟作响，静止的汽车摇动
Ⅴ	户外的人有感，睡觉者振醒，小物体坠落、镜框移动
Ⅵ	人人有感，家具移位，玻璃破碎、架上物坠落，房屋抹灰层开裂
Ⅶ	行进的汽车有感，站立者失稳，教堂钟鸣，烟囱与建筑装饰开裂，抹灰层脱落，石墙普遍开裂，土坯房有倒塌
Ⅷ	行进的汽车难以驾驶，树枝断落，饱和土开裂，高架水塔、纪念塔和土坯房毁坏，砖结构、未与基础锚固的房屋构架、灌溉工程和堤坝发生不同程度破坏
Ⅸ	饱和粉砂出现砂坑，滑坡、地裂，无筋砖结构毁坏，不良的钢筋混凝土结构和地下管道发生不同程度破坏
Ⅹ	滑坡与地基损坏普遍，桥梁、隧道好一些的钢筋混凝土结构毁坏，许多房屋、坝和铁轨发生不同程度破坏
Ⅺ	产生永久地变形
Ⅻ	几乎全毁

经过长期研究和应用，各国的烈度表的格式与内容渐趋一致，只是针对本国情况的条文存在差别。所有烈度表都将烈度分为整数等级，烈度越高表示破坏越重。大多数烈度表按照12度划分。规定以人的感觉、器物反应、房屋为主的工程结构破坏、地表破坏等四类宏观现象评定烈度，并对不同烈度对应的各类影响和破坏强弱程度给出宏观文字描述。

在12度的烈度划分中，Ⅰ～Ⅴ度结构基本无破坏，主要根据人的感觉和器物反应评定；Ⅵ～Ⅹ度主要用房屋破坏现象评定，房屋从开裂到倒塌破坏逐级加重，烈度也逐级增加；Ⅺ～Ⅻ度房屋毁坏、山崩地裂，以断层大规模出露为主要标志，为历史罕见。值得注意的是，上述四类破坏现象的发生机理是有差异的。

就抗震防灾而言，Ⅵ～Ⅹ度最有意义，因为更低烈度下无结构破坏、一般不会造成灾害，更高的烈度则超出人类目前的抗御能力。房屋量大面广，其破坏程度宜作为烈度评定的标准。但房屋破坏程度受结构类型的影响，因此在烈度表中都规定主要以何种类型房屋评定烈度，即要采用普遍存在的房屋类型。

在没有地震观测仪器和地震观测普遍开展之前，人们描述震害大小和地震动强弱，只能凭借宏观观察；烈度概念的建立之初，它就被赋予震害大小和地震动强弱的双重内涵。然而，地震动强弱仅是影响震害的因素之一，两者之间并不存在简单明确的物理关系，至少，在相同地震动作用下，抗震能力不同的房屋将产生不同程度的破坏，这一点即使是初期的烈度研究者也注意到了。烈度内涵的双重性决定了它不是一个严格科学的物理概念，并具有以下特点。

(1) 地震烈度的模糊性。仅凭宏观观察不可能对自然现象做出精确的描述，地震烈度表对人的感觉、器物响应、建筑破坏和地面破坏等指标的描述都是定性和模糊的。例如，《中国地震烈度表》(1980) 将房屋区分为一般房屋、质量特别差的房屋和质量特别好的房屋，三者之间并无严格的界限。在描述不同破坏（影响）现象的数量时，使用个别、少数、多数、大多数、普遍等模糊词语。在描述房屋破坏程度时使用的微细裂缝、局部破坏、结构受损、墙体龟裂、局部倒塌，以及不妨碍使用、需要修理、修复困难和不堪修复等词语也不能以定量方法判断。模糊性是地震烈度的重要特点，它决定了烈度评定的经验性和不确定性，也决定了烈度的用途及其用于科学分析的局限性。

(2) 地震烈度的综合性。地震烈度类似于风的分级顺序排列，但又不似风级以风速作为单一指标；地震烈度评定原则上要综合考虑人的感觉、器物反应、建筑破坏和地面破坏四类宏观现象。在《中国地震烈度表》(1980) 中，人的感觉描述见诸烈度Ⅰ～Ⅹ，器物反应描述见诸烈度Ⅲ～Ⅴ，建筑物和构筑物的破坏描述见诸烈度Ⅴ～Ⅺ，地面破坏描述见诸烈度Ⅵ～Ⅻ。上述四类现象的交叉有时会造成烈度评定的不同结果。实践中，烈度Ⅰ～Ⅴ通常以人的感觉和器物反应为主评定；烈度Ⅵ～Ⅹ多以建筑破坏区分；烈度Ⅺ和Ⅻ的标志是房屋毁坏和大规模地面破坏。在缺乏单一评定指标的情况下，人们有理由怀疑，用不同指标评定的烈度是否能顺序排列反映地震动或震害的单调变化。

(3) 烈度评定的平均性。由于烈度评定指标的不确定性，烈度一般不能由某种现象的一次出现进行判断。例如，不能凭借一栋房屋的破坏程度评定烈度而必须考虑一定地域范围内房屋群体的平均破坏状态。地域范围大小的界定在烈度表中并无严格规定，原则上农村以自然村为单位，城市则应分区评定，面积以 $1km^2$ 为宜。在破坏性大地震的烈度评定中，满足上述要求是极其困难的，城市烈度的分区评定尤其难以操作。另外，在地广人稀缺少建筑物的地区，在评定烈度为Ⅵ～Ⅹ时，上述平均性则难以体现。

(4) 烈度评定的主观性。既然烈度评定以宏观观察为依据，烈度表大量使用模糊词语，则烈度评定很大程度上是一种经验行为，评定结果必然包括因评定者经验多寡和正误所引起的主观性。即使是专业技术人员，也很难在罕遇的多次大地震中积累对各类宏观震害现象的丰富经验；在社会经济快速发展、房屋建筑急剧更新的情况下，成熟经验的积累并非易事；何况，地震烈度评定也很难由少数专业技术人员完成。

地震烈度是按照地震烈度表评定的。烈度评定的基本方法是现场宏观考察；也可利用通信方法了解震害情况，作为评定烈度的辅助手段。烈度评定的最终结果是绘制地震的等震线图。

等震线图又称**烈度分布图**（intensity distribution map），即某次地震的烈度等值线图。通过现场考察，可确定地震区各烈度调查点的烈度值，而后，可由经验丰富的专业人员根据各调查点的烈度值，勾画不同烈度分布区域的界限，绘制等震线图。等震线类似地形图中的等高线，是依烈度高低顺序勾画的；与等高线不同的是，在相邻两条等震线之间区域的烈度只有单一值，再无高低之差。

场地条件对震害有影响，但烈度并不区分场地条件评定。各调查点得出的烈度值通常是凌乱的，并不均匀连续，少数低烈度点常被大量高烈度点包围，反之亦然。因此，绘制等震线图一般并不要求某个烈度区内的所有调查点均为同一烈度，可以忽略相差不超过1°的少量烈度异常点，且等震线宜适当平滑。由此可见，等震线图的绘制包含很多主观因素，对于同一个地震，不同的人往往绘出很不相同的等震线图。等震线图难言精度，故在分析和利用等震线时应注意这一事实。

当若干烈度异常点密集成区时，可勾画为**烈度异常区**（intensity anomaly area）。烈度异常区的勾画不能仅由个别烈度异常点决定，其范围应足够大、跨越一个或数个乡镇，甚至一个县。烈度异常现象往往是场地影响的结果，如山间软土盆地、滨海软土区、古河道、古湖沼泽地等场地的震害相对较重，形成高烈度异常区；而台地或大片坚硬场地则可能形成低烈度异常区。如1976年中国唐山地震出现许多烈度异常区，包括宁河-汉沽（Ⅸ度高烈度异常区）、天津（Ⅷ度高烈度异常区）、玉田（Ⅵ度低烈度异常区）（图9-4-3）；1679年三河—平谷地震（8级）时，玉田地区也是较周围震害较轻的低烈度异常区。

烈度应用已有百年历史，主要体现于以下各方面。

(1) 地震烈度直观简明地反映了地震影响及破坏的程度、范围和分布，是震后政府、媒体和社会公众急切关心的信息；烈度评定结果有助于迅速掌握灾情，开展应急救灾的部署和行动。例如，地震烈度Ⅶ度地区，一般将发生房屋损坏，应及时进行灾民的安置，稳定社会秩序；地震烈度Ⅷ度以上地区，将出现房屋严重破坏、倒塌和人员伤亡，应迅速开展压埋人员的搜救；地震烈度达到Ⅹ度，在居民和建筑稠密地区将造成重大灾难，应紧急调动全社会力量开展救灾和恢复重建。

(2) 中国有数千年的历史地震记载，绝大多数是对震害的宏观描述，这些描述可用来估计历史地震的烈度分布，进一步通过震中烈度与震级的经验关系，推测历史地震的震级，从而了解和研究各地的地震活动性，广泛用于地震活动性、地震危险性分析、地震长

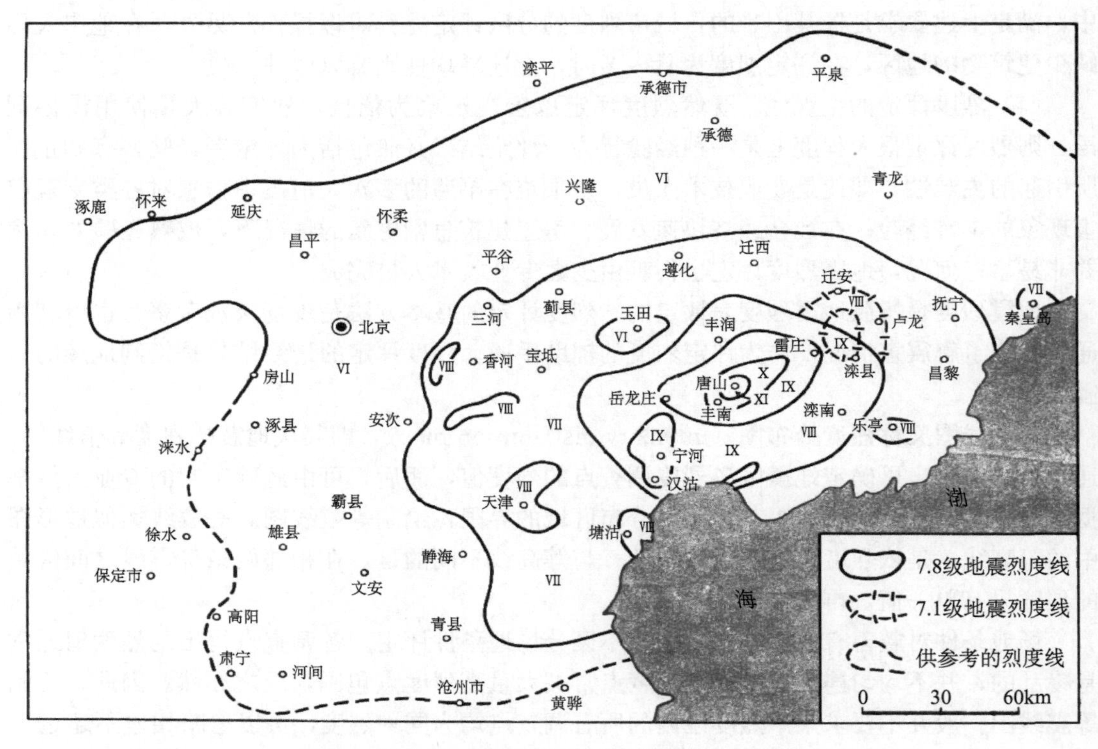

图 9-4-3　1976 年唐山地震（及余震）等震线图

期预报和其他地震学相关的研究。

震中烈度 I_0 与震级 M 的经验关系有若干研究结果（Gutenberg and Richter，1956），如

$$M=\frac{2}{3}I_0+1 \tag{9-4-21}$$

中国历史地震震级与震中烈度关系表 9-4-4。

表 9-4-4　历史地震震级与震中烈度对照表

震级	<4.75	4.75～5.25	5.5～5.75	6～6.5	6.75～7	7.25～7.75	8～8.5	>8.5
震中烈度	<Ⅵ	Ⅵ	Ⅶ	Ⅷ	Ⅸ	Ⅹ	Ⅺ	Ⅻ

资料来源：李善邦，1960

（3）根据等震线的长轴方向，可以判断发震断层的走向或断层破裂传播方向。通过烈度分布的形状和震中烈度区面积，可以推测震源深度，在历史地震和现代地震发震机制和地震动模拟研究中有着广泛的应用。如

$$I-I_0=6\lg\sqrt{\left(\frac{\Delta}{h}\right)^2+1} \tag{9-4-22}$$

式中，I_0 为震中烈度；Δ 为烈度 I 对应的等震线与震中的距离，km；h 为震源深度，km。

（4）我国长期以来缺乏足够的强地震动观测资料，在这种情况下，只能借助烈度衡量地震动强弱。故前期地震区划图的编制均以基本烈度作为指标，抗震设计则采用基本烈度作为**设防烈度**，并规定了不同设防烈度对应的地震动加速度峰值和应采取的抗震措施。值得注意的是，上述关系并不是烈度与地震动参数间的物理关系，也并非严格的统计分析结

果；只是实施抗震设计的风险决策。

地震烈度衰减资料可以大致反映某地区的地震波衰减特征。在估计缺乏强震观测记录地区的地震动衰减规律时，可通过烈度的可比性、运用一定的转换方法，将具有强震观测记录地区的地震动衰减关系转换到缺乏记录的地区。在我国，地震烈度往往作为地震动强度的替代指标，作为研究结构抗震易损性的影响因素。

习　题

9.1.1　动能密度如何定义？

9.1.2　地震波的势能密度如何计算？

9.1.3　试给出沿 x 方向传播的平面谐波S波的平均动能密度。

9.1.4　试给出沿 x 方向传播的平面谐波S波的平均势能密度。

9.1.5　平面简谐波的动能和势能是同相变化的吗？

9.1.6　试给出平面简谐波总机械能的表达式。

9.1.7　平面简谐波的总机械能具有时间周期性吗？

9.1.8　试给出平面简谐P波平均能量密度的表达式，并分析能量密度与哪些因素有关。

9.1.9　射线管是如何定义的？

9.1.10　射线管的能流密度如何定义？

9.1.11　推导射线管各处的地震波振幅与射线管所限定的通道横截面积的关系。

9.1.12　地震波阻抗是如何定义的？

9.1.13　地震波振幅与阻抗有何关系？

9.1.14　为何地震波在速度较慢、密度较小的介质中振幅大？

9.1.15　一弹性波在介质中传播的速度为5km/s，振幅为 $A=3.0\mu\text{m}$，频率为2Hz，该介质的密度为 2.7g/cm^3，(1) 求该波的平均能量密度；(2) 一分钟内垂直通过面积为 $S=100\text{m}^2$ 的总能量。

9.1.16　设防灾科技学院台站摆墩密度为 2.8g/cm^3，P波速度为5km/s，该摆墩上的地震仪记录地震P波的振幅为 $1\mu\text{m}$，若将地震仪放在P波速度为0.9km/s，密度为 1.2g/cm^3 的沉积层上，地震仪记录的振幅为多大？

9.1.17　设地震产生的能流密度为 0.6W/m^3，该地震波的频率为5Hz，介质波速为6km/s，密度为 $3.0\times10^3\text{kg/m}^3$，求地震波在此介质中的振幅。

9.2.1　给出平层介质中震中距为 x 处的能流密度表达式。

9.2.2　根据 $\widetilde{E}(x)=\dfrac{p}{4\pi u_0^2 x\cos^2 i_0}\left|\dfrac{\mathrm{d}p}{\mathrm{d}x}\right|E_s$ 式说明一般情况下震中距越大地震波能量越小。

9.2.3　说明 $\mathrm{d}x/\mathrm{d}p=0$ 所出现的情况。

9.2.4　为何震中距跨过低速层出现的影区后地震波的振幅会增大？

9.2.5　说明层状介质中地震波的振幅增大区域？

9.2.6　给出球层介质中震中距为 Δ 处的能量密度表达式。

9.2.7 证明$\widetilde{E}(\Delta)=\dfrac{pE_s}{4\pi R^4 u_0^2 \sin\Delta \cos^2 i_0}\left|\dfrac{\mathrm{d}p}{\mathrm{d}\Delta}\right|$，当震中距较小时就过渡为平层介质的能量几何扩散公式。

9.3.1 地震波的固有衰减和散射衰减的区别是什么？

9.3.2 证明地震波在一个周期内的能量损耗$\dfrac{\Delta E}{E}\approx -2\gamma\Lambda$。

9.3.3 证明地震波能量可以表达为$E=E_0\mathrm{e}^{-2\pi t/QT}$。

9.3.4 证明地震波的位移振幅可表达为$A=A_0\mathrm{e}^{-\omega t/2cQ}$；

9.3.5 判断：远震观测地震图中往往较低频率的波占优势。（ ）

9.3.6 判断：近震地震图往往包含有高频地震波。（ ）

9.3.7 总结Q_μ和Q_K在地球内部的分布规律。

9.3.8 判断：内核的Q_K比外核和地幔中大。（ ）

9.3.9 地球介质中剪切衰减最大的有

A. 内核　　B. 下地幔　　C. 上地幔　　D. 地壳

9.3.10 判断：地壳的Q_μ比上地幔的Q_μ大（ ）

9.3.11 判断：下地幔的Q_μ比内核的Q_μ大（ ）

9.3.12 地震P波衰减和S波衰减与Q_μ和Q_K有何关系？

9.3.13 假定在内核$Q_\mu=100$，$Q_K=\infty$，$\alpha=11$ km/s，$\beta=3.5$ km/s，内核的半径为1221.5km，求（1）内核中的Q_α和Q_β。（2）在地球内部穿过地心传播的周期为100s、10s、1s的P波在内核里振幅衰减多少？

9.3.14 已知速度为6km/s，周期为50s的地震波的Q值为100，求此波行进到100km处的振幅值。

9.3.15 频率为0.2Hz的P波，S波传播3000km，传播路径上地球介质的P波和S波的平均传播速度分别为7.2km/s及4.0km/s，P波和S波的Q值分别为：600与300。问：在1个周期内，100s内及整个传播过程P波和S波的振幅分别各（平均）衰减多少？并尝试解释有些远震记录P波能量较S波弱的可能原因。

9.3.16 设周期为20s、传播速度为3km/s的面波的Q值为200，在某个台站的振幅为5μm，求其向前行进200km后的振幅。

9.3.17 设地球球型振荡振型的Q值为100，周期为54分钟，起始振幅为1mm，求经过1h后的振幅是多大？

9.4.1 里克特-古登堡震级系统有几种震级，分别是什么？

9.4.2 目前记录到最大的面波震级是多大？

9.4.3 目前记录的最小地震是几级？

9.4.4 我国测定的M_S震级比国际上的地震机构测定的震级系统差多少？

9.4.5 填空：里克特通过美国南加利福尼亚地区地震的研究发现，对于同一地点的两次大小不同的震级，用________地震仪进行记录，在不同地点的各个台记录到这两次地震的________为一常数，且这一比值与震中距无关。

9.4.6 何为地震震级的量规函数？

9.4.7 近震震级的零级地震如何定义？

9.4.8　不同方位的地震台站测得的震级有差别吗？

9.4.9　填空：古登堡提出的面波震级M_S的震中距范围是________，由________与________两个量计算得到，测量面波的周期是________。

9.4.10　体波震级M_b和M_B的区别是什么？测量的周期是多少秒？

9.4.11　给出地震矩的计算公式和各个物理量的意义。

9.4.12　地震断层和其激发的长周期地震波能量的关系是什么？

9.4.13　矩震级的计算公式什么？给出物理量单位和意义。

9.4.14　采用矩震级有哪些优点？

9.4.15　尾波的持续时间如何定义？

9.4.16　在何种情况下采用持续时间震级？

9.4.17　哪些震级存在饱和现象？给出各种震级的饱和震级的大小次序。

9.4.18　为何会产生震级饱和？

9.4.19　一个地震根据周期为20秒的面波计算其震级为6.13，计算在3000km的震中距，仪器放大倍数为1500的仪器上的地震波振幅。假定地震的面波震级和矩震级相等，求该地震的地震矩。

9.4.20　采用$M_S=\lg(A/T)+1.66\lg\Delta+3.3$公式计算$M_S=6$地震在震中距16°和20°的振幅，设传播的面波的速度为3km/s，估计面波的衰减因子。

9.4.21　设燕郊地区每天消耗的电能为5×10^6kW·h，则燕郊10年消耗的电能与一个几级地震所释放的地震波能量相当。(1年按365.25天计算)

9.4.22　假定夏垫断裂的8.0级地震的复发周期为400年，若该8级地震的能量能够用（1）6级地震（2）5级地震，（3）4级地震来释放，则在400年内需要发生多少次这些震级的地震。

9.4.23　2004年12月26日，东南亚附近海域发生8.9级地震，而1989年旧金山海湾区域地震的震级为7.1级，那么2004年地震的能量是1989年的多少倍（精确到个位）。

9.4.24　汶川地震为逆冲型地震，哈佛矩心矩张量解给出此地震标量地震矩为8.97×10^{27}dyn. cm，地震破裂宽度按40km计算，长度按300km计算，假定地下介质为泊松介质，求该地震的应力降。

9.4.25　若一次地震的地震矩为4.5×10^{14}N·m，该地震破裂按圆盘模式进行，破裂半径为500m，求该地震的应力降。

9.4.26　地震烈度是一个物理量吗？为什么？

9.4.27　地震烈度与哪些因素有关？

9.4.28　1957年谢毓寿根据中国的房屋类型和震害特点，将宏观现象归纳为________、________、________和其他现象四类进行描述，并增加了牌坊、砖石塔、城墙等中国特有结构作为评定烈度的标准，编制了《新的中国地震烈度表》。

9.4.29　在12度的烈度划分中，________度结构基本无破坏，主要根据人的感觉和器物反应评定；________度主要用房屋破坏现象评定，房屋从开裂到倒塌破坏逐级加重，烈度也逐级增加；________度房屋毁坏、山崩地裂，以断层大规模出露是主要标志，为历史罕见。

9.4.30　烈度概念被赋予________和________的双重内涵。

第 10 章　震源理论初步

前几章叙述了模拟地震波传播的方法，但忽略了这些波从哪里来和与震源物理性质有关的地震能量如何辐射的问题。如果你的兴趣在于研究震源区以外区域地球结构的细节，如速度结构的走时研究，那么就可以忽视这些问题。然而，在许多情况下，分辨地震结构需要震源特征的某些知识。当然，分辨震源性质是任何了解地震的基础。因为震源理论是很复杂的，本章将不拘谨于方程的推导，而是对地震学中实际应用的一些重要结果进行归纳。关于详细的理论论述，请读者查看安芸敬一和理查德（Aki and Richards，2002）的著作。

10.1　格林函数和矩张量

10.1.1　格林函数

本节目的是弄清怎样把在某距离观测到某一地震引起的位移与震源的性质联系起来。从回顾弹性连续介质的运动方程开始：

$$\rho \frac{\partial^2 \boldsymbol{u}}{\partial t^2} = (\lambda + \mu)\, \nabla(\nabla \cdot \boldsymbol{u}) + \mu\, \nabla^2 \boldsymbol{u} + \boldsymbol{f} \tag{10-1-1}$$

式中，ρ 为密度；$\boldsymbol{u}$ 为位移（在地震台站处可以转换为地震仪的记录）；$\boldsymbol{f}$ 为体力项。一般来说，如果包含 $\boldsymbol{f}$ 项，要解式（10-1-1）是相当困难的。在前面章节中没有考虑它，而把注意力集中于运动的齐次方程，从而研究波的传播问题。如果考虑体力项 $\boldsymbol{f}$，该方程就将体力项 $\boldsymbol{f}$ 和可以转换为地震仪记录的位移场 $\boldsymbol{u}$ 联系起来。

回忆一下数学物理方程的格林函数解法（梁昆淼，1990），看看如何求解非齐次一维波动方程。如果一维波动方程的定解问题描述（参看第 3 章式（3-1-2）的推导）为

$$\begin{cases} \dfrac{\partial^2 u}{\partial t^2} - a^2\, \dfrac{\partial^2 u}{\partial x^2} = f(x,t) \\ u\Big|_{t=0} = 0, \dfrac{\partial u}{\partial t}\Big|_{t=0} = 0 \end{cases} \tag{10-1-2}$$

则如果把空间中连续和时间中持续的 f（x，t）看作是作用在鳞次栉比排列着的许许多多点上，而且作用在前后相继的许许多多瞬时，即

$$f(x,t) = \int_{\tau=0}^{t}\int_{\xi=-\infty}^{\infty} f(\xi,\tau)\delta(x-\xi)\delta(t-\tau)\,\mathrm{d}\xi\mathrm{d}\tau$$

则所求的解可以表述为

$$u(x,t) = \int_{\tau=0}^{t}\int_{\xi=-\infty}^{\infty} f(\xi,\tau)G(x,t;\xi,\tau)\,\mathrm{d}\xi\mathrm{d}\tau \tag{10-1-3}$$

格林函数（Green function）G 的定解问题可以表述为

$$\begin{cases}\dfrac{\partial^2 G}{\partial t^2}-a^2\dfrac{\partial^2 G}{\partial x^2}=\delta(x-\xi)\,\delta(t-\tau)\\ G\Big|_{t=0}=0,\ \dfrac{\partial G}{\partial t}\Big|_{t=0}=0\end{cases}$$

它可以转化为

$$\begin{cases}\dfrac{\partial^2 G}{\partial t^2}-a^2\dfrac{\partial^2 G}{\partial x^2}=0\\ G\Big|_{t=\tau+0}=0,\dfrac{\partial G}{\partial t}\Big|_{t=\tau+0}=\delta(x-\xi)\end{cases}$$

从而通过达朗贝尔（D'Alembert）公式给出。G 一旦解出，则定解问题［式（10-1-2）］就可以表述为较为简单的形式了。如果假定 $f(x, t)$ 仅在 x_0 和 t_0 处有值，而其他空间和时间为零（点源模型），则定解问题式（10-1-2）的解式（10-1-3）可以表述为

$$u(x,t)=f(x_0,t_0)G(x,t;x_0,t_0) \tag{10-1-4}$$

求解非齐次三维波动方程式（10-1-1）的思路与此相似，只不过更为复杂。但不管其解的形式多么复杂，它一定包含地震震源的贡献和波传播的其他细节的贡献。类似于非齐次一维波动方程的解法，地震学上，通常把震源项与波传播的其他细节分开，定义一个格林函数 $\boldsymbol{G}(\boldsymbol{r}, t; \boldsymbol{r}_0, t_0)$，它表示单位力矢量 t_0 时刻作用在 $\boldsymbol{r}_0$ 点，在 $\boldsymbol{r}$ 处、t 时刻产生的位移矢量。注意，这里用了黑体，表示的是张量或矢量。

由于单位力矢量有三个分量，位移矢量也有三个分量，因此 $\boldsymbol{G}$ 联系了 t_0 时刻作用在 $\boldsymbol{r}_0$ 处的三个方向的单位力矢量和 $\boldsymbol{r}$ 处、t 时刻的三个方向位移量，是一个张量形式。使 G 元素的第一个脚标表示位移的方向，第二个脚标表示单位力的方向，则 G_{ij} 表示 t_0 时刻作用在 $\boldsymbol{r}_0$ 点的 j 方向上的单位力在 $\boldsymbol{r}$ 处、t 时刻产生的位移量。这样，t_0 时刻作用在 $\boldsymbol{r}_0$ 处的 x 方向的单位力在 $\boldsymbol{r}$ 处、t 时刻产生的位移矢量为 $G_{xx}\boldsymbol{i}+G_{yx}\boldsymbol{j}+G_{zx}\boldsymbol{k}$，同样 t_0 时刻作用在 $\boldsymbol{r}_0$ 处的 y 方向的单位力在 $\boldsymbol{r}$ 处、t 时刻产生的位移矢量为 $G_{xy}\boldsymbol{i}+G_{yy}\boldsymbol{j}+G_{zy}\boldsymbol{k}$，$t_0$ 时刻作用在 $\boldsymbol{r}_0$ 处的 z 方向的单位力在 $\boldsymbol{r}$ 处、t 时刻产生的位移矢量为 $G_{xz}\boldsymbol{i}+G_{yz}\boldsymbol{j}+G_{zz}\boldsymbol{k}$。当体力项不是单位力时，直接将产生的格林函数元素乘以体力的大小即可。如 t_0 时刻作用在 $\boldsymbol{r}_0$ 处的 x 方向的力 f_x 在 $\boldsymbol{r}$ 处、t 时刻产生的位移矢量为 $G_{xx}f_x\boldsymbol{i}+G_{yx}f_x\boldsymbol{j}+G_{zx}f_x\boldsymbol{k}$。这样如果作用在 $\boldsymbol{r}_0$ 处、t_0 时刻的体力项有三个方向：$\boldsymbol{f}=f_x\boldsymbol{i}+f_y\boldsymbol{j}+f_z\boldsymbol{k}$，则在 $\boldsymbol{r}$ 处、t 时刻的 x 方向产生的位移为

$$u_x=G_{xx}f_x+G_{xy}f_y+G_{xz}f_z \tag{10-1-5}$$

可见，与非齐次一维波动方程的解［式（10-1-4）］具有相同的形式。
同理：

$$u_y=G_{yx}f_x+G_{yy}f_y+G_{yz}f_z \tag{10-1-6}$$

$$u_z=G_{zx}f_x+G_{zy}f_y+G_{zz}f_z \tag{10-1-7}$$

将式（10-1-5）～式（10-1-7）写成矩阵形式为

$$\begin{bmatrix}u_x\\u_y\\u_z\end{bmatrix}=\begin{bmatrix}G_{xx}&G_{xy}&G_{xz}\\G_{yx}&G_{yy}&G_{yz}\\G_{zx}&G_{zy}&G_{zz}\end{bmatrix}\begin{bmatrix}f_x\\f_y\\f_z\end{bmatrix} \tag{10-1-8}$$

式（10-1-8）按照爱因斯坦（Einstein）求和符号表示的简洁形式为

$$u_i(\boldsymbol{r},t) = G_{ij}(\boldsymbol{r},t;\boldsymbol{r}_0,t_0)f_j(\boldsymbol{r}_0,t_0) \tag{10-1-9}$$

式中，u_i 为 i 方向的位移；f_j 为 j 方向的体力。因此，知道了格林函数 $\boldsymbol{G}$ 和震源处的体力，可以采用式（10-1-9）计算该震源体力在地震台站上产生的理论地震图。反过来，根据地震仪记录的位移 $\boldsymbol{u}$，可以求解震源处的体力项，从而了解震源的破裂方式。因为方程是线性的，可以采用求解线性方程的方法来方便地求解。这时的格林函数求解包含了地震波反射、透射的地震传播效应的细节，在第 4 章第 4.4 节对 SH 波的传播路径效应做了一定的解释。

10.1.2 矩张量（moment tensor）

前一小节描述了地下体力和地面观测位移之间的关系。在地质学的学习中，通常可以用断层滑动，即在弹性介质内部界面的两侧位移不连续来模拟地震。然而不连续的两侧位移（非弹性形变）就不能采用连续介质力学进行研究了。地震学中已证明在连续介质内部的一类体力（或组合）所产生的位移场恰好与内部断层滑动所产生的位移场相同（Maruyama，1963；Burridge and Knopoff，1964）。通常把这种力叫断层模型的**等效体力**（equivalent body force）。有了这些体力（或其组合），就可以采用连续介质力学中的式（10-1-9）研究地面运动了。在叙述这些等效体力和断层滑动的关系之前，首先探讨一下在地球内可能出现的不同类型的体力组合。

由于地震断层错动是由内力引起的，因此震源介质所受净力为零（即处于平衡状态）。为使净力为零，由爆炸或断层上应力释放所引起的内力，其作用的方向必须相反。例如图 10-1-1（a）的上图，有两个大小为 f，方向相反，相隔的距离为 d 的力矢量的净力为零，这叫做一个**力偶**（couple）。这对应于爆炸（塌缩）源的一个分量。为精确描述断层错动，通常将力矢量在垂直于力的取向的方向上分开［图 10-1-1（a）下图］，这就相当于两个力矢量中间有一条平行于力矢量的断层错动，这是更一般形式的力偶。为表示力偶的大小，仿照普通物理上力矩的概念（力与有效力臂的乘积），地震学中将力偶中力的大小与这对力作用点分开的距离的乘积表示该力偶的大小（对于图 10-1-1（a）的上图，表示震源向外拉张的大小，对于图 10-1-1（a）的下图，则表示使震源介质旋转的力矩大小）。在图 10-1-1（a）的下图，这样一个力偶的作用会导致有一个围绕力偶中心点的力矩，该力矩会使得震源介质顺时针旋转起来，除非还存在一对互补的力偶来平衡该力矩，如图 10-1-1（b），再增加一个力矢量方向垂直于前述力矢量方向的力偶使得震源介质具有逆时针方向旋转的力矩，这就使得震源介质的净力矩为零（角动量守恒）。这对力偶，叫做**双力偶**（double couple）。

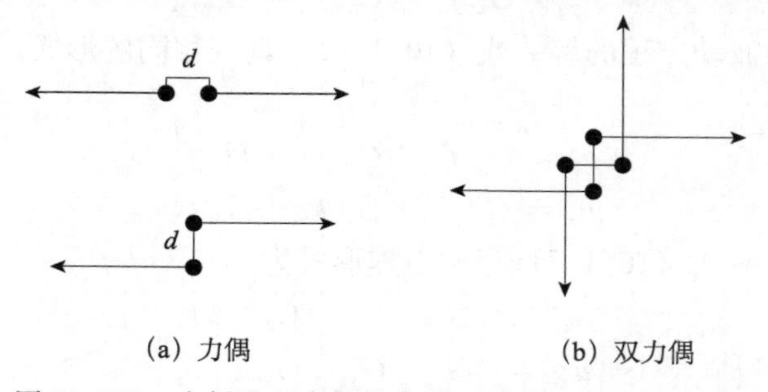

（a）力偶　　（b）双力偶

图 10-1-1　力偶及双力偶的表示（引自 Shearer，2009）

为描述不同位态的力偶，在笛卡尔坐标系里定义力偶 M_{ij} 为一对作用在 i 取向上、方向相反、在 j 取向上分开的力，其中沿 i 方向的力位于 j 增加方向，而逆 i 方向的力位于 j 减小方向。图 10-1-2 展示了 9 种不同的力偶。M_{ij} 的大小为乘积 fd，在点源极限的情况下 $(d\to 0)$，M_{ij} 为常数，因而自然地定义了矩张量 $\boldsymbol{M}$：

$$\boldsymbol{M}=\begin{bmatrix} M_{xx} & M_{xy} & M_{xz} \\ M_{yx} & M_{yy} & M_{yz} \\ M_{zx} & M_{zy} & M_{zz} \end{bmatrix} \tag{10-1-10}$$

角动量守恒的条件要求 $\boldsymbol{M}$ 是对称的（例如，$M_{ij}=M_{ji}$）。因此，$\boldsymbol{M}$ 只有 6 个独立元素。矩张量给出了在弹性介质内产生的可能作用在某一点的体力的通常表达。虽然这是理想化的，但可以证明，这是模拟尺度远小于观测到的地震波长的、远离震源的台站上的地震响应的最好近似。大尺度的、更复杂的震源（如汶川地震）也可以通过对不同位置的点力求和来模拟。

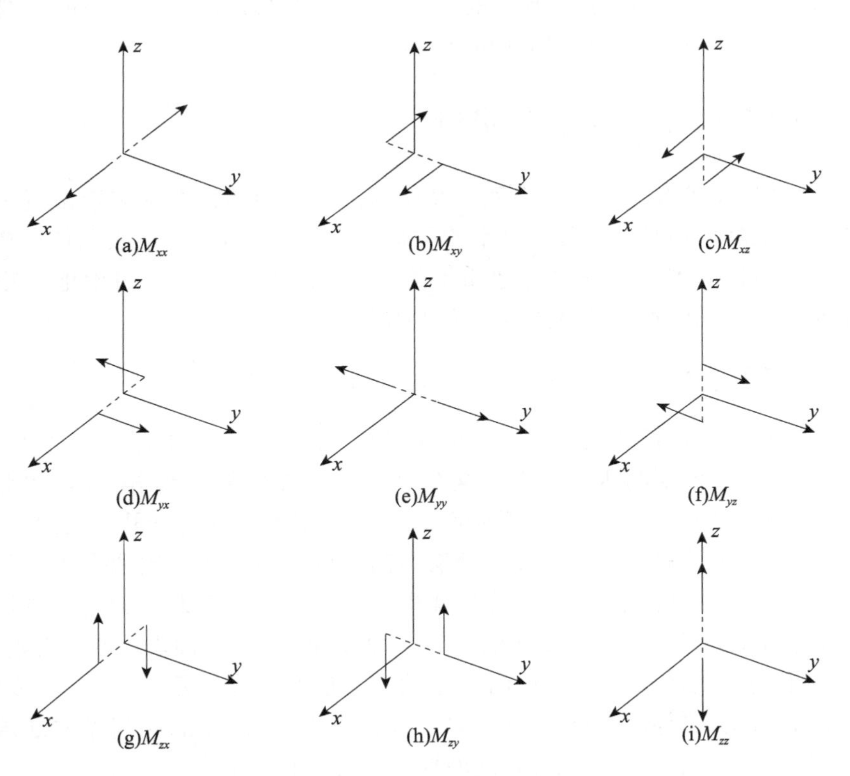

图 10-1-2 构成矩张量分量的 9 种不同的力偶（引自 Shearer，2009）

请大家注意，上面描述的各种位态的力偶不能理解为一个震源错动中有多种位态力偶所表示的错动，而是它们组合为两个在空间任意形态的，大小不同的力偶的错动（双力偶），这类似于一个力可以分解为不同坐标分量，不能理解为几个不同的力一样。如何组合不同大小的各种位态的力偶表示一个地震破裂在 10.2 节讨论。

10.1.3 地震矩张量与地震波位移的关系

在 10.1.1 节给出了地下体力与地表位移的关系，在 10.1.2 节给出一个地震破裂可以采用地震矩张量（即多种不同大小的力偶组合）来表达。本小节讨论如何根据地震矩张量求得地面位移。注意，这里沿袭了 10.1.1 节的爱因斯坦求和准则表达。

根据点力格林函数，可以用式（10-1-9）把由在 $\boldsymbol{r}_0$ 处的力偶所产生的位移表达写为

$$\begin{aligned} u_i(\boldsymbol{r},t) &= G_{ij}(\boldsymbol{r},t;\boldsymbol{r}_0,t_0)f_j(\boldsymbol{r}_0,t_0) - G_{ij}(\boldsymbol{r},t;\boldsymbol{r}_0 - d\hat{\boldsymbol{k}},t_0)f_j(\boldsymbol{r}_0,t_0) \\ &= \left[\frac{\partial G_{ij}(\boldsymbol{r},t;\boldsymbol{r}_0,t_0)}{\partial x_k}d\right]f_j(\boldsymbol{r}_0,t_0) = \frac{\partial G_{ij}(\boldsymbol{r},t;\boldsymbol{r}_0,t_0)}{\partial x_k}M_{jk}(\boldsymbol{r}_0,t_0) \end{aligned} \tag{10-1-11}$$

这里力矢量 f_j 在 $\hat{\boldsymbol{x}}_k$ 方向分开距离 d，乘积 f_jd 为 M_{jk}，于是：

$$u_i(\boldsymbol{r},t) = \frac{\partial G_{ij}(\boldsymbol{r},t;\boldsymbol{r}_0,t_0)}{\partial x_k}M_{jk}(\boldsymbol{r}_0,t_0) \tag{10-1-12}$$

我们看到位移与地震矩张量的分量之间通过点力格林函数的空间导数联系在一起，呈线性关系。知道了表达地震破裂的地震矩张量（假定地震破裂为点源）和点力格林函数，就可以很容易地得到地面台站的地震波位移。

10.2 地震断层与地震矩张量

在 10.1.2 节定义了各种位态的力偶，并说明可用它们的组合来表示地震破裂。本节讨论地质上描述的断层错动与地震矩张量的关系，地震矩张量除了能表示地震错动外还能表示震源的何种特性。本节首先复习地质上的断层错动描述，然后讨论地震矩张量的意义，最后给出断层错动转换为地震矩张量描述的方法。

10.2.1 断层参数

地质上通常理想化地把地震看成是任意取向的平面断层两侧的运动（图 10-2-1）。断层面由它的**走向**（ϕ，断层与水平地表面交线相对于北的角度），**倾角**（δ，相对于水平面的角度）规定。对于非垂直的断层，断层面之上的叫做**上盘**（upwall），之下的叫做**下盘**（footwall）。这里需要注意，地质定义的断层走向可以沿断层迹线向两个方向延伸，而地震学定义的断层走向为观测者站在断层上盘看断层迹线，右侧为其走向，左侧不是其走向。滑动矢量按上盘相对于下盘的运动来定义。**滑动角** λ（与前面表示的拉梅常数区分开）是滑动矢量和走向之间的夹角。上盘向上运动的断层叫做**逆断层**（thrust fault），反之，上盘向下运动的叫做**正断层**（normal fault）。倾角小于 45°的逆断层叫做**冲断层**，近于水平的冲断层叫做**逆掩断层**。一般来说，逆断层包含有垂直于走向上的水平压缩，而正断层则有水平拉张。断层面之间的水平运动叫做**走滑**（strike slip），垂直运动叫做**倾滑**（dip slip）。如果站在断层一边的观测者看到邻近的块体向右运动，叫做**右旋走滑运动**（与此相反，为**左旋走滑运动**）。滑动角 λ（与前面表示的拉梅常数区分开）是断层走向逆时针旋转至滑动矢量方向所用的夹角，对逆冲断层，$\lambda=90°$，对正断层，$\lambda=-90°$或 270°，左旋断层 $\lambda=0°$，右旋断层 $\lambda=180°$。

走向（$0°\leqslant\phi<360°$），倾角（$0°\leqslant\delta\leqslant90°$），滑动角（$0°\leqslant\lambda<360°$或$-180°\leqslant\lambda\leqslant180°$）和滑动矢量的值 D 规定了断层的最基本的地震模型或地震的震源机制。

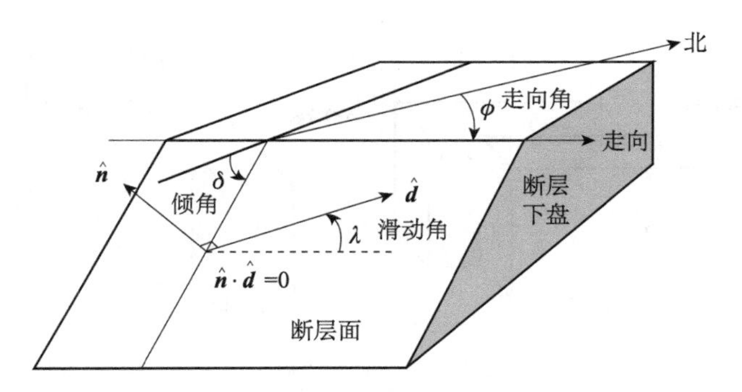

图 10-2-1 断层面走向和倾角及滑动矢量示意图（根据 Aki and Richards，2002）

10.2.2 地震矩张量的物理意义

10.1 节引入地震矩张量的概念，并给出其与辐射地震波的关系，本小节讨论其物理意义。

1 断层及膨胀（塌缩）源的地震矩张量表示

根据图 10-1-2，走向为 x 方向的垂直断层的右旋运动可用的矩张量表示：

$$\boldsymbol{M}=\begin{bmatrix}0 & M_0 & 0\\ M_0 & 0 & 0\\ 0 & 0 & 0\end{bmatrix} \tag{10-2-1}$$

式中，M_0 叫做**标量地震矩**（scalar seismic moment），为

$$M_0=\mu DA \tag{10-2-2}$$

式（10-2-2）与式（9-4-7）形式相同，可参照那里各物理量的解释。读者可以查证，M_0 的单位是 N·m，与前面定义的力偶的单位相同。根据不同力偶的取向，容易看出怎样用矩张量来描述任意走向、倾角、滑动角的断层。然而，一般来说，可以通过对式（10-2-1）的矩张量作适当旋转来描述断层和任意取向的滑动。

因为 $M_{ij}=M_{ji}$，所以相应的双力偶模型有两个可能的断层面。例如，式（10-2-1）对于走向沿 y 的左旋断层也是合适的（图 10-2-2）。两个可能的断层有相同的矩张量描述。在用地震观测来反演断层模型时，需要特别注意。对双力偶模型，一般来说，两个可能的断层面都与远距离的地震观测结果相吻合。实际的断层面叫做**主断层面**（primary fault plane），另一个断层面叫做**辅助断层面**（auxiliary fault plane）。这种模糊不是双力偶模型的欠缺（可以证明它与地震观测结果吻合得最好），而是反映两个断层在远场产生相同位移的基本事实。要对主断层面和辅助断层面作出识别，需要根据其他研究或使用其他的资料（例如，余震的位置或观测到的地表破裂）。

因为矩张量是对称的，可以通过计算其本征值、本征向量及将其旋转到新的坐标系里（正如第 2 章对应力和应变张量所做的那样）把矩张量对角线化。图 10-2-3 给出的矩张量的坐标旋转的例子。主轴相对于原坐标 x 轴和 y 轴的角度为 45°，旋转后矩张量变为

$$\boldsymbol{M}'=\begin{bmatrix}M_0 & 0 & 0\\ 0 & -M_0 & 0\\ 0 & 0 & 0\end{bmatrix} \tag{10-2-3}$$

根据前面矩张量元素的定义可知，坐标 x'方向为拉开力偶的方向，通常定义为**拉张轴**

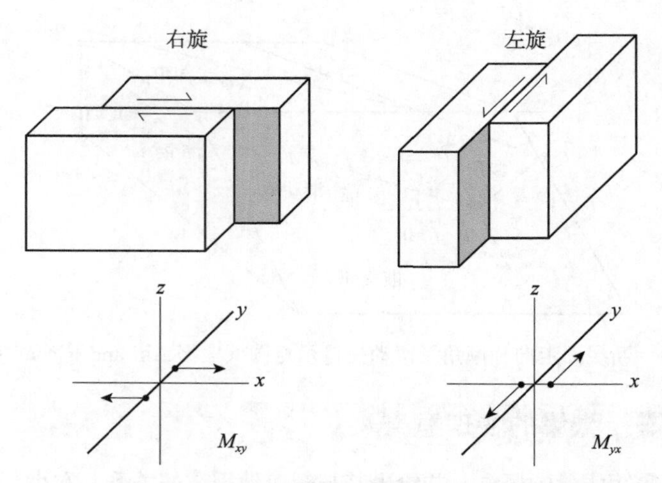

图 10-2-2 由于矩张量的对称性，这些右旋和左旋的断层有相同的矩张量描述和同样的地震辐射图像

(extensional axis) T，y'方向为压缩力偶的方向，通常定义为**压缩轴**(compressional axis) P。采用 MATLAB 求解坐标的变换的语句为：

```
[V,D] = eig([0,1,0;1,0,0;0,0,0])
可得：
V =    -0.7071          0         0.7071
        0.7071          0         0.7071
          0          1.0000         0
D = -1    0    0
     0    0    0
     0    0    1
```

可知，本征值为−1 的本征向量为 [−0.7071, 0.7071, 0]；本征值为 1 的本征向量为 [0.7071, 0.7071 0]，与 x 轴和 y 轴分别夹 45°；只有本征值为 0 的本征向量为 [0, 0, 1]，为 z 轴；如果仅在平面上将该坐标旋转 45°，则得该旋转的矩张量为 [1, 0, 0; 0, −1, 0; 0, 0, 0]；在新坐标系中的矩张量表示为式 (10-2-3)。这相当于 y'轴上的挤压力和 x'轴的拉张力导致了这种双力偶震源错动。因此，y'轴为**压缩轴**，简称为 **P 轴**，x'轴为**拉张轴**，简称为 **T 轴**，而与 x'和 y'垂直的轴为**中间轴**，简称为 **B 轴**（或 **N 轴**），这三个轴是正交的。

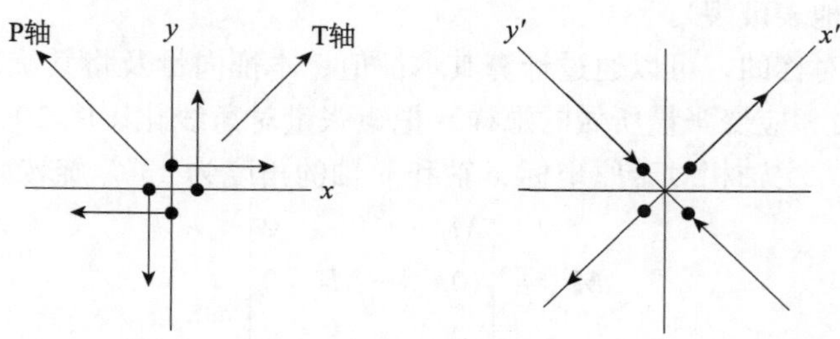

图 10-2-3 地震矩张量坐标旋转的例子

对于一般的地震矩张量，中间本征值不一定为零。三个本征值之和为地震矩张量的第一不变量（转换到其他坐标系下对角线元素之和不变）。对于应变张量（第 2 章），其迹（对角线元素之和）为体积相对变化的度量。对于地震矩张量，矩张量的迹则表示膨胀源（或塌缩源）分量。如果膨胀或塌缩源为各向同性的，则矩张量有简单的形式：

$$\boldsymbol{M}=\begin{bmatrix} M_{xx} & 0 & 0 \\ 0 & M_{yy} & 0 \\ 0 & 0 & M_{zz} \end{bmatrix} \tag{10-2-4}$$

式中，$M_{xx}=M_{yy}=M_{zz}$。反之，迹为零的地震矩张量，体积变化为零，表示剪切破裂或双力偶震源破裂分量。

2　一般矩张量的分解

一般矩张量可以分解为各向同性（isotropic）部分和偏量（deviatoric）部分，在主轴坐标系下可以表示为

$$\boldsymbol{M}=\begin{bmatrix} M_1 & 0 & 0 \\ 0 & M_2 & 0 \\ 0 & 0 & M_3 \end{bmatrix}=\frac{1}{3}\begin{bmatrix} \mathrm{tr}(\boldsymbol{M}) & 0 & 0 \\ 0 & \mathrm{tr}(\boldsymbol{M}) & 0 \\ 0 & 0 & \mathrm{tr}(\boldsymbol{M}) \end{bmatrix}+\begin{bmatrix} M_1^1 & 0 & 0 \\ 0 & M_2^1 & 0 \\ 0 & 0 & M_3^1 \end{bmatrix} \tag{10-2-5}$$

式中，$\mathrm{tr}(\boldsymbol{M})=M_1+M_2+M_3$，是矩阵 $\boldsymbol{M}$ 的迹；余项 M_i^1 为 $\boldsymbol{M}$ 的纯偏本征值。由迹给出的各向同性对应于由爆炸或塌缩破裂引起的部分。大部分天然震源具有很小的各向同性成分，在确定断层事件的矩张量时，通常加 $\mathrm{tr}(\boldsymbol{M})=0$ 的约束。

矩张量的另一种分解是将矩张量分解成一个各向同性部分和三个双力偶，假定 M_1，M_2，M_3 为从小到大排列的三个本征值，则

$$\begin{aligned}\boldsymbol{M}=\begin{bmatrix} M_1 & 0 & 0 \\ 0 & M_2 & 0 \\ 0 & 0 & M_3 \end{bmatrix}&=\frac{1}{3}\begin{bmatrix} \mathrm{tr}(\boldsymbol{M}) & 0 & 0 \\ 0 & \mathrm{tr}(\boldsymbol{M}) & 0 \\ 0 & 0 & \mathrm{tr}(\boldsymbol{M}) \end{bmatrix}+\frac{1}{3}\begin{bmatrix} M_1-M_2 & 0 & 0 \\ 0 & -(M_1-M_2) & 0 \\ 0 & 0 & 0 \end{bmatrix}\\&+\frac{1}{3}\begin{bmatrix} 0 & 0 & 0 \\ 0 & M_2-M_3 & 0 \\ 0 & 0 & -(M_2-M_3) \end{bmatrix}+\frac{1}{3}\begin{bmatrix} M_1-M_3 & 0 & 0 \\ 0 & 0 & 0 \\ 0 & 0 & -(M_1-M_3) \end{bmatrix}\end{aligned} \tag{10-2-6}$$

式（10-2-6）中每一个偏项都是一个双力偶。

矩张量的其他分解包含**补偿线性矢量偶极**（compensated linear vector dipole，CLVD）。这种补偿线性矢量偶极在一个本征方向上有一个两倍强度的偶极，而在另外两个本征方向上是单位强度的偶极，如图 10-2-4 所示，就表示了$\begin{bmatrix} 2M & 0 & 0 \\ 0 & -M & 0 \\ 0 & 0 & -M \end{bmatrix}$的图形。

一般矩张量还可以分解为各向同性部分和三个主轴方向上的补偿线性矢量偶极。

$$
\boldsymbol{M}=\begin{bmatrix} M_1 & 0 & 0 \\ 0 & M_2 & 0 \\ 0 & 0 & M_3 \end{bmatrix}=\frac{1}{3}\begin{bmatrix} \mathrm{tr}(\boldsymbol{M}) & 0 & 0 \\ 0 & \mathrm{tr}(\boldsymbol{M}) & 0 \\ 0 & 0 & \mathrm{tr}(\boldsymbol{M}) \end{bmatrix}+\frac{1}{3}\begin{bmatrix} 2M_1 & 0 & 0 \\ 0 & -M_1 & 0 \\ 0 & 0 & -M_1 \end{bmatrix}
$$

$$
+\frac{1}{3}\begin{bmatrix} -M_2 & 0 & 0 \\ 0 & 2M_2 & 0 \\ 0 & 0 & -M_2 \end{bmatrix}+\frac{1}{3}\begin{bmatrix} -M_3 & 0 & 0 \\ 0 & -M_3 & 0 \\ 0 & 0 & 2M_3 \end{bmatrix} \tag{10-2-7}
$$

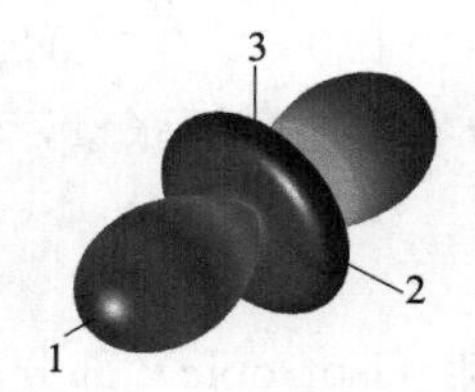

图 10-2-4　补偿线性矢量偶极的图形表示（万永革等，2011）

另一种通常的分解是将矩张量分解为一个大双力偶和一个小双力偶。大双力偶是矩张量用具有相同主轴的双力偶表示的最好近似。因此大双力偶也称为“最佳双力偶模型”（Dziewonski et al.，1985）。由于矩张量的纯偏部分的迹 $M_1^1+M_2^1+M_3^1$ 为零（其中矩张量偏量部分的本征值为 M_1^1，M_2^1 和 M_3^1），当 $|M_1^1|\geqslant|M_2^1|\geqslant|M_3^1|$ 时，有

$$
\boldsymbol{M}=\begin{bmatrix} M_1 & 0 & 0 \\ 0 & M_2 & 0 \\ 0 & 0 & M_3 \end{bmatrix}=\frac{1}{3}\begin{bmatrix} \mathrm{tr}(\boldsymbol{M}) & 0 & 0 \\ 0 & \mathrm{tr}(\boldsymbol{M}) & 0 \\ 0 & 0 & \mathrm{tr}(\boldsymbol{M}) \end{bmatrix}+\begin{bmatrix} M_1^1 & 0 & 0 \\ 0 & -M_1^1 & 0 \\ 0 & 0 & 0 \end{bmatrix}+\begin{bmatrix} 0 & 0 & 0 \\ 0 & -M_3^1 & 0 \\ 0 & 0 & M_3^1 \end{bmatrix} \tag{10-2-8}
$$

式中，$M_2^1=-M_1^1-M_3^1$。第二项为**大双力偶**（major double couple，又称**最佳双力偶**），含有最大本征值，而另一个双力偶为**小双力偶**（minor double couple）。如果 $M_3^1=0$，则最小双力偶为零，矩张量完全分解为矩张量各向同性部分和一个双力偶部分。

还有一种研究将矩张量分解为一个各向同性项、一个双力偶和一个补偿线性矢量偶极。同样对于 $|M_1^1|\geqslant|M_3^1|$，则 M_1^1 和 M_2^1 与 M_3^1 的符号必定相反。定义 $F=-\dfrac{M_2^1}{M_1^1}$，则有 $0\leqslant F\leqslant 1/2$。从而有 $M_2^1=-FM_1^1$，$M_3^1=(F-1)M_1^1$。矩张量的偏量部分可以表示为

$$
\boldsymbol{M}'=\begin{bmatrix} M_1^1 & 0 & 0 \\ 0 & M_2^1 & 0 \\ 0 & 0 & M_3^1 \end{bmatrix}=M_1^1\begin{bmatrix} 1 & 0 & 0 \\ 0 & -F & 0 \\ 0 & 0 & F-1 \end{bmatrix}=M_1^1\begin{bmatrix} 1-2F+2F & 0 & 0 \\ 0 & -F & 0 \\ 0 & 0 & 2F-1-F \end{bmatrix}
$$

$$
=M_1^1(1-2F)\begin{bmatrix} 1 & 0 & 0 \\ 0 & 0 & 0 \\ 0 & 0 & -1 \end{bmatrix}+M_1^1F\begin{bmatrix} 2 & 0 & 0 \\ 0 & -1 & 0 \\ 0 & 0 & -1 \end{bmatrix} \tag{10-2-9}
$$

由式（10-2-9）可见，因子 F 表示了补偿线性矢量偶极与纯双力偶源的比例关系，当 $F=0$ 时，偏量部分仅含双力偶，此时 $M_2^1=0$，$M_3^1=-M_1^1$；当 $F=1/2$ 时，偏量部分仅含有补偿线性矢量偶极，此时 $M_2^1=M_3^1=-M_i^1/2$。由于 $0\leqslant F\leqslant 1/2$，所以习惯上常用

$200\times F\%$来表示补偿线性矢量偶极的相对强度，用 $100\times$（$1-2F$）%来表示纯双力偶的相对强度，两者之和为 100%。在研究火山区或塌陷地区的地震矩张量时，通常采用这种表述。

10.2.3　断层面参数与地震矩张量的转换公式

10.2.2 给出了地震断层描述和地震矩张量描述的关系，本节将描述断层滑动的具体参数给出矩张量的表达式。在地震学问题的表述中，通常采用北东下坐标系。在断层描述中，假定断层的走向为 ϕ，倾角为 δ，滑动角为 λ，则将北东下坐标系通过三次坐标旋转来得到以断层走向、斜向下方向和滑动方向为坐标轴的坐标系。

断层面的滑动方向为 X_3 方向，斜向下的方向为 Y_3，与断层面垂直的方向为 Z_3，将其表示在地平坐标系 XYZ 中（X 对应于北向，Y 对应于东向，Z 对应于下向）。地平坐标系 XYZ 通过三次坐标旋转即可旋转为应力主轴坐标系中（万永革等，2000；Wan et al.，2016）。

（1）XYZ 坐标架沿 Z 轴正向看去，绕 Z 轴顺时针转动 ϕ 角得到 $X_1Y_1Z_1$［图 10-2-5（a）］。旋转公式为

$$\begin{bmatrix} X_1 \\ Y_1 \\ Z_1 \end{bmatrix} = \begin{bmatrix} \cos\phi & \sin\phi & 0 \\ -\sin\phi & \cos\phi & 0 \\ 0 & 0 & 1 \end{bmatrix} \begin{bmatrix} X \\ Y \\ Z \end{bmatrix} \tag{10-2-10}$$

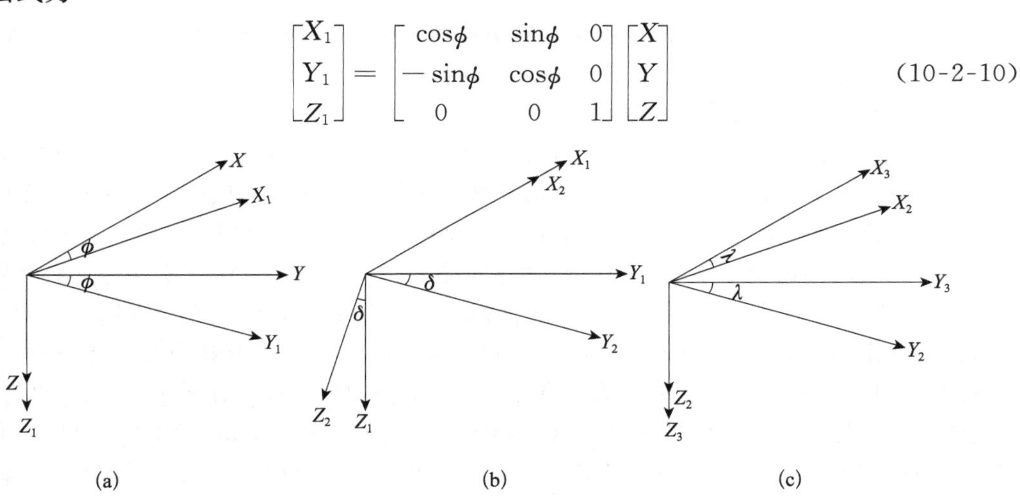

图 10-2-5　地平坐标系旋转为主应力轴坐标系示意图

（2）$X_1Y_1Z_1$ 沿 X_1 轴正向看去，绕 X_1 轴顺时针转动 δ 角得到 $X_2Y_2Z_2$［图 10-2-5（b）］，旋转公式为

$$\begin{bmatrix} X_2 \\ Y_2 \\ Z_2 \end{bmatrix} = \begin{bmatrix} 1 & 0 & 0 \\ 0 & \cos\delta & \sin\delta \\ 0 & -\sin\delta & \cos\delta \end{bmatrix} \begin{bmatrix} X_1 \\ Y_1 \\ Z_1 \end{bmatrix} = \begin{bmatrix} 1 & 0 & 0 \\ 0 & \cos\delta & \sin\delta \\ 0 & -\sin\delta & \cos\delta \end{bmatrix} \begin{bmatrix} \cos\phi & \sin\phi & 0 \\ -\sin\phi & \cos\phi & 0 \\ 0 & 0 & 1 \end{bmatrix} \begin{bmatrix} X \\ Y \\ Z \end{bmatrix} \tag{10-2-11}$$

（3）$X_2Y_2Z_2$ 沿 Z_2 轴正向看去，绕 Z_2 轴逆时针转动得到 $X_3Y_3Z_3$［图 10-2-5（c）］，旋转公式为

$$\begin{bmatrix} X_3 \\ Y_3 \\ Z_3 \end{bmatrix} = \begin{bmatrix} \cos\lambda & -\sin\lambda & 0 \\ \sin\lambda & \cos\lambda & 0 \\ 0 & 0 & 1 \end{bmatrix} \begin{bmatrix} X_2 \\ Y_2 \\ Z_2 \end{bmatrix}$$

$$= \begin{bmatrix} \cos\lambda & -\sin\lambda & 0 \\ \sin\lambda & \cos\lambda & 0 \\ 0 & 0 & 1 \end{bmatrix} \begin{bmatrix} 1 & 0 & 0 \\ 0 & \cos\delta & \sin\delta \\ 0 & -\sin\delta & \cos\delta \end{bmatrix} \begin{bmatrix} \cos\phi & \sin\phi & 0 \\ -\sin\phi & \cos\phi & 0 \\ 0 & 0 & 1 \end{bmatrix} \begin{bmatrix} X \\ Y \\ Z \end{bmatrix}$$

$$= \begin{bmatrix} \cos\phi\cos\lambda + \sin\varphi\cos\delta\sin\lambda & \sin\phi\cos\lambda - \cos\phi\cos\delta\sin\lambda & -\sin\delta\sin\lambda \\ \cos\phi\sin\lambda - \sin\phi\cos\delta\cos\lambda & \sin\phi\sin\lambda + \cos\phi\cos\delta\cos\lambda & \sin\delta\sin\lambda \\ \sin\phi\sin\delta & -\cos\phi\sin\delta & \cos\delta \end{bmatrix} \begin{bmatrix} X \\ Y \\ Z \end{bmatrix} \tag{10-2-12}$$

通过上面的转换后，X_3 轴就对应于断层的滑动方向，Z_3 轴垂直于断层面指向斜下方。指向斜上方的矢量将 Z_3 的方向加一负号即可。

根据图 10-2-1 和式（10-2-12），假定断层错动量为 $\overline{D}$，则断层错动的滑动矢量采用断层参数的表示形式为

$$\boldsymbol{D} = \overline{D}(\cos\phi\cos\lambda + \sin\phi\cos\delta\sin\lambda)\boldsymbol{i} + \overline{D}(\sin\phi\cos\lambda - \cos\phi\cos\delta\sin\lambda)\boldsymbol{j} - \overline{D}\sin\delta\sin\lambda\boldsymbol{k} \tag{10-2-13}$$

断层法向采用 Z_3 的反方向为

$$\boldsymbol{n} = -\sin\phi\sin\delta\boldsymbol{i} + \cos\phi\sin\delta\boldsymbol{j} - \cos\delta\boldsymbol{k} \tag{10-2-14}$$

任意取向的双力偶作用在一具有滑动矢量 $\boldsymbol{D}$ 和法向量 $\boldsymbol{n}$ 的断层面上。在 9.4.1 中已经对地震矩［式（9-4-3）］的物理意义进行了详细解释，但那里对应于一个方向的错动产生的地震矩。我们知道绕 z 轴的力矩由沿 x 方向的力与 y 方向上作用点错开力臂的乘积与沿 y 方向的力与 x 方向上作用点错开力臂的乘积之和。假定 x 方向上作用点错开力臂为 L_x，在力臂前方作用点的 y 方向的位移为 D_y，y 方向上作用点错开力臂为 L_y，在力臂前方作用点的 x 方向的位移为 D_x。根据第 2 章 2.2 节，x 方向的力使 y 轴旋转 D_x/L_y 的角度，y 方向的力使 x 轴旋转 D_y/L_x 的角度。这个旋转角度与剪切模量 μ 的乘积即为剪切应力，剪切应力与作用面积 A 的乘积即为剪切力的大小。将沿 x 方向和 y 方向的剪切力与各自作用力臂的乘积之和即为沿 z 轴旋转的力矩。即 $M_{xy} = \left(\mu \frac{D_x}{L_y}\right)A \cdot L_y + \left(\mu \frac{D_y}{L_x}\right)A \cdot L_x = \mu A(D_x n_y + D_y n_x)$，这里 n_x 和 n_y 为 x 和 y 轴的方向矢量。以此类推，对于地理坐标系或任意其他坐标系，断层面积为 A 的矩张量 M_{kj} 为

$$M_{kj} = \mu A(D_k n_j + D_j n_k) \tag{10-2-15}$$

可以得出：

$$\begin{aligned}
M_{xx} &= -M_0(\sin\delta\cos\lambda\sin2\phi + \sin2\delta\sin\lambda\,\sin^2\phi) \\
M_{yy} &= M_0(\sin\delta\cos\lambda\sin2\phi - \sin2\delta\sin\lambda\,cos^2\phi) \\
M_{zz} &= M_0(\sin2\delta\sin\lambda) = -(M_{xx} + M_{yy}) \\
M_{xy} &= M_0\left(\sin\delta\cos\lambda\cos2\phi + \frac{1}{2}\sin2\delta\sin\lambda\sin2\phi\right) \\
M_{xz} &= -M_0(\cos\delta\cos\lambda\cos\phi + \cos2\delta\sin\lambda\sin\phi) \\
M_{yz} &= -M_0(\cos\delta\cos\lambda\sin\phi - \cos2\delta\sin\lambda\cos\phi)
\end{aligned} \tag{10-2-16}$$

此处 M_0 为式（9-4-7）的估计结果。这个结果告诉我们：①滑动矢量和断层面法向矢量的可交换性使得地震矩张量为对称张量，这在物理上对应于断层面和辅助面的错动产生的辐射图型（10.4 节内容）是一样的；②采用断层面参数计算的地震矩张量的迹（对角线元素之和）为零（读者可以验证）。这也容易理解，断层面错动为剪切位错源，没有膨胀或塌缩的成分，而矩张量的迹对应于膨胀或塌缩的成分。

将位错转换为北东下坐标系中矩张量的 MATLAB 程序如下：

```
function [m] = dis2mom(strike,dip,rake);
%    function dis2mom(strike,dip,rake)
%    计算断层面表示的矩张量
%   输入: strike:断层走向(正北顺时针旋转的角度)
%                dip:倾角,断层面与水平方向夹角
%                rake:滑动角(在断层面上走向计算的逆时针旋转至滑动方向的角度)
%      所有角度的单位均为度
% 输出: Mxx = m(1),Myy = m(2),Mzz = m(3),Mxy = m(4),Mxz = m(5),Myz = m(6),为北东下坐标系中表示的矩张量
% *************************************************************************
con = pi/180.;
s = strike * con;
d = dip * con;
r = rake * con;
%
m(1) = - sin(s) * sin(s) * sin(r) * sin(2 * d)  -  sin(2 * s) * cos(r) * sin(d);
m(2) = - cos(s) * cos(s) * sin(r) * sin(2 * d)  +  sin(2 * s) * cos(r) * sin(d);
m(3) = sin(r) * sin(2 * d);
m(4) = cos(2 * s) * cos(r) * sin(d)  +  0.5 * sin(2 * s) * sin(r) * sin(2 * d);
m(5) = - cos(s) * cos(r) * cos(d)  -  sin(s) * sin(r) * cos(2 * d);
m(6) = - sin(s) * cos(r) * cos(d)  +  cos(s) * sin(r) * cos(2 * d);
%
return;
```

当前，有些地震学家采用不同的坐标系来定义地震矩张量。例如，在自由振荡分析中通常采用 r，θ，ϕ 分别表示上南东方向，并组成坐标系。在这种坐标系下矩张量与北东下坐标系的变换关系为

$$M_{rr} = M_{zz}, M_{\theta\theta} = M_{xx}, M_{\phi\phi} = M_{yy}, M_{r\theta} = M_{xz}, M_{r\phi} = -M_{yz}, M_{\theta\phi} = -M_{xy} \tag{10-2-17}$$

该坐标系用于全球常规的矩心矩张量反演中。在矩张量的目录文件中 Mrr, Mtt, Mpp, Mrt, Mrp, Mtp 分别表示 M_{rr}，$M_{\theta\theta}$，$M_{\phi\phi}$，$M_{r\theta}$，$M_{r\phi}$，$M_{\theta\phi}$。

10.3　震源机制参数的相互转换

根据 10.2 节的内容，我们知道根据远震地震波记录，能得到地震的两个可能的断

层面。每个可能断层的运动可以用走向（strike）、倾角（dip）和滑动角（rake）来描述，另外，描述地震震源还可以用压缩轴（P轴）、中间轴（B轴）和拉张轴（T轴）的走向（trend）和倾伏角（plunge）来描述。但除了地震矩大小外，这些参数只有三个是独立的，其他参数可以通过给定的三个独立参数给出。本节讨论地震震源机制参数的相互转换。

在此按照通常研究地震的北东下坐标系来讨论问题。如果已知压缩轴或拉张轴的走向（trend）为 ϕ，倾伏角（plunge）为 δ。注意，压缩轴或拉张轴的走向与断层面走向的定义一样，为自正北顺时针旋转的角度，倾伏角为该轴与水平面的夹角。则压缩轴和拉张轴的单位矢量在北东下坐标系中的表示为

$$\boldsymbol{v} = \cos\phi\cos\delta\boldsymbol{i} + \sin\phi\cos\delta\boldsymbol{j} + \sin\delta\boldsymbol{k} \tag{10-3-1}$$

下面讨论如何根据压缩轴或拉张轴的单位矢量 $\boldsymbol{v}=v_x\boldsymbol{i}+v_y\boldsymbol{j}+v_z\boldsymbol{k}$ 求得该轴的走向和倾伏角。首先如果单位矢量在 z 轴上，即 $\boldsymbol{v}=(0,0,1)$，则 $\delta=\frac{\pi}{2}$，此时走向可以沿任意方向，按如下定义给出：

$$\phi = \begin{cases} \pi & v_z < 0 \\ 0 & v_z \geqslant 0 \end{cases} \tag{10-3-2}$$

对于 $v_x=0$ 的情况，则该单位矢量在 oyz 平面内：

$$\phi = \begin{cases} \frac{\pi}{2} & v_y > 0 \\ \frac{3\pi}{2} & v_y < 0 \\ 0 & v_y = 0 \end{cases} \tag{10-3-3}$$

对于 $v_x \neq 0$ 的情况，可以按照：

$$\phi = \tan^{-1}\frac{v_y}{v_x} \tag{10-3-4}$$

$$\delta = \tan^{-1}\frac{v_z}{\sqrt{v_x^2+v_y^2}} \tag{10-3-5}$$

定义倾伏角为与水平面之间的夹角，如果该角表示为负值，则说明走向沿相反方向。另外，走向还需归算到 $0\sim2\pi$ 的范围内。

将压缩轴或拉张轴的单位矢量转换为走向和倾伏角的 MATLAB 子程序如下：

```
function [trpl] = v2trpl(xyz)
%    将单位向量在 XYZ 轴中的分量表示转换为走向 trend 和倾伏角 plunge
%    走向为自北向顺时针旋转到矢量方向针转过的水平角度
%    倾伏角为水平面与矢量的夹角,所有角度的单位为度
%    输入变量 xyz 包含三个元素 X,Y,Z,分别为北向、东向、下向的数值
%    输出分量 trpl 包含两个元素走向 trend 和倾伏角 plunge
%    如果 Z 分量为负,则 trpl(2),即倾伏角变为正值,而将走向 TRPL(1)改变 180°
%    返回的走向值在 0～360°的范围内
%       如果为 -1.0,走向可以任意,此处规定为 180°
```

```
for j = 1:3
if (abs(xyz(j))<= 0.0001)
      xyz(j) = 0.0;       % 坐标轴的值(绝对值)不大于 0.0001,则赋为 0
end
if (abs(abs(xyz(j)) - 1.0)<0.0001)    % 对于微大于 1,则数据只能等于 1
xyz(j) = xyz(j)/abs(xyz(j));
end
end
if (abs(xyz(3)) = = 1.0)      % 单位矢量在 z 轴上
 %    倾伏角为 90°
if (xyz(3)< 0.0)        % 轴在 z 轴反方向,走向定为 180°
trpl(1) = 180;
else
    trpl(1) = 0.0;         % 轴在 z 轴方向,走向为 0°
end
  trpl(2) = 90;        % 倾角为 90°
return
end
if (abs(xyz(1))< 0.0001)      % 轴的单位向量在 yz 平面上
  if (xyz(2)> 0.0)            % 轴在 y>0 平面内,走向为 90°
trpl(1) = 90.0;
  elseif(xyz(2)< 0.0)         % 轴在 y<0 平面内,走向为 270°
trpl(1) = 270.0;
else
    trpl(1) = 0.0;            % y = 0,轴在 z 轴方向,走向为 0°
end
else
trpl(1) = rad2deg(atan2(xyz(2),xyz(1)));    % 求轴走向并转换为度
end
hypotxy = hypot(xyz(1),xyz(2));      % sqrt(x^2 + y^2)
  trpl(2) = rad2deg(atan2(xyz(3),hypotxy));     % 求轴的倾伏角并转换为度
if (trpl(2)<0.0)
trpl(2) = - trpl(2);
trpl(1) = trpl(1) - 180;
end
if (trpl(1)< 0.0) trpl(1) = trpl(1) + 360;end
return
```

下面讨论如何根据断层面上的滑动矢量和法向矢量得到断层面的走向、倾角和滑动角。根据滑动向量式（10-2-13），可以知道滑动单位矢量为 $\boldsymbol{a}=(\cos\phi\cos\lambda+\sin\phi\cos\delta\sin\lambda)\boldsymbol{i}+(\sin\phi\cos\lambda-\cos\phi\cos\delta\sin\lambda)\boldsymbol{j}-\sin\delta\sin\lambda\boldsymbol{k}$，再根据断层面的法向式（10-2-14），可以通过下列方式求解断层的走向、倾角和滑动角。首先如果 $n_z=-1$，表明断层面与水平面平行，走向

可以任意，此时根据滑动方向［式（10-2-13）］求解断层面走向：

$$\phi = \tan^{-1}\frac{a_y}{a_x} \tag{10-3-6}$$

而倾角为零。

对于 $n_z \neq -1$，根据式（10-2-14）有

$$\phi = \tan^{-1}\frac{-n_y}{n_x} \tag{10-3-7}$$

$$\delta = \begin{cases} \dfrac{\pi}{2} & n_z = 0 \\ \tan^{-1}\left(\dfrac{\dfrac{n_x}{\sin\phi}}{n_z}\right) & |\sin\phi| > |\cos\phi| \\ \tan^{-1}\left(\dfrac{\dfrac{n_x}{\cos\phi}}{n_z}\right) & |\cos\phi| > |\sin\phi| \end{cases} \tag{10-3-8}$$

根据式（10-2-13）滑动角可以按照下式计算：

$$\cos\lambda = a_x\cos\phi + a_y\sin\phi \tag{10-3-9}$$

这样便可得到滑动角。

```
function [str,dip,rake] = an2dsr_wan(A,N)
% 根据滑动矢量 A 和节面法向 N 得到断层的走向、倾角和滑动角
if (N(3) = = -1.0)      % 断层面为水平
  str= atan2(A(2),A(1));   % 滑动方向为走向
dip = 0.0;
else
  str = atan2(-N(1),N(2)); % 断层面倾向逆时针 90°方向与北向的夹角
if (N(3) = = 0.0)
dip = 0.5 * pi;
elseif (abs(sin(str))>= 0.1)      % 为防止被很小的数除
    dip = atan2(-N(1)/sin(str), -N(3));   % 根据断层面倾向为 N = [-sin(str) * sin(dip), cos(str) * sin(dip), -cos(dip)];
else
    dip = atan2(N(2)/cos(str), -N(3));   % 根据断层面倾向为 N = [-sin(str) * sin(dip), cos(str) * sin(dip), -cos(dip)];
end
end
a1 = A(1) * cos(str) + A(2) * sin(str);
% 根据滑动方向在北向和东向的投影为[cos(rake) * cos(str) + sin(rake) * cos(dip) * sin(str) cos(rake) * sin(str) - sin(rake) * cos(dip) * cos(str)]
% 因此 a1 为 cos(rake)
if (abs(a1)<0.0001) a1 = 0.0; end
if (A(3)~= 0.0)
if (dip~= 0.0)
```

```
    rake = atan2( - A(3)/sin(dip),a1);    % 滑动方向在垂直方向的投影为 - sin(rake) * sin
(dip),因此 - A(3)/sin(dip)为 sin(rake)
  else
    rake = atan2( - 1000000.0 * A(3),a1);   % 此时 sin(dip)很小,为防止被很小的数除,采用这种表达
  end
  else % 在 A(3)为零时,不必考虑倾角的影响
  if(a1>1)  a1 = 1.;end
  if(a1< - 1) a1 = - 1.;end
  rake = acos(a1);
  end
  if (dip<0.0)
  dip = dip + pi;
  rake = pi - rake;
  if (rake>pi) rake = rake - 2 * pi;end
  end
  if(dip>0.5 * pi)
  dip = pi - dip;
  str = str + pi;
  rake = - rake;
  if (str> = 2 * pi) str = str - 2 * pi;end
  end
  if (str<0.0) str = str + 2.0 * pi;end
  str = rad2deg(str);dip = rad2deg(dip);rake = rad2deg(rake);    % 将得到的弧度转换为相应的角度
  return
```

根据一个节面的走向、倾角和滑动角求取另外一个节面的走向、倾角和滑动角以及主压应力轴、中间应力轴和主张应力轴走向及倾角的步骤：

首先根据走向、倾角和滑动角按式（10-2-13）和式（10-2-14）得到滑动矢量 $\boldsymbol{a}$ 和断层面的法向 $\boldsymbol{n}$，则主张应力轴矢量应该是滑动矢量和断层面法向的平分线，主压应力方向是滑动矢量和断层面法向的相反方向的平分线，而中间应力方向为主压应力方向和主张应力方向的叉乘结果。

$$\boldsymbol{T}=\frac{\sqrt{2}}{2}(\boldsymbol{a}+\boldsymbol{n}),\boldsymbol{P}=\frac{\sqrt{2}}{2}(\boldsymbol{a}-\boldsymbol{n}) \tag{10-3-10}$$

知道了主压应力方向矢量、主张应力方向矢量和中间应力方向矢量，采用上面的子程序 v2trpl 即可计算相应的走向和倾伏角了。已知断层面的法向和断层滑动方向，将断层面法向和滑动矢量相互交换，就可以采用上面的子程序（an2dr _ wan）求解另外一个节面的走向、倾角和滑动角了。其 MATLAB 子程序如下：

```
function [Ptrpl,Ttrpl,Btrpl,str2,dip2,rake2] = dsrin(str,dip,rake)
%
% 采用地震震源机制的一个节面的走向 str、倾角 dip 和滑动角 rake 求其他参数的值
% 输入 str 为走向、dip 为倾角、rake 为滑动角 .
```

```
%输出 Ptrpl 为两个元素,第一个元素为 P 轴走向、第二个元素为 P 轴倾伏角
%输出 Ttrpl 为两个元素,第一个元素为 T 轴走向、第二个元素为 T 轴倾伏角
%输出 Btrpl 为两个元素,第一个元素为 B 轴走向、第二个元素为 B 轴倾伏角
%输出 str2,dip2,rake2 为第二个节面的走向、倾角和滑动角
%该程序中所有的角度值的单位均为度

SR2 = sqrt(2);
str = deg2rad(str);dip = deg2rad(dip);rake = deg2rad(rake); %角度转化成弧度值
%走向、倾角和滑动角转换为滑动矢量 A 和法向 N
A = [cos(rake) * cos(str) + sin(rake) * cos(dip) * sin(str), cos(rake) * sin(str) - sin(rake) * cos(dip) * cos(str), - sin(rake) * sin(dip)]; %A(滑动矢量)的单位方向矢量,根据式(10-2-13)计算
N = [ - sin(str) * sin(dip), cos(str) * sin(dip), - cos(dip)]; %N(节面法线)的单位方向矢量,根据式(10-2-14)计算
T = SR2 * (A + N); %向量相加,并且单位化,得主张应力轴单位矢量,式(10-3-10)第一式
P = SR2 * (A - N); %向量相减,并且单位化,得主压应力轴单位矢量,式(10-3-10)第二式
    B = cross(P,T); %向量叉乘,得到中间轴单位矢量
    [Ptrpl] = v2trpl(P); %求出 P 轴走向和倾伏角
    [Ttrpl] = v2trpl(T); %求出 T 轴走向和倾伏角
    [Btrpl] = v2trpl(B); %求出 B 轴走向和倾伏角
    [str2,dip2,rake2] = an2dsr_wan(N,A);    %根据滑动矢量和法线单位矢量(两个矢量互换)求出另一个节面的参数
return
```

如果已知地震震源机制的压缩轴和拉张轴的走向和倾伏角，可以按照式（10-3-1）得到这两个轴的方向矢量，叉乘得到中间轴的方向矢量。滑动矢量即为压缩轴矢量和拉张轴矢量的平分线方向，断层面法向为拉张轴矢量和压缩轴矢量反方向的平分线。可以根据下式得到滑动矢量和断层面法向：

$$\boldsymbol{a}=\frac{\sqrt{2}}{2}(\boldsymbol{T}+\boldsymbol{P}),\boldsymbol{n}=\frac{\sqrt{2}}{2}(\boldsymbol{T}-\boldsymbol{P}) \tag{10-3-11}$$

有了滑动矢量和断层面法向矢量，采用 an2dsr _ wan 子程序即可求得断层的走向、倾角和滑动角，也可以求得另一个节面的走向、倾角和滑动角。其 MATLAB 子程序如下：

```
function[str1,dip1,rake1,str2,dip2,rake2,Btrpl,PTangle] = pt2ds(Ptrpl,Ttrpl)
%采用震源机制的 PT 轴的走向和倾伏角求解震源机制的其他表示形式
%输入:Ptrpl 为 P 轴的走向和倾伏角,Ttrpl 为 T 轴的走向和倾伏角,单位均为度
%输出:str1,dip1,rake1 为震源机制第一个节面的走向、倾角和滑动角
%str2,dip2,rake2 为震源机制第二个节面的走向、倾角和滑动角
%Btrpl 为 B 轴的走向和倾伏角
%PTangle 为 P 轴,T 轴之间的夹角,应该接近 90°,如果不接近 90°,程序会给出警告
%所有输出变量的单位均为度
SR2 = 0.707107;      %2 开方
Ptrpl = deg2rad(Ptrpl);Ttrpl = deg2rad(Ttrpl);   %将角度转化成弧度值
P = [cos(Ptrpl(1)) * cos(Ptrpl(2)),sin(Ptrpl(1)) * cos(Ptrpl(2)),sin(Ptrpl(2))];   %P 轴单位
```

方向矢量,根据式(10-3-1)给出

```
T=[cos(Ttrpl(1))*cos(Ttrpl(2)),sin(Ttrpl(1))*cos(Ttrpl(2)),sin(Ttrpl(2))];  %T轴单位方向矢量,根据式(10-3-1)给出
PTangle=rad2deg(acos(dot(P,T)));  %P与T进行点乘,因为模数为1,得到P轴与T轴夹角余弦值,再进行反余弦
if(abs(PTangle-90)>10)
  warning('两个节面不垂直')          %判断两个节面是否垂直
end
B=cross(T,P);  %T轴与P轴进行叉乘,得到B轴单位方向矢量
A=SR2*(T+P);      %根据式(10-3-11)第一式得到滑动方向
N=SR2*(T-P);      %根据式(10-3-11)第二式得到断层面法向
Btrpl=v2trpl(B);  %求出B轴走向和倾伏角
[str1,dip1,rake1]=an2dsr_wan(A,N);    %得到第一个节面的走向、倾角和滑动角
[str2,dip2,rake2]=an2dsr_wan(N,A);    %得到第二个节面的走向、倾角和滑动角
return
```

如果已知一个地震的北东下坐标系中的地震矩张量，可以采用求本征值和本征向量的方法求得地震的其他参数，其中最大本征值对应的本征向量为 T 轴的方向、最小本征值所对应的本征向量为 P 轴的方向，中间本征值所对应的本征向量为中间轴 B 轴的方向，再采用将向量转变为走向和倾伏角的程序 v2trpl 即可得到各个轴的走向和倾伏角，采用将 P 轴和 T 轴的走向和倾伏角转变为双力偶震源的两个节面的参数的程序 pt2ds 即可得到两个节面的走向、倾角和滑动角。这里需要指出的是，即使是采用 P 轴和 T 轴的走向和倾伏角来表示震源机制，这四个参数也不都是独立的。如果已知一个震源机制的 P 轴走向和倾伏角，再知道 T 轴的走向即可以把 T 轴的倾伏角算出。设主张应力轴 T 的走向 φ_T，倾角 δ_T，则在北东下地理坐标系中的方向（Aki and Richard，1980）为

$$\boldsymbol{T}=(T_1,T_2,T_3)=(\cos\varphi_T\cos\delta_T,\sin\varphi_T\cos\delta_T,\sin\delta_T)$$

设主压应力轴的走向 φ_P，倾伏角 δ_P，同样可写出主压应力轴 P 在地理坐标系中的单位矢量为

$$\boldsymbol{P}=(P_1,P_2,P_3)=(\cos\varphi_P\cos\delta_P,\sin\varphi_P\cos\delta_P,\sin\delta_P)$$

则如果假设 P 轴的走向和倾伏角及 T 轴的走向，则可以表示出 T 轴的倾伏角。根据这两个向量的点乘为零，可以得到：

$$\boldsymbol{P}\cdot\boldsymbol{T}=\cos\varphi_P\cos\delta_P\cos\varphi_T\cos\delta_T+\sin\varphi_P\cos\delta_P\sin\varphi_T\cos\delta_T+\sin\delta_P\sin\delta_T=0$$

可以得到：

$$\delta_T=-\arctan\frac{\cos\varphi_P\cos\delta_P\cos\varphi_T+\sin\varphi_P\cos\delta_P\sin\varphi_T}{\sin\delta_P} \tag{10-3-12}$$

已知一个轴的走向、倾伏角和另外一个轴的走向，采用上述方法求解倾角的程序为：

```
function Tpl=PTplunge(Ptr,Ppl,Ttr)
Tpl=-atand((cosd(Ptr)*cosd(Ppl)*cosd(Ttr)+sind(Ptr)*cosd(Ppl)*sind(Ttr))/sind(Ppl))
 %式(10-3-12)
return
```

同样，如果已知B轴的走向，只要将上面的T轴走向变为B轴走向，即可用同样的方式求解B轴的倾伏角。

如果已知P轴的走向和倾伏角及T轴的倾伏角，则可以算出T轴的走向：

$$\cos(\varphi_P - \varphi_T) = -\tan\delta_T \tan\delta_P \tag{10-3-13}$$

可以先求出 $\alpha = \arccos\ (-\tan\delta_T \tan\delta_P)$

$$\varphi_T = \varphi_P \pm \arccos(-\tan\delta_T \tan\delta_P) \tag{10-3-14}$$

T轴位于顺时针旋转的左侧或右侧。采用上面的方法求解的程序如下：

```
function Ttr = PTtrend(Ptr,Ppl,Tpl)
alpha = acosd( - tand(Tpl) * tand(Ppl));       % 式(10 - 3 - 13)
Ttr = [Ptr + alpha, Ptr - alpha];       % 式(10 - 3 - 14)
return
```

对于地震矩张量，可以采用下面的程序求得断层面的其他参数。

```
function [str1,dip1,rake1,str2,dip2,rake2,Ptrpl,Ttrpl,Btrpl] = mom2other(m)
% 将地震矩张量表示为剪切位错的其他表示方式
% 输入:m 为矩张量的各个元素,分别对应于 Mxx = m(1),Myy = m(2)
% Mzz = m(3),Mxy = m(4),Mxz = m(5),Myz = m(6),此处定义的坐标系为北东下坐标系
% 如果采用矩心矩张量定义的坐标系必须进行转换
% 使得 m(1) = Mtt,m(2) = Mpp,m(3) = Mrr;m(4) = - Mtp,m(5) = Mrt;m(6) = - Mrp
c(1,1) = m(1);c(1,2) = m(4);c(1,3) = m(5);c(2,1) = m(4);c(2,2) = m(2);
c(2,3) = m(6);c(3,1) = m(5);c(3,2) = m(6);c(3,3) = m(3);
[W,D] = eig(c); % 求本征值和本征向量
[triD,id] = sort(diag(D)); % 对本征值由小到大进行排列
W_opt = W(:,id'); % 对本征向量对于本征值由小到大进行排列
[Ptrpl] = v2trpl([W_opt(:,1)]')       % 将压轴单位向量转换为走向和倾伏角
[Ttrpl] = v2trpl([W_opt(:,3)]')      % 将张轴单位向量转换为走向和倾伏角
[str1,dip1,rake1,str2,dip2,rake2,Btrpl,PTangle] = pt2ds(Ptrpl,Ttrpl);     % 采用 pt2ds 程序求得其他参数
return
```

10.4 震源的辐射图型

10.4.1 P波辐射图型（P wave radiation pattern）

为了用等效力预测位移，必须知道式（10-1-9）中的弹性动力学格林函数 $\boldsymbol{G}$。一般来说，求解 $\boldsymbol{G}$ 是相当复杂的。然而，在各向同性点源的球面波的简单情况下，可以洞察到解的某些特性。第3章叙述了为何P波势的解为 $\varphi\ (r,\ t) = \dfrac{f\ (t - r/\alpha)}{r}$，其中 α 为P波速

度，r 为观测点至点源的距离，$4\pi\delta(r)f(t)$ 为震源时间函数。注意，像第 8 章球面波前几何扩散那样，势振幅按 $1/r$ 衰减。势的梯度给出了位移场：

$$u(r,t)=\frac{\partial\varphi(r,t)}{\partial r}=-\frac{1}{r^2}f(t-r/\alpha)+\frac{1}{r}\frac{\partial f(t-r/\alpha)}{\partial r} \tag{10-4-1}$$

定义 $\tau=t-r/\alpha$ 为延迟时间，这里 r/α 是 P 波从震源开始、传播距离 r 所用的时间，有：

$$\frac{\partial f(t-r/\alpha)}{\partial r}=\frac{\partial f(t-r/\alpha)}{\partial\tau}\frac{\partial\tau}{\partial r}=-\frac{1}{\alpha}\frac{\partial f(t-r/\alpha)}{\partial\tau}$$

所以式（10—4—1）可表达为

$$u(r,t)=-\frac{1}{r^2}f(t-r/\alpha)-\frac{1}{r\alpha}\frac{\partial f(t-r/\alpha)}{\partial\tau} \tag{10-4-2}$$

因为式（10-4-2）只应用于 P 波，且假定震源为球对称，不涉及辐射图型效应，所以相对简单。第一项按 $1/r^2$ 衰减，因其只在接近震源处才起重要作用，故称为**近场项**（near field term），表示震源的永久性位移。第二项按 $1/r$ 衰减，因其在远离震源的较大距离处居主导地位，故称为**远场项**（far field term）。它描述动态响应——由震源辐射的、不造成永久位移的瞬态地震波。这些波的位移由震源时间函数对时间的一阶导数给出。

对点力和双力偶模型，表达式更复杂些，但也都包含了近场和远场项。大多数地震观测是在离断层足够大的距离进行的，一般远场项就足以满足要求了。在 $r=0$ 处的矩张量震源在整个均匀空间里所产生的远场 P 波位移为（陈运泰和顾浩鼎，2011）

$$\boldsymbol{u}_i^p(\boldsymbol{x},t)=\frac{1}{4\pi\rho\alpha^3}\frac{x_ix_jx_k}{r^3}\frac{1}{r}\dot{M}_{jk}(t-r/\alpha) \tag{10-4-3}$$

式中，$r^2=x_1^2+x_2^2+x_3^2$，为震源至接收点的距离的平方；$\dot{M}$ 为矩张量的时间导数。这里采用了爱因斯坦求和约定，将多个矩张量元素的贡献加起来。注意：地震发生过程中，紧接震源断层质点的位移或速度随时间变化的过程通常称为**震源时间函数**（source time function）。为简单起见，假设地震矩张量的各个分量随时间变化是同步的（即同步震源假设），则 $M_{ij}(t)=M_{ij}\cdot S(t)$，其中 M_{ij} 为一个量值，而 $M_{ij}(t)$ 则是随时间变化的一系列数值。$S(t)$ 是震源时间函数。式（10-4-3）给出了任意震源矩张量的远场 P 波位移的一般表达式。

现在考虑双力偶震源描述断层的具体例子。不失一般性，假定断层在（x，y）平面里，错动沿 x 方向（图 10-4-1），有 $M_{xz}=M_{zx}=M_0$，则据式（10-4-3）有

$$u_i^p(\boldsymbol{r},t)=\frac{1}{2\pi\rho\alpha^3}\frac{x_ixz}{r^3}\frac{1}{r}\dot{M}_0(t-r/\alpha) \tag{10-4-4}$$

式（10-4-4）因子与式（10-4-3）的差别来自于对 M_{xz} 和 M_{zx} 求和。如果定义与断层有关的球坐标（图 10-4-1），这里讨论一下球坐标和直角坐标的矢量转换关系。r 处的径向矢量表示为 $\boldsymbol{r}=r\sin\theta\cos\phi\boldsymbol{i}+r\sin\theta\sin\phi\boldsymbol{j}+r\cos\theta\boldsymbol{k}$，切向矢量可以采用径向矢量对 θ,ϕ 的导数，即：$\boldsymbol{\theta}=\frac{\partial\boldsymbol{r}}{\partial\theta}=r\cos\theta\cos\phi\boldsymbol{i}+r\cos\theta\sin\phi\boldsymbol{j}-r\sin\theta\boldsymbol{k}$，$\boldsymbol{\Phi}=\frac{\partial\boldsymbol{r}}{\partial\phi}=-r\sin\theta\sin\phi\boldsymbol{i}+r\sin\theta\cos\phi\boldsymbol{j}$，将这三个矢量除以其模就得到它们的单位矢量。根据这些单位矢量，可知直角坐标矢量变换为球坐标矢量的公式为

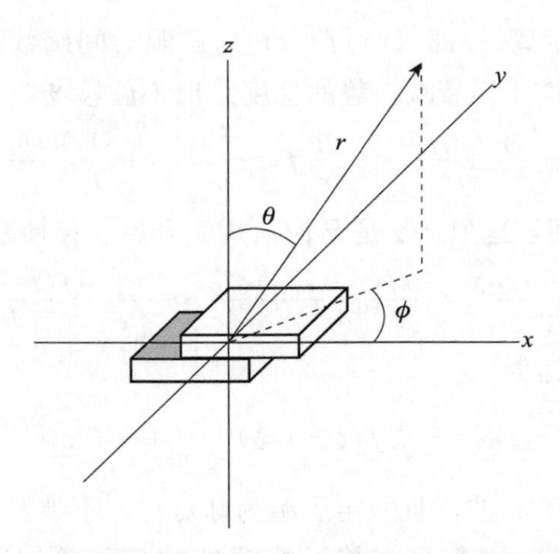

图 10-4-1　在（x，y）平面里，沿 x 方向滑动的断层的有关参量的球坐标表示

$$\begin{bmatrix} u_r \\ u_\theta \\ u_\phi \end{bmatrix} = \begin{bmatrix} \sin\theta\cos\phi & \sin\theta\sin\phi & \cos\theta \\ \cos\theta\sin\phi & \cos\theta\sin\phi & -\sin\theta \\ -\sin\phi & \cos\phi & 0 \end{bmatrix} \begin{bmatrix} u_x \\ u_y \\ u_z \end{bmatrix} \tag{10-4-5}$$

P 波沿着传播方向振动，位移方向为 $\boldsymbol{r}$，将其分量 $x = r\sin\theta\cos\phi, y = r\sin\theta\sin\phi, z = r\cos\theta$ 代入式（10-4-4），可给出 $u_x^p(\boldsymbol{r},t), u_y^p(\boldsymbol{r},t), u_z^p(\boldsymbol{r},t)$ 的表达式，代入式（10-4-5）的 $\boldsymbol{u}_r$ 表达可得到 P 波位移。注意，由于 P 波仅沿传播方向振动，式（10-4-5）的 $\boldsymbol{u}_\theta$ 和 $\boldsymbol{u}_\phi$ 均为零，读者可以代入验证。考虑 $\cos\theta\sin\theta = \frac{1}{2}\sin 2\theta$，P 波在空间各个方向的位移为：

$$\boldsymbol{u}^p = \frac{1}{4\pi\rho\alpha^3 r}\sin(2\theta)\cos\phi\dot{M}_0(t - r/\alpha)\hat{\boldsymbol{r}} \tag{10-4-6}$$

可见，P 波产生位移的归一化振幅在空间的分布为 sin（2θ）cosϕ，通常称为 **P 波辐射图型**（P wave radiation pattern）。将其与径向单位矢量结合用字母 $\boldsymbol{R}^{\mathrm{P}}$ 表示，该矢量表示了 P 波空间位移辐射的形态。将其变换到直角坐标系中，就可以采用 MATLAB 绘出 P 波辐射图型（万永革，2001，2004）。程序如下：

```
%P10_1.m
% 0 <= theta <= pi 为列矢量
n=50;   %用的点数
fai = (0:2:2*n)/n*pi;   %走向为0~2π
theta = (0:2:2*n)'/n*pi/2;   %倾角为0~π
costheta = cos(theta); costheta(1) = 1; costheta(n+1) = -1;
sintheta=sin(theta);   %sin(theta)
sintheta(1)=0;sintheta(n+1)=0;
sin2theta=sin(2*theta); %sin(2*theta)
sin2theta(1)=0;sin2theta(n+1)=0;
sinfai = sin(fai); sinfai(1) = 0; sinfai(n+1) = 0;
cosfai = cos(fai); cosfai(1) = 1; cosfai(n+1) = 1;
r=sin2theta*cosfai;   %按式(10-4-6)给出P波的径向位移的辐射图型
```

```
x = r. * (sintheta * cosfai);   % 转换为直角坐标系中的 x
y = r. * (sintheta * sinfai);    % 转换为直角坐标系中的 y
z = r. * (costheta * ones(1,n + 1));   % 转换为直角坐标系中的 z
H = surf(x,y,z,r);   % 在直角坐标系下绘制 P 波径向位移的辐射图型
set(H,'FaceLighting','phong','FaceColor','interp','AmbientStrength',0.5)
light('Position',[1,0,0],'Style','infinite');
hold on
plot3([ - 2,2],[0,0],[0,0]);    % 画 x 轴
text(2,0,0,'x','FontSize',20)     % 给出 x 轴的标记
plot3([0,0],[ - 2,2],[0,0])   % 绘制 y 轴
text(0,2,0,'y','FontSize',20)    % 给出 y 轴的标记
plot3([0,0],[0,0],[ - 1,1])   % 绘制 z 轴
text(0,0,1,'z','FontSize',20)    % 给出 z 轴的标记
axis off
axis equal
view(0,0)
hold off
```

运行上述程序得到图 10-4-2。可见，双力偶震源的 P 波辐射图型是正负相间的，断层错动前方形成压缩区，后方形成膨胀区，压缩区和膨胀区以断层面及与断层面和滑动矢量垂直的平面区分开，在与断层面夹角为 45°的方向位移最大，在断层前方为正，在断层后方为负。与断层面和滑动矢量垂直的面为**辅助断层面**（auxiliary fault plane）。断层面和辅助断层面（垂直于断层面和滑动矢量）形成了把 P 波极性分成四个象限的零运动节线。

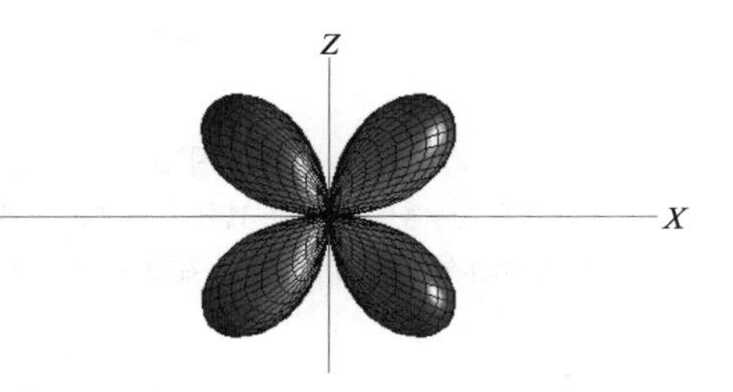

图 10-4-2　模拟的 P 波辐射图型（参看程序运行的彩图）

上面的震源模型可用图 10-4-3 表示。球面上布满了指向球心和远离球心的矢量，向外指向的矢量表示在远场向外的位移（假定 $\dot{M}$ 是正的），这叫做**压缩象限**（compressional quadrant）。朝内指向的矢量出现在**膨胀象限**（dilatational quadrant）。拉张（T）轴位于压缩象限的中部，压缩（P）轴位于膨胀象限的中部（注意：这容易混乱！拉张轴在压缩象限，这里轴是对震源的描述，象限是对周围物质被震源作用的描述）。在地震学中，定义以地震震源为球心，球内的介质可看作均匀介质（即球内的地震射线为直线）的虚拟球，为**震源球**（focal sphere）。通常压缩象限用黑色或其他颜色表示，震源球上膨胀区和压缩区相间分开，每个区域占四分之一的球面积。根据震源球上的膨胀区和压缩区所在的方位就知道震源的双力偶是如何分布的，因此，震源球代表了地震破裂的基本性质。但要注意，仅根据远场观测点源的四象限分布的 P 波辐射图型，无法知道将膨胀区和压缩区分开的哪个平面为断层面，哪个平面为辅助断层面，因此地震震源研究中，把将膨胀区和压缩区分开的两个平面均叫做**节面**（nodal plane）。要确定哪个节面为真正断层面，需要采用余震分布、地震波辐射的方向因子（参看 10.9 节内容）等其他观测资料确定。

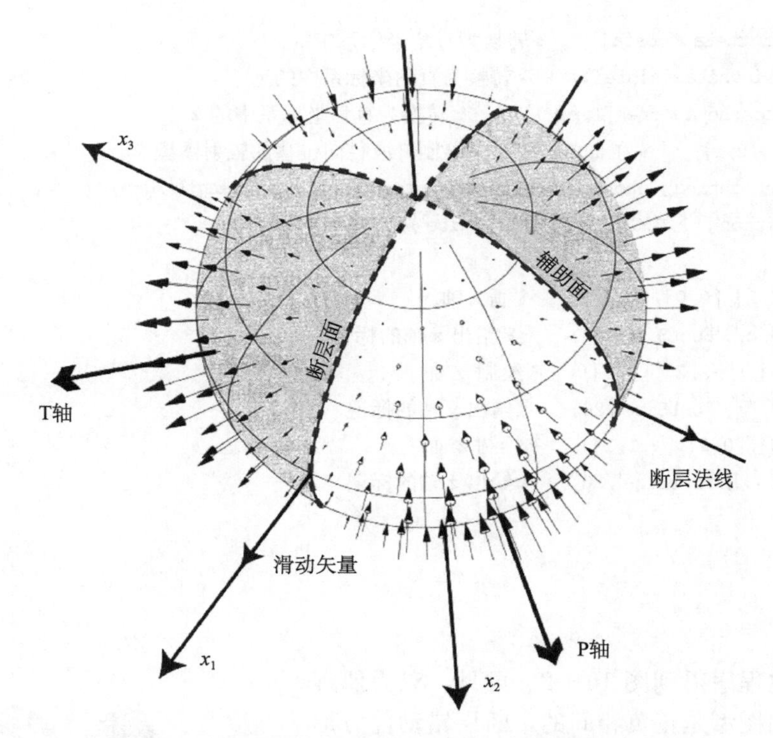

图 10-4-3　震源球表示的双力偶点源的辐射图型

小箭头表示初动方向，其长度与波的振幅成比例。主断层面和辅助断层面用粗线绘出。阴影为压缩象限。P 波初动在压缩象限朝外，在膨胀象限朝内，在两者之间有节线（节面与震源球的交线）(Shearer，2009)

10.4.2　S 波的辐射图型（S wave radiation pattern）

对 S 波，辐射图型的表示更复杂，这里也不加推导地给出远场的 S 波位移作为 M_{jk} 的函数（陈运泰和顾浩鼎，2011）：

$$u_i^s(\boldsymbol{r},t)=\frac{(\delta_{ij}-\gamma_i\gamma_j)\gamma_k}{4\pi\rho\beta^3}\frac{1}{r}\dot{M}_{jk}(t-r/\beta) \tag{10-4-7}$$

式中，β 为剪切波速度，方向余弦为 $\gamma_i=x_i/r$。下面以图 10-4-1 所示双力偶震源为例给出 S 波位移。这里的 $\gamma_x=\sin\theta\cos\phi,\gamma_y=\sin\theta\sin\phi,\gamma_z=\cos\theta$，将 M_{xz} 和 M_{zx} 所对应的矢量［式（10-4-7）］相加，可以得到 $u_x^S(\boldsymbol{r},t),u_y^S(\boldsymbol{r},t),u_z^S(\boldsymbol{r},t)$ 的表达式，代入式（10-4-5）可以得到 u_θ 和 u_ϕ 的表达（注意：S 波仅沿切向方向振动，可以验证其径向分量 u_r 为零）。S 波的整体位移写为：

$$\boldsymbol{u}^s(x,t)=\frac{\cos(2\theta)\cos\phi\hat{\boldsymbol{\theta}}-\cos\theta\sin\phi\hat{\boldsymbol{\phi}}}{4\pi\rho\beta^3 r}\dot{M}_0(t-r/\beta) \tag{10-4-8}$$

式中，$\hat{\boldsymbol{\theta}}$ 和 $\hat{\boldsymbol{\phi}}$ 是在 θ 和 ϕ 方向的单位矢量，分别表示 SV 波和 SH 波的振动方向。S 波产生位移的归一化振幅在空间的分布为 $\cos(2\theta)\cos\phi\hat{\boldsymbol{\theta}}-\cos\theta\sin\phi\hat{\boldsymbol{\phi}}$，通常称为 **S 波辐射图型**（S wave radiation pattern），常用字母 $\boldsymbol{R}^{\mathrm{S}}$ 表示。对应于图 10-4-3 的 P 波辐射图型的 S 波辐射图型如图 10-4-4 所示。可以看到，S 波的辐射图型没有节面，但有节点。S 波的位移方向指向 T 轴，背离 P 轴。

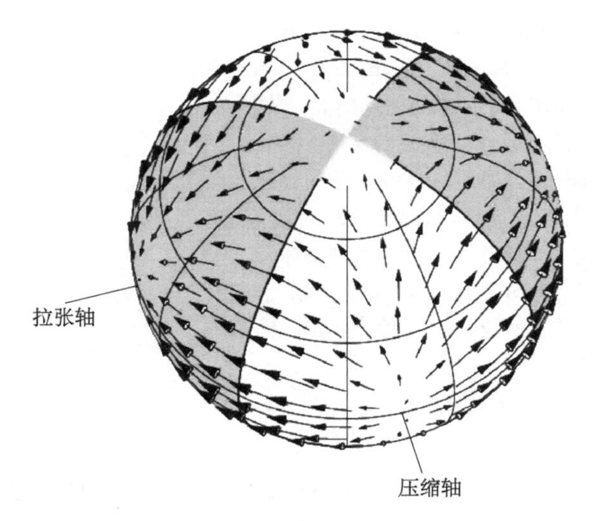

图 10-4-4　震源球中表示的 S 波辐射图型

小箭头表示初动的方向，其长度与波的振幅成比例。主断层面和辅助断层面用粗线画出。阴影区为压缩象限。S 波初动背离压缩轴，指向拉张轴。S 波有 6 个节点，没有节线（Shearer，2009）

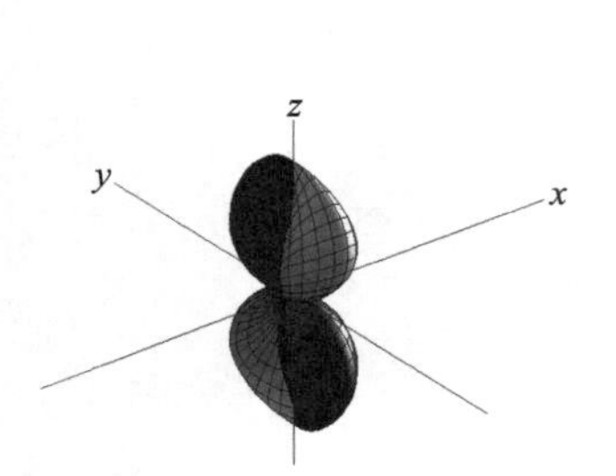

图 10-4-5　模拟的 SH 波辐射图型

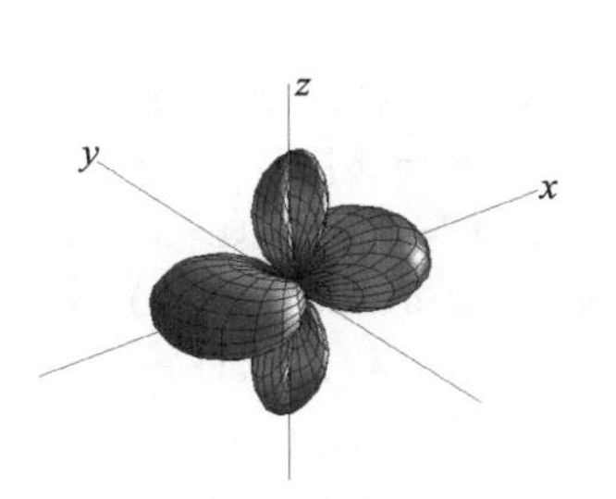

图 10-4-6　模拟的 SV 波辐射图型

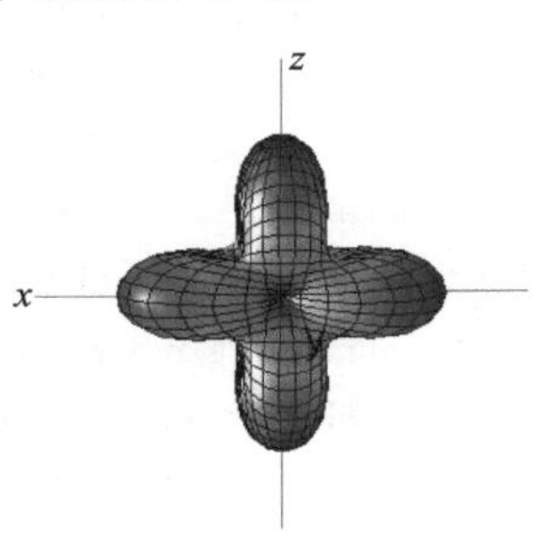

图 10-4-7　S 波的位移合成的辐射图型

对于 $\hat{\boldsymbol{\phi}}$ 方向的辐射 S 波切向分量，可以用下列程序模拟：

```
%P10_2.m
% Fai 向的波的辐射图型
n=30;  %采用的数据点数
fai = (0:2:2*n)/n*pi;    %Fai 的取值范围
theta =(0:2:2*n)'/n*pi/2; %theta 的取值范围
costheta = cos(theta); costheta(1) = 1; costheta(n+1) = -1;
sintheta=sin(theta);sintheta(1)=0;sintheta(n+1)=0;
sinfai = sin(fai); sinfai(1) = 0; sinfai(n+1) = 0;
cosfai = cos(fai); cosfai(1) = 1; cosfai(n+1) = 1;
r= -costheta*sinfai;    %根据式(10-4-8)的分量振幅
x =r.*(sintheta*cosfai);   %转换直角坐标系的 x 坐标
y = r.*(sintheta*sinfai);    %转换直角坐标系的 y 坐标
z = r.*(costheta*ones(1,n+1));   %转换直角坐标系的 z 坐标
H=surf(x,y,z,r);    %绘图
```

```
set(H,'FaceLighting','phong','FaceColor','interp','AmbientStrength',0.5)    %设置图的显示方式
light('Position',[1,0,0],'Style','infinite');    %设置灯光
hold on %使得后面的绘图基于原来绘图基础上
plot3([-2,2],[0,0],[0,0]);    %绘制x轴
text(2,0,0,'x','FontSize',20)    %给出x轴的标记
plot3([0,0],[-2,2],[0,0])    %设置y轴
text(0,2,0,'y','FontSize',20)    %给出y轴的标记
plot3([0,0],[0,0],[-1.3,1.3])    %设置z轴
text(0,0,1.3,'z','FontSize',20)    %给出z轴的标记
axis off %去掉坐标轴
axis equal %使坐标轴的尺度相同
hold off
```

程序运行结果为图 10-4-5。它对应于 SH 波的辐射图型。对于辐射 S 波的另一个切向分量 $\hat{\boldsymbol{\theta}}$，可用下面程序模拟：

```
%P10_3.m
% Theta方向S波的图型
n=30;    %所用的网格数
fai = (0:2:2*n)/n*pi;    %Fai的范围从0到2*pi
theta = (0:2:2*n)'/n*pi/2;    %Theta范围从0到pi
costheta = cos(theta); costheta(1) = 1; costheta(n+1) = -1;    %cos(theta)
sintheta=sin(theta);sintheta(1)=0;sintheta(n+1)=0;    %sin(theta)
cos2theta=cos(2*theta);cos2theta(1)=1;cos2theta(n+1)=1;    %cos(2*theta)
sinfai = sin(fai); sinfai(1) = 0; sinfai(n+1) = 0;    %sin(fai)
cosfai = cos(fai); cosfai(1) = 1; cosfai(n+1) = 1;    %cos(fai)
r=abs(cos2theta*cosfai);    %根据式(10-4-8)的分量表达,这里加上了绝对值
x =r.*(sintheta*cosfai);    %转换为直角坐标系的x坐标
y = r.*(sintheta*sinfai);    %转换为直角坐标系的y坐标
z = r.*(costheta*ones(1,n+1));    %转换为直角坐标系的z坐标
H=surf(x,y,z,r);    %绘制表面图
set(H,'FaceLighting','phong','FaceColor','interp','AmbientStrength',0.5) %设置绘图属性
light('Position',[1,0,0],'Style','infinite');    %设置灯光属性
hold on
plot3([-2,2],[0,0],[0,0]);    %绘制x轴
text(2,0,0,'x','FontSize',20)    %给出x轴标记
plot3([0,0],[-2,2],[0,0])    %绘制y轴
text(0,2,0,'y','FontSize',20)    %给出y轴标记
plot3([0,0],[0,0],[-1.5,1.5])    %绘制z轴
text(0,0,1.5,'z','FontSize',20)    %给出z轴标记
axis off %不显示坐标轴
axis equal %使得坐标轴尺度相等
```

程序运行结果为图 10-4-6。它对应于 SV 波的辐射图型。

将沿 $\hat{\boldsymbol{\theta}}$ 和 $\hat{\boldsymbol{\phi}}$ 的位移进行合成，可得到综合 S 波的辐射图型，程序如下：

```
%P10_4.m
% S 波辐射图型,包括 SH 和 SV
n=30;
fai = (0:2:2*n)/n*pi;    %Fai 的范围:0～2*pi
theta = (0:2:2*n)'/n*pi/2;  %Theta 的范围 0～pi
costheta = cos(theta); costheta(1) = 1; costheta(n+1) = -1;  %cos(theta)
sintheta=sin(theta);sintheta(1)=0;sintheta(n+1)=0;     %sin(theta)
cos2theta=cos(2*theta);cos2theta(1)=1;cos2theta(n+1)=1;   %cos(2*theta)
sinfai = sin(fai); sinfai(1) = 0; sinfai(n+1) = 0;   %sin(fai)
cosfai = cos(fai); cosfai(1) = 1; cosfai(n+1) = 1;   %cos(fai)
r=sqrt((cos2theta*cosfai).^2+(costheta*sinfai).^2);     %S 波合成的位移
x =r.*(sintheta*cosfai);     %转换为直角坐标系的 x 坐标
y = r.*(sintheta*sinfai);    %转换为直角坐标系的 y 坐标
z = r.*(costheta*ones(1,n+1));   %转换为直角坐标系的 z 坐标
H=surf(x,y,z,r);    %绘制位移在不同方向的大小
set(H,'FaceLighting','phong','FaceColor','interp','AmbientStrength',0.5) %设置绘图属性
light('Position',[1,0,0],'Style','infinite');    %设置光源的特性
hold on
plot3([-1.5,1.5],[0,0],[0,0]);    %绘制 x 轴
text(1.5,0,0,'x','FontSize',20)      %给出 x 轴的标示
plot3([0,0],[-2,2],[0,0])    %绘制 y 轴
text(0,2,0,'y','FontSize',20)          %绘出 y 轴的标示
plot3([0,0],[0,0],[-1.5,1.5])    %绘制 z 轴
text(0,0,1.5,'z','FontSize',20)    %给出 z 轴的标示
axis off %不显示坐标轴
axis equal %使得坐标轴的尺度相等
view(176,8)   %给出图的视角
```

程序运行结果为 10-4-7，为所有 S 波的辐射图型，其位移对应于图 10-4-4。

结合式（10-4-6）和式（10-4-8）得到双力偶震源在球坐标系的某观测点（r，θ，ϕ）的位移表示为

$$\boldsymbol{u}=\frac{1}{4\pi\rho\alpha^{3}r}\sin(2\theta)\cos\phi\dot{M}_{0}(t-r/\alpha)\hat{\boldsymbol{r}}+\frac{1}{4\pi\rho\beta^{3}r}[\cos(2\theta)\cos\phi\hat{\boldsymbol{\theta}}-\cos\theta\sin\phi\hat{\boldsymbol{\phi}}]\dot{M}_{0}(t-r/\beta) \tag{10-4-9}$$

10.5　震源机制参数的图形表达——海滩球

地震的基本破裂模式可以用断层的走向、倾角和滑动角来描述，这就是地震的剪切位错源表达的震源机制。前面已经表明（图 10-4-3），对于剪切位错源，震源球的两个节面（其中之一为可能的断层面）将 P 波辐射空间分为四个象限。就表示了地震的基本破裂模

式。但如果每个震源机制都在地图上画出如图 10-4-3 所示的三维图，是非常不方便的。如何在平面图中表示地震的基本破裂模式呢？本节研究这个问题。

为将地震破裂模式表示在地图上，通常将震源球投影到水平面切割震源球的大圆上，将震源球面上的膨胀压缩象限采用不同的颜色（阴影）表示在大圆内。这样就有两种选择，可以将水平面以上的半球投影到水平面内，也可以将水平面以下的半球投影到水平面内。在地震学研究中，大多数地震射线向下弯曲到达地震台站（特别是远震），因此，如不特别说明，则震源球采用下半球进行投影。如图 10-5-1 所示，直接从正上方看下半球上的点，点到圆心的距离 r 应满足：

$$r = a\sin i \tag{10-5-1}$$

虽然这种投影符合我们在地图上的观测，但在下半球上的两条互相垂直的弧投影到水平面的圆内通常就不垂直了，并且在下半球上的均匀分布的点投影到圆内，边缘密集而中心稀疏。为改善这种情况，通常采用两种投影：①极射赤面投影；②等面积投影。下面分别介绍这两种投影方法。

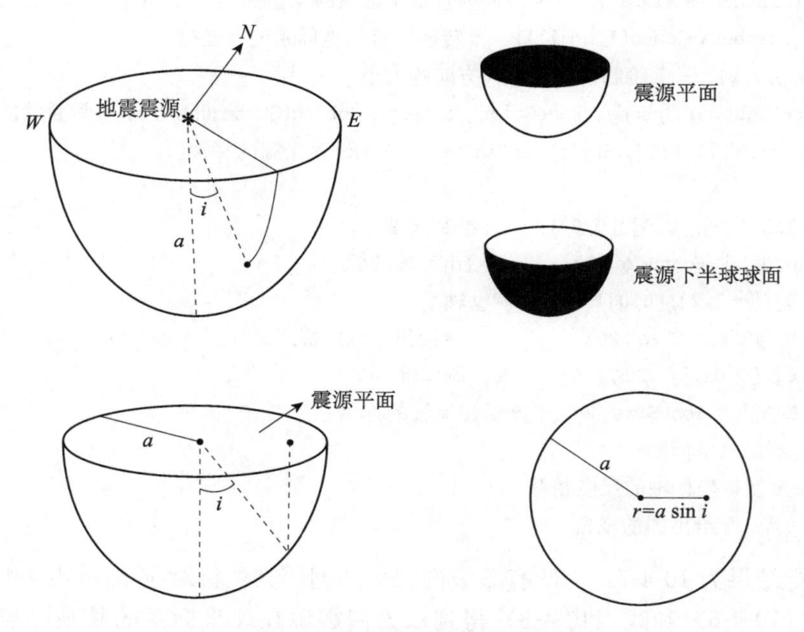

图 10-5-1 震源球的投影表示

10.5.1 极射赤面投影

与上面一样，投影平面为震源球面过球心的水平大圆面，称为**赤平面**（equatorial plane）。投影点为大圆面相对的极点 U，如图 10-5-2 所示。若某射线穿过下半球面的 A 点到达台站，则其在投影图上的投影点为 A'。如果某射线从震源向上发出，穿过震源球面上的 R 点到达台站，可将射线 RO 经震源 O 向反方向延伸至震源球面上的对折点 Q（对于后面讲的等面积投影也是如此），用 Q 在投影平面投影的 Q' 来代表 R 的投影。从双力偶点源地震波辐射的空间对称性考虑，这样做是可以的。由于这种投影将球面上的点与极点相连，投影到赤平面上，这种投影称为**极射赤面投影**（sterographical projection），又称为

乌尔夫（Wulff）**网投影**。

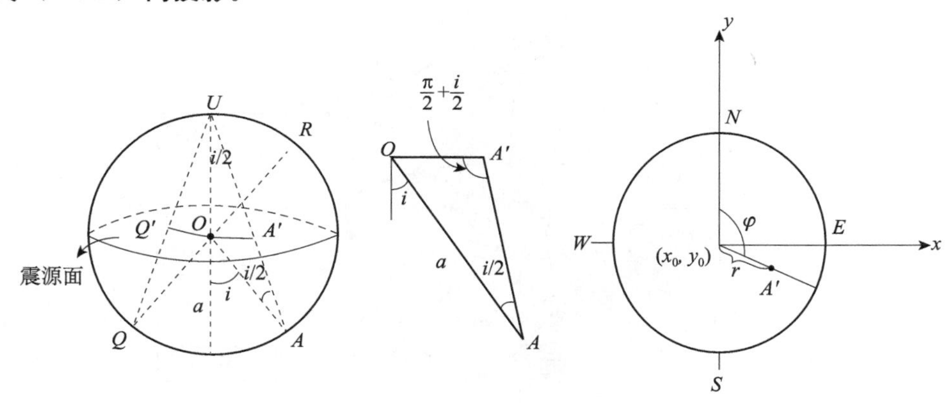

图 10-5-2　极射赤面投影的表示

球面上 A 点的空间方位是由该点矢径的方位角 φ 和离源角 i（在前面也叫做偏垂角）确定的。A 在投影网上的投影点 A' 的位置也是通过这两个角度来确定的。φ 从网的正北标记顺时针的度量（0°～360°）。与 i 对应的线段 OA' 的长度 r 可以由下述方法确定：$OA'A$ 的角度为 $90°+i/2$，OA 的长度为球的半径 a，则在三角形 OAA' 中（图 10-5-2 中图）根据正弦定理有

$$\frac{r}{\sin\left(\frac{i}{2}\right)}=\frac{a}{\sin\left(\frac{\pi}{2}+\frac{i}{2}\right)} \tag{10-5-2}$$

可以得到：

$$r=a\tan\left(\frac{i}{2}\right)=a\,\frac{1-\cos i}{\sin i} \tag{10-5-3}$$

这种投影即为**乌尔夫网投影**，这是一种等角投影，球面上曲线的交角投影到平面上后保持不变，球面上的圆投影到平面后仍是一个圆。根据图 10-5-2 的分析可知，投影点距乌尔夫网中心越近，离源角越小，投影点越靠近投影圆的边缘，离源角越大。

在进行计算机绘图时，通常以东向方向为 x 坐标，北向方向为 y 坐标，假定震源球球心为（x_0，y_0），则对于射线的方位角为 φ 的射线 OA，A' 在震源平面的坐标为

$$\begin{cases} x_{A'}=x_0+a\tan\left(\frac{i}{2}\right)\sin\varphi \\ y_{A'}=y_0+a\tan\left(\frac{i}{2}\right)\cos\varphi \end{cases} \tag{10-5-4}$$

上面说明了一条射线与震源球的交点如何在乌尔夫网中表示，下面说明如何将一个平面（断层面）投影到乌尔夫网上。如图 10-5-3 所示，π 为断层面，阴影部分的大圆所在平面为**赤平面**（equatorial plane），大圆为**赤道**（equator）。N、S、W、E 分别表示北、南、西、东。根据上面所讲的单点在乌尔夫网上的投影，平面在赤平面的投影为一个弧，断层面上的直线 L 投影到赤平面上为一个点。断层面投影弧的顶点到赤道的角度即为断层面的倾角。

上面只是给出了一个图示，如何精确将断层面表示在乌尔夫网上呢？下面给出具体公式。如图 10-5-4 所示，假设平面（断层面）的倾角为 δ，平面与震源球相交一个圆 AD-

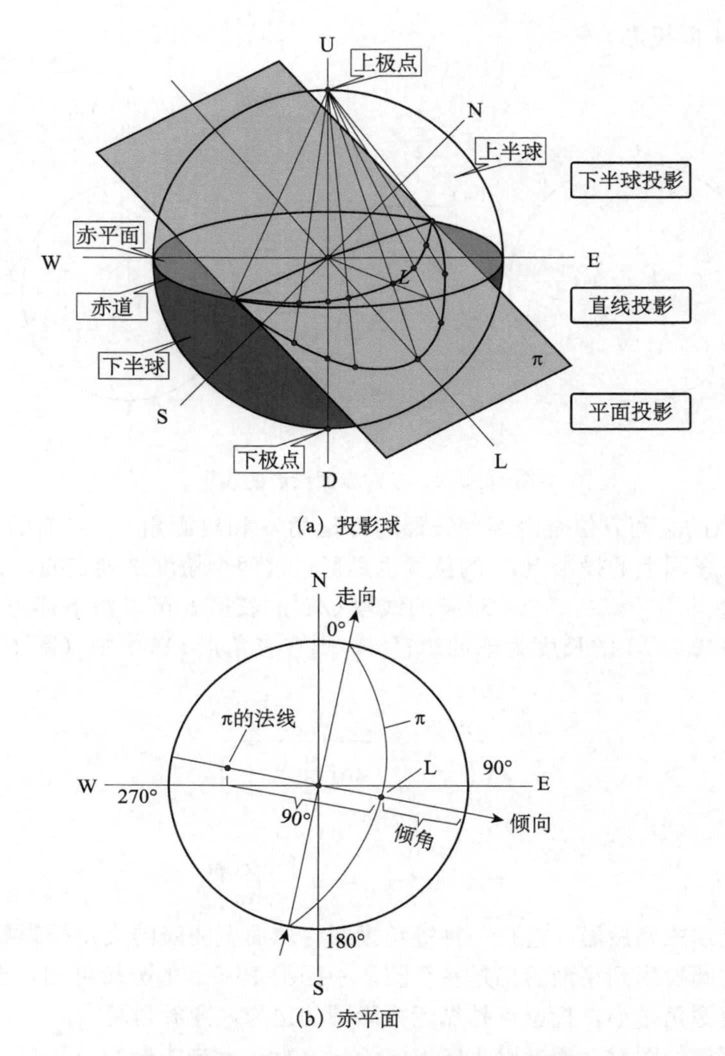

图 10-5-3 断层面 π 在乌尔夫网上的投影图示

BC，这个圆的最深点为 A，最浅点为 B，则 A、B 两点在乌尔夫网上投影点的坐标可以按照式（10-5-4）给出。则 A 点对应于图 10-5-2 中的 $i/2$ 角在图 10-5-4 中为 $\frac{i}{2}=\frac{(\pi/2-\delta)}{2}=\left(\frac{\pi}{4}-\frac{\delta}{2}\right)$，$B$ 点对应于图 10-5-2 中的 $i/2$ 角在图 10-5-4 中为 $\frac{i}{2}=\frac{(\pi/2+\delta)}{2}=\left(\frac{\pi}{4}+\frac{\delta}{2}\right)$。假设断层面的走向为 ϕ，则 OA 的方位角可以表示为 $\phi+\frac{\pi}{2}$，OB 的方位角为 $\phi-\frac{\pi}{2}$。这样代入式（10-5-4）可以得到 A 和 B 点在乌尔夫网上的投影点坐标为

$$\begin{cases} x_{A'}=x_0+a\tan\left(\dfrac{\pi}{4}-\dfrac{\delta}{2}\right)\sin\left(\phi+\dfrac{\pi}{2}\right) \\ y_{A'}=y_0+a\tan\left(\dfrac{\pi}{4}-\dfrac{\delta}{2}\right)\cos\left(\phi+\dfrac{\pi}{2}\right) \end{cases} \tag{10-5-5}$$

$$\begin{cases} x_{B'} = x_0 + a\tan\left(\dfrac{\pi}{4} + \dfrac{\delta}{2}\right)\sin\left(\phi - \dfrac{\pi}{2}\right) \\ y_{B'} = y_0 + a\tan\left(\dfrac{\pi}{4} + \dfrac{\delta}{2}\right)\cos\left(\phi - \dfrac{\pi}{2}\right) \end{cases} \tag{10-5-6}$$

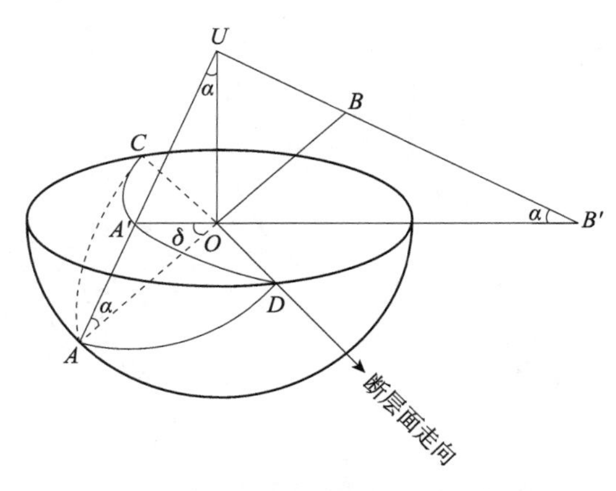

图 10-5-4　断层面在乌尔夫网上的投影

容易想象，大圆 $ADBC$ 在乌尔夫平面中的投影 $A'DB'C$ 仍是一个圆，倾向线 OB 和 OA 的投影 B'和 A'是投影大圆直径的两端点。大圆圆心 P 的坐标可以表示为

$$\begin{cases} x_P = \dfrac{x_{A'} + x_{B'}}{2} \\ y_P = \dfrac{y_{A'} + y_{B'}}{2} \end{cases} \tag{10-5-7}$$

现在研究投影大圆 $A'DB'C$ 的半径与断层倾角的关系。由图 10-5-4 可知，断层倾角 δ 与 α 的关系为 $\delta = 90^o - 2\alpha$，因此，$\cos\delta = \cos(90^o - 2\alpha) = \sin2\alpha = 2\sin\alpha\cos\alpha$，将 $\sin\alpha = \dfrac{PA'}{A'B'}, \cos\alpha = \dfrac{OP}{PA'} = \dfrac{a}{PA'}$ 代入即得 $\cos\delta = \dfrac{2a}{A'B'}$，$A'B'$ 即为大圆 $A'DB'C$ 的直径，由此可以得到投影大圆的半径为

$$R_P = \frac{a}{\cos\delta} \tag{10-5-8}$$

平面 $ADBC$ 的下半球投影 $CA'D$ 是一段圆弧，此圆弧的端点 C 的坐标为（$x_0 + a\sin\phi$，$y_0 + a\cos\phi$），D 的坐标为［$x_0 + a\sin(\phi + \pi)$，$y_0 + a\cos(\phi + \pi)$］。

在平面作图时，乌尔夫网边大圆是以（x_0，y_0）点为圆心，半径为 a 的圆，节线则是以（x_p，y_P）为圆心，R_P为半径的圆弧的一部分（图 10-5-5）。断层面的节线一定通过乌尔夫大圆的圆心（x_0，y_0），并且大圆的圆心为 CD 的中点，OP 为线段 CD 的中垂线，OP 的距离为

$$\overline{OP} = \sqrt{(x_0 - x_P)^2 + (y_0 - y_P)^2} \tag{10-5-9}$$

则根据图 10-5-5 的几何关系，节面 CD 对点（x_p，y_p）的张角可以表示为

$$T_P = 2\tan^{-1}\left(\frac{a}{\overline{OP}}\right) \tag{10-5-10}$$

找到圆心 P 的坐标（x_P，y_P）及半径 R_P 后，还要求出画节线圆弧的起始角度 T_1 和

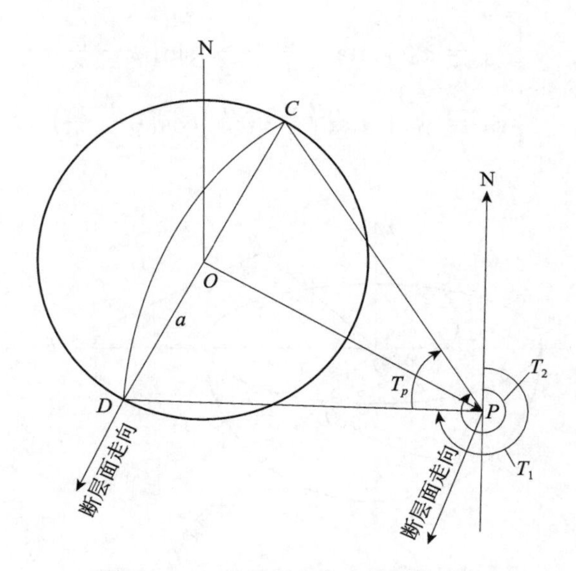

图 10-5-5　节线与乌尔夫大圆的半径

终止角度 T_2（均从正北顺时针计）。则根据图 10-5-5 有

$$T_1=\phi+\frac{\pi}{2}-\frac{T_P}{2},T_2=T_1+T_P \tag{10-5-11}$$

这样，以坐标（x_P，y_P）为圆心［式（10-5-7）］、以 R_P 为半径［式（10-5-8）］，以 T_1 为起始角，以 T_2 为终止角［式（10-5-11）］绘弧线即可得到平面的乌尔夫投影。

根据图 10-5-4，断层面 DAC 的投影为 $DA'C$，断层的倾角 δ 越大，A'点越靠近直径 DC，δ 最大为$\frac{\pi}{2}$，此时 A'在直径 DC 上；倾角越小，A'越靠近投影圆的边缘，倾角最小为 0，此时 A'在投影圆上。

前面讲到了断层的走向和倾角如何表示在乌尔夫网上。除了断层走向和倾角外，描述断层滑动特性的参数还有滑动角，如何将滑动角表现在乌尔夫网上呢？首先看一看滑动角为负（正断层类型）的情况，可以把表示断层的弧分为 0°～－180°，如果断层中靠近表示走向的弧的端点并向外滑动，则表示纯左旋滑动，滑动角 0°；弧的中点向外滑动的矢量对应于滑动角为－90°的情况，为纯正断层滑动；走向反方向的弧的端点向外滑动为纯右旋滑动，对应于滑动角为－180°的情况。因此对于正断层性质的断层可以采用在弧线的不同位置绘出向外的箭头表示出来。同样对于滑动角为正（逆断层性质）的情况，可以把表示断层的弧分为 0°～180°，走向上的弧的端点向着圆心滑动，则表示纯右旋运动，滑动角 180°；弧的中点指向圆心的滑动对应于 90°的滑动角；走向反方向的弧的端点指向圆心的滑动对应于纯左旋滑动，滑动角为 0°。因此对于正断层性质和逆断层性质的断层均可以采用在弧线的不同位置绘出向外或向内的箭头表示出来，向外的箭头表示滑动角为负，向内的滑动表示滑动角为正。

根据断层滑动的方向矢量式（10-2-13），可以知道滑动方向与 z 轴夹角的方向余弦为 $-\sin\lambda\sin\delta$，而滑动方向与 z 轴夹角正是此滑动方向的偏垂角，有

$$i_h=\cos^{-1}(-\sin\lambda\sin\delta) \tag{10-5-12}$$

将该角度代入乌尔夫网的投影式（10-5-3）即可得到在乌尔夫网上投影点离圆心的距离。除了该参数外，还需要知道方位角才能得到该点在乌尔夫网上的投影。为得到 φ，研究球面直角三角形，根据球面直角三角形的角边关系的公式，有

$$\cos\lambda = \cos\delta\cos\varphi \tag{10-5-13}$$

因此有

$$\varphi = \cos^{-1}\left(\frac{\cos\lambda}{\cos\delta}\right) \tag{10-5-14}$$

下面以走向为 50°、倾角为 30°、滑动角为 60°，采用 MATLAB 程序绘出此断层面在乌尔夫网中的投影。程序如下：

```
%P10_5.m
close all
str = 50;dip = 30; rake = 60; %断层面的走向、倾角和滑动角
a = 2; %绘制的乌尔夫网的大圆半径
n = 500; %用 500 个点绘制断层面在乌尔夫网上的投影
x0 = 0;y0 = 0;   %坐标原点
str = deg2rad(str);dip = deg2rad(dip);  rake = deg2rad(rake); %改为弧度表示
xp = x0 + a * (tan(pi/4 - dip/2) * sin(str + pi/2) + tan(pi/4 + dip/2) * sin(str - pi/2))/2;   %式
(10 - 5 - 5)～式(10 - 5 - 7)
yp = y0 + a * (tan(pi/4 - dip/2) * cos(str + pi/2) + tan(pi/4 + dip/2) * cos(str - pi/2))/2;    %
式(10 - 5 - 5)～式(10 - 5 - 7)
rp = a/cos(dip);     %式(10 - 5 - 8)
PO = sqrt((xp - x0) * (xp - x0) + (yp - y0) * (yp - y0));  %式(10 - 5 - 9)
if (PO < 0.001)  TP = pi; else TP = 2 * atan(a/ PO); end %断层所用弧线的角度,根据式(10 - 5 -
10)得到
T1 = str + pi/2 - TP/2;   %起始方位角,式(10 - 5 - 11)
T = T1:TP/n:T1 + TP;   %绘制断层圆弧所用的方位角,式(10 - 5 - 11)
xs = xp + rp * sin(T);  %圆弧 x 坐标
ys = yp + rp * cos(T);  %圆弧 y 坐标
x = - a:2 * a/n:a;y = sqrt(a * a - x.^2); %大圆的一半
plot([x,x(n + 1: - 1:1)],[y, - y(n + 1: - 1:1)],'b')   %绘制投影大圆
hold on
plot(xs,ys,'r','LineWidth',3);   %绘制断层面投影
if(rake>0) rake = pi - rake; end %判断是正断层性质还是逆断层性质
cosih = - sin(dip) * sin(rake);   %滑动方向与 z 轴的方向余弦,按照前面的公式给出
cosdet = sqrt(1 - cosih.^2);   %得到滑动方向与水平面夹角的方向余弦
det = acos(abs(cosdet));          %求得滑动方向与水平面的夹角
fai = acos(cos(rake)./cosdet);   %根据球面直角三角形的公式得到在乌尔夫网圆内的与走向直
径的夹角(10 - 5 - 14)
str1 = str + fai;   %在走向角的基础上增加 fai
x = a * tan(pi/4 - det/2). * sin(str1);   %式(10 - 5 - 5)
y = a * tan(pi/4 - det/2). * cos(str1);   %式(10 - 5 - 5)
```

```
scale = 1;
arw_scale = 0.03;
dx = - a/5 * sign(rake) * sin(str1);          %采用半径的 1/5 给出箭头长短
dy = - a/5 * sign(rake) * cos(str1);
[arw, vec,xend,yend] = vecplot(x, y,  dx, dy, scale,arw_scale);   %给出箭头的参数
plot(vec(1:2,:),vec(3:4,:),'b','linewidth',1);                    %绘制箭头矢量长度
fill(arw(1:3,:),arw(4:6,:),'b','linewidth',1,'edgecolor','b')     %绘制箭头
line([0,0],[a,a * 1.1]);     %绘制北向
text(0,a * (1.1),'N')    %标示北向
line([ - a, - a * 1.1],[0,0]); %绘制西向
text( - a * (1.2),0,'W')    %标示北向
line([a,a * 1.1],[0,0]);   %绘制东向
text(a * 1.1,0,'E')    %标示东向
line([0,0],[ - a, - a * 1.1]);    %绘制南向
text(0, - a * 1.1,'S')    %标示南向
%绘制断层的走向
line(a * [cos(pi/2 - (str - pi)),cos(pi/2 - str)],a * [sin(pi/2 - (str - pi)),sin(pi/2 - str)]);
%下面绘制不同的倾角对应的断层弧线的位置
line([0, a * cos(pi/2 - (str + pi/2))],[0, a * sin(pi/2 - (str + pi/2))]);
% rak = 0:10:180;
rake = deg2rad(0: - 10: - 180);
cosih = - sin(dip) * sin(rake);       %滑动方向与 z 轴的方向余弦
cosdet = sqrt(1 - cosih.^2);     %得到滑动方向与水平面夹角的方向余弦
det = acos(cosdet);           %求得滑动方向与水平面的夹角
fai = acos(cos(rake)./cosdet);        %根据球面直角三角形的公式得到在乌尔夫网圆内的与走向直
径的夹角
str1 = str + fai;       %在走向角的基础上增加 fai
x = a * tan(pi/4 - det/2). * sin(str1);       %式(10 - 5 - 5)
y = a * tan(pi/4 - det/2). * cos(str1);       %式(10 - 5 - 5)
plot(x,y,'o')                    %在滑动角的位置画一个圆圈
for ii = 1:length(x)
text(x(ii),y(ii),num2str(rad2deg(rake(ii))),'Verticalalignment','top','Horizontalalignment',
'center','rotation',rad2deg(pi/2 - str));
text(x(ii),y(ii),num2str(rad2deg( - rake(length(x) - ii + 1))),'Verticalalignment','bottom',
'Horizontalalignment','center','rotation',rad2deg(pi/2 - str));
end

dip = 0:pi/18:pi/2;
x = a * tan(pi/4 - dip/2) * sin(str + pi/2);       %式(10 - 5 - 5)
y = a * tan(pi/4 - dip/2) * cos(str + pi/2);       %式(10 - 5 - 5)
plot(x,y,'o')                    %在倾角点的位置画一个圆圈
dx = a * 0.02 * sin(pi/2 - str);
```

```
dy = a * 0.02 * cos(pi/2 - str);
for ii = 1:length(dip)
    text(x(ii) + dx, y(ii) + dy, num2str(rad2deg(dip(ii))), 'rotation', rad2deg(pi/2 - str))
% 在断层倾角的位置给出倾角的标志
end
text(x(6) - 10 * dx, y(6) - 10 * dy, '\delta', 'FontSize', 20, 'rotation', rad2deg(pi/2 - str))
axis square % 坐标轴尺度一致,使得绘制的圆形看起来为正圆
axis off % 去掉坐标轴
```

程序运行结果见图 10-5-6。在节面弧上的数字表示滑动角的数值，正值表示逆冲，画出的箭头指向圆心；反之，负值表示正断型滑动，背离圆心。垂直于弧上直线旁的数字表示节面倾角刻度。请注意，倾角刻度不是均匀的，角度较小时稀疏，较大时密集。

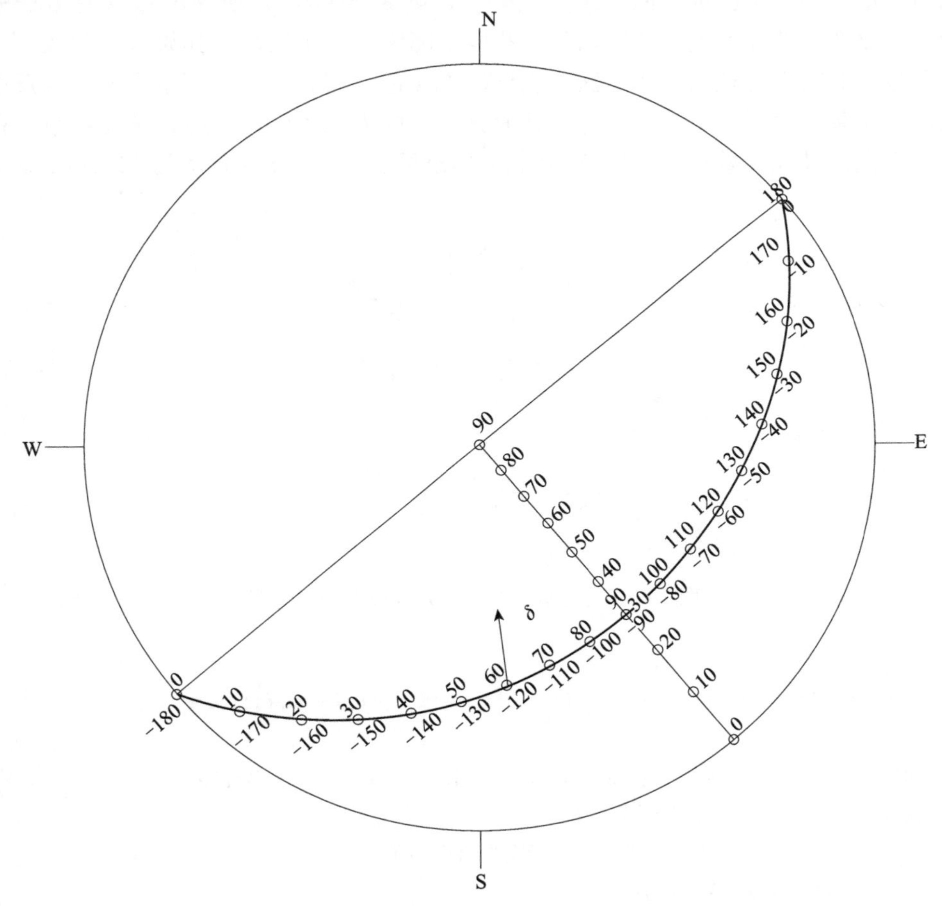

图 10-5-6　走向为 50°、倾角为 30°、滑动角为 60°的 Wulff 网投影

由上面的程序可见，断层的走向在乌尔夫网上表现为我们面对断层弧的凸向，断层的右侧方向为地震学上定义的断层走向。断层倾角表现为断层弧线的弯曲程度，断层弧越靠近乌尔夫网投影圆，断层越缓（倾角越小），在投影圆上的断层倾角为零；反之，越靠近断层走向的直径，断层越陡（倾角越大），与过断层走向的直径重合表示垂直断层。滑动

角的分析也跟上面的分析一致。读者仔细阅读上面的程序进行体会，还可以采用程序绘制其他走向和倾角的断层，体会断层面在乌尔夫网中的表现。

根据前面的讲解，远震数据能够得到的地震矩张量通常简化为双力偶进行描述。仅根据远场观测数据很难确定哪个节面为真实的地震断层面。通常描述该类震源将两个节面均在乌尔夫网中绘出，并且给出其膨胀象限和压缩象限，这类震源机制的投影图形通常称作**海滩球**（beach ball）。要将这两个节面数据绘制到乌尔夫网中，需要采用10.3节中的知识将震源机制的一个节面的参数转换为另外一个节面的参数。从下面的beachball-wf程序很容易理解，在此不再赘述。

得到两个节面的走向、倾角和滑动角后，需要找到压缩象限的区域范围。首先找到震源的两个节面所包围的区域边界。如图10-5-7所示，应该先找到两条节线所夹的乌尔夫投影圆的弧。如果两个节面的走向分别为ϕ_1，ϕ_2，则$\phi_1+\pi$和ϕ_2所夹的弧以及$\phi_2+\pi$和ϕ_1所夹的弧以及两个节面所围成的区域处于相同的膨胀区或压缩区。如果滑动角大于零，则有逆冲分量，此时该区域内为压缩区，应该填充颜色，而其他区域不填充颜色；反之，如果滑动角小于零，表明有正断层分量，此时该区域内为膨胀区，不应该填充颜色，而其他区域填充颜色。其他区域定义为所有的圆形区域即可。采用该种算法的MATLAB子程序如下：

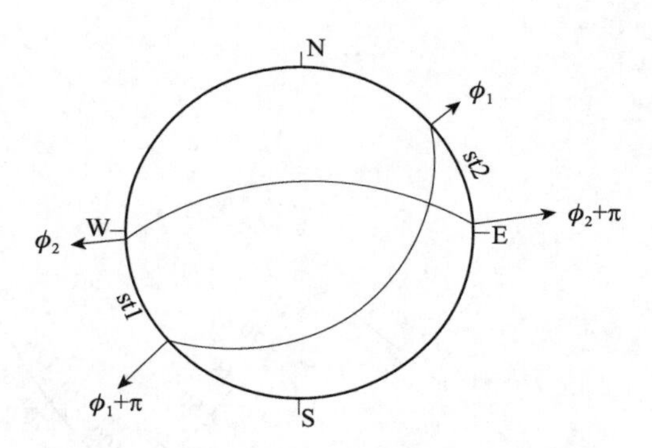

图10-5-7　乌尔夫网的填充区域选择示意图

```
function beachball_wf(str,dip,rak,siz,n,clr,x0,y0,iptb,insew,fillcode)
%.......................................................
%   beachball_wf.m - 采用极射赤面(乌尔夫)投影绘制震源机制解的程序
%   输入: str 为走向, dip 为倾角, rak 为滑动角,单位均为度
%            这里的滑动角大于 180°,必须转换为角度为负
%             siz 绘制投影的大小
%             n   绘制投影的分辨率,越大分辨率越高,通常取做 50
%             clr 压缩部分所用的颜色
%             y0 事件的纬度,y 坐标
%             x0 事件的经度,x 坐标
%             fillcode 是否填充拉张区,填充为 1,不填充为零
%             iptb 是否绘制 PTB 轴,如果为非零,则绘制 PTB 轴
```

```
%           insew是否绘制外边的NSEW方向标志,如果为非零,则绘制这种标志
%.......................................................
if n<5,n=5;elseif n>50,n=50;end,d2r=pi/180;pi2=pi*2;
str=str*d2r;dip=dip*d2r;rak=rak*d2r;   %将度表示为弧度
if(iptb)
  [Ptrpl,Ttrpl,Btrpl,str2,dip2,rake2]=dsrin(rad2deg(str),rad2deg(dip),rad2deg(rak));
else
A=[cos(rak)*cos(str)+sin(rak)*cos(dip)*sin(str), cos(rak)*sin(str)-sin(rak)*cos(dip)*cos(str), -sin(rak)*sin(dip)];   %A(滑动矢量)的单位方向矢量,根据式(10-2-8)计算
N=[-sin(str)*sin(dip), cos(str)*sin(dip), -cos(dip)];   %N(节面法线)的单位方向矢量,根据式(10-2-9)计算
[str2,dip2,rake2]=an2dsr_wan(N,A); %得到另外一个节面的走向、倾角和滑动角
end
%
xp=x0+siz*(tan(pi/4-dip/2)*sin(str+pi/2)+tan(pi/4+dip/2)*sin(str-pi/2))/2;   %式(10-5-5)~式(10-5-7)
yp=y0+siz*(tan(pi/4-dip/2)*cos(str+pi/2)+tan(pi/4+dip/2)*cos(str-pi/2))/2;  %式(10-5-5)~式(10-5-7)
rp = siz/cos(dip);     %式(10-5-8)
P0 = sqrt((xp - x0) * (xp - x0) + (yp - y0) * (yp - y0));   %式(10-5-9)
if (P0< 0.001) TP = pi; else TP = 2*atan(siz/ P0); end%断层所用弧线的角度,根据式(10-5-10)得到
T1= str+pi/2-TP/2;   %起始方位角,式(10-5-11)
T=T1:TP/n:T1+TP;   %绘制断层圆弧所用的方位角,式(10-5-11)
x1=xp+ rp * sin(T);   %圆弧x坐标
y1=yp+ rp * cos(T);   %圆弧y坐标
str2=deg2rad(str2);dip2=deg2rad(dip2);rake2=deg2rad(rake2);
xp=x0+siz*(tan(pi/4-dip2/2)*sin(str2+pi/2)+tan(pi/4+dip2/2)*sin(str2-pi/2))/2;  %式(10-5-5)~式(10-5-7)
yp=y0+siz*(tan(pi/4-dip2/2)*cos(str2+pi/2)+tan(pi/4+dip2/2)*cos(str2-pi/2))/2;  %式(10-4-5)~式(10-4-7)
rp = siz/cos(dip2);   %式(10-5-8)
P0 = sqrt((xp - x0) * (xp - x0) + (yp - y0) * (yp - y0));   %式(10-5-9)
if (P0< 0.001) TP = pi; else TP = 2*atan(siz/ P0); end%断层所用弧线的角度,根据式(10-5-10)得到
T1= str2+pi/2-TP/2;   %起始方位角,式(10-5-11)
T=T1:TP/n:T1+TP;   %绘制断层圆弧所用的方位角,式(10-5-11)
x2=xp+ rp * sin(T);   %圆弧x坐标
y2=yp+ rp * cos(T);   %圆弧y坐标
str1=str+pi;if str1 > pi2,str1=str1-pi2;end   %断层面走向的反方向
d=str2;   %第二个节面的走向
d1=d+pi;   %第二个节面走向的反方向
```

```
if str1-d>pi,d=d-pi2;elseif str1-d>=pi,str1=str1-pi2;end
if d1-str>pi,d1=d1-pi2;elseif d1-str>=pi,str=str-pi2;end
st1=str1:(d-str1)/n:d;    %两个节面所夹的小弧,自第一个节面走向的反方向到第二个节面的走向
st2=d1:(str-d1)/n:str;    %两个节面所夹的小弧,自第二个节面走向的反方向到第一个节面的走向
p=[x1,sin(st1)*siz,x2,sin(st2)*siz]+x0;
q=[y1,cos(st1)*siz,y2,cos(st2)*siz]+y0;
% 绘制乌尔夫网投影
n=n+n;x=-siz:2*siz/n:siz;y=sqrt(siz*siz-x.^2);    %绘制大圆所用的坐标序列
if(fillcode)
if(rak>0)   %如果第一个节面的滑动角为正,则有向上逆冲分量,对应的小弧所夹为压缩区
fill([x,x(n+1:-1:1)]+x0,[y,-y(n+1:-1:1)]+y0,'w',p,q,clr)
else %如果第一个节面的滑动角为负,则有向下的正断层分量,对应的小弧所夹为膨胀区,则相反的区域为压缩区,对相反的区域进行填充
fill([x,x(n+1:-1:1)]+x0,[y,-y(n+1:-1:1)]+y0,clr,p,q,'w')
end
else
plot(siz*cos(0:2*pi/n:2*pi),siz*sin(0:2*pi/n:2*pi),'k');    %绘制大圆
hold on
plot(x1,y1,clr,x2,y2,clr);    %绘制两个节面
end
if(insew)
hold on
line([0,0],[siz,siz*1.1]);    %绘制北向
text(0,siz*(1.1),'N')    %标示北向
line([-siz,-siz*1.1],[0,0]); %绘制西向
text(-siz*(1.1),0,'W')    %标示北向
line([siz,siz*1.1],[0,0]);    %绘制东向
text(siz*1.1,0,'E')    %标示东向
line([0,0],[-siz,-siz*1.1]);    %绘制南向
text(0,-siz*1.1,'S')    %标示南向
end
if(iptb)
hold on
%绘制P轴
rp = siz*tand((90-Ptrpl(2))/2);    %根据式(10-5-3)计算乌尔夫投影的长短
xp=x0+rp*sind(Ptrpl(1)); yp=y0+rp*cosd(Ptrpl(1));
plot(xp,yp,'.')
text(xp+0.1,yp,'P');
%绘制T轴
rp = siz*tand((90-Ttrpl(2))/2);   %根据式(10-5-3)计算乌尔夫投影的长短
```

```
xp = x0 + rp * sind(Ttrpl(1)); yp = y0 + rp * cosd(Ttrpl(1));
plot(xp, yp, 'o')
text(xp + 0.1, yp, 'T');
 % 绘制 B 轴
rp  =  siz * tand((90 - Btrpl(2))/2);   % 根据式(10 - 5 - 3)计算乌尔夫投影的长短
xp = x0 + rp * sind(Btrpl(1)); yp = y0 + rp * cosd(Btrpl(1));
plot(xp, yp, ' + ')
text(xp + 0.1, yp, 'B');
end
return
```

采用上述子程序绘制走向 210°、倾角 30°、滑动角为 50°，对压缩区域进行填充，绘制 P、T、B 轴，并且显示南北东西方向标志的程序如下：

```
 % P10_6.m
close all
str = 210;dip = 30; rake = 50; % 断层面的走向、倾角和滑动角
a = 2; % 绘制的乌尔夫网的大圆半径
n = 500; % 用 500 个点绘制断层面在乌尔夫网上的投影
x0 = 0;y0 = 0;   % 坐标原点
beachball_wf(str,dip,rake,a,n,'r',0,0,1,1,1);    % 调用绘图程序
axis equal
axis off     % 不显示坐标轴
```

该程序得到图形如图 10-5-8 所示。读者可以采用其他断层面参数绘制震源机制参数的乌尔夫网投影图，分析断层面走向、倾角和滑动角在乌尔夫网上投影会有哪些变化。如果不知道断层面的走向、倾角和滑动角参数，此时需要采用 10.3 节给出的断层参数转换的子程序变为走向、倾角和滑动角，然后再采用此程序绘图。

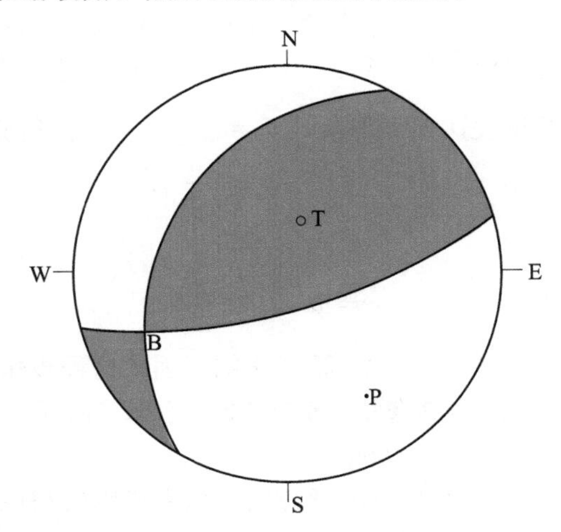

图 10-5-8　采用乌尔夫网投影的走向 210°、倾角 30°、滑动角 50°的投影图

在日常工作中，通常分析别人研究给出的海滩球，通过海滩球分析该处地震破裂的类

型和机制。如果仅给出一幅海滩球的图，如何从中读出断层的各个参数呢？下面结合上面的例子给予说明。

（1）根据两个节面表示弧线的凸向方向确定两个节面的走向。根据前面的分析知道，如果我们面对节面弧线的凸向方向，节面右侧的指向为断层的走向，从正北方向转向走向所转过的角度即为节面的走向角，由此可以判断图 10-5-8 的节面Ⅰ约在 80°左右，节面Ⅱ约在 210°左右。

（2）根据两个节面在乌尔夫网的弯曲程度估计两个节面的倾角（参看图 10-5-6 的弯曲度与倾角的对应关系）。

（3）根据两个节面在乌尔夫网上的交点 B，在两个节面上找到距交点 B 相差 90°的点（A 点），如果乌尔夫网心的区域为阴影区，则滑动角取正，反之滑动角取负。对于滑动角取正的情况，则该断层节线起始点（走向的反方向）到该滑动方向点（A 点）的角距离即为滑动角（参看图 10-5-6）。对于滑动角取负的情况，则断层节线结束点（走向方向）到该滑动方向点（A 点）的角距离的负值即为滑动角（参看图 10-5-6）。这样通过上面三个步骤即可估计海滩球所表示的两个节面的各个参数了。

采用乌尔夫投影，投影关系简单，但在表示球面上的图形时，网心部分过于集中，边缘部分则过于稀疏。克服这种缺陷的施密特（Schmidt）投影是一种等面积投影，即球面上面积相等的区域投影到平面上后仍保持面积相等。采用该投影，网上的图形分布相对比较均匀。下面介绍这种投影。

10.5.2 等面积投影（equal area projection）

根据等面积投影的要求，投影震源球上的面积和投影到大圆上面积的比例为常数。我们知道，震源下半球的总面积为 $2\pi a^2$（球的面积公式为 $4\pi a^2$），而投影的大圆面积为 πa^2，因此，一般将比例常数取为 2。按照图 10-5-9，在震源球面上取一半径为 $a\sin i$，宽为 ds 的一个环带，而投影到大圆上为宽度为 dp 的一个环。如果也按上面的比例常数投影，则 $ds=2dp$，由于 $ds=2\pi(a\sin i)a di$，则 $dp=2\pi r dr$，这样有 $2\pi(a\sin i)a di=2(2\pi r dr)$，则 $a^2\sin i di=2r dr$，对两边进行积分得到：$-a^2\cos i=r^2+C$。我们知道当 $i=0$ 时 $r=0$，当 $i=\frac{\pi}{2}$ 时 $r=a$，代入积分结果表达式可得常数 $C=a^2$。这样可以得到：

$$r=a\sqrt{1-\cos i} \tag{10-5-15}$$

表达为

$$r=a\sqrt{2}\sin\frac{i}{2} \tag{10-5-16}$$

可见这种投影的面积与震源球上的面积成比例，因此这种投影叫**等面积投影**（等积投影，equal area projection），又叫**施密特（Schmidt）投影**。而式（10-5-16）为施密特投影半径与离源角 i 的关系。

在表达施密特投影时，通常根据已经学过的乌尔夫投影进行归算。已知在乌尔夫网上的投影点的坐标 x_w，y_w。则其方位角为

$$\varphi=\tan^{-1}\frac{x_w-x_0}{y_w-y_0} \tag{10-5-17}$$

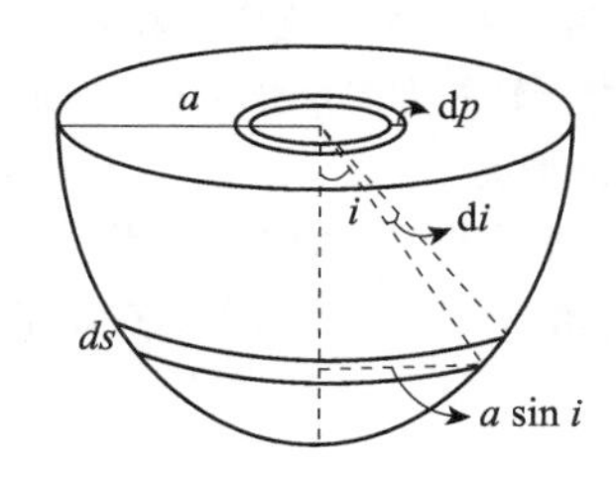

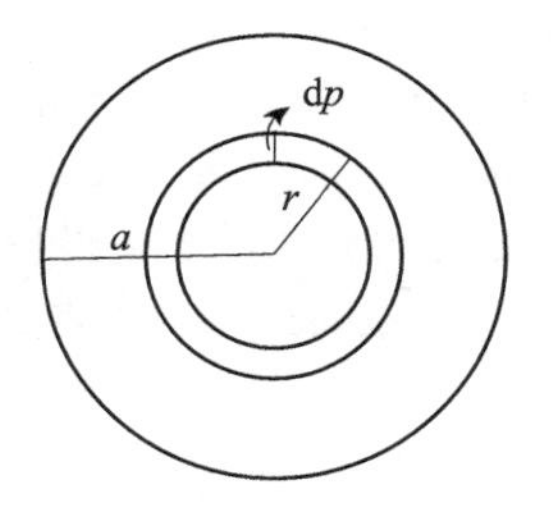

图 10-5-9 等面积投影的图示

（x_0，y_0）为中心点坐标。投影点距乌尔夫网中心的距离为

$$R=\sqrt{(x_{\mathrm{w}}-x_0)^2+(y_{\mathrm{w}}-y_0)^2} \tag{10-5-18}$$

则根据式（10-5-3）知该投影点的离源角为

$$i_h=2\tan^{-1}\frac{R}{a} \tag{10-5-19}$$

然后再采用式（10-5-16）可以得到该点的等面积投影。将一个断层面的各个投影点连起来构成了等面积投影的节线。

根据乌尔夫网表示滑动角的分析，还可以将断层面的滑动角自 0°～−180°取值，计算每个滑动角对应的滑动矢量的离源角 i_h [式（10-5-12)]，并得到在乌尔夫网上的投影点的方位角 [式（10-5-14)]。采用得到的滑动矢量离源角，按式（10-5-16）计算施密特投影的各滑动矢量在大圆上距圆心的距离，再根据前面得到的方位角即可得到每个滑动矢量的投影点，将这些投影点连接起来即为该断层面的投影。这是表示断层倾角的另一种方法。

表示断层滑动角的方法与乌尔夫投影类似，在此不再赘述。下面采用上述策略给出断层走向为 210°，倾角为 30°、滑动角为−100°的断层施密特投影，程序如下：

```
%P10_7.m
close all
str = 210;dip = 30; rake = -100; %断层面的走向和倾角
a = 2; %绘制的乌尔夫网的大圆半径
n = 500; %用 500 个点绘制断层面在乌尔夫网上的投影
x0 = 0;y0 = 0;   %坐标原点
str = deg2rad(str);dip = deg2rad(dip); rake = deg2rad(rake);   %改为弧度表示
rak = 0: -pi/n: -pi;
cosih = -sin(dip) * sin(rak);      %滑动方向与 z 轴的方向余弦,按照前面的公式给出
ih = acos(cosih);      %只取 ih 为锐角的情况
cosdet = sqrt(1 - cosih.^2);      %得到滑动方向与水平面夹角的方向余弦
fai = acos(cos(rak)./cosdet);      %根据球面直角三角形的公式得到在水平大圆内的与走向直径的夹角
str1 = str + fai;      %在走向角的基础上增加 fai
xss = a * sqrt(2) * sin(ih/2). * sin(str1);
yss = a * sqrt(2) * sin(ih/2). * cos(str1);      %施密特投影的坐标
x = -a:2 * a/n:a;y = sqrt(a * a - x.^2); %大圆的一半
plot([x,x(n+1: -1:1)],[y, -y(n+1: -1:1)],'k',xss,yss,'r')    %绘制投影大圆和断层面投影
hold on
```

```
if(rake>0) rake=pi-rake; end          %判断是正断层性质还是逆断层性质
cosih=-sin(dip)*sin(rake);       %滑动方向与z轴的方向余弦,按照前面的公式给出
ih=acos(abs(cosih));           %只取ih为锐角的情况
cosdet=sqrt(1-cosih.^2);       %得到滑动方向与水平面夹角的方向余弦
fai=acos(cos(rake)./cosdet);       %根据球面直角三角形的公式得到在水平大圆内的与走向直径
的夹角

str1=str+fai;       %在走向角的基础上增加fai
x=a*sqrt(2)*sin(ih/2).*sin(str1);
y=a*sqrt(2)*sin(ih/2).*cos(str1);
plot(x,y,'o')
scale=1;
arw_scale=0.03;
dx=-a/5*sign(rake)*sin(str1);      %采用半径的1/5给出箭头长短
dy=-a/5*sign(rake)*cos(str1);
[arw, vec,xend,yend]=vecplot(x, y,  dx, dy, scale,arw_scale);    %给出箭头的参数
plot(vec(1:2,:),vec(3:4,:),'b','linewidth',1);        %绘制箭头矢量长度
fill(arw(1:3,:),arw(4:6,:),'b','linewidth',1,'edgecolor','b')     %绘制箭头
%绘制倾角的标志

hold on
line([0,0],[a,a*1.1]);    %绘制北向
text(0,a*(1.1),'N')    %标示北向
line([-a,-a*1.1],[0,0]); %绘制西向
text(-a*(1.2),0,'W')    %标示北向
line([a,a*1.1],[0,0]);    %绘制东向
text(a*1.1,0,'E')    %标示东向
line([0,0],[-a,-a*1.1]);  %绘制南向
text(0,-a*1.1,'S')    %标示南向
%绘制断层的走向
line(a*[cos(pi/2-(str-pi)),cos(pi/2-str)],a*[sin(pi/2-(str-pi)),sin(pi/2-str)]);
%下面绘制不同的倾角对应的断层弧线的位置
line([0, a*cos(pi/2-(str+pi/2))],[0, a*sin(pi/2-(str+pi/2))]);
rake=deg2rad(0:-10:-180);
cosih=-sin(dip)*sin(rake);      %滑动方向与z轴的方向余弦
ih=acos(abs(cosih));
cosdet=sqrt(1-cosih.^2);       %得到滑动方向与水平面夹角的方向余弦
det=acos(cosdet);                %求得滑动方向与水平面的夹角
fai=acos(cos(rake)./cosdet);        %根据球面直角三角形的公式得到在乌尔夫网圆内的与走向直
径的夹角
str1=str+fai;      %在走向角的基础上增加fai
x=a*sqrt(2)*sin(ih/2).*sin(str1);       %式(10-5-5)
```

```
y = a * sqrt(2) * sin(ih/2). * cos(str1);     %式(10 - 5 - 5)
plot(x, y, 'o')                   %在滑动角的位置画一个圆圈
for ii = 1:length(x)
text(x(ii), y(ii), num2str(rad2deg(rake(ii))), 'Verticalalignment', 'top', 'Horizontalalignment',
'center', 'rotation', rad2deg(pi/2 - str));
text(x(ii), y(ii), num2str(rad2deg( - rake(length(x) - ii + 1))), 'Verticalalignment', 'bottom',
'Horizontalalignment', 'center', 'rotation', rad2deg(pi/2 - str));
end

ih = 0:pi/18:pi/2;
x = a * sqrt(2) * sin(ih/2) * sin(str + pi/2);     %式(10 - 5 - 5)
y = a * sqrt(2) * sin(ih/2) * cos(str + pi/2);     %式(10 - 5 - 5)
plot(x, y, 'o')                   %在倾角点的位置画一个圆圈
dx = a * 0.02 * sin(pi/2 - str);
dy = a * 0.02 * cos(pi/2 - str);
for ii = 1:length(ih)
    text(x(ii) + dx, y(ii) + dy, num2str(rad2deg(pi/2 - ih(ii))), 'rotation', rad2deg(pi/2 -
str));     %在断层倾角的位置给出倾角的标志
end
text(x(6) - 10 * dx, y(6) - 10 * dy, '\delta', 'FontSize', 20, 'rotation', rad2deg(pi/2 - str))

axis square %坐标轴尺度一致,使得绘制的圆形看起来为正圆
axis off %去掉坐标轴
```

上面程序得到的图形如图 10-5-10 所示。该程序给出了倾角和滑动角的刻度表示。根据上面的分析可知该图形正确地反映了断层的滑动状态。直线旁边是倾角的刻度，相比于乌尔夫投影也较为均匀。

为了分析乌尔夫和施密特投影的区别，这里采用上面断层的走向和倾角，绘制乌尔夫投影和施密特投影的区别，其 MATLAB 程序如下：

```
%P10_8.m
close all
str = 210;dip = 30;   %断层面的走向和倾角
a = 2; %绘制的乌尔夫网的大圆半径
n = 500; %用 500 个点绘制断层面在乌尔夫网上的投影
x0 = 0;y0 = 0;    %坐标原点
str = deg2rad(str);dip = deg2rad(dip);    %改为弧度表示
xp = x0 + a * (tan(pi/4 - dip/2) * sin(str + pi/2) + tan(pi/4 + dip/2) * sin(str - pi/2))/2;    %式
(10 - 5 - 5)~式(10 - 5 - 7)
yp = y0 + a * (tan(pi/4 - dip/2) * cos(str + pi/2) + tan(pi/4 + dip/2) * cos(str - pi/2))/2;    %
式(10 - 4 - 5)~式(10 - 4 - 7)
rp = a/cos(dip);    %式(10 - 5 - 8)
P0 = sqrt((xp - x0) * (xp - x0) + (yp - y0) * (yp - y0));   %式(10 - 5 - 9)
```

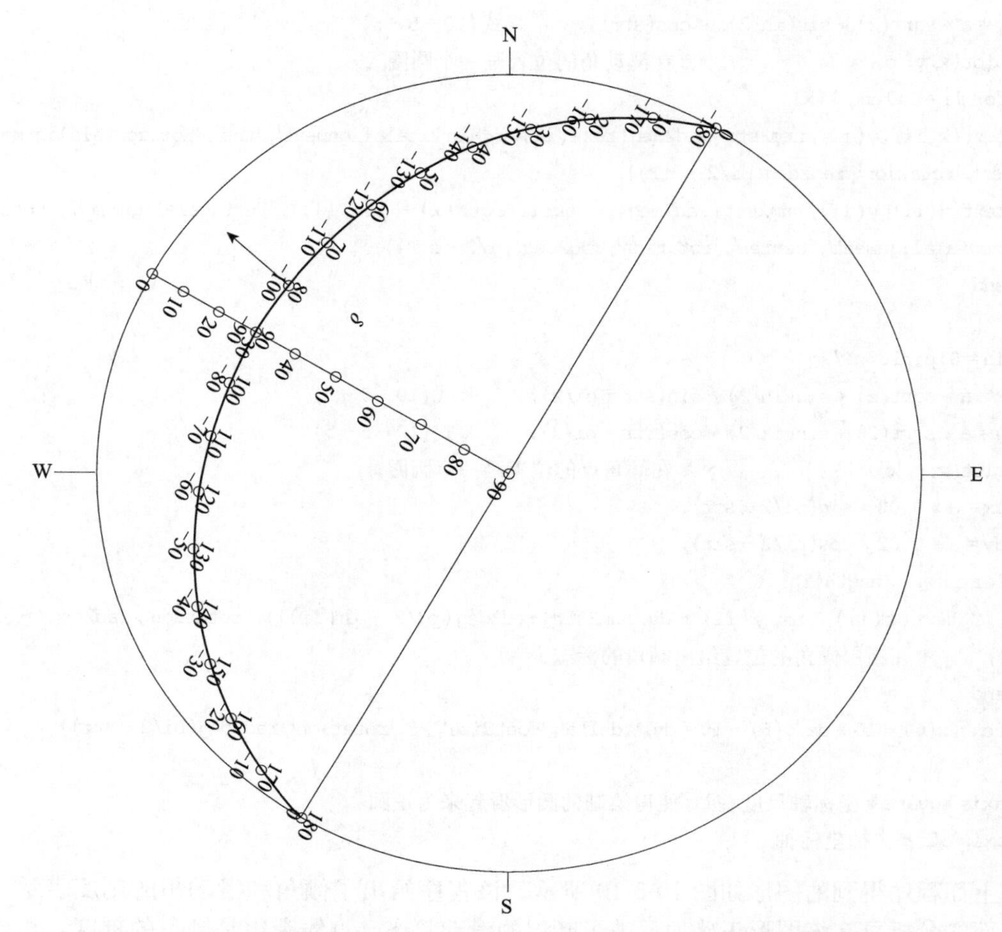

图 10-5-10　上面程序给出的走向 210°、倾角 30°，滑动角为－100°的施密特投影表示

```
if (P0 < 0.001)  TP = pi; else TP = 2 * atan(a/ P0); end % 断层所用弧线的角度,根据式(10-5-10)
```
得到

```
T1 = str + pi/2 - TP/2;    % 起始方位角,式(10-5-11)
T = T1:TP/n:T1 + TP;    % 绘制断层圆弧所用的方位角,式(10-5-11)
xs = xp + rp * sin(T);    % 圆弧 x 坐标
ys = yp + rp * cos(T);    % 圆弧 y 坐标
XK0 = xs - x0;
YK0 = ys - y0;
RR = sqrt(XK0. * XK0 + YK0. * YK0);    % 在乌尔夫网上投影的大小
Indx = find(abs(XK0) < 0.0001);    % 防止 xk0 太小导致奇异
XK0(Indx) = XK0(Indx) + 0.0001;

RAZ = atan2(YK0,XK0);    % 在乌尔夫网上得到的投影方位
ih = 2 * atan(RR/a);    % 根据乌尔夫网上的投影得到离源角
RA = a * sqrt(2) * sin(ih/2);    % 根据离源角得到等积(施密特)投影的大小
xss = x0 + RA. * cos(RAZ); yss = y0 + RA. * sin(RAZ);    % 施密特投影的坐标
```

```
x = - a:2 * a/n:a;y = sqrt(a * a - x.^2); %大圆的一半
plot([x,x(n+1: - 1:1)],[y, - y(n+1: - 1:1)],'k',xs,ys,'b:',xss,yss,'r')    %绘制投影大圆和断层面投影
legend('投影面','乌尔夫投影','施密特投影')
hold on
line([0,0],[a,a * 1.1]);   %绘制北向
text(0,a * (1.1),'N')   %标示北向
line([ - a, - a * 1.1],[0,0]); %绘制西向
text( - a * (1.2),0,'W')   %标示北向
line([a,a * 1.1],[0,0]);   %绘制东向
text(a * 1.1,0,'E')   %标示东向
line([0,0],[ - a, - a * 1.1]);   %绘制南向
text(0, - a * 1.1,'S')   %标示南向
axis square %坐标轴尺度一致,使得绘制的圆形看起来为正圆
axis off %去掉坐标轴
```

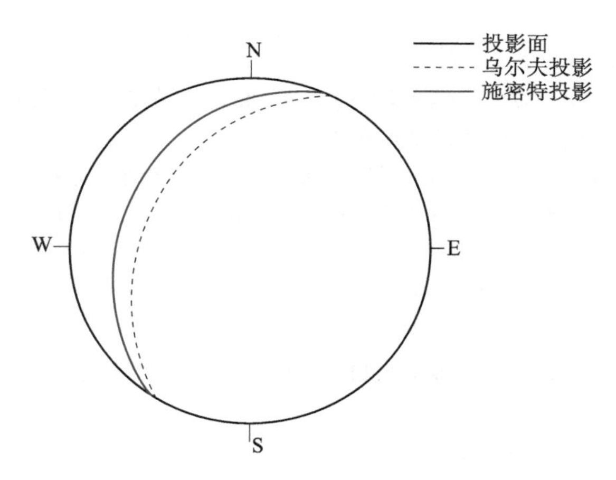

图 10-5-11　走向为 210°、倾角为 30°断层的乌尔夫投影和施密特投影的比较

程序运行结果见图 10-5-11。可见两种投影方式还是有一定差别的。

在施密特网上表述断层滑动角与乌尔夫网中的思路一致，在此不再重复。按照上面的思路，同样可以双力偶震源机制在施密特网中表示，MATLAB 子程序如下：

```
function beachball_ea(str,dip,rake,siz,n,clr,lat,lon,iptb,insew,fillcode)
%.......................................................
%  beachball_ea.m - 采用等积(施密特)投影绘制震源机制解的程序
%
%  输入: str 为走向, dip 为倾角, rake 为滑动角,单位均为度
%          这里的滑动角大于 180,必须转换为角度为负
%          siz 绘制投影的大小
%           n   绘制投影的分辨率,范围为 5 - 50.
%           clr 压缩部分所用的颜色
%           lat 事件的纬度,y 坐标
```

```
%          lon 事件的经度,x 坐标
%          iptb 是否绘制 PTB 轴,如果为非零,则绘制 PTB 轴
%          insew 是否绘制外边的 NSEW 方向标志,如果为非零,则绘制这种标志
%          fillcode 是否填充拉张区,填充为 1,不填充为零
%.........................................................
if n<5,n=5;elseif n>50,n=50;end,d2r=pi/180;pi2=pi*2;
str=str*d2r;dip=dip*d2r;rake=rake*d2r;
if(iptb)
    [Ptrpl,Ttrpl,Btrpl,str2,dip2,rake2]=dsrin(rad2deg(str),rad2deg(dip),rad2deg(rake));
else
A=[cos(rake)*cos(str)+sin(rake)*cos(dip)*sin(str), cos(rake)*sin(str)-sin(rake)*
cos(dip)*cos(str), -sin(rake)*sin(dip)];   %A(滑动矢量)的单位方向矢量
N=[-sin(str)*sin(dip), cos(str)*sin(dip), -cos(dip)];   %N(节面法线)的单位方向矢量
[str2,dip2,rake2]=an2dsr_wan(N,A); %得到另外一个节面的走向、倾角和滑动角
end
%第一个断层面
rak=0:-pi/n:-pi;
cosih=-sin(dip)*sin(rak);    %滑动方向与 z 轴的方向余弦,按照前面的公式给出
ih=acos(cosih);    %只取 ih 为锐角的情况
cosdet=sqrt(1-cosih.^2);    %得到滑动方向与水平面夹角的方向余弦
fai=acos(cos(rak)./cosdet);    %根据球面直角三角形的公式得到在水平大圆内的与走向直径的
夹角
str1=str+fai;    %在走向角的基础上增加 fai
xs1=siz*sqrt(2)*sin(ih/2).*sin(str1);
ys1=siz*sqrt(2)*sin(ih/2).*cos(str1);    %施密特投影的坐标

%第二个断层面
str2=deg2rad(str2);dip2=deg2rad(dip2);
cosih=-sin(dip2)*sin(rak);    %滑动方向与 z 轴的方向余弦,按照前面的公式给出
ih=acos(cosih);    %只取 ih 为锐角的情况
cosdet=sqrt(1-cosih.^2);    %得到滑动方向与水平面夹角的方向余弦
fai=acos(cos(rak)./cosdet);    %根据球面直角三角形的公式得到在水平大圆内的与走向直径的
夹角
str21=str2+fai;    %在走向角的基础上增加 fai
xs2=siz*sqrt(2)*sin(ih/2).*sin(str21);
ys2=siz*sqrt(2)*sin(ih/2).*cos(str21);    %施密特投影的坐标
str1=str+pi;if str1>pi2,str1=str1-pi2;end%断层面走向的反方向
d=str2;    %第二个节面的走向
d1=d+pi;    %第二个节面走向的反方向
if str1-d>pi,d=d-pi2;elseif str1-d>=pi,str1=str1-pi2;end
if d1-str>pi,d1=d1-pi2;elseif d1-str>=pi,str=str-pi2;end
st1=str1:(d-str1)/n:d;    %两个节面所加的小弧,自第一个节面走向的反方向到第二个节面的
```

走向

```
st2 = d1:(str - d1)/n:str;    % 两个节面所加的小弧,自第二个节面走向的反方向到第一个节面的
```
走向
```
p = [xs1, sin(st1) * siz, xs2, sin(st2) * siz] + lon;
q = [ys1, cos(st1) * siz, ys2, cos(st2) * siz] + lat;
% 绘制等面积投影
n = n + n; x = - siz:2 * siz/n:siz; y = sqrt(siz * siz - x.^2);    % 绘制大圆所用的坐标序列
if(fillcode)
if(rake>0)  % 如果第一个节面的滑动角为正,则有向上逆冲分量,对应的小弧所夹为压缩区
fill([x, x(n + 1: - 1:1)] + lon, [y, - y(n + 1: - 1:1)] + lat, 'w', p, q, clr)
else % 如果第一个节面的滑动角为负,则有向下的正断层分量,对应的小弧所夹为膨胀区,则相反的区
```
域为压缩区,对相反的区域进行填充
```
fill([x, x(n + 1: - 1:1)] + lon, [y, - y(n + 1: - 1:1)] + lat, clr, p, q, 'w')
end
else
plot(siz * cos(0:2 * pi/n:2 * pi), siz * sin(0:2 * pi/n:2 * pi), 'k');    % 绘制大圆
hold on
plot(xs1, ys1, clr, xs2, ys2, clr); % 绘制第一个节面
end
if(insew)
hold on
line([0,0], [siz, siz * 1.1]);    % 绘制北向
text(0, siz * (1.1), 'N')    % 标示北向
line([ - siz, - siz * 1.1], [0,0]); % 绘制西向
text( - siz * (1.1), 0, 'W')    % 标示北向
line([siz, siz * 1.1], [0,0]);    % 绘制东向
text(siz * 1.1, 0, 'E')    % 标示东向
line([0,0], [ - siz, - siz * 1.1]);    % 绘制南向
text(0, - siz * 1.1, 'S')    % 标示南向
end
if(iptb)
hold on
% 绘制 P 轴
rp = siz * sqrt(2) * sind((90 - Ptrpl(2))/2);    % 根据式(10 - 5 - 13)计算施密特投影的距中心
```
点距离
```
xp = lon + rp * sind(Ptrpl(1)); yp = lat + rp * cosd(Ptrpl(1));
plot(xp, yp, '.')
text(xp + 0.1, yp, 'P');
% 绘制 T 轴
rp = siz * sqrt(2) * sind((90 - Ttrpl(2))/2);    % 根据式(10 - 5 - 13)计算施密特投影的距中心
```
点距离
```
xp = lon + rp * sind(Ttrpl(1)); yp = lat + rp * cosd(Ttrpl(1));
```

```
plot(xp,yp,'o')
text(xp+0.1,yp,'T');
%绘制B轴
rp = siz*sqrt(2)*sind((90-Btrpl(2))/2);     %根据式(10-5-13)计算施密特投影的距中心点距离
xp=lon+rp*sind(Btrpl(1)); yp=lat+rp*cosd(Btrpl(1));
plot(xp,yp,'+')
text(xp+0.1,yp,'B');
end
return
```

采用上述程序表示走向为96°、倾角为54°、滑动角为−7°的2001年11月14日昆仑山口西地震的震源机制可以采用下列的程序给出：

```
%P10_9.m
close all
str=96;dip=54; rake=-7; %断层面的走向、倾角和滑动角
a=2; %绘制的施密特网的大圆半径
n=500; %用500个点绘制断层面在Wulff网上的投影
x0=0;y0=0;   %坐标原点
beachball_ea(str,dip,rake,a,n,'r',0,0,1,1,1);    %调用绘图程序
axis equal
axis off     %不显示坐标轴
```

程序运行结果见图10-5-12。经分析可知，该图正确地反映了地震的破裂状态。

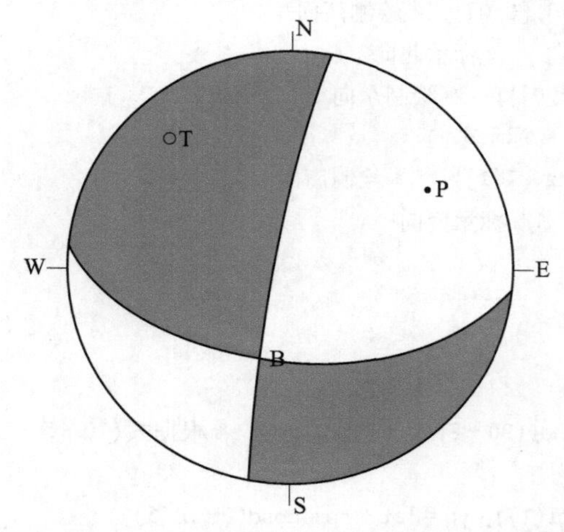

图10-5-12 绘制的2001年昆仑山口西地震的震源机制的施密特网投影

为进一步理解“沙滩球”，图10-5-13用图解给出了不同类型的震源机制。阴影区表示P波射线从震源向外离开震源，在接收台站处产生向上的初动，而非阴影区将导致接收台站产生向下的初动。拉张轴在阴影区的中部，压缩轴在非阴影区的中部。通常用“沙滩球”图的中部是白色还是黑色来识别是正逆断层，如果中部白色，边缘黑色，则表示正断

层；反之，若中部黑色，边缘白色，则表示逆断层。

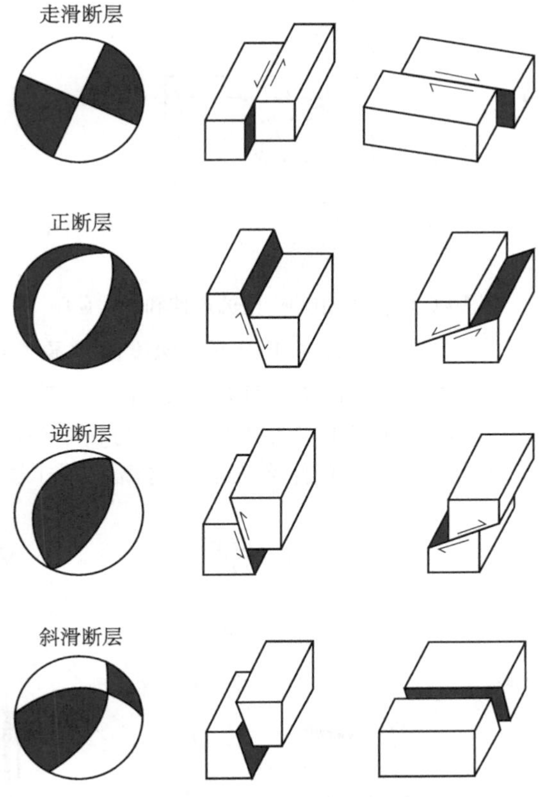

图 10-5-13　震源球和它们相应的断层几何形状

左边是下半球投影，压缩区为阴影。右边的块体图说明断层的几何形状（Shearer，2009）

10.6　P 波初动测定震源机制（断层面解）

前面几节讲述了地震破裂及其表达形式，但如何精确得到地下地震震源机制呢？这是本节及后面两节要回答的问题。求解震源机制可以根据地震观测波形（体波和面波）来确定，但求震源机制解答最简单的方法是根据地震台站 P 波初动方向的观测资料来求解。本节首先描述断层错动在地震观测记录上的表现，然后给出如何得到最符合观测记录的地震震源机制模式。

10.6.1　断层错动产生的 P 波初动的四个象限

如果地下断层发生错动（图 10-6-1），则在断层错动前方被“推”了一下，出现了压缩区；反之在断层错动后方被“拉”了一下，出现了拉伸区。由于两个断层相对运动，这样就出现了在平面上以断层面和其辅助面分割开的压缩、拉伸相间的四个区域。

将上面的情况放在平面来看，压缩区用正号表示，拉伸区用负号表示，则周围区域被分成正负相间的四个区域［图 10-6-2（a）］。如果断层周围布设了很多台站，则在压缩区

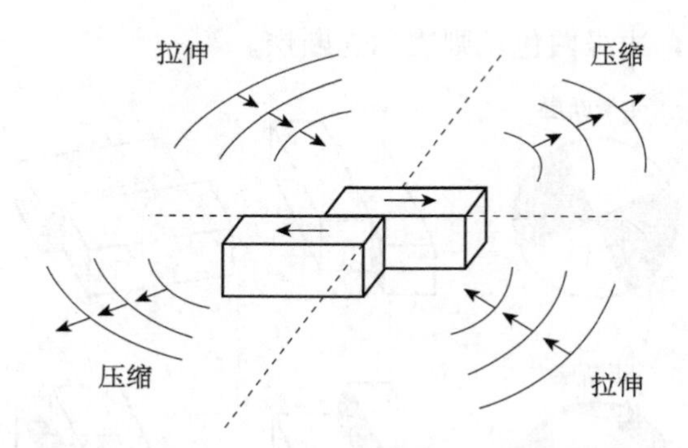

图 10-6-1 断层错动产生的拉伸和压缩象限

域的台站由于被断层错动“推”了一下，对于地下某深度的震源，在地表台站的垂直向记录图上会出现初动方向向上（为正）。而在拉伸区的台站由于被断层错动“拉”了一下，地表台站的垂直向记录图上初动方向向下（为负）。并且与断层夹角为 45°的地方初动最为明显，而在断层面及其辅助面方向上没有什么表现。这就出现了图 10-6-2（b）所表现的垂直向地震记录的情况。

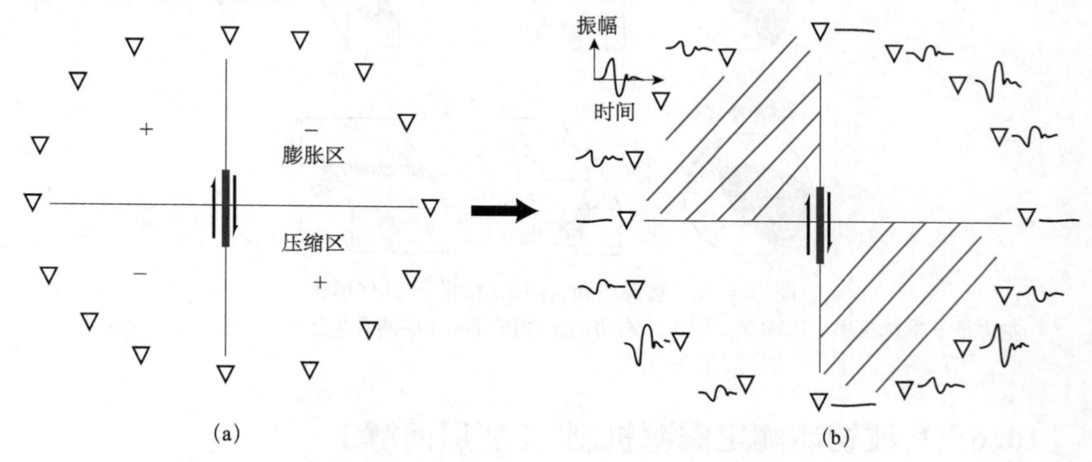

图 10-6-2 断层周围台站 P 波记录示意图

中间的粗线表示断层，断层两边给出了断层的错动方向

10.6.2 采用 P 波初动求解震源机制的思路

根据上面的分析，如果知道了地震近处台站的垂直向 P 波初动记录的符号，可以尝试给出断层面和辅助面及其滑动方向（震源机制），使震源机制在台站垂直向的预测符号与实际观测有最好的符合。

然而，地震台站在近处往往没有这么密集，这就需要远处台站的 P 波初动了。但自地震震源到达远处台站的地震射线是弯曲的（参看第 6、7 章的内容），如何对这种弯曲到达地震台站的射线进行校正呢？图 10-6-3 给出了一个示意。地下某深度有一个双力偶震源，其两个节面在地表的投影为两条交叉的直线，交叉点为震中。该地震震源射出的射线到达地表的近台 S_1、S_2、S_3、S_4 上，其中 S_1 和 S_3 台站的 P 波初动为正（向上），S_2 和 S_4 台站的 P 波初动为负（向下）。地震射线射出震源球后遵照第 6 章所述的内容、根据地壳速度结构进行弯曲。按照台站和地震震源位置，可以计算其在震源球上的方位角和偏垂角，按照方位角和偏垂角得到的震源球的位置分别为 S_1、S_2、S_3、S_4。这几个台站的 P 波初动不足以约束地震的两个节面，但该地震发出的射线同样传到远处的台站上，有可能通过震源球的下半球传出的射线到达远处台站。远处台站 S_6、S_8 的 P 波初动为正，S_5、S_7 的 P 波初动为负。这些台站的 P 波射线根据第 7 章所讲的远震射线路径同样可以追踪到震源球的方位角和偏垂角。在震源球上的位置为 S_5、S_6、S_7、S_8。在图 10-6-3（b）中，不同的颜色点表示不同的初动符号。只要投影到震源球上的符号足够多，则可以找到过球面中心的两个相互垂直的平面，将震源球面上的正负号分成四个象限，这两个平面就是上述双力偶震源的两个节面。这就相当于切西瓜，假设一个西瓜上标有大量正号和负号，我们如何仅用通过西瓜中心的两刀，将西瓜切成相等的四块，使得每块西瓜的皮上都具有相同的符号。我们知道必须使得这两刀的切面相互垂直。每次下刀的切面就相当于震源的节面，找到下刀的方位就相当于寻找震源的两个节面的方位。这四块瓜的中心位置就是 P 轴、T 轴的位置。找到两个节面的空间位置后，震源坐标架的 x、y、z 轴和 P 轴、T 轴的空间方位也就知道了。

根据上面的讲解可知，要根据地震台站的 P 波初动符号求解地震震源机制，要遵循的步骤是：①根据地震位置计算到达观测到 P 波初动地震台的 P 波射线的方位角和偏垂角，这要用到第 6 章和第 7 章的内容；②按照计算的台站 P 波初动的方位角和偏垂角，将 P 波初动符号标在震源球上；③寻找震源机制的两个节面，使得震源球划分为四个面积相等的区域，并使观测 P 波初动符号与震源机制模型所预测的 P 波初动符号相差最小。

10.6.3　求解震源机制的计算机实现

根据上面的讲解，已知多个台站的 P 波初动符号，必须求得台站所接收的 P 波射线在震源球上的偏垂角（离源角）。这部分内容可根据前面章节的知识得到，这里不再赘述。

如何得到地震台站相对于震源的方位角呢？对于近震，可将地震震中设为直角坐标的坐标原点（ϕ_0，θ_0），采用第 8 章式（8-3-9）将台站转换为直角坐标（x，y），y 为北向距离，x 为东向距离，则方位角可采用 $\tan^{-1}\left(x/y\right)$ 来求得，在 MATLAB 中可采用 atan2（x，y）来求得。其中正值表示北偏东，负值表示北偏西。

对于远震，采用直角坐标误差太大，需要采用球坐标来计算。参考图 8-3-5，根据球面三角正弦定理的式（8-2-4），可以得到方位角的表达式为 $\sin^{-1}\left[\dfrac{\cos\theta_E\sin(\phi_E-\phi_S)}{\sin\Delta}\right]$。

下面给出根据对应的方位角和偏垂角求解震源机制的原理。根据前面的讲解，震源机制的两个节面将震源球分为两两相间的四个象限。这里以震源机制的压轴（P 轴）、张轴（T 轴）和中间轴（B 轴）组成搜索的空间坐标系。这样做的好处是辐射图型为零的两个面就是震源机制的两个节面，可以用辐射图型来定义所在的节面。首先将观测的 N 个 P 波初动对应的走向和偏垂角按照式（10-3-1）在 NED 坐标系下表示为

$$\boldsymbol{v}_{\mathrm{NED}}=\begin{bmatrix}\cos\phi_1\sin\theta_1 & \cdots & \cos\phi_N\sin\theta_N\\ \sin\phi_1\sin\theta_1 & \cdots & \sin\phi_N\sin\theta_N\\ \cos\theta_1 & \cdots & \cos\theta_N\end{bmatrix} \tag{10-6-1}$$

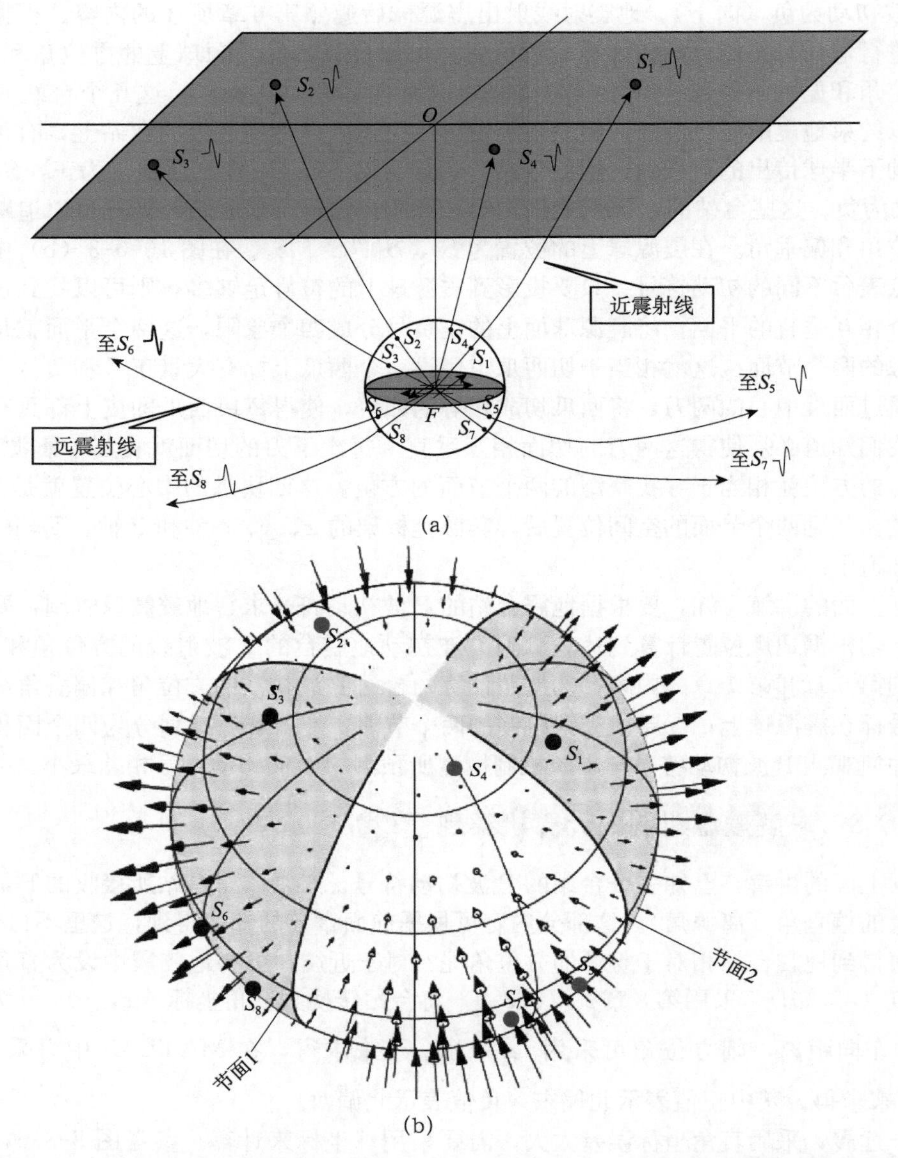

图 10-6-3　将地震台站观测的 P 波初动符号投影到震源球上，并求得地震震源机制的示意图

式中，ϕ_i，θ_i 为第 i 个 P 波初动的走向和倾伏角。

为搜索 P 轴、T 轴、B 轴的整个参数空间来求解震源机制，首先研究 NED 坐标系和 TPB 坐标系之间的关系。NED 坐标系和 TPB 坐标系可以通过三次坐标轴旋转进行转换。首先垂直方向 D 不动，顺着 D 方向看去，N 和 E 方向顺时针旋转 Φ［图 10-6-4（a）］得到 $\boldsymbol{X}_1\boldsymbol{Y}_1\boldsymbol{Z}_1$ 系统，$\boldsymbol{X}_1$、$\boldsymbol{Y}_1$ 和 $\boldsymbol{Z}_1$ 的方向在 NED 坐标系中为

$$\begin{bmatrix}\boldsymbol{X}_1\\ \boldsymbol{Y}_1\\ \boldsymbol{Z}_1\end{bmatrix}=\begin{bmatrix}\cos\Phi & \sin\Phi & 0\\ -\sin\Phi & \cos\Phi & 0\\ 0 & 0 & 1\end{bmatrix}\begin{bmatrix}\mathbf{N}\\ \mathbf{E}\\ \mathbf{D}\end{bmatrix} \tag{10-6-2}$$

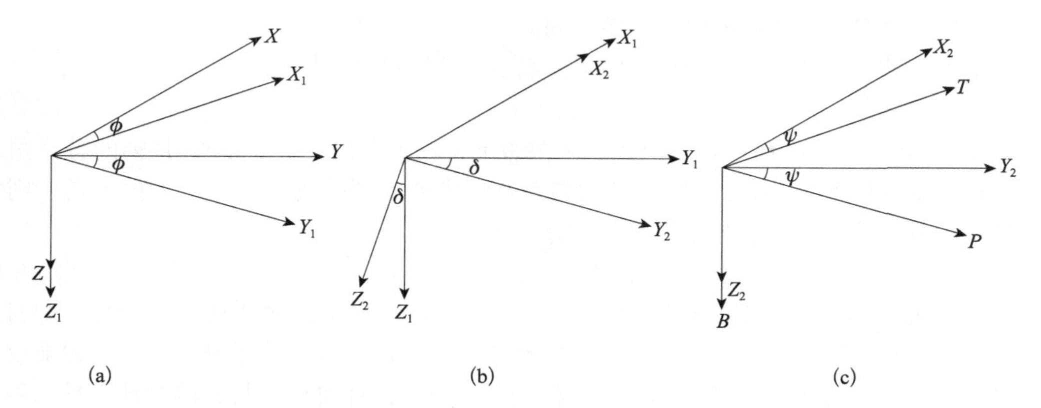

图 10-6-4　震源机制 *TPB* 方向与 *NED* 坐标系的转换关系示意图

然后固定 X_1 轴方向［图 10-6-4（b)］，沿着 X_1 轴方向将 Y_1Z_1 方向顺时针旋转 δ 得到坐标系 $\boldsymbol{X}_2\boldsymbol{Y}_2\boldsymbol{Z}_2$，$\boldsymbol{X}_2$、$\boldsymbol{Y}_2$ 和 $\boldsymbol{Z}_2$ 的方向用下列方程表示：

$$\begin{bmatrix}\mathbf{X}_2\\ \mathbf{Y}_2\\ \mathbf{Z}_2\end{bmatrix}=\begin{bmatrix}1&0&0\\0&\cos\delta&\sin\delta\\0&-\sin\delta&\cos\delta\end{bmatrix}\begin{bmatrix}\mathbf{X}_1\\ \mathbf{Y}_1\\ \mathbf{Z}_1\end{bmatrix}=\begin{bmatrix}1&0&0\\0&\cos\delta&\sin\delta\\0&-\sin\delta&\cos\delta\end{bmatrix}\begin{bmatrix}\cos\Phi&\sin\Phi&0\\-\sin\Phi&\cos\Phi&0\\0&0&1\end{bmatrix}\begin{bmatrix}\mathbf{N}\\ \mathbf{E}\\ \mathbf{D}\end{bmatrix} \tag{10-6-3}$$

最后 Z_2 方向固定，将 X_2Y_2 顺时针旋转 Ψ［图 10-6-4（c)］就可以得到 $\boldsymbol{X}_3\boldsymbol{Y}_3\boldsymbol{Z}_3$ 坐标系。这里旋转的角度是任意的，因此只要给定合适的角度，就可以得到 T 轴、P 轴、B 轴的表示，并且 T 轴、P 轴、B 轴是垂直的，组成一个坐标系。此时，三个主应力方向 **T**、**P**、**B** 可以用三个旋转角表示在北东下坐标系中（注意本次坐标旋转与图 10-2-5 中的坐标旋转不同的是，最后一次坐标旋转的方向相反）。

$$\begin{aligned}\begin{bmatrix}\mathbf{T}\\ \mathbf{P}\\ \mathbf{B}\end{bmatrix}&=\begin{bmatrix}\cos\Psi&\sin\Psi&0\\-\sin\Psi&\cos\Psi&0\\0&0&1\end{bmatrix}\begin{bmatrix}\mathbf{X}_2\\ \mathbf{Y}_2\\ \mathbf{Z}_2\end{bmatrix}\\&=\begin{bmatrix}\cos\Psi&\sin\Psi&0\\-\sin\Psi&\cos\Psi&0\\0&0&1\end{bmatrix}\begin{bmatrix}1&0&0\\0&\cos\delta&\sin\delta\\0&-\sin\delta&\cos\delta\end{bmatrix}\begin{bmatrix}\cos\Phi&\sin\Phi&0\\-\sin\Phi&\cos\Phi&0\\0&0&1\end{bmatrix}\begin{bmatrix}\mathbf{N}\\ \mathbf{E}\\ \mathbf{D}\end{bmatrix}\\&=\begin{bmatrix}\cos\Phi\cos\Psi-\sin\Phi\cos\delta\sin\Psi&-\cos\Phi\sin\Psi-\sin\Phi\cos\delta\cos\Psi&\sin\Phi\sin\delta\\\sin\Phi\cos\Psi+\cos\Phi\cos\delta\sin\Psi&-\sin\Phi\sin\Psi+\cos\Phi\cos\delta\cos\Psi&-\cos\Phi\sin\delta\\\sin\delta\sin\Psi&\sin\delta\cos\Psi&\cos\delta\end{bmatrix}\begin{pmatrix}\mathbf{N}\\ \mathbf{E}\\ \mathbf{D}\end{pmatrix}\\&=\mathbf{R}\begin{bmatrix}\mathbf{N}\\ \mathbf{E}\\ \mathbf{D}\end{bmatrix}\end{aligned} \tag{10-6-4}$$

该反演问题有三个参数 Φ、δ、Ψ，其搜索范围为 $0°\leqslant\Phi\leqslant360°$，$0°\leqslant\delta\leqslant90°$，$0°\leqslant\Psi\leqslant180°$，可以取三个角度的搜索间隔为 5°，即可实现应力 T、P、B 轴方向的全空间搜索。注意，这里取 Ψ 为 0°～180°，是考虑了 P 轴方向和 T 轴方向均是相向对称的，只取一半的空间即可以表示整个参数空间。在全空间中搜索这三个角度参数，得到与 P 波初动符号最为一致的三个参数的值，就得到震源机制的最优估计结果。

有了上面的坐标旋转公式，可以将 $\boldsymbol{v}_{\mathrm{NED}}$ 表示在 TPB 坐标系下为

$$\boldsymbol{v}_{\mathrm{TPB}}=\boldsymbol{R}^{\mathrm{T}}\boldsymbol{v}_{\mathrm{NED}} \tag{10-6-5}$$

采用 10.3 节 v2trpl 程序，可以将所求矢量 $\boldsymbol{v}_{\mathrm{TPB}}$ 表达为相对于 T、P、B 轴的方位角和倾伏角，其中方位角 az 为矢量与 T 轴的夹角，倾伏角 pl 为矢量与 TP 平面的夹角。则每个矢量的权重用前面的 P 波辐射图型的表达表示为

$$w_i=\cos(2az_i)\sin(90^{\circ}-pl_i)=\cos(2az_i)\cos(pl_i) \tag{10-6-6}$$

如果 P 波初动符号为正，并且 P 波辐射图型为正，或者 P 波初动符号为负，并且 P 波辐射图型为负，则符合观测结果，采用权重和 P 波初动符号相乘即可。反之，如果权重与 P 波初动符号相乘为负，则为不符合 P 波初动结果。这样将权重与 P 波初动符号相乘为负的所有结果相加的绝对值与所有观测结果的权重和 P 波初动符号相乘的绝对值之和相除即得到该种模型的矛盾比。遍历所有参数空间，搜索的最小矛盾比的震源机制模型即可所得到的断层面解的 T、P、B 轴的方位。再采用 10.3 节的知识将得到的震源机制的 P、T 轴参数转换为断层面的走向、倾角和滑动角，就得到了震源机制的所有参数。

下面给出采用上面的原理求解震源机制的程序，并给出一个例子。

```
%P10_10.m
%根据观测的P波初动符号求取震源机制的程序
x=[ 168.2924,86.92303,1
   326.7913,87.72113,1
   58.21029,85.43469,-1
   185.5229,85.20844,1
   60.82632,82.18145,1
   348.8161,86.96339,1
   204.1394,87.28638,-1
   275.4883,84.50092,-1
   357.0545,82.98753,1
   16.11048,86.80354,1
   346.7924,88.00838,1
   98.66737,83.21033,-1
   46.43449,87.10820,-1
   129.3074,86.72790,1
   233.6746,86.81039,-1
   168.0691,88.02249,1
   104.6950,87.11818,1
];   %给出的观测P波初动的走向、偏垂角及符号
Indxp=find(x(:,3)==1);       %找到初动为正的数据序号
Indxn=find(x(:,3)==-1);      %找到初动为负的数据序号
azi=x(:,1);tak=x(:,2);psign=x(:,3);       %将数据的走向、倾伏角和初动符号分开
nlength=length(azi);      %得到数据的总个数
ddelt=5;daz=5;dr=5;     %搜索间隔
```

```
vect = [cosd(azi). * sind(tak),sind(azi). * sind(tak),cosd(tak)]';      % 给出数据在北东下坐标系中的投影向量
chisqmin = 1.0e20;          % 记录最大平方和
posqmax = 0;               % 初动为正的总权重的最大值
MDBmin = [];             % 记录得到结果的矛盾比
sol = [];
start = [];
for delt = 0:ddelt:90
delt      % 显示搜索的进程
csdelt = cosd(delt);sndelt = sind(delt);
for az = 0:daz:360
csaz = cosd(az);   snaz = sind(az);
for r = 0:dr:90
csR = cosd(r);   snR = sind(r);
T = [csaz * csR - snaz * csdelt * snR, snaz * csR + csaz * csdelt * snR, sndelt * snR];    % 张轴在北东下坐标系中的表示
P = [ - csaz * snR - snaz * csdelt * csR, - snaz * snR + csaz * csdelt * csR, sndelt * csR];    % 压轴在北东下坐标系中的表示
B = cross(T,P);                     % 中间轴在北东下坐标系中的表示
RTPB = [T;P;B];                     % 转换矩阵
PTPB = RTPB * vect;                 % 给出地震射线在 TPB 轴下的表示
trpl = [];
for ii = 1:nlength                  % 求出与 T 轴夹角 fai 和与 B 轴的夹角 theta
trpl = [trpl;v2trpl([PTPB(:,ii)]')];      % trpl 的第一个数为该向量和 T 轴的夹角,第二个数为该向量与 TP 面的夹角
end
weit = cosd(2 * trpl(:,1)). * sind(90 - trpl(:,2));
mul = weit. * psign;
Indxfit = find(mul>0);       % 符合初动符号的序号
Indxunfit = find(mul<0);       % 符合初动符号的序号
posq = sum(weit(Indxfit));       % 符合初动符号的权重
chisq = sum(4 * weit(Indxunfit).^2);      % 不符合初动符号的权重的平方和
MDB = length((Indxunfit))/(length(Indxunfit) + length(Indxfit));      % 矛盾比
N = sum(abs(weit));
if(chisq = = chisqmin)
if(posq = = posqmax)
PTchange = [PTchange;0];
start = [start;az,delt,r];
sol = [sol;T;P;B];
MDBmin = [MDBmin,MDB];
else
posqmax = posq;
```

```
end
elseif(chisq<chisqmin)
PTchange = [0];
start = [az,delt,r];
sol = [T;P;B];
chisqmin = chisq;
posqmax = posq;
MDBmin = [MDB];
end
```

%交换 P、T 轴的位置就覆盖了另外的一半空间，将计算的权重符号完全相反，求这种情况下的拟合情况

weit = - weit;　　%将权重符号反号，相当于原来的正号区变为负号区，原来的负号区变为正号区，虽然符号改变，但权重的绝对值不改变

```
mul = weit. * psign;
Indxfit = find(mul>0);
Indxunfit = find(mul<0);
MDB = length(Indxunfit)/(length(Indxunfit) + length(Indxfit));
chisq = sum(4 * weit(Indxunfit).^2);
N = sum(abs(weit));
if(chisq = = chisqmin)
if(posq = = posqmax)
PTchange = [PTchange;1];
start = [start;az,delt,r];
sol = [sol;T;P;B];
MDBmin = [MDBmin,MDB];
else
posqmax = posq;
end
elseif(chisq<chisqmin)
PTchange = [1];
start = [az,delt,r];
sol = [T;P;B];
chisqmin = chisq;
posqmax = posq;
MDBmin = [MDB];
end


end
end
end
%绘图
siz = 5;　　%绘制等面积投影的半径
```

```
alpha = 0:0.1:2 * pi + 0.1;
plot(siz * cos(alpha),siz * sin(alpha));
rp = siz * sqrt(2) * sin(deg2rad(x(Indxp,2))/2);     %根据式(10-5-13)计算施密特投影的距中心点距离
xp = rp. * sin(deg2rad(x(Indxp,1))); yp = rp. * cos(deg2rad(x(Indxp,1)));   %得到初动为正的数据在大圆上的施密特投影点坐标
rn = siz * sqrt(2) * sin(deg2rad(x(Indxn,2))/2);     %根据式(10-5-13)计算施密特投影的距中心点距离
xn = rn. * sin(deg2rad(x(Indxn,1))); yn = rn. * cos(deg2rad(x(Indxn,1)));   %得到初动为负的数据在大圆上的施密特投影点坐标
hold on
for ii = 1:length(PTchange)
Ttrpl = v2trpl(sol((ii-1) * 3 + 1,:));
Ptrpl = v2trpl(sol((ii-1) * 3 + 2,:));
if(PTchange(ii))
temp = Ttrpl;Ttrpl = Ptrpl; Ptrpl = temp;
end
Btrpl = v2trpl(sol((ii-1) * 3 + 3,:));
[str1,dip1,rake1,str2,dip2,rake2,Btrpl,PTangle] = pt2ds(Ptrpl,Ttrpl)
beachball_ea(str1,dip1,rake1,siz,50,'r',0,0,1,1,1)
plot(xp,yp,'.')     %绘制初动为正的数据点
plot(xn,yn,'o')   %绘制初动为负的数据点
axis equal     %使坐标轴相等,看上去为正圆
end
axis off   %不显示坐标轴
disp(sprintf('所求震源机制节面 1 走向 %5.1f,倾角 %4.1f,滑动角 %6.1f\n',str1,dip1,rake1))
disp(sprintf('所求震源机制节面 2 走向 %5.1f,倾角 %4.1f,滑动角 %6.1f\n',str2,dip2,rake2))
disp(sprintf('所求震源机制 P 轴走向 %5.1f,倾伏角 %4.1f\n',Ptrpl))
disp(sprintf('所求震源机制 T 轴走向 %5.1f,倾伏角 %4.1f\n',Ttrpl))
disp(sprintf('所求震源机制 B 轴走向 %5.1f,倾伏角 %4.1f\n',Btrpl))
disp(sprintf('所求震源机制的矛盾比为 %f\n',MDBmin))
```

运行上述程序得到所求断层面解的节面 1 走向 281.3°、倾角 85.2°、滑动角 −74.9°；节面 2 走向 28.7°、倾角 15.8°、滑动角 −162.0°；P 轴走向 201.7°、倾伏角 47.7°；T 轴走向 357.7°，倾伏角 38.4°；B 轴走向 100.0°、倾伏角 15.0°；矛盾比为 0.059。矛盾比较小，表明震源机制和观测的 P 波初动符号符合较好。所求的震源机制的等面积投影如图 10-6-5所示。

10.6.4 根据 P 波初动符号分布猜测震源机制解的一个程序

为更进一步理解震源机制和 P 波初动符号之间的关系，下面给出一个随机产生一个震源机制，并随机产生 20 个方位角和偏垂角（离源角），按照震源机制计算得到这 20 个方位角和偏垂角所对应的 P 波初动符号，让读者猜测这些 P 波初动符号对应的断层面解。

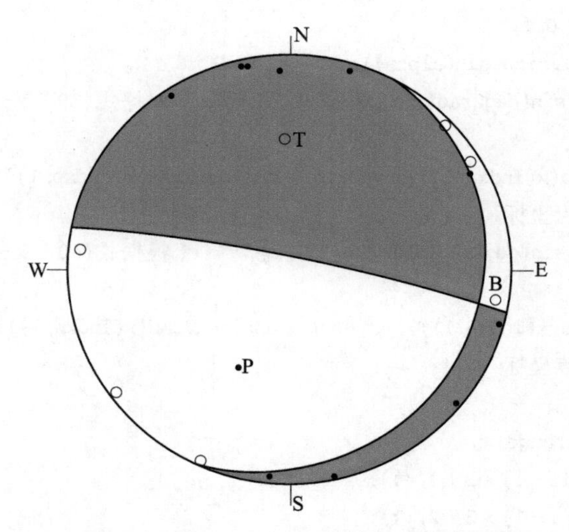

图 10-6-5　P10 _ 10. m 所求的震源机制施密特投影表示

```
%P10_11.m
close all
siz=5;    %绘制震源机制等面积投影的圆的半径
NP=20;     %产生P波初动符号的数目
alpha=0:0.1:2*pi+0.1;    %绘制大圆所用的角度
plot(siz*cos(alpha),siz*sin(alpha));    %绘制大圆
hold on
str=rand(1,1)*360;    %随机产生走向、倾角和滑动角
dip=rand(1,1)*90;
rake=rand(1,1)*360;
if(rake>180) rake=rake-360; end    %将滑动角归算到-180°～180°的范围内
[Ptrpl,Ttrpl,Btrpl,str2,dip2,rake2]=dsrin(str,dip,rake);    %求解该震源机制的其他参数
azi=rand(NP,1)*360;    %随机产生方位角
tak=rand(NP,1)*90;    %随机产生离源角、偏垂角
vect=[cosd(azi).*sind(tak),sind(azi).*sind(tak),cosd(tak)]';    %给出数据在北东下坐标
系中的投影向量
RTPB=[cosd(Ttrpl(1))*cosd(Ttrpl(2)),sind(Ttrpl(1))*cosd(Ttrpl(2)),sind(Ttrpl(2));...
cosd(Ptrpl(1))*cosd(Ptrpl(2)),sind(Ptrpl(1))*cosd(Ptrpl(2)),sind(Ptrpl(2));...
cosd(Btrpl(1))*cosd(Btrpl(2)),sind(Btrpl(1))*cosd(Btrpl(2)),sind(Btrpl(2))];
%转换矩阵
PTPB=RTPB*vect;%给出地震射线在TPB轴下的表示
trpl=[];
for ii=1:NP;%求出与T轴夹角fai和与B轴的夹角theta
trpl=[trpl;v2trpl([PTPB(:,ii)]')];    %trpl的第一个数为该向量和T轴的夹角,第二个数为该
向量与TP面的夹角
end
weit=cosd(2*trpl(:,1)).*sind(90-trpl(:,2));    %按照辐射图型给出在该方向的P波辐射花
```

```
样的相对大小
    psign = sign(weit);   % 按照 P 波辐射图型的相对大小给出数据的权重
    Indxp = find(psign = = 1);      % 找到初动为正的数据序号
    Indxn = find(psign = = -1);      % 找到初动为负的数据序号
    rp = siz * sqrt(2) * sin(deg2rad(tak(Indxp))/2);      % 根据式(10-5-13)计算施密特投影的距
中心点距离
    xp = rp. * sin(deg2rad(azi(Indxp))); yp = rp. * cos(deg2rad(azi(Indxp)));   % 得到初动为正的数
据在大圆上的施密特投影点坐标
    plot(xp,yp,'.')     % 绘制初动为正的数据点
    rn = siz * sqrt(2) * sin(deg2rad(tak(Indxn))/2);      % 根据式(10-5-13)计算施密特投影的距
中心点距离
    xn = rn. * sin(deg2rad(azi(Indxn))); yn = rn. * cos(deg2rad(azi(Indxn)));   % 得到初动为负的数
据在大圆上的施密特投影点坐标
    plot(xn,yn,'o')   % 绘制初动为负的数据点
    axis equal     % 使坐标轴相等,看上去为正圆
    axis off     % 不显示坐标轴
    cr = 1;
    def = {'100','75','120'};    % 初始震源机制猜测值
    tfm = def;
    while((questdlg(sprintf('你猜测解为走向 % 3d,倾角 % 2d,滑动角 % 4d,得分为 % f,是否继续?',
str2num(tfm{1}),str2num(tfm{2}),str2num(tfm{3}),(1-cr) * 100), '猜测断层面解?','是','否','是
')) = ='是')
    clf
    plot(siz * cos(alpha),siz * sin(alpha));
    hold on
    plot(xp,yp,'.')     % 绘制初动为正的数据点
    plot(xn,yn,'o')   % 绘制初动为负的数据点
    axis equal     % 使坐标轴相等,看上去为正圆
    prompt = {'走向角:','倾角:','滑动角'};
    dlg_title = 'FM Solution';
    num_lines = 1;
    tfm = inputdlg(prompt,dlg_title,num_lines,def);
    gstr = str2num(tfm{1});gdip = str2num(tfm{2});grake = str2num(tfm{3});
    [Ptrpl,Ttrpl,Btrpl,str2,dip2,rake2] = dsrin(gstr,gdip,grake);
    RTPB = [cosd(Ttrpl(1)) * cosd(Ttrpl(2)),sind(Ttrpl(1)) * cosd(Ttrpl(2)),sind(Ttrpl(2));...
    cosd(Ptrpl(1)) * cosd(Ptrpl(2)),sind(Ptrpl(1)) * cosd(Ptrpl(2)),sind(Ptrpl(2));...
    cosd(Btrpl(1)) * cosd(Btrpl(2)),sind(Btrpl(1)) * cosd(Btrpl(2)),sind(Btrpl(2))];
    % 转换矩阵
    PTPB = RTPB * vect; % 给出地震射线在 TPB 轴下的表示
    trpl = [];
    for ii = 1:NP; % 求出与 T 轴夹角 fai 和与 B 轴的夹角 theta
    trpl = [trpl;v2trpl([PTPB(:,ii)]')];      % trpl 的第一个数为该向量和 T 轴的夹角,第二个数为该
```

```
向量与TP面的夹角
    end
    weit = cosd(2 * trpl(:,1)). * sind(90 - trpl(:,2));
    mul = weit. * psign;
    cr = length(find(mul<0))/NP;
    beachball_ea(str2num(tfm{1}),str2num(tfm{2}),str2num(tfm{3}),siz,50,'r',0,0,1,1,0);
    def = {num2str(tfm{1}),num2str(tfm{2}),num2str(tfm{3})};
    axis equal    %使坐标轴相等,看上去为正圆
    axis off      %不显示坐标轴
    end
    msgbox(sprintf('走向%3.0f度,倾角%3.0f度,滑动角%3.0f度,你本次猜测的最后得分为%3.0f',
str,dip,rake,(1 - cr) * 100),'最优解')
    figure(2)
    subplot(1,2,1)
    hold on
    beachball_ea(str2num(tfm{1}),str2num(tfm{2}),str2num(tfm{3}),siz,50,'r',0,0,1,1,1);
    plot(xp,yp,'.')      %绘制初动为正的数据点
    plot(xn,yn,'o')   %绘制初动为负的数据点
    text(-4,-6,sprintf('你本次猜测的最后得分为%3.0f!',(1 - cr) * 100))      %给出得分
    title('你猜测的断层面解及与P波初动数据数据的拟合情况')
    axis equal    %使坐标轴相等,看上去为正圆
    axis off   %不显示坐标轴
    subplot(1,2,2)
    hold on
    beachball_ea(str,dip,rake,siz,50,'r',0,0,1,1,1);
    plot(xp,yp,'.')      %绘制初动为正的数据点
    plot(xn,yn,'o')   %绘制初动为负的数据点
    text(-1,-6,sprintf('正确解的走向、倾角和滑动角为%4.0f,%4.0f,%4.0f',str,dip,rake))
%给出正确的解
    title('正确断层面解及与P波初动数据的拟合情况')
    axis equal   %使坐标轴相等,看上去为正圆
    axis off  %不显示坐标轴
```

在本节结束时，提醒读者注意：根据上面的步骤可以得到震源机制的两个节面，两个节面中有一个是断层面，但仅根据P波初动方向记录无法确定哪一个是断层面，还必须根据其他资料，如现场地质考察资料、余震的空间分布、地震波辐射图型的不对称性和地震波的多普勒效应（参看本章10.9节内容）等，从两个节面中分析判定实际的断层面，这种判定一般只对大地震才能实现。

10.7 由体波资料反演矩张量

考虑所有的矩张量具有统一的震源时间函数 $s(t)$，可以把地震图写为

$$u_n(x,t)=s(t)\otimes i(t)\otimes\sum_{i=1}^{6}m_iG_{in}(t) \tag{10-7-1}$$

式中，u_n 可以是垂直向、径向和切向的位移；i（t）为地震仪的响应；求和是对于地震矩张量和格林函数的乘积，$\otimes$表示卷积或褶积。如果矩张量采用迹为零的约束（即假设没有各向同性部分），$m_{zz}=-$（$m_{xx}+m_{yy}$），则只需要求解五个矩张量的元素，式（10-7-1）中求和号上面的 6 改为 5 即可，这对大多数天然地震是正确的。需要注意的是，一个地震矩张量元素 m_i 对应的格林函数将包含三个分量。这是一个计算地震波形的非常有用的表达式，因为它仅需要五个基本格林函数就可以计算任意地震矩张量在给定距离上的理论地震图。式（10-7-1）也是求解震源参数的反演过程的基础。

如果将震源时间函数、仪器响应和格林函数的卷积看作一个新的格林函数，则式（10-7-1）可以写为简单的形式：

$$u_n(x,t)=\sum_{i=1}^{5}m_iH_{in}(t) \tag{10-7-2}$$

式中，H_{in}（t）为考虑了震源时间函数和仪器响应的新格林函数，写成矩阵形式为

$$\boldsymbol{u}=\boldsymbol{Gm} \tag{10-7-3}$$

当采用最小二乘法拟合观测数据时，可以用下式计算地震矩张量：

$$\boldsymbol{m}=\boldsymbol{G}^{-1}\boldsymbol{u} \tag{10-7-4}$$

最可靠的反演过程是同时拟合多个地震记录，这些记录对应于不同的格林函数。对于给定的时刻和多个地震台站。式（10-7-4）可以写成矩阵形式：

$$\begin{bmatrix}u_1\\u_2\\\vdots\\u_k\end{bmatrix}=\begin{bmatrix}G_{11}&G_{12}&\cdots&G_{15}\\G_{21}&G_{22}&\cdots&G_{25}\\\vdots&\vdots&\cdots&\vdots\\G_{k1}&G_{k2}&\cdots&G_{k5}\end{bmatrix}\begin{bmatrix}m_1\\m_2\\\vdots\\m_5\end{bmatrix} \tag{10-7-5}$$

式中，k 为使用波形的数量，当 $k>5$ 时，方程是超定的，有可能求解矩张量。在实践中，为求解 m，方程组必须是非常超定的，只要采用多条波形数据，就很容易达到该条件。

通常我们并不知道震源时间函数，此时需要把震源时间函数离散化。两种最常用的震源时间函数参数化是箱车函数（boxcar）和三角形函数。采用箱车函数可以把震源时间函数写成

$$s(t)=\sum_{j=1}^{M}B_jb(t-\tau_j) \tag{10-7-6}$$

式中，b（$t-\tau_j$）为箱车函数，该函数起始于时刻 τ_j，结束于时刻 $\tau_j+\Delta\tau$，宽度为 $\Delta\tau$，高度为 B_j；震源时间函数的总时间为 $M\Delta\tau$。此时方程可以写为

$$u_n(x,t)=i(t)\otimes\sum_{j=1}^{M}\sum_{i=1}^{5}B_jm_i\otimes G_{in}(t) \tag{10-7-7}$$

方程中有两组未知数，即箱车函数的高度 B_j 和地震矩张量 m_i。由于该方程是未知数的非线性函数，因此可以采用线性化最小二乘迭代来求解。首先假设一个初始模型，用此初始模型计算理论地震图。然后采用最小二乘原理，通过观测值与理论值的差 obs（t）$-$syn（t）$=\Delta d$（t）达到极小来拟合观测资料。对此，可解矩阵方程：

$$\Delta \boldsymbol{d} = \boldsymbol{A} \Delta \boldsymbol{P} \tag{10-7-8}$$

式中，A 为理论地震图对于给定参数 P_j 的偏微分（$A_{ij} = \partial u_i / \partial P_j$）组成的矩阵；$\Delta \boldsymbol{P}$ 为需求解模型的改变量。式（10-7-8）可以通过广义逆技术来实现。上述的线性化对于小的 $\Delta \boldsymbol{P}$ 是合理的，因此需要一个好的初始模型。一般来说，通过对很多不同初始模型反演结果的分析，可以产生一个可靠的解。

10.8 由面波波形资料反演地震矩张量

面波同样可以用来反演地震矩张量，但采用面波反演时震源深度和时间函数的分辨率受到限制。瑞雷波和勒夫波依赖于传播路径上的速度结构（第 5 章），这意味着我们必须精确地校正速度和衰减的非均匀性影响，这等价于在体波反演过程中必须了解地球的格林函数一样。通常采用较长的周期（大于 100s）进行反演，因为对于地球介质的长周期，非均匀性的分布已了解得比较清楚。这些周期比大多数地震的震源持续时间长得多，以至于可以把远场时间函数考虑为一个宽度为 T 的箱车函数。这里首先引入地震矩为 M 的错动在远场产生的瑞雷波和勒夫波理论地震图的频率域表达式（Stein and Wysession，2003），对于给定的频率 ω，震中距为 Δ（单位为度）的仪器观测到的勒夫波位移谱为

$$X_{\mathrm{L}}(\omega) = \frac{I(\omega) M(\omega)}{\sqrt{\sin\Delta}} \mathrm{e}^{\mathrm{i}4/\pi} \mathrm{e}^{\mathrm{i}\omega a\Delta/c} \mathrm{e}^{-\omega\Delta a/2QU} \mathrm{e}^{\mathrm{i}m\pi/2} (p_{\mathrm{L}} P_{\mathrm{L}} + \mathrm{i} q_{\mathrm{L}} Q_{\mathrm{L}}) \tag{10-8-1}$$

瑞雷波的位移谱为

$$X_{\mathrm{R}}(\omega) = \frac{I(\omega) M(\omega)}{\sqrt{\sin\Delta}} \mathrm{e}^{\mathrm{i}\pi/4} \mathrm{e}^{-\mathrm{i}\omega a\Delta/c} \mathrm{e}^{-\omega\Delta a/2QU} \mathrm{e}^{\mathrm{i}m\pi/2} (s_{\mathrm{R}} S_{\mathrm{R}} + p_{\mathrm{R}} P_{\mathrm{R}} + \mathrm{i} q_{\mathrm{R}} Q_{\mathrm{R}}) \tag{10-8-2}$$

式中，a 为地球半径；c 和 U 为频率 ω 处的相速度和群速度（参看第 5 章）；Q 为对应频率的衰减因子。$\mathrm{e}^{-\omega\Delta a/2QU}$ 表示面波的指数衰减，根据第 8 章的理论可以得出。$\frac{a\Delta}{U}$ 给出了面波的走时。相位函数 $\mathrm{e}^{-\mathrm{i}\omega a\Delta/c}$ 给出了相位随震中距的变化，$\frac{1}{\sqrt{\sin\Delta}}$ 描述了波前远离震中的几何扩散项。$\mathrm{e}^{\mathrm{i}m\pi/2}$ 项中的 m 为波穿过震中或对蹠点的次数。Δ 为面波传播的距离，包含了绕地球一周的 2π 项。M（ω）为地震矩释放随频率变化的函数，包含了震源时间函数，除了特别大的地震，M（ω）通常被认为是一个常数，这就是标量地震矩。I（ω）为记录分向的仪器传递函数。其他参数由金森博雄和斯图尔特（Kanamori and Stewart，1976）给出：

$$\begin{aligned}
p_{\mathrm{L}} &= \cos\delta\sin\lambda\sin\delta\sin(2\phi) + \cos\lambda\sin\delta\cos(2\phi) \\
q_{\mathrm{L}} &= -\cos\lambda\cos\delta\sin\phi + \sin\lambda\cos(2\delta)\cos\phi \\
s_{\mathrm{R}} &= \sin\lambda\sin(2\delta) \\
q_{\mathrm{R}} &= \sin\lambda\cos(2\delta)\sin\phi + \cos\lambda\cos\delta\cos\phi \\
s_{\mathrm{R}} &= \cos\lambda\sin\delta\sin(2\phi) - \sin\lambda\sin\delta\cos\delta\cos(2\phi)
\end{aligned} \tag{10-8-3}$$

式中，$\phi = \phi_f - \phi_s$，为断层走向和台站方位之差。p_{L}，q_{L}，s_{R}，p_{R}，q_{R} 为面波激发函数，是弹性常数和地震深度的复杂表达式，有兴趣的读者可以查看安芸敬一和理查德的定量地震学（Aki and Richards，2002），这里不详细叙述。

在利用面波进行矩张量反演中，上面的表达式并不方便，通常将式（10-8-1）和式（10-8-2）表达为矩张量的形式，首先定义：

$$V(\omega,\phi)=\frac{X}{H} \tag{10-8-4}$$

其中

$$H=\frac{I(\omega)}{\sqrt{\sin\Delta}}\mathrm{e}^{\mathrm{i}\pi/4}\,\mathrm{e}^{-\mathrm{i}\omega a\Delta/c}\,\mathrm{e}^{-\omega\Delta a/2QU}\,\mathrm{e}^{\mathrm{i}m\pi/2} \tag{10-8-5}$$

式中，V（ω，ϕ）为反映震源几何特性的辐射图型项；H 表示反映地震仪器及传播效应的项，在反演中通常视为已知量。

这样对于瑞雷波，给定频率的震源辐射图型就可以表示为矩张量分量的线性组合形式（Stein and Wysession，2003）：

$$\begin{aligned}V(\omega,\phi)=&-P_{\mathrm{R}}\left[M_{xy}\sin(2\phi)-\frac{1}{2}(M_{yy}-M_{xx})\cos(2\phi)\right]+\frac{1}{3}(S_{\mathrm{R}}-N_{\mathrm{R}})M_{zz}\\&+\frac{1}{6}(2N_{\mathrm{R}}-S_{\mathrm{R}})(M_{xx}+M_{yy})+\mathrm{i}Q_{\mathrm{R}}(M_{yz}\sin\phi+M_{xz}\cos\phi)\end{aligned} \tag{10-8-6}$$

同样，该式表示的辐射图型依赖于给定频率某一深度的激发函数（S_{R}，P_{R}，Q_{R}），但除此之外，还有表示各向同性源的激发函数 N_{R}。如果激发函数中仅此一项，则根据各向同性源的对角线元素相等（$M_{xx}=M_{yy}=M_{zz}=M_0$），非对角线元素为零，则 V（ω，ϕ）$=M_0N_{\mathrm{R}}$，即辐射图型是方位对称的，代表爆炸或塌缩源产生的辐射图型。如果震源中没有各向同性分量，N_{R} 项可以从式（10-8-6）中去除。

根据式（10-8-6）可以构建反演问题，将 V（ω，ϕ）分为实部和虚部，得到下列矩阵式：

$$\begin{bmatrix}\mathrm{Re}(V(\omega,\phi))\\\mathrm{Im}(V(\omega,\phi))\end{bmatrix}=\boldsymbol{Bm} \tag{10-8-7}$$

$\boldsymbol{m}$ 为由地震矩张量元素及其组合组成的矩阵：

$$\boldsymbol{m}=[M_{xy},M_{yy}-M_{xx},M_{zz},M_{xx}+M_{yy},M_{yz},M_{xz}]^{\mathrm{T}} \tag{10-8-8}$$

$\boldsymbol{B}$ 为包含激发函数和方位角三角函数的已知矩阵：

$$\boldsymbol{B}=\begin{bmatrix}-P_{\mathrm{R}}\sin(2\phi) & \frac{P_{\mathrm{R}}}{2}\cos(2\phi) & \frac{1}{3}(S_{\mathrm{R}}+N_{\mathrm{R}}) & \frac{1}{6}(2N_{\mathrm{R}}-S_{\mathrm{R}}) & 0 & 0\\0 & 0 & 0 & 0 & Q_{\mathrm{R}}\sin\phi & Q_{\mathrm{R}}\cos\phi\end{bmatrix} \tag{10-8-9}$$

为采用瑞雷波地震图获得矩张量，首先扣除将第 i 个台站的面波传播和地震仪的影响因子 H［式（10-8-5）］，得到 V（ω，ϕ_i）。这样一个地震台的记录瑞雷波含有 6 个未知数的两个方程，仅凭这两个方程不能求得矩张量，然而，三个或以上台站进行计算原则上可以找到矩张量的解。对于 n 个台站求解，同样写成矩阵的形式：

$$\boldsymbol{v}=\boldsymbol{Bm} \tag{10-8-10}$$

其中，

$$\boldsymbol{v}=\begin{bmatrix}\mathrm{Re}(V(\omega,\phi_1))\\ \mathrm{Im}(V(\omega,\phi_1))\\ \vdots\\ \mathrm{Re}(V(\omega,\phi_n))\\ \mathrm{Im}(V(\omega,\phi_n))\end{bmatrix} \tag{10-8-11}$$

$$\boldsymbol{B}=\begin{bmatrix}-P_{\mathrm{R}}\sin(2\phi_1) & \frac{P_{\mathrm{R}}}{2}\cos(2\phi_1) & \frac{1}{3}(S_{\mathrm{R}}+N_{\mathrm{R}}) & \frac{1}{6}(2N_{\mathrm{R}}-S_{\mathrm{R}}) & 0 & 0\\ 0 & 0 & 0 & 0 & Q_{\mathrm{R}}\sin\phi_1 & Q_{\mathrm{R}}\cos\phi_1\\ \vdots & \vdots & \vdots & \vdots & \vdots & \vdots\\ -P_{\mathrm{R}}\sin(2\phi_n) & \frac{P_{\mathrm{R}}}{2}\cos(2\phi_n) & \frac{1}{3}(S_{\mathrm{R}}+N_{\mathrm{R}}) & \frac{1}{6}(2N_{\mathrm{R}}-S_{\mathrm{R}}) & 0 & 0\\ 0 & 0 & 0 & 0 & Q_{\mathrm{R}}\sin\phi_n & Q_{\mathrm{R}}\cos\phi_n\end{bmatrix} \tag{10-8-12}$$

对于多于三个台站的瑞雷波的求解，可以采用最小二乘法求得矩张量为

$$\boldsymbol{m}=(\boldsymbol{B}^{\mathrm{T}}\boldsymbol{B})^{-1}\boldsymbol{B}^{\mathrm{T}}\boldsymbol{v} \tag{10-8-13}$$

此处的解给出了观测振幅谱预测的最优地震矩张量。

采用式（10-8-13）求解的一个局限是对应于 M_{zz} 和 $M_{xx}+M_{yy}$ 项的 $\boldsymbol{B}$ 矩阵的中间两列不包含 ϕ，即不含有方位变化信息。因此不管有多少台站，$\frac{1}{3}$（$S_{\mathrm{R}}-N_{\mathrm{R}}$）$M_{zz}+\frac{1}{6}$（$2N_{\mathrm{R}}-S_{\mathrm{R}}$）（$M_{xx}+M_{yy}$）对所有台站均一样，反演不能独立找到 M_{zz} 和 $M_{xx}+M_{yy}$，仅能得到它们的和，这就是震源对应于体积变化的各向同性部分。解决该问题的一种途径是采用不同频率的数据，然而，这样仍然是困难的，因为对于浅源地震，上述项的激发函数随频率的变化很小。因此在面波反演地震矩张量过程中通常约束 $M_{xx}+M_{yy}=-M_{zz}$。此时有

$$\begin{aligned}V(\omega,\phi)=&-P_{\mathrm{R}}\left[M_{xy}\sin(2\phi)-\frac{1}{2}(M_{yy}-M_{xx})\cos(2\phi)\right]\\&-\frac{1}{2}S_{\mathrm{R}}(M_{xx}+M_{yy})+iQ_{\mathrm{R}}(M_{yz}\sin\phi+M_{xz}\cos\phi)\end{aligned} \tag{10-8-14}$$

反演问题可以表示为

$$\boldsymbol{v}=\boldsymbol{A}\boldsymbol{m} \tag{10-8-15}$$

其中，

$$\boldsymbol{m}=[M_{xy},M_{yy}-M_{xx},M_{xx}+M_{yy},M_{yz},M_{xz}]^{\mathrm{T}}$$

$$\boldsymbol{A}=\begin{bmatrix}-P_{\mathrm{R}}\sin(2\phi_1) & \frac{P_{\mathrm{R}}}{2}\cos(2\phi_1) & -\frac{1}{2}S_{\mathrm{R}} & 0 & 0\\ 0 & 0 & 0 & Q_{\mathrm{R}}\sin\phi_1 & Q_{\mathrm{R}}\cos\phi_1\\ \vdots & \vdots & \vdots & \vdots & \vdots\\ -P_{\mathrm{R}}\sin(2\phi_n) & \frac{P_{\mathrm{R}}}{2}\cos(2\phi_n) & -\frac{1}{2}S_{\mathrm{R}} & 0 & 0\\ 0 & 0 & 0 & Q_{\mathrm{R}}\sin\phi_n & Q_{\mathrm{R}}\cos\phi_n\end{bmatrix} \tag{10-8-16}$$

方程的解给出 5 个矩张量元素。

采用面波测定地震矩张量的另一个困难是由于激发函数 Q_{R} 与剪应力成比例，对于地

表震源为零，对于较浅震源，Q_R 非常小。因此 M_{xz} 和 M_{yz} 对于小于 30km 的震源通常难于很好约束。解决该困难的方法之一为反演大振幅、短周期的面波记录。然而采用这种方法的缺点是引入了介质横向不均匀性对反演结果的影响。另一种途径为将 M_{xz} 和 M_{yz} 约束为零。这将强制矩张量的一个本征向量为垂直，使得最大双力偶取下列方式之一：纯走滑断层（中间轴垂直），45°倾角的逆冲断层（T 轴垂直）和 45°倾角的正断层（P 轴垂直）。因此约束矩张量的全部元素通常需要诸如初动数据、地质观测等其他信息。

对于勒夫波，采用与上面相似的形式：

$$V_L(\omega,\phi)=-P_L\left[\frac{1}{2}(M_{xx}-M_{yy})\sin(2\phi)-M_{xy}\cos(2\phi)\right]+iQ_L(-M_{xz}\sin\phi+M_{yz}\cos\phi)\tag{10-8-17}$$

10.9　有限尺度震源产生的地震波

在前面的地震震源研究中，将震源近似看作一个点源，忽略了震源破裂的传播效应，这样可使问题大大简化。实际地震震源是有一定尺度的断层的破裂过程，为了得到震源辐射的地震波场，应当对移动着的点源引起的位移场做连续的叠加。

10.9.1　单侧破裂移动源

最简单的一种有限尺度破裂震源是单侧破裂的矩形断层，设断层面是长为 L、宽为 W 的矩形面，且 $L\gg W$。设断层面位于 xy 平面内，即法线矢量 $\boldsymbol{v}$ 与 z 轴一致，并设位错矢量 $\boldsymbol{D}$ 的方向沿 x 轴方向。如果破裂过程从断层的一端开始，以有限的常速度 V_f 传播到另一端（图 10-9-1），这种震源称为**单侧破裂**（unilateral rupture）的**有限移动源**（finite moving source），或称**哈斯克尔震源模型**。由式（10-4-9）可求得，在时间域里，断层破裂过程中，断层面局域（x，$x+\mathrm{d}x$）子破裂源所辐射的远场地震波位移为（傅承义等，1985）

$$\mathrm{d}\boldsymbol{u}(x,t)=\frac{\boldsymbol{R}}{4\pi\rho c^3 r}\dot{M}_0\left(t-\frac{r}{c}\right)=\frac{\boldsymbol{R}}{4\pi\rho c^3 r}\mu W\dot{D}\left(t-\frac{x}{V_f}-\frac{r'}{c}\right)\tag{10-9-1}$$

式中，$\boldsymbol{R}$ 为辐射图型矢量因子，根据研究波的不同进行选择（$\boldsymbol{R}^P$ 或 $\boldsymbol{R}^S$）；c 为所研究波的波速；r 为断层破裂端点至记录台的距离；D（t）为震源破裂的位移时间函数。当 $r\gg L$ 时，由图 10-9-1 可知：

$$r'=r-x\cos\varphi\tag{10-9-2}$$

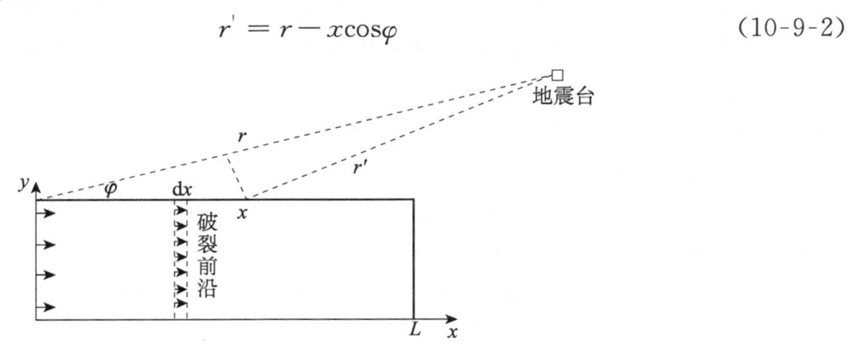

图 10-9-1　地震单侧破裂传播示意图

则该单侧破裂源产生的远场位移为

$$\boldsymbol{u}=\frac{\boldsymbol{R}\mu W}{4\pi\rho c^3 r}\int_0^L \dot{D}\left(t-\frac{x}{V_f}-\frac{r-x\cos\varphi}{c}\right)\mathrm{d}x \tag{10-9-3}$$

令 $\dot{D}(t)=u_0\dot{g}(t)$，u_0 为平均滑动量，$\dot{g}(t)$ 为单位震源时间函数，则式（10-9-3）可写为

$$\begin{aligned}\boldsymbol{u}&=\frac{\boldsymbol{R}\mu W u_0}{4\pi\rho c^3 r}\int_0^L \dot{g}\left(t-\frac{x}{V_f}-\frac{r-x\cos\varphi}{c}\right)\mathrm{d}x\\&=-\frac{\boldsymbol{R}(\mu LWu_0)}{4\pi\rho c^3 rL}\frac{1}{\dfrac{1}{V_f}-\dfrac{\cos\varphi}{c}}\int_0^L \dot{g}\left[t-\frac{r}{c}-\left(\frac{1}{V_f}-\frac{\cos\varphi}{c}\right)x\right]\mathrm{d}\left[t-\frac{r}{c}-\left(\frac{1}{V_f}-\frac{\cos\varphi}{c}\right)x\right]\\&=\frac{\boldsymbol{R}M_0}{4\pi\rho c^3 rL}\frac{1}{\dfrac{1}{V_f}-\dfrac{\cos\varphi}{c}}\left\{g\left[t-\frac{r}{c}-\left(\frac{1}{V_f}-\frac{\cos\varphi}{c}\right)x\right]\right\}_{x=L}^{x=0}\\&=\frac{\boldsymbol{R}M_0}{4\pi\rho c^3 r}\frac{1}{\dfrac{L}{V_f}\left(1-\dfrac{V_f}{c}\cos\varphi\right)}\left\{g\left(t-\frac{r}{c}\right)-g\left[t-\frac{r}{c}-\left(\frac{1}{V_f}-\frac{\cos\varphi}{c}\right)L\right]\right\}\end{aligned} \tag{10-9-4}$$

式中，$M_0=\mu LWu_0$。将式（10-9-4）与式（10-4-9）的形式比较可见，式（10-9-4）多了 $\dfrac{1}{\dfrac{L}{V_f}\left(1-\dfrac{V_f}{c}\cos\varphi\right)}$ 的因子，表示破裂传播效应对辐射图型的调制。在破裂传播方向上（$\varphi=0$）振幅增大，在其反方向（$\varphi=\pi$）减小。调制效应的大小受破裂速度和波速之比控制。由于调制效应，P 波和 S 波的辐射图型不再对称，这一性质可用来鉴别两个节面中的断层面。

请读者注意，在本章 10.4 节提到的 P 波辐射图型为 $\sin(2\theta)\cos\phi$ 对应于 M_{xz} 破裂分量的辐射图型。如果对于 M_{xy} 分量，则 P 波辐射图型为 $\sin(2\phi)\cos\theta$，SH 波辐射图型为 $\cos(2\phi)\cos\theta$，SV 波的辐射图型为 $-\cos\phi\sin\theta$。对于 Oxy 平面 $\theta=0$，则 P 波和 SH 波辐射图型为 $\sin(2\phi)$ 和 $\cos(2\phi)$，SV 波的辐射图型在 Oxy 平面内为零。现在在 Oxy 平面中表示 M_{xy} 破裂沿 x 方向上传播的情况，则这里的 φ 与 ϕ 的定义一致。注意虽然在 Oxy 平面中表示辐射图型时定义一致，但这里需要提醒读者的是，只要与破裂传播方向夹的角度相同，则破裂传播效应因子是一致的，即破裂传播效应因子只与观测点所在方向和破裂传播方向的夹角有关。

下面按照上面的原理给出单侧破裂模拟的 P 波和 SH 波辐射图型的 MATLAB 程序：

```
%P10_12.m
fai = -pi:0.01:pi;   %fai旋转一周
alpha = 0.4;   %破裂速度和传播速度之比
r = sin(2*fai)./(1-alpha*cos(fai));   %P波辐射图型在Oxy平面的表示
x = abs(r).*cos(fai);   %转换为平面坐标
y = abs(r).*sin(fai);
subplot(1,2,1),plot(x,y)   %绘图
```

```
axis equal
title('P 波辐射图型 ')
xlabel('x');ylabel('y')
r = cos(2 * fai) ./(1 - alpha * cos(fai));   % SH 波辐射图型在 Oxy 平面的表示
x = abs(r). * cos(fai);   % 转换为平面坐标
y = abs(r). * sin(fai);
subplot(1,2,2),plot(x,y)   % 绘图
axis equal
title('SH 波辐射图型 ')
xlabel('x');ylabel('y')
```

运行程序后得到图 10-9-2，可见沿着 x 方向传播的破裂在此方向具有较大的辐射图型。

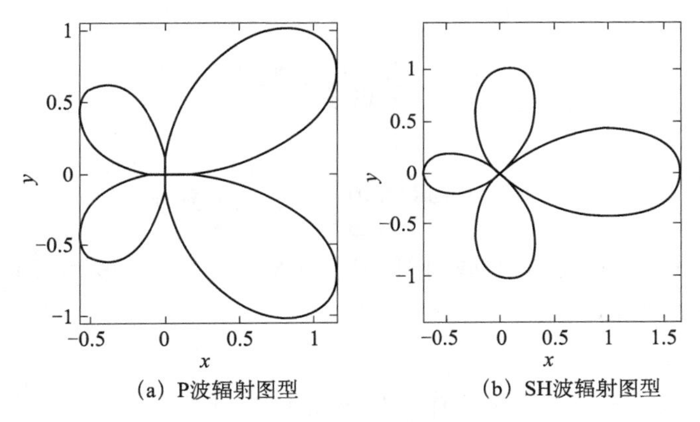

(a) P波辐射图型　　(b) SH波辐射图型

图 10-9-2　M_{xx} 分量沿着 x 方向传播的 P 波和 SH 波辐射图型

如果震源时间函数为单位亥维赛（Heaviside）函数，即

$$g(t)=\begin{cases}0 & t<0\\ 1 & t>0\end{cases} \tag{10-9-5}$$

则式（10-9-4）表示的 $\boldsymbol{u}$ 的波形为方形波，其半周期（持续时间）为

$$T_u=\left(\frac{1}{V_f}-\frac{\cos\varphi}{c}\right)L=\frac{L}{V_f}\left(1-\frac{V_f}{c}\cos\varphi\right) \tag{10-9-6}$$

这就是说，由于破裂的调制效应，在破裂传播方向的前方，地震波初动半周期变小；在相反方向上增大。调制效应的大小受到破裂速度与波传播速度的比值（**地震马赫数**）$M=V_f/c$ 的控制（陈运泰和顾浩鼎，2011）。

由此可见破裂传播的效应包括两个方面，即初动半周期的缩短和振幅加大，或反过来。这种情况类似于声学中的多普勒（Doppler）效应，通常称作地震学中的“多普勒效应”。

注意到傅里叶变换的时移定理 $x(t-t_0)\xrightarrow{\text{FT}}X(\omega)\,\mathrm{e}^{-\mathrm{i}\omega t_0}$，将式（10-9-4）进行傅里叶变换得到：

$$
\begin{aligned}
\boldsymbol{U}(\omega) &= \frac{\boldsymbol{R}M_0}{4\pi\rho c^3 r}\frac{1}{\frac{L}{V_f}\left(1-\frac{V_f}{c}\cos\varphi\right)}\left[g(\omega)\mathrm{e}^{-\mathrm{i}\omega\frac{r}{c}} - g(\omega)\mathrm{e}^{-\mathrm{i}\omega\frac{r}{c}}\mathrm{e}^{-\mathrm{i}\omega\frac{L}{V_f}\left(1-\frac{V_f}{c}\cos\varphi\right)}\right] \\
&= \frac{\boldsymbol{R}M_0}{4\pi\rho c^3 r}\frac{g(\omega)\mathrm{e}^{-\mathrm{i}\omega\frac{r}{c}}}{\frac{L}{V_f}\left(1-\frac{V_f}{c}\cos\varphi\right)}\left[1-\mathrm{e}^{-\mathrm{i}\omega\frac{L}{V_f}\left(1-\frac{V_f}{c}\cos\varphi\right)}\right] \\
&= \frac{\boldsymbol{R}M_0}{4\pi\rho c^3 r}\frac{g(\omega)\mathrm{e}^{-\mathrm{i}\omega\frac{r}{c}}\mathrm{e}^{-\mathrm{i}\frac{L\omega}{2V_f}\left(1-\frac{V_f}{c}\cos\varphi\right)}}{\frac{L}{V_f}\left(1-\frac{V_f}{c}\cos\varphi\right)}\left[\mathrm{e}^{\mathrm{i}\frac{L\omega}{2V_f}\left(1-\frac{V_f}{c}\cos\varphi\right)} - \mathrm{e}^{-\mathrm{i}\frac{L\omega}{2V_f}\left(1-\frac{V_f}{c}\cos\varphi\right)}\right] \\
&= \frac{\mathrm{i}\omega\boldsymbol{R}M_0 g(\omega)\mathrm{e}^{-\mathrm{i}\omega\frac{r}{c}}}{4\pi\rho c^3 r}\frac{\sin\left[\frac{L\omega}{2V_f}\left(1-\frac{V_f}{c}\cos\varphi\right)\right]}{\frac{L\omega}{2V_f}\left(1-\frac{V_f}{c}\cos\varphi\right)}\mathrm{e}^{-\mathrm{i}\frac{L\omega}{2V_f}\left(1-\frac{V_f}{c}\cos\varphi\right)}
\end{aligned}
\tag{10-9-7}
$$

令

$$
X = \frac{\omega L}{2}\left(\frac{1}{V_f}-\frac{\cos\varphi}{c}\right) \tag{10-9-8}
$$

则有

$$
\boldsymbol{U}(\omega) = \frac{\mathrm{i}\omega\boldsymbol{R}M_0 g(\omega)\mathrm{e}^{-\mathrm{i}\omega\frac{r}{c}}}{4\pi\rho c^3 r}\frac{\sin X}{X}\mathrm{e}^{-\mathrm{i}X} \tag{10-9-9}
$$

断层有限性对辐射图型影响的调制因子是 $\sin X / X$，下面采用 MATLAB 程序模拟该调制因子绝对值的变化：

```
%P10_13.m
x=0:0.1:4.5*pi;                    %给出自变量序列值
y=abs(sin(x+eps)./(x+eps));        %给出 sinc 函数的离散序列值,eps 是 MATLAB 系统的精度,这
里防止被零除
plot(x,y)                  %绘图
set(gca,'Xtick',0:pi:4*pi,'Xticklabel',{'0', 'pi', '2*pi','3*pi','4*pi'})
xlabel('X')
ylabel('Y')
```

图 10-9-3 显示该调制因子的变化图。可以看到，这种影响在 $X=\pi$，2π，$3\pi\cdots$时产生节点，本-梅纳海姆（Ben-Menahem，1961）对此首先进行了讨论。由式（10-9-8）不难推导节点 n 相应的周期为

$$
T_n = \frac{2\pi}{\omega_n} = \frac{L}{n}\left(\frac{1}{V_f}-\frac{\cos\varphi}{c}\right), n=1,2,3\cdots \tag{10-9-10}
$$

请注意，由于破裂速度通常更接近于 S 波速度，地震马赫数更接近于 1，所以 S 波的多普勒效应更为明显，更有利于判断两个节面中的断层面。

下面采用地震波速度为 3km/s，地震破裂速度为 2.7km/s，模拟 20km 长的单侧破裂断层周围的地震波振幅空间分布，MATLAB 程序如下：

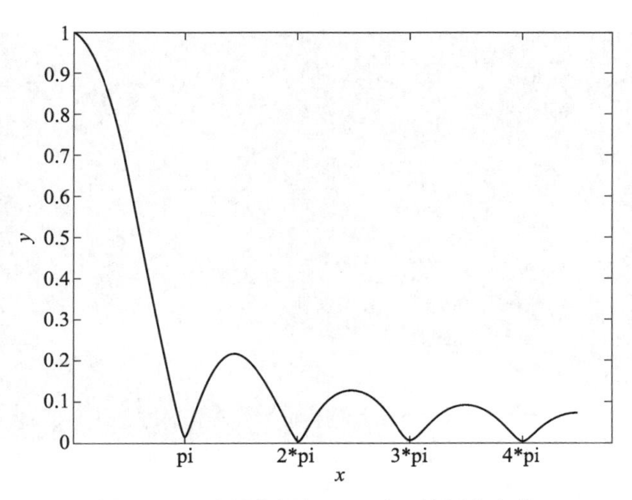

图 10-9-3 调制因子 sin X / X 的幅度变化

```
%P10_14.m
close;    %关闭原来的图形
Vf = 2.7;c = 3;    %地震破裂速度和波传播的速度
w = 2 * pi * 3;    %角频率
L = 20;    %断层长度为 20km
x = -4:0.1:30;
y = -1:0.1:15;
[X,Y] = meshgrid(x,y);
r = hypot(X,Y);
XX = w * L/2 * (1/Vf - X./(r * c));
sincx = sin(XX)./(XX + eps);
Amp = sincx./r;
contourf(X,Y,abs(Amp),[0:0.001:0.01]);
xlabel('X/km');
ylabel('Y/km');
hold on
plot([0,L],[0,0],'k','LineWidth',2);    %绘制断层位置
axis equal
axis([min(x),max(x),min(y),max(y)])
colorbar
```

运行上面的程序得到图 10-9-4。由于多普勒效应，在某些方位的观测点上观测到体波发生**相消干涉**（destructive interference）。

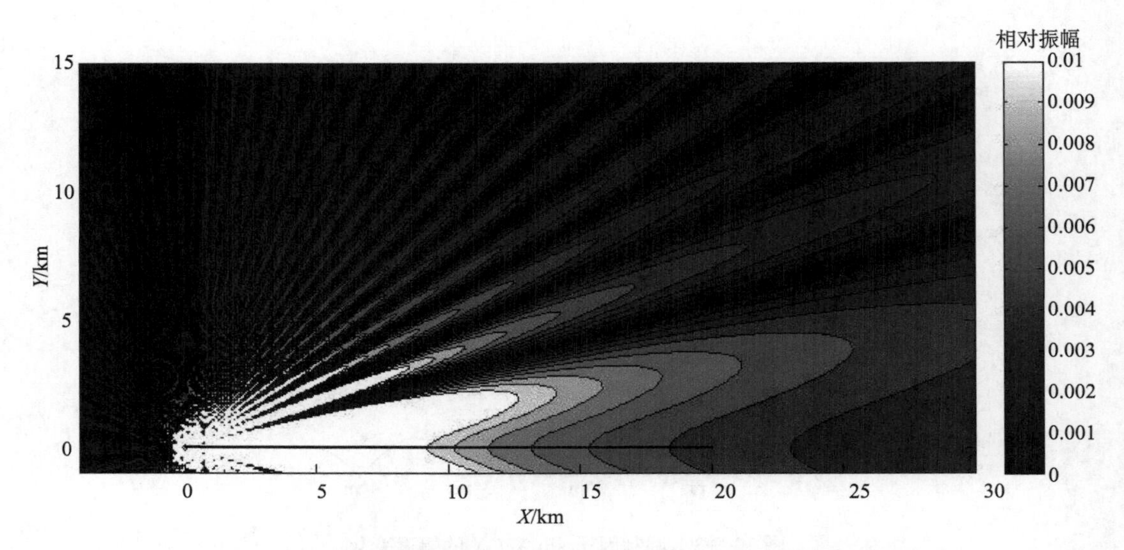

图 10-9-4　单侧破裂在 OXY 平面的相对振幅（参看程序运行的彩图）
颜色表示相对振幅，横线表示断层，破裂方向向右

10.9.2　双侧破裂移动源

上述研究涉及破裂朝一侧扩展的简单情况。实际地震波是很复杂的，其中一种可能的情形是破裂从一点开始，朝反方向的两侧以相同的速度扩展。这种情形叫做**对称双侧破裂**（bilateral rupture，图 10-9-5）。假定断层面长度为 $2L$，$M_0=2\mu LWu_0$，按照单侧破裂研究同样的办法可以得到远场位移的时间域表达式为（傅承义等，1985）

$$\boldsymbol{u}=\frac{\boldsymbol{R}M_0}{4\pi\rho c^3 r}\left\{\frac{1}{\frac{2L}{V_f}\left(1-\frac{V_f}{c}\cos\varphi\right)}\left[g\left(t-\frac{r}{c}\right)-g\left(t-\frac{r}{c}-\left(\frac{1}{V_f}-\frac{\cos\varphi}{c}\right)L\right)\right]\right.$$
$$\left.+\frac{1}{\frac{2L}{V_f}\left(1+\frac{V_f}{c}\cos\varphi\right)}\left[g\left(t-\frac{r}{c}\right)-g\left(t-\frac{r}{c}-\left(\frac{1}{V_f}+\frac{\cos\varphi}{c}\right)L\right)\right]\right\}\tag{10-9-11}$$

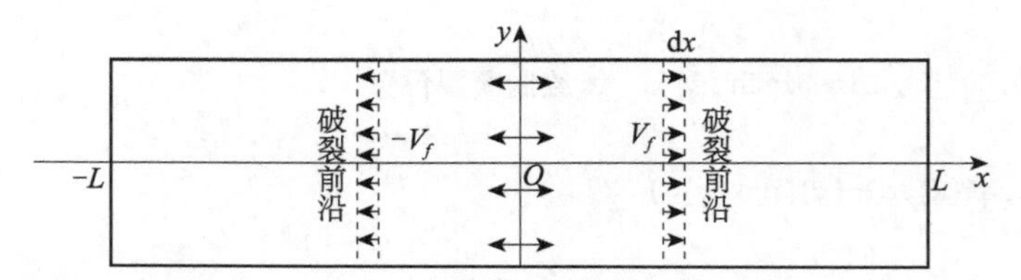

图 10-9-5　双侧破裂矩形断层示意图

按照单侧破裂辐射图型的研究方式，将双侧破裂辐射图型同样表示在 Oxy 平面中。其 MATLAB 程序如下：

```
%P10_15.m
fai = -pi:0.01:pi;   %fai 旋转一周
alpha = 0.4;    %破裂速度和传播速度之比
```

```
r = sin(2 * fai) . * (1./(1 - alpha * cos(fai)) + 1./(1 + alpha * cos(fai)));    % P 波辐射图型在Oxy 平面的表示
x = abs(r). * cos(fai);     % 转换为平面坐标
y = abs(r). * sin(fai);
subplot(1,2,1),plot(x,y)    % 绘图
axis equal
title('P 波辐射图型 ')
xlabel('x');ylabel('y')
r = cos(2 * fai) . * (1./(1 - alpha * cos(fai)) + 1./(1 + alpha * cos(fai)));    % SH 波辐射图型在Oxy 平面的表示
x = abs(r). * cos(fai);   % 转换为平面坐标
y = abs(r). * sin(fai);
subplot(1,2,2),plot(x,y)    % 绘图
axis equal
title('SH 波辐射图型 ')
xlabel('x');ylabel('y')
```

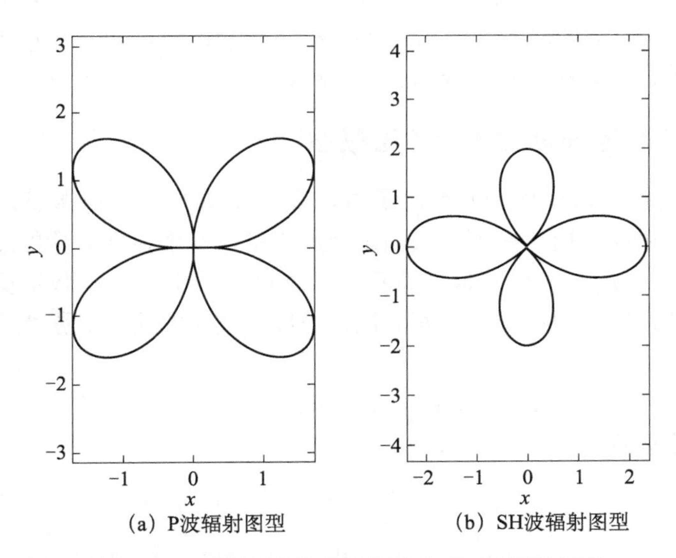

(a) P波辐射图型　　(b) SH波辐射图型

图 10-9-6　双侧破裂产生的 P 波和 SH 波辐射图型

运行上面的程序，得到图 10-9-6。可以看到，P 波辐射图型又回到原来的对称状态，而 SH 波的辐射图型在破裂方向上振幅增大。

将式（10-9-11）进行傅里叶变换为

$$\boldsymbol{U}(\omega)=\frac{\mathrm{i}\omega\boldsymbol{R}M_0 g(\omega)\mathrm{e}^{-\mathrm{i}\omega\frac{r}{c}}}{4\pi\rho c^3 r}\frac{1}{2}\left(\frac{\sin X}{X}\mathrm{e}^{-\mathrm{i}X}+\frac{\sin X_1}{X_1}\mathrm{e}^{-\mathrm{i}X_1}\right) \tag{10-9-12}$$

其中，

$$X_1=\frac{\omega L}{2}\left(\frac{1}{V_f}+\frac{\cos\varphi}{c}\right) \tag{10-9-13}$$

在双侧破裂情形下，初动半周期可表示为

$$T_b = \frac{L}{V_f}\left(1 + \frac{V_f}{c}\left|\cos\varphi\right|\right) \tag{10-9-14}$$

有限移动源断层模型的辐射图型告诉我们，在点源模型中，由辐射图型反演破裂面参数存在两个可能解；而由有限尺度破裂源模型，可以从辐射图型图像中找到唯一的断层面。由此可以预期，地震的辐射图型图像可以作为反演震源破裂面参数的基本资料。

除了上述破裂形式外，还有圆盘形断层破裂和双侧双向破裂的矩形断层破裂的远场位移表达式的求解，限于篇幅，只能略去。有兴趣的读者查看陈运泰和顾浩鼎所著的《震源理论基础》。

10.10 全球矩心矩张量计划简介

矩心矩张量计划始于 30 年前的哈佛大学，开始的 20 年由杰旺斯基（A. M. Dziwonski）领导，其后由埃克斯托姆（G. Ekström）领导。在此期间，该计划及其主要成果“地震机制目录”被称作“哈佛矩心矩张量目录”。2006 年，与矩心矩张量计划相关的研究活动与埃克斯托姆和内特尔斯（M. Nettels）一起转移到哥伦比亚大学的拉蒙特“全球矩心矩张量计划”名下，其主要目标是管理、改进和扩展地震震源机制的矩心矩张量目录。全球矩心矩张量计划成果在 www. globalCMT. org 上发布。

10.10.1 矩心矩张量方法和算法概述

1970 年吉尔伯特（F. Gilbert）导出了由地震矩张量激发简正振型的方程。该方程表明，由地震矩张量激发的简正振型的振幅是地震矩张量 6 个独立分量的线性函数。杰旺斯基等（Dziewonski et al.，1981）根据简正振型理论发展了矩心矩张量反演方法。该方法采用少量地震台的远震长周期体波和面波记录来确定震源的地震矩张量和最佳点震源的位置参数。

按照吉尔伯特和杰旺斯基（Gilbert and Dziewonski，1975）的理论，由点源激发的地面运动的地震记录分量可由下式表达：

$$u_k(x,t) = \sum_{i=1}^{6} \psi_{ki}(x,x_s,t) \otimes f_i(t) \tag{10-10-1}$$

式中，u_k（x，t）为一套地震图的第 k 个记录；x 为接收点位置；x_s 为源的位置；激发核 ψ_{ki} 依赖于地球的弹性和非弹性构造，可以根据地球自由振荡的本征周期和本征值计算，类似于前面格林函数对空间的偏导数；$\otimes$为卷积；f_i（t）函数为矩张量的 6 个独立分量。按照吉尔伯特和杰旺斯基（1975）的标记，$f_1 = M_{rr}$，$f_2 = M_{\theta\theta}$，$f_3 = M_{\varphi\varphi}$，$f_4 = M_{r\theta} = M_{\theta r}$，$f_5 = M_{r\varphi} = M_{\varphi r}$，$f_6 = M_{\theta\varphi} = M_{\varphi\theta}$。

式（10-10-1）是普遍的，可以指全部地震图或其片断，如体波、面波等。激发核 ψ_{ki}（x，x_s，t）的计算方法取决于所使用的资料。

通常假定 f_i（t）$= f_i S$（t）[S（t）就是震源时间函数]，先将 S（t）与激发核 ψ_{ki} 卷积形成新的激发核函数 $\widetilde{\psi}_{ki}$。此时地面运动分量是地震矩分量 f_i 的线性组合。当处理窄频带资料或震源持续时间与分析资料的周期范围相比非常短时，可以假设 S（t）为 δ 函数。

在数字信号处理中讲过，δ 函数与一个函数的卷积还是该函数本身，因此 ψ_{ki} （x，x_s，t）$\otimes f_i$ （t）$=\tilde{\psi}_{ki}$ （x，x_s，t）f_i，式（10-10-1）可写为

$$u_k(x,t) = \sum_{i=1}^{6} \tilde{\psi}_{ki}(x,x_s,t) f_i \tag{10-10-2}$$

此时 f_i 不含有时间因子，是地震矩张量的各个分量，也不需要进行卷积运算了。

根据观测资料 u_k （x，t），以及根据所分析的地震记录的时间窗来构建方程中的激发函数 $\tilde{\psi}_{ki}$，即可由式（10-10-2）直接反演震源矩张量的独立分量 f_i。但是由于采用的震源位置和发震时刻并不一定对应于相当于地震点源的中心，如果允许矩心位置和发震时刻可以在给定震源位置和发震时刻基础上做修正，即也将该参数作为反演参数加入反演问题中，则可能得到更为合理的结果。在矩心矩张量反演中正是这样做的。

在矩心矩张量反演中，通常先用式（10-10-2）反演得到矩张量作为初始值 $f_i^{(0)}$，并得到相对于震源位置、发震时刻和地震矩张量 f_i 的微小扰动展开式，即

$$u_k - u_k^{(0)} = b_k \delta r_s + c_k \delta\theta_s + d_k \delta\varphi_s + e_k \delta t_0 + \sum_{i=1}^{6} \psi_{ik}^{(0)}(x,x_s,t)\delta f_i \tag{10-10-3}$$

式中，u_k 为观测地震图；r_s 为地震矩心的半径，对应于地震的深度；θ_s 为矩心的纬度；φ_s 为地震矩心的经度；t_0 为地震矩心破裂时刻；$u_k^{(0)}$ 为由初始模型 $f_i^{(0)}$ 计算的理论地震图，可由下式计算：

$$u_k^0(x,t) = \sum_{i=1}^{6} \psi_{ik}^{(0)}(x,x_s,t)\delta f_i^0 \tag{10-10-4}$$

式中，δf_i 为地震矩张量独立分量的修正值；δr_s，$\delta\theta_s$，$\delta\varphi_s$，δt_0 为震源位置和发震时刻的扰动值，其系数 b_k，c_k，d_k，e_k 可由激发核函数的偏微分和震源矩张量的初始模型 $f_i^{(0)}$ 算出：

$$b_k(t) = \sum_{i=1}^{6} \frac{\partial \psi_{ki}^{(0)}}{\partial r_s} f_i^{(0)} \tag{10-10-5}$$

$$c_k(t) = \sum_{i=1}^{6} \frac{\partial \psi_{ki}^{(0)}}{\partial \theta_s} f_i^{(0)} \tag{10-10-6}$$

$$d_k(t) = \sum_{i=1}^{6} \frac{\partial \psi_{ki}^{(0)}}{\partial \varphi_s} f_i^{(0)} \tag{10-10-7}$$

$$e_k(t) = \sum_{i=1}^{6} \frac{\partial \psi_{ki}^{(0)}}{\partial t} f_i^{(0)} \tag{10-10-8}$$

通过解方程式（10-10-5）～式（10-10-8）得到各参数的修正后，修正震源位置、发震时刻和地震矩张量的独立分量 f_i 的初始模型，并以此作为新的初始模型，再次代入式(10-10-4)，进行计算，经多次迭代直至得到稳定的收敛解。

由此得到的震源位置和发震时刻已不同于开始时的震源位置和发震时刻，称为矩心(centroid)位置和矩心时间，由此得到的地震矩张量被称为**矩心矩张量**（Centroid Moment Tensor，CMT）。得到矩心矩张量后，通过本征值计算，可以得到地震矩张量的本征值和本征向量，本征向量表达为对应轴的走向和倾伏角。一般来说，所求得的地震矩张量中与中间应力轴相对应的本征值通常不为零，即不一定符合双力偶模型。因此由地震矩张量来研究震源机制或断层模型时，可以采用“最佳双力偶模型”这一概念。最佳双力偶

模型的计算方法参看 10.2 节。有了最佳双力偶还可以给出标量地震矩，双力偶解两个节面的走向、倾角和滑动角。有了这些参数，根据 10.2 节的内容，还可以估计矩心矩张量解的双力偶和补偿线性矢量偶极所占的成分。

矩心矩张量是基于地震的第零阶矩张量表达式中的 6 个独立元素与地震产生的地面运动之间的线性关系。只要地震（断层滑动的尺度）与所考虑的地震波的波长相比很小，则这种线性关系成立。矩心矩张量方法的“矩心”是指地震矩时空分布的中心，它由另外的四个参数定义。这样，10 个参数（6 个矩张量元素和地震矩心的纬度、经度、深度以及矩心时间）提供了地震的点源矩心矩张量解答。

20 世纪 80 年代，杰旺斯基等（Dziewonski et al.，1981）在地球简正振型框架下发展了矩心矩张量方法的理论，并展示了如何使用采用球对称的初步地球参考模型（PREM）进行简正振型求和计算出的合成地震图，对稀疏全球地震台网记录的长周期（$T>45$s）体波地震图进行最小二乘反演来计算矩心矩张量。在第一次将该方法系统应用于 1981 年全球地震活动时，杰旺斯基和伍德豪斯（Dziewonski and Woodhouse，1983）将该分析扩展到包括甚长周期（$T>135$s）面波，称作**地幔波**（mantle wave）。在发展了上地幔的层析成像模型 M84C 之后，对地球不均匀性结构的校正被纳入到常规矩心矩张量分析所使用的合成地震图计算中。自 1991 年 7 月开始，横向不均匀校正基于全地幔横波速度模型 SH8/U4L8 进行。

尽管新的地幔层析成像模型已经使矩心矩张量算法中使用的长周期体波和甚长周期面波有很好的匹配，但这些模型不适于匹配周期小于 100s 的基阶瑞雷波和勒夫波的较大传播延时。20 世纪 90 年代末发展了周期范围 35～150s 内瑞雷波和勒夫波的全球频散模型，这使得计算合成地震图时可以精确计算基阶振型的延时。因为中周期面波是浅源长周期远震地震图的最大震相，它们在矩心矩张量反演中的使用使得分析较小地震成为可能。另外，包含中周期面波的矩心矩张量反演可增加地震的可用波形数目，从而改善对矩心矩张量参数的约束。自 2004 年起，中周期面波纳入到对浅源中等深度地震的标准矩心矩张量反演分析中。

通常大于 5 级的地震均做矩心矩张量参数的求解，某些小于 5 级的地震的稳健的矩心矩张量反演结果也包含到目录中。

对于每个事件，提取全部可用台站的三分向记录，通过对仪器响应的反褶积和与标准的无相移带通滤波器褶积，使数据的仪器响应相等。自 2004 年起，矩张量分析考虑三种数据类型：①体波，定义为在小弧面波到达之前的时间窗内信号；②地幔波，由长达 4.5h 的数据构成，通常包括四个长周期勒夫波的 G1～G4 和瑞雷波 R1～R4；③中周期面波，它包括的时间窗以中周期面波小弧到时为中心。三种数据提供了对震源的互补约束。体波以一种比较直接的方式对震源球取样。中周期面波振幅大、相对噪声小，为较小地震提供了有效数据。地幔波的优点在于它在两个路径相反方向对地震震源参数进行约束。

在矩心矩张量反演中，通常约束矩张量对角线元素之和为零（假定矩张量没有体积变化）。对于一些地震，还固定震源矩心的空间位置（特别是矩心深度）。当反演试图将震源放在比最小允许深度还小的深度时，震源深度固定在 12km。当反演过程中深度表现不稳定时，则把深度固定在报告的震源深度或认为对该地区适当的震源深度。

震源半持续时间是在反演中根据标量地震矩假定的一个参数，使用根据宽带矩率函数模拟导出的经验关系得到的值。2004 年之前矩率函数模拟为矩形，2004 年起，矩率函数模拟为根据经验关系得到的三角形的半持续时间。

10.10.2　矩心矩张量目录文件（ndk）格式

全球矩心矩张量解的早期目录结果采用 dek 格式，目前采用 ndk 格式。下面介绍这种格式。

在全球矩心矩张量解的目录文件的 ndk 格式中，每个地震采用 5 行，每行 80 个字符的格式进行。以下以一个地震的矩心矩张量分析结果为例进行格式说明。

```
PDE  2005/01/01 01:42:24.9   7.29   93.92   30.0 5.1 0.0 NICOBAR ISLANDS, INDIA R
C200501010142A   B: 17   27   40 S: 41   58   50 M:  0     0    0 CMT: 1 TRIHD:  0.7
CENTROID:       -1.1 0.8   7.24 0.04   93.96 0.04   12.0   0.0 BDY  S-20050322125628
23 -1.310 0.212  2.320 0.166 -1.010 0.241  0.013 0.535 -2.570 0.668  1.780 0.151
V10   3.376 16 149   0.611 43   44   -3.987 43 254   3.681 282 48   -23   28 73 -136
```

1. 第一行：震源行

[1－4] 震源位置参考目录（如，PDE 为 USGS 定位结果，ISC 为国际地震中心目录结果，SWE 为面波定位结果 [Ekström，BSSA，2006]）。

[6－15] 参考事件日期。

[17－26] 参考事件时间。

[28－33] 纬度。

[35－41] 经度。

[43－47] 深度。

[49－55] 记录震级（通常为 mb 和 MS）。

[57－80] 地理位置（24 个字符）。

2. 第二行：CMT 信息（1）

[1－16] CMT 事件名称。该字符串为唯一的 CMT 事件标示。老版本具有 8 个字符，目前具有 14 个字符。该标示有两个约定，原版本采用 XMMDDYYZ 的结构形式，MMDDYY 为事件日期。Z 为区分同一天的不同事件的标示（A－Z），X 为反演中所用数据的标示（B，M，Z，C，…），新的事件给出了更高精度的时间，结构为 XYYYYMMDDhhmmZ，首字符限制为四种可能：B－仅用体波反演，S－仅用面波反演，M－仅用地幔波反演，C－用混合数据反演。

[18－61] 矩张量反演所用数据，有三类数据：长周期体波（B），中周期面波（S）和长周期地幔波（M），对于每种数据类型后面有所用台站数，分向数和所用的最短周期。

[63－68] 反演的震源类型："CMT：0" －一般矩张量；"CMT：1" －迹约束为零的矩张量（标准）；"CMT：2" －双力偶模型震源。

[70－80] 反演中假定的矩率函数的类型和持续时间。"TRIHD" 表示三角形矩率函数，"BOXHD" 表示箱车矩率函数。后面跟着根据标准关系得到矩率函数的半持续时间。注意：10^{17} N－m（10^{24} dyne－cm）对应于 1.05s，10^{20} N－m（10^{27} dyne－cm）对应于 10.5s。

3. 第三行：CMT 信息行（2）

[1－58] 反演中确定的矩心参数：矩心时间相对于参考时间、矩心纬度、矩心经度和矩心

深度，每个参数后为其估计的标准差。注意：对于台站方位分布较差的某些较小地震，将震中位置限制在参考位置，矩心纬度和经度的误差为零。

[60－63] 深度类型。“FREE”反演中得到的深度结果；“FIX”深度固定而非反演结果；“BDY”根据宽频带 P 波模拟而固定的深度。

[65－80] 时间标记。这 16 个字符给出了分析的类型，在最近的事件中给出了分析的日期和时间。这对于区分是震后数小时的快速矩张量反演（“Q－”）或后来的标准矩张量反演（“S－”）是有用的。

4. 第四行：CMT 信息行（3）

[1－2] 后来的矩张量值的指数项。例如，如果指数为 24，后来的地震矩张量元素应乘以 10^{24}，单位为 dyne-cm。

[3－80] 两个矩张量分量 Mrr，Mtt，Mpp，Mrt，Mrp，Mtp 的值，每个值后面跟着其标准差，这里 r 为上，t 为南，p 为东。注意：对于非常浅的地震，矩张量反演不能很好约束垂直倾滑分量（Mrt 和 Mrp），则约束这些分量为零，在这种情况下，它们的误差也为零。

5. 第五行：CMT 信息（4）

[1－3] 版本代码。这三个字符用来跟踪产生 ndk 文件的程序版本。

[4－48] 矩张量表示的主轴坐标系统：主轴的本征值，倾伏角和走向。本征值与第四行相同，需乘以 $10^{(指数项)}$。

[50－56] 标量地震矩，与第四行相同，需乘以 $10^{(指数项)}$。

[58－80] 最佳双力偶第一个节面和第二个节面的走向、倾角和滑动角。

由上面可见，矩心矩张量提供了非常丰富的震源参数信息，是进行全球地震学研究的重要基础资料。但在进行某一项特定研究时，可能仅需要其中的部分信息。这就需要从全球矩心矩张量目录中抽取所需要的特定信息。下面以选取矩张量目录中的新疆地区的矩心矩张量目录中的参数为例说明如何采用 MATLAB 程序取出所需要的数据。

```
%P10_16.m
infname='jan76_sep13.txt';   %所给出的ndk格式的自1976年1月至2013年9月的矩心矩张量目录文件
outname='Pazplxinjiang.dat'; %给出的存储找到的新疆地区的震源机制解的文件名
%根据一定的条件读取哈佛CMT地震目录的程序
%条件1给出经纬度和深度范围读取地震目录
  lonlim=[68,105]; %经度范围
  latlim=[32,53]; %纬度范围
  deplim=[0,30];  %深度范围
timlim=[datenum(1976,1,1,0,0,0),datenum(2013,9,30,0,0,0,0)]; %时间范围
  olat=mean(latlim);   %所选范围的中心,将地震作为经纬度
olon=mean(lonlim);
myData = textread(infname, '%s', 'delimiter', '\n', 'whitespace', '');
outData =[];  %储存所需要输出的CMT参数值
for ii = 1:length(myData)/5
lat=str2num(myData{(ii-1)*5+1}(28:33));    %地震纬度
lon=str2num(myData{(ii-1)*5+1}(35:41));    %地震经度
```

```
dep = str2num(myData{(ii - 1) * 5 + 1}(43:47));   % 地震深度
year  =  str2num(myData{(ii - 1) * 5 + 1}(6:9));          % 年
mon  =  str2num(myData{(ii - 1) * 5 + 1}(11:12));        % 月
day  =  str2num(myData{(ii - 1) * 5 + 1}(14:15));        % 日
hour  =  str2num(myData{(ii - 1) * 5 + 1}(17:18));        % 时
minute  =  str2num(myData{(ii - 1) * 5 + 1}(20:21));        % 分
sec = str2num(myData{(ii - 1) * 5 + 1}(23:26));        % 秒
eqtime = datenum(year,mon,day,hour,minute,sec); % 转换为统一的时间
%判断是否在所给的范围之内
if(lat>latlim(1)&lat<latlim(2)&lon>lonlim(1)&lon<lonlim(2)&dep>deplim(1)&dep<deplim
(2)&eqtime>timlim(1)&eqtime<timlim(2))
            mo1  =  str2num(myData{(ii - 1) * 5 + 4}(1:2));                 % Mo (part1)
            mo2  =  str2num(myData{ii - 1 * 5 + 5}(52:56));                % Mo (part2)
            mo   =  mo2 * 10.0^mo1;
            mw   =  log10(mo)/1.5  -  10.73;       %转化为矩震级的统计公式
            str1  =  str2num(myData{(ii - 1) * 5 + 5}(58:60));      %  走向 - 1
            dip1  =  str2num(myData{(ii - 1) * 5 + 5}(62:63));      %  倾角 - 1
            rak1  =  str2num(myData{(ii - 1) * 5 + 5}(65:68));      %  滑动角 - 1
            str2  =  str2num(myData{(ii - 1) * 5 + 5}(70:72));      %  走向 - 2
            dip2  =  str2num(myData{(ii - 1) * 5 + 5}(74:75));      %  倾角 - 2
            rak2  =  str2num(myData{(ii - 1) * 5 + 5}(77:80));      %  滑动角 - 2
            Tpl = str2num(myData{(ii - 1) * 5 + 5}(13:14));      % T 轴倾伏角
            Taz = str2num(myData{(ii - 1) * 5 + 5}(16:18));      % T 轴走向
            Bpl = str2num(myData{(ii - 1) * 5 + 5}(28:29));      % B 轴倾伏角
            Baz = str2num(myData{(ii - 1) * 5 + 5}(31:33));      % B 轴走向
            Ppl = str2num(myData{(ii - 1) * 5 + 5}(43:44));      % P 轴倾伏角
            Paz = str2num(myData{(ii - 1) * 5 + 5}(46:48));      % P 轴走向
outData = [outData;eqtime,lat,lon,dep,mo,mw,str1,dip1,rak1,str2,dip2,rak2,Taz,Tpl,Paz,Ppl];
end
end
save 'xinjiang.txt'   outData  - ascii
%      fid = fopen(outname,'w'); % 采用下面的语句给出选出震源机制的文件
% fprintf(fid,' % 8.2f  % 8.2f    % 4d \n',outData);
%    fclose(fid);
```

习　题

10.1.1　为何格林函数是一个张量？

10.1.2　解释 G_{ij}（$\boldsymbol{r}$，t；$\boldsymbol{r}_0$，t_0）的各个字母的物理意义。

10.1.3　如果在 $\boldsymbol{r}_0$ 处、t_0 时刻的力沿 y 方向为 f_y，试采用格林函数 G 和 f_y 写出在 $\boldsymbol{r}$ 处，t 时刻产生的位移矢量。

10.1.4　为何震源断层的动量是守恒的?

10.1.5　为何用双力偶描述震源更符合物理规律?

10.1.6　绘出 M_{xz} 在坐标系中的力偶图示。

10.1.7　矩张量元素在国际单位制中的单位是什么?

10.1.8　为什么地震矩张量为对称张量?

10.1.9　写出用格林函数和地震矩张量表达的地震波位移表达式。

10.2.1　解释概念：断层走向、倾角、滑动角、断层上盘、下盘、逆断层、正断层、冲断层、逆掩断层、走滑、倾滑、右旋走滑、主断层面、辅助断层面。

10.2.2　在北东下坐标系中试给出下列矩张量表示的断层走向、倾角和滑动角。

(1) $\boldsymbol{M}=\begin{bmatrix} 0 & M_0 & 0 \\ M_0 & 0 & 0 \\ 0 & 0 & 0 \end{bmatrix}$　(2) $\boldsymbol{M}=\begin{bmatrix} 0 & 0 & M_0 \\ 0 & 0 & 0 \\ M_0 & 0 & 0 \end{bmatrix}$　(3) $\boldsymbol{M}=\begin{bmatrix} 0 & 0 & 0 \\ 0 & 0 & M_0 \\ 0 & M_0 & 0 \end{bmatrix}$

10.2.3　采用矩张量表示爆炸源。

10.2.4　设断层面走向为 30°、倾角为 60°、滑动角为 45°，标量地震矩为 10^{15} N · m，在北东下坐标系中给出地震矩张量的各个分量。

10.2.5　判断：矩张量不能表示爆炸性震源。(　　)

10.2.6　一地震矩张量在北东下坐标系中表达为 $m_{xx}=2$，$m_{yy}=0$，$m_{zz}=2$，$m_{xy}=-1$，$m_{xz}=1$，$m_{yz}=1$，其单位为 10^{18} N · m。求本征值和本征向量，并解释其意义。

10.2.7　将 10.2.6 题的矩张量分解为各向同性部分和偏量矩张量部分。

10.2.8　将 10.2.6 题的矩张量分解为各向同性源和三个双力偶形式。

10.2.9　将 10.2.6 题的矩张量分解为各向同性源和三个补偿线性偶极的形式。

10.2.10　将 10.2.6 题的矩张量分解为各向同性源和最大双力偶和最小双力偶的叠加。

10.2.11　将 10.2.6 题的矩张量的偏量部分分解为一个双力偶和一个补偿线性矢量偶极叠加的形式，并给出双力偶成分和补偿线性矢量偶极分别占多大比例，并给出此矩张量的标量地震矩。

10.2.12　设在北东下坐标系中的地震矩张量的表达式为 $\boldsymbol{M}=$ [0 0 0; 0 −1 0; 0 0 1]；指出该震源的断层类型、断层的两个节面的走向、倾角和滑动角。

10.2.13　设在北东下坐标系中的地震矩张量的表达式为 $\boldsymbol{M}=$ [0 1 0; 1 0 0; 0 0 0]；指出该震源的断层类型，断层的两个节面的走向、倾角和滑动角。

10.2.14　若震源是法线为 z 方向的断层面发生的纯张裂运动（位错矢量沿 z 方向），试写出描述这一具体震源的地震矩张量的具体表达式（给出每个分量的具体表达式）。

10.2.15　某地震震源是一法线沿 x 方向、面积为 100km² 断层上平均发生了方向沿 y 的 1m 位错，请 (1) 计算该地震的标量地震矩；(2) 写出该位错源的地震矩张量（设 $\lambda=\mu=3\times10^{10}$ Pa）。

10.2.16　矩心矩张量目录中给出 2015 年 4 月 25 日尼泊尔地震的矩心矩张量的元素为：$M_{rr}=1.760$，$M_{tt}=-1.820$，$M_{pp}=0.058$，$M_{rt}=8.040$，$M_{rp}=-1.510$，$M_{tp}=0.475$。其单位为 10^{28} dyne. cm。求该地震的挤压应力轴和拉张应力轴的方向。

10.2.17 设地震断层为北东45°走向的直立断层，长100km，宽20km，滑动角为0°，错动为1m，设地球介质为半无限均匀弹性空间，$\lambda=\mu=3\times10^{10}$Pa。问：

(1) 该地震的标量地震矩是多少？并根据经验公式计算矩震级；

(2) 写出该地震的矩张量。

10.2.18 设$M_1>M_2>M_3$，是地震矩张量$\boldsymbol{M}$在主轴坐标系T，B，P中的主值：$\boldsymbol{M}=\begin{bmatrix} M_1 & 0 & 0 \\ 0 & M_2 & 0 \\ 0 & 0 & M_3 \end{bmatrix}$试给出将$\boldsymbol{M}$分解成爆炸源（EP）、最佳双力偶（DC）以及补偿线性矢量偶极（CLVD）三种分量的分解式。

10.3.1 将10.2.16题中求得的2015年4月25日地震的挤压轴和拉张轴的北东下坐标系表示转换为走向、倾伏角的形式。

10.3.2 已知汶川地震的断层面走向231°、倾角35°、滑动角138°，求该地震的辅助面走向、倾角、滑动角，以及P轴、T轴和B轴的走向和倾伏角。

10.3.3 根据10.3.1题给出的挤压轴和拉张轴的走向、倾伏角，求2015年4月25日尼泊尔地震的两个节面的走向、倾角、滑动角，以及B轴的走向和倾伏角。

10.3.4 已知全球CMT目录给出的2014年10月7日云南景谷地震的矩心矩张量个分量（忽略共同的指数项）为$M_{rr}=-0.034$，$M_{tt}=-1.610$，$M_{tt}=1.640$，$M_{rt}=0.156$，$M_{rp}=0.329$，$M_{tp}=0.904$。求该地震两个节面的走向、倾角、滑动角，以及P轴、T轴和B轴的走向和倾伏角。

10.4.1 根据第3章3.7节的P波势函数的表达式得到位移场分为近场项和远场项。

10.4.2 给出地震张量表示的P波的远场位移直角坐标表达式。

10.4.3 解释概念：震源时间函数、膨胀区、压缩区、辅助断层面、零运动节线、压缩象限、膨胀象限、震源球、节面。

10.4.4 判断：拉张（T）轴位于压缩象限的中部，压缩（P）轴位于膨胀象限的中部。(　　)

10.4.5 对照震源模型说明P波的位移在哪个方向振幅最大？初动方向为正还是负？在什么方向振幅为零？

10.4.6 给出地震张量表示的S波的远场位移直角坐标表达式。

10.4.7 给出地震张量表示的S波的远场位移的球坐标表达式。

10.4.8 按照震源模型说明S波位移在什么方位振幅最大，在什么方向振幅为零。

10.4.9 一地震在断层面积为1km^2，滑动矢量在北东下坐标系中为（0，1，0），在法向为（1，0，0）的方向上1s错开2m。假定介质的两个拉梅常数均为3.0×10^{10}Pa，介质密度为3000kg/m^3。仅考虑震源效应，求距地震10km，方位角为45°、偏垂角为30°的地震台上的P波位移。

10.4.10 一地震的双力偶模型的震源机制的走向为30°、倾角为90°、滑动角为0°，(1) 这是一种什么类型的断层；(2) 给出辅助面参数；(3) 应力轴的方位角和倾伏角。

10.5.1 采用直接向震源球的半球进行投影有哪些缺点？

10.5.2 试给出乌尔夫投影点在震源平面的半径与离源角的关系。

10.5.3　判断：投影点距乌尔夫网中心越近，偏垂角越小，投影点越靠近投影圆的边缘，偏垂角越大。（　　）

10.5.4　推导等面积投影的投影半径与离源角的关系为 $r=a\sqrt{2}\sin\frac{i}{2}$。

10.5.5　示意绘制下列断层参数的等面积投影：

(1) 走向 330°，倾角 60°，滑动角 70°；　(2) 走向 280°，倾角 70°，滑动角 −90°；(3) 走向 280°，倾角 60°，滑动角 −90°；(4) 走向 40°，倾角 80°，滑动角 150°；(5) 走向 120°，倾角 10°，滑动角 120°。

10.5.6　叙述如何从海滩球表示的震源机制图中读出其走向、倾角和滑动角数据。

10.5.7　判断图 1 震源机制海滩球中的两个节面的走向、倾角和滑动角。

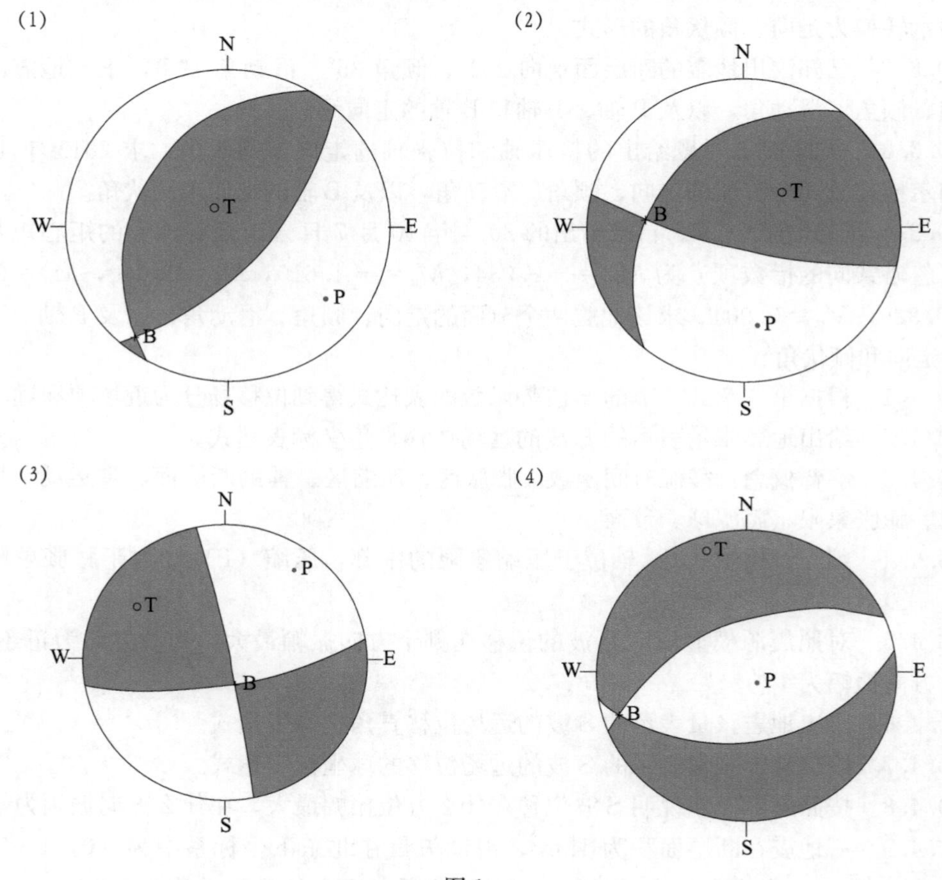

图 1

10.5.8　判断 10.5.7 中的海滩球表示中的 P 轴、T 轴和中间轴的走向和倾伏角。

10.6.1　对于纯正断层或纯逆断层，不会产生 P 波初动的四象限分布，对吗？

10.6.2　相同震源距离的 P 波振幅应该相差不大，对吗？

10.6.3　一个地震的断层面的走向、倾角分别为 30°、90°，滑动角为 0°。给出 (1) 辅助面的走向、倾角和滑动角；(2) 主压应力方向和主张应力方向（表示为走向和倾伏角的形式）；(3) 给出此地震正北方向台站，到达台站的 P 波初动符号。

10.6.4　总结根据 P 波在台站上的初动符号求解震源机制的步骤。

10.6.5　采用 P10 _ 10.m 的程序，猜测 20 个 P 波初动分布的震源机制解，每个震源机制解的得分在 90 分以上。

10.9.1　考虑有限断层模型，破裂前方的地震波周期增大，对吗?

10.9.2　何为地震马赫数?

10.9.3　单侧破裂的地震断层破裂自一侧经过 40s 传播到 100km 远的另一侧，求地震破裂传播速度。若地震震源时间函数为亥维赛函数，辐射的 P 波周期为 1s，在介质中传播的速度为 5km/s，求断层破裂正前方的台站记录 P 波初动半周期持续时间。

10.9.4　设 2001 年昆仑山口西地震的破裂长度为 315km 的单侧破裂，地球介质中的 P 波传播速度为 5km/s，其破裂方向正前方台站记录的 P 波半周期持续时间为 42s，求断层破裂速度。

10.9.5　设一单侧破裂正后方台站记录的 P 波初动持续时间为 45s，断层上破裂传播速度为 2.5km/s，地震 P 波在介质中的传播速度为 5km/s，求单侧破裂的破裂长度。

10.9.6　设一单侧破裂断层的正前方台站记录的 P 波半周期持续时间为 45s，与正前方夹 45 度角台站记录的 P 波半周期持续时间为 60s，介质中的 P 波速度为 5km/s，求断层的破裂长度和破裂传播速度。

10.9.7　已知双侧破裂的破裂延长线方向台站所记录的 P 波半周期持续时间为 30s，破裂中点垂直于破裂方向上台站记录的 P 波半周期持续时间为 60s，P 波传播速度为 5km/s，求地震断层长度和破裂速度。

10.10.1　矩心矩张量目录的矩心位置如何确定?

10.10.2　在全球矩心矩张量求解中的地幔波是体波吗?

10.10.3　自 2004 年起，全球矩心矩张量求解包含的三种数据类型为________、________和________。

10.10.4　地震震源深度是一个较难确定的参数，在矩心矩张量反演中，矩心深度是如何确定的?

10.10.5　全球地震矩张量反演，需要约束矩心矩张量的迹为零吗?

10.10.6　全球矩心矩张量反演中，矩率函数模拟的两种类型为________和________。

10.10.7　采用 P10 _ 16.m，搜索你的家乡经纬度的 5°以内、1976 年以来地震的压轴和张轴的走向和倾伏角。

主要参考文献

Aki K，Richards P G. 2002. Quantitative Seismology 2nd edn，Sausalito，CA University Science Books

Astiz L，Earle P，Shearer P. 1996. Global stacking of broadband seismograms. *Seismol Res Lett*，67：8-18

Backus G，Gilbert F. 1961. The rotational splitting of the free oscillations of the Earth. *Proceedings of the National Academy of Sciences of the United States of America*，47（3）：362

Backus G，Gilbert F. 1967. Numerical applications of a formalism for geophysical inverse problems. *Geophys J R Astr Soc*，13（1-3）：247-276

Backus G，Gilbert F. 1968. The resolving power of gross Earth data. *Geophys J R Astr Soc*，16（2）：169-205

Backus G，Gilbert F. 1970. Uniqueness in the inversion of inaccurate gross Earth data. *Philos Trans R Soc*，266（1173）：123-192

Bassin C，Laske G，Masters G. 2000. The current limits of resolution for surface wave tomography in North America. *EOS Trans AGU*，81：F897

Båth M. 1973. Introduction to Seismology. BirkhuserVerlag Basel and Stuttgart（中译本：许立达译，叶世元校．1978. 地震学引论．北京：地震出版社）

Ben-Menahem A. 1961. Radiation of seismic surface-waves from finite moving sources. *Bull Seism Soc Amer*，51（3）：401-435

Benioff H，Gutenberg B. 1952. The response of strain and pendulum seismographs to surface waves. *Bull Seism Soc Amer*，42（3）：229-237

Benioff H. 1960. Long-period seismographs. *Bull Seism Soc Amer*，50（1）：1-13

Birch F. 1961. Composition of earth's mantle. *Geophys J R Astr Soc*，4：295-311

Bolt B A，O'Neill M E. 1965. Times and amplitudes of the phases PKiKP and PKIIKP. *Geophys J R Astr Soc*，9（2-3）：223-231

Buforn E，Pro C，Udías A. 2012. Solved Problems in Geophysics. United Kingdom：Cambridge University Press

Bullen K E，Bolt B A. 1985. An Introduction to the Theory of Seismology，Cambridge University Press，Cambridge

Burridge R，Knopoff L. 1964. Body force equivalents for seismic dislocations. *Bull Seism Soc Amer*，54：1875-1888

Chapmam C H, Jen-Yi C, Lyness D G. 1988. The WKBJ seismorgram algorithm, in seismological algorithms [C] . ed. D. Dommbos, 1988, Academic Press, London, 341-371

Chinnery M A, North R G. 1975. The frequency of very large earthquake. *Science*, 190: 1197-1198

Coffin M F, Gahagan L M, Lawver L A. 1998. Present-day plate boundary digital data compilation. University of Texas Institute for Geophysics Technical Report, 174: 5

Dahlen F A, Sailor R V. 1979. Rotational and elliptical splitting of the free oscillations of the Earth. *Geophys J Inter*, 58 (3): 609-623

Dziewonski A M, Anderson D L. 1981. Preliminary reference Earth model. *Phys Earth Planet Inter*, 25 (4): 297-356

Dziewonski A M, Chou T A, Woodhouse J H. 1981. Determination of earthquake source parameters from waveform data for studies of global and regional seismicity. *J Geophys Res*, 86 (B4): 2825-2852.

Dziewonski A M, Franzen J E, Woodhouse J H. 1985. Centroid-moment tensor solutions for October-December, 1984. *Phys Earth Planet Inter*, 39 (3): 147-156

Dziewonski A M, Woodhouse J H. 1983. An experiment in systematic study of global seismicity: Centroid - moment tensor solutions for 201 moderate and large earthquakes of 1981. *J Geophys Res*, 88 (B4): 3247-3271

Ekström G. 2006. Global detection and location of seismic sources by using surface waves. *Bull Seism Soc Amer*, 96 (4A): 1201-1212

FitchT J. 1975. Compressional velocity in source regions of deep earthquakes: an application of the master event technique. *Earth Planet Sci Lett*, 26: 156-166

Fuchs K, Müller G. 1971. Computation of synthetic seismograms with the reflectivity method and comparison with observations. *Geophys J Roy Astron Soc*, 23: 417-433

Geiger L. 1912. Probability method for the determination of earthquake epicenters from the arrival time only (translated from Geiger's 1910 German article) . *Bulletin of St. Louis University*, 8 (1): 56-71

Gilbert F, Backus G E. 1968. Approximate solutions to the inverse normal mode problem. *Bull Seism Soc Amer*, 58 (1): 103-131

Gilbert F. , Dziewonski A M. 1975. An application of normal mode theory to the retrieval of structural parameters and source mechanisms from seismic spectra. *Philos Trans R Soc*, 278: 187-269

Goins N R, Dainty A M, Tokson M N. 1981. Lunar seismology: the internal structure of the moon. *J Geophys Res*, 86: 5061-5074

Gutenberg B. 1945. Amplitude of surface waves and magnitudes of shallow earthquakes. *Bull Seism Soc Amer*, 35: 57-69

Gutenberg B, Richter C F. 1956. Magnitude and energy of earthquakes. *Ann Geophys*, 9 (1): 1-15

Hanks T C，Kanamori H. 1979. A moment magnitude scale. *J Geophy Res*，84 (B5)：2348-2349

Haskell N A. 1960. Crustal reflections of plane SH waves. J Geophy Res，65：4147-4150

Haskell N A. 1962. Crustal reflection of plane P and SV waves. JGeophy Res，67：4751-4767

Herrin E. 1968. Introduction to '1968 Seismological tables for P-phases'，*Bull seism* Soc *Amer*，58：1193-1195

Herrmann R B. 1975. The use of duration as a measure of seismic moment and magnitude. *Bull Seism Soc Amer*，65：889-913

Hess H H. 1962. History of ocean basins. In Petrologic Studies：a Volume in Honor of A. F. Buddington，ed. A E Engel，H L James，and B F Leonard. Geological Society of America. 599-620

Jeffreys H，Bullen K E. 1940. Seismological Tables. British Association for the Advancement of Science，London

Kanamori H. 1977. The energy release in great earthquakes. *J Geophys Res*，82，2981-2987

Kanamori H. 1983. Magnitude scale and quantification of earthquakes，*Tectonophysics*，93：185-199

Kanamori H，Anderson D L. 1975. Theoretical basis of some empirical relation in seismology. *Bull Seism Soc Amer*，65 (5)：1073-1095

Kanamori H，Stewart G S. 1976. Mode of the strain release along the Gibbs fracture zone，Mid-Atlantic Ridge. *Phys Earth Planet Inter*，11 (4)：312-332

Kanamori H，Given J W. 1981. Use of long-period surface waves for rapid determination of earthquake source parameter. *Phys Earth Planet Inter*，27：8-31

Kanamori H，Stewart G S. 1976. Mode of the strain release along the Gibbs fracture zone，Mid-Atlantic ridge. *Phys Earth Planet Inter*，11：312-332

Kennett B N L. 1983. Seismic Wave Propagation in Stratified Media. Cambridge University Press，New York

Kennett B L N. 1991. IASPEI 1991 Seismological Tables. Research School of Earth Sciences. Australian National University

Kennett B N L，Engdahl E R. 1991. Travel times for global earthquake location and phase identification. *Geophys J Int*，106：429-465

Kennett B N L，Engdahl E R，Buland R. 1995. Constraints on seismic velocities in the Earth from traveltimes . *Geophys J Int*，122：108-124

Karnik V. 1972. Differences in magnitudes. Vortrage des Sopроner Symposiums der 4 Subkommission von KAPG 1970，Budapest，69-80

Lamb H. 1882. On the vibrations of a spherical shell. *Proceedings of the London*

Mathematical Society, 1 (1): 50-56

Lay T, Wallace T C. 1995. Modern Global Seismology. Academic Press, San Diego

Lee W H K, Lahr J C. 1975. A computer program for determining hypocenter, magnitude, and first motion pattern of local earthquakes. U S Geol Surv Open-file Rep, 75-311

Lehmann I. 1936. P'. *Bur. Centr. Seismol. Int. A*, 14: 3-31

Love A E H. 1911. Some Problems of Geodynamics. Cambridge: Cambridge University Press

Maruyama T. 1963. On the force equivalents of dynamical elastic dislocations with reference to the earthquake mechanism. *Bull Earthq Res Inst*, *Tokyo Univ*, 41: 467-486

Masters G, Johnson S, Laske G, et al. 1996. A shear-velocity model of the mantle. *Philos Trans R Soc*, 354 (1711): 1385-1411

Mohorovičić A. 1909. Das Beben vom 8. x. 1909. *Jb Met Obs Zagreb* (*Agram*), 9: 1-63

Mooney W D, Laske G, Masters G. 1998. A global crustal model at 5°× 5°. *J Geophys Res*, 103: 727-747

Müller G. 1971. Approximate treatment of elastic body waves in media with spherical symmetry. *Geophys J Roy Astr Soc*, 23: 435-449

Oldham R D. 1906. The constitution of the interior of the Earth, as revealed by earthquakes. *Quarterly Journal of the Geological Society*, 62 (1-4): 456-475

Randall M J. 1971. A revised travel-time table for S. *Geophys J Roy Astron Soc*, 22: 229-234

Rayleigh J W S. 1887. On waves propagated along the plane surface of an elastic solid. Proceeding of the London Mathematical Society, 17: 4-11

Richter C F. 1935. An instrumental earthquake magnitude scale. *Bull Seism Soc Amer*, 25 (1): 1-32

Shearer P. 2009. Introduction to Seismology, 2nd edn, Cambridge University Press, Cambridge

Shearer P M. 1991. Imaging global body wave phases by stacking long-period seismograms. *J Geophys Res*, 96: 20353-20364

Shearer P M, Chapman C H. 1988. Ray tracing in anisotropic media with a linear gradient. *Geophys J Int*, 94: 575-580

Soloviev S L, Sherbalin N V. 1957. Opredeleine intensivnosti zemletryaseniya po smeshchiyu pochvy poverkhnostynkh (determination of intensity of earthquakes according to ground displacements in the surface waves). *Izv. AN SSSR*, *ser. Geopfiz*, 7: 926-930

Stein S, Wysession M. 2003. An Introduction to Seismology, Earthquakes, and Earthquake Structure. Berlin: Blackwell Publishing Ltd

Udías A. 1999. Principles of Seismology. Cambridge University Press, Cambridge

Wadati K. 1928. Unusual nature of deep-sea earthquakes - on the three types of earthquakes. *Kishoshushi*，6：1-43 (in Japanese)

Waldhauser F，Ellsworth W L. 2000. A double-difference earthquake location algorithm：Method and application to the Northern Hayward Fault，California. *Bull Seism Soc Amer*，90 (6)：1353-1368

Wan Y G，Sheng S Z，Huang J C，et al. 2016. The grid search algorithm of tectonic stress tensor based on focal mechanism data and its application in the boundary zone of China，Vietnam and Laos. *Journal of Earth Science*，doi：10.1007/s12583-015-0649-1

Wegener，A. 1922. Die Entstehung der Kontinente und Ozeane. 3rd edn，Hamburg：Vieweg，Braunschweig

Wells D L，Coppersmith K J. 1994. New empirical relationships among magnitude，rupture area and surface displacement. *Bull Seism Soc Amer*，84：974-1002

Wiechert E. 1897. Ueber die Massenverteilung im Innern derErde. Nachr. Ges. Wiss. Göttingen，221-243

Wilson J T. 1965. A new class of faults and their bearing on continental drift. Nature，207，907-910

Zhang H，Thurber C H. 2003. Double difference tomography：The method and its application to the Hayward fault，California. *Bull Seism Soc Amer*，93：1875-1889

陈培善．1989．面波震级测定的发展过程概述．地震地磁观测与研究，10 (16)：1-9

陈培善．1990．地震定量的国际现状．地震地磁观测与研究，11 (30)：33-38

陈培善，胡瑞华，周坤根等．1984．面波震级的量规函数和台基校正值．地震学报，6 (增刊)：510-524

陈培善，秦嘉政．1983．量规函数、台站方位、台基及不同测量方法对近震震级 M 的影响．地震学报，5 (1)：87-98

陈培善，叶文华．1987．论中国台网测得的面波震级．地球物理学报，30 (1)：39-51

陈运泰，顾浩鼎．2011．震源理论基础．北京：中国地震局地球物理研究所，北京大学地球与空间科学学院，中国科学院研究生院

陈运泰，吴忠良，王培德等．2000．数字地震学．北京：地震出版社

邓起东，冉永康，杨晓平等．2007．中国活动构造图．北京：地震出版社

傅承义，陈运泰，祁贵仲．1985．地球物理学基础，北京：科学出版社

傅淑芳，刘宝诚．1991．地震学教程．北京：地震出版社

郭履灿，庞明虎，1981．面波震级和它的台基校正值．地震学报，3 (3)：312-320

李善邦．1981．中国地震．北京：地震出版社，P612

李善邦，武宦英，郭增建等．1960．中国地震目录．北京：科学出版社

梁昆淼．1990．数学物理方法．电子工业出版社

刘斌．2009．地震学原理与应用．合肥：中国科学技术大学出版社

时振梁等．1990．地震工作手册．北京：地震出版社

宋仲和，朱介寿，安昌强等．1981．北京—萨哈林剖面的地幔纵向速度结构．地球物

理学报，24（3）：310-318

万永革．2001. 地震波辐射花样的立体表示．防灾技术高等专科学校学报，3（4）：35-40

万永革．2004. 静态弹性介质中力及力偶产生位移的空间特征．地震地磁观测与研究，25（6）：24-29

万永革．2012. 数字信号处理的MATLAB实现（第二版）．北京：科学出版社

万永革，盛书中，程万正等．2012. 考虑到时误差的地震定位算法及其在四川地区2001—2008年地震定位的应用．地震地质，34（1）：1-10

万永革，吴逸民，盛书中等．2011. P波极性数据所揭示的台湾地区三维应力结构的初步结果．地球物理学报，54（11）：2089-2818

万永革，盛书中，许雅儒等．2011. 不同应力状态和摩擦系数对综合P波辐射花样影响的模拟研究．地球物理学报，54（4）：994-1001

万永革，盛书中，周公威等．2007. 中国数字地震台网记录的苏门答腊-安达曼地震激发的地球球型自由振荡的检测．地震学报，29（4）：369-381

万永革，吴忠良，周公威等．2000. 根据震源的两个节面的走向和倾角求滑动角．地震地磁观测与研究，21（5）：26-30

万永革，周公威，郭燕平．2005. 中国数字地震台网记录的昆仑山口西地震的球型自由振荡．地震，25（1）：31-40

徐果明，周蕙兰．1982. 地震学原理．北京：科学出版社

张培震，邓起东，张国民等．2003. 中国大陆的强震活动与活动地块．中国科学（D辑：地球科学），S1：12-20

曾融生．1984. 固体地球物理学导论．北京：科学出版社

周仕勇，许忠淮．2010. 现代地震学教程．北京：北京大学出版社

周仕勇，许忠淮，韩京等．1999. 主地震定位方法分析以及1997年新疆伽师震群高精度定位．地震学报，21（3）：258-265

朱介寿等．1988. 地震学中的计算方法．北京：地震出版社